Alexander von Humboldt (1769-1859) was een moedige ontdekkingsreiziger en de bekendste wetenschapper van zijn tijd. Hij had een grote honger naar avontuur en ontdekkingen, hij beklom de hoogste vulkaan ter wereld, reisde door Siberië, waar de bevolking aan miltvuur leed, en deed onderzoek in de meest afgelegen gebieden. Met zijn ideeën was hij zijn tijd ver vooruit.

Andrea Wulf beschrijft zijn gedurfde expedities en geeft op toegankelijke wijze inzicht in zijn baanbrekende onderzoek naar de vorming van het landschap op verschillende continenten. Humboldt wist toen al dat menselijk ingrijpen effect heeft op het klimaat.

Zijn gedachten werden aangescherpt door zijn vriendschappelijke relaties met Goethe en Jefferson, en vormden een inspiratiebron voor grootheden uit diverse disciplines, onder wie Darwin, Bolívar, Wordsworth en Thoreau.

Andrea Wulf

De uitvinder van de natuur

Het avontuurlijke leven van Alexander von Humboldt

Vertaald door Mariella Duindam en Fennie Steenhuis

Uitgeverij Atlas Contact
Amsterdam/Antwerpen

Eerste druk mei 2016
Twintigste druk juni 2026

Oorspronkelijke titel *The Invention of Nature*
Oorspronkelijke uitgeverij John Murray
Omslagontwerp Zeno
Omslagbeeld akg-images/Alamy/Bridgeman Images/Mary Evans
Picture Library/Wellcome Library
Foto auteur Saskia Manners
Typografie binnenwerk Perfect Service
Kaart Rodney Paull

ISBN 978 90 450 3541 3
D/2016/0108/594
NUR 410/320

www.atlascontact.nl

Uitgeverij Atlas Contact vindt het belangrijk om op milieuvriendelijke en verantwoorde wijze met natuurlijke bronnen om te gaan. Bij de productie van het papieren boek van deze titel is daarom gebruikgemaakt van papier waarvan het zeker is dat de productie niet tot bosvernietiging heeft geleid.

Voor Linnéa (P.o.P.)

Men sluite zijn ogen, opene, spitse zijn oren, en van de lichtste zucht tot het wildste gedruis, van de eenvoudigste klank tot de hoogste harmonie, van de heftigste hartstochtelijke kreet tot de zachtste uiting van de rede is het enkel en alleen de natuur die spreekt, die haar bestaan, haar kracht, haar leven en haar proporties openbaart, zodat een blinde, aan wie het oneindig zichtbare is ontzegd, in het hoorbare greep kan krijgen op iets oneindig levends.

Johann Wolfgang von Goethe

Inhoud

Kaarten

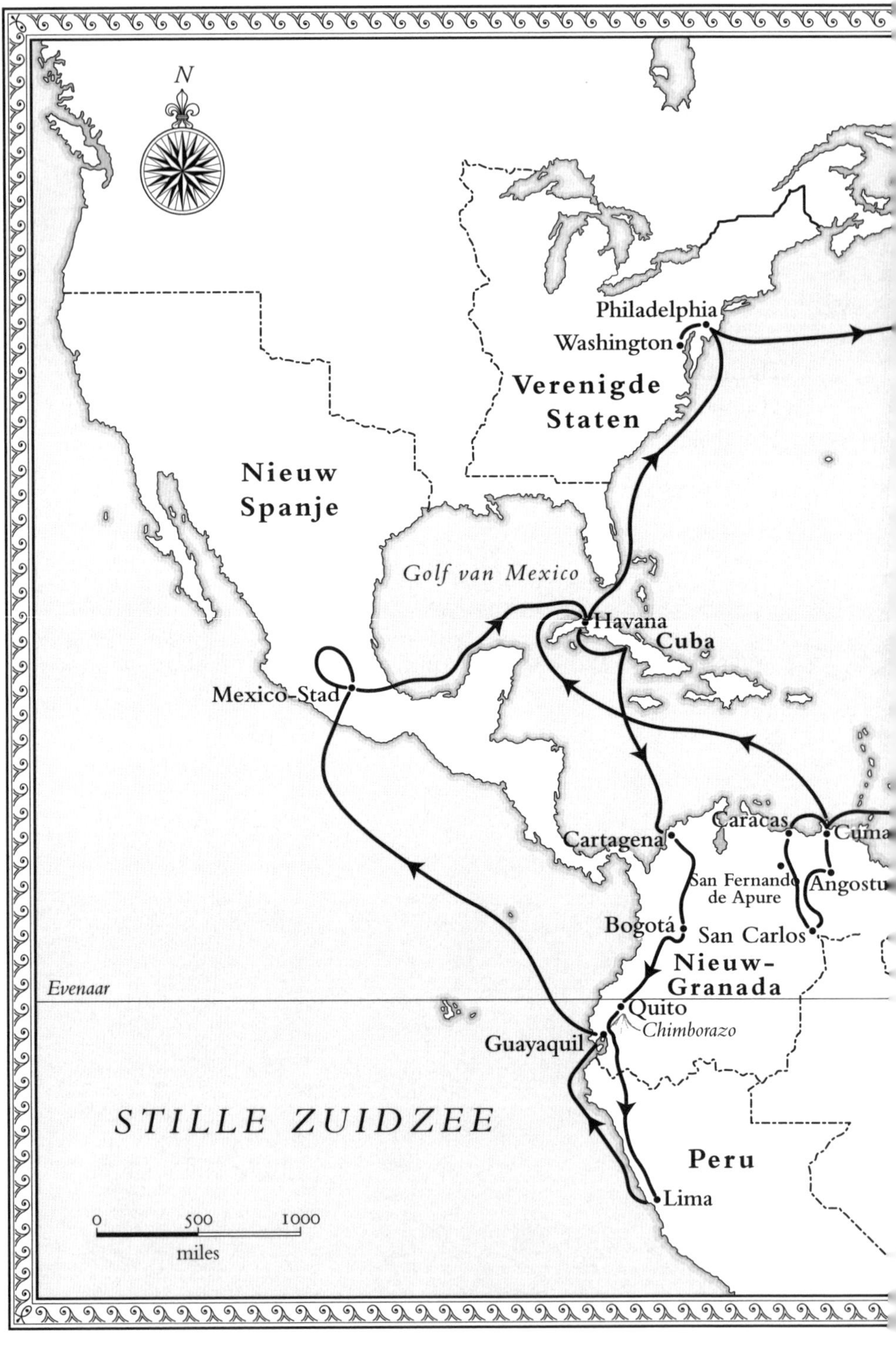

N
Philadelphia
Washington
Verenigde Staten
Nieuw Spanje
Golf van Mexico
Havana
Cuba
Mexico-Stad
Caracas
Cuma
Cartagena
San Fernando de Apure
Angostu
Bogotá
San Carlos
Nieuw-Granada
Evenaar
Quito
Chimborazo
Guayaquil
STILLE ZUIDZEE
Peru
Lima
0 500 1000
miles

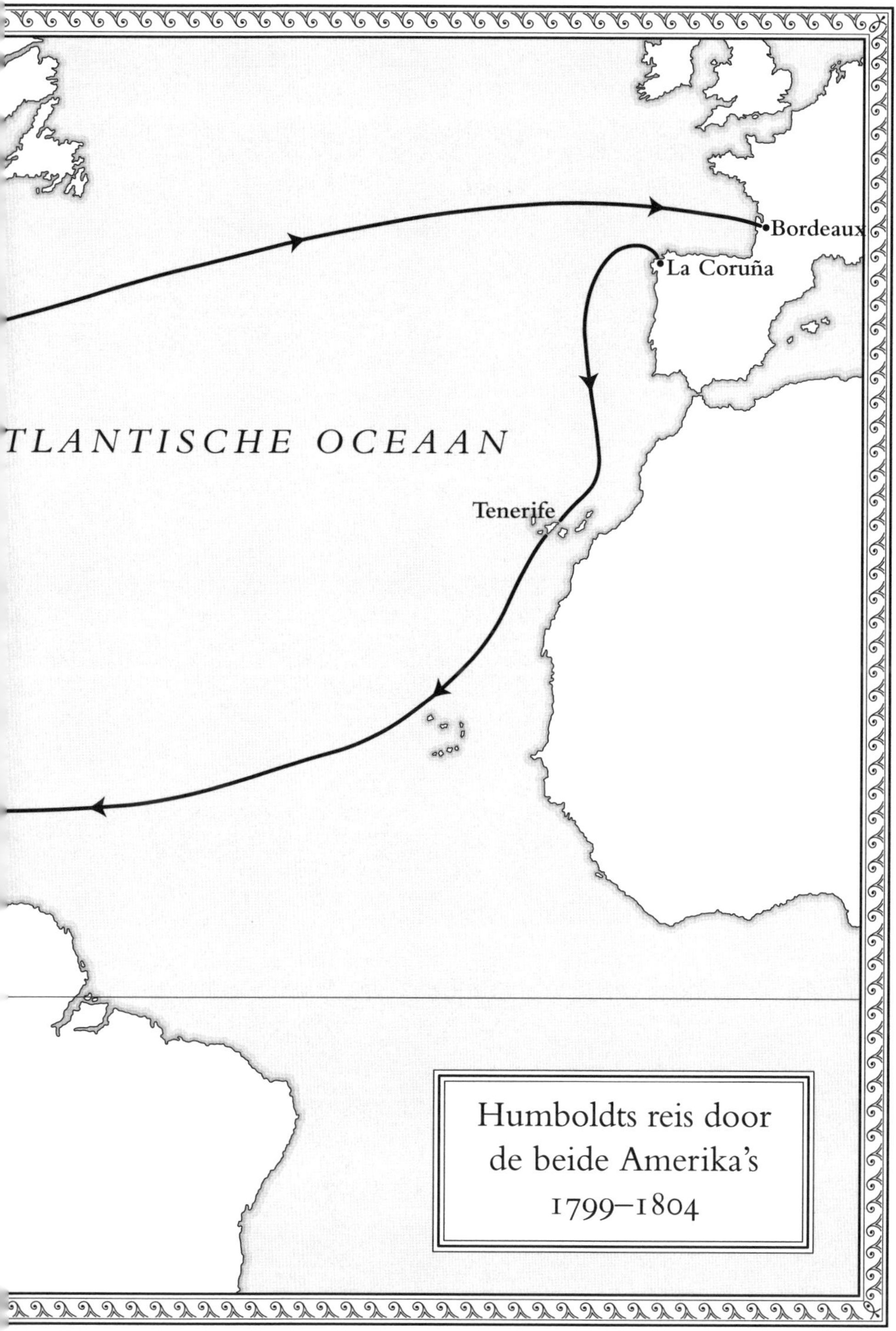
Bordeaux
La Coruña
TLANTISCHE OCEAAN
Tenerife
Humboldts reis door
de beide Amerika's
1799–1804

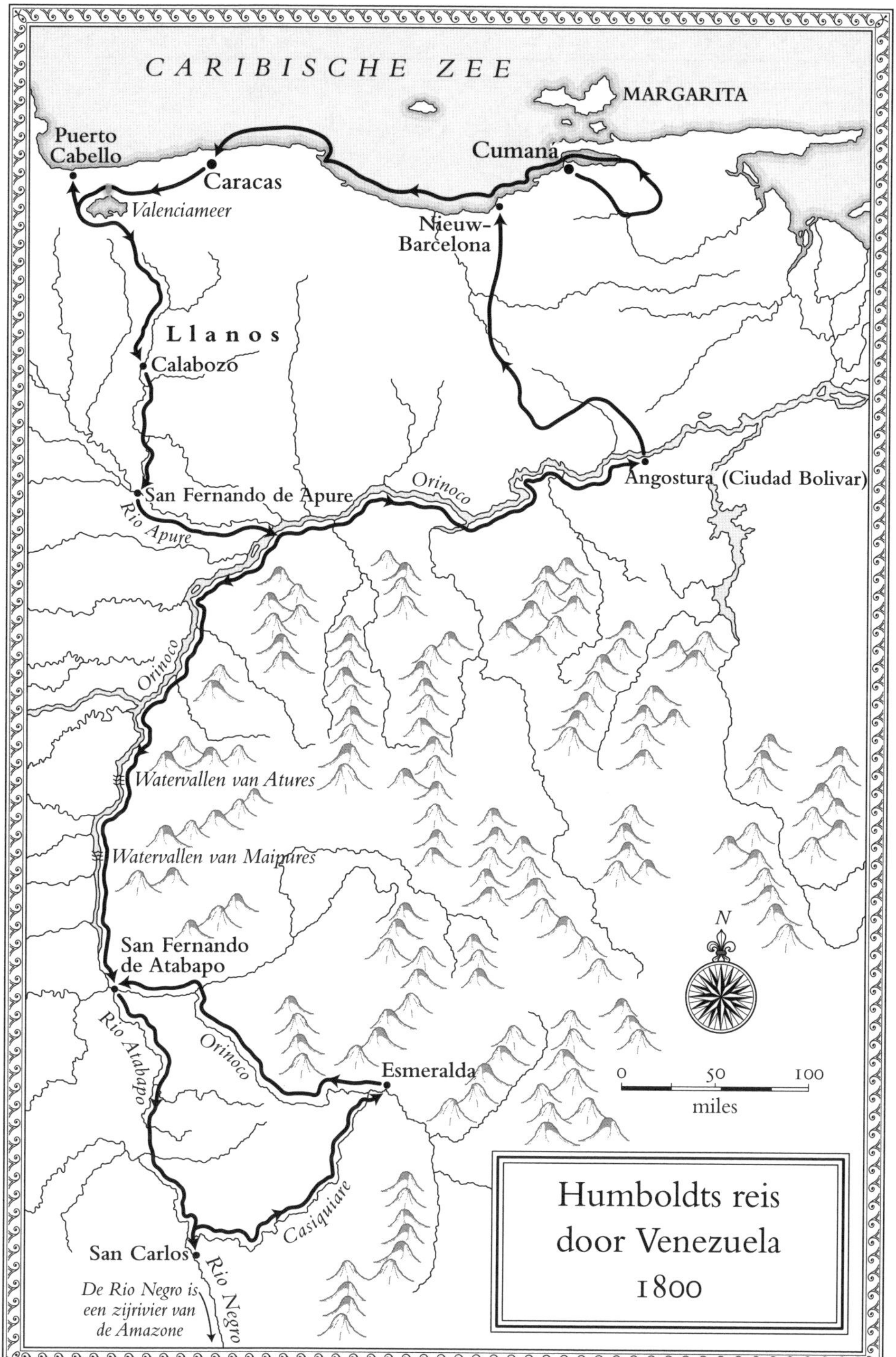
CARIBISCHE ZEE
MARGARITA
Puerto Cabello
Caracas
Cumaná
Valenciameer
Nieuw-Barcelona
Llanos
Calabozo
Angostura (Ciudad Bolivar)
San Fernando de Apure
Orinoco
Rio Apure
Orinoco
Watervallen van Atures
Watervallen van Maipures
San Fernando de Atabapo
N
Rio Atabapo
Orinoco
Esmeralda
0
50
100
miles
Casiquiare
San Carlos
Rio Negro
De Rio Negro is een zijrivier van de Amazone
Humboldts reis door Venezuela 1800

Humboldts reis door Rusland
1829
Sint-Petersburg
R U S
Oost
Zee
Riga
Moskou
Nizjni
Novgorod
Königsberg (Kaliningrad)
Berlijn
Wolga
Dnjestr
Dnjepr
Don
Astrachan
Zwarte Zee

N
OERAL (gebergte)
L A N D
Tobolsk
Jekaterinburg
Miass
Omsk
Ob
S I B E R I Ë
Barnaoel
Irtysj
Örenburg
ALTAJ
Oest-Kamenogorsk
Beloecha
Baty
(gebergte)
Oeral
Balkasjmeer
Aral-
meer
0 100 200 300 400 500
miles

Proloog

Kruipend bewogen ze zich voort over een hoge, smalle richel, die op sommige plaatsen maar vijf centimeter breed was.[1] Het pad, als je het tenminste zo kon noemen, was zanderig en lag vol losse stenen. Links van hen liep een steile rotswand omlaag, bedekt met een korst ijs die begon te glinsteren zodra de zon door het dikke wolkendek heen brak. Het uitzicht aan de rechterkant, een driehonderd meter diepe kloof, was al niet veel opwekkender. Uit de donkere, bijna loodrechte wanden staken talloze rotspunten als messen naar buiten.

Alexander von Humboldt en zijn drie metgezellen kwamen slechts centimeter voor centimeter vooruit. Zonder fatsoenlijke uitrusting en kleding was dit een gevaarlijke klim. Een ijzige wind verkleumde hun handen en voeten, gesmolten sneeuw doorweekte hun versleten schoenen en er hingen ijskristallen in hun haar en baard. Ademhalen kostte moeite in deze ijle lucht, op vijfduizend meter boven zeeniveau. Hun dunne schoenzolen scheurden kapot op de puntige rotsen en hun voeten begonnen te bloeden.

Het was 23 juni 1802, en ze waren bezig met het beklimmen van de Chimborazo, een prachtige koepelvormige dode vulkaan in de Andes, ongeveer honderdvijftig kilometer ten zuiden van Quito in het huidige Ecuador. Destijds geloofde men dat de drieënzestighonderd meter hoge Chimborazo de hoogste berg ter wereld was; geen wonder dus dat hun doodsbenauwde dragers hen bij de sneeuwgrens in de steek hadden gelaten. Humboldt had echter toch doorgezet, al was de top van de vulkaan in dikke mist gehuld.

De inmiddels tweeëndertigjarige Alexander von Humboldt was al drie jaar bezig aan een reis door Latijns-Amerika. Hij was diep doorgedrongen in gebieden waar weinig Europeanen ooit voet hadden gezet. Geobsedeerd als hij was door wetenschappelijke metingen, had hij een hele verzameling van de beste instrumenten uit Europa meegebracht. En hoewel hij het grootste deel van zijn bagage had achtergelaten toen hij aan de beklimming van de Chimborazo was begonnen, bevatte zijn bepakking wel een barometer, een thermometer, een sextant, een kunstmatige horizon en een 'cyanometer', waarmee hij de 'blauwheid' van de lucht kon meten. Met vingers die stijf waren van de kou haalde hij de instrumenten onder het klimmen tevoorschijn en zette ze op griezelig smalle richeltjes neer om de hoogte en de vochtigheidsgraad te meten en de zwaartekracht te bepalen. Nauwgezet noteerde hij welke levensvormen hij tegenkwam: een vlinder, een bloempje – het werd allemaal

opgeschreven in zijn aantekenboekje.

Op vijfenhalfduizend meter hoogte zagen ze een laatste flintertje korstmos aan een rotsblok kleven. Daarna verdween ieder spoor van organisch leven, want op die hoogte kwamen geen planten of insecten meer voor.[2] Zelfs de condors die hen tijdens eerdere klimtochten gezelschap hadden gehouden, lieten zich niet meer zien. In de witte mist, die de lucht tot een spookachtige, lege ruimte maakte, voelde Humboldt zich compleet afgezonderd van de bewoonde wereld. 'Het was,' zei hij, 'alsof we in een luchtballon gevangenzaten.'[3] Plotseling trok de mist op en werd de besneeuwde top van de Chimborazo zichtbaar tegen de blauwe hemel. 'Een schitterend schouwspel,'[4] was Humboldts eerste gedachte, maar toen zag hij de reusachtige bergspleet voor hen – een ravijn van twintig meter breed en ongeveer honderdtachtig meter diep.[5] Een andere weg naar boven was er niet. Hij mat de hoogte: 5917 meter, en stelde vast dat ze nog geen driehonderd meter onder de top stonden.[6]

Niemand was ooit zo hoog gekomen, en niemand had ooit zulke ijle lucht ingeademd. Daar, op het hoogste punt van de wereld, uitkijkend over het gebergte aan zijn voeten, begon Humboldt de wereld anders waar te nemen. De aarde kwam op hem over als één groot levend organisme waarin alles met elkaar verbonden was. En zo ontwikkelde hij een volstrekt nieuwe visie op de wereld, een visie die nog steeds ons beeld van de natuur bepaalt.

De in 1769 in Pruisen geboren Humboldt, die door zijn tijdgenoten beschreven werd als de beroemdste man ter wereld na Napoleon,[7] was een van de boeiendste en inspirerendste mannen van zijn tijd. Hoewel hij uit een welgesteld aristocratisch gezin kwam, gaf hij zijn bevoorrechte bestaan op om zelf te ontdekken hoe de wereld in elkaar zat. Hij was

Humboldt en zijn reisgenoten beklimmen een vulkaan

nog vrij jong toen hij een vijf jaar durende ontdekkingsreis naar Latijns-Amerika ondernam, waarbij hij vele malen zijn leven in de waagschaal stelde en waarvan hij terugkeerde met een nieuw begrip van de wereld. Het was een reis die zijn leven en denken vormde, en die hem over de hele wereld grote roem verschafte. Hij woonde in steden als Parijs en Berlijn, maar voelde zich evenzeer thuis aan de meest afgelegen zijriviertjes van de Orinoco en in de Kazachse steppe. Gedurende een groot gedeelte van zijn lange leven was hij de spil van de wetenschappelijke wereld. Hij schreef zo'n vijftigduizend brieven en ontving er minstens tweemaal zoveel. Kennis moest uitgewisseld en voor iedereen toegankelijk gemaakt worden, vond hij.

Humboldt was ook een man van tegenstellingen. Hij was een fel tegenstander van het kolonialisme en steunde de revoluties in Latijns-Amerika, maar werd ook kamerheer van twee Pruisische koningen. Hij bewonderde de Verenigde Staten vanwege de denkbeelden over vrijheid en gelijkheid, maar bleef zijn afschuw uitspreken over het feit dat er geen eind gemaakt werd aan de slavernij. Hij noemde zichzelf een 'halve Amerikaan',[8] maar vergeleek Amerika intussen met een 'cartesiaanse draaikolk waarin alles werd weggevoerd en tot een saaie monotonie werd afgevlakt'.[9] Hij had een groot zelfvertrouwen, maar snakte voortdurend naar bevestiging. Hij werd bewonderd vanwege zijn brede kennis, maar tegelijkertijd gevreesd vanwege zijn scherpe tong. Zijn boeken werden in meer dan tien talen vertaald en waren zo populair dat mensen hun boekhandelaar soms omkochten om als eerste een exemplaar te kunnen bemachtigen, maar toch stierf hij berooid. Hij kon behoorlijk zelfingenomen zijn, maar was ook in staat zijn laatste geld weg te geven aan een of andere jonge wetenschapper die nauwelijks rond kon komen. Zijn leven bestond uitsluitend uit reizen en keihard werken. Hij wilde voortdurend nieuwe dingen beleven, liefst drie tegelijk, zoals hij het zelf uitdrukte.[10]

Humboldt was befaamd om zijn kennis en zijn wetenschappelijke geest. Toch was hij niet het prototype van een geleerde. Aan zijn studeerkamer en zijn boeken had hij niet genoeg: hij vergaarde zijn kennis ook via lichamelijke inspanning en vergde daarbij het uiterste van zichzelf. Hij drong diep door in de mysterieuze wereld van het Venezolaanse regenwoud en kroop op grote hoogte over smalle bergrichels in de Andes om de vlammen in het binnenste van een actieve vulkaan te kunnen zien. Zelfs als zestigjarige reisde hij nog meer dan vijftienduizend kilometer naar de verste uithoeken van Rusland, waar hij zijn jongere metgezellen regelmatig met gemak voorbijliep.

Niet alleen had hij een voorliefde voor meten en observeren; hij werd ook gedreven door een gevoel van verwondering. Vanzelfsprekend diende de natuur gemeten en geanalyseerd te worden, maar ook zintuigen en emoties speelden een rol bij het waarnemen van onze natuurlijke omgeving. Hij wilde een 'liefde voor de natuur' oproepen.[11] In een tijd waarin andere wetenschappers op zoek waren naar universele wetten, schreef Humboldt dat de natuur met het gevoel moest worden ervaren.[12]

Humboldt was uitzonderlijk omdat hij in staat was zelfs de kleinste bijzonderheden jarenlang te onthouden: de vorm van een blad, de kleur van grond, een gemeten temperatuur, de volgorde van gesteentelagen. Dankzij zijn buitengewone geheugen was hij in staat tot het vergelijken van waarnemingen die hij over de hele wereld had gedaan, al lagen daar soms tientallen jaren of duizenden kilometers tussen. Zoals een vakgenoot later zei, was hij in staat om 'de hele keten van alle verschijnselen ter wereld met één blik te overzien'.[13] Terwijl anderen diep in hun geheugen moesten graven, had Humboldt – 'wiens ogen natuurlijke telescopen en microscopen' waren,[14] zoals de Amerikaanse dichter en schrijver Ralph Waldo Emerson bewonderend opmerkte – ieder brokje informatie over alles wat hij ooit geleerd of waargenomen had te allen tijde tot zijn beschikking.

Terwijl hij daar, uitgeput van de zware klim, hoog op de Chimborazo stond, nam Humboldt het uitzicht in zich op. Hier waren de vegetatiezones recht op elkaar gestapeld. In de valleien had hij door palmbossen en vochtige bamboewouden gelopen, waar kleurige orchideeën zich aan de bomen vastklampten. Een stukje hoger had hij coniferen, eiken, elzen en struikachtige berberissen gezien, die leken op hun soortgenoten in de Europese bossen. Daarna waren er bergplanten verschenen die veel weg hadden van de gewassen die hij in de Zwitserse bergen had verzameld, en korstmossen die hem deden denken aan exemplaren uit de noordpoolcirkel en Lapland. Niemand had ooit op deze manier naar planten gekeken. Humboldt nam de vegetatie niet waar volgens de

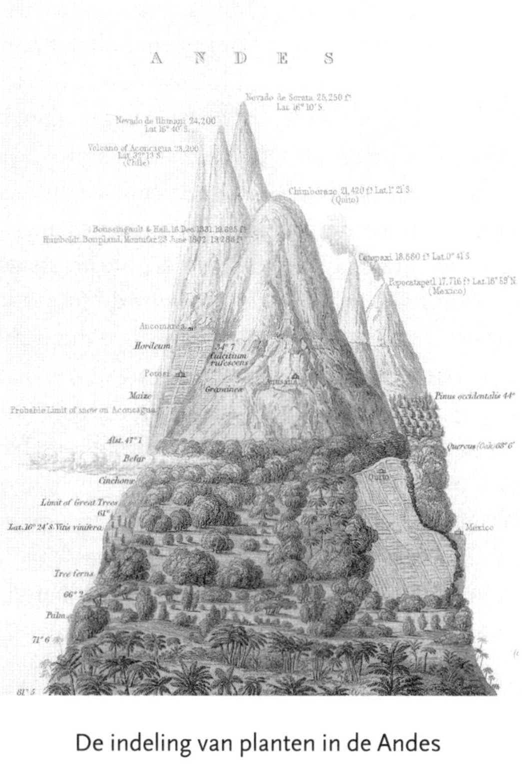

De indeling van planten in de Andes

beperkte classificatiecategorieën, maar in relatie tot groeiplaats en klimaat. Hij beschouwde de natuur als een universele kracht met klimaatzones die zich over alle continenten uitstrekten; een radicale opvatting voor die tijd, maar wel een die nog steeds van invloed is op ons beeld van ecosystemen.

Uit Humboldts boeken, dagboeken en brieven komt een beeld naar voren van een visionair, een denker die zijn tijd ver vooruit was. Hij was de uitvinder van de isothermen – de temperatuur- en luchtdruklijnen op onze huidige weerkaarten – en van de magnetische evenaar. Hij kwam met het idee van de vegetatie- en klimaatzones die in kronkelende banen over de aardbol lopen. En het allerbelangrijkste: hij veranderde op revolutionaire wijze de manier waarop we tegen de natuur aankijken. Overal zag hij verbanden. Niets, zelfs niet het kleinste organisme, bekeek hij alsof het louter op zichzelf stond. 'In deze lange keten van oorzaak en gevolg kan geen enkel feit als losstaand worden beschouwd,' zei hij.[15] Dat inzicht leidde tot het concept van het 'web van leven', het concept van de natuur zoals wij dat tegenwoordig kennen.

Door de natuur te beschouwen als een web worden we ons ook bewust van haar kwetsbaarheid. Alles hangt met elkaar samen. Als één draadje wordt losgetrokken, raakt het hele weefsel ontrafeld. Nadat hij in het jaar 1800 had gezien wat de verwoestende gevolgen waren van de aanleg van koloniale plantages bij het Valenciameer in Venezuela, werd Humboldt de eerste wetenschapper die een door de mens veroorzaakte klimaatverandering aan de orde stelde.[16] Door ontbossing werd het land onvruchtbaar, het waterniveau in het meer daalde en als gevolg van het verdwijnen van laaggroeiende gewassen werd de grond op de omringende berghellingen door stortregens weggespoeld. Humboldt was de eerste die het verkoelende effect van het regenwoud – door afgifte van waterdamp aan de atmosfeer – verklaarde, en die benadrukte hoe belangrijk het woud was voor het vasthouden van water en het voorkomen van bodemerosie.[17] Hij waarschuwde dat de mens invloed uitoefende op het klimaat en dat dit voor 'toekomstige generaties' onvoorziene effecten zou kunnen hebben.[18]

In *De uitvinder van de natuur* volgen we de onzichtbare lijnen die ons met deze bijzondere man verbinden. Humboldt beïnvloedde veel van de belangrijkste denkers, kunstenaars en wetenschappers uit zijn tijd. Thomas Jefferson noemde hem 'een van de grootste sieraden van de eeuw'.[19] Charles Darwin schreef: 'Niets heeft ooit mijn geestdrift zo gestimuleerd als het lezen van Humboldts reisverslag',[20] en verklaarde dat hij zich zonder Humboldt nooit op de Beagle zou hebben ingescheept en evenmin *On the Origin of Species* had kunnen schrijven.* William Wordsworth en Samuel Taylor Coleridge verwerkten Humboldts concept van de natuur in hun gedichten. En Amerika's meest vereerde natuurschrijver, Henry David Thoreau, vond in Humboldts werken een oplossing voor zijn dilemma hoe hij zowel dichter als natuurwetenschapper kon zijn – zijn *Walden* was zonder Humboldt een volstrekt ander boek geworden. Simón Bolívar, de revolutionair die Zuid-Amerika van de Spaanse koloniale overheersing bevrijdde, noemde Humboldt de 'ontdekker van de Nieuwe Wereld'[21] en Johann Wolfgang von Goethe, Duitslands grootste dichter, verklaarde dat hij na een paar dagen in Humboldts gezelschap het gevoel had dat hij 'jaren had geleefd'.[22]

Op 14 september 1869 werd overal ter wereld de honderdste geboortedag van Alexander von Humboldt gevierd. Er waren feesten in Europa, Afrika, Australië en op het Amerikaanse continent. In Melbourne en Adelaide kwamen mensen bijeen om te luisteren naar toespraken over Humboldt. Datzelfde gebeurde in Buenos Aires en Mexico-Stad.[23] Er vonden festiviteiten plaats in Moskou, waar Humboldt 'de Shakespeare van de natuurwetenschappen' werd genoemd,[24] en in het Egyptische Alexandrië, waar de gasten feestvierden onder een hemel die door vuurwerk werd verlicht.[25] De grootschaligste herdenkingen werden gehouden in de Verenigde Staten, waar van San Francisco tot Philadelphia en van Chicago tot Charleston optochten, overvloedige diners en concerten plaatsvonden.[26] In Cleveland gingen zo'n achtduizend mensen de straat op en in Syracuse, in de staat New York, deden er nog eens vijftienduizend mee aan een optocht van meer dan anderhalve kilometer.[27] President Ulysses Grant was aanwezig bij de Humboldtherdenking in Pittsburgh, samen met tienduizend andere bewonderaars, die de stad geheel lamlegden.[28]

In New York City waren de met kinderkopjes geplaveide straten omzoomd met vlaggen. Het stadhuis was behangen met spandoeken en hele huizen waren aan het zicht onttrokken door reusachtige affiches waarop Humboldts gezicht stond afgebeeld. Zelfs de schepen die over de Hudson voorbijvoeren waren met kleurige vaandels versierd. 's Och-

* In het Nederlands verschenen onder de titel *Het ontstaan van soorten* – vert.

tends liepen duizenden mensen achter tien muziekkorpsen van de Bowery via Broadway naar Central Park, ter ere van een man 'wiens faam geen enkel land zich kan toe-eigenen', zoals de voorpagina van *The New York Times* berichtte.[29] Vroeg op de middag hadden zich vijfentwintigduizend toeschouwers in Central Park verzameld voor diverse toespraken en de onthulling van een groot bronzen borstbeeld. Toen de duisternis inviel, begonnen vijftienduizend deelnemers aan een fakkeloptocht door de met kleurige Chinese lantaarns versierde straten.

Laten we ons voorstellen, zei een van de sprekers, hoe hij daar op de Andes stond, zijn geest verheven boven die van ieder ander.[30] In elke toespraak, overal ter wereld, werd die dag benadrukt dat Humboldt een 'innerlijke samenhang' had waargenomen tussen alle aspecten van de natuur.[31] In Boston hield Emerson de edellieden uit de stad voor dat Humboldt 'een van de wereldwonderen' was geweest.[32] Zijn roem, zo stond er in de Londense krant *The Daily News*, was 'op een bepaalde manier verbonden met het universum zelf'.[33] In Duitsland vonden er festiviteiten plaats in Keulen, Hamburg, Dresden, Frankfurt en een groot aantal andere steden.[34] De uitvoerigste vieringen werden gehouden in Berlijn, Humboldts geboortestad, waar ondanks de stortregen tachtigduizend mensen bijeenkwamen. Op last van de autoriteiten bleven alle kantoren en overheidsdiensten die dag gesloten. Terwijl de regen met bakken uit de hemel viel en een gure wind de toeschouwers verkilde, gingen de toespraken en liederen urenlang door.[35]

Hoewel Alexander von Humboldt buiten de academische wereld inmiddels grotendeels vergeten is – in ieder geval in het Engelse taalgebied – wordt ons denken nog steeds door zijn ideeën beïnvloed. En terwijl zijn boeken stof staan te vergaren in bibliotheken, leeft zijn naam overal voort:[36] van de Humboldtstroom langs de kust van Chili en Peru tot tientallen monumenten, parken en bergen in Latijns-Amerika, waaronder de Sierra Humboldt in Mexico en de Pico Humboldt in Venezuela. Een stad in Argentinië, een rivier in Brazilië, een geiser in Ecuador en een baai in Colombia; allemaal zijn ze vernoemd naar Humboldt.*

In Groenland is een Kap Humboldt en een Humboldtgletsjer, en in

*Tot op de dag van vandaag worden er op een groot aantal Duitstalige scholen in Latijns-Amerika iedere twee jaar atletiekwedstrijden gehouden met de naam Juegos Humboldt (Humboldtspelen).

Noord-China, Zuid-Afrika, Nieuw-Zeeland en Antarctica zijn bergketens naar hem genoemd. Datzelfde geldt voor rivieren en watervallen in Tasmanië en Nieuw-Zeeland, en voor parken in Duitsland. Dan is er nog de rue Alexandre-de-Humboldt in Parijs. En in Noord-Amerika alleen al dragen vier county's, dertien steden, een aantal bergen, baaien, meren en een rivier zijn naam, evenals het Humboldt Redwoods State Park in Californië en de Humboldtparken in Chicago en Buffalo. De staat Nevada had bijna de naam Humboldt gekregen, toen er tijdens de Constitutional Convention van 1861 over naamgeving werd gediscussieerd.[37] Bijna driehonderd planten en meer dan honderd diersoorten zijn naar hem genoemd – waaronder de Californische humboldtlelie (*Lilium humboldtii*), de Zuid-Amerikaanse humboldtpinguïn (*Spheniscus humboldti*) en de wrede, roofzuchtige humboldtinktvis (*Dosidicus gigas*) die voorkomt in de Humboldtstroom. Ook verschillende mineralen – zoals *humboldtiet* en *humboldtien* – dragen zijn naam, en op de maan bevindt zich een gebied dat 'Mare Humboldtianum' heet. Er bestaat geen enkele persoon naar wie zo veel plaatsen zijn genoemd.[38]

Ecologen, milieudeskundigen en natuurschrijvers verlaten zich op Humboldts inzichten, al zijn de meesten zich daar niet van bewust. Het boek *Silent Spring** van Rachel Carson is gebaseerd op Humboldts concept van onderlinge verbanden, en de beroemde Gaia-hypothese van de Britse wetenschapper James Lovelock, over de aarde als levend organisme, vertoont er ook opvallende gelijkenissen mee. Toen Humboldt de aarde beschreef als 'een natuurlijk geheel dat door inwendige krachten wordt aangestuurd en bezield',[39] liep hij daarmee honderdvijftig jaar op Lovelocks ideeën vooruit. Het boek waarin hij dit concept introduceerde, noemde hij *Kosmos*, hoewel hij eerst de titel 'Gäa' overwogen had.[40]

Wij worden gevormd door ons verleden. Nicolaas Copernicus toonde ons onze plaats in het universum, Isaac Newton legde ons de natuurwetten uit, Thomas Jefferson schonk ons een aantal denkbeelden over vrijheid en democratie en Charles Darwin bewees dat alle soorten uit gemeenschappelijke voorouders ontstaan. Al deze ideeën definiëren onze relatie tot de wereld.

Het was Humboldt die ons het concept van de natuur zelf aanreikte. Ironisch genoeg zijn zijn denkbeelden intussen zo vanzelfsprekend geworden dat we de man erachter zo goed als vergeten zijn. Toch bestaat

* In Nederland uitgegeven onder de titel *Dode lente* – vert.

er, via zijn ideeën en de vele mensen die erdoor beïnvloed werden, een onzichtbare verbindingslijn tussen hem en ons.

De uitvinder van de natuur is mijn zoektocht naar Humboldt. Een zoektocht die me over de hele wereld voerde en me naar archieven in onder andere Californië, Berlijn en Cambridge leidde. Ik las duizenden brieven, maar volgde tevens Humboldts voetspoor. Ik bezocht de anatomietoren in het Duitse Jena, waar Humboldt zich wekenlang bezighield met het ontleden van dieren, en op zesendertighonderd meter hoogte op de Antisana in Ecuador vond ik, terwijl er vier condors boven mijn hoofd cirkelden en ik omringd werd door een kudde wilde paarden, de vervallen hut waarin hij in maart 1802 een nacht had doorgebracht.

In Quito hield ik Humboldts originele Spaanse paspoort in mijn handen – het document dat hem in staat gesteld had door Latijns-Amerika te reizen. In Berlijn opende ik de dozen met zijn notities – fantastische collages van duizenden blaadjes papier, schetsen en getallen – en begreep ik eindelijk hoe zijn geest gewerkt had. Dichter bij huis, in de British Library in Londen, bracht ik vele weken door met het lezen van Humboldts gepubliceerde werken, waarvan er sommige zo dik en zwaar waren dat ik ze nauwelijks uit de kast kreeg. In Cambridge bekeek ik Darwins persoonlijke exemplaren van Humboldts boeken, die aan boord van de Beagle op een plankje naast zijn hangmat hadden gestaan. Ze stonden vol potloodaantekeningen. Het lezen van die boeken gaf me het gevoel dat ik luistervinkje speelde terwijl Darwin tegen Humboldt sprak.

Ik heb 's nachts in het Venezolaanse regenwoud naar het merkwaardige geschreeuw van de brulapen liggen luisteren en tijdens de orkaan Sandy zonder elektriciteit vastgezeten in Manhattan, waar ik naartoe gereisd was om een aantal documenten te lezen in de New York Public Library. Ik heb in het dorpje Piobesi, vlak bij Turijn, het oude landhuis met zijn tiende-eeuwse toren bewonderd, waar George Perkins Marsh in 1863 delen schreef van *Man and Nature* – een boek dat geïnspireerd was op Humboldts ideeën en dat het begin van de Amerikaanse milieubeweging zou inluiden. Ik heb in een dik, versgevallen pak sneeuw rondom het Waldenmeer van Thoreau gelopen en wandeltochten gemaakt in Yosemite, waar ik moest denken aan de woorden van John Muir: 'De wildernis is de snelste route naar het universum.'[41]

De opwindendste momenten beleefde ik toen ik eindelijk de Chimborazo beklom, de berg die zo'n belangrijke rol had gespeeld bij het tot stand komen van Humboldts visie op de natuur. De lucht was zo ijl toen ik de doodse berghelling op liep, dat iedere stap een eeuwigheid leek te duren. Mijn benen voelden loodzwaar aan en leken op een of andere manier geen deel meer van mijn lichaam uit te maken. Moeizaam sleepte ik me voort. Mijn bewondering voor Humboldt werd bij iedere stap groter. Hij had de Chimborazo beklommen met een verwonding aan zijn voet (en uiteraard zonder de stevige, comfortabele wandelschoenen die ik droeg) terwijl hij beladen was met instrumenten en voortdurend halt hield om metingen uit te voeren.

Het resultaat van deze onderzoekingstocht door gebieden en geschriften, door denkbeelden en dagboeken, is *De uitvinder van de natuur.* Met dit boek heb ik gepoogd Humboldt te herontdekken en hem zijn rechtmatige plaats in de eregalerij van natuurwetenschappers terug te bezorgen. Het is ook de uitkomst van mijn zoektocht naar de oorsprong van de huidige denkbeelden over onze natuurlijke omgeving.

DEEL I

VERTREK: IDEEËN OPDOEN

I Jeugdjaren

Alexander von Humboldt werd op 14 september 1769 geboren als zoon van rijke Pruisische aristocraten die hun winters doorbrachten in Berlijn en hun zomers op het familielandgoed Tegel, een bescheiden slot ongeveer vijftien kilometer ten noordwesten van de stad. Zijn vader, Alexander Georg von Humboldt, was officier in het leger, kamerheer aan het Pruisische hof en vertrouweling van de toekomstige koning Frederik Willem II. Zijn moeder, Marie Elisabeth, was de dochter van een rijke fabrikant die grond en kapitaal in de familie bracht.[1] De familie Humboldt stond in Berlijn in hoog aanzien; de toekomstige koning was zelfs Alexanders peetvader.[2] Ondanks hun bevoorrechte opvoeding kenden Alexander en zijn broer Wilhelm echter geen gelukkige jeugd.[3] Hun geliefde vader stierf een plotselinge dood toen Alexander negen was, en hun moeder toonde haar zoons weinig genegenheid.[4] Terwijl hun vader een vriendelijk, innemend karakter had gehad, was hun moeder formeel, koud en afstandelijk. In plaats van moederlijke warmte gaf ze haar zoons het beste onderwijs dat er destijds in Pruisen beschikbaar was: ze huurde een hele reeks verlichte denkers in, die de beide kinderen privéles gaven en hun een passie voor waarheid, vrijheid en kennis bijbrachten.

Binnen deze wat ongebruikelijke verhoudingen zagen de jongens sommige leermeesters als een vaderfiguur. Eén leraar, Gottlob Johann Christian Kunth, een man die jarenlang verantwoordelijk was voor hun onderricht, had de gewoonte regelmatig uiting te geven aan zijn ongenoegen en teleurstelling, terwijl hij tegelijkertijd een zekere afhankelijkheid stimuleerde.[5] Terwijl de broers sommen maakten, Latijnse teksten vertaalden of Franse woordjes leerden, keek hij over hun schouder mee en wees hen voortdurend terecht. Hij was nooit echt tevreden over hun vorderingen. Bij ieder foutje reageerde hij alsof ze hem opzettelijk hadden willen kwetsen. Voor de jongens was dit pijnlijker dan wanneer hij hen met een Spaans riet had geslagen. Wilhelm vertelde later dat ze altijd wanhopig hun best deden om het Kunth naar de zin te maken en daardoor 'eeuwig zorgen' hadden.[6]

Voor Alexander was het extra moeilijk; hij kreeg dezelfde lesstof als zijn opmerkelijk intelligente broer, hoewel hij twee jaar jonger was. Als gevolg daarvan raakte hij ervan overtuigd dat hij minder begaafd was dan Wilhelm. Terwijl Wilhelm uitblonk in Latijn en Grieks, voelde Alexander zich dom en traag; het kostte hem allemaal zoveel moeite dat zijn docenten 'eraan twijfelden of hij ooit zelfs maar een normale intelligentie zou ontwikkelen', zo vertelde hij later aan een vriend.[7]

Slot Tegel en het omringende landgoed

Wilhelm verloor zich in de Griekse mythologie en in verhalen over het oude Rome,[8] maar Alexander werd rusteloos van boeken. Zodra hij de kans kreeg, ontsnapte hij uit het klaslokaal de bossen in, op zoek naar planten, dieren en stenen om na te tekenen. Omdat hij steevast terugkwam met zijn zakken vol insecten en planten, kreeg hij thuis de bijnaam 'kleine apotheker',[9] maar niemand nam zijn belangstelling serieus. Volgens de familieoverlevering vroeg de Pruisische koning, Frederik de Grote, hem eens of hij ook van plan was de wereld te veroveren, net als zijn naamgenoot Alexander de Grote. De kleine Humboldt antwoordde: 'Jawel, meneer, maar dan met mijn hoofd.'[10]

Later vertelde Humboldt aan een goede vriend dat hij een groot deel van zijn jeugd had doorgebracht tussen mensen die wel van hem hielden, maar hem niet begrepen. Zijn leermeesters waren veeleisend en zijn moeder, Marie Elisabeth, leidde een teruggetrokken leven. Volgens Kunth was haar hoogste prioriteit om bij Wilhelm en Alexander een 'intellectuele en morele perfectie'[11] te cultiveren – hun emotionele welzijn was blijkbaar van geen belang. 'Er werden mij talloze beperkingen opgelegd,' zei Humboldt.[12] Hij werd eenzaam en trok een beschermende muur rond zichzelf op; omdat hij het gevoel had dat hij nooit zichzelf kon zijn in de buurt van die strenge moeder, die hem voortdurend haarscherp in de gaten hield, hield hij zijn ware aard verborgen. Uitingen van opwinding of vreugde werden in huize Humboldt als onacceptabel beschouwd.

Alexander en Wilhelm waren totaal verschillende persoonlijkheden.[13] De avontuurlijk aangelegde Alexander was het liefst buiten; Wilhelm daarentegen was ernstig en ijverig. Alexander werd regelmatig heen en weer geslingerd tussen verschillende emoties, terwijl Wilhelm een grote zelfbeheersing aan de dag legde.[14] Elk trok zich terug in zijn eigen wereldje. Wilhelm verdween in zijn boeken en Alexander maakte eenzame wandeltochten door de bossen van Tegel – uitgestrekte, aangeplante wouden van ingevoerde Noord-Amerikaanse boomsoorten.[15] Tijdens die wandelingen tussen fraai gekleurde suikeresdoorns en statige witte eiken ervoer Alexander de natuur als kalmerend en troostend.[16] Toch was het hier, tussen al die bomen uit een andere wereld, dat hij begon te dromen over verre landen.

Alexander groeide op tot een knappe jongeman. Langer dan één meter tweeënzeventig werd hij niet,[17] maar omdat hij altijd fier rechtop liep, leek hij groter. Hij was tenger en lenig, snel en behendig.[18] Zijn handen waren klein en rank, bijna vrouwelijk,[19] zoals een van zijn vrienden opmerkte, en zijn blik was onderzoekend en altijd alert. Zijn uiterlijk voldeed in hoge mate aan de idealen van zijn tijd: warrig haar, volle, expressieve lippen en een kuiltje in zijn kin. Maar hij was vaak ziek. Hij leed aan koortsen en zenuwzwakten, die zijn broer toeschreef aan een 'vorm van hypochondrie', want, zo zei Wilhelm: 'Die arme jongen is niet gelukkig.'[20]

Om zijn kwetsbaarheid te verbergen verschool Alexander zich achter een façade van gevatheid en eerzucht. Als jongen werd hij al gevreesd vanwege zijn venijnige opmerkingen. Eén vriend van de familie noemde hem 'un petit esprit malin'[21] – een kleine kwelgeest – een benaming die hij de rest van zijn leven eer zou aandoen. Zelfs zijn beste vrienden gaven toe dat hij nu en dan iets kwaadaardigs had,[22] maar volgens Wilhelm had zijn broer nooit echt de bedoeling om te kwetsen; hij was hooguit een beetje ijdel en had een sterke drang tot schitteren en excelleren.[23] Vanaf zijn jeugd lijkt Alexander heen en weer geslingerd te zijn geweest tussen ijdelheid en eenzaamheid, tussen een sterk verlangen naar lof en een hunkering naar onafhankelijkheid.[24] Onzeker, maar tegelijkertijd overtuigd van zijn intellectuele capaciteiten, zwenkte hij heen en weer tussen zijn behoefte aan bevestiging en zijn gevoel van superioriteit.

Humboldt, geboren in hetzelfde jaar als Napoleon Bonaparte, groeide op in een wereld die steeds kleiner en toegankelijker werd. Toepasselijk genoeg kwam enkele maanden voor zijn geboorte voor het eerst een internationale wetenschappelijke samenwerking tot stand – een samenwerking tussen astronomen uit tientallen verschillende landen, die hun waarnemingen van de Venusovergang uitwisselden en op elkaar afstemden. Het probleem van de geografische lengtebepaling was eindelijk opgelost en de lege plekken op achttiende-eeuwse kaarten werden in snel tempo ingevuld. De wereld was aan het veranderen. Net voordat Humboldt zeven werd, verklaarden de Amerikaanse revolutionairen zich onafhankelijk, en kort voor zijn twintigste verjaardag, in 1789, volgden de Fransen dat voorbeeld met hun eigen revolutie.

Duitsland maakte nog steeds deel uit van het Heilige Roomse Rijk, dat volgens de Franse denker Voltaire noch heilig, noch rooms en al evenmin een rijk was. Het bestond uit een groot aantal staten – sommige daarvan slechts kleine prinsdommen, andere geregeerd door grote en machtige dynastieën als de Hohenzollerns in Pruisen en de Habsburgers in Oostenrijk, die een voortdurende strijd voerden om heerschappij en grondgebied. Halverwege de achttiende eeuw, tijdens de regering van Frederik de Grote, was Pruisen uitgegroeid tot Oostenrijks grootste rivaal.

Ten tijde van Humboldts geboorte stond Pruisen bekend om zijn reusachtige staande leger en zijn effectieve bestuur. Hoewel Frederik de Grote als absoluut vorst regeerde, voerde hij toch een aantal hervormingen in, waaronder een systeem voor lager onderwijs en enkele bescheiden landbouwhervormingen. Daarnaast werden ook de eerste stappen gezet naar religieuze tolerantie. Behalve om zijn kundigheid op militair gebied stond Frederik de Grote ook bekend om zijn liefde voor muziek, filosofie en boeken. En hoewel Franse en Engelse tijdgenoten de Duitsers vaak wegzetten als lomp en achterlijk, stonden er in de Duitse staten meer universiteiten en bibliotheken dan elders in Europa.[25] Uitgevers deden goede zaken, het tijdschrift maakte opgang en het aantal geletterden nam razendsnel toe.

Ondertussen ging het Groot-Brittannië economisch voor de wind. Vernieuwingen in de landbouw, zoals wisselbouw en nieuwe irrigatiesystemen, leverden grotere oogsten op. De Britten raakten bevangen door de 'kanaalkoorts' en legden over het hele eiland een net van wegen en kanalen aan. De Industriële Revolutie bracht weef- en andere machines, en productiecentra groeiden in hoog tempo uit tot steden. Britse boeren schakelden van landbouw voor eigen gebruik over op voedselproductie voor de bevolking van de nieuwe industriesteden.

Met nieuwe technologieën – zoals de stoommachines van James Watt – en ontwikkelingen op medisch gebied – in Europa en Noord-Amerika werden de eerste mensen tegen de pokken gevaccineerd – begon de mens de natuur aan zijn wil te onderwerpen. Toen Benjamin Franklin halverwege de achttiende eeuw de bliksemafleider uitvond, kon men verschijnselen temmen die voorheen als tekenen van Gods toorn waren beschouwd. Met deze nieuwe macht verloor de mens zijn vrees voor de natuur.

Tijdens de twee voorafgaande eeuwen had in de westerse maatschappij het idee overheerst dat de natuur een soort ingewikkeld apparaat was, een 'grote en gecompliceerde machine', zoals een wetenschapper het uitdrukte.[26] Want als de mens al ingewikkelde klokken en apparaten kon maken, wat voor grootse dingen zou God dan wel niet kunnen scheppen? De Franse filosoof René Descartes en zijn volgelingen waren van mening dat God deze mechanische wereld in beweging had gezet, terwijl Isaac Newton het universum eerder beschouwde als een goddelijk uurwerk waarin God, de maker, nog regelmatig ingreep.

Uitvindingen als telescopen en microscopen brachten nieuwe werelden in beeld, en daarmee groeide de overtuiging dat de natuur aan wetmatigheden onderhevig was. Aan het einde van de zeventiende eeuw kwam de Duitse filosoof Gottfried Wilhelm von Leibniz met ideeën over een algemene natuurwetenschap, gebaseerd op wiskundige principes. Tezelfdertijd paste Newton in Cambridge mathematische theorieën op de natuur toe en verklaarde daarmee de werking van het heelal. Als gevolg daarvan leek de wereld aangenaam voorspelbaar te worden, zolang de mensheid de natuurwetten tenminste kon bevatten.

Met behulp van mathematica, objectieve waarnemingen en gecontroleerde experimenten werd de weg van de rede in de westerse wereld gebaand. Wetenschappers werden ingezetenen van de door henzelf uitgeroepen 'republiek der letteren',[27] een gemeenschap van intellectuelen die lands-, taal- en godsdienstgrenzen oversteeg. Hun brieven

zigzagden door heel Europa en staken ook de Atlantische Oceaan over, waardoor wetenschappelijke ontdekkingen en nieuwe ideeën zich wijd verspreidden. Deze republiek der letteren was een land zonder grenzen dat niet door een heerser, maar door de rede werd bestuurd. Het was in dit nieuwe tijdperk van de Verlichting dat Alexander von Humboldt opgroeide, een tijdperk waarin de westerse samenlevingen vol zelfvertrouwen de weg van de vooruitgang leken te bewandelen. Vooruitgang, dat was het sleutelwoord in deze periode waarin iedere generatie de volgende benijdde. Niemand maakte er zich zorgen over dat de natuur zelf wel eens verwoest zou kunnen worden.

Als jongemannen waren Alexander en Wilhelm von Humboldt toegetreden tot de intellectuele kringen in Berlijn, waar ze discussieerden over het belang van onderwijs, tolerantie en onafhankelijk denken. Ze waren lid van allerlei leeskringen en filosofische salons; het vergaren van kennis, iets wat ze voorheen in Tegel alleen in eenzaamheid hadden gedaan, was nu een sociale bezigheid geworden. Marie Elisabeth bracht de zomers vaak op het landgoed door en liet haar zoons dan onder de hoede van hun leermeesters achter in het huis in Berlijn.[28] Aan die vrijheid zou echter snel een einde komen: hun moeder stuurde voor allebei aan op een carrière in staatsdienst.[29] En omdat ze financieel van haar afhankelijk waren, moesten ze zich wel naar haar wensen voegen.

Marie Elisabeth von Humboldt zond de achttienjarige Alexander naar de universiteit in Frankfurt an der Oder, een kleinsteeds instituut met slechts tweehonderd studenten, dat ongeveer honderddertig kilometer ten oosten van Berlijn lag. Waarschijnlijk was haar keus niet zozeer bepaald door het academisch gehalte als wel door de geringe afstand tot Tegel.[30] Nadat Alexander zich een semester lang verdiept had in staatsbestuur en politieke economie, werd besloten dat hij klaar was voor toetreding tot de universiteit van Göttingen, een van de beste universiteiten in de Duitse vorstendommen, waar zijn broer rechten studeerde.[31] Alexander richtte zich op natuurwetenschap, wiskunde en talen.[32] Hoewel de twee broers in dezelfde stad woonden, brachten ze maar weinig tijd samen door. 'We zijn te verschillend van aard,' zei Wilhelm.[33] Terwijl Wilhelm hard studeerde, droomde Alexander van avonturen en tropische gebieden.[34] Hij wilde dolgraag uit Duitsland weg. Als kind had hij de dagboeken gelezen van kapitein James Cook en Louis Antoine de Bougainville, die allebei om de wereld hadden gevaren, en daarbij had hij zichzelf ver weg gewaand. Toen hij in de botanische tuin in Berlijn de tropische palmen zag, wilde hij niets liever dan deze in hun natuurlijke omgeving zien.[35]

Die jeugdige *Wanderlust* werd nog sterker toen hij met een oudere vriend, Georg Forster, meeging op een vier maanden durende reis door Europa. Forster, een Duitse naturalist, had Cook op zijn tweede reis om de wereld vergezeld. Hij en Humboldt hadden elkaar in Göttingen ontmoet. Ze spraken vaak over Cooks expeditie, en Forsters levendige beschrijvingen van de eilanden in de Stille Zuidzee wakkerden Humboldts reislust alleen nog maar verder aan.[36]

In de lente van 1790 reisden Forster en Humboldt samen naar Engeland, Nederland en Frankrijk. Het hoogtepunt van hun reis was Londen, waar alles Humboldt aan verre landen deed denken. Op de Theems wemelde het van de vaartuigen die beladen waren met goederen uit alle hoeken van de wereld. Per jaar voeren zo'n vijftienduizend schepen de haven binnen, volgeladen met specerijen uit Oost-Indië, suiker uit West-Indië, thee uit China, wijn uit Frankrijk en hout uit Rusland.[37] De rivier was één 'zwart woud' van scheepsmasten.[38] Tussen de reusachtige handelsschepen voeren honderden aken, sloepen en kleinere bootjes. Het mocht er dan veel te vol zijn, het gaf wel een schitterend beeld van de macht van het Britse imperium.

In Londen maakte Humboldt kennis met botanisten, ontdekkingsreizigers, kunstenaars en denkers. Hij ontmoette kapitein William Bligh (die van de beruchte muiterij op de Bounty) en Joseph Banks, de botanist die Cook op zijn eerste reis om de wereld vergezeld had en die inmiddels president was van de Royal Society, de Britse academie van wetenschappen.[39] Hij bewonderde de betoverende schilderijen en schetsen die William Hodges als meereizend kunstenaar tijdens Cooks

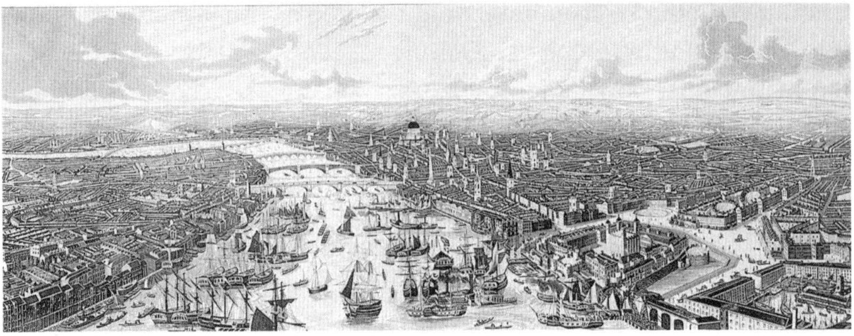

Uitzicht op Londen en de Theems

tweede wereldreis had gemaakt. Overal waar hij keek, ontdekte hij nieuwe werelden. Zelfs wanneer hij 's ochtends vroeg zijn ogen opendeed, waren de schepen van de Britse Oost-Indische Compagnie op de ingelijste gravures aan de wand het eerste wat hij zag. Vaak moest hij huilen als hij op deze pijnlijke wijze aan zijn onvervulde dromen werd herinnerd.[40] 'Ik voel een drang vanbinnen die me vaak doet vrezen dat ik bezig ben mijn verstand te verliezen,' schreef hij.[41]

Als zijn verdriet hem te veel werd, maakte hij in zijn eentje lange wandelingen. Tijdens een van die tochten over het platteland van Hampstead, iets ten noorden van Londen, zag hij een briefje aan een boom hangen: jonge matrozen gevraagd.[42] Even hoopte hij de oplossing gevonden te hebben, maar toen dacht hij weer aan zijn strenge moeder. Hij voelde zich onverklaarbaar aangetrokken tot het onbekende, iets wat de Duitsers *Fernweh* noemen – verlangen naar verre gebieden – maar uiteindelijk legde hij zich erbij neer dat hij een 'te goede zoon' was om zich tegen zijn moeder te keren.[43]

In de overtuiging dat hij langzaam gek aan het worden was, begon hij 'krankzinnige brieven' aan zijn vrienden thuis te schrijven.[44] 'Mijn ongelukkige omstandigheden,' zo schreef hij een vriend op de avond voor zijn vertrek uit Engeland, 'dwingen mij ertoe te willen wat ik niet kan krijgen, en te doen waar ik geen zin in heb.'[45] Toch had hij niet de moed in te gaan tegen zijn moeders ideeën over een adellijke Pruisische opvoeding.

Na zijn terugkomst nam zijn verdriet de vorm aan van een onstuitbare energie. Hij werd voortgejaagd door een 'nooit aflatende gedrevenheid', schreef hij, alsof hij door 'tienduizend zwijnen' achternagezeten werd.[46] Hij stuiterde alle kanten op en sprong van het ene onderwerp naar het andere. Aan zijn intellectuele capaciteiten twijfelde hij inmiddels niet meer. Hij voelde zich niet langer de mindere van zijn broer, maar was druk doende zichzelf, zijn vrienden en zijn familieleden te tonen wat hij allemaal in zijn mars had. Forster meende stellig dat Humboldts brein 'jammerlijk overwerkt' was,[47] en daarin stond hij niet alleen. Zelfs Wilhelm von Humboldts verloofde, Caroline von Dachröden, die Alexander nog maar kort kende, maakte zich zorgen. Ze mocht Alexander graag, maar vreesde dat hij op het punt stond te 'knakken'.[48] Bekenden maakten regelmatig opmerkingen over zijn rusteloze bedrijvigheid en het razendsnelle tempo – 'als een renpaard' – waarin hij sprak.[49]

In de nazomer van 1790 begon Humboldt aan zijn studie staathuishoudkunde aan de handelsacademie in Hamburg. Hij vond het vreselijk: niets dan cijfertjes en balansen.[50] In zijn vrije tijd verdiepte hij zich in wetenschappelijke verhandelingen en reisboeken.[51] Daarnaast leerde hij Deens en Zweeds; alles was beter dan economie. Zodra hij een vrij moment had, liep hij naar de Elbe om te kijken naar de grote koopvaardijschepen die tabak, rijst en indigo uit de Verenigde Staten aanvoerden. Het was het 'beeld van de schepen in de haven' – het symbool van al zijn dromen – dat hem op de been hield, vertelde hij een vriend.[52] Hij kon bijna niet wachten tot hij eindelijk 'schepper van zijn eigen geluk' zou zijn.[53]

Toen hij zijn studie in Hamburg afrondde, was Humboldt eenentwintig. Opnieuw schikte hij zich naar zijn moeders wensen: in juni 1791 schreef hij zich in aan de prestigieuze mijnbouwacademie in Freiberg, een stadje in de buurt van Dresden.[54] Een compromis, want hier zou hij worden klaargestoomd voor een carrière bij het Pruisische ministerie van Mijnbouw, terwijl hij tegelijkertijd de kans kreeg zich op natuurwetenschap en geologie te storten. De academie was de eerste in haar soort. Hier werden, binnen de context van praktische toepassing in de mijnbouw, de modernste geologische theorieën onderwezen. De school had enkelen van de beste studenten en docenten uit heel Europa aangetrokken, waardoor Freiberg inmiddels een bloeiende wetenschappelijke gemeenschap was.

Binnen acht maanden had Humboldt een programma afgerond waar anderen drie jaar over deden.[55] Iedere ochtend stond hij voor zonsopgang op en reed naar een van de mijnen in de buurt van Freiberg, waar hij vijf uur in de mijnschachten doorbracht om de constructie, de werkmethoden en het gesteente te onderzoeken. Omdat hij zo tenger en lenig was, bewoog hij zich met gemak door de smalle tunnels en de lage grotten, al borend en beitelend om monsters mee naar huis te kunnen nemen. Hij werkte zo ongenadig hard dat hij de kou en de vochtigheid nauwelijks opmerkte. Rond het middaguur kroop hij uit de duisternis tevoorschijn, klopte het stof van zijn kleren en haastte zich naar de academie voor de werkgroepen en colleges over mineralen en geologie. 's Avonds zat hij bij kaarslicht aan zijn bureau over zijn boeken gebogen, vaak tot diep in de nacht.[56] In zijn vrije tijd onderzocht hij de invloed van licht (of het gebrek eraan) op planten. Hij verzamelde duizenden planten, verrichtte metingen, maakte notities en classificeerde – kortom: hij was typisch een kind van de Verlichting.

Slechts een paar weken nadat hij in Freiberg was gearriveerd moest hij naar Erfurt, dat zo'n honderdvijftig kilometer naar het westen lag, voor de bruiloft van zijn broer en Caroline. Meestal koppelde hij sociale gelegenheden of familiefeesten aan werk, en dat deed hij nu ook: in plaats van simpelweg deel te nemen aan de festiviteiten in Erfurt, maakte hij er een bijna duizend kilometer lange geologische expeditie door Thüringen van.[57] Caroline vond het jachtige gedrag van haar nieuwe zwager deels amusant, deels zorgwekkend. Zijn energieke karakter beviel haar wel. Toch stak ze soms de draak met hem, als een zuster die haar jongere broer plaagt. Alexander had zo zijn eigenaardigheden en die moest je respecteren, zei ze tegen Wilhelm, maar ze maakte zich ook zorgen over zijn gemoedstoestand en zijn eenzaamheid.[58]

De enige vriend die Humboldt in Freiberg had, was een medestudent, de zoon van het echtpaar van wie hij zijn kamer huurde. De twee waren dag en nacht bij elkaar, ze studeerden samen en hadden lange gesprekken.[59] 'Nog nooit heb ik zo innig van iemand gehouden,'[60] bekende Humboldt, maar tegelijkertijd verweet hij zichzelf dat hij zo'n hechte band aanging,[61] terwijl hij wist dat hij na zijn studie weer uit Freiberg moest vertrekken en zich dan nog eenzamer zou voelen.

Zijn harde werken aan de academie wierp al snel vruchten af: toen hij zijn studie had afgerond werd hij, op de onvoorstelbaar jeugdige leeftijd van tweeëntwintig jaar, benoemd tot mijnbouwinspecteur, terwijl ervaren vakgenoten werden gepasseerd. Hoewel enigszins in verlegenheid gebracht door deze komeetachtige opkomst, was hij toch ook ijdel genoeg om er in lange brieven aan familie en vrienden over op te scheppen.[62] Maar het belangrijkste was dat hij dankzij deze baan de kans kreeg duizenden kilometers te reizen voor het onderzoeken van grond, mijnschachten en erts – van kolenmijnen in Brandenburg tot ijzermijnen in Silezië, goudmijnen in het Fichtelgebergte en zoutmijnen in Polen.

Op deze reizen ontmoette hij veel mensen, maar echt contact leggen deed hij zelden.[63] Hij was best tevreden, schreef hij zijn vrienden, maar zeker niet gelukkig. 's Avonds laat, na een lange dag in de mijnen of in zijn over slechte wegen voortratelende koets, dacht hij aan de weinige vrienden die hij de afgelopen jaren had gemaakt.[64] Hij voelde zich 'verdoemd, altijd eenzaam'.[65] Als hij onderweg weer eens in zijn eentje in een morsige taveerne of herberg zat te eten, was hij vaak te moe om te praten of te schrijven.[66] Toch voelde hij zich op sommige avonden zo alleen dat de behoefte aan communiceren het won van de vermoeidheid. Dan pakte hij zijn pen en schreef lange, soms wat onsamenhangende brieven waarin hij heen en weer schoot tussen gedetailleerde verhandelingen over werk en onderzoek, emotionele uitbarstingen, liefdesverklaringen en betuigingen van vriendschap.

De herinneringen aan hun tijd samen waren hem twee jaar van zijn leven waard, schreef hij aan zijn vriend in Freiberg,[67] met wie hij 'de zoetste uren van zijn leven' bekende te hebben doorgebracht.[68] Sommige van deze epistels, die diep in de nacht geschreven werden, waren hevig emotioneel en gaven blijk van een wanhopige eenzaamheid. Pagina's achtereen stortte hij zijn hart uit, om zich vervolgens te verontschuldigen voor zijn 'dwaze brieven'.[69] De dag erna, als het werk zijn volle aandacht opeiste, was hij alles weer vergeten, en vaak duurde het weken of zelfs maanden voordat hij weer van zich liet horen. Zelfs voor degenen die hem het best kenden, bleef Humboldt moeilijk te doorgronden.

Ondertussen nam zijn carrière een hoge vlucht en kreeg hij voor steeds meer dingen belangstelling. Hij raakte nu ook geïnteresseerd in de arbeidsomstandigheden van de mijnwerkers die hij iedere ochtend in het diepst der aarde zag verdwijnen. Om hun werk veiliger te maken ontwierp hij een ademmasker en een lamp die zelfs in de diepste, zuurstofarmste schachten nog licht gaf.[70] Geschokt door het gebrek aan kennis van de mijnwerkers schreef hij handboeken voor hen en richtte een mijnbouwschool op.[71] Toen hij besefte dat historische documenten nuttig konden zijn bij de exploratie van ongebruikte of slecht renderende mijnen, besteedde hij weken aan het ontcijferen van zestiende-eeuwse manuscripten, op zoek naar informatie over rijke ertsaders en andere oude bevindingen.[72] Hij werkte en reisde in zo'n manisch tempo dat sommigen van zijn collega's meenden dat hij 'acht benen en vier armen' moest hebben.[73]

De intensiteit van dat alles maakte hem ziek, want hij had nog altijd last van koortsaanvallen en aandoeningen van het zenuwstelsel.[74] De oorzaak daarvan, meende hij, lag waarschijnlijk in een combinatie van oververmoeidheid en de ijzige kou diep onder de grond, waaraan hij zich veel te lang blootstelde. Ondanks zijn problematische gezondheid en zijn overvolle werkschema kreeg hij het toch voor elkaar zijn eerste boeken te publiceren: een gespecialiseerde verhandeling over de basaltsoorten die langs de Rijn te vinden waren,[75] en een werk over de onderaardse flora in Freiberg – vreemde, grillig gevormde schimmel- en sponsachtige planten, die op de vochtige balken in de mijnen groeiden.[76] Hij concentreerde zich op dingen die hij kon meten en observeren.

In de achttiende eeuw groeide de 'natuurfilosofie' – de voorloper van de huidige natuurwetenschappen en aanvankelijk net als metafysica, logica en ethiek een onderdeel van de filosofie – uit tot een onafhankelijke discipline met een eigen benadering en methodologie. Tegelijkertijd ontwikkelden ook nieuwe takken van de natuurfilosofie, zoals botanica, zoölogie, geologie en chemie, zich tot aparte vakgebieden. En hoewel Humboldt zich met al deze takken van wetenschap bezighield, beschouwde hij ze nog altijd als verschillende terreinen. Die toenemende specialisatie leidde tot een tunnelvisie, een steeds sterkere focus op almaar kleinere details, zonder dat er oog was voor het geheel, het allesomvattende wereldbeeld dat later Humboldts handelsmerk zou worden.

Het was tijdens deze periode dat Humboldt geobsedeerd raakte door de zogenaamde 'dierlijke elektriciteit', ook wel galvanisme genoemd, naar de Italiaanse wetenschapper Luigi Galvani. Galvani was erin geslaagd dierlijke spieren en zenuwen te laten samentrekken door ze te verbinden met verschillende metalen. Hij vermoedde dat dierlijke zenuwen elektriciteit bevatten. Gefascineerd door dit idee begon Humboldt aan een reeks van vierduizend experimenten waarbij hij kikkers, hagedissen en muizen prikte, stak, in stukken sneed en elektrocuteerde. Omdat het experimenteren met alleen dieren hem niet bevredigde, begon hij ook met proefnemingen op zijn eigen lichaam.[77] Hij nam zijn instrumenten op al zijn reizen door Pruisen mee en 's avonds, als het officiële werk gedaan was, bouwde hij in de slaapkamertjes die hij huurde zijn elektrische stellage op. Metalen stangen, tangen, glazen platen en flesjes met chemicaliën werden op tafel opgesteld, naast pen en papier. Met een scalpel sneed hij in zijn armen en zijn bovenlijf. Vervolgens wreef hij voorzichtig chemicaliën en zuren in de open wonden of bevestigde hij plaatjes metaal, metaaldraad en elektrodes op zijn huid of onder zijn tong. Zorgvuldig noteerde hij ieder beweginkje, iedere stuiptrekking, ieder pijntje en elk branderig gevoel. Veel van zijn wonden raakten geïnfecteerd en op sommige dagen zat zijn huid vol bloederige striemen. Zijn toegetakelde lichaam zag eruit als dat van een 'straatjochie' dat gevochten had, erkende hij,[78] maar toch rapporteerde hij trots dat het ondanks de vreselijke pijn allemaal 'prachtig' verliep.[79]

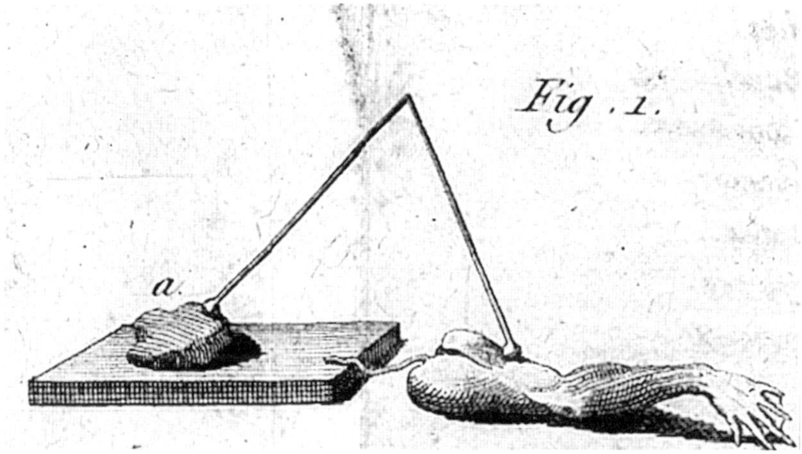

Een van de experimenten met dierlijke elektriciteit die Humboldt uitvoerde op kikkerpoten

Door dit soort experimenten te doen hield Humboldt zich bezig met een van de onderwerpen waarover in de laatachttiende-eeuwse wetenschappelijke wereld het heftigst werd gediscussieerd: het concept van de organische en anorganische materie en de vraag of een van die twee mogelijk een vorm van 'kracht' of 'activiteit' in zich droeg. Volgens Newton was materie in principe levenloos en was het God die de andere eigenschappen toevoegde. Andere wetenschappers, die zich wijdden aan het classificeren van flora en fauna, waren meer geïnteresseerd in het aanbrengen van orde in de chaos dan in de vraag of planten en dieren misschien aan andere wetten onderhevig waren dan levenloze objecten.

In de tweede helft van de achttiende eeuw begonnen enkele wetenschappers dit mechanistische model van de natuur in twijfel te trekken, aangezien dit het bestaan van levende materie niet verklaarde. En tegen de tijd dat Humboldt met 'dierlijke elektriciteit' begon te experimenteren, raakten steeds meer onderzoekers ervan overtuigd dat materie niet levenloos was, maar dat er een kracht moest zijn die deze activiteit in gang zette. In heel Europa werd Descartes' idee dat dieren in feite een soort machines waren, door wetenschappers verworpen. Verscheidene Franse artsen, maar ook de Schotse medicus John Hunter en met name de natuurwetenschapper Johann Friedrich Blumenbach, Humboldts voormalige leermeester in Göttingen, ontwikkelden nieuwe theorieën over het verschijnsel leven. In de periode dat Humboldt in Göttingen studeerde, had Blumenbach een herziene editie van zijn boek *Über den Bildungstrieb* gepubliceerd.[80] Daarin introduceerde hij het idee dat er in levende organismen, zoals planten en dieren, verscheidene krachten huisden. De belangrijkste daarvan noemde hij de *Bildungstrieb* – de 'vormende kracht' – een kracht die zorgde voor de ontwikkeling van het lichaam. Ieder levend organisme, van schimmel tot mens, bevatte deze vormende kracht, die essentieel was voor het ontstaan van leven, schreef Blumenbach.

Humboldt ging het echter, bij het doen van zijn experimenten, om niets minder dan het ontwarren van wat hij 'de gordiaanse knoop van de levensprocessen' noemde.[81]

2 Natuur en verbeelding

Humboldt en Johann Wolfgang von Goethe

In 1794 onderbrak Alexander von Humboldt korte tijd zijn experimenten en mijninspecties om een bezoek te brengen aan zijn broer, die inmiddels met zijn vrouw Caroline en hun twee jonge kinderen in Jena woonde, ongeveer tweehonderdvijftig kilometer ten zuidwesten van Berlijn.[1] Jena, een stadje met slechts vierduizend inwoners, maakte deel uit van het kleine hertogdom Saksen-Weimar, dat geregeerd werd door de verlichte hertog Karel August. Het was een centrum van wetenschap en letteren dat enkele jaren later de bakermat van het Duitse idealisme en de Duitse romantiek zou worden. De universiteit van Jena was een van de grootste en bekendste universiteiten in de Duitstalige gebieden; de liberale sfeer trok progressieve denkers aan uit andere Duitse staten, waar een repressiever beleid heerste.[2] Geen enkele universiteit had vrijheid en waarheid zo hoog in het vaandel staan, zei de dichter en toneelschrijver Friedrich Schiller.[3]

Vijfentwintig kilometer verderop lag Weimar, de hoofdstad van het hertogdom en de woonplaats van Johann Wolfgang von Goethe, Duitslands grootste dichter. In Weimar stonden nog geen duizend huizen. Het was zo klein, beweerde men, dat iedereen elkaar daar kende.[4] Kuddes vee werden door de met kinderkopjes geplaveide straten gedreven en de post werd zo onregelmatig bezorgd dat het voor Goethe gemakkelijker was om een brief voor zijn vriend Schiller, die aan de universiteit van Jena werkte, met de groentevrouw mee te geven dan te wachten op de postkoets.

In Jena en Weimar, zo meldde een bezoeker, kwamen de scherpste geesten samen als zonnestralen in een brandglas.[5] Wilhelm en Caroline waren in het voorjaar van 1794 naar Jena verhuisd en behoorden tot de vriendenkring van Goethe en Schiller. Ze woonden op het marktplein, recht tegenover Schiller, zo dichtbij dat ze maar uit het raam hoefden te wuiven om hun dagelijkse bijeenkomsten te regelen.[6] Zodra Alexander gearriveerd was, liet Wilhelm een briefje naar Weimar brengen waarin hij Goethe uitnodigde naar Jena te komen.[7] Deze liet zich niet bidden en nam zoals gebruikelijk zijn intrek in het kasteel van de hertog, niet ver van het marktplein.

Tijdens Humboldts bezoek kwamen de mannen elke dag bijeen. Ze vormden een levendig groepje – er werden, vaak tot diep in de nacht, luidruchtige discussies gevoerd, waarbij regelmatig een bulderend gelach opklonk.[8] Ondanks zijn jeugdige leeftijd nam Humboldt vaak de leiding. Hij 'dwong' hen de kant van de natuurwetenschappen op, schreef Goethe enthousiast.[9] Ze spraken over zoölogie, vulkanen, botanica, scheikunde en galvanisme. 'Wat hij in een uur uiteenzet, is meer dan je in acht dagen bij elkaar kunt lezen,' zei Goethe.[10]

December 1794 was een bitterkoude maand.[11] De bevroren Rijn deed dienst als oversteekplaats voor de Franse troepen op hun veldtocht door Europa,[12] en een dikke laag sneeuw bedekte het hertogdom Saksen-Weimar. Maar elke ochtend, vlak voor zonsopgang, ploeterden Humboldt, Goethe en een aantal andere geleerde vrienden door de sneeuw het marktplein over. Gehuld in dikke wollen jassen liepen ze langs het robuuste veertiende-eeuwse stadhuis naar de universiteit, waar ze colleges anatomie bijwoonden.[13] Het was steenkoud in het vrijwel lege auditorium in de middeleeuwse ronde toren die deel uitmaakte van de stadsmuur – maar het voordeel van deze ongewoon lage temperaturen was dat de kadavers veel langer goed bleven. Goethe, die een hekel had aan kou en normaal gesproken zeker de voorkeur had gegeven aan een knappend haardvuur,[14] kon zijn geluk niet op. Hij bleef maar praten. Humboldts aanwezigheid stimuleerde hem.[15]

Duitsland beroemdste dichter en schrijver was destijds halverwege de veertig. Precies twintig jaar eerder had hij in één klap internationale faam verworven met *Die Leiden des jungen Werthers*,* een roman over een wanhopige jongeman die zelfmoord pleegt vanwege een onbeantwoorde liefde. Dit werd hét boek van een hele generatie en velen identificeerden zich met het titelpersonage. De roman, die de sentimentele tijdgeest haarscherp weergaf, verscheen in vrijwel alle Europese talen en werd zo populair dat talloze mannen, onder wie de jonge Karel August – de hertog van Saksen-Weimar – zich kleedden in Wertherkos-

* In het Nederlands verschenen onder de titel *Het lijden van de jonge Werther* – vert.

tuum: geel vest, gele kniebroek, blauwe rokjas, bruine laarzen en een bruine vilten hoed.[16] Er werd gesproken van 'Wertherkoorts'[17] en de Chi-

Johann Wolfgang von Goethe in 1787

nezen kwamen zelfs met Wertherporselein, bestemd voor de Europese markt.

Toen Goethe Humboldt leerde kennen, was hij allang niet meer die gloedvolle jonge dichter uit de Sturm und Drang, de Duitse preromantische periode waarin individualiteit en een heel spectrum aan extreme gevoelens – van hartstochtelijke verliefdheid tot diepe melancholie – werden geïdealiseerd. Nadat hij in 1775 door de achttienjarige Karel August voor het eerst naar Weimar was gehaald, had hij zich een tijdlang overgegeven aan liefdesavonturen, drinkgelagen en schelmenstreken.[18] Samen met de jonge hertog had hij de straten van Weimar onveilig gemaakt, soms gehuld in een wit laken om lieden die in geesten geloofden de schrik op het lijf te jagen. Ze stalen vaten van een plaatselijke koopman en lieten die van de heuvels rollen, ze maakten boerenmeisjes het hof – alles in naam van de vrijheid en het genie. En natuurlijk kon niemand hierover klagen, aangezien Karel August zelf had meegedaan.

Maar inmiddels lagen deze wilde jaren voor Goethe in een ver verleden, evenals de theatrale liefdesverklaringen, de tranen, de stukgegooide glazen, en de zwempartijen in adamskostuum die de plaatselijke bewoners zo hadden geschokt. In 1788, zes jaar voor zijn eerste ontmoeting met Humboldt, had hij nog één keer voor opschudding gezorgd in de Weimarse gemeenschap door een verhouding te beginnen met Christiane Vulpius, een eenvoudige naaister. Nog geen twee jaar later was zij bevallen van een zoon: August. Ze woonden in bij Goethe, die zich aan het kwaadaardige geroddel en de heersende conventies niets gelegen liet liggen.[19]

Tegen de tijd dat hij Humboldt ontmoette was Goethe een stuk rustiger en aanzienlijk zwaarlijviger geworden. Hij had een onderkin en een buik 'als die van een vrouw in het laatste stadium van de zwangerschap', zoals een kennis hardvochtig opmerkte.[20] Van zijn knappe uiterlijk was niet veel meer over – zijn mooie ogen waren weggezakt in het 'vet van zijn wangen'[21] en velen constateerden dat hij niet langer de charmante 'Apollo' van weleer was.[22] Wel was hij nog altijd de vertrouweling en raadsman van de hertog van Saksen-Weimar, die hem in de adelstand had verheven (vandaar het toegevoegde 'von' in zijn achternaam). Hij regisseerde het hoftheater en bekleedde verschillende goedbetaalde bestuurlijke posities. Zo hield hij onder andere toezicht op de mijnen en fabrieken van het hertogdom. Net als Humboldt was hij dol op geologie (en mijnbouw). Zijn liefde ging zelfs zo ver dat hij zijn zoon voor bijzondere gelegenheden in mijnwerkerstenue hulde.[23]

Goethe was uitgegroeid tot de Zeus van de Duitse intellectuele wereld. Hij torende boven alle andere dichters en schrijvers uit, maar kon ook een 'koude, bitse god' zijn.[24] Sommigen omschreven hem als melancholiek, anderen als arrogant, hoogmoedig en bitter. Een goed luisteraar was Goethe nooit geweest; als een onderwerp hem niet aanstond, kon hij het gesprek beëindigen door op lompe wijze zijn desinteresse kenbaar te maken of abrupt over iets anders te beginnen. Hij kon zo grof zijn, vooral tegen jonge dichters en denkers, dat het regelmatig voorkwam dat zijn gesprekspartners de kamer uit renden.[25] Maar voor zijn bewonderaars maakte dat allemaal niets uit. Bij Goethe leidde het 'heilig poëtisch vuur',[26] zoals een Britse bezoeker van Weimar het uitdrukte, tot volmaaktheid, iets wat voorheen uitsluitend bij Homerus, Cervantes en Shakespeare het geval was geweest.

Toch was de dichter niet gelukkig. 'Je kunt je geen geïsoleerder mens voorstellen dan ik indertijd was.'[27] Hij had meer belangstelling voor de natuur – 'de grote moeder'[28] – dan voor mensen. Zijn ruime huis in het centrum van Weimar weerspiegelde zijn smaak en status. Het stond vol elegante meubels, kunst en Italiaanse beeldhouwwerken, maar huisvestte ook enorme collecties stenen, fossielen en gedroogde planten.[29] Achter in het huis bevond zich een wat eenvoudigere suite, die door Goethe gebruikt werd als studeerkamer en bibliotheek. Hij had er uitzicht op een tuin die hij speciaal had laten ontwerpen met het oog op wetenschappelijk onderzoek. In een hoek van die tuin stond het gebouwtje waarin zijn uitgebreide geologische collectie lag opgeslagen.

Goethes huis in Weimar

Zijn favoriete plekje was echter zijn tuinhuis, dat op tien minuten loopafstand van zijn woning buiten de oude stadsmuren op het landgoed van de hertog stond, en dat uitkeek over de rivier de Ilm. Dit knusse huisje was zijn eerste onderkomen in Weimar geweest, maar inmiddels fungeerde het als een toevluchtsoord waarin hij zich terugtrok als de eindeloze stroom bezoekers hem te veel werd. Hier schreef hij, tuinierde hij, en ontving hij zijn intiemste vrienden. Langs muren en ramen slingerden zich wijnranken en zoetgeurende kamperfoelie. Er waren een moestuin, een boomgaard en een lang pad omzoomd met stokrozen, de bloemen waar Goethe zo dol op was. Toen hij er in 1776 was komen wonen, had hij niet alleen zijn eigen tuin aangelegd, maar ook de hertog ervan weten te overtuigen dat die de klassieke baroktuin bij het kasteel moest laten omvormen tot een modieuze Engelse landschapstuin, een park waarin onregelmatig geplante groepjes bomen het geheel een natuurlijke aanblik gaven.

Goethe was 'de wereld moe' aan het worden.[30] Het aanvankelijke idealisme van de Franse Revolutie was door de Terreur veranderd in een bloedige realiteit: massa-executies van tienduizenden 'vijanden van de revolutie'. Door dit soort wreedheden en het geweld dat de Coalitieoorlogen vervolgens in Europa aanrichtten, was hij gedesillusioneerd geraakt en verkeerde hij in een 'zeer treurige gemoedstoestand'.[31] Nu de legers over Europees grondgebied marcheerden, tobde hij over de gevaren die Duitsland bedreigden. Hij 'leefde als een kluizenaar'[32] en het enige wat hem gaande hield was zijn natuurwetenschappelijk onderzoek. Wetenschap was voor hem een 'houten balk na een schipbreuk', zo schreef hij.[33]

Hoewel Goethe zijn roem dankt aan zijn literaire werken, was hij eveneens een gedreven natuurwetenschapper met een grote interesse voor geologie en botanica. Zijn stenenverzameling telde uiteindelijk zo'n achttienduizend exemplaren.[34] Terwijl Europa afgleed naar een oorlog, hield hij zich bezig met vergelijkende anatomie en optica. In het jaar van Humboldts eerste bezoek liet hij een botanische tuin aanleggen bij de universiteit van Jena. Hij schreef een verhandeling, *Versuch die Metamorphose der Pflanzen zu erklären,** waarin hij betoogde dat er aan de plantenwereld slechts één archetypische vorm ten grondslag lag.[35] Het idee was dat iedere plant een variatie was op deze *Urform*. Achter de variëteit school eenheid. Volgens Goethe was deze oervorm het blad, van waaruit alle andere delen, zoals de bloemblaadjes en de kelk, zich ontwikkeld hadden. 'Hoe je het ook wendt of keert, een plant is eigenlijk niets anders dan een blad,' zei hij.[36]

Dat waren opwindende ideeën, alleen was er niemand met wie hij

* In het Nederlands verschenen onder de titel *De metamorfose van de planten* – vert.

die kon bespreken en zijn wetenschappelijke theorieën verder kon ontwikkelen. Toen hij Humboldt ontmoette, werd dat allemaal anders. Het was alsof deze eindelijk het vuur aanwakkerde dat zo lang had liggen smeulen.[37] In zijn gezelschap kwam Goethes geest weer helemaal tot leven. Hij haalde oude aantekenschriften, boeken en tekeningen tevoorschijn. Op tafel verrezen stapels papier terwijl er druk over botanische en zoölogische theorieën werd gediscussieerd. Er werd geschreven, getekend en gelezen. Goethe was niet geïnteresseerd in classificatie, maar in de krachten die vorm gaven aan planten en dieren, legde hij uit. Hij maakte onderscheid tussen de interne kracht – de oervorm – die de universele vorm van levende organismen bepaalde, en de omgeving – de externe kracht – die iedere soort zijn specifieke vorm gaf.[38] Een zeehond bijvoorbeeld, zei hij, had een lichaam dat was aangepast aan zijn habitat de zee (de externe kracht), maar zijn skelet vertoonde dezelfde kenmerken (de interne kracht) als die van op land levende zoogdieren. Evenals de Franse naturalist Jean-Baptiste Lamarck, en later Charles Darwin, concludeerde Goethe dat planten en dieren zich aan hun omgeving aanpasten. De oervorm was bij alle levende organismen in verschillende ontwikkelingsstadia aanwezig, ook bij de mens, schreef hij.

Hij sprak met zo'n ademloos enthousiasme over zijn ideeën, dat Humboldt hem adviseerde zijn theorieën over vergelijkende anatomie te publiceren.[39] En dus ging Goethe als een razende aan het werk. Hij werkte harder dan hij in jaren had gedaan. Elke ochtend liet hij in alle vroegte een secretaris naar zijn slaapkamer komen en bracht hij enkele uren door met dicteren,[40] rechtop in bed onder de dekens, vanwege de kou. Veel tijd was er niet, want om tien uur stond Humboldt voor de deur en zetten ze hun discussies voort.

Het was in deze periode dat Goethe tijdens zijn wandelingen met zijn armen begon te zwaaien, een gewoonte die omwonenden geschokte blikken ontlokte. Hij had ontdekt dat die overdreven armzwaai een overblijfsel was van de viervoetige dieren, legde hij uiteindelijk aan een vriend uit, en dus een bewijs dat mens en dier een gezamenlijke voorouder hadden. 'Dit is een natuurlijker manier van lopen,' zei hij.[41] Dat de Weimarse gemeenschap dit nogal wonderlijke gedrag mogelijk als onbeschaafd beschouwde, liet hem koud.

De daaropvolgende jaren reisde Humboldt als hij maar even tijd kon vrijmaken naar Jena en Weimar.[42] Hij en Goethe maakten dan lange wandelingen en gebruikten samen het diner. Ze voerden experimenten uit en inspecteerden de nieuwe botanische tuin in Jena. De met nieuwe inspiratie bezielde Goethe sprong moeiteloos van het ene onderwerp naar het andere. 'Vanochtend vroeg gedicht gecorrigeerd, daarna kikkers ontleed', was het soort zin dat tijdens een van Humboldts bezoeken regelmatig in zijn dagboek terechtkwam.[43] Aan een vriend schreef hij dat Humboldt hem helemaal duizelig maakte met zijn vele ideeën. Nog nooit had hij iemand ontmoet die zo veelzijdig was. Humboldt kon de dingen in zijn enthousiasme met zo'n snelheid door elkaar klutsen dat Goethe hem soms nauwelijks meer kon volgen.[44]

Drie jaar na zijn eerste bezoek kwam Humboldt drie maanden naar

Jena. Opnieuw voegde Goethe zich daar bij hem. In plaats van voortdurend op en neer te reizen vanuit Weimar, betrok de dichter een paar weken lang zijn kamers in het oude kasteel.[45] Humboldt was van plan een lange reeks experimenten met 'dierlijke elektriciteit' uit te voeren, omdat hij zijn boek over dit onderwerp wilde afronden.[46] Bijna elke dag legde hij – vaak in gezelschap van Goethe – lopend de geringe afstand van zijn broers huis naar de universiteit af. Daar bracht hij zes tot zeven uur door in het anatomisch theater[47] en gaf daarnaast nog les over galvanisme.[48]

Toen er op een warme lentedag een heftig onweer losbarstte, spoedde Humboldt zich halsoverkop naar buiten en zette daar zijn instrumenten op om de elektriciteit in de atmosfeer te meten. Terwijl de regen neerkletterde en het geluid van de donder over de velden galmde, werd het stadje verlicht door wild dansende bliksemschichten. Humboldt was helemaal in zijn element. Toen hij de volgende dag hoorde dat een boer en zijn vrouw dodelijk door de bliksem getroffen waren, haastte hij zich erheen om zich over de lijken te ontfermen. Hij legde ze in de ronde anatomietoren op tafel en begon aan een grondige analyse: de beenbotten van de boer zagen eruit alsof ze met een 'schot hagel' waren doorboord, noteerde hij opgewonden.[49] De genitaliën hadden echter de ergste schade opgelopen. Eerst meende hij dat de brandwonden misschien veroorzaakt waren doordat het schaamhaar had vlamgevat, maar dat idee liet hij varen toen hij onder de oksels van het echtpaar geen verwondingen aantrof. Ondanks de toenemende stank van rottend en verbrand vlees genoot hij met volle teugen van zijn gruwelijke onderzoek. 'Zonder experimenten kan ik niet leven,' zei hij.[50]

Zijn favoriete experiment was door Goethe en hem bij toeval ontdekt.[51] Op een ochtend had hij een kikkerpoot op een glazen plaat gelegd en de zenuwen en spieren achtereenvolgens in contact gebracht met zilver, goud, ijzer, zink en andere metalen. Dit bracht echter slechts een ontmoedigend zwak trillinkje in de poot teweeg. Toen hij zich vervolgens vooroverboog om het metaal nog eens te controleren, trokken de kikkerspieren ineens zo heftig samen dat het pootje van de tafel sprong. De twee mannen waren stomverbaasd, tot Humboldt zich realiseerde dat deze reactie door het vocht in zijn adem in gang was gezet. De minuscule waterdruppeltjes hadden bij aanraking van de metalen een elektrische stroom gegenereerd die de kikkerpoot in beweging had gebracht. Dit was het meest magische experiment dat hij ooit had uitgevoerd, stelde Humboldt vast. Door boven de kikkerpoot uit te ademen leek hij er 'leven ingeblazen' te hebben.[52] Het was de perfecte metafoor voor de opkomst van de nieuwe levenswetenschappen.

Tegen deze achtergrond bespraken ze ook de theorieën van Humboldts voormalige leermeester, Johann Friedrich Blumenbach, over de krachten die de ontwikkeling van het organisme bepaalden – de zogenoemde 'vormende kracht' en de 'levenskrachten'. Goethe, die deze ideeën uitermate fascinerend vond, paste ze vervolgens toe op zijn eigen theorieën over de oervorm. De vormende kracht, zo schreef hij, gaf de aanzet tot de ontwikkeling van sommige delen van de oervorm. De slang bijvoorbeeld heeft een eindeloos lange nek omdat er 'materie noch kracht' aan voor- of achterpoten is besteed.[53] De hagedis daarentegen heeft een kortere nek omdat hij wel poten heeft, terwijl de nek van de kikker nog korter is vanwege het feit dat zijn poten langer zijn. Dieren mochten dan volgens de theorie van Descartes een soort machines zijn, volgens Goethe bestond een levend organisme uit delen die alleen als een geheel konden functioneren.[54] Simpel gezegd: een machine kon gedemonteerd en vervolgens weer in elkaar gezet worden, terwijl de delen van een levend organisme uitsluitend in samenhang werkten. In een mechanisch systeem vormden de delen het geheel, terwijl in een organisch systeem het geheel de delen vormgaf.

Humboldt breidde dit concept nog verder uit. En hoewel zijn eigen theorieën over de 'dierlijke elektriciteit' uiteindelijk onjuist bleken, boden ze hem toch de basis voor zijn latere begrip van de natuur.* Terwijl

* Het was de Italiaanse natuurkundige Alessandro Volta die bewees dat Humboldt en Galvani het bij het verkeerde eind hadden. Hij toonde aan dat dierlijke zenuwen niet met elektriciteit geladen waren. De samentrekkingen die Humboldt bij dieren teweeg had gebracht, werden veroorzaakt door het contact met de metalen – een gegeven dat in 1800 leidde tot Volta's uitvinding van de batterij.

Blumenbach en andere wetenschappers het idee van de krachten op organismen toepasten, betrok Humboldt het op veel bredere schaal op de natuur. Hij beschouwde de natuurlijke wereld als een samenhangend geheel dat werd aangedreven door op elkaar inwerkende krachten. Deze nieuwe manier van denken bracht een ommekeer in zijn benadering teweeg. Als alles met elkaar verbonden was, dan was het belangrijk om de verschillen en overeenkomsten te onderzoeken zonder ooit het geheel uit het oog te verliezen. Voortaan probeerde Humboldt niet langer de natuur te doorgronden aan de hand van abstracte getallen en formules, maar werd vergelijking zijn voornaamste instrument.

Goethe vond dit allemaal erg boeiend en schreef zijn vrienden hoezeer hij de intellectuele virtuositeit van de jonge Humboldt bewonderde.[55] Het is veelzeggend dat diens verblijf in Jena samenviel met een van de productiefste fasen die Goethe in jaren had gehad. Hij ging niet alleen mee naar de anatomietoren, maar schreef ook zijn epische gedicht *Hermann und Dorothea** en verdiepte zich weer in zijn theorieën over optica en kleuren. Hij onderzocht insecten, ontleedde wormen en slakken en richtte zich opnieuw op de geologie.[56] Dag en nacht was hij nu aan het werk. Het was razend druk op 'onze kleine academie', zoals hij hun gezelschap noemde.[57] Wilhelm von Humboldt werkte aan een vertaling in versvorm van een Griekse tragedie van Aeschylus, waarover hij met Goethe van gedachten wisselde.[58] Met Alexander zette Goethe een optisch toestel in elkaar voor het analyseren van licht[59] en onderzocht hij de luminescentie van fosfor.[60] 's Middags of 's avonds kwamen de vrienden soms samen bij Wilhelm en Caroline, maar vaker nog vonden er tot diep in de nacht bijeenkomsten plaats in het huis van Friedrich Schiller, aan het marktplein, waar Goethe zijn gedichten voordroeg en anderen over hun eigen werk vertelden.[61] Goethe raakte zo uitgeput dat hij toegaf bijna uit te zien naar een paar rustige dagen in Weimar om te kunnen 'bijkomen'.[62]

Humboldts drang naar kennis was zo besmettelijk, schreef Goethe aan Schiller, dat zijn eigen wetenschappelijke belangstelling uit een winterslaap gewekt was.[63] Schiller vreesde echter dat Goethe te ver van de dichtkunst en de esthetica verwijderd raakte.[64] Dat was allemaal Humboldts schuld, meende hij. Bovendien was hij ervan overtuigd dat Humboldt nooit iets groots tot stand zou brengen omdat hij in te veel

* In het Nederlands verschenen onder de titel *Herman en Dorothea* – vert.

vakgebieden tegelijk liefhebberde. Humboldt mocht dan over een uitgebreide kennis beschikken, hij was alleen geïnteresseerd in metingen en zijn werk vertoonde een 'gebrek aan inhoud'.[65] Schiller bleef echter een roepende in de woestijn met zijn kritiek. Zelfs een vriend die hij in vertrouwen nam, was het niet met hem eens: ja, Humboldt was dol op metingen, maar die vormden nu eenmaal de bouwstenen voor zijn verdere begrip van de natuur.

Na een maand in Jena keerde Goethe naar Weimar terug. Al snel miste hij echter zijn nieuwe inspiratiebron en hij nodigde Humboldt dan ook onmiddellijk uit voor een bezoek.[66] Vijf dagen later arriveerde Humboldt in Weimar. Hij bleef er een week. De eerste avond hield Goethe zijn gast voor zichzelf, maar de volgende dag gebruikten ze het middagmaal bij Karel August op het kasteel en vervolgens was er een uitgebreid diner bij Goethe thuis. Goethe was trots op wat Weimar allemaal te bieden had en toonde zijn gast de landschappen uit de schilderijencollectie van de hertog, evenals een aantal stenen en fossielen die net uit Rusland waren aangekomen. Bijna elke dag gingen ze op het kasteel eten, waar Karel August Humboldt dan verzocht om ter vermaak van de andere gasten een aantal experimenten uit te voeren. Humboldt moest de hertog wel ter wille zijn, maar eigenlijk vond hij dat hij aan het hof zijn tijd verspilde.

De laatste maand voor Humboldts definitieve vertrek uit Jena reisde Goethe heen en weer tussen zijn huis in Weimar en zijn kamers op het kasteel in Jena.[67] Samen lazen ze boeken over natuurlijke historie en maakten ze lange wandelingen. 's Avonds aten ze getweeën en bespraken ze de nieuwste filosofische teksten. In deze vroege zomerperiode bezochten ze ook Schiller regelmatig in diens pas gekochte tuinhuis, net buiten de stadsmuren.[68] In Schillers tuin, die aan een riviertje grensde, stond een klein prieel waarin de mannen dan zaten. De ronde stenen tafel was zowel met schalen voedsel en glazen als met boeken en vellen papier beladen.[69] Het was prachtig weer en ze genoten van de zachte zomeravonden. Als de duisternis was ingevallen viel er niets anders te horen dan kabbelend water en een zingende nachtegaal.[70] Ze spraken over 'kunst, de natuur en de geest', zoals Goethe in zijn dagboek schreef.[71]

Het onderwerp dat ze bespraken – hoe de natuur te doorgronden – hield wetenschappers en denkers in heel Europa bezig. Grofweg streden twee stromingen om de voorrang: het rationalisme en het empirisme.

Schiller met Wilhelm en Alexander von Humboldt en Goethe in zijn tuinhuis in Jena

Rationalisten geloofden dat alle kennis verkregen werd uit de rede, terwijl de empiristen meenden dat de mens de wereld uitsluitend kon 'kennen' door haar te ervaren. Empiristen betoogden dat alles in de geest afkomstig was van de zintuigen. Sommigen gingen zelfs zover te beweren dat de menselijke geest bij de geboorte te vergelijken was met een onbeschreven vel papier – zonder vooropgezette ideeën – en dat hij gedurende het leven gevuld werd met kennis die uitsluitend werd opgedaan door zintuiglijke ervaringen. Wetenschappelijk gezien hield dit in dat empiristen hun theorieën altijd moesten staven met waarnemingen en experimenten, terwijl de rationalisten hun stellingen op rede en logica konden baseren.

Een paar jaar voor Humboldts eerste ontmoeting met Goethe had de Duitse filosoof Immanuel Kant een filosofische revolutie uitgeroepen die, zoals hij zelf nogal boud stelde, even radicaal was als die van Copernicus zo'n tweehonderdvijftig jaar eerder. Kant stelde zich tússen de rationalisten en de empiristen op. De natuurwetten zoals wij die begrijpen, schreef hij in zijn beroemde *Kritik der reinen Vernunft*,* zijn producten van de categorieën en intuïties van ons verstand. Zoals Copernicus had vastgesteld dat de zon onmogelijk rond de aarde kon draaien, zo moesten we volgens Kant ook de manier waarop we tegen ons eigen begrip van de natuur aankeken radicaal veranderen.[72]

Al duizenden jaren hield het dualisme tussen de externe en de interne wereld filosofen bezig. Is de boom die ik in mijn tuin zie staan slechts het idéé van een boom, of is het een echte boom? vroeg men zich af. Voor een wetenschapper als Humboldt, die de natuur probeerde te begrijpen, was dit de cruciale vraag. Mensen maakten eigenlijk deel uit van twee werelden: de externe wereld van het *Ding an sich* (het ding zelf), en de interne wereld van onze waarneming (het ding zoals het op ons overkomt). Volgens Kant kon het Ding an sich nooit werkelijk kenbaar zijn omdat de interne wereld altijd subjectief was.

Wat Kant hier aan de orde stelde, was het concept van het zogenoemde transcendentale niveau: als wij een ding ervaren, wordt het een 'ding-zoals-het-op-ons-overkomt'. Zowel onze zintuigen als onze rede functioneren als een gekleurde bril waardoor we de wereld waarnemen. Wij mogen er dan van overtuigd zijn dat de manier waarop wij de natuur begrijpen en er orde in aanbrengen gebaseerd is op de zuivere rede – op classificatie, op de wetten van Newton en dergelijke – Kant geloofde dat deze orde werd aangebracht door onze geest, via die gekleurde bril. Wij leggen de natuur deze orde op, niet andersom. Daarmee werd het 'ik' het creatieve ego – je zou kunnen zeggen dat het de wetten van de natuur bepaalde, al hield dit wel in dat we het Ding an sich nooit werkelijk zouden kennen. Het resultaat was dat de nadruk meer op het 'ik' kwam te liggen.

Dit was niet het enige wat Humboldt interesseerde.[73] Een van Kants populairste collegereeksen aan de universiteit van Königsberg (het huidige Kaliningrad in Rusland, maar destijds lag deze stad in Pruisen) ging over geografie. In veertig jaar tijd gaf Kant deze colleges Physische Geographie, zoals de reeks genoemd werd, in totaal achtenveertig keer.[74] Tijdens deze lessen definieerde hij kennis als een methodisch stelsel waarin losse feiten slechts betekenis kregen als ze binnen het overkoepelende patroon pasten. Bij zijn uitleg gebruikte hij het voor-

* In het Nederlands verschenen onder de titel *Kritiek van de zuivere rede* – vert.

beeld van een huis: om dit balk voor balk en steen voor steen te kunnen bouwen, was het nodig een idee te hebben van hoe het er uiteindelijk uit zou zien. Dit idee van een methodisch stelsel werd de grondslag van Humboldts latere denken.

In Jena was het onmogelijk om niet met dit soort ideeën in aanraking te komen; iedereen sprak erover. Een Britse bezoeker merkte op dat het stadje de 'belangrijkste zetel van de nieuwe filosofie' was.[75] Goethe had grote bewondering voor Kant – hij had al zijn werken gelezen – en Wilhelm was zo gefascineerd geraakt door Kants ideeën dat Alexander vreesde dat zijn broer zichzelf nog eens zou 'doodstuderen' op de *Kritik der reinen Vernunft*.[76] Een van Kants leerlingen, die lesgaf aan de universiteit van Jena, voorspelde Schiller dat Kant in de volgende eeuw net zo beroemd zou zijn als Jezus Christus.[77]

Wat de Jenakring nog het meest interesseerde, was de relatie tussen de interne en de externe wereld, die uiteindelijk leidde tot de vraag: hoe is kennis mogelijk? Tijdens de Verlichting werden de interne en de externe wereld beschouwd als twee totaal los van elkaar staande zaken, maar Engelse romantici van later datum, zoals Samuel Taylor Coleridge, en Amerikaanse transcendentalisten als Ralph Waldo Emerson zouden beweren dat de mens ooit – in een lang vervlogen gouden eeuw – één met de natuur was geweest. Die teloorgegane harmonie trachtten zij te herstellen, en de enige manier om dat te doen, zo betoogden ze, was door middel van kunst, poëzie en emotie. Volgens de kunstenaars uit de romantiek kon de mens de natuur alleen begrijpen door zich naar binnen te keren.

Humboldt ging helemaal op in de theorieën van Kant. Later zou hij diens borstbeeld in zijn werkkamer zetten en verklaren dat Kant een groot filosoof was.[78] Een halve eeuw nadien zou hij nog altijd beweren dat de externe wereld slechts bestond voor zover wij deze 'vanbinnen' waarnamen.[79] Het beeld dat wij van de externe wereld hadden, bepaalde ons begrip van de natuur. De externe wereld, onze ideeën en onze gevoelens 'versmelten met elkaar', schreef hij.[80]

Ook Goethe probeerde greep te krijgen op deze concepten van het ik en de natuur, van het subjectieve en het objectieve, van verbeelding en wetenschap. Zo ontwikkelde hij een kleurentheorie aan de hand waarvan hij verklaarde hoe kleuren werden waargenomen – een theorie waarin het oog een centrale plaats innam omdat het de buitenwereld bij ons binnenbracht. Hij stelde dat de objectieve waarheid alleen kon worden achterhaald door subjectieve ervaringen (bijvoorbeeld waarnemingen met het oog) te combineren met de kracht van de rede. 'Niet de zintuigen bedriegen ons,' verklaarde hij, maar 'het is ons oordeelsvermogen dat ons bedriegt'.[81]

Deze toenemende nadruk op subjectiviteit veroorzaakte een radicale verandering in Humboldts denken. Zijn tijd in Jena bracht een verschuiving teweeg van puur empirisch onderzoek naar een eigen interpretatie van de natuur – een visie waarbinnen gedetailleerde wetenschappelijke feiten en de emotionele reactie op het waargenomene met elkaar werden verweven. Lange tijd had hij geloofd in het belang van nauwkeurige observatie en precieze metingen – de geijkte onderzoeksmethoden tijdens de Verlichting – maar nu begon hij ook individuele waarneming en subjectiviteit op waarde te schatten. Slechts enkele jaren daarvoor had hij nog erkend dat de 'levendigheid van fantasie' hem 'in de war' bracht;[82] nu kwam hij echter tot het besef dat de verbeelding even onmisbaar was voor ons begrip van de natuurlijke omgeving als de rede. 'De natuur moet met het gevoel worden ervaren,' schreef hij aan Goethe.[83] Wetenschappers die de wereld uitsluitend wilden beschrijven door planten, dieren en stenen in klassen in te delen, zouden 'haar nooit echt leren kennen'.

Het was ook rond deze tijd dat beide mannen 'The Loves of the Plants', het populaire gedicht van de medicus, uitvinder en natuurwetenschapper Erasmus Darwin (de grootvader van Charles) lazen. In dit gedicht had Darwin de – op de seksuele kenmerken van planten gebaseerde – classificatie van Linnaeus omgezet in versregels over verliefde viooltjes, jaloerse sleutelbloemen, blozende rozen, gehoornde slakken, dwarrelende bladeren, zilveren maanlicht en het bedrijven van de liefde op 'bedden met mosborduursel'.[84] 'The Loves of the Plants' was het meest besproken dichtwerk in Engeland.[85]

Veertig jaar later zou Humboldt aan Charles Darwin schrijven hoezeer hij diens grootvader bewonderd had, omdat deze had aangetoond dat respect voor zowel natuur als verbeelding een 'krachtige en productieve' werking had.[86] Goethe was minder onder de indruk. Hij waardeerde het onderliggende idee, maar vond de uitvoering betweterig en onsamenhangend. Het gedicht was gespeend van ieder 'poëtisch gevoel', schreef hij aan Schiller.[87]

Goethe geloofde in een huwelijk tussen kunst en wetenschap. In tegenstelling tot wat Schiller vreesde, had zijn hernieuwde fascinatie voor natuurwetenschap niet tot gevolg dat hij de kunst in de steek liet. Dichtkunst en wetenschap waren al veel te lang beschouwd als elkaars 'grootste vijanden', meende hij.[88] Wetenschap begon een rol te spelen in zijn literaire werk. In *Faust*, zijn beroemdste toneelstuk, sluit de rusteloze geleerde Heinrich Faust een pact met Mefistofeles, de duivel, in ruil voor onbeperkte kennis. Goethe schreef het stuk, dat in twee delen gepubliceerd werd – *Faust I* in 1808 en *Faust II* in 1832 – tijdens perioden van grote activiteit, die vaak samenvielen met Humboldts bezoeken.[89] Net als Humboldt werd Faust gedreven door een niet-aflatende hang naar kennis, door een 'razernij', zoals hij in de eerste scène verklaart.[90]

In de tijd dat hij aan *Faust* werkte, zei Goethe over Humboldt: 'Ik ken niemand die zo doelgericht en tegelijkertijd zo veelzijdig is'[91] – woorden die evengoed op zijn personage Faust hadden kunnen slaan. Zowel Faust als Humboldt meende kennis te kunnen verwerven door koortsachtig te werken en te studeren; beiden geloofden in de harmonie van de natuur en putten kracht uit de natuurlijke omgeving. Net als Humboldt trachtte Faust de natuur haar 'wetten, wonderlijk en diep' te laten 'onthullen'.[92] Als Faust in de eerste scène hoopt dat hij 'krijg[t] te zien welk krachtenspel/ ten grondslag ligt aan dit bestel',[93] dan is het alsof we de stem van Humboldt horen. Dat er iets van Humboldt in Goethes *Faust* zat – of iets van *Faust* in Humboldt – was voor velen duidelijk, zo duidelijk dat er openlijk over de gelijkenis werd gesproken toen het toneelstuk in 1808 eindelijk in druk verscheen.*

Er waren meer voorbeelden van Goethes vermenging van kunst en wetenschap. Zo vormde hij zijn eerdere essay over de oervorm van planten om tot een gedicht, dat de naam 'Die Metamorphose der Pflanzen' kreeg.[95] En de titel van *Die Wahlverwandtschaften*,† een roman over liefde en huwelijk, verwees naar de toen gebruikelijke wetenschappelijke term voor het gegeven dat bepaalde chemische stoffen onder specifieke omstandigheden geneigd zijn een binding met elkaar aan te gaan. Deze zelfde intrinsieke 'affiniteit' tussen chemische elementen was een belangrijk concept in wetenschappelijke kringen waar de levenskracht

* Sommigen legden ook een verband tussen Humboldt en Mefistofeles. Goethes nicht verklaarde dat 'Humboldt op haar vermoedelijk net zo overkwam als Mefistofeles op Gretchen'[94] – niet bepaald een compliment, aangezien Gretchen (de geliefde van Faust) aan het eind van het stuk beseft dat Mefistofeles de duivel is, en zich op God richt, weg van Faust.

† In het Nederlands verschenen onder de titel *Affiniteiten* – vert.

van materie werd besproken. De door Humboldt zeer bewonderde Franse wetenschapper Pierre-Simon Laplace, bijvoorbeeld, verklaarde dat iedere chemische verbinding het resultaat was van een bepaalde aantrekkingskracht.[96] Hij beschouwde dit gegeven als niets minder dan de sleutel tot het universum. Goethe gebruikte de kenmerken van deze chemische bindingen om tussen de vier hoofdpersonen van zijn roman relaties en wisselende hartstochten te laten ontstaan. Dit was scheikunde, omgevormd tot literatuur. Natuur, wetenschap en verbeelding naderden elkaar steeds dichter.

Of, zoals Faust zegt, kennis kon niet alleen met waarnemingen, instrumenten of experimenten aan de natuur worden ontfutseld:

Als een geheim bij heldere dag
versluiert de natuur haar grootste schatten
en wat zij niet wil openbaren, ach!
is ook met schroef of hefboom niet te vatten.[97]

Goethes natuurbeschrijvingen in zijn toneelstukken, romans en gedichten bevatten evenveel waarheid als de ontdekkingen van de beste natuurwetenschappers, geloofde Humboldt. Nooit zou hij vergeten dat de dichter hem had aangemoedigd kunst en natuur, feit en verbeelding te verenigen.[98] Juist deze nieuwe nadruk op subjectiviteit bracht hem ertoe het vroegere mechanistische wereldbeeld van wetenschappers als Leibniz, Descartes en Newton te verbinden met de dichtkunst uit de Romantiek. Zo werd Humboldt de schakel tussen Newtons *Opticks* – waarin werd uitgelegd dat een regenboog ontstond door de breking van licht in regendruppels – en dichters als John Keats, volgens wie Newton 'de poëzie van de regenboog verwoest had door deze te reduceren tot een prisma'.[99]

De tijd in Jena was van grote invloed op hem geweest, herinnerde Humboldt zich later.[100] Het samenzijn met Goethe had hem uitgerust met 'nieuwe organen',[101] waarmee hij de natuur kon waarnemen en begrijpen. En het was met deze nieuwe organen dat hij Zuid-Amerika zou aanschouwen.

3 Op zoek naar een bestemming

 Terwijl Humboldt door de uitgestrekte Pruisische gebieden reisde om mijnen te inspecteren en zijn vrienden in de wetenschappelijke wereld te bezoeken, bleef hij dromen van verre landen. Hij wist echter dat zijn moeder, Marie Elisabeth von Humboldt, nooit enig begrip voor zijn verlangen naar avontuur zou kunnen opbrengen. Zij verwachtte dat hij carrière zou maken bij het ministerie, en hij had het gevoel dat hij nog altijd 'aan de leiband' liep.[1] Dat alles veranderde toen zij in november 1796 aan kanker overleed, nadat ze ruim een jaar tegen de ziekte had gevochten.

Het was misschien weinig verrassend dat geen van de broers hevig om haar dood treurde. Hun moeder had altijd wel iets op hen aan te merken gehad, vertrouwde Wilhelm zijn vrouw Caroline toe.[2] Hoe goed ze ook hadden gepresteerd tijdens hun studie en hoezeer ze ook hadden uitgeblonken in hun werk, nooit was Marie Elisabeth tevreden geweest. Wilhelm was tijdens haar ziekte plichtsgetrouw naar Tegel en Berlijn vertrokken om voor haar te zorgen,[3] maar hij miste er de intellectuele stimulans die Jena bood. Zijn moeders sombere aanwezigheid drukte op hem, waardoor het hem niet lukte om te lezen, te schrijven of te denken. Hij voelde zich lamgeslagen, schreef hij aan Schiller.[4] Alexander had slechts een kort bezoek gebracht en was zo snel mogelijk weer vertrokken, de zorg voor hun moeder aan zijn broer overlatend.[5] Na vijftien maanden had Wilhelm het niet langer kunnen uithouden aan zijn moeders ziekbed en was hij naar Jena teruggereisd. Twee weken daarna was Marie Elisabeth overleden. Geen van haar zoons was bij haar toen ze stierf.

De broers gingen niet naar de begrafenis. Andere zaken leken belangrijker; Alexander was meer bezig met alle aandacht voor zijn nieuwe mijnwerkerslamp en met zijn galvaniseerexperimenten.[6] Vier weken na zijn moeders dood kondigde hij aan dat hij voorbereidingen trof voor een 'grote reis'.[7] Nu hij na jaren wachten eindelijk zijn lot in eigen hand kon nemen,[8] voelde de zevenentwintigjarige Alexander zich van zijn ketenen bevrijd. Haar dood deed hem niet veel, bekende hij zijn oude vriend uit Freiberg; zijn moeder en hij waren 'vreemden voor elkaar' geweest.[9] De afgelopen jaren had hij zo min mogelijk tijd op het landgoed doorgebracht, en hij was altijd opgelucht als hij weer uit Tegel weg kon.[10] Zijn vriend schreef hem dat haar dood hem ongetwijfeld 'zeer welkom' was geweest.[11]

Binnen een maand had Alexander zijn ontslag genomen als mijnbouwinspecteur. Wilhelm wachtte iets langer; hij verhuisde enkele maanden later eerst naar Dresden, en vervolgens naar Parijs, waar Caroline en hij van hun nieuwe huis een salon voor schrijvers, dichters en kunstenaars maakten.[12] Sinds het overlijden van hun moeder waren de broers rijk. Alexander had bijna honderdduizend taler geërfd.[13] 'Ik heb zoveel geld,' snoefde hij, 'dat ik mijn neus, mond en oren kan laten vergulden.'[14] Hij was vermogend genoeg om te gaan waarheen hij wilde. Omdat hij niets gaf om luxe – wel om prachtig gedrukte boeken en dure wetenschappelijke instrumenten, maar elegante kleding of modieuze meubels interesseerden hem niet – had hij altijd tamelijk eenvoudig geleefd. Een expeditie was echter iets heel anders, daar wilde hij met alle liefde een groot deel van zijn erfenis aan besteden. Van pure opwinding kon hij maar niet besluiten waar hij heen zou gaan. Hij sprak over Lapland, Griekenland, Hongarije, Siberië en misschien West-Indië of de Filipijnen; het aantal mogelijke bestemmingen was zo groot dat niemand hoogte van zijn plannen kreeg.

Maar de precieze bestemming deed ook nog niet ter zake, want eerst wilde hij zich voorbereiden, en dat deed hij dan ook met een zelfgenoegzame voortvarendheid.[15] Hij moest alle benodigde instrumenten uitproberen (en kopen), en reisde maanden door Europa om al het mogelijke te weten te komen over geologie, botanie, zoölogie en astronomie. Dankzij zijn vroege publicaties en zijn groeiend aantal contacten gingen er allerlei deuren voor hem open, en werd er zelfs een nieuwe plant naar hem vernoemd: de *Humboldtia laurifolia*, een 'prachtige' plant uit India, schreef hij aan een vriend, 'is dat niet geweldig!!'[16]

In Freiberg sprak hij met geologen[17] en in Dresden leerde hij een sextant gebruiken.[18] Hij beklom en bestudeerde de Alpen – om deze later met andere bergen te kunnen vergelijken, zo schreef hij aan Goethe[19] –

en in Jena deed hij verdere elektrische experimenten. In de kassen van de keizerlijke tuinen in Wenen bestudeerde hij tropische planten[20] en trachtte hij de jonge directeur, Joseph van der Schot, over te halen hem op zijn expeditie te vergezellen, want, zo verklaarde hij, samen zouden zij een 'zoete' toekomst tegemoet gaan.[21] Hij bracht een koude winter door in Salzburg, Mozarts geboorteplaats, waar hij de hoogte van de nabijgelegen Oostenrijkse Alpen peilde en zijn meteorologische apparatuur uittestte: tijdens onweersbuien trotseerde hij de ijzige regen om de elektriciteit in de atmosfeer te meten.[22] Hij las en herlas alle reisbeschrijvingen die hij maar te pakken kon krijgen en verdiepte zich in plantkundige werken.

De brieven die Humboldt schreef tijdens deze hectische reizen van de ene naar de andere Europese zetel van geleerdheid, straalden een jachtige energie uit: 'Het ligt nu eenmaal in mijn aard om de dingen impulsief en voortvarend aan te pakken.'[23] Er bestond geen plaats waar hij alles ineens kon leren. Daarom moest hij ook zoveel reizen, legde hij uit, want je kon niet alles van één persoon te weten komen.

Humboldtia laurifolia

Na ongeveer een jaar van verwoede voorbereidingen drong het tot Humboldt door dat – hoewel zijn koffers uitpuilden met apparatuur en zijn hoofd zat volgepropt met de jongste wetenschappelijke kennis – de politieke situatie zijn dromen in de weg stond. Een groot deel van Europa was verwikkeld in de Coalitieoorlogen. Na de executie van de Franse koning Lodewijk XVI, in januari 1793, hadden de Europese landen zich verenigd tegen de Franse revolutionairen. In de jaren na het uitbreken van de revolutie had Frankrijk achter elkaar de oorlog verklaard aan een hele reeks landen, waaronder Oostenrijk, Pruisen, Spanje, Portugal en Groot-Brittannië. Aan beide kanten werden overwinningen geboekt en verliezen geleden, er werden verdragen getekend die vervolgens weer werden geschonden, maar in 1798 had Frankrijk het latere België, de Nederlandse Republiek, het Pruisische Rijnland en grote delen van Italië veroverd. Waarheen Humboldt zich ook wendde, overal werd hem de weg versperd door oorlogen en legers. Zelfs Italië, waar de vulkanen Etna en Vesuvius zulke aanlokkelijke geologische perspectieven boden, zat – dankzij Napoleon – potdicht.[24]

Humboldt moest op zoek naar een land dat hem toestemming gaf aan een expeditie deel te nemen, of dat hem in ieder geval toegang wilde verlenen tot de koloniale bezittingen. Hij smeekte de Britten en de Fransen, en vervolgens ook de Denen om hulp. Even overwoog hij naar West-Indië te vertrekken, maar dat plan viel in duigen vanwege de aanhoudende zeeslagen. Daarna ging hij in op een uitnodiging van de Britse graaf van Bristol om deze naar Egypte te vergezellen, al stond de oude aristocraat wel als behoorlijk excentriek te boek.[25] Van dat project kwam echter al evenmin iets terecht, want Bristol werd door de Fransen gearresteerd op verdenking van spionage.[26]

Eind april 1798, anderhalf jaar na de dood van zijn moeder, besloot Humboldt tot een bezoek aan Parijs, waar Wilhelm en Caroline inmiddels woonden. Hij had zijn broer al meer dan een jaar niet gezien, en bovendien leek toenadering tot de zegevierende Fransen hem de meest praktische oplossing voor zijn huidige problemen.[27] Eenmaal in Parijs bracht hij niet alleen tijd door met zijn broer en schoonzuster, maar schreef hij ook brieven, legde contacten, probeerde mensen in te palmen en vulde zijn aantekenboekjes met de adressen van talloze wetenschappers. Daarnaast kocht hij nog meer boeken en instrumenten.[28] 'Ik word omringd door de wetenschap,' schreef hij opgewonden.[29] Op een van zijn tochten ontmoette hij de held uit zijn jongensjaren, Louis

Antoine de Bougainville, de ontdekkingsreiziger die in 1768 als eerste Europeaan voet aan wal gezet had op Tahiti. Bougainville, die ondanks zijn respectabele leeftijd van zeventig jaar bezig was een reis naar de Zuidpool voor te bereiden, was onder de indruk van de jonge Pruisische wetenschapper en nodigde hem uit om mee te gaan.[30]

Aimé Bonpland

In Parijs ontmoette Humboldt ook de jonge Franse geleerde Aimé Bonpland, in de hal van het huis waar ze allebei een kamer huurden.[31] Het was duidelijk dat Bonpland, die een gedeukte botaniseertrommel aan zijn schouder had hangen, ook in planten geïnteresseerd was. Hij had les gehad van de beste naturalisten in Parijs en was, zoals Humboldt later ontdekte, niet alleen een begaafd botanist, maar ook kundig op het gebied van de vergelijkende anatomie. En hij was als arts werkzaam geweest in het Franse leger. De vijfentwintigjarige Bonpland, geboren in La Rochelle, een havenstad aan de Atlantische kust, kwam uit een familie van mariniers. Reizen en avontuur zaten hem in het bloed. Omdat ze elkaar regelmatig op de gang tegen het lijf liepen, knoopten de twee steeds vaker een gesprek aan, en ze ontdekten al snel dat ze beiden gefascineerd waren door planten en verre gebieden.

Net als Humboldt wilde Bonpland heel graag de wereld zien, en Humboldt raakte ervan overtuigd dat Bonpland de perfecte reisgenoot zou zijn. Hij had niet alleen een passie voor botanica en de tropen, maar ook een vriendelijk en blijmoedig karakter. Met zijn stevige bouw straalde hij veerkracht, gezondheid en betrouwbaarheid uit. In veel opzichten was hij de tegenpool van Humboldt. Waar Humboldt een koortsachtige activiteit tentoonspreidde, maakte Bonpland een kalme en volgzame indruk. Ze zouden een geweldig duo vormen.

Terwijl de voorbereidingen in volle gang waren, leek Humboldt ineens overvallen te worden door vlagen van schuldgevoel over zijn overleden moeder. Er deden geruchten de ronde, zo schreef Friedrich Schiller aan Goethe, dat Alexander maar niet van haar kon loskomen.[32] Haar geest zou voortdurend aan hem verschijnen. Een gemeenschappelijke kennis had Schiller verteld dat Humboldt in Parijs deelnam aan dubieuze seances waar ook zijn moeder aan te pas kwam. Humboldt had zijn hele leven al last van een 'grote angst voor spookverschijningen', had hij een vriend een paar jaar eerder verteld,[33] maar nu was dit aanmerkelijk verergerd. Hoezeer hij zich ook als rationeel wetenschapper voordeed, hij bleef het gevoel houden dat zijn moeder hem voortdurend in de gaten hield. Het werd tijd om te ontsnappen.

Nu deed zich echter een nieuw probleem voor. De leiding over de expeditie van Bougainville was aan een wat jongere man toevertrouwd: kapitein Nicolas Baudin. En hoewel men Humboldt had verzekerd dat hij Baudin op zijn reis kon vergezellen, ging de hele expeditie uiteindelijk niet door vanwege een tekort aan overheidsgeld.[34] Humboldt gaf echter niet op. Misschien kon hij zich nog voegen bij de tweehonderd wetenschappers die zich hadden aangesloten bij het leger van Napoleon, dat in mei 1798 uit Toulon vertrokken was voor een invasie in Egypte.[35] Maar hoe moest hij hen bereiken? Weinig mensen hadden zoveel tegenslag als hij, schreef hij.[36]

Omdat hij nog steeds op zoek was naar een schip, nam hij contact op met de Zweedse consul in Parijs, die beloofde een overtocht van Marseille naar Algiers te regelen.[37] Van daaruit kon hij dan over land naar Egypte reizen. Ook vroeg hij zijn Londense kennis Joseph Banks of deze aan een paspoort voor Bonpland zou kunnen komen, voor het geval ze op een Engels oorlogsschip stuitten.[38] Zo was hij op alle eventualiteiten voorbereid. Zelf reisde hij met een paspoort dat hem door de Pruisische gezant in Parijs verstrekt was. Behalve zijn naam en leeftijd stond er een nogal uitgebreide, maar niet geheel objectieve beschrijving van zijn uiterlijk op, waarin hem grijze ogen, een grote mond, een flinke neus en een 'welgevormde kin' werden toegeschreven.[39] Spottend krabbelde Humboldt in de kantlijn: 'grote mond, dikke neus, maar *menton bien fait*.'

Eind oktober haastten Humboldt en Bonpland zich naar Marseille, klaar om onmiddellijk te vertrekken.[40] Maar er gebeurde niets. Twee maanden lang beklommen ze elke dag de heuvel naar de oude Notre Dame de la Garde om de haven af te speuren. Zodra ze maar een glimp van een wit zeil aan de horizon ontwaarden, kregen ze weer hoop. Toen ze bericht kregen dat het fregat dat hun beloofd was tijdens een storm zware averij had opgelopen, besloot Humboldt om dan maar zelf een schip te huren, maar algauw ontdekte hij dat het vanwege alle zeeslagen van de afgelopen tijd onmogelijk was om aan een schip te komen, al had hij nog zoveel geld. Wat hij ook probeerde, overal werd 'zijn hoop de bodem ingeslagen', schreef hij aan een oude vriend in Berlijn.[41] Hij was ten einde raad. Zijn zakken waren gevuld met geld en zijn geest zat boordevol met de nieuwste wetenschappelijke kennis, en toch kon hij niet reizen. Oorlog en politiek maakten alles onmogelijk en de wereld zat op slot.[42]

Eind 1798, vrijwel precies twee jaar na zijn moeders dood, verloor Humboldt uiteindelijk het vertrouwen in de Fransen. Hij reisde naar Madrid om daar zijn geluk te beproeven. De Spanjaarden stonden erom bekend dat ze niet graag buitenlanders op hun overzeese gebieden toelieten, maar met inzet van zijn charme en een reeks nuttige contacten aan het Spaanse hof speelde Humboldt het toch klaar:[43] begin mei 1799 verstrekte koning Karel IV van Spanje hun een paspoort voor de Spaanse koloniën in Zuid-Amerika en de Filipijnen, op de uitdrukkelijke voorwaarde dat Humboldt de reis zelf zou financieren. In ruil daarvoor beloofde Humboldt exemplaren van flora en fauna op te sturen voor het koninklijke kabinet en de paleistuin. Nooit eerder was aan een vreemdeling zo'n grote vrijheid verleend om Spaans grondgebied te onderzoeken. Zelfs de Spanjaarden waren verrast over de beslissing van hun koning.

Humboldt was niet van plan om nog meer tijd te verspillen. Vijf dagen nadat ze hun paspoort hadden ontvangen, vertrokken hij en Bonpland uit Madrid naar La Coruña, een havenstad in het noordwestelijke puntje van Spanje, waar het fregat, de Pizarro, al op hen lag te wachten. Begin juni 1799 waren ze klaar voor vertrek, ondanks waarschuwingen dat er in de nabije omgeving Britse oorlogsschepen waren gesignaleerd. Niets – geen kanonnen, geen angst voor de vijand – kon dit moment nog bederven. 'Het duizelt me van vreugde,' schreef Humboldt.[44]

Hij had een uitgebreide collectie van de nieuwste instrumenten gekocht, waaronder telescopen, microscopen, een groot slingeruurwerk en kompassen – alles bij elkaar tweeënveertig stuks, afzonderlijk in met fluweel beklede kisten verpakt – evenals flaconnetjes om zaden en grondmonsters in te bewaren, riemen papier, weegschalen en allerlei gereedschap.[45] 'Ik was in een goede stemming,' noteerde hij in zijn dagboek, 'precies zoals het hoort als je aan een groots werk begint.'[46]

In de brieven die hij aan de vooravond van hun vertrek schreef, deed hij zijn plannen uit de doeken. Net als eerdere ontdekkingsreizigers zou hij planten, zaden, stenen en dieren verzamelen. Hij zou de hoogte van bergen bepalen, lengte- en breedtegraden vaststellen en de temperatuur van water en lucht opmeten. Maar het werkelijke doel van zijn reis, verklaarde hij, was te ontdekken hoe 'alle krachten van de natuur met

De Pico del Teide op Tenerife

elkaar verweven en verbonden' waren – hoe levende en dode materie elkaar beïnvloedden.[47] De mens moest altijd streven naar 'het goede en het grote', schreef hij in zijn laatste brief uit Spanje.[48] 'De rest wordt door het lot bepaald.'

Naarmate ze de tropen dichter naderden, raakte Humboldt steeds opgewondener. Ze vingen en onderzochten vissen, kwallen, zeewier en vogels. Humboldt probeerde zijn instrumenten uit, mat de temperatuur en bepaalde de afstand tot de zon. Eén keer was er 's nachts een fosforescerende gloed op het water te zien; de golven leken wel in brand te staan. De hele zee zag eruit als een 'eetbare soep vol organische deeltjes', schreef Humboldt.[49] Na twee weken legden ze aan op Tenerife, het grootste van de Canarische Eilanden. Hun eerste kennismaking met het eiland was weinig spectaculair, aangezien het in een dikke mist gehuld was. Toen deze echter optrok, zag Humboldt het zonlicht weerkaatsen in de glinsterend witte top van de vulkaan Pico del Teide.[50] Ademloos rende hij naar de boeg van het schip om een glimp op te vangen van de eerste berg die hij buiten Europa zou beklimmen. Veel tijd was er niet, want ze zouden slechts een paar dagen op Tenerife blijven.

De volgende ochtend vertrokken Humboldt en Bonpland in gezelschap van een aantal plaatselijke gidsen naar de vulkaan, zonder tenten of jassen en uitsluitend toegerust met een paar zwakke vurenhouten fakkels.[51] In de valleien was het heet, maar zodra ze begonnen te klimmen, daalde de temperatuur snel. Toen ze op meer dan vijfendertighonderd meter hoogte de top bereikten, waaide het daar zo hard dat ze nauwelijks op hun benen konden blijven staan. Hun gezicht was bevroren, maar hun voeten brandden op de hete bodem.[52] Humboldt trok zich van de pijn echter niets aan. Er hing iets in de lucht, zei hij, iets wat een 'magische' transparantie creëerde.[53] Dat beloofde veel goeds voor wat hun nog te wachten stond. En hoewel hij zich slechts met moeite van deze plek kon losrukken, werd het tijd om terug te gaan naar het schip.

Zodra ze terug waren op de Pizarro, werden de ankers gelicht. De reis werd voortgezet, en Humboldt was gelukkig. Wel vond hij het vervelend dat er 's nachts geen lantaarns of kaarsen mochten worden aangestoken, omdat het licht de vijand zou kunnen aantrekken.[54] Voor een man als Humboldt, die aan een paar uur slaap genoeg gehad, was het een marteling om in het donker te moeten liggen zonder iets te kunnen lezen, ontleden of onderzoeken. Hoe verder ze zuidwaarts voeren, hoe korter de dagen werden, en al snel had hij vanaf 's avonds zes uur niets meer te doen. Daarom begon hij de nachthemel te bestuderen, en net als vele andere ontdekkingsreizigers en zeelieden die de evenaar waren gepasseerd, keek hij vol verwondering naar alle nieuwe sterren die hij zag verschijnen – constellaties die uitsluitend de zuidelijke hemel sierden en die hem er elke nacht opnieuw op wezen hoe ver hij al gereisd had. Toen hij voor het eerst het Zuiderkruis aanschouwde, besefte hij dat hij de dromen uit zijn vroegste jeugd had verwezenlijkt.[55]

Op 16 juli 1799, eenenveertig dagen na hun vertrek uit het Spaanse La Coruña, verscheen de kust van Nieuw-Andalusië – dat tegenwoordig deel uitmaakt van Venezuela – aan de horizon.[56] Hun eerste beeld van de Nieuwe Wereld was een weelderige groene strook met palmen en bananenbomen. Erachter ontwaarde Humboldt hoge bergen die met hun toppen boven de wolken uitstaken. Anderhalve kilometer landinwaarts, omringd door cacaobomen, lag Cumaná, een stad die in 1523 door de Spanjaarden was gesticht en die in 1797, twee jaar voordat Humboldt er arriveerde, bijna verwoest was door een aardbeving. Hier zouden ze de komende twee maanden verblijven. Aan de helderblauwe hemel was geen spoortje nevel te bekennen. Er hing een verzengende hitte en het licht was zo fel dat hun ogen er pijn van deden. Zodra Humboldt van boord was, stak hij zijn thermometer in het zand en noteerde: 37,7 graden Celsius.[57]

Cumaná was de hoofdstad van Nieuw-Andalusië, een provincie binnen de kapiteinsgeneraliteit Venezuela – onderdeel van het Spaanse koloniale rijk dat zich uitstrekte van Californië tot het zuidelijkste puntje van Chili. Alle Spaanse koloniën vielen onder de Spaanse kroon en de Indiëraad in Madrid.[58] Onderkoningen en kapiteins-generaal brachten regelrecht verslag uit aan Spanje. Het was de koloniën verboden met elkaar te handelen als daar niet expliciet toestemming voor was gegeven. Ook de informatievoorziening werd aan banden gelegd. Voor het drukken van boeken en kranten was een vergunning nodig, het was verboden ter plaatse een drukkerij of fabriek op te zetten, en alleen mensen die in Spanje waren geboren mochten winkels of mijnen in eigendom hebben.

Nadat er in het laatste kwart van de achttiende eeuw zowel in de Britse Noord-Amerikaanse koloniën als in Frankrijk een revolutie was uitgebroken, werden de kolonisten in het Spaanse rijk strak in toom gehouden. Ze moesten exorbitant hoge belastingen aan Spanje betalen en werden van alle bestuursfuncties uitgesloten. Ieder niet-Spaans schip werd als vijandig beschouwd en niemand – ook de Spanjaarden zelf niet – mocht zonder mandaat van de koning de koloniën betreden. Dit alles resulteerde in een toenemende wrok onder de bevolking. Gezien de gespannen relaties tussen de koloniën en het moederland moest Humboldt omzichtig te werk gaan. Hij mocht dan van de Spaanse koning een paspoort gekregen hebben, toch zouden de plaatselijke bewindvoerders hem het leven knap zuur kunnen maken. Als hij er niet in slaagde bij de bestuurders van de koloniën 'enige belangstelling voor zijn persoon' te wekken, dan zouden hem gedurende zijn verblijf in de Nieuwe Wereld 'talloze ongemakken' wachten, daarvan was hij overtuigd.[59]

Twee bladzijden uit Humboldts Spaanse paspoort, met daarop de handtekening van enkele bestuurders uit de koloniën

Voordat hij echter met zijn papieren naar de gouverneur van Cumaná ging, liet Humboldt het tropische landschap op zich inwerken. Alles was voor hem even nieuw en spectaculair. Iedere golf, iedere vogel en iedere palmboom 'verkondigde de grootsheid van de natuur'.[60] Dit was het begin van een nieuw leven, een periode van vijf jaar waarin Humboldt van een nieuwsgierige, getalenteerde jongeman in de markantste wetenschapper van zijn tijd zou veranderen. In deze streken zou hij de natuur niet alleen met zijn hoofd, maar ook met zijn hart gaan waarnemen.

DEEL II

AANKOMST: IDEEËN VERZAMELEN

4 Zuid-Amerika

Waar Humboldt en Bonpland die eerste weken in Cumaná ook keken, overal trok iets nieuws hun aandacht. Het landschap hield hem in de ban, zei Humboldt.[1] De palmbomen tooiden zich met schitterende rode bloesems, vogels en vissen leken met elkaar te wedijveren in bonte kleurenpracht en zelfs de kreeften waren hemelsblauw of geel. Aan de kust stonden roze flamingo's op één poot in het water, en de uitwaaierende bladeren van de palmbomen toverden het witte zand om tot een mozaiek van zon en schaduw.[2] Ze zagen vlinders, apen en zoveel planten om te catalogiseren dat ze 'als dwazen' rondrenden, zoals Alexander aan Wilhelm schreef.[3] Zelfs de gewoonlijk zo onverstoorbare Bonpland zei dat hij 'gek zou worden als er niet snel een eind kwam aan al die wonderen'.[4]

Humboldt, die zich altijd had laten voorstaan op zijn systematische manier van werken, had er moeite mee een logische methode te ontwikkelen voor het bestuderen van zijn omgeving.[5] Hun koffers vulden zich zo snel dat ze extra riemen papier moesten bestellen om hun planten te kunnen drogen, en soms vonden ze zoveel nieuwe soorten dat ze ze bijna niet mee naar hun huis kregen.[6] In tegenstelling tot andere naturalisten hield Humboldt zich niet bezig met het vullen van taxonomische leemten; hem ging het om het verzamelen van ideeën, niet louter om objecten uit de natuurlijke historie. Het was de 'indruk van het geheel', schreef hij, die hem boven alles boeide.[7]

Alles wat hij zag, vergeleek hij met wat hij eerder in Europa al geleerd en waargenomen had. Als hij een steen of een insect opraapte of een plant uit de grond trok, ging hij in gedachten onmiddellijk terug naar wat hij thuis had gezien. De bomen op de vlakten rond Cumaná, waarvan de takken uitliepen in een parasolachtig bladerdek, deden hem denken aan Italiaanse pijnbomen.[8] En van afstand zag de zee van cactussen er net zo uit als de moerasgrassen in landen met een noordelijk klimaat.[9] Er was hier een vallei die hem deed denken aan Derbyshire in Engeland,[10] en de grotten hadden veel weg van die in het Duitse Franken en de Oost-Europese Karpaten.[11] Alles leek op een of andere wijze met elkaar verbonden – een idee dat Humboldts denken over de natuur zijn hele verdere leven zou bepalen.

Humboldt in Zuid-Amerika

Nog nooit had Humboldt zich zo gelukkig en gezond gevoeld.[12] De hitte deed hem goed en hij had geen last meer van de koortsen en zenuwzwakten die hem in Europa altijd parten hadden gespeeld. Hij kwam zelfs een paar kilo aan. Overdag waren hij en Bonpland bezig met verzamelen, 's avonds zaten ze bij elkaar om hun bevindingen op te schrijven, en 's nachts observeerden ze de sterrenhemel. Op een van die nachten stonden ze uren aaneen ademloos te kijken naar een meteorenzwerm die duizenden witte sporen langs de hemel trok.[13] Met zijn brieven, waarin de geestdrift van de bladzijden spatte, bracht Humboldt deze wondere wereld naar de elegante salons van Parijs, Berlijn en Rome. Hij schreef over reusachtige spinnen die kolibries aten, en over bijna tien meter lange slangen.[14] Ondertussen deed hij de bewoners van Cumaná versteld staan met zijn instrumenten: zijn telescopen haalden de maan dichtbij, terwijl zijn microscopen de luizen in hun haar in levensgrote monsters veranderden.[15]

Slechts één ding zette een domper op zijn vreugde: de slavenmarkt op het grootste plein van Cumaná, recht tegenover het huis dat ze hadden gehuurd. Al sinds de vroege zestiende eeuw importeerden de Spanjaarden slaven naar hun koloniën in Zuid-Amerika. Iedere ochtend werden er jonge Afrikaanse mannen en vrouwen op het plein verhandeld. Ze werden gedwongen zich in te smeren met kokosolie, zodat hun zwarte huid ging glanzen. Vervolgens werden ze getoond aan mogelijke kopers, die hun de mond openrukten om hun gebit te inspecteren, alsof ze 'paarden op een veemarkt' keurden.[16] Die aanblik zorgde ervoor dat Humboldt abolitionist werd voor het leven.

Op 4 november 1799, minder dan vier maanden na hun aankomst in Zuid-Amerika, maakte hij voor het eerst kennis met het gevaar dat zijn leven en zijn plannen zou kunnen bedreigen.[17] Het was een vochtige, hete dag. Rond het middaguur doemden er donkere wolken op en tegen vieren weergalmden de donderslagen door de stad. Plotseling begon de aarde te beven, waardoor Bonpland, die over een tafel gebogen stond om een paar planten te onderzoeken, bijna tegen de grond sloeg, en Humboldt heftig heen en weer slingerde in zijn hangmat. Huizen stortten in en mensen renden gillend door de straten, maar Humboldt bleef kalm en klom uit de hangmat om zijn instrumenten op te zetten. Zelfs een sidderende aarde weerhield hem er niet van zijn onderzoeken uit te voeren. Hij mat de tijdsduur tussen de schokken, noteerde dat de trillingen van noord naar zuid liepen en verrichtte elektrische metingen. Ondanks zijn uiterlijke onbewogenheid voelde hij echter een grote beroering vanbinnen. De trillende grond onder zijn voeten verwoestte een illusie die hij zijn hele leven had gekoesterd, schreef hij. Water was het element dat voor beweging zorgde, niet de aarde. Het was alsof hij plotseling hardhandig uit een droom wakker werd geschud. Tot dat moment had hij een onwrikbaar vertrouwen gehad in de stabiliteit van de natuur, maar daarmee kwam hij nu bedrogen uit. Nu 'koesteren wij argwaan tegen de grond waarop wij zo lang vol vertrouwen onze voeten hebben gezet', schreef hij.[18] Toch was hij vastbesloten zijn reis voort te zetten.

Jarenlang had hij gewacht tot hij eindelijk de wereld in kon trekken, en hoewel hij wist dat hij zijn leven in gevaar bracht, wilde hij toch meer zien. Half november, na een zenuwslopende periode waarin hij moest wachten tot hij met zijn Spaanse kredietbrieven geld kon opnemen (toen dat mislukte, schonk de gouverneur hem een bedrag uit eigen zak),[19] verlieten ze Cumaná, op weg naar Caracas. Ze regelden ter plekke een ongeveer tien meter lang open handelsscheepje[20] om – in gezelschap van hun bediende, een mesties met de naam José de la Cruz[21] – westwaarts te reizen. Alle instrumenten werden ingeladen, evenals de koffers, die gevuld waren met aantekenschriften, tabellen met meetresultaten, insecten en meer dan vierduizend planten.[22]

De in 1567 door de Spanjaarden gestichte stad Caracas, die ruim negenhonderd meter boven de zeespiegel lag, telde veertigduizend inwoners en was inmiddels de hoofdstad van de kapiteinsgeneraliteit Venezuela. Vijfennegentig procent van de blanke bevolking bestond uit *criollo's*, of, zoals Humboldt ze noemde: 'Hispano-Amerikanen' – blanke kolonisten van Spaanse afkomst, maar geboren in Zuid-Amerika.[23] Ondanks het feit dat ze een meerderheid vormden, werden deze Zuid-Amerikaanse creolen al tientallen jaren uitgesloten van de hoogste functies in leger en bestuur. De meesten waren hoger opgeleid dan de Spanjaarden die door de Spaanse kroon waren gezonden om het bewind over de koloniën te voeren. Rijke plantage-eigenaars waren razend dat ze geregeerd werden door kooplui die daartoe uit een ver moederland waren gestuurd. De Spaanse autoriteiten behandelden hen als 'verachtelijke slaven', klaagden sommige creolen.[24]

Caracas lag niet ver van de kust in een hoge vallei, beschut door bergen. Ook hier huurde Humboldt een huis dat als uitvalsbasis diende voor korte excursies. Zo vertrok hij samen met Bonpland naar de tweetoppige Silla, een berg die zo dichtbij stond dat ze hem vanuit het huis konden zien, maar die tot Humboldts verbazing nog door geen van de mensen die hij in Caracas ontmoet had, was beklommen.[25] Een andere keer begaven ze zich naar de uitlopers van het gebergte. Daar zagen ze kristalhelder water uit een bron langs een glinsterende rotswand naar beneden klateren. Enkele meisjes kwamen er water halen, en bij het zien van dit beeld werd Humboldt plotseling getroffen door een herinnering aan thuis. Die avond schreef hij in zijn dagboek: 'Herinneringen aan Werther, Goethe en de koningsdochters'[26] – een verwijzing naar *Die Leiden des jungen Werthers*, waarin Goethe een gelijksoortige scène had beschreven. Andere keren was het de specifieke vorm van een boom of een berg die hem meteen vertrouwd voorkwam. Eén blik op de sterren aan de zuidelijke hemel of op het silhouet van de cactussen tegen de horizon was genoeg om hem eraan te herinneren hoe ver hij van zijn vaderland verwijderd was, en toch was er niet veel meer voor nodig dan een plotseling tinkelen van een koeienbel of het brullen van een stier om hem terug te voeren naar de weiden van Tegel.[27]

Humboldt (rechts tussen het struikgewas) tekent de Silla

'Overal spreekt de natuur tot de mens,' zei Humboldt, 'met een stem die vertrouwd klinkt voor zijn ziel.'[28] Deze geluiden klonken als stemmen van de andere kant van de oceaan, stemmen die hem onmiddellijk van het ene naar het andere halfrond voerden. Als voorzichtige potloodlijntjes in een schets begon Humboldts nieuwe begrip van de natuur – gebaseerd op zowel wetenschappelijke waarnemingen als emotionele betrokkenheid – vorm te krijgen. Herinneringen en gevoelens zouden altijd mede bepalen hoe de mens over de natuur dacht en deze ervoer, besefte hij. Verbeelding was als een 'balsem met wonderdadig genezende krachten'.[29]

Al snel brak de tijd van vertrek aan, want Humboldt had verhalen gehoord over de mysterieuze rivier de Casiquiare. Meer dan een halve eeuw geleden had een jezuïetenpriester bericht dat deze een verbinding vormde tussen de twee grootste rivierstelsels van Zuid-Amerika: de Orinoco en de Amazone. De Orinoco vormt een grote boog van haar bron in het zuiden, nabij de huidige grens tussen Venezuela en Brazilië, tot aan haar delta aan de noordoostkust van Venezuela, waar ze uitmondt in de Atlantische Oceaan. Ruim vijftienhonderd kilometer verder naar het zuidoosten ligt de monding van de machtige Amazone, de rivier die vanuit haar bron – honderdvijftig kilometer vanaf de westkust in de Peruviaanse Andes – vrijwel het hele continent doorsnijdt.

Diep in het regenwoud, zestienhonderd kilometer ten zuiden van Caracas, zou de Casiquiare het netwerk van zijrivieren van de Orinoco en de Amazone met elkaar verbinden. Niemand had het bestaan van de Casiquiare echter ooit kunnen bewijzen en weinigen hechtten geloof aan het verhaal dat zulke machtige rivieren daadwerkelijk met elkaar verbonden konden zijn. Met de toenmalige wetenschappelijke kennis werd aangenomen dat een waterscheiding de grens vormde tussen de twee rivierbekkens, want het idee van een natuurlijke waterweg tussen twee grote rivieren druiste in tegen alle empirische bevindingen. Nergens op de wereld was zoiets ooit door geografen aangetroffen. Op de recentste kaart van het gebied stond, precies op de plek waar de Casiquiare zich volgens de geruchten zou bevinden, zelfs een bergketen afgebeeld – de vermoedelijke waterscheiding.[30]

Een uitgebreide voorbereiding was geboden. Zo moesten ze instrumenten meenemen die klein genoeg waren voor de smalle bootjes waarin ze zouden reizen. Verder hadden ze geld en goederen nodig om ook diep in de jungle nog aan gidsen en voedsel te kunnen komen.[31] Voor ze vertrokken stuurde Humboldt echter ook een aantal brieven naar Europa en Noord-Amerika met het verzoek deze in kranten te laten publiceren. Het openbaar maken van gegevens was van groot belang, besefte hij.[32] Zo had hij vlak voor hun vertrek uit La Coruña ook drieënveertig brieven geschreven.[33] Mocht hij tijdens de reis overlijden, dan zou hij in elk geval niet vergeten worden.

Op 7 februari 1800 vertrokken Humboldt, Bonpland en José, hun bediende uit Cumaná, op vier muildieren uit Caracas, met achterlating van bijna al hun spullen en verzamelingen.[34] Om de Orinoco te bereiken zouden ze vrijwel pal zuidwaarts moeten trekken, dwars door de immense leegte van Los Llanos – uitgestrekte grasvlakten met een oppervlak zo groot als Frankrijk. Het voorlopige reisdoel was de Apure – een zijrivier van de Orinoco – die ruim driehonderd kilometer ten zuiden van Caracas lag. In San Fernando de Apure, een missiepost van de kapucijnen, zouden ze een boot kopen en proviand inslaan. Ze wilden echter wel nog een omweg van zo'n honderdvijftig kilometer westwaarts maken om de weelderige valleien van Aragua, een van de rijkste landbouwgebieden in de Spaanse koloniën, te bekijken.

Het was heet, want het regenseizoen was voorbij en het land waar ze doorheen reden zag er overwegend dor uit. Ze trokken over bergen en door valleien, en na zeven uitputtende dagen aanschouwden ze eindelijk de 'stralende valleien van Aragua'.[35] Eindeloze rechte rijen mais, suikerriet en indigo strekten zich in westelijke richting uit, met daartussenin groepjes bomen, dorpjes, boerenhoeves en tuinen. Met bloeiende struiken omzoomde paden vormden de verbinding tussen de boerderijen, en de huizen stonden in de schaduw van hoge bomen – grote, in gele bloesempracht gehulde ceiba's, waarvan de takken zich met die van de feloranje bloeiende koraalbomen verstrengeld hadden.[36]

Midden in de vallei, omgeven door bergen, lag het Valenciameer. Over het meer verspreid lagen een stuk of tien rotsige eilandjes; sommige groot genoeg om te bebouwen of er geiten op te laten grazen. Met zonsondergang brachten duizenden reigers, flamingo's en eenden de hemel tot leven wanneer ze het meer overvlogen om een slaapplek op de eilanden te zoeken. Het zag er idyllisch uit, maar de plaatselijke bewoners vertelden Humboldt dat het waterpeil in snel tempo daalde.[37] Uitgestrekte stroken land die slechts twintig jaar eerder nog onder water hadden gestaan, vormden nu dichtbeplante akkers. Voormalige eilanden waren inmiddels heuveltjes op het droge, en de oevers kropen steeds dichter naar elkaar toe. Het Valenciameer had een uniek ecosysteem: omdat er geen afwatering naar zee plaatsvond en er slechts kleine beekjes op het meer uitkwamen, werd het waterniveau uitsluitend gereguleerd door middel van verdamping. De bewoners geloofden dat het water via een ondergrondse afvoer uit het meer wegstroomde, maar Humboldt dacht daar anders over.[38]

Hij verrichtte metingen, deed onderzoek en stelde vragen. Toen hij op de hogergelegen gedeelten van de eilanden fijn zand aantrof, begreep hij dat deze ooit onder water hadden gestaan.[39] Hij vergeleek de gemiddelde jaarlijkse verdamping van rivieren en meren over de hele wereld, van Zuid-Frankrijk tot West-Indië.[40] Tijdens dit onderzoek kwam hij tot de conclusie dat het dalende waterpeil was veroorzaakt door het kappen van de omringende bossen[41] en het omleiden van waterwegen ten behoeve van irrigatie.[42] Omdat de vallei uitermate geschikt bleek voor bebouwing, hadden de planters de in het meer uitmondende beken omgelegd om hun land te kunnen bevloeien. Om meer landbouwgrond te creëren hadden ze bomen gekapt; de ondergroei – mos, struikgewas en wortelstelsels – was verdwenen, waardoor de grond werd blootgesteld aan de elementen en niet langer in staat was water vast te houden.[43] Net buiten Cumaná had de plaatselijke bevolking Humboldt al verteld dat het land na het kappen van de oude bossen een stuk droger was geworden.[44] Ook op weg van Caracas naar de Araguavallei was de dorre grond hem opgevallen en had hij gemopperd op de eerste kolonisten, die 'zo dom waren geweest om het woud te vernielen'.[45] Als de grond uitgeput raakte en de opbrengst minder werd, trokken de planters westwaarts, een spoor van verwoesting achterlatend. 'Bos ernstig uitgedund,' had Humboldt in zijn dagboek genoteerd.[46]

Het Valenciameer in de Araguavallei

Slechts enkele tientallen jaren eerder waren de heuvels en de bergen rondom de Araguavallei en het Valenciameer nog bebost geweest. Nu de bomen waren geveld, hadden zware regens de bodem weggespoeld. Dat hing allemaal nauw met elkaar samen, concludeerde Humboldt,[47] want in het verleden hadden de wouden de bodem tegen de zon beschermd, waardoor er minder vocht verdampte.[48]

Hier, bij het Valenciameer, raakte Humboldt ervan overtuigd dat de mens een klimaatverandering in gang kon zetten.[49] En bij het publiceren van zijn waarnemingen stak hij zijn mening niet onder stoelen of banken:

> Als bossen worden vernietigd, zoals dat overal in Amerika door de Europese planters in ondoordachte haast gedaan wordt, drogen de bronnen geheel of gedeeltelijk op. Rivierbeddingen staan een deel van het jaar droog, maar zodra er in de bergen zware regen valt, veranderen ze in woelige stromen. Met het struikgewas verdwijnen ook gras en mos van de berghellingen, waardoor het afstromende water door niets meer wordt belemmerd; nu wordt het waterpeil in de rivieren niet langer geleidelijk verhoogd doordat het regenwater steeds fijner wordt gefilterd, maar veroorzaken zware regenbuien erosiegeulen op de hellingen, de losgeraakte grond wordt meegevoerd en er ontstaan plotselinge overstromingen die rampzalig zijn voor het land.[50]

Enkele jaren daarvoor, toen hij nog als mijnbouwinspecteur werkte, had Humboldt al gezien dat het Fichtelgebergte in de buurt van Bayreuth rigoureus ontbost werd voor het oogsten van timmer- en brandhout. Zijn brieven en rapporten uit die tijd staan boordevol suggesties voor het verminderen van het houtverbruik in mijnen en ijzergieterijen.[51] Hij was niet de eerste die hier iets over zei, maar voorheen waren de zorgen eerder van economische dan van ecologische aard geweest. Bossen leverden brandstof voor de industrie, en daarnaast was hout niet alleen nodig voor de bouw van huizen, maar ook voor die van schepen, die van essentieel belang waren voor wereldrijken en zeemachten.

Hout was de olie van de zeventiende en achttiende eeuw, en destijds staken er bij een houttekort dezelfde zorgen over brandstof, transport en industrie de kop op als tegenwoordig wanneer de olieproductie in gevaar is. Al in 1664 was door de Engelse hovenier en schrijver John Evelyn een werk over bosbouw gepubliceerd – *Sylva, Or a Discourse of Forest-Trees* – een veelverkocht boek waarin hij het tekort aan hout een nationale crisis noemde. 'We kunnen gemakkelijker zonder goud dan zonder hout,' verklaarde hij, want zonder hout geen ijzer- of glasindustrie, geen knappend vuur dat op koude winteravonden het huis verwarmt, en geen marine om de Engelse kust te beschermen.[52]

Vijf jaar later, in 1669, schafte de Franse minister van Financiën, Jean-Baptiste Colbert, de gebruiksrechten van dorpelingen op bossen af en liet hij bomen planten om de Franse marine in de toekomst te kunnen voorzien van hout. 'Frankrijk zal ten onder gaan aan een houttekort,' had hij gezegd toen hij zijn draconische maatregelen invoerde.[53] Zelfs in de uitgestrekte Noord-Amerikaanse koloniën had hier en daar een roep geklonken: in 1749 klaagde de Amerikaanse boer en plantenverzamelaar John Bartram dat 'alle bossen binnenkort totaal vernietigd' zouden zijn[54] – een zorg die gedeeld werd door zijn vriend Benjamin Franklin. Ook deze vreesde 'een tekort aan hout',[55] en had bij wijze van oplossing een zuinige haard ontworpen.

Tijdens zijn verblijf aan het Valenciameer begon Humboldt het verschijnsel ontbossing in een bredere context te zien. Nadat hij de plaatselijke situatie had geanalyseerd, waarschuwde hij dat de gebruikte landbouwtechnieken verwoestende gevolgen konden hebben. De manier waarop de mens nu met de aarde omging, had consequenties voor toekomstige generaties, voorspelde hij.[56] Wat hij bij het Valenciameer gezien had, zou hij nog op vele plaatsen tegenkomen – van Lombardije tot Zuid-Peru,[57] en tientallen jaren later ook in Rusland. Door te beschrijven op welke wijze de mens het klimaat veranderde, werd hij zonder het te beseffen de grondlegger van de milieubeweging.

Humboldt was de eerste die het cruciale belang van bossen voor ecosysteem en klimaat uiteenzette: bomen nemen water op en verrijken de atmosfeer met waterdamp, ze beschermen de bodem en zorgen voor een verkoelend effect.[58]* Hij sprak ook over de zuurstofproductie van bomen en de invloed daarvan op het klimaat.[60] De effecten van menselijke inmenging waren nu al 'onoverzienbaar', betoogde hij, en zouden catastrofale vormen aannemen als we doorgingen de wereld zo 'genadeloos' te verstoren.[61]

Steeds opnieuw nam hij waar hoezeer de mens de balans van de natuur verstoorde. Slechts enkele weken na zijn vertrek uit de Araguavallei zag hij, diep in het Orinocoregenwoud, dat een paar Spaanse monniken in een afgelegen missiepost hun wrakkige kerkjes verlichtten met olie uit de eieren van zoetwaterschildpadden. Als gevolg daarvan was het aantal schildpadden ter plaatse aanzienlijk afgenomen. Ieder jaar legden de dieren hun eieren langs de oever van de rivier, maar in plaats van

* Later kwam hij met deze bondige formulering: 'Het bosgewest werkt op drieërlei wijze: door schaduwkoelte, door verdamping en door koudevoortbrengende uitstraling.'[59]

er een paar te laten liggen zodat er een nieuwe generatie kon opgroeien, verzamelden de missionarissen er zoveel dat de schildpaddenpopulatie met het jaar kleiner werd, vertelden de inheemse bewoners.[62] Eerder, aan de Venezolaanse kust, had Humboldt opgemerkt dat door ongelimiteerd parelvissen de oesters nagenoeg waren verdwenen.[63] Het was één grote ecologische kettingreactie. 'Alles,' zei Humboldt later, 'heeft invloed op elkaar.'[64]

Langzamerhand begon hij zich af te keren van het antropocentrische denken dat al millennialang bepalend was voor de benadering van de natuur – van Aristoteles, die had geschreven dat de natuur 'al deze wezens' had 'voortgebracht omwille van de mens'[65] tot de botanicus Carolus Linnaeus, die tweeduizend jaar later, in 1749, nog altijd dezelfde opvatting verkondigde door te stellen dat 'alle dingen zijn geschapen omwille van de mens'.[66] Lang geloofde men dat God de mens heerschappij over de natuur gegeven had. Stond in de Bijbel niet te lezen: 'Weest vruchtbaar en wordt talrijk; vervult de aarde en onderwerpt haar, heerst over de vissen der zee en over het gevogelte des hemels en over al het gedierte, dat op de aarde kruipt'?[67] De Britse filosoof Francis Bacon had in de zeventiende eeuw verklaard dat 'de wereld voor de mens gemaakt' was,[68] en René Descartes beweerde dat dieren in feite een soort machines waren – ingewikkelde machines, dat wel, maar niet in staat tot denken en daarom ondergeschikt aan de mens. Mensen, schreef hij, waren 'heer en meester over de natuur'.[69]

In de achttiende eeuw werd het westerse denken gedomineerd door ideeën over de vervolmaakbaarheid van de natuur. Men geloofde dat de mens de natuur kon verbeteren door deze te cultiveren. 'Vooruitgang' luidde het motto. Ordelijke veldjes, omgehakte bossen en keurige dorpjes veranderden de woeste wildernis in een prettig ogend, vruchtbaar landschap. Vergeleken daarmee waren de oerwouden van de Nieuwe Wereld een 'barre woestenij' die bedwongen diende te worden.[70] Chaos moest worden geordend en het kwaad moest ten goede worden gekeerd. In 1748 had de Franse denker Montesquieu geschreven dat 'de mensen de aarde tot een geschiktere verblijfplaats [hadden] gemaakt'[71] – met handen en werktuigen maakte men de aarde bewoonbaar. Boomgaarden vol fruit, keurige groentetuintjes en weilanden vol grazend vee vormden in die tijd het ideaalbeeld van de natuur,[72] een ideaalbeeld dat de westerse wereld nog lang zou koesteren. In 1833, bijna een eeuw na Montesquieus bewering, zou de Franse historicus Alexis de Tocqueville tijdens een bezoek aan de Verenigde Staten nog verklaren dat juist het 'idee van vernietiging'[73] – van de mens die met zijn bijl inhakte op de Amerikaanse wildernis – het landschap zijn 'aandoenlijke lieflijkheid' verschafte.

Sommige Noord-Amerikaanse denkers meenden zelfs dat het klimaat er sinds de komst van de eerste kolonisten alleen maar op vooruitgegaan was. Zij beweerden dat de lucht in de oerbossen met iedere omgehakte boom milder en gezonder was geworden. Het feit dat hun theorieën door geen enkel bewijs werden gestaafd, weerhield hen er niet van ze te blijven verkondigen. Een van deze denkers was Hugh Williamson, een arts en politicus uit North Carolina, die in 1770 een artikel publiceerde waarin hij het kappen van grote delen van het oerwoud toejuichte omdat dit volgens hem het klimaat ten goede kwam.[74] Anderen geloofden dat het omhakken van bossen voor meer wind zou zorgen, waardoor er gezondere lucht over het land zou waaien. Slechts zes jaar voordat Humboldt bij het Valenciameer aankwam, had een Amerikaan nog beweerd dat het vellen van bomen in het binnenland een goede manier zou zijn om de moerassen aan de kust te laten opdrogen.[75] Het weinige protest dat er klonk, werd alleen geuit in persoonlijke brieven en gesprekken. De meeste mensen waren het erover eens dat het 'onderdrukken van de wildernis'[76] de basis vormde voor 'toekomstige winst'.

De man die waarschijnlijk het meest had bijgedragen aan de verspreiding van dit soort denkbeelden was de Franse naturalist Georges-Louis Leclerc, graaf van Buffon. Deze had halverwege de achttiende eeuw een beeld geschetst van het oerwoud als een verschrikkelijke plek vol afstervende bomen, rottende bladeren, parasiterende planten, stinkende poelen en giftige insecten.[77] De wildernis, zei hij, was wanstaltig. Hoewel hij een jaar voor het uitbreken van de Franse Revolutie was gestorven, werd het algemene denken nog altijd bepaald door zijn ideeën over de Nieuwe Wereld. Schoonheid stond gelijk aan nut, en iedere hectare die aan de wildernis ontworsteld was, vormde een overwinning voor de geciviliseerde mens op de ongeciviliseerde natuur. Alleen 'gecultiveerde natuur', schreef Buffon, was 'mooi!'[78]

Humboldt wees er echter op dat de mens moest leren begrijpen hoe de krachten van de natuur werkten, hoe alles met elkaar samenhing. Je kon de wereld niet zomaar veranderen en naar je hand zetten. 'De mens kan geen invloed op de natuur uitoefenen, zich geen harer krachten toe-eigenen, tenzij hij ze met juistheid leert meten en de natuurwetten leert kennen,' schreef hij later.[79] Het menselijk ras, zei hij, bezat de macht zijn natuurlijke omgeving te verwoesten, en dat kon catastrofale gevolgen hebben.[80]

5 Los Llanos en de Orinoco

Na een verblijf van drie weken sloot Humboldt zijn grondige onderzoek van het Valenciameer en de omringende vallei af. Het was tijd om door te reizen naar het zuiden, naar de Orinoco. Daarvoor moesten ze echter eerst Los Llanos doorkruisen. Op 10 maart 1800, vrijwel precies een maand nadat ze uit Caracas waren vertrokken, betraden Humboldt en zijn kleine team deze dorre, kale vlakten.[1]

Het land, dat bedekt was met een korst stof, strekte zich eindeloos ver uit en de horizon danste in de hitte. Behalve verdroogde bosjes gras en palmen was er vrijwel niets te zien. De onbarmhartige zon had de grond tot een hard, gebarsten oppervlak gebakken. Humboldt stak zijn thermometer in de aarde en mat een temperatuur van vijftig graden Celsius. Na de dichtbevolkte Araguavallei was het hem te moede alsof hij was neergesmeten in een 'eindeloze leegte'.[2] Op sommige dagen was het zo windstil, schreef hij in zijn dagboek, dat 'alles bewegingloos' leek.[3] Omdat er geen wolken waren die schaduw boden, propten ze hun hoeden vol bladeren, bij wijze van isolatielaag tegen de zinderende hitte. Humboldt droeg een gemakkelijk zittende broek, een vest en een eenvoudig linnen overhemd.[4] Voor kouder weer had hij een jas, en hij droeg altijd een zacht wit sjaaltje om zijn hals geknoopt. Dit waren de comfortabelste Europese kleren die destijds verkrijgbaar waren – licht en gemakkelijk wasbaar – maar desondanks had hij het ondraaglijk heet.

Hier in de Llanos maakten ze kennis met stofhozen, en luchtspiegelingen toverden hun voortdurend martelende visioenen van koel en verfrissend water voor. Soms reisden ze 's nachts om te ontkomen aan de blakerende zon. Vaak leden ze honger en dorst. Op een dag kwamen ze langs een boerderijtje – niet veel meer dan een eenzaam huis met wat hutjes eromheen.[5] Ze snakten naar een bad, want ze zaten onder het stof en hun huid was door de zon verbrand. De eigenaar zelf was niet aanwezig, maar de voorman wees hun een nabijgelegen poel. Het water was modderig, maar in ieder geval koeler dan de lucht. Opgetogen trokken Humboldt en Bonpland hun vuile kleren uit, maar precies op het moment dat ze in de poel stapten, besloot een alligator, die bewegingloos aan de andere oever had gelegen, om hen gezelschap te komen houden. De twee mannen sprongen onverwijld het water uit, grepen hun kleren en renden voor hun leven.

Humboldt en zijn metgezellen in Los Llanos

Los Llanos mochten dan een weinig uitnodigende omgeving zijn, toch was Humboldt gebiologeerd door de uitgestrektheid van het landschap. De vlakheid en de angstaanjagende afmetingen hadden iets waardoor 'de geest vervuld' werd met een 'gevoel van oneindigheid', schreef hij.[6] Ongeveer halverwege bereikten ze het handelsstadje Calabozo. Toen de bewoners Humboldt vertelden dat veel van de ondiepe poelen in het gebied vol zaten met sidderalen,[7] kon hij zijn geluk niet op. Sinds hij in Duitsland experimenten met dierlijke elektriciteit gedaan had, was het zijn grote wens geweest om deze buitengewone vissen te onderzoeken. Hij had merkwaardige verhalen gehoord over de anderhalve meter lange wezens die elektrische schokken van meer dan zeshonderd volt konden veroorzaken.

Het probleem was alleen hoe de sidderalen te vangen; ze lagen begraven in de modder op de bodem van de plassen, waardoor netten niet echt bruikbaar waren. Daarbij waren ze zo sterk elektrisch geladen dat een aanraking onmiddellijk tot de dood zou leiden. De bewoners hadden echter een idee. Ze dreven dertig wilde paarden in de grasvlakten bijeen en joegen de hele kudde het water in. De modder werd omgewoeld door de paardenhoeven, waarop de vissen naar de oppervlakte krioelden en enorme stroomstoten afgaven. Als in trance sloeg Humboldt het gruwelijke schouwspel gade: de paarden brulden van pijn terwijl de sidderalen onder hun buik heen en weer zwiepten, en het wateroppervlak kolkte heftig. Sommige paarden verloren hun evenwicht en verdronken, vertrapt door de andere dieren.

De strijd tussen paarden en sidderalen

Na een tijdje nam de kracht van de stroomstoten af. De verzwakte sidderalen trokken zich terug in de modder, waar Humboldt ze met droge houten stokken uit viste. Hij had echter niet lang genoeg gewacht: toen hij en Bonpland een aantal van de dieren opensneden, kregen ze zelf ook heftige schokken. Vier uur lang waren ze bezig met een hele reeks gevaarlijke proeven. Ze hielden een sidderaal met twee handen vast, raakten hem met één hand aan terwijl ze in de andere een stuk metaal hielden, of gaven elkaar de hand terwijl alleen Humboldt de vis aanraakte, waarbij Bonpland de schok ook voelde. Nu eens stonden ze op een droge ondergrond, dan weer op een natte; ze bevestigden elektrodes op de beesten, prikten ze met natte staven zegelwas en pakten ze op met natte klei of vezeltouw dat gemaakt was van palmbladeren. Geen materiaalsoort werd onbeproefd gelaten. Het was dan ook niet verwonderlijk dat ze aan het eind van die dag allebei misselijk en duizelig waren.

De sidderalen zetten Humboldt ook aan het denken over elektriciteit en magnetisme in het algemeen. Bij het zien van de huiveringwekkende confrontatie tussen de vissen en de paarden dacht hij aan de verschillende krachten die bliksem veroorzaakten, metaal met metaal verbonden en de naald van een kompas lieten bewegen. Zoals zo vaak begon hij met een detail of een enkele waarneming, waarna hij uitwaaierde naar de bredere context. Alles 'vloeit voort uit één bron', schreef hij, en 'alles smelt samen in een eeuwige, allesomvattende kracht'.[8]

Eind maart 1800, bijna twee maanden na hun vertrek uit Caracas, bereikten Humboldt en Bonpland eindelijk de kapucijner missiepost in San Fernando de Apure. Van daaruit zouden ze oostwaarts de Río Apure af varen, dwars door het regenwoud naar de benedenloop van de Orinoco – een afstand die hemelsbreed zo'n honderdvijftig kilometer mat, maar die via de bochtige rivier meer dan dubbel zo lang was. Als ze eenmaal het punt bereikt hadden waar de Apure in de Neder-Orinoco uitmondde, wilden ze via de Orinoco over de grote watervallen bij Atures en Maipures naar het zuiden reizen, naar het hart van een gebied waar vrijwel geen blanke ooit geweest was. Daar hoopten ze de Casiquiare te zullen vinden, die legendarische verbinding tussen de twee grote rivierstelsels van de Amazone en de Orinoco.[9]

Op 30 maart werd de boot die ze in San Fernando hadden gekocht in de Apure te water gelaten, zwaarbeladen met proviand voor vier weken – niet voldoende voor de hele expeditie, maar meer paste er niet in.[10] Van de kapucijner monniken kochten ze bananen, cassavewortels, kippen, cacao en de peulachtige vruchten van de tamarindeboom, waarmee je, naar men zei, het rivierwater in verfrissende limonade kon veranderen.

De rest van hun voedsel zouden ze moeten vangen – vis, schildpadeieren, vogels en wild – of met de inheemse stammen moeten ruilen tegen de alcohol die ze bij zich hadden.

In tegenstelling tot de meeste Europese ontdekkingsreizigers hadden Humboldt en Bonpland geen groot gevolg bij zich: slechts vier indiaanse roeiers, één stuurman, hun bediende José uit Cumaná en de zwager van de provinciegouverneur, die zich bij hen had aangesloten.[11] Humboldt vond die eenzaamheid niet erg. Integendeel: nu was er niets wat hem van zijn onderzoek kon afhouden.[12] De natuur leverde meer dan genoeg stimulans. Bovendien had hij Bonpland, zijn collega-wetenschapper en vriend. De twee waren de afgelopen maanden helemaal op elkaar ingespeeld geraakt. Humboldt had het bij de eerste ontmoeting in Parijs bij het rechte eind gehad: Bonpland was een uitstekend veldbotanist die zich niets leek aan te trekken van de ongemakken die met hun avonturen gepaard gingen, en die zelfs bij de zwaarste tegenslagen zijn kalmte behield. Belangrijker nog: wat er ook gebeurde, hij bleef altijd opgewekt, zei Humboldt.[13]

Terwijl ze eerst over de Apure en daarna over de Orinoco voeren, ging er een nieuwe wereld voor hen open. Vanuit hun boot konden ze alles prachtig zien. Honderden grote krokodillen lagen op de rivieroever met hun bek open te zonnen – veel ervan waren meer dan vijf meter lang. Zoals de dieren daar volstrekt bewegingloos lagen, leken het wel boomstammen, tot ze zich plotseling in het water lieten glijden. Het kwam vrijwel niet voor dat er geen enkele te zien was, zoveel waren het er.[14] Hun grote getande staartschubben deden Humboldt denken aan de draken uit zijn kinderboeken. Reusachtige boa constrictors zwommen langs de boot, maar ondanks al deze gevaren namen de mannen elke dag om beurten een bad terwijl de rest op de uitkijk stond.[15] Op hun reis over de rivier zagen ze ook enorme kuddes capibara's, de grootste knaagdieren ter wereld, die in grote familiegroepen leefden en zich als honden in het water voortbewogen. Deze beesten, die een gewicht van minstens vijftig kilo hadden, zagen eruit als reuzencavia's met stompe snuiten. De tapirs – schuwe, eenzelvige, op zwijnen lijkende dieren, die met hun korte vlezige slurven de bladeren van het struikgewas langs de rivier rukten – waren zelfs nog groter, net als de prachtige gevlekte jaguars die op hen aasden. Soms hoorde Humboldt 's nachts naast het eeuwige achtergrondgezoem van de insecten het snurkende geluid van de rivierdolfijnen. Hun tocht voerde hen langs eilanden die het leefgebied waren van duizenden flamingo's, witte reigers en roze lepelaars met hun spatulavormige snavels.

Een boot op de Orinoco

Ze reisden overdag en kampeerden 's nachts op de zanderige rivieroevers – waarbij ze de instrumenten en de verzamelingen altijd in het midden plaatsten van een beschermende kring kampvuren en hangmatten.[16] Als het maar enigszins mogelijk was, bonden ze hun hangmatten vast aan bomen, of aan de riemen van de boot, die ze rechtop in de grond staken. Het was een heel probleem om in de druipnatte jungle hout te vinden dat droog genoeg was om een vuur mee aan te maken; dit was echter een onmisbaar afweermiddel tegen jaguars en andere dieren.

Reizen in het regenwoud was een hachelijke onderneming. Op een nacht vond een van de roeiers een opgerolde slang onder de dierenhuid waarop hij had liggen slapen.[17] Een andere keer schrok iedereen uit het kamp op door een plotselinge kreet van Bonpland. Iets harigs met scherpe klauwen was met een zware plof op hem terechtgekomen terwijl hij in diepe slaap lag in zijn hangmat. Een jaguar, dacht hij, terwijl hij verstijfd van angst bleef liggen. Maar Humboldt, die naderbij sloop, zag dat het gewoon een tamme kat was, afkomstig uit een inheemse nederzetting in de buurt.[18] Een paar dagen later botste Humboldt bijna op een jaguar die in het dikke struikgewas verscholen zat.[19] Ondanks zijn doodsangst herinnerde hij zich wat de gidsen hem hadden geleerd. Langzaam, zonder zijn armen te bewegen, liep hij achteruit, weg van het gevaar.

De dieren vormden echter niet de enige bedreiging. Zo vond Humboldt bijna de dood nadat hij van een inheemse stam curare had gekregen, een gif dat dodelijke verlammingen teweeg kan brengen wanneer het in de bloedbaan komt.[20] De indianen gebruikten het als pijlgif voor hun blaaspijpen, en Humboldt was gefascineerd door de kracht ervan. Hij was de eerste Europeaan die beschreef hoe het gemaakt werd, maar het kostte hem wel bijna zijn leven. Vanuit het potje was er een beetje van het gif in zijn kousen gelekt. Als hij zijn voeten, die onder de bloedende sneden en insectenbeten zaten, in die kousen had gestoken, had de curare zijn spieren en zijn middenrif verlamd en was hij een afschuwelijke verstikkingsdood gestorven.

Ondanks de gevaren was Humboldt gebiologeerd door de jungle. Hij vond het heerlijk om 's nachts naar het apenkoor te luisteren en de geluiden van iedere soort eruit te pikken – het oorverdovende lawaai van de brulapen dat over grote afstanden door het oerwoud schetterde, maar ook de 'jammerende, zacht fluitende tonen' en het 'snurkerige knorren' van andere apensoorten.[21] Het woud krioelde van leven. Er zijn 'zoveel stemmen die ons verkondigen dat alles in de natuur ademt', schreef hij.[22] Dit was iets heel anders dan de landbouwstreek rondom het Valenciameer, dit was een nog ongerepte wereld waarin de mens de natuur niet verstoorde.[23]

Hier kon hij dieren die hij voorheen uitsluitend als opgezette exemplaren in natuurhistorische collecties in Europa had gezien, in levenden lijve bestuderen.[24] Ze vingen vogels en apen, die ze in grote wijdmazige rieten manden of aan een lang touw gevangenhielden, in de hoop ze naar Europa te kunnen verschepen. Het leukst vond Humboldt de kleine springaapjes met hun lange staart, hun zachte, grijzige vacht en hun witte snoetje dat eruitzag als een hartvormig masker.[25] Met hun gracieuze bewegingen waren ze prachtig om te zien, en ze dankten hun naam dan ook aan het feit dat ze zo soepeltjes van tak naar tak sprongen. Springaapjes waren verschrikkelijk moeilijk levend te vangen. De enige manier om dat voor elkaar te krijgen, ontdekten de mannen, was de moeder te doden met een giftige pijl uit een blaaspijp.[26] Het babyaapje liet zijn moeder niet los, zelfs niet als die uit een boom naar beneden stortte. Ze moesten de dode moeder vliegensvlug opvangen om het kleintje van haar los te trekken. Een springaapje dat ze te pakken hadden gekregen, bleek ongelofelijk intelligent te zijn: het graaide voortdurend naar de gravures van sprinkhanen en wespen in Humboldts boeken. Tot Humboldts verbazing leek het diertje in staat afbeeldingen van zijn favoriete voedsel – zoals insecten – te herkennen, terwijl plaatjes van mensen- en zoogdierskeletten hem totaal niet interesseerden.

Er bestond geen betere plek om dieren en planten te observeren dan het oerwoud. Humboldt was terechtgekomen in het schitterendste 'web van leven' op aarde, een netwerk van 'actieve organische krachten', zoals hij later schreef.[27] Geboeid volgde hij iedere draad. Alles getuigde van zowel de kracht als de broosheid van de natuur, schreef hij in geuren en kleuren naar huis, van de boa constrictor die 'een heel paard kan verzwelgen',[28] tot de nietige kolibrie die zich op een tere bloem in evenwicht hield. Dit was een wereld die gonsde van leven, een wereld waarin 'de mens niets voorstelt'.[29]

Op een nacht, toen hij weer eens wakker werd van een snerpende symfonie van dierenkreten, ontrafelde hij het raadsel van deze kettingreactie.[30] Zijn indiaanse gidsen hadden hem verteld dat de uitbarstingen van geschreeuw afkomstig waren van dieren die de maan aanbaden. Onzin, meende Humboldt. Hij besefte dat de kakofonie een uiting was van een 'lang voortgezette, steeds heviger wordende strijd tussen de dieren'.[31] De jaguars jaagden 's nachts op tapirs, die zich met veel rumoer door het dichte struikgewas uit de voeten maakten. Dat geluid beangstigde de slapende apen in de boomtoppen. Hun gekrijs wekte vervolgens de vogels en de rest van de dieren. Zo kwam in elk struikje, in ieder scheurtje van elke boomschors en op elke centimeter van de bodem het oerwoud tot leven. Al die commotie was het resultaat van 'een of andere krachtmeting' in het hart van het regenwoud, zei Humboldt.[32]

Steeds opnieuw was hij tijdens zijn reis getuige van dit soort krachtmetingen. Capibara's vluchtten het water uit om aan de dodelijke kaken van de krokodillen te ontkomen, en stootten vervolgens op de jaguars die hen aan de rand van de jungle zaten op te wachten. De vliegende vissen die hij tijdens zijn zeereis had gezien was het al niet anders vergaan: in een poging de scherpe dolfijnentanden te ontvluchten sprongen ze omhoog het water uit, om daar door albatrossen uit de lucht te worden gehapt.[33] Het was dankzij de afwezigheid van de mens dat de dierenwereld zo vrij kon gedijen, met als enige belemmering die dierenwereld zelf, schreef Humboldt.[34]

Dit was een web van leven dat in een meedogenloze en bloedige strijd verwikkeld was, een beeld dat nogal verschilde van de gangbare opvatting van de natuur als goed geoliede machine waarin alle dieren en alle planten een door God toegewezen plekje hadden. Carolus Linnaeus, bijvoorbeeld, had ingezien dat er sprake was van een voedselketen waarin haviken zich met kleinere vogels voedden, kleinere vogels met spinnen, spinnen met libellen, libellen met hoornaars en hoornaars met bladluizen – maar hij had die keten als een harmonieus evenwicht beschouwd.[35] Alle dieren en planten hadden een door God gegeven doel en plantten zich dientengevolge in precies de goede hoeveelheden voort, zodat dit evenwicht nooit verstoord zou worden.

Wat Humboldt waarnam was echter volstrekt geen hof van Eden. 'De gouden eeuw is voorbij,' schreef hij.[36] Deze dieren vreesden elkaar en vochten om te overleven. En dat gold niet alleen voor dieren: hij merkte ook op met hoeveel kracht klimplanten enorme bomen in het oerwoud wurgden. Hier was het niet de 'verwoestende hand van de mens',[37] maar de onderlinge strijd om licht en voedsel die de levensduur en groei van planten bepaalde.

Tijdens het vervolg van hun reis, stroomopwaarts over de Orinoco, was hun indiaanse bemanning vaak wel meer dan twaalf uur op een dag in de brandende hitte aan het roeien. Er stond een sterke stroming en de rivier was bijna vier kilometer breed.[38] Maar na tien dagen op de Orinoco, drie weken nadat ze hun boot in de Río Apure te water hadden gelaten, werd de rivier smaller. Ze naderden de watervallen van Atures en Maipures. Hier, meer dan achthonderd kilometer ten zuiden van Caracas, baande de Orinoco zich een weg door een bergketen. Daartoe splitste zij zich op in een reeks watergangen van een kleine anderhalve meter breed, omgeven door reusachtige granietkeien en dichte bossen.[39] Het brullende en kolkende water werd over honderden rotsachtige treden ettelijke kilometers omlaag gevoerd, onderwijl een eeuwige mist de lucht in spuitend, die boven de rivierbedding bleef hangen. Zowel rotsblokken als eilanden waren bedekt met weelderige tropische planten. Dit waren 'majestueuze natuurtaferelen', schreef Humboldt.[40] Het was magisch, maar ook gevaarlijk.

Op een dag stak er plotseling een storm op, die hun boot bijna deed kapseizen.[41] Terwijl het ene uiteinde van de boot al begon te zinken, wist Humboldt nog net zijn dagboek vast te grijpen, maar de boeken en gedroogde planten werden het water in geslingerd. Hun einde was nabij, dat wist hij zeker. Iedereen was in paniek – de rivier zat immers vol krokodillen en slangen – behalve Bonpland, die zijn kalmte bewaarde en het water met een paar uitgeholde kalebassen uit de boot begon te scheppen. 'Maak je geen zorgen, mijn vriend,' zei hij tegen Humboldt, 'er zal ons niets gebeuren.'[42] Hier gaf Bonpland opnieuw blijk van 'die onverstoorbaarheid' die hij in moeilijke situaties altijd tentoonspreidde, schreef Humboldt later.[43] Uiteindelijk raakten ze slechts één boek kwijt en lukte het hun de planten en de logboeken te drogen. De stuurman wist echter niet wat hij moest denken van die blanke mannen die zich meer zorgen leken te maken om hun boeken en verzamelingen dan om hun leven.

De grootste ergernis vormden de muskieten.[44] Hoe geboeid Humboldt ook was door deze vreemde wereld, het was onmogelijk om niet afgeleid te raken door de meedogenloze aanvallen van die insecten. Ze probeerden van alles, maar noch beschermende kleding en roken, noch het voortdurend zwaaien met armen en palmbladeren had enig effect. Humboldt en Bonpland werden aan de lopende band gestoken. Ze zaten onder de jeukende bulten en zodra ze iets tegen elkaar zeiden, begonnen ze te hoesten en te niezen omdat de muskieten regelrecht hun mond en neusgaten in vlogen. Het was een kwelling om een plant te ontleden of met behulp van hun instrumenten naar de lucht te kijken. Humboldt wenste dat hij een 'derde hand' had om de muggen weg te jagen; hij vreesde dat hij nog eens een van zijn instrumenten of een bloemdeel uit zijn handen zou laten vallen.[45]

Voor Bonpland was het onmogelijk om planten te drogen in de openlucht, waar hij voortdurend door muskieten werd bestookt. Hij nam zijn toevlucht tot de zogenaamde *hornitos*:[46] kleine raamloze hutjes die door de indianen als oven werden gebruikt. Op handen en voeten kroop hij door de lage opening naar binnen, waar een klein vuur van natte takken en bladeren een geweldige hoeveelheid rook genereerde – een uitstekend middel tegen muggen, maar minder prettig voor Bonpland. Eenmaal binnen sloot hij de krappe ingang en spreidde hij zijn planten uit over de vloer. De hitte was verstikkend en de rook haast onverdraaglijk, maar alles was beter dan levend te worden opgegeten door muskieten. Deze expeditie was niet bepaald een 'plezierreisje', schreef Humboldt.[47]

Gedurende dit deel van hun reis – door het diepst van het regenwoud en over het gedeelte van de Orinoco dat parallel liep met de huidige grens tussen Venezuela en Colombia – zagen ze weinig mensen. Op een dag kwamen ze langs een missiepost, waar een van de missionarissen, pater Bernardo Zea, zo opgetogen was hen te ontmoeten, dat hij aanbood hen als gids te vergezellen, een aanbod dat ze in dank aanvaardden.[48] Humboldt wierf nog enkele andere 'reisgenoten' aan, waaronder een zwerfhond – een Engelse dog – acht apen, zeven papegaaien, een toekan, een ara met paarse veren en diverse andere vogels. Hij noemde dit zijn 'reizende menagerie'.[49] Hun boot was klein en niet al te stabiel, en om ruimte te maken voor zowel de dieren als de koffers en de instrumenten fabriceerden ze een platform van gevlochten takken, dat aan beide kanten over de rand heen stak. Boven het platform kwam een laag dak van takken en bladeren. Dit alles creëerde weliswaar extra ruimte, maar het was een benauwde plek, waar Humboldt en Bonpland vele dagen plat op hun rug in doorbrachten, terwijl hun benen aan de kwaadaardige insecten, de regen of de brandende zon werden blootgesteld. Het was alsof ze levend begraven waren, schreef Humboldt in zijn dagboek. Voor een rusteloze man als hij was dit een kwelling.

Naarmate ze verder kwamen kroop de bosrand steeds dichter naar de oever, waardoor het moeilijk werd om nog ruimte te vinden voor hun nachtelijke kampen.[50] Hun proviand was bijna op en ze filterden het stinkende rivierwater met behulp van een linnen doek.[51] Ze aten vis, schildpadeieren en soms fruit, maar ook in cassavemeel fijngestampte gerookte mieren, door pater Zea bestempeld als een 'uitstekende mierenpaté'. Als ze geen voedsel konden vinden, onderdrukten ze hun honger met kleine beetjes droog cacaopoeder. Drie weken lang voeren ze zuidwaarts over de Orinoco, en daarna twee weken nog verder naar het zuiden over een netwerk van zijrivieren, zoals de Río Atabapo en de Río Negro. En precies op het moment dat ze het zuidelijkste punt van hun rivierexpeditie bereikten en de voedselsituatie nijpend werd, vonden ze reusachtige bolsters, die ze kraakten om de voedzame noten erin te kunnen eten – de fantastische paranoten die later door Humboldt in Europa werden geïntroduceerd.[52]

Hoewel het voedsel schaars was, was er een bloemenweelde in overvloed. Waar ze ook keken, altijd was er wel iets nieuws te zien. Maar het verzamelen van planten bleek vaak frustrerend. Wat er van de bodem op te rapen viel, was niets vergeleken met de kunstige bloesems die hoog

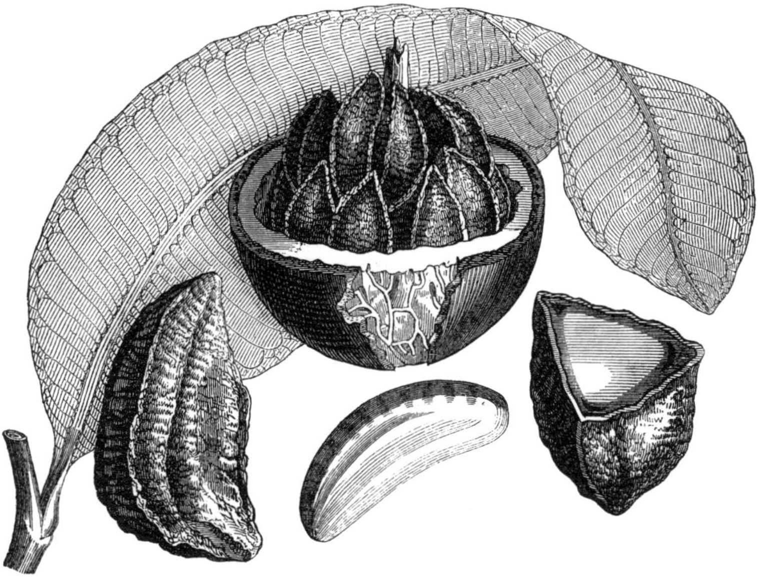

De paranoot (*Bertholletia excelsa*)

boven hun hoofd in het bladerdak hingen te wiegen – verleidelijk dichtbij maar net te ver om te kunnen plukken.[53] En wat ze wel te pakken kregen, viel vanwege de vochtige lucht vaak onder hun ogen uit elkaar. Bonpland verloor het merendeel van de exemplaren die hij met zoveel moeite had gedroogd in de hornitos. Ze hoorden vogels die ze nooit zagen en dieren die ze niet konden vangen. Vaak lukte het hun niet om er een fatsoenlijke beschrijving van te geven. De wetenschappers in Europa zouden wel teleurgesteld zijn, meende Humboldt. Het was jammer dat de apen als de boot langsvoer hun mond niet opendeden, want hij had graag hun tanden willen tellen, zo schreef hij in zijn dagboek.[54]

Hij vond alles even interessant: de planten, de dieren, de stenen en het water. Als een wijnkenner proefde hij de verschillende rivieren. De Orinoco had een aparte, uitermate walgelijke smaak, noteerde hij, terwijl de Apure op iedere plek weer anders smaakte en het water van de Atabapo 'heerlijk' was.[55] Hij bestudeerde de sterren, maakte beschrijvingen van het landschap en had zeer veel belangstelling voor de indianen die ze ontmoetten, van wie hij liefst zo veel mogelijk wilde leren. Hij was gefascineerd door hun verering van de natuur en vond hen 'uitstekende geografen'[56] omdat ze zelfs in de dichtste jungle de weg nog konden vinden. Ze waren de beste natuurwaarnemers die hij ooit ontmoet had. Iedere plant, ieder dier in het regenwoud kenden ze, en bomen wisten ze aan de smaak van hun schors van elkaar te onderscheiden – iets waar Humboldt ook een weinig succesvol experiment aan wijdde. Alle vijftien verschillende stukjes schors die hij verzameld had, smaakten naar zijn idee precies hetzelfde.

In tegenstelling tot de meeste Europeanen beschouwde Humboldt de inheemse stammen niet als barbaren, maar was hij juist geboeid door hun cultuur, hun geloof en de talen die ze spraken.[57] Hij had het zelfs over de 'barbaarsheid van de geciviliseerde mens' toen hij zag hoe de oorspronkelijke bewoners door kolonisten en missionarissen werden behandeld.[58] Bij zijn terugkeer naar Europa kon hij dan ook een totaal nieuw beeld van de zogenaamde 'wilden' schetsen.

Zijn enige frustratie was dat de indianen zijn vele vragen niet beantwoordden – vragen die gesteld werden via een hele reeks tolken, die ze net zolang van de ene in de andere taal vertaalden tot er iemand was die zowel die taal als het Spaans beheerste. De inhoud ging tijdens dat vertaalproces veelal verloren, en de indianen reageerden slechts door te lachen en te knikken. Dat beviel Humboldt geenszins: hij beschuldigde hen van luiheid en onverschilligheid,[59] hoewel hij besefte dat ze wellicht genoeg hadden van de vele vragen. Op deze inheemse stammen moesten Europeanen wel overkomen als een volk dat altijd haast had en 'gekweld werd door demonen'.[60]

Op een nacht lag Humboldt in zijn hangmat, die aan een paar palmbomen in het regenwoud was vastgemaakt.[61] Het goot van de regen, maar de lianen en klimplanten vormden een beschermend dak hoog boven zijn hoofd. Hij keek op naar die door de natuur gevormde overkapping, die getooid was met lange bungelende oranje heliconia's en andere vreemd gevormde bloemen. Zijn schuilplaats werd verlicht door het kampvuur, waarvan de vlammen tot wel twintig meter hoog langs de stammen van de palmbomen likten. De bloemen wiegden heen en weer in het flakkerende schijnsel, terwijl de witte rook van het vuur omhoogkringelde, in de richting van de hemel die vanonder het bladerdak onzichtbaar bleef. Het was betoverend mooi, zei hij.

Over de watervallen van de Orinoco schreef hij dat 'de immense laag schuim en mist, verlicht door de stralen van de ondergaande zon' de indruk wekte dat 'de hele rivier boven haar eigen bedding zweefde'. Hoewel hij altijd druk in de weer was met metingen en notities, beschreef hij ook de 'kleurige bogen' die boven het kolkende water 'verdwijnen en weerkeren' en de maan, die 'omcirkeld' was door 'gekleurde ringen'.[62] Later deed hij opgetogen verslag van het donkere rivieroppervlak dat overdag als een volmaakte spiegel het beeld van de in volle bloei staande planten aan de oever, en 's nachts dat van de zuidelijke sterrenconstellaties weerkaatste. Geen enkele wetenschapper had zich ooit op deze manier over de natuur uitgelaten. 'Wat onze ziel raakt,' zei Humboldt, 'kan niet gemeten worden.'[63] Dit was niet de natuur als mechanistisch systeem, maar een opwindende, wonderbaarlijke nieuwe wereld. Humboldt bekeek Zuid-Amerika met de blik die Goethe hem had geschonken, en hij was volledig in vervoering.

Minder blij was hij met het nieuws van de zendelingen die hij onderweg ontmoette: blijkbaar was het feit dat de Casiquiare de Amazone met de Orinoco verbond in deze streek al tientallen jaren bekend.[64] Het enige wat hem te doen bleef, was de loop van de rivier fatsoenlijk in kaart brengen. Op 11 mei 1800 vonden ze eindelijk de toegang tot de Casiquiare. De lucht was zo verzadigd van het vocht dat de zon noch de sterren zichtbaar waren, waardoor Humboldt niet in staat was de geografische ligging van de rivier te bepalen. Zijn kaart zou dus niet nauwkeurig zijn. Maar toen hun indiaanse gids voorspelde dat er heldere luchten aankwamen, voeren ze verder in noordoostelijke richting. 's Nachts probeerden ze aan de oever te slapen in hun hangmat, maar uitrusten bleek vrijwel onmogelijk. Eén keer werden ze verjaagd door colonnes mieren die langs de touwen van hun hangmatten omhoogmarcheerden, en de andere nachten waren het de muskieten die hen kwelden.

Hoe verder ze kwamen, hoe dichter de begroeiing werd. De waterkant leek wel een 'levende schutting': groene muren bedekt met bladeren en lianen.[65] Algauw konden ze helemaal geen plek meer vinden om te slapen; het was zelfs niet mogelijk om nog aan wal te komen. Het weer knapte echter op, waardoor Humboldt de benodigde metingen voor zijn kaart kon verrichten. Na tien dagen varen op de Casiquiare kwamen ze weer op de Orinoco. De missionarissen hadden gelijk gehad.[66] Het was niet nodig geweest om eerst helemaal zuidwaarts naar de Amazone te reizen, want het bewijs was nu geleverd dat de Casiquiare een natuurlijke waterweg vormde tussen de Orinoco en de Río Negro. Deze laatste was een zijrivier van de Amazone, waarmee het zonneklaar was dat de twee grote rivierbekkens inderdaad met elkaar verbonden waren.

En hoewel Humboldt de Casiquiare niet 'ontdekt' had, had hij wel een gedetailleerde kaart getekend van het complexe stelsel van zijrivieren in de beide stroomgebieden. Deze kaart was een grote verbetering ten opzichte van alle eerdere exemplaren, want daar klopte zo weinig van, beweerde Humboldt, dat het wel leek alsof ze 'in Madrid verzonnen' waren.[67]

Op 13 juni 1800, na een snelle tocht stroomafwaarts naar het noorden en vervolgens drie weken in oostelijke richting over de Orinoco, kwamen ze aan in Angostura (het huidige Ciudad Bolívar), een bedrijvig rivierstadje op zo'n vierhonderd kilometer ten zuiden van Cumaná.[68]

Na vijfenzeventig afmattende dagen op het water, waarin ze een afstand van ruim tweeëntwintighonderd kilometer hadden afgelegd, beschouwden Humboldt en Bonpland het zesduizend inwoners tellende Angostura als een wereldstad. Zelfs het nederigste hutje was in hun ogen al geweldig en het kleinste beetje comfort ervoeren ze als een luxe. Ze wasten hun kleren, ordenden hun verzamelingen en bereidden zich voor op hun terugreis door de Llanos.

Ze hadden muskieten, jaguars, honger en andere gevaren overleefd, maar net nu ze dachten dat het ergste achter de rug was, werden ze allebei getroffen door hoge koorts.[69] Humboldt herstelde vlot, maar Bonpland vocht al snel voor zijn leven. En toen na twee lange weken de koorts eindelijk wegebde, kwam er dysenterie voor in de plaats. Een lange tocht door de Llanos tijdens het regenseizoen zou voor hem te gevaarlijk zijn.

Ze bleven een maand in Angostura tot Bonpland voldoende hersteld was voor de reis naar de kust, waar ze een boot naar Cuba, en van daaruit naar Acapulco in Mexico wilden nemen. Opnieuw werden hun koffers op muildieren geladen. De kooien met apen en papegaaien bungelden langszij.[70] Al die nieuwe aanwinsten maakten hun bagage zoveel zwaarder dat ze slechts tergend traag vooruitkwamen.[71] Eind juli 1800 kwamen ze uit het regenwoud tevoorschijn en stonden ze op de open vlakte van de Llanos. Na al die weken in de dichte jungle, waar de sterren eruitzagen alsof ze vanaf de bodem van een put werden bekeken, was dit een openbaring. Humboldt ervoer zo'n groot gevoel van vrijheid dat hij zin kreeg om in galop over de eindeloze vlakten te razen. Het leek een volkomen nieuwe gewaarwording om alles om zich heen te kunnen zien. 'De oneindigheid van de ruimte wordt, zoals dichters in alle talen hebben gezegd, weerspiegeld in onszelf,' mijmerde hij.[72]

In de vier maanden sinds ze de Llanos voor het eerst hadden gezien, hadden de regens de voorheen zo dorre vlakten gedeeltelijk veranderd in een waterlandschap.[73] Reusachtige meren en pas gevulde rivieren lagen te midden van frisse grastapijten. Maar met 'lucht die tot water wordt'[74] was het nog heter dan tijdens hun eerste oversteek. De grassen en bloemen verspreidden hun zoete geuren over de velden, jaguars verborgen zich in het hoge gras en duizenden vogels zongen bij het ochtendgloren. Het vlakke landschap werd uitsluitend onderbroken door hier en daar een mauritiuspalm. Deze lange slanke bomen spreidden hun gevingerde bladeren als reusachtige waaiers. Nu waren ze beladen met glanzende bruinrode vruchten, die Humboldt aan dennenappels deden denken. Blijkbaar oefenden deze vruchten een enorme aantrekkingskracht uit op de apen, die ze door de tralies van hun kooi probeerden te grijpen. Humboldt had deze palmen ook al in het regenwoud gezien, maar hier in de Llanos hadden ze een unieke functie.

Mauritiuspalmen (*Mauritia flexuosa*)

'Met verbazing stelden wij vast,' rapporteerde hij, 'hoezeer allerlei dingen verband houden met het bestaan van één enkele plant.'[75] De vruchten van de mauritiuspalm trokken vogels aan, de bladeren vormden een schild tegen de wind, en de aarde die tegen de stam gewaaid was, hield meer vocht vast dan iedere andere plek in de Llanos, en vormde daardoor een schuilplaats voor wormen en insecten. Alleen al de aanblik van deze palmen bezorgde je een gevoel van koelte, vond Humboldt.[76] Deze ene boom, zei hij, 'verspreidt leven' in de woestijn.[77] Zo kwam hij, bijna tweehonderd jaar voordat de term zelf bedacht werd, met het idee van de sleutelsoort, een soort die essentieel is voor een ecosysteem. Voor hem was de mauritiuspalm de 'boom van leven'[78] – het perfecte symbool van de natuur als levend organisme.

6 Het Andesgebergte

Eind augustus 1800 kwamen Humboldt en Bonpland, na een zware tocht van zes maanden door het regenwoud en over de Llanos, weer aan in Cumaná. Ze waren uitgeput, maar zodra ze waren bijgekomen en hun verzamelingen op orde hadden gebracht, reisden ze opnieuw af. Eind november vertrokken ze per boot naar Cuba, waar ze half december arriveerden. Op een ochtend, begin 1801, juist toen ze zich opmaakten om vanuit Havana naar Mexico te vertrekken, bladerde Humboldt de kranten door en las een artikel dat hem zijn plannen deed omgooien. In het artikel stond dat kapitein Nicolas Baudin, bij wiens expeditie hij zich drie jaar eerder in Frankrijk geprobeerd had aan te sluiten, uiteindelijk toch op een reis om de wereld vertrokken was.[1] Destijds, in 1798, toen Humboldt vervoer zocht naar een ander continent, was de Franse regering niet in staat geweest de onderneming te financieren, maar nu, zo las hij, had Baudin twee schepen tot zijn beschikking gekregen – de Géographe en de Naturaliste – en was hij op weg naar Zuid-Amerika, vanwaar hij over de Stille Zuidzee naar Australië zou varen.

Het lag voor de hand dat Baudin een tussenstop in Lima zou maken, meende Humboldt. Hij berekende dat, als alles volgens plan verliep, de Géographe en de Naturaliste daar waarschijnlijk tegen het einde van het jaar zouden arriveren. Hoewel het krap zou worden, besloot hij niet naar Mexico te gaan, maar een poging te doen Baudin in Peru te treffen en met hem mee naar Australië te reizen. Er was natuurlijk geen enkele manier waarop hij Baudin kon laten weten wat hij van plan was, en al evenmin had hij enig idee of de route inderdaad via Lima liep en of er wel plek was voor twee extra wetenschappers. Maar hoe meer obstakels zijn plannen in de war dreigden te sturen, 'des te haastiger' bracht hij ze ten uitvoer.[2]

Om hun verzamelingen veilig te stellen en er niet de hele wereld mee rond te hoeven zeulen, begonnen Humboldt en Bonpland in grote haast kopieën van hun aantekeningen en manuscripten te maken. Ze sorteerden alles wat ze de afgelopen anderhalf jaar hadden bijeengegaard en pakten het in voor verzending naar Europa. Het was 'zeer onzeker, zelfs onwaarschijnlijk', schreef Humboldt aan een vriend in Berlijn, dat hij en Bonpland een reis om de wereld zouden overleven.[3] Het leek daarom verstandig om in ieder geval een deel van hun schatten naar Europa te verschepen. Het enige wat ze bij zich hielden was een klein herbarium, een boek gevuld met verschillende gedroogde planten die ze konden vergelijken met eventuele nieuw te vinden soorten. Een groter herbarium zou tot hun terugkeer in Havana blijven.

Omdat het in Europa nog altijd oorlog was, bleef een zeereis een gevaarlijke onderneming, en Humboldt vreesde dat zijn waardevolle verzamelingen door een van de vele vijandelijke schepen in beslag genomen zouden worden. Bonpland stelde voor het risico te spreiden en de vracht in twee delen te verzenden.[4] Een flinke lading werd verscheept naar Frankrijk, en een andere via Engeland naar Duitsland, met instructies dat, mocht de vijand de spullen in handen krijgen, alles naar Joseph Banks in Londen moest worden doorgestuurd. Nadat hij dertig jaar geleden was teruggekeerd van zijn reis met kapitein Cook op de Endeavour, had Banks een wereldwijd netwerk voor het verzamelen van planten opgezet. Zijn naam was bekend bij zeekapiteins uit alle landen. Ook had hij altijd getracht om Franse onderzoekers te helpen door hen, de Coalitieoorlogen ten spijt, van paspoorten te voorzien, overtuigd als hij was dat de internationale gemeenschap van wetenschappers ver uitsteeg boven oorlogen en nationale belangen. 'Wetenschappelijk gezien kan er vrede heersen tussen twee landen, terwijl de politiek in oorlog is,' zei hij.[5] Bij Banks zouden Humboldts planten veilig zijn.*

Humboldt schreef brieven naar familie en vrienden en verzekerde hun dat hij gelukkig was en zich nog nooit zo gezond had gevoeld.[7] Tot in detail beschreef hij hun avonturen, van de gevaarlijke jaguars en slangen tot de magnifieke tropische landschappen en vreemde bloemen. Hij kon het niet laten om een brief naar de vrouw van een van zijn

* In november 1800 had Humboldt vanuit Cumaná al twee pakketten zaden voor Kew Gardens naar Banks gestuurd,[6] evenals een aantal verslagen van astronomische waarnemingen. En Banks bleef Humboldt helpen. Later zou hij een van diens kisten met stenen uit de Andes ontvangen, gestuurd door een Engelse kapitein die het Franse schip had buitgemaakt.

beste vrienden te beëindigen met: 'En ondertussen, mijn beste, kabbelt uw leventje natuurlijk onveranderd voort.'[8]

Half maart 1801, nadat de brieven verzonden en de kisten verscheept waren, vertrokken Humboldt en Bonpland uit Cuba naar Cartagena, aan de noordkust van Nieuw-Granada – het huidige Colombia.* Ze arriveerden er twee weken later, op 30 maart. Ook nu had Humboldt weer een omweg in de zin: niet alleen wilde hij proberen eind december in Lima te zijn en daar Baudin te treffen, maar zijn plan was om over land te reizen in plaats van de veel gemakkelijker zeeroute te nemen. Onderweg zouden hij en Bonpland dan het Andesgebergte doorkruisen en verkennen. Deze ongeveer zevenduizend kilometer lange bergketen strekte zich in de vorm van verschillende bergruggen uit over de hele lengte van Zuid-Amerika, vanaf Venezuela en Colombia helemaal tot aan Vuurland. Het was de langste bergketen ter wereld. Humboldt wilde de Chimborazo beklimmen, een prachtige vulkaan ten zuiden van Quito in het huidige Ecuador. Die drieënzestighonderd meter hoge berg met zijn besneeuwde top werd als de hoogste ter wereld beschouwd.

De route van Cartagena naar Lima was zo'n vierduizend kilometer lang en voerde door enkele van de grimmigste landschappen ter wereld. Zo'n reis zou het uiterste van hun krachten vergen. De uitdaging was dat ze door gebieden zouden komen waar nog nooit een wetenschapper was geweest. Maar 'als je jong en actief bent', zei Humboldt, is het gemakkelijk om niet te veel stil te staan bij onzekerheden en gevaren.[9] Wilden ze Baudin in Lima ontmoeten, dan hadden ze krap negen maanden. Ze zouden eerst over de Río Magdalena van Cartagena naar Bogotá – de huidige hoofdstad van Colombia – varen, en van daaruit te voet het Andesgebergte doorkruisen, om te beginnen naar Quito en vervolgens verder naar het zuiden, helemaal tot Lima. 'Alle moeilijkheden laten zich met daadkracht overwinnen,' hield Humboldt zichzelf voor.[10]

Onderweg wilde hij ook de negenenzestigjarige José Celestino Mutis opzoeken in zijn woonplaats Bogotá.[11] De beroemde Spaanse botanist was veertig jaar voordien vanuit Spanje naar Zuid-Amerika gekomen en had leiding gegeven aan vele expedities in de regio. Geen enkele an-

* De Spaanse koloniën in Latijns-Amerika waren verdeeld in vier onderkoninkrijken en een aantal autonome districten – zoals de kapiteinsgeneraliteit Venezuela. Het onderkoninkrijk Nieuw-Granada omvatte een groot deel van noordelijk Zuid-Amerika: het huidige Panama, Ecuador en Colombia en delen van Noordwest-Brazilië, Noord-Peru en Costa Rica.

dere botanist wist zoveel van de Zuid-Amerikaanse flora, en Humboldt hoopte zijn collectie planten te kunnen vergelijken met de exemplaren die Mutis in zijn lange carrière had verzameld. Hij had weliswaar gehoord dat de Spanjaard soms moeilijk en ontoegankelijk kon zijn, maar hoopte hem toch voor zich te winnen. 'Mutis, zo dichtbij!'[12] dacht hij toen ze in Cartagena arriveerden, waar hij de botanist een 'zeer gekunstelde' brief stuurde, vol complimenten en vleierijen. De enige reden dat hij niet per schip van Cartagena naar Lima reisde maar de veel lastiger route over de Andes had gekozen, schreef hij, was dat hij Mutis in Bogotá hoopte te ontmoeten.

Op 6 april vertrokken ze uit Cartagena, op weg naar de Río Magdalena, die bijna honderd kilometer verder naar het oosten lag. Ze liepen door dichte wouden die verlicht werden door vuurvliegjes – hun 'wegwijzers' in het duister, zoals Humboldt zei[13] – en brachten een paar miserabele nachten op hun jas op de harde grond door. Twee weken later duwden ze hun bootje de rivier in en voeren ze zuidwaarts in de richting van Bogotá. Bijna twee maanden lang peddelden ze tegen de sterke stroming in, langs de ondoordringbare bossen die de rivier omzoomden.[14] Inmiddels was het regenseizoen weer aangebroken, en opnieuw kregen ze te maken met krokodillen, muskieten en ondraaglijke vochtigheid. Op 15 juni arriveerden ze in Honda, een havenstadje aan de rivier, dat zo'n vierduizend inwoners telde en ongeveer honderdvijftig kilometer ten noordwesten van Bogotá lag.[15] Nu moesten ze uit de riviervallei over steile rotsachtige paadjes omhoogklimmen naar het bijna drieduizend meter hoge plateau waarop zich Bogotá bevond.[16] Bonpland had moeite met de ijle lucht; hij voelde zich misselijk en koortsig. Hoewel dat de tocht uitputtend maakte, was hun aankomst in Bogotá op 8 juli 1801 triomfaal.[17]

Na een ontvangst door Mutis en de voornaamste lieden uit de stad werden Humboldt en Bonpland van het ene diner naar het andere gesleept. In geen tientallen jaren hadden er in Bogotá zulke festiviteiten plaatsgevonden. Humboldt was niet erg dol op dit soort ceremoniële aangelegenheden, maar Mutis legde uit dat er niets anders op zat dan het allemaal te ondergaan, dat waren ze aan de onderkoning en de vooraanstaande burgers van de stad verplicht. Zodra alles achter de rug was, opende de oude botanist zijn kasten. Hij bezat ook een tekenstudio, waarin tweeëndertig kunstenaars, onder wie enkele indianen, uiteindelijk zesduizend aquarellen van inheemse planten zouden maken.[18]

Maar het mooiste was dat hij een collectie boeken over botanica bezat die uitsluitend overtroffen werd door die van Joseph Banks in Londen, zo schreef Humboldt later aan zijn broer.[19] Die verzameling was voor Humboldt van onschatbare waarde, want dit was de eerste keer sinds zijn vertrek uit Europa, twee jaar geleden, dat hij weer eens door een omvangrijke selectie boeken kon bladeren en zijn eigen waarnemingen kon controleren, vergelijken en van verwijzingen kon voorzien. Het bezoek bracht beide mannen voordeel. Mutis was gevleid – hij kon nu pronken met het feit dat een Europese wetenschapper zo'n gevaarlijke omweg had gemaakt, enkel en alleen om hem te kunnen bezoeken – en Humboldt kreeg de informatie die hij nodig had.

Net toen ze zich opmaakten voor hun vertrek uit Bogotá, werd Bonpland opnieuw getroffen door een koortsaanval.[20] Het kostte hem een aantal weken om te herstellen, waardoor er nog minder tijd overbleef voor hun tocht door de Andes, op weg naar Lima. Op 8 september, precies twee maanden na hun aankomst, namen ze eindelijk afscheid van Mutis, die hun zoveel proviand meegaf dat de drie muildieren er bijna onder bezweken.[21] De rest van de bagage werd verdeeld over nog eens acht muildieren en ossen, maar de kwetsbaarste instrumenten zouden gedragen worden door vijf sjouwers – inheemse *cargueros*[22] – en door José, de bediende die hen de afgelopen twee jaar, sinds hun aankomst in Cumaná, had vergezeld.[23] Nu waren ze helemaal klaar voor de Andes, maar het weer had niet slechter kunnen zijn.

Vanuit Bogotá staken ze de eerste bergketen over via de Quindíobergpas, een paadje op drieënhalfduizend meter hoogte, dat bekendstond als het moeilijkste en gevaarlijkste in de hele Andes.[24] Door onweer, regen en hevige sneeuwstormen ploeterden ze voort. Het modderige voetpad was op sommige plekken niet meer dan twintig centimeter breed. 'En aan dit soort weggetjes in de Andes moet men zijn manuscripten, instrumenten [en] verzamelingen toevertrouwen,' schreef Humboldt in zijn dagboek.[25] Hij stond er versteld van hoe de muildieren zich gaande hielden, hoewel het eerder een 'aaneenschakeling van valpartijen' was dan lopen.[26] Toen hun verzameling glazen potjes kapotviel, verloren ze daarmee alle vissen en reptielen die ze in de Río Magdalena hadden gevangen. Binnen een paar dagen waren hun schoenen volledig aan flarden gescheurd door de bamboescheuten die in de modder groeiden, en moesten ze blootsvoets verder.

Tocht door de Andes met zwaarbeladen muildieren

De tocht naar Quito verliep traag. Ze trokken over bergen en door valleien; nu eens zwoegend door zware sneeuwstormen, dan weer afdalend naar de drukkende hitte van het tropische woud.[27] Soms liepen ze door donkere ravijnen die zo diep en smal waren dat ze tastend hun weg moesten zoeken langs de rotswand. Andere keren voerde hun tocht hen door valleien met zonovergoten weilanden. Op sommige ochtenden staken de met sneeuw bedekte bergtoppen haarscherp af tegen het strakblauwe uitspansel; op andere werden ze door dikke wolken aan het zicht onttrokken. Hoog boven hun hoofd spreidden de reusachtige andescondors hun drie meter brede vleugels op hun solitaire glijvlucht langs de hemel – stemmig in het zwart, op een witveren kraagje en een rand 'als spiegels' in de middagzon glanzende witte franje aan hun vleugels na.[28] Halverwege tussen Bogotá en Quito zagen ze 's avonds in het donker een keer vlammen uit de vulkaan nabij Pasto slaan.[29]

Nooit eerder had Humboldt zich zo ver van huis gevoeld. Als hij nu doodging, zou het maanden, zelfs jaren kunnen duren voordat zijn vrienden en familieleden dat te weten kwamen. En hij had geen idee waar zij intussen mee bezig waren. Zat Wilhelm nog steeds in Parijs, bijvoorbeeld? Of waren Caroline en hij weer teruggegaan naar Pruisen?

Hoeveel kinderen zouden ze inmiddels hebben? Sinds zijn vertrek uit Spanje, tweeënhalf jaar eerder, had hij slechts één brief van zijn broer en twee van een oude vriend ontvangen – en dat was al meer dan een jaar geleden. Ergens tussen Bogotá en Quito werd Humboldts gevoel van eenzaamheid zo sterk, dat hij Wilhelm een lange brief schreef waarin hij gedetailleerd verslag deed van al hun avonturen in Zuid-Amerika. 'Ik word het nooit moe brieven naar Europa te schrijven,' was zijn eerste zin.[30] Hij wist dat de brief waarschijnlijk nooit zijn bestemming zou bereiken, maar dat deerde hem niet echt. Schrijvend vanuit dit afgelegen dorpje in de Andes kwam hij nog het dichtst in de buurt van een gesprek met zijn broer.

De volgende dag stonden ze vroeg op om hun reis te hervatten. Soms liepen ze langs honderden meters diepe afgronden, over paadjes die zo smal waren dat de waardevolle instrumenten en verzamelingen op de rug van de muildieren vervaarlijk boven de afgrond bungelden.[31] Dit waren vooral heikele momenten voor José, die verantwoordelijk was voor de barometer, het belangrijkste instrument van de hele expeditie omdat Humboldt er de hoogte van de bergen mee bepaalde. Deze speciale reisbarometer was een lange houten staaf met daarin een glazen buisje waarin zich kwikzilver bevond. En hoewel Humboldt er een kistje voor had ontworpen, kon het glas toch nog gemakkelijk breken. Het instrument had hem twaalf taler gekost, maar na zijn vijfjarige expeditie rekende hij uit dat hij er in totaal zeker achthonderd voor betaald had, als je meerekende wat hij aan loon had neergeteld voor de mensen die het veilig door Latijns-Amerika hadden vervoerd.[32]

Dit was de enige van zijn barometers die nog heel was. Een paar weken eerder, toen de voorlaatste was gesneuveld tijdens hun reis van Cartagena naar de Río Magdalena, was Humboldt zo van slag geweest dat hij midden op het marktplein van een stadje in elkaar gezakt was. Terwijl hij daar op zijn rug lag en opkeek naar de hemel, zo ver van huis en van de Europese instrumentmakers, had hij uitgeroepen: 'Gelukkig zijn zij die zonder breekbare instrumenten reizen!'[33] Hoe moest hij in hemelsnaam de bergen op aarde meten en vergelijken als hij geen instrumenten had?

Toen ze begin januari 1802, eenentwintighonderd kilometer en negen maanden na hun vertrek uit Cartagena, eindelijk in Quito arriveerden,[34] ontvingen ze bericht dat het eerdere nieuws over kapitein Baudin niet klopte. Baudin bleek toch niet via Zuid-Amerika naar Australië te reizen, maar op weg te zijn naar Kaap de Goede Hoop en van daaruit de Indische Oceaan te willen oversteken. Ieder ander zou hebben gewanhoopt. Zo niet Humboldt. Nu hoefden ze zich in ieder geval niet meer te haasten om op tijd in Lima te zijn, zo redeneerde hij. Er was dus tijd genoeg voor het beklimmen van alle vulkanen die hij wilde onderzoeken.

Uitzicht op Quito, de stad die enkele maanden Humboldts uitvalsbasis was

Humboldts interesse voor vulkanen had twee specifieke redenen. Allereerst wilde hij weten of het 'plaatselijke', opzichzelfstaande verschijnselen waren, of dat ze onderaards met elkaar in verbinding stonden. Als vulkanen groepen of clusters vormden die zich over enorme afstanden uitstrekten, liep de verbindingslijn mogelijk door het middelpunt der aarde. De tweede reden was dat het bestuderen van vulkanen hem wellicht meer duidelijkheid zou geven over de wijze waarop de aarde zelf ontstaan was.

Aan het eind van de achttiende eeuw maakte onder natuurwetenschappers de overtuiging opgang dat de aarde ouder moest zijn dan de Bijbel, maar over het ontstaan ervan konden ze het niet eens worden.

De zogenoemde neptunisten geloofden dat water de bepalende kracht was geweest: in de oceanen uit de oertijd zouden zich door sedimentatie gesteenten hebben gevormd, waardoor er langzamerhand bergen, mineralen en geologische structuren zouden zijn ontstaan. De 'vulkanisten' daarentegen betoogden dat alles was voortgekomen uit natuurlijke erupties, zoals vulkaanuitbarstingen. Er was nog steeds geen overeenstemming bereikt. De Europese wetenschappers zaten met het probleem dat hun kennis vrijwel uitsluitend beperkt was tot die over de enige twee actieve vulkanen in Europa – de Etna en de Vesuvius. Nu kreeg Humboldt de kans om meer vulkanen te onderzoeken dan al zijn collega's vóór hem. Hij raakte zo geobsedeerd door zijn vermoeden dat vulkanen de oplossing boden tot het raadsel van het ontstaan der aarde, dat Goethe later in een introductiebrief voor een vrouwelijke kennis grapte: 'Aangezien u behoort tot de natuuronderzoekers die menen dat alles door vulkanen is veroorzaakt, stuur ik u hierbij een vrouwelijke vulkaan die alles wat nog over is geheel en al verzengt en verbrandt.'[35]

Nu het plan om zich bij Baudins expeditie aan te sluiten in het water was gevallen, gebruikte Humboldt zijn nieuwe uitvalsbasis in Quito om systematisch elke vulkaan die binnen zijn bereik lag te beklimmen, hoe gevaarlijk ook. Hij had het zo druk dat hij enige consternatie veroorzaakte in de salons van de hogere kringen in de stad. Zijn fraaie trekken hadden de belangstelling gewekt van enkele jonge, ongetrouwde dames, maar 'hij bleef nooit langer dan nodig' op diners en andere bijeenkomsten, zei Rosa Montúfar,[36] de beeldschone dochter van de provinciegouverneur. Blijkbaar was hij liever buiten dan in het gezelschap van mooie vrouwen, klaagde ze.

Ironisch genoeg werd Rosa's knappe broer, Carlos Montúfar, nu Humboldts metgezel. Dit soort vriendschappen vormde een rode draad in Humboldts leven. Hij trouwde nooit – hij beweerde zelfs eens dat een getrouwde man een 'verloren mens' was [37]– noch lijkt hij ooit een intieme relatie met een vrouw te hebben gehad. In plaats daarvan viel hij regelmatig ten prooi aan bevliegingen voor zijn mannelijke vrienden, aan wie hij lange brieven schreef waarin hij zijn 'onsterfelijke' en 'innige' liefde opbiechtte.[38] En hoewel hij leefde in een tijd waarin het niet ongebruikelijk was dat mannen elkaar binnen een platonische vriendschap deelgenoot maakten van hartstochtelijke gevoelens, waren Humboldts uitspraken wel erg heftig. '[Ik] was met ijzeren ketenen aan je gebonden,' schreef hij aan een vriend,[39] en hij huilde urenlang nadat hij een andere had verlaten.[40]

In de jaren vóór Zuid-Amerika had hij een aantal bijzonder intense vriendschappen gehad. Gedurende zijn hele leven had Humboldt relaties waarbinnen hij de ander niet alleen zijn liefde verklaarde, maar ook een voor hem ongebruikelijke onderdanigheid aan de dag legde. 'Mijn plannen zijn ondergeschikt aan de jouwe,' schreef hij eens, 'je kunt me gebieden zoals je je kind gebiedt en je zult altijd gehoorzaamheid zonder morren ervaren.'[41] Zijn verhouding tot Bonpland, daarentegen, droeg een heel ander karakter. Bonpland is een 'goed mens', had hij aan

de vooravond van zijn vertrek uit Spanje aan een vriend geschreven, 'die me echter al zes maanden zeer koud laat, dat wil zeggen dat mijn relatie met hem uitsluitend van wetenschappelijke aard is'.[42] De nadrukkelijke verzekering dat hij Bonpland 'uitsluitend' als collega beschouwde, kan een aanwijzing zijn dat hij voor andere mannen iets totaal anders voelde.

Tijdgenoten schreven over Humboldts 'gebrek aan ware liefde voor vrouwen',[43] en in een krantenartikel van later datum werd met het woord 'bedgenoot' gesuggereerd dat hij wellicht homoseksueel was.[44] Caroline von Humboldt zei dat 'niets op Alexander grote invloed uit [kon] oefenen, tenzij het van een man afkomstig' was.[45] En de Duitse dichter Theodor Fontane klaagde vijfentwintig jaar na Humboldts dood nog dat er in de biografie die hij zojuist gelezen had met geen woord gerept werd over 'seksuele onregelmatigheden'.[46]

De tweeëntwintigjarige Carlos Montúfar, een trotse, rijzige gestalte met donkere krullen en haast zwarte ogen, was tien jaar jonger dan Humboldt. Hij zou een paar jaar aan Humboldts zijde blijven. Een wetenschapper was hij niet, maar hij leerde snel, en Bonpland leek absoluut geen bezwaar te hebben tegen deze uitbreiding van hun reisgezelschap. Anderen bekeken deze vriendschap echter met enige jaloezie. De Zuid-Amerikaanse botanist en astronoom José de Caldas, die Humboldt een paar maanden eerder op weg naar Quito had ontmoet, was beleefd afgewezen toen hij gevraagd had of hij deel mocht nemen aan de expeditie. Geërgerd schreef hij nu aan Mutis in Bogotá dat Montúfar Humboldts 'adonis' was geworden.[47]

Humboldt heeft zich nooit expliciet uitgelaten over de aard van zijn vriendschappen met mannen, maar het lijkt erop dat deze platonisch bleven, want, zo erkende hij: 'Zinnelijke behoeften ken ik niet.'[48] Hij zocht verstrooiing in de wildernis of stortte zich op een of andere zware activiteit. Van grote lichamelijke inspanning werd hij vrolijk en de natuur kalmeerde zijn gemoed als het 'door de wilde drang van hartstochten' in beroering was gebracht, verklaarde hij.[49] Ook nu matte hij zichzelf weer af. Hij beklom tientallen vulkanen, soms samen met Bonpland en Montúfar, en soms zonder hen, maar altijd in gezelschap van José, die de kostbare barometer droeg.[50] In de vijf maanden die volgden besteeg hij iedere vulkaan die vanuit hun basis in Quito te bereiken was.

Op één daarvan, de ten westen van Quito gelegen Pichincha,[51] zonk de arme José plotseling vrijwel geheel weg in een sneeuwbrug. Gelukkig wist hij zichzelf (en de barometer) weer omhoog te werken. Humboldt liep vervolgens verder naar de top, waar hij plat op zijn buik ging liggen op een smalle rotsrichel die als een soort natuurlijk balkon boven de diepe krater hing. Iedere twee of drie minuten werd zijn uitkijkplaatsje door heftige aardschokken heen en weer geschud. Hij kroop echter onverstoorbaar verder naar de rand om in de krater te kunnen kijken. Daar flakkerden blauwe vlammen, en hij stikte bijna in de zwaveldampen. 'Ik geloof niet dat de verbeelding iets dreigenders, somberders of dodelijkers op kan roepen dan wat wij hier zagen,' schreef hij later.[52]

Hij deed ook een poging tot het beklimmen van de Cotopaxi, een perfect kegelvormige vulkaan die met zijn hoogte van bijna negenenvijftighonderd meter de op een na hoogste berg van Ecuador is.[53] Sneeuw en steile hellingen maakten het hem echter onmogelijk om hoger te komen dan vijfenveertighonderd meter. Hoewel hij de top niet bereikte, bleef het uitzicht op de met sneeuw bedekte Cotopaxi, die eenzaam afstak tegen het azuren hemelgewelf, een van de meest majestueuze beelden die hij ooit gezien had.[54] De vorm van de berg was zo perfect en het oppervlak zo glad, schreef Humboldt in zijn dagboek, dat het wel leek alsof hij door een houtdraaier vervaardigd was.[55]

Een andere keer volgden Humboldt en zijn groepje een oude, gestolde lavastroom omhoog vanuit een vallei onder de Antisana, een vulkaan van 5752 meter hoog.[56] Hoe hoger ze kwamen, hoe kleiner de bomen en de struiken werden, tot ze uiteindelijk de boomgrens bereikten en de zogeheten paramo daarboven betraden. Het pluizige bruine steppegras dat hier groeide gaf het landschap een bijna doodse aanblik, maar toen ze wat beter keken bleek de bodem bezaaid te zijn met minuscule kleurige bloempjes, strak gevat in rozetjes van groene bladeren. Ze vonden lupinetjes en petieterige gentiaantjes die zachte, mosachtige kussentjes vormden. Overal groeiden tere paarse en blauwe bloempjes in het gras.

Het was er bitterkoud en zo winderig dat Bonpland verscheidene malen omver werd geblazen als hij zich bukte om bloemen te plukken. Stormachtige windvlagen bliezen 'ijsnaalden' in hun gezicht.[57] Op bijna vierduizend meter, vóór de laatste klim naar de top, moesten ze de nacht doorbrengen in wat Humboldt 'het hoogstgelegen onderkomen ter wereld' noemde: een laag huisje met strodak, dat eigendom was van een plaatselijke grondbezitter.[58] Het lag op een prachtige plek, genesteld in de kom van een licht glooiend plateau, van waaruit ze de top van de Antisana konden zien. Toch brachten ze er een van hun miserabelste nachten ooit door, zonder voedsel of zelfs maar kaarsen, ziek van de kou en het gebrek aan zuurstof.

Carlos Montúfar voelde zich die nacht zo ellendig dat Humboldt, die een bed met hem deelde, zich grote zorgen maakte.[59] Hij stond verschillende keren op om water te halen en kompressen aan te brengen. Tegen de ochtend was Montúfar voldoende hersteld om deel te nemen aan de laatste klim. Ze kwamen tot bijna vijfenvijftighonderd meter – hoger, schreef Humboldt opgetogen, dan de twee Franse wetenschappers Charles Marie de la Condamine en Pierre Bouguer, die zo'n zeventig jaar eerder naar dit deel van de Andes waren gereisd om aan de hand van metingen de vorm van de aarde te bepalen.[60] Zij waren niet verder gekomen dan vijfenveertighonderd meter.

Humboldt was gefascineerd door bergen. En dat kwam niet alleen door de fysieke uitdaging of het vooruitzicht van nieuwe kennis; een berg had voor hem ook iets mystieks. Als hij op een top of een hoge bergrug stond, voelde hij zich zo geroerd door het natuurschoon, dat zijn verbeelding hem naar nog hoger sferen voerde. Het was de fantasie, zo zei hij, die de 'diepe wonden' heelde die soms door het 'verstand' werden geslagen.[61]

7 De Chimborazo

Op 9 juni 1802, vijf maanden nadat hij er was aangekomen, vertrok Humboldt eindelijk uit Quito. Hij was nog steeds van plan naar Lima door te reizen, al zou hij er kapitein Baudin niet treffen. Zijn hoop was dat hij in Lima iemand vond die hem kon meenemen naar Mexico, een land dat hij ook wilde verkennen.[1] Maar eerst wachtte hem de bekronende onderneming: het beklimmen van de Chimborazo. Deze majestueuze, ruim drieënzestighonderd meter hoge dode vulkaan* – een 'monsterachtige kolos',[2] zoals Humboldt hem noemde – lag zo'n honderdvijftig kilometer ten zuiden van Quito.[3]

Op weg ernaartoe reden Humboldt, Bonpland, Montúfar en José langs dichte, tropische vegetatie. In de valleien bewonderden ze de datura's met hun grote, trompetvormige oranje bloemen, en de bijna onwerkelijk kunstig gevormde fuchsia's. Toen ze hoger kwamen, maakte deze wulpse bloemenpracht langzamerhand plaats voor open grasvlakten. Daar graasden kuddes vicuña's, kleine, lama-achtige dieren. Algauw verscheen aan de horizon de Chimborazo, een statige koepel die eenzaam op een hoog plateau stond. Dagenlang zagen ze hem afsteken tegen het heldere blauw van de hemel. Geen wolkje vertroebelde het indrukwekkende silhouet. Elke keer dat ze halt hielden, haalde de opgewonden Humboldt zijn telescoop tevoorschijn. Hij zag een deken van sneeuw op de berghelling liggen, terwijl de vlakte eromheen er doods en verlaten uitzag. Zover het oog reikte was de bodem bezaaid met duizenden keien en rotsen. Het geheel bood een onwezenlijke aanblik. Humboldt had inmiddels zoveel vulkanen beklommen dat hij

* De Chimborazo is niet de hoogste berg ter wereld, en zelfs niet van de Andes. Toch verdient hij die benaming op een bepaalde manier wel. Omdat hij zo dicht op de evenaar ligt, is zijn top het verst verwijderd van het middelpunt van de aarde.

de meest ervaren bergbeklimmer ter wereld was. Zelfs voor hem was het bestijgen van de Chimborazo echter een intimiderend vooruitzicht. Maar 'dat wat onbereikbaar lijkt, trekt ons op geheimzinnige wijze aan', verklaarde hij later.[4]

Op 22 juni bereikten ze de voet van de vulkaan, waar ze in een dorpje een onrustige nacht doorbrachten. De volgende ochtend vroeg begonnen ze, met hulp van een groepje plaatselijke sjouwers, aan de beklimming.[5] Het eerste stuk, over de grasvlakten en de onderste helling, legden ze op hun muildieren af. Maar toen het op vierduizend meter hoogte rotsiger en steiler werd, lieten ze die achter en gingen te voet verder. Het weer begon zich tegen hen te keren. Het had de hele nacht gesneeuwd en het was koud. De top van de Chimborazo hulde zich in een sluier van nevel, heel anders dan de laatste dagen. Nu en dan trok de mist eventjes op en werd hun een korte doch aanlokkelijke glimp van de piek vergund. Het beloofde een lange dag te worden.

De Chimborazo met zijn besneeuwde top

Op zevenenveertighonderd meter hielden de sjouwers het voor gezien. Humboldt, Bonpland, Montúfar en José verdeelden de instrumenten en gingen alleen verder. De top bleef door de mist aan het zicht onttrokken. Algauw bewogen ze zich kruipend voort over een hoge richel die uiteindelijk nog maar een angstaanjagende vijf centimeter breed was, terwijl zowel links als rechts een loodrechte kloof gaapte – *cuchilla*, noemden de Spanjaarden deze richel zeer toepasselijk: lemmet.[6] Humboldt keek resoluut voor zich uit. Dat hun handen en voeten gevoelloos waren geworden van de kou maakte de zaak er al niet beter op, en daar kwam nog bij dat de wond die hij tijdens een eerdere beklimming aan zijn voet had opgelopen, was gaan ontsteken. Op deze hoogte was elke stap een loodzware inspanning. Ze waren misselijk en draaierig van het gebrek aan zuurstof, hun ogen waren bloeddoorlopen en hun tandvlees bloedde. Die voortdurende duizelingen waren, zo erkende Humboldt later, 'zeer gevaarlijk, gezien onze omstandigheden'.[7] Op de Pichincha had hij zoveel last van hoogteziekte gehad dat hij was flauwgevallen. Hier op de cuchilla kon de aandoening hem fataal worden.

Ondanks al deze moeilijkheden had hij toch nog energie genoeg om iedere honderd meter zijn instrumenten op te zetten. Door de gure wind was het koper ijskoud geworden en het was schier onmogelijk om met halfbevroren vingers de tere schroefjes en hendeltjes te bedienen. Hij stak zijn thermometer in de grond, las de barometer af en nam luchtmonsters om de chemische samenstelling van de lucht te bepalen. Hij mat de vochtigheid en bepaalde op verschillende hoogten het kookpunt van water.[8] Verder schopten ze keien de steile afgrond in, om te zien hoe ver die zouden rollen.

Na een hachelijke klimpartij van een uur werd de richel iets minder steil, maar nu werden hun schoenen kapotgescheurd door scherpe rotspunten, en hun voeten begonnen te bloeden. Plotseling trok de mist op en zagen ze op ruim driehonderd meter boven hun hoofd de witte top van de Chimborazo glinsteren in de zon. Tegelijkertijd merkten ze echter dat het smalle richeltje hier ophield. Vóór hen gaapte een immense kloof. Om daar omheen te komen zouden ze een diepe sneeuwmassa moeten oversteken, maar inmiddels was het één uur 's middags en de ijskorst die erop lag was gesmolten door de warmte van de zon. Toen Montúfar behoedzaam een paar stappen zette, zonk hij zo diep in de sneeuw weg dat hij kopje-onder ging. Hier kwamen ze nooit overheen. Humboldt haalde zijn barometer weer tevoorschijn en mat de hoogte:

5917 meter.[9] De top zouden ze niet halen, maar toch hadden ze het gevoel dat ze op het hoogste punt van de wereld stonden. Niemand was ooit zo hoog gekomen, zelfs de ballonvaarders in Europa niet.

Terwijl Humboldt stond uit te kijken over de steilten van de Chimborazo en de bergketens in de verte, vloeide alles wat hij de afgelopen jaren gezien had samen tot één geheel. Zijn broer Wilhelm was er al heel lang van overtuigd dat hij voorbeschikt was om 'ideeën te verbinden en de samenhang tussen dingen te achterhalen'.[10] Hier, op de Chimborazo, nam hij het uitzicht in zich op, terwijl hij ondertussen in gedachten teruging naar alle planten en rotsformaties die hij eerder in de Alpen, de Pyreneeën en op Tenerife had gezien en alle metingen die hij er verricht had. Alles wat hij ooit had waargenomen, viel nu op zijn plek. De natuur, besefte hij, was een web van leven, een wereldomvattende kracht. Hij was de eerste die begreep dat alles 'door middel van duizend draden' met elkaar verweven was, zei een andere wetenschapper later.[11] Deze nieuwe visie op de natuur zou ons wereldbeeld voorgoed veranderen.

Humboldt was getroffen door het zien van al die gelijkenissen tussen planten 'in de verst uiteengelegen klimaten'.[12] Hier in de Andes, bijvoorbeeld, groeide een mos dat hem deed denken aan een soort in de bossen van Noord-Duitsland, duizenden kilometers ver weg. In de bergen bij Caracas had hij rododendronachtige planten onderzocht die sprekend leken op de alpenrozen in de Zwitserse Alpen.[13] Later zou hij in Mexico pijnbomen, cipressen en eiken vinden die er net zo uitzagen als die in Canada.[14] Alpiene planten konden worden aangetroffen in de Zwitserse bergen, in Lapland, en ook hier in de Andes. Alles was met elkaar verbonden.[15]

Voor Humboldt was het alsof hij gedurende de korte tijd waarin hij van Quito naar de Chimborazo was getrokken en vervolgens de vulkaan beklommen had, een botanische reis van de evenaar naar een van de poolgebieden had gemaakt. Met al die verschillende vegetatiezones leek het wel alsof de hele plantenwereld in laagjes op elkaar gestapeld was – van de tropische soorten die hij in de valleien had gezien tot de korstmossen nabij de sneeuwgrens.[16] Tegen het einde van zijn leven sprak hij er vaak over dat je de natuur alleen kon begrijpen vanuit een 'hoger standpunt', vanwaar de verbindingen ook werkelijk zichtbaar waren.[17] Het was hier, op de Chimborazo, dat hij dat voor het eerst besefte. In 'één oogopslag' overzag hij de hele natuur.[18]

Toen hij terugkwam van de Chimborazo, was hij er klaar voor om zijn nieuwe beeld van de natuur in kaart te brengen. In de uitlopers van het Andesgebergte maakte hij een begin met zijn zogenoemde *Naturgemälde* – een onvertaalbare Duitse term die 'schilderij van de natuur' kan betekenen, maar eveneens de betekenis van 'eenheid', 'volledigheid' in zich draagt.[19] Het was, zoals hij later uitlegde, een 'microkosmos op één bladzijde'.[20] In tegenstelling tot andere natuurwetenschappers, die de natuurlijke wereld volgens een strikte hiërarchie in nauw omlijnde taxonomische categorieën indeelden en dus altijd bezig waren met het maken van tabellen, kwam Humboldt met een tekening.

'De natuur is een levend geheel,' verklaarde hij later, 'geen werkeloze massa.'[21] Stenen, planten, dieren en mensen waren allemaal van één scheppende kracht doortrokken, en het was deze 'wijdverbreide overvloed des levens' waarvan hij het meest onder de indruk was.[22] Zelfs de atmosfeer droeg een begin van leven in zich: stuifmeel, insecteneitjes en zaden. Het leven was overal en er waren 'onophoudelijk organische krachten aan het werk'.[23] Humboldt was niet zozeer geïnteresseerd in het ontdekken van nieuwe, losstaande feiten, als wel in het aanbrengen van verbindingen. De waarde van afzonderlijke verschijnselen lag uitsluitend in hun relatie tot het grotere geheel, zo schreef hij.[24]

Humboldts Naturgemälde was een dwarsdoorsnede van de Chimborazo, waarop de natuur treffend werd afgebeeld als een web waarin alles met elkaar verbonden was.[25] Geordend op hoogte had Humboldt de namen van alle planten opgeschreven, van ondergrondse zwammen tot de korstmossen die net onder de sneeuwgrens groeiden. Aan de voet van de berg lag de tropische zone met palmen, en iets daarboven stonden de eiken en de varenachtigen, die de voorkeur gaven aan een wat gematigder klimaat. Iedere naam was precies daar op de berg weergegeven waar Humboldt de betreffende plant had aangetroffen.

De eerste schets van zijn Naturgemälde maakte Humboldt in Zuid-Amerika. Van de definitieve versie werd later een prachtige afbeelding van zestig bij negentig centimeter gepubliceerd. Links en rechts van de berg stonden kolommen met aanvullende informatie. Door aan de linkerkant een bepaalde hoogte uit te kiezen kon je als het ware één horizontale lijn trekken naar de overige kolommen en de tekening zelf, om andere gegevens op te zoeken, bijvoorbeeld over vochtigheidsgraad en luchtdruk. Op dezelfde manier kon worden afgelezen welke planten en dieren er op een bepaalde hoogte voorkwamen. Er waren verschillen-

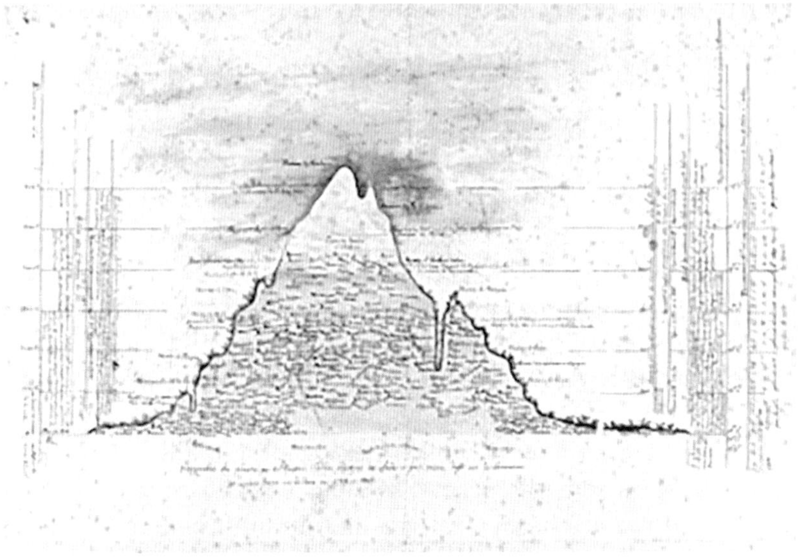

De eerste schets van Humboldts Naturgemälde

de plantenzones aangegeven, met de bijbehorende informatie, zoals de relatie tot hoogte en temperatuur. Al deze gegevens konden vervolgens worden gerelateerd aan andere grote gebergten in de wereld, waarvan de namen verhoudingsgewijs op de juiste hoogte naast de tekening van de Chimborazo waren weergegeven.

Deze verscheidenheid en rijkdom aan wetenschappelijke informatie, maar ook de eenvoud waarmee deze weergegeven werd, waren volkomen nieuw. Niemand vóór Humboldt had dit soort gegevens ooit op zo'n aanschouwelijke wijze in beeld gebracht. Met behulp van de Naturgemälde werd voor het eerst aangetoond dat de natuur een wereldomvattende kracht was met klimaatzones die zich over alle continenten uitstrekten. Humboldt zag 'eenheid in de oneindige verscheidenheid'.[26] Hij plaatste planten niet in taxonomische categorieën, maar bezag de flora in relatie tot klimaat en locatie: een radicaal nieuw gezichtspunt dat tot op de dag van vandaag ten grondslag ligt aan ons begrip van ecosystemen.

Van de Chimborazo reisden ze naar Lima, zo'n vijftienhonderd kilometer zuidwaarts. Humboldt had overal belangstelling voor, van planten en dieren tot de architectuur van de Inca's. Tijdens zijn reizen door Latijns-Amerika toonde hij zich vaak onder de indruk van wat de oude beschavingen tot stand hadden gebracht. Hij transcribeerde manuscripten, maakte schetsen van Incamonumenten en legde woordenlijsten aan. De inheemse talen, zei hij, waren allemaal zo hoog ontwikkeld dat elk Europees boek erin vertaald zou kunnen worden.[27] Ze hadden zelfs woorden voor abstracte begrippen als 'toekomst, eeuwigheid en bestaan'.[28] Iets ten zuiden van de Chimborazo bezocht hij een inheemse stam die enkele zeer oude manuscripten over vulkaanuitbarstingen in bezit had.[29] Gelukkig was er ook een Spaanse vertaling van voorhanden, die hij overschreef in zijn aantekenschrift.

Onderweg bestudeerde hij ook de kinawouden in Loja (gelegen in het huidige Ecuador). Daar realiseerde hij zich opnieuw hoeveel schade de mens zijn natuurlijke omgeving toebracht. De bast van de kinaboom bevatte kinine, die gebruikt werd tegen malaria. Als de bast eenmaal verwijderd was, ging de boom dood. De Spanjaarden hadden enorme stroken van het woud gekapt, waardoor er bijna geen oudere en dikkere bomen meer over waren.[30]

Humboldts belangstelling leek onuitputtelijk. Hij onderzocht gesteentelagen, klimaatpatronen en ruïnes van Incatempels. Daarnaast was hij gefascineerd door het verschijnsel aardmagnetisme. Tijdens hun tocht door bergen en dalen zette hij voortdurend zijn instrumenten op. Ook deze nieuwsgierigheid vond haar oorsprong in zijn wens de natuur op wereldschaal te begrijpen als een netwerk van krachten en onderlinge verbindingen – net als zijn interesse voor aardbevingen en wereldwijde vegetatiezones. Al sinds de zeventiende eeuw beseften natuurwetenschappers dat de aarde zelf een gigantische magneet is. Ze wisten ook dat de naald van een kompas niet het echte noorden aanwijst, omdat de magnetische noordpool niet met de geografische noordpool overeenkomt. En om het allemaal nog ingewikkelder te maken: het magnetische noorden en zuiden zijn constant in beweging, een gegeven dat grote problemen veroorzaakte bij het navigeren. Het was echter nog niet bekend of de verandering in intensiteit van magnetische velden van willekeurige of systematische aard was.

Op weg van Bogotá naar Quito had Humboldt met metingen vastgesteld dat het magnetisch veld van de aarde in sterkte afnam naarmate ze de evenaar dichter naderden. Tot zijn verbazing zette deze daling door nadat ze de evenaar in de buurt van Quito waren gepasseerd. Pas bij het dorre plateau van Cajamarca in Peru, meer dan zeven graden en ongeveer achthonderd kilometer ten zuiden van de geografische evenaar, draaide de naald van noord naar zuid.[31] Humboldt had de magnetische evenaar ontdekt.

Eind oktober 1802, vierenhalve maand nadat ze uit Quito waren weggegaan en meer dan drie jaar na hun vertrek uit Europa, kwamen ze aan in Lima. Van hieruit reisden ze per schip noordwaarts naar Guayaquil, een havenstad aan de westkust van het huidige Ecuador, vanwaar Humboldt naar Acapulco in Mexico wilde reizen. Onderweg naar Guayaquil onderzocht hij de koude zeestroming die van Zuid-Chili tot Noord-Peru langs de westkust van Zuid-Amerika stroomde. Die koude, voedselrijke stroming zorgt voor een dermate rijk zeeleven dat zij 's werelds productiefste mariene ecosysteem vormt. Jaren later zou zij de naam Humboldtstroom krijgen. Hoewel Humboldt zich hierdoor gevleid voelde, maakte hij toch bezwaar tegen de benaming. De vissersjongens aan de kust wisten al eeuwen van het bestaan van de stroming af, zei hij. Zijn enige prestatie was dat hij als eerste de stroming had onderzocht en had vastgesteld dat het water koud was.[32]

Humboldt was bezig alle gegevens te verzamelen die hij nodig had om de natuur als samenhangend geheel te kunnen zien. Als de natuur een web van leven was, kon hij er niet louter als botanist, als geoloog of als zoöloog naar kijken. Hij had informatie nodig over álles, en uit alle delen van de wereld, want 'waarnemingen uit verschillende aardstreken moeten met elkaar vergeleken worden'.[33] Hij vergaarde zoveel onderzoeksuitkomsten en stelde zoveel vragen dat sommige mensen hem onnozel vonden: hij vroeg voortdurend naar 'vanzelfsprekendheden'.[34] Zijn jaszakken leken wel die van een klein jongetje, merkte een van de gidsen op, ze zaten vol planten, stenen en papiertjes.[35] Niets was te klein of te onbetekenend om te onderzoeken; alles had zijn plekje in het grote wandtapijt van de natuur.

Hun aankomst in Guayaquil op 4 januari 1803 viel samen met de plotselinge uitbarsting van de Cotopaxi, ruim driehonderd kilometer verder naar het noordoosten.[36] Dat was het moment waar Humboldt – die alle bereisbare vulkanen in de Andes had beklommen – op gewacht had. Net nu hij op het punt stond naar Mexico te vertrekken, werd hem een nieuwe handschoen toegeworpen. De twijfel sloeg toe. Voor hij terugkeerde naar Europa zou hij dolgraag Mexico verkennen, maar wilde hij nog voor het zomerse orkaanseizoen kunnen vertrekken, dan moest hij snel een plekje op een schip zien te veroveren, anders zat hij tot het einde van het jaar in Guayaquil vast. Nu was daar echter de verleiding van een vulkaan in actie. Als ze voortmaakten, waren ze misschien net op tijd terug om nog een boot te kunnen halen. Maar de reis van Guayaquil naar Cotopaxi was gevaarlijk. Ze zouden opnieuw de hoge Andes moeten doorkruisen, alleen nu met een actieve vulkaan als einddoel.

Cotopaxi met rookpluim

Gevaarlijk, ja, maar te opwindend om te missen. Aan het einde van die maand gingen Humboldt en Montúfar op weg, met achterlating van Bonpland, die de opdracht kreeg om uit te kijken naar een schip dat Mexico als bestemming had. Gedurende hun reis naar het noordoosten vormde het gebrul van de Cotopaxi een voortdurende achtergrondmuziek. Humboldt kon zijn geluk niet op. Over een paar dagen zou hij nogmaals de vulkaan zien die hij acht maanden eerder had beklommen, maar nu zou deze in actie zijn en verlicht worden door zijn eigen vuur. Vijf dagen na hun vertrek arriveerde er echter een boodschapper uit Guayaquil met een briefje van Bonpland.[37] Die had een schip naar Acapulco gevonden, maar dat vertrok al over twee weken. Verdergaan naar de Cotopaxi was uitgesloten. Ze zouden onmiddellijk terug moeten naar Guayaquil. Humboldt was diepbedroefd.

Toen zijn schip op 17 februari uit de haven vertrok, kon hij de Cotopaxi als een boze reus in de verte horen grommen. Zo bracht de vulkaan hem nog een laatste serenade, een treurige verwijzing naar wat hij had gemist.[38] Zijn stemming werd er al niet beter op toen de veranderende sterrenhemel hem er elke nacht op wees dat hij bezig was het zuidelijk halfrond te verlaten. Turend door zijn telescoop zag hij de zuidelijke sterrenconstellaties langzaam uit het zicht verdwijnen. 'Ik word met de dag armer,' schreef hij in zijn dagboek.[39] Hij was op weg terug naar het noordelijk halfrond en verliet een wereld die hem de rest van zijn leven zou blijven fascineren.

In de nacht van 26 februari 1803 passeerde Humboldt voor de laatste keer de evenaar. Hij was nu drieëndertig en had meer dan drie jaar in Latijns-Amerika doorgebracht, reizend door tropische oerwouden en klauterend op weg naar ijskoude bergtoppen. Duizenden planten had hij verzameld, duizenden metingen verricht. Hoewel hij vele malen zijn leven in de waagschaal had gesteld, had hij genoten van de vrijheid en het avontuur. Maar het allerbelangrijkste was dat hij Guayaquil verliet met in zijn hoofd een nieuw beeld van de natuur. In zijn bagage zat de tekening van de Chimborazo – zijn Naturgemälde. Deze ene tekening zou, evenals de ideeën die tot het ontstaan ervan hadden geleid, bepalend worden voor de manier waarop toekomstige generaties aankeken tegen hun natuurlijke omgeving.

8 Natuur en politiek

Humboldt en Thomas Jefferson

Elk moment konden ze door de zee verzwolgen worden.[1] Reusachtige golven rolden het dek op en stortten zich omlaag naar het ruim van het schip, waar de veertig hutkoffers van Humboldt dreigden te worden meegesleurd. Ze waren regelrecht een orkaan binnengevaren. Zes eindeloze dagen lang beukte de wind met zo'n kracht tegen de boot dat niemand kon slapen, laat staan denken. De kok verloor zijn potten en pannen toen het water naar binnen gutste; hij zwom rond in zijn kombuis omdat hij niet langer kon staan. Koken was onmogelijk geworden en de haaien draaiden al rondjes om het schip. De kapiteinshut op het achterschip stond zo vol water dat je er alleen zwemmend doorheen kon, en zelfs de meest doorgewinterde matrozen tuimelden als kegels over het dek. De zeelui vreesden voor hun leven en drongen aan op een verhoging van de brandewijnrantsoenen, want ze wilden liefst dronken verdrinken. Iedere golf die op hen af kwam, leek wel een torenhoge rotswand. Nog nooit was Humboldt zo dicht bij de dood geweest.[2]

Het was mei 1804. Humboldt, Bonpland, Montúfar en hun bediende José waren van Cuba naar de oostkust van de Verenigde Staten onderweg. Het zou toch wel bitter zijn als hij nu omkwam, bedacht Humboldt, terwijl hij net vijf hachelijke reisjaren in Latijns-Amerika had overleefd. Na hun vertrek uit Guayaquil in februari 1803 waren ze een jaar in Mexico geweest. Het grootste gedeelte van die tijd had Humboldt doorgebracht in Mexico-Stad, de regeringszetel van het immense onderkoninkrijk Nieuw-Spanje, dat bestond uit Mexico, Florida en delen van Californië en Midden-Amerika. Hij had er de omvangrijke koloniale archieven en bibliotheken doorgespit, een onderzoek dat hij alleen had onderbroken voor een paar expedities naar mijnen, hete bronnen en nog meer vulkanen.[3]

Nu was het tijd om terug te keren naar Europa.[4] Die vijf jaren in extreme weersomstandigheden hadden zijn gevoelige instrumenten geen goed gedaan; de meeste functioneerden nauwelijks meer. Ook maakte Humboldt zich zorgen dat hij belangrijke ontwikkelingen op wetenschappelijk gebied gemist had, nu hij al zo lang zo weinig contact met het thuisfront had gehad. Het leek wel of hij op de maan leefde, had hij eerder aan een vriend geschreven, zover was hij verwijderd van de rest van de wereld.[5] In maart 1804 waren ze van Mexico naar Cuba gevaren, om daar de spullen op te halen die ze drie jaar eerder in Havana hadden opgeslagen.

Humboldt keerde terug uit Mexico met gedetailleerde waarnemingen van de natuur, maar ook met aantekeningen uit archieven en afbeeldingen van monumenten als deze Azteekse kalender, die volgens hem de hoge ontwikkelingsgraad van oude beschavingen aantoonde

Zoals zo vaak had hij op het laatste moment zijn plannen weer veranderd, en besloten om zijn thuisreis nog enkele weken uit te stellen. Hij wilde eerst nog naar Noord-Amerika voor een ontmoeting met Thomas Jefferson, de derde president van de Verenigde Staten. Vijf jaar lang had hij de natuur in al haar weelderige pracht kunnen bewonderen; nu wilde hij wel eens kennismaken met een ideale civilisatie: een maatschappij in de vorm van een republiek, gebaseerd op de grondbeginselen van de vrijheid.

Van kinds af aan was hij omringd geweest door Verlichtingsdenkers, die de kiem hadden gezaaid voor zijn levenslange geloof in vrijheid, gelijkheid, tolerantie en het belang van onderwijs. Het was echter de Franse Revolutie geweest die in 1789, vlak voor zijn twintigste verjaardag, zijn politieke denkbeelden definitief gevormd had. In tegenstelling tot de Pruisen, die nog door een absoluut monarch werden geregeerd, hadden de Fransen verklaard dat iedereen gelijk was. Sinds die tijd droeg Humboldt 'de ideeën van 1789 in zijn hart'.[6] In 1790 had hij Parijs bezocht en de voorbereidingen voor de eerste verjaardag van de revolutie meegemaakt. Hij was zelfs zo enthousiast geweest, dat hij die zomer had geholpen zand te kruien voor de bouw van een Parijse 'vrijheidstempel'.[7] Nu, veertien jaar later, wilde hij de mensen ontmoeten die een republiek in Amerika hadden gesticht, en die 'de kostbare gift van vrijheid' op waarde wisten te schatten.[8]

Na een week kwam de orkaan tot bedaren en ging de wind liggen. Eind mei 1804, vier weken na hun vertrek uit Havana, gingen Humboldt en zijn reisgenoten aan wal in Philadelphia, dat met zijn vijfenzeventigduizend inwoners de grootste stad van de Verenigde Staten was. De avond tevoren had Humboldt een lange brief aan Jefferson geschreven, waarin hij zei te hopen op een ontmoeting in Washington DC, de nieuwe hoofdstad van het land. 'Uw geschriften, uw daden en uw liberale ideeën hebben mij vanaf mijn vroegste jeugd geïnspireerd,' schreef hij.[9] Hij bracht een schat aan informatie met zich mee uit Latijns-Amerika, zo kondigde hij aan, alwaar hij planten had verzameld, astronomische waarnemingen had verricht, diep in het regenwoud hiërogliefen van oude beschavingen had aangetroffen en belangrijke gegevens bijeen had gezocht in de koloniale archieven van Mexico-Stad.

Hij stuurde ook een brief aan James Madison, de minister van Buitenlandse Zaken en tevens Jeffersons trouwste politieke bondgenoot. 'Nadat ik het majestueuze Andesgebergte en de natuur in al haar grootsheid heb aanschouwd, verheug ik me nu op het schouwspel van een vrij volk.'[10] Natuur en politiek hoorden bij elkaar. Dat was het denkbeeld dat Humboldt met de Amerikanen zou bespreken.

De eenenzestigjarige Jefferson stond nog steeds 'zo recht als een geweerloop'.[11] Hij was een magere, wat slungelige man, met een 'ijzeren constitutie' en het blozende gezicht van een boer. Behalve president van de nog jonge natie was hij ook eigenaar van Monticello, een grote plantage in de uitlopers van de Blue Ridge Mountains in Virginia, zo'n honderdvijftig kilometer ten zuidwesten van Washington. Hoewel zijn vrouw al meer dan twintig jaar geleden was gestorven, was het gezin nog steeds heel hecht. Hij genoot intens van zijn zeven kleinkinderen,[12] die, zo vertelden zijn vrienden, vaak op zijn schoot klommen als hij aan het woord was.[13] Toen Humboldt in de Verenigde Staten arriveerde, rouwde Jefferson nog om zijn dochter Maria, die enkele weken eerder, in april 1804, in het kraambed was gestorven. Zijn oudste dochter, Martha, verbleef vaak lange tijd in het Witte Huis en kwam later met haar kinderen op Monticello wonen.

Jefferson had een hekel aan nietsdoen. Hij stond voor zonsopgang op, las verschillende boeken tegelijkertijd en schreef zoveel brieven dat hij een brievenkopieerapparaat had aangeschaft om een archief van zijn correspondentie te kunnen bijhouden.[14] Rusteloos als hij was waarschuwde hij zijn dochter tegen de verveling, 'het gevaarlijkste gif van het leven'.[15] In de jaren tachtig van de achttiende eeuw, na de Onafhankelijkheidsoorlog, was hij vijf jaar in Parijs gestationeerd geweest als Amerikaans gezant. Deze post had hij benut om heel Europa door te reizen, en hij was dan ook beladen met boeken en meubels en vervuld van nieuwe ideeën teruggekomen. Naar eigen zeggen leed hij aan 'bibliomanie': het onophoudelijk bestuderen en kopen van boeken.[16] In Europa had hij tussen de bedrijven door ook tijd vrijgemaakt om de prachtige tuinen in Engeland te gaan bezichtigen. Daarnaast had hij de landbouwpraktijken in Duitsland, de Nederlanden, Italië en Frankrijk bestudeerd en met elkaar vergeleken.[17]

In 1804 stond hij op het hoogtepunt van zijn carrière. Hij had de Onafhankelijkheidsverklaring opgesteld, was president van de Verenigde Staten en zou zich aan het einde van het jaar met een verpletterende verkiezingsoverwinning zeker stellen van een tweede termijn. Met de recente aankoop van het Louisianaterritorium, een groot stuk grondgebied dat voorheen in bezit was van de Fransen, was het fundament gelegd voor verdere uitbreiding naar het westen.* Voor slechts vijftien miljoen dollar verdubbelde hij de omvang van het land met een stuk grond van meer dan twee miljoen vierkante kilometer, dat het gebied ten westen van de Mississippi tot de Rocky Mountains en ten zuiden van Canada tot aan de Golf van Mexico besloeg. Ook had hij kortgeleden Meriwether Lewis en William Clark uitgezonden op hun expeditie over het gehele Noord-Amerikaanse continent.[18] Bij deze expeditie kwamen al Jeffersons belangstellingsgebieden aan bod: hij had de beide ontdekkingsreizigers persoonlijk opdracht gegeven planten, zaden en dieren te verzamelen, ze moesten de rivieren en het land in kaart brengen en informatie vergaren over de verschillende grondsoorten en de landbouwpraktijken van de oorspronkelijke bewoners.

Humboldt had voor zijn bezoek geen beter moment kunnen uitkiezen. De Amerikaanse consul in Cuba, Vincent Gray, had Madison in een brief al dringend aangeraden een ontmoeting met Humboldt te organiseren, omdat deze nuttige informatie had over Mexico, hun nieuwe zuiderbuur sinds de aankoop van het Louisianaterritorium.

Nadat Humboldt in Philadelphia van boord was gegaan, wisselden hij en de president enkele brieven uit. Jefferson nodigde Humboldt uit om naar Washington te komen. Hij zag erg naar hun ontmoeting uit, schreef hij, want er was hem veel aan gelegen om 'in deze nieuwe wereld een verbetering van het menselijk bestaan teweeg te brengen'.[19] En dus stapten Humboldt, Bonpland en Montúfar op 29 mei in de postkoets naar Washington DC, dat zo'n tweehonderdvijftig kilometer ten zuidwesten van Philadelphia lag.[20]

Het landschap waar ze doorheen reden bestond uit goed onderhouden velden met gewassen in kaarsrechte rijtjes en her en der verspreide boerderijen, omringd door boomgaarden en keurige moestuintjes. Dit was precies het beeld dat Jefferson voor de economische en politieke toekomst van de hele Verenigde Staten in gedachten had: een gemeen-

* Het jaar ervoor had Napoleon het idee van een Franse kolonie in Noord-Amerika verworpen, nadat een groot deel van de vijfentwintigduizend soldaten die hij naar Haïti had gezonden om de slavenopstand neer te slaan, aan malaria was bezweken. Volgens zijn oorspronkelijke plan zou het leger vanuit Haïti naar New Orleans worden verscheept, maar na de desastreus verlopen campagne en gezien het feit dat hij nog maar zo weinig mannen overhad, zag hij daarvan af en verkocht in plaats daarvan het Louisianaterritorium aan de Verenigde Staten.

schap van onafhankelijke landeigenaren met kleine, zelfvoorzienende boerderijen.

Nu Europa door de napoleontische oorlogen uiteengereten werd, nam de Amerikaanse economie een hoge vlucht. Als neutrale natie – wat ze nu nog waren – verzorgden de Verenigde Staten het overzeese vervoer van de meeste handelswaar. Amerikaanse schepen beladen met specerijen, cacao, katoen, koffie en suiker zigzagden over de oceanen heen en weer tussen Noord-Amerika, de Caraïben, Europa en Oost-Indië.[21] Ook de exportmarkten van hun eigen landbouwproducten breidden zich uit. Jefferson leek zijn land naar welvaart en geluk te leiden.

Toch had Amerika in de dertig jaar na de revolutie een verandering ondergaan. Botsende opvattingen over de toekomst van hun land dreven de voormalige revolutionaire vrienden uiteen en leidden tot een heftige partijstrijd. De diverse facties verschilden van mening over het beoogde karakter van de Amerikaanse maatschappij. Moesten de Verenigde Staten een land worden van boeren, of van kooplieden?[22] Sommigen, onder wie Jefferson, hadden een agrarische republiek voor ogen, met de nadruk op individuele vrijheid en eigen rechten voor de afzonderlijke staten. Maar anderen gaven de voorkeur aan handel en een sterk centraal gezag.

Dit meningsverschil kwam misschien nog het best tot uiting in de diverse ontwerpen voor de nieuwe regeringszetel Washington DC, de gloednieuwe stad die ontworsteld was aan het dichtbegroeide, moerassige gebied langs de rivier de Potomac.[23] De verschillende partijen waren van mening dat de hoofdstad moest uitstralen hoe groot – of juist hoe klein – de macht van de regering was. De eerste president van de Verenigde Staten, George Washington, die een sterke federale overheid voorstond, had een grootse stad in gedachten, met lange, diagonale boulevards, een vorstelijke presidentiële residentie en imposante tuinen. Jefferson en de zijnen, daarentegen, hadden aangedrongen op een centrale overheid met zo min mogelijk macht. Zij gaven dan ook de voorkeur aan een kleine hoofdstad – een landelijk, republikeins stadje.[24]

Hoewel de uiteindelijke beslissing ten gunste van George Washingtons ideeën was uitgevallen en de stad er op papier zeer indrukwekkend uitzag, was er in werkelijkheid nog maar weinig bereikt tegen de tijd dat Humboldt arriveerde. Met slechts vijfenveertighonderd inwoners was Washington ongeveer even groot als Jena in de periode dat Humboldt er met Goethe kennismaakte – niet bepaald wat buitenlanders zich

Washington DC ten tijde van Humboldts bezoek

voorstelden bij de hoofdstad van een reusachtig land als de Verenigde Staten. De wegen waren er verschrikkelijk aan toe en lagen zo bezaaid met keien en boomstronken dat koetsen regelmatig kantelden.[25] Rode modder kleefde aan wielen en assen, en iedereen die te voet op pad was liep het gevaar kniediep in een van de vele poelen weg te zakken.

Toen Jefferson na zijn inauguratie in maart 1801 het Witte Huis betrok, was dit nog een bouwplaats.[26] Drie jaar later, ten tijde van Humboldts bezoek, was daar nauwelijks iets aan veranderd. Wat een presidentiële tuin had moeten zijn, was een modderig terrein vol bouwketen. De enige begrenzing met de naburige velden werd gevormd door een rottend hekje, waarop Jeffersons wasvrouw de presidentiële was in het volle zicht te drogen hing.[27] Binnen was de toestand niet veel beter. Een groot deel van de kamers was nog maar half ingericht. Een bezoeker merkte op dat Jefferson slechts een hoekje van het hele gebouw gebruikte, omdat de rest nog in een 'staat van morsige verlatenheid' verkeerde.[28]

Jefferson vond dat allemaal niet zo'n probleem. Zodra hij in functie trad, ontdeed hij het nog jonge presidentschap van zijn aureool door strenge protocollen en ceremonieel vertoon te laten varen en zich op te stellen als een eenvoudige boer.[29] Hij hield niet langer formele audienties, maar nodigde zijn gasten uit voor intieme etentjes, waarbij het gezelschap aan een ronde tafel zat zodat kwesties aangaande hiërarchie en precedent werden vermeden. Hij kleedde zich met opzet zeer eenvoudig, en velen maakten opmerkingen over zijn haveloze verschijning. Zijn schoeisel was zo afgedragen dat zijn tenen naar buiten staken, zijn jas was 'tot op de draad versleten' en zijn overhemd 'zeer vuil'.[30] Hij zag eruit als een 'potige boer', schreef een Britse diplomaat; precies het beeld dat Jefferson wilde uitstralen.[31]

Jefferson beschouwde zichzelf in de eerste plaats als boer en tuinier, niet als politicus. 'Geen bezigheid is zo heerlijk als het bewerken van de aarde,' zei hij.[32] Als hij in Washington was, ging hij elke dag een stuk paardrijden buiten de stad, om te ontsnappen aan de eentonigheid van vergaderingen en bestuurlijke correspondentie. Boven alles verlangde hij ernaar terug te keren naar Monticello. Aan het eind van zijn tweede termijn zou hij dan ook verklaren dat 'geen van zijn ketenen bevrijde gevangene ooit zo'n opluchting gevoeld heeft als ik zal voelen wanneer ik het keurslijf van de macht heb afgelegd'.[33] Liever dan te vergaderen met zijn ministers, waadde de president van de Verenigde Staten door moerassen, klom hij op rotsblokken of verzamelde hij bladeren en zaden. Geen enkele plant – 'van het eenvoudigste onkruid tot de edelste boom' – ontsnapte aan zijn aandacht, zei een vriend.[34] Jeffersons liefde voor botanie en tuinieren was zo algemeen bekend dat Amerikaanse diplomaten vanuit de hele wereld zaden naar het Witte Huis stuurden.[35]

Jefferson had belangstelling voor alle takken van wetenschap, inclusief horticultuur, wiskunde, meteorologie en geografie. Hij was zeer geïnteresseerd in fossiele overblijfselen, met name die van de mastodont, de reusachtige uitgestorven olifantachtige die tienduizend jaar daarvoor nog over Amerikaanse bodem had rondgezworven.[36] Zijn bibliotheek bevatte duizenden boeken, en hij had ook een eigen werk geschreven: *Notes on the State of Virginia*, een gedetailleerde uiteenzetting over economie en maatschappij, over natuurlijke grondstoffen en planten, maar tegelijkertijd een ode aan het landschap van Virginia.

Net als Humboldt bewoog hij zich met gemak van het ene terrein naar het andere. Hij had een passie voor tellen en meten en bezat dan ook een reusachtig aantal lijsten, van opsommingen van de honderden plantensoorten die hij in Monticello kweekte, tot tabellen van dagelijks gemeten temperaturen.[37] Hij telde traptreden, hield een 'administratie' bij van de brieven die hij van zijn kleindochters ontving en had altijd een liniaal op zak. Nooit leken zijn gedachten stil te staan. Met zo'n veelzijdig geleerde als president werd het Witte Huis algauw een wetenschappelijk ontmoetingspunt waar botanie, geografie en verkenning van onbekend gebied favoriete tafelonderwerpen waren. Jefferson was tevens president van de American Philosophical Society.[38] Dit vóór de revolutie mede door Benjamin Franklin opgerichte genootschap was destijds het belangrijkste wetenschappelijke forum in de Verenigde Staten. Jefferson was, volgens een tijdgenoot, 'de verlichte filosoof – de vermaarde naturalist – de grootste staatsman ter wereld, de vriend, het sieraad van de wetenschap [...] de grondlegger van ons land, de trouwe hoeder van onze vrijheden'.[39] Hij popelde van ongeduld om Humboldt te ontmoeten.

De reis van Philadelphia naar Washington duurde drieënhalve dag; pas op de avond van 1 juni kwamen Humboldt en zijn reisgenoten op hun bestemming aan. De volgende ochtend ontving Jefferson de vierendertig jaar oude wetenschapper in zijn privéstudeerkamer in het Witte Huis.[40] Daar bewaarde hij een kist met timmermansgereedschap, want hij was behoorlijk handig en genoot ervan om zelf dingen te maken. Zo had hij bijvoorbeeld een draaiende boekenkast ontworpen, maar hij werkte ook aan betere sloten, klokken en wetenschappelijke instrumenten. Op de vensterbanken stonden rozen en geraniums, die hij met grote toewijding verzorgde. De kamer stond vol boeken en aan de wanden hingen allerhande kaarten en grafieken.[41] De twee mannen mochten elkaar meteen.

In de dagen die volgden, ontmoetten ze elkaar verschillende keren. Op een avond, toen de duisternis net inviel en de eerste kaarsen werden aangestoken, kwam Humboldt de salon van het Witte Huis binnen en trof daar de president verwikkeld in een luidruchtige stoeipartij met een half dozijn van zijn kleinkinderen. Pas na een tijdje bemerkte Jefferson de aanwezigheid van zijn bezoeker, die het rumoerige familietafereeltje stilletjes gadesloeg. Hij glimlachte. 'U treft me net terwijl ik de dwaas uithang,' zei hij, 'maar ik weet zeker dat ik me tegenover ú niet hoef te verontschuldigen.'[42] Opgetogen constateerde Humboldt dat zijn held leefde in 'de eenvoud van een filosoof'.[43]

Een week lang werden Humboldt en Bonpland van bijeenkomst naar diner en weer naar andere bijeenkomsten gesleept.[44] Iedereen stond te popelen om de twee onversaagde ontdekkingsreizigers te ontmoeten en te horen wat ze te vertellen hadden. Humboldt was het 'voorwerp van algemene aandacht',[45] zei een Amerikaan – zozeer zelfs dat Charles Willson Peale, de schilder uit Philadelphia die het tochtje naar Washington had georganiseerd, talloze silhouetten uitdeelde die hij van Humboldt (en Bonpland) gemaakt had. Jefferson kreeg er ook een. Humboldt werd voorgesteld aan de minister van Financiën, Albert Gallatin, die het luisteren naar zijn verhalen als een 'exquise intellectuele

traktatie' beschouwde.[46] De dag erna reisde hij naar Mount Vernon, het landgoed van George Washington, dat zo'n vijfentwintig kilometer ten zuiden van de hoofdstad lag. Washington zelf was vierenhalf jaar eerder overleden, maar Mount Vernon was nu een geliefde toeristische bestemming en Humboldt wilde graag zien waar deze held van de revolutie had gewoond. James Madison, de minister van Buitenlandse Zaken, gaf ter ere van Humboldt een feestje, waarbij zijn vrouw Dolley zich met hun gast bijzonder ingenomen toonde en meldde dat alle dames beweerden verliefd op hem te zijn.[47]

Gedurende hun dagen samen bombardeerden Jefferson, Madison en Gallatin Humboldt met vragen over Mexico. Geen van de drie Amerikaanse politici was ooit in het door de Spanjaarden overheerste gebied geweest, maar nu, omgeven door kaarten, tabellen en aantekenschriften, gaf Humboldt hun informatie over de volkeren, de gewassen en het klimaat van Latijns-Amerika.[48] Hij had intensief gewerkt aan het verbeteren van bestaande kaarten door steeds opnieuw zijn precieze geografische positie te bepalen. Als gevolg daarvan waren zijn kaarten de beste die er destijds beschikbaar waren; sommige plaatsen, zo vertelde hij triomfantelijk, stonden op de oude kaarten wel twee breedtegraden verkeerd – een verschil van meer dan tweehonderdtwintig kilometer.[49] Humboldt had zelfs meer informatie over Mexico dan er over sommige Europese landen beschikbaar was, schreef Gallatin aan zijn vrouw, nauwelijks in staat om zijn opwinding te bedwingen. En wat nog beter was: Humboldt vond het goed dat ze zijn aantekeningen overschreven en zijn kaarten kopieerden. Zijn hoeveelheid kennis was 'verbijsterend',[50] constateerden de Amerikanen, en als tegenprestatie vertelde Gallatin hem alles wat hij over de Verenigde Staten wilde weten.

Al maanden probeerde Jefferson ieder feitje te bemachtigen dat er over Mexico en het nieuwe Louisianaterritorium te vinden was, maar nu had hij plotseling veel meer dan hij ooit had durven hopen.[51] Aangezien de Spanjaarden nauwlettend over hun grondgebied waakten en slechts zeer zelden een buitenlander toestemming verleenden om hun koloniën zelfs maar te betreden, had hij tot nu toe nauwelijks iets kunnen ontdekken. De Spaanse koloniale archieven in Mexico en Havana waren verboden terrein voor de Amerikanen; de Spaanse afgezant in Washington weigerde Jefferson zelfs maar het kleinste beetje informatie te verschaffen – en ineens kwam Humboldt met een hele berg gegevens aandragen.

Humboldt praatte en praatte maar, 'twee keer zo snel als iedereen die ik ken', schreef Gallatin.[52] Behalve zijn enigszins Duits klinkende Engels sprak hij ook Frans en Spaans, en soms husselde hij in zijn haast vier talen door elkaar.[53] Hij was een 'overvloedig spuitende fontein van kennis'.[54] In twee uur tijd leerden ze meer dan twee jaar lezen ze zou hebben opgeleverd. Humboldt was 'een zeer uitzonderlijke man', berichtte Gallatin aan zijn vrouw.[55] En Jefferson was het daarmee eens, hij vond Humboldt de grootste wetenschapper van zijn generatie.[56]

De prangendste kwestie voor Jefferson was die van de omstreden grens tussen Mexico en de Verenigde Staten. De Spanjaarden stelden dat deze gevormd werd door de rivier de Sabine, die langs de huidige oostgrens van Texas stroomt. De Amerikanen hielden het echter op de Río Grande, die deel uitmaakt van de tegenwoordige westgrens van Texas.[57] Daarmee stond het eigendomsrecht van een reusachtig stuk land ter discussie, een stuk land ter grootte van het huidige Texas, welteverstaan. Toen Jefferson vragen stelde over de inheemse bevolking, de grondsoorten en de mijnen in het gebied 'tussen die twee lijnen',[58] gaf Humboldt zonder enige gewetenswroeging de informatie door die hij vergaard had onder bescherming en met exclusieve toestemming van de Spaanse kroon. Hij geloofde in wetenschappelijke ruimhartigheid en in het vrij uitwisselen van informatie. Wetenschap stond boven nationale belangen, benadrukte hij, terwijl hij de Amerikanen cruciale economische gegevens overhandigde. Verwijzend naar de woorden van Joseph Banks verklaarde hij dat er tussen wetenschappers – die tenslotte deel uitmaakten van de republiek der letteren – altijd vrede heerste, ook al 'waren hun landen in oorlog'.[59] Deze opvatting kwam de president op dat moment ongetwijfeld goed van pas.

Als de Spanjaarden het gebied afstonden dat Jefferson als Amerikaans bezit beschouwde, kregen de Verenigde Staten er een stuk land bij dat twee derde van de oppervlakte van Frankrijk besloeg, zei Humboldt, al was het nu niet bepaald de meest welvarende plek op aarde.[60] Het bestond voor een groot deel uit savanne, er stonden slechts enkele boerderijtjes her en der en hem was geen haven langs de kust bekend. Er waren een paar mijnen en wat inheemse stammen. Dit was het soort gegevens dat Jefferson nodig had. De volgende dag schreef hij aan een vriend dat hij zojuist 'een schat aan informatie' had ontvangen.[61]

Humboldt gaf Jefferson negentien dicht beschreven bladzijden vol gegevens uit zijn eigen aantekeningen, gerangschikt onder kopjes als 'cijfertabellen', 'bevolking', 'landbouw, productie, handel' en 'krijgsmacht'.[62] Hij voegde ook twee pagina's toe met informatie over de grensstreek met Mexico, en met name over het gebied dat Jefferson zo interesseerde: het stuk land tussen de Sabine en de Río Grande. Dit was het opwindendste en nuttigste bezoek dat Jefferson in jaren had ontvangen. Nog geen maand later riep hij zijn kabinet bijeen voor een vergadering over het Amerikaanse beleid met betrekking tot Spanje, waarbij besproken werd hoe Humboldts gegevens konden worden aangewend bij verdere onderhandelingen.[63]

Humboldt was blij dat hij van dienst kon zijn, want hij had grote bewondering voor de Verenigde Staten. Dat land was op weg naar de 'perfecte' samenleving, zo meende hij, terwijl Europa nog steeds in de greep was van monarchie en despotisme. Zelfs de ondraaglijke vochtigheid van de Washingtonse zomer deerde hem niet, want 'het is in vrijheid dat de allerbeste lucht wordt ingeademd'.[64] Hij hield van dit 'prachtige land',[65] zei hij herhaaldelijk, en hij beloofde dat hij er zou terugkeren om het te verkennen.

Tijdens die week in Washington spraken de mannen over natuur en politiek – over gewassen, grondsoorten en natievorming. Net als Jefferson geloofde Humboldt dat alleen een agrarische republiek geluk en onafhankelijkheid bracht. Kolonialisme, daarentegen, leidde tot verwoesting. De Spanjaarden hadden zich in Zuid-Amerika gevestigd om door middel van ruilhandel of met geweld aan goud en hout te komen, zei hij.[66] Hun enige drijfveer was 'onverzadigbare hebzucht'. Oude beschavingen, inheemse stammen en imposante wouden waren door hen weggevaagd. Humboldt schilderde Latijns-Amerika af in de schelle kleuren van een wrede realiteit en onderbouwde dit beeld met harde feiten en cijfers.

Bij zijn bezoek aan de mijnen in Mexico had hij niet alleen naar geologische details en productiviteit gekeken, maar ook naar het desastreuze effect van mijnbouw op grote delen van de bevolking. Het had hem geschokt dat inheemse mijnwerkers bij een van de mijnen gedwongen werden om binnen het bestek van één dienst in totaal zo'n drieëntwintigduizend treden te beklimmen, beladen met reusachtige steenbrokken. Ze werden gebruikt als een 'menselijke machine';[67] slaven, in feite, vanwege een systeem – het *repartimiento* – dat hen verplichtte voor weinig tot niets voor de Spanjaarden te werken.[68] Door de torenhoge prijzen die de Spaanse overheersers voor allerlei goederen rekenden, kwamen de arbeiders in een spiraal van schulden en afhankelijkheid terecht. De Spaanse koning had zelfs een monopolie op de sneeuw in Quito, Lima en andere koloniale steden, om deze te kunnen gebruiken bij de productie van sorbets voor de rijken. Het was absurd, vond Humboldt, dat iets wat 'uit de lucht viel' aan de Spaanse kroon kon toebehoren.[69] Naar zijn idee waren koloniale politiek en economie gegrondvest op 'verdorvenheid'.[70]

Tijdens zijn reizen hadden zowel koloniale bestuurders als gidsen, gastheren en missionarissen er tot zijn verbijstering voortdurend op aangedrongen dat hij – als voormalig mijnbouwinspecteur – op zoek zou gaan naar kostbare stenen en metalen. Herhaaldelijk had hij hun uitgelegd dat dit nergens goed voor was. Waar hadden ze goud en edelstenen voor nodig als ze hun land 'alleen maar een beetje hoefden aan te harken om overvloedige oogsten te kunnen binnenhalen'?[71] Dát was hun weg naar vrijheid en welvaart!

Maar al te vaak had hij met eigen ogen gezien dat groeizame grond door meedogenloze roofbouw onvruchtbaar was geworden, en dat de plaatselijke bevolking honger leed. In de Araguavallei bij het Valenciameer, bijvoorbeeld, was de inheemse bevolking door de blanke vraag naar gekleurde kleding vervallen tot armoede en afhankelijkheid omdat mais en andere eetbare gewassen vervangen waren door indigo, een eenvoudig te telen plant waaruit blauwe kleurstof werd verkregen. Indigo putte de grond meer uit dan andere planten, had Humboldt in zijn aantekenschrift geschreven.[72] Het land lag er troosteloos bij en over een paar jaar zou er niets meer groeien, voorspelde hij. De bodem werd 'als een mijn' geëxploiteerd.[73]

Later, in Cuba, had hij opgemerkt dat grote delen van het eiland waren ontbost voor de aanleg van suikerplantages.[74] Waar hij ook keek waren voedzame groenten verruild voor handelsgewassen.[75] Cuba produceerde weinig anders meer dan suiker, met als gevolg dat het eiland zou 'verhongeren' als er geen import uit andere koloniën plaatsvond.[76] Dit was een recept voor afhankelijkheid en onrecht. De bewoners van het gebied rond Cumaná zaten in een vergelijkbare situatie: zij verbouwden zoveel suiker en indigo dat ze gedwongen waren hun voedsel elders in te kopen, terwijl ze het gemakkelijk zelf hadden kunnen telen. Monocultuur en handelsgewassen creëerden geen gelukkige samenleving, zei Humboldt. Wat de bevolking nodig had was een zelfvoorzienende landbouw van gevarieerde, eetbare gewassen als bananen, quinoa, mais en aardappelen.[77]

Humboldt was de eerste die een verband legde tussen kolonialisme en de verwoesting van de natuurlijke omgeving. Steeds opnieuw haalde hij zich het beeld voor ogen van de natuur als een web van leven, waarin ook de mens een eigen plek had. Bij de rivier de Apure had hij de schade gezien die was aangericht toen de Spanjaarden, in een poging de jaarlijkse overstromingen te bedwingen, een dam hadden gebouwd. Tot overmaat van ramp hadden ze ook de bomen geveld die 'als stevige wanden' de rivieroevers op hun plek hadden gehouden, met als gevolg dat de razende rivier elk jaar meer land meesleurde.[78] Een meer dat als aanvoer diende voor het plaatselijke irrigatiesysteem op het hoge plateau van Mexico-Stad was geslonken tot een ondiep poeltje, waardoor het land eromheen verdorde.[79] Overal in de wereld leidde waterbeheer tot dit soort kortzichtige dwaasheden, zei Humboldt.[80]

Hij legde verbanden tussen koloniale machtsuitoefening en ecologische kwesties, en uitte kritiek op de onrechtvaardige verdeling van land, op monoculturen, geweld tegen inheemse stammen en de arbeidsomstandigheden van indianen – allemaal zaken die ook nu nog uiterst relevant zijn. Als voormalig mijnbouwinspecteur had hij als geen ander zicht op de ecologische en economische gevolgen van de exploitatie van natuurlijke rijkdommen. Zo hekelde hij Mexico's afhankelijkheid van handelsgewassen en mijnbouw, omdat het land daardoor te kwetsbaar werd voor de fluctuerende prijzen op de internationale markt. Het enige kapitaal dat gaandeweg in waarde toeneemt, zei hij, wordt gevormd door de producten van de landbouw.[81] Hij was ervan overtuigd dat alle problemen in de koloniën het resultaat waren van 'ondoordachte handelingen van de Europeanen'.[82]

Jefferson had vergelijkbare argumenten aangevoerd. 'Ik denk dat ons landsbestuur eeuwenlang effectief zal blijven,' zei hij, 'zolang het zich maar hoofdzakelijk bij de landbouw houdt.'[83] Hij zag het ontsluiten van het Amerikaanse Westen voor zich als het uitrollen van een republiek waarin kleine onafhankelijke boeren de voetsoldaten van de jonge natie en de hoeders van haar vrijheid zouden worden. Met het Westen, zo geloofde hij, zou het land zich verzekeren van een zelfvoorzienende landbouw, en daarmee van een toekomst voor 'miljoenen nog ongeborenen'.[84]

Zelf was hij een van de progressiefste boeren in de Verenigde Staten. Hij experimenteerde met wisselbouw, mest en nieuwe zaadvariëteiten.[85] Zijn bibliotheek bevatte alle boeken over landbouw die hij maar te pakken kon krijgen, en hij had zelfs een nieuw strijkbord voor een ploeg ontworpen (het houten onderdeel dat de aarde omkeert en in de vore werpt). Hij toonde meer geestdrift voor landbouwwerktuigen dan voor politieke gebeurtenissen. Zo hield hij Madison als een kind zo opgewonden op de hoogte toen hij in Londen een model van een dorsmachine had besteld: 'Ik verwacht het model nu iedere dag', 'ik heb mijn dorsmachine nog niet ontvangen', en uiteindelijk was het model 'aangekomen uit New York'.[86] Op Monticello probeerde hij nieuwe groente-, fruit- en graansoorten uit en gebruikte hij zijn akkers en zijn tuin als een laboratorium voor experimenten, want, zo geloofde hij, 'je kunt een land geen grotere dienst bewijzen dan door een nuttige plant aan zijn cultuur toe te voegen'.[87] Vanuit Italië had hij in zijn jaszakken bergrijst meegesmokkeld – iets waar je de doodstraf voor kon krijgen – en hij had geprobeerd de Amerikaanse boeren over te halen tot de aanleg van suikeresdoornboomgaarden om zo een eind te maken aan de afhankelijkheid van melasse uit Brits-West-Indië. Hij teelde driehonderddertig variëteiten van negenennegentig groente- en kruidensoorten.[88]

Een man die zijn eigen stuk grond had, was onafhankelijk, geloofde Jefferson. Hij had er zelfs voor gepleit om alleen boeren verkiesbaar te stellen voor het Congres, want die beschouwde hij als 'de ware vertegenwoordigers van het grote Amerikaanse belang',[89] in tegenstelling tot de gierige kooplieden die 'geen vaderland' hadden.[90] Fabrieksarbeiders, kooplieden en fondsenmakelaars zouden zich nooit zo met hun land verbonden voelen als boeren, die zelf de grond bewerkten. 'Kleine landeigenaren vormen het kostbaarste deel van een natie,' stelde hij.[91] In zijn ontwerp voor de grondwet van Virginia stond dat elk vrij mens recht had op twintig hectare grond (hoewel deze bepaling uiteindelijk werd verworpen).[92] Zijn politieke medestander James Madison betoogde dat hoe groter het aantal landbouwers, 'des te vrijer, onafhankelijker en gelukkiger de gehele maatschappij'.[93] Voor beide mannen was de landbouw een bij uitstek republikeinse onderneming die essentieel was voor het vormen van een nationale identiteit. Het omploegen van akkers, het planten van gewassen en het toepassen van wisselbouw waren bezigheden die leidden tot zelfvoorzienendheid en dus tot politieke vrijheid. Humboldt was het daarmee eens, want de kleine boeren die hij in Zuid-Amerika ontmoet had, hadden een 'gevoel van vrijheid en onafhankelijkheid' ontwikkeld.[94]

Ondanks deze eensgezindheid was er één onderwerp waarover de twee mannen van mening verschilden, en dat was slavernij. Humboldt zag kolonialisme en slavernij als twee kanten van dezelfde medaille: de exploitatie van natuurlijke grondstoffen en de invloed van de mens op de natuur. Toen de Spanjaarden en de Noord-Amerikaanse kolonisten suiker, katoen, indigo en koffie in hun grondgebieden hadden geïntroduceerd, introduceerden ze daarmee ook de slavernij.[95] Zo had Humboldt in Cuba gezien dat 'elke druppel suikerrietsap met bloed en gekerm' betaald was.[96] Slavernij kwam mee in het kielzog van wat de Europeanen hun beschaving noemden:[97] hun honger naar rijkdom.[98]

Volgens de verhalen was Jeffersons vroegste jeugdherinnering dat hij liggend op een kussen door een slaaf gedragen werd.[99] Toen hij eenmaal volwassen was, vormde slavenarbeid de basis voor zijn levensonderhoud. En hoewel hij beweerde slavernij te verafschuwen, zou hij van de tweehonderd slaven die op zijn plantages in Virginia zwoegden, slechts een handjevol vrijlaten. Aanvankelijk dacht hij het slavenprobleem op Monticello met kleinschalige boerderijtjes te kunnen oplossen. Toen hij nog als gezant in Europa werkte, had hij in Duitsland hardwerkende boeren ontmoet, van wie hij geloofde dat ze 'absoluut onomkoopbaar' waren.[100] Hij had overwogen om ze mee te nemen naar Monticello en hen daar tussen zijn slaven op boerderijtjes van elk twintig hectare te laten werken, want deze arbeidzame en eerlijke lieden leken hem het toonbeeld van deugdzaamheid. De slaven zouden zijn eigendom blijven, maar hun kinderen zouden vrij zijn en 'goede burgers' worden omdat ze in de nabijheid van de Duitse boeren waren opgegroeid. Het plan werd nooit uitgevoerd, en tegen de tijd dat Humboldt hem kwam bezoeken, had Jefferson het idee van vrijheid voor zijn slaven laten varen.

Slaven aan het werk op een plantage

Humboldt werd het echter nooit moe te veroordelen wat hij als 'het grootste kwaad' zag.[101] Hij durfde het niet aan om kritiek te leveren op de president zelf; wel merkte hij tegen diens architect en vriend William Thornton op dat slavernij een 'schande' was. Natuurlijk zou de katoenproductie omlaaggaan als de slavernij werd afgeschaft, zei hij, maar het algemeen welzijn kon nu eenmaal niet worden afgemeten 'aan de opbrengst van de export'.[102] Vrijheid en gerechtigheid waren belangrijker dan cijfers en de overvloed van een paar uitverkorenen.

Dat Britten, Fransen en Spanjaarden redetwistten over de vraag wie zijn slaven het humaanst behandelde, vond hij al even absurd als een discussie over 'wat plezieriger zou zijn: levend gevild te worden of met een mes te worden opengereten'.[103] Slavernij was tirannie. Tijdens zijn reis door Latijns-Amerika had hij zijn dagboek volgeschreven met verhalen over het ellendige bestaan van slaven: een plantage-eigenaar in Caracas dwong zijn slaven hun eigen uitwerpselen op te eten, en een ander martelde die van hem met naalden. Elke slaaf die hij zag had rode striemen op zijn rug.[104] En de indianen werden al niet veel beter behandeld. In de missieposten langs de Orinoco had hij bijvoorbeeld gehoord dat inheemse kinderen werden ontvoerd en als slaaf werden verkocht. Er was één gruwelijk verhaal over een missionaris die als straf de testikels van zijn keukenjongen had afgebeten, omdat deze een meisje had gekust.[105]

Een paar keer had hij gezien dat het ook anders kon. Een boer aan het Valenciameer had zijn hele landgoed in kleine boerderijtjes opgedeeld omdat hij wilde bijdragen aan de ontwikkeling van de landbouw en de verdeling van de rijkdom.[106] In plaats van zelf aan het hoofd te staan van een reusachtige plantage, had hij veel van zijn land weggegeven aan verpauperde gezinnen – bevrijde slaven en berooide landarbeiders. Deze gezinnen werkten nu als vrije, onafhankelijke boeren; rijk waren ze niet, maar ze konden leven van hun eigen land. Ook tussen Honda en Bogotá had Humboldt kleine haciënda's zonder slaven gezien, waar vaders en zoons naast suiker ook eetbare gewassen voor eigen gebruik verbouwden. 'Ik blijf graag even stilstaan bij dit soort bijzonderheden,' zei Humboldt, want deze verhalen bewezen zijn gelijk.[107]

Slavernij was onnatuurlijk, betoogde hij, want 'wat tegen de natuur ingaat, is onrechtvaardig, onredelijk en slecht'.[108] Anders dan Jefferson, die van mening was dat zwarten 'zowel geestelijk als lichamelijk inferieur' waren aan blanken,[109] benadrukte hij dat er geen superieure of inferieure rassen bestonden. Alle mensen hebben dezelfde wortels, ongeacht nationaliteit, kleur of godsdienst. Net als plantenfamilies, die zich op verschillende manieren aan hun geografische en klimatologische omstandigheden aanpasten, maar desondanks de karakteristieken bleven vertonen van een 'basistype', behoorden ook alle leden van het menselijk ras tot één familie.[110] Alle mensen waren gelijk, zei hij, geen enkel ras was beter dan het andere, want 'allen zijn in gelijke mate bestemd tot vrijheid'.[111]

De natuur was Humboldts leermeester. En de belangrijkste les van deze leermeester was die van de vrijheid. 'De natuur is het rijk der vrijheid,' stelde Humboldt, want het evenwicht in de natuur werd gecreeerd door een verscheidenheid die op haar beurt als blauwdruk voor een politieke en morele waarheid kon dienen.[112] Alle levende wezens, van de meest pretentieloze mossen of insecten tot aan olifanten of reusachtige eikenbomen, hadden hun eigen functie, en samen vormden zij het geheel. De mensheid was slechts een onderdeeltje. De natuur zelf was een republiek van vrijheid.

DEEL III

TERUGKEER: IDEEËN ORDENEN

9 Europa

Eind juni 1804 vertrok Humboldt op het Franse fregat de Favorite uit de Verenigde Staten,[1] en in augustus, een paar weken voor zijn vijfendertigste verjaardag, kwam hij aan in Parijs, waar hij als een held ontvangen werd. Hij was meer dan vijf jaar weggeweest. Zijn koffers waren gevuld met tientallen aantekenschriften, honderden schetsen en tienduizenden astronomische, geologische en meteorologische meet- en onderzoeksgegevens. Hij had zo'n zestigduizend planten bij zich, in totaal zesduizend verschillende soorten, waarvan de Europese botanisten er bijna tweeduizend niet kenden – een verbijsterend aantal als je bedenkt dat er aan het einde van de achttiende eeuw nog maar zo'n zesduizend plantensoorten bekend waren.[2] Hij had meer soorten verzameld dan wie dan ook, pochte hij.

'Wat verlang ik ernaar om weer in Parijs te zijn!'[3] had hij bijna twee jaar daarvoor vanuit Lima aan een Franse wetenschapper geschreven. Dit Parijs was echter heel anders dan de stad die hij in 1798 had verlaten. Hij was vertrokken uit een republiek en keerde terug in een land dat werd bestuurd door een dictator. Na een coup d'état in november 1799 had Napoleon zichzelf tot Eerste Consul uitgeroepen, waarmee hij de machtigste man in Frankrijk was geworden. Een paar weken voor Humboldts terugkomst had hij aangekondigd zich tot keizer van Frankrijk te laten kronen. Inmiddels werd er een begin gemaakt met de uitvoering van zijn grootse bouwplannen en weerklonk overal in de straten het gehak en getimmer van de werklui. 'Het is hier zo nieuw voor me dat ik me eerst moet oriënteren,' schreef Humboldt aan een oude vriend.[4] De Notre Dame werd gerestaureerd voor de kroningsplechtigheid in december en de middeleeuwse vakwerkhuizen werden gesloopt om plaats te maken voor pleinen, fonteinen en boulevards. Er werd een honderd kilometer lang kanaal gegraven om de stad van schoon water te voorzien en de Quai d'Orsay werd aangelegd om te voorkomen dat de Seine buiten haar oevers trad.

De meeste kranten die Humboldt kende, bestonden niet meer of stonden onder leiding van de redacteuren die dienstbaar waren aan het nieuwe regime. Karikaturen van Napoleon en zijn bewind waren verboden. Napoleon had een nieuw, nationaal politiekorps in het leven geroepen, evenals een nationale bank, de Banque de France, die verantwoordelijk was voor het monetair beleid. Vanuit het machtscentrum Parijs hield hij alle aspecten van het nationale leven strak in de hand. Het enige wat niet veranderd leek te zijn, was het feit dat er nog steeds oorlog heerste in Europa.

Humboldt bij zijn terugkomst in Europa

De reden dat Humboldt Parijs als zijn nieuwe woonplaats had uitgekozen was eenvoudig: geen enkele andere stad was zo doortrokken van geleerdheid.[5] Nergens anders in Europa was het toegestaan er zulke liberale denkbeelden op na te houden. Na het uitbreken van de Franse Revolutie was de Katholieke Kerk haar machtspositie kwijtgeraakt en waren wetenschappers niet langer gehouden aan het religieuze normenkader. Bevrijd van vooroordelen konden ze naar hartenlust experimenteren, speculeren en alles en iedereen in twijfel trekken. De rede was de nieuwe godsdienst en het geld voor de wetenschappen stroomde binnen. De Jardin des Plantes, zoals de voormalige Jardin du Roi inmiddels heette, kreeg nieuwe broeikassen en het museum voor natuurlijke historie werd uitgebreid met collecties die door Napoleons leger in heel Europa waren buitgemaakt: herbaria, fossielen, opgezette dieren en zelfs twee levende olifanten uit de Bataafse Republiek.[6] In Parijs trof Humboldt gelijkgestemde denkers. Hij vond er graveurs, wetenschappelijke genootschappen, instellingen en salons. Daarnaast was Parijs het hart van de Europese uitgeverswereld. Om kort te gaan: voor Humboldt was het de perfecte stad om zijn nieuwe ideeën wereldkundig te maken.

Parijs gonsde van leven. Met zijn bevolking van rond een half miljoen was het een echte wereldstad, na Londen de grootste van Europa. De eerste tien jaar na het uitbreken van de revolutie waren gekenmerkt door afbraak en versobering, maar nu voerden frivoliteit en joligheid weer de boventoon.[7] Vrouwen werden aangesproken met 'madame' en 'mademoiselle' in plaats van met 'citoyenne', en tienduizenden verbannen Fransen kregen toestemming om terug te keren. De cafés schoten als paddenstoelen uit de grond en het aantal restaurants was van honderd tot vijfhonderd gestegen. Buitenlanders stonden er vaak van te kijken hoezeer het Parijse leven zich op straat afspeelde. Iedereen leefde in het openbaar, 'alsof de huizen uitsluitend zijn gebouwd om in te slapen', meende de Engelse dichter Robert Southey.[8]

Langs de oevers van de Seine, vlak bij Humboldts bescheiden huurappartement in Saint-Germain, stonden honderden wasvrouwen met opgerolde mouwen hun linnengoed te boenen, in het volle zicht van iedereen die een van de vele bruggen overstak. Langs de straten stonden rijen kraampjes met allerlei koopwaar, van oesters en druiven tot meubilair. Schoenmakers, scharensliepen en marskramers boden luidruchtig hun diensten aan. Dieren deden kunstjes, jongleurs wierpen hun ballen in de lucht en 'filosofen' stonden te oreren of voerden experimenten uit.[9] Op de ene straathoek zat een oude man harp te spelen, ergens anders sloeg een kind op een tamboerijn en trad een orgeldraaier op, bijgestaan door zijn hondje. *Grimaciers* trokken de angstaanjagendste gezichten en de geur van geroosterde kastanjes mengde zich met minder prettige luchtjes. Het was, zo merkte een bezoeker op, alsof de hele stad 'zich uitsluitend aan genoegens wijdde'.[10] Zelfs om middernacht was het nog druk op straat en werd de mensenmassa vermaakt door muzikanten, toneelspelers en goochelaars. Parijs leek 'in voortdurende opwinding' te verkeren, schreef een andere toerist.[11]

Het Parijse straatbeeld

Waar buitenlanders ook versteld van stonden, was het feit dat alle standen in grote huizen onder één dak leefden: van een hertog in zijn riante vertrekken op de begane grond tot een dienstmeisje of hoedenmaakster in een armetierig kamertje op zolder. Ook geletterdheid was niet aan de hogere klasse voorbehouden.[12] Zelfs bloemenmeisjes en sieradenverkoopsters zaten, zodra ze even geen klandizie hadden, met hun neus in een boek. Rijen boekenkraampjes stonden langs de straten en op de overvolle stoepterrassen voor cafés en restaurants gingen de gesprekken veelal over schoonheid, kunst of 'een of ander ingewikkeld wiskundig probleem'.[13]

Humboldt vond Parijs geweldig. De kennis stroomde er letterlijk door de straten, de salons en de laboratoria. Het brandpunt van het wetenschappelijk onderzoek was de Académie des Sciences, maar de stad had meer te bieden, zoals het anatomietheater van de École de médecine, dat duizend studenten kon herbergen, het observatorium, dat was uitgerust met de allerbeste instrumenten, en de Jardin des Plantes, die naast de botanische tuin over een menagerie, een reusachtige collectie natuurhistorische voorwerpen en een bibliotheek beschikte.* In Parijs was altijd iets te doen en er waren tal van mensen die Humboldt graag wilde ontmoeten.

Een ballonvaart boven Parijs

De vijfentwintigjarige chemicus Joseph Louis Gay-Lussac bracht de wetenschappelijke wereld in vervoering met zijn gedurfde ballonvaarten, die hij maakte om op grote hoogte het magnetisme van de aarde te onderzoeken. Op 16 september 1804, slechts drie weken na Humboldts aankomst in Parijs, mat Gay-Lussac het magnetisme, de temperatuur en de luchtdruk op een hoogte van ruim zevenduizend meter, zo'n negenhonderd meter hoger dan het punt tot waar Humboldt de

* Enkele jaren na het uitbreken van de Franse Revolutie werd de Académie des Sciences ontbonden en ondergebracht in een nationaal instituut voor wetenschap en kunst (het Institut National des Sciences et des Arts). In 1816 werd het weer de Académie des Sciences, als onderdeel van het Institut de France. Om het niet onnodig ingewikkeld te maken wordt in het hele boek de naam Académie des Sciences gehandhaafd.

Chimborazo had beklommen.[14] Vanzelfsprekend popelde Humboldt om zijn gegevens uit de Andes te vergelijken met de meetresultaten van Gay-Lussac. Binnen een paar maanden gaven de twee wetenschappers samen lezingen aan de Académie. Ze werden zulke goede vrienden dat ze samen reizen maakten en enkele jaren later zelfs een slaap- en studeerkamertje deelden op de zolder van de École Polytechnique.[15]

Overal waar Humboldt kwam, ontdekte hij nieuwe, opwindende theorieën. In het natuurhistorisch museum van de Jardin des Plantes maakte hij kennis met de naturalisten Georges Cuvier en Jean-Baptiste Lamarck. Cuvier had controversiële denkbeelden over uitgestorven soorten tot wetenschappelijk feit verheven door fossiele beenderen te onderzoeken en vast te stellen dat deze niet van bestaande dieren afkomstig waren. Lamarck had kortgeleden een theorie ontwikkeld over de geleidelijke transmutatie van soorten, waarmee hij de weg baande voor ideeën over evolutie. De gevierde astronoom en wiskundige Pierre-Simon Laplace werkte aan theorieën over het ontstaan van de aarde en het universum, die Humboldt hielpen zijn eigen ideeën vorm te geven. De knappe koppen in Parijs duwden tegen de grenzen van de menselijke kennis.

Iedereen was dolblij dat Humboldt veilig was teruggekeerd. Het had allemaal zo lang geduurd, schreef Goethe aan Wilhelm von Humboldt, dat het wel leek alsof Alexander uit de dood was opgestaan.[16] Er werd voorgesteld hem te benoemen tot president van de Akademie der Wissenschaften in Berlijn, maar Humboldt was niet van zins om daarnaar terug te keren. Hij had er zelfs geen familie meer wonen. Zijn ouders waren dood en Wilhelm zat in Rome, als Pruisisch gezant bij het Vaticaan. Er was niets wat hem nog naar Berlijn kon lokken.

Tot zijn grote verrassing ontdekte hij dat Caroline, Wilhelms vrouw, ook in Parijs zat.[17] In juni 1804 was ze, zwanger van haar zesde kind, met twee van de kinderen teruggekeerd naar Frankrijk. Hun negenjarige zoontje was in de zomer van 1803 gestorven, en de Humboldts meenden dat voor deze twee, die ook aan gevaarlijke koortsaanvallen leden, het mildere klimaat in Parijs beter was dan de brandende hitte van de Italiaanse zomer. Wilhelm, die niet uit Rome weg kon, drong erop aan dat zijn vrouw hem zelfs de kleinste bijzonderheden over Alexander schreef. Hoe ging het met hem? Wat waren zijn plannen? Was hij veranderd? Werd hij na al die avonturen aangestaard alsof hij een of ander 'wonderdier' was?[18]

Hij zag er heel goed uit, antwoordde Caroline. De ontberingen van zijn jarenlange expeditie hadden hem niet verzwakt, integendeel zelfs, hij was gezonder dan ooit. Door het vele bergbeklimmen was hij sterk en fit geworden, en hij leek ook helemaal niet ouder. Het was bijna 'alsof hij eergisteren pas was afgereisd'.[19] Aan zijn gebaren, zijn uiterlijk en zijn manier van doen was niets veranderd. Het enige verschil was dat hij een beetje was aangekomen en nog meer en sneller sprak dan eerst, voor zover dat tenminste mogelijk was.

Wilhelm en Caroline keurden het echter niet goed dat Alexander in Frankrijk wilde blijven. Ze vonden het zijn plicht als Duitser om zich, in ieder geval voor even, in Berlijn te vestigen.[20] Toen Wilhelm schreef dat 'men zijn vaderland moest eren',[21] negeerde Alexander dat. Vlak voor zijn vertrek uit Cuba naar de Verenigde Staten had hij zijn broer al geschreven dat hij geen enkele behoefte had om Berlijn ooit terug te zien.[22] 'Bij het lezen van je brief trok hij een gezicht,' meldde Caroline aan haar man.[23] Alexander vond het veel te heerlijk in Parijs. 'Mijn roem is groter dan ooit,' pochte hij tegen zijn broer.[24]

Bonpland was na hun aankomst eerst zijn familie gaan bezoeken in de havenstad La Rochelle.[25] Humboldt was echter meteen doorgereisd naar Parijs, samen met Carlos Montúfar, die met hen was meegekomen. Daar had hij zich vol overgave in zijn nieuwe leven gestort. Hij wilde met anderen delen wat hij tijdens zijn reizen had ontdekt. Binnen drie weken begon hij aan een reeks lezingen in de Académie des Sciences, waar hij stampvolle zalen trok.[26] Hij sprong zo snel van het ene onderwerp op het andere dat niemand hem kon bijbenen. 'Deze man verenigt een hele academie in zichzelf,' verklaarde een Franse chemicus.[27] De wetenschappers die zijn lezingen bezochten, zijn manuscripten lazen en zijn collecties bestudeerden, waren verbijsterd over het feit dat één man thuis kon zijn in zoveel verschillende vakgebieden. Zelfs lieden die in het verleden nog aan zijn capaciteiten hadden getwijfeld, waren nu enthousiast, schreef Humboldt trots aan Wilhelm.[28]

Hij deed experimenten, schreef over zijn expeditie en besprak zijn theorieën met zijn nieuwe vrienden. Hij was zo druk bezig dat dag en nacht leken te 'versmelten tot één tijdmassa' waarin hij werkte, sliep en at 'zonder er daadwerkelijk een scheiding in aan te brengen', zo schreef een Amerikaan die op dat moment in Parijs verbleef.[29] De enige manier waarop hij zijn eigen tempo bij kon houden was door alleen te slapen als het echt niet anders kon. Als hij midden in de nacht wakker werd, stond hij op om aan het werk te gaan. Als hij geen honger had, ging hij niet aan tafel. En als hij moe was, dronk hij een extra kopje koffie.

Overal waar Humboldt kwam, ontstond grote bedrijvigheid. Zijn kaarten werden gekopieerd, het Franse Bureau des Longitudes maakte gebruik van zijn precieze geografische metingen, graveurs werkten aan zijn illustraties en de Jardin des Plantes opende een tentoonstelling van de planten die hij van zijn reis had meegebracht.[30] Het gesteente van de Chimborazo veroorzaakte een opwinding die vergelijkbaar was met de commotie die ontstond toen twintigste-eeuwse astronauten steenbrokken van de maan meebrachten. Humboldt was niet van plan zijn verzamelingen zelf te houden, maar stuurde zijn vondsten naar wetenschappers in heel Europa.[31] Hij was ervan overtuigd dat het delen van kennis de enige weg was naar nieuwe en grotere ontdekkingen. Voor zijn trouwe vriend Aimé Bonpland wist hij met behulp van zijn Franse contacten als blijk van dankbaarheid een jaarlijkse overheidstoelage van drieduizend frank te regelen.[32] Per slot van rekening had Bonpland in belangrijke mate bijgedragen aan het succes van de expeditie en bovendien had hij van de meeste planten die ze gevonden hadden een beschrijving gemaakt.

Hoewel Humboldt zich met genoegen liet fêteren, voelde hij zich tegelijkertijd een vreemde eend in de bijt. Hij zag erg op tegen de eerste Europese winter,[33] en het was dan ook niet verwonderlijk dat hij zich aangetrokken voelde tot een groep jonge Zuid-Amerikanen die op dat moment in Parijs verbleef en die hij waarschijnlijk via Montúfar ontmoette. Een van hen was de eenentwintigjarige Simón Bolívar,[34] de Venezolaan die later de Zuid-Amerikaanse revoluties zou leiden.*

De in 1783 geboren Bolívar kwam uit een van de rijkste creolenfamilies in Caracas. Zijn stamboom kon helemaal worden teruggevoerd tot een andere Simón Bolívar, die aan het eind van de zestiende eeuw in Venezuela was komen wonen. Sinds die tijd was het de familie voor de wind gegaan en nu bezat zij verscheidene plantages, mijnen, en fraaie

* Het was waarschijnlijk Carlos Montúfar die Humboldt aan de Zuid-Amerikanen voorstelde,[35] maar Humboldt en Bolívar hadden ook enkele gemeenschappelijke kennissen. Zo was daar Bolívars jeugdvriend Fernando del Toro, de zoon van de Marquis del Toro, met wie Humboldt in Venezuela enige tijd had doorgebracht. In Caracas had hij ook kennisgemaakt met Bolívars zusters en met zijn voormalige leermeester, de dichter Andrés Bello.

huizen in de stad. Bolívar had Caracas verlaten nadat zijn jonge echtgenote, slechts enkele maanden na hun huwelijk, aan de gele koorts was overleden. Hij had zielsveel van haar gehouden, en om zijn verdriet te vergeten was hij begonnen aan een grote rondreis door Europa. Ongeveer gelijktijdig met Humboldt was hij aangekomen in Parijs, waar hij zich overgaf aan drank, gokken, seks en nachtelijk geredekavel over Verlichtingsfilosofie.[36] Hij had lang zwart krullend haar en parelwitte tanden (die hij nauwgezet verzorgde),[37] en kleedde zich altijd naar de laatste mode. Hij was dol op dansen, en vrouwen vonden hem onweerstaanbaar.

Toen Bolívar Humboldt thuis bezocht, ontdekte hij dat deze stapels boeken, dagboeken en tekeningen over Zuid-Amerika bezat,[38] volkomen gefascineerd was door Bolívars geboorteland en maar niet kon ophouden over de schoonheid van een continent dat de meeste Europeanen helemaal niet kenden. Bij het horen van Humboldts verhalen over de grote watervallen van de Orinoco, de hoge bergtoppen in de Andes, de hoog oprijzende palmen en de sidderalen, besefte hij dat geen enkele Europeaan Zuid-Amerika ooit in zulke levensechte kleuren had geschilderd.[39]

De twee mannen spraken ook over politiek en revoluties.[40] Ze waren allebei in Parijs toen Napoleon zichzelf die winter tot keizer kroonde. Bolívar was geschokt toen hij ontdekte dat zijn held in een despoot en een 'hypocriete tiran' veranderd was.[41] Hij merkte dat Spanje moeite had zich te weren tegen Napoleons militaire ambities en vroeg zich af wat deze verschuiving in de Europese machtsbalans voor de Spaanse koloniën zou betekenen. Tijdens een gesprek over de toekomst van Zuid-Amerika betoogde Humboldt dat de koloniën misschien wel rijp waren voor een revolutie, maar dat er niemand was die het voortouw kon nemen.[42] Volgens Bolívar zouden de mensen 'zo sterk als God' zijn als ze eenmaal besloten te gaan vechten.[43] De mogelijkheid van een revolutie in Zuid-Amerika had postgevat in zijn brein.

Net als Bolívar zou Humboldt de Spanjaarden zielsgraag uit de koloniën verdreven zien.[44] De idealen van de Amerikaanse en de Franse Revolutie hadden hem zeer aangesproken; hij pleitte voor een onafhankelijk Latijns-Amerika. Het hele concept van een kolonie was in zijn ogen immoreel, en een koloniale regering bestempelde hij als een 'regering van wantrouwen'.[45] Tijdens zijn reis door Zuid-Amerika had hij tot zijn verbazing kolonisten bewonderend over George Washington en Benjamin Franklin horen praten.[46] De Amerikaanse Revolutie had hun hoop gegeven voor hun eigen toekomst, zeiden ze, maar tegelijkertijd merkte hij hoezeer het wantrouwen tussen de rassen de Zuid-Amerikaanse gemeenschap ondermijnde.

Al drie eeuwen deden de Spanjaarden hun best de achterdocht tussen de verschillende rassen en standen in hun koloniën zo veel mogelijk aan te wakkeren.[47] Humboldt was ervan overtuigd dat de vermogende creolen liever door de Spanjaarden werden geregeerd dan de macht te moeten delen met mestiezen, slaven en inheemse stammen. Als er al iets van de grond zou komen, zou het vermoedelijk uitlopen op een 'blanke republiek' die gegrondvest was op slavernij.[48] De raciale verschillen zaten zo diep ingebakken in de koloniale maatschappij dat het nog te vroeg was voor een revolutie, meende hij. Bonpland had er echter meer vertrouwen in en moedigde Bolívar aan,[49] zozeer zelfs dat Humboldt hem ervan verdacht aan dezelfde zinsbegoocheling te lijden als de jonge, heetgebakerde creool. Toch zou hij jaren later genoeglijk herinneringen ophalen aan zijn tijd met Bolívar, een tijd waarin ze 'geloften aflegden over de vrijheid en onafhankelijkheid van het nieuwe continent'.[50]

Hoewel hij de hele dag mensen om zich heen had, behield Humboldt altijd een zekere afstand. Hij had snel zijn oordeel klaar over een ander, te snel, zo gaf hij toe, en daarbij was hij niet altijd even discreet.[51] Hij neigde enigszins tot leedvermaak en had er plezier in de misstappen van anderen aan het licht te brengen.[52] Soms liet hij zich door zijn eigen scherpzinnigheden meeslepen. Zo kon hij behoorlijk roddelen en verzon hij regelmatig denigrerende bijnamen. De koning van Sicilië doopte hij bijvoorbeeld om tot 'pastakoning',[53] en een conservatieve Pruisische minister werd bestempeld als een 'gletsjer' die zo koud was dat hij er reumatiek van in zijn linkerschouder had gekregen.[54] Maar achter Humboldts ambitie, zijn hectische bedrijvigheid en zijn scherpe commentaren zaten volgens Wilhelm een grote zachtaardigheid en kwetsbaarheid verborgen.[55] Zijn broer mocht dan hunkeren naar roem en erkenning, toch zouden die hem nooit gelukkig maken, legde hij aan Caroline uit. Tijdens zijn ontdekkingsreizen hadden de natuur en de fysieke inspanning hem voldoening geschonken, maar nu hij terug was in Europa voelde Alexander zich weer eenzaam.

Hoewel hij altijd bezig was alles in de natuur aan elkaar te relateren, had hij iets merkwaardig eendimensionaals waar het zijn eigen, persoonlijke relaties betrof. Toen hij bijvoorbeeld hoorde dat een goede vriend tijdens zijn afwezigheid gestorven was, schreef hij de weduwe geen condoleancebrief, maar een brief vol filosofische bespiegelingen. Hij weidde langer uit over de joodse en Griekse opvattingen met betrekking tot het concept 'dood' dan over haar overleden echtgenoot, en bovendien schreef hij de brief in het Frans, terwijl hij wist dat ze die taal niet sprak.[56] Enkele weken na zijn aankomst in Parijs overleed het drie maanden oude dochtertje van Caroline en Wilhelm na een pokkenvaccinatie – het tweede kind dat ze in één jaar tijd verloren – en viel Caroline ten prooi aan een diepe neerslachtigheid. Nu ze dat verdriet helemaal alleen moest dragen omdat haar man ver weg zat, hoopte ze op enige morele steun van haar altijd bezige zwager. Zijn troostende woorden kwamen op haar echter wat plichtmatig over, alsof hij 'gevoelens nabootste, in plaats van ze zelf intens te ervaren'.[57]

Toch maakte ze zich, ondanks haar eigen ellende, zorgen over hem. Hij mocht dan zijn expeditie overleefd hebben, in de praktijk van het dagelijks leven toonde hij zich een stuk minder competent. Hij leek zich bijvoorbeeld totaal niet bewust van het gat dat de vijf jaar lange reis in zijn vermogen had geslagen. Caroline vond hem zo naïef op het gebied van geld, dat ze Wilhelm vroeg hem in een 'ernstige brief' uit te leggen hoe slecht hij er financieel voor stond.[58] Toen ze in de herfst van 1804 voorbereidingen begon te treffen voor haar terugkeer naar Rome, besefte ze dat ze Alexander niet graag alleen in Parijs achterliet. Het zou rampzalig zijn om hem aan zijn lot over te laten, schreef ze aan Wilhelm. 'Ik maak me zorgen over zijn gemoedstoestand.'[59] Daarop stelde Wilhelm voor haar terugkomst nog een poosje uit te stellen.

Alexander was nog altijd even rusteloos, rapporteerde Caroline aan haar man. Hij bekokstoofde voortdurend nieuwe reisplannen. Griekenland, Italië, Spanje – 'alle Europese landen spelen door zijn hoofd'.[60] Enthousiast geworden door zijn bezoek aan Philadelphia en Washington, eerder dat jaar, hoopte hij nu ook het Noord-Amerikaanse continent te kunnen gaan verkennen. Hij wilde naar het Westen, schreef hij aan een van zijn nieuwe Amerikaanse kennissen, en Thomas Jefferson 'was de aangewezen persoon' om hem daarbij te helpen.[61] Er viel nog zoveel te zien. 'Ik heb mijn zinnen gezet op Missouri, de poolcirkel en Azië,' schreef hij, en: 'Men moet het beste maken van zijn jeugd.' Eerst wilde hij echter de bevindingen van zijn vorige expeditie op papier zetten – maar waar moest hij beginnen?

Hij had meer dan één enkel boek in gedachten. Wat hij voor zich zag, was een serie grote, fraai geïllustreerde delen over, bijvoorbeeld, de hoge bergtoppen van de Andes, exotische bloemen, oude manuscripten en Incaruïnes. Daarnaast wilde hij een aantal gespecialiseerde boeken schrijven: botanische en zoölogische werken met minutieuze wetenschappelijke beschrijvingen van flora en fauna in Latijns-Amerika, en liefst ook nog een paar publicaties over astronomie en geografie. Verder had hij plannen voor een atlas met nieuwe kaarten waarop de geografische spreiding van plantensoorten, de locaties van vulkanen en bergketens, rivieren en al dat soort zaken stonden aangegeven. Maar hij wilde ook algemenere en goedkopere boeken schrijven, waarin hij zijn nieuwe ideeën over de natuur aan een breder publiek uit de doeken deed.[62] Uiteindelijk besloot hij de botanische werken aan Bonpland over te laten. De rest zou hij zelf moeten doen.

Omdat zijn geest altijd alle kanten tegelijk op schoot, kon Humboldt vaak zijn eigen gedachten nauwelijks bijhouden. Tijdens het schrijven vielen hem geregeld allerlei nieuwe ideeën in, die hij dan in de kantlijn krabbelde – hier een tekeningetje, daar een paar berekeningen. Als hij plaats tekortkwam op de bladzij, ging hij verder op zijn ruim bemeten schrijftafel. Algauw stond het hele blad vol termen, cijfers en lijntjes, tot er een timmerman aan te pas moest komen om het er allemaal weer vanaf te schaven.[63]

Het schrijven weerhield hem er niet van op reis te gaan, zolang hij maar binnen Europa en in de buurt van centra van geleerdheid bleef. Als het moest, kon hij overal werken, zelfs in een koets, waar hij bladzij na bladzij volschreef in zijn vrijwel onleesbare handschrift, terwijl hij het boek op zijn knieën hield. Hij wilde Wilhelm opzoeken in Rome, om dan meteen de Alpen en de Vesuvius te gaan bekijken. In maart 1805, zeven maanden na zijn aankomst in Frankrijk en slechts een paar weken nadat Caroline ten langen leste uit Parijs vertrokken was, reisde hij met zijn nieuwe vriend Gay-Lussac eveneens af naar Italië.[64] Hij bracht inmiddels veel tijd door met de zesentwintigjarige ongetrouwde chemicus, die Carlos Montúfar als Humboldts beste vriend leek te hebben opgevolgd toen Montúfar eerder dat jaar naar Madrid vertrokken was.*

* Montúfar keerde in 1810 terug naar Zuid-Amerika, waar hij zich aansloot bij de revolutionairen. In 1816 werd hij gevangengenomen en geëxecuteerd.

Humboldt en Gay-Lussac reisden eerst naar Lyon en vervolgens naar Chambéry, een stadje in het zuidoosten van Frankrijk van waaruit ze de Alpen in de verte zagen liggen.[65] De warme lucht blies het Franse landschap nieuw leven in, het groen liep uit en de bladeren hulden de bomen in het frisse groen van een nieuw jaargetijde. Vogels bouwden hun nesten en wegen waren omzoomd met felgekleurde lentebloesems. De twee reizigers waren uitgerust met de beste instrumenten en hielden regelmatig halt voor meteorologische metingen, die Humboldt wilde vergelijken met zijn meetresultaten uit Latijns-Amerika. Na Chambéry trokken ze verder zuidoostwaarts door de Alpen. Humboldt vond het heerlijk om weer in de bergen te zijn.

Op de laatste dag van april arriveerden ze in Rome, waar ze bij Wilhelm en Caroline introkken.[66] Die woonden er nu tweeënhalf jaar en hun huis was inmiddels een ontmoetingsplek voor kunstenaars en wetenschappers.[67] Iedere woensdag en zondag gaven ze een lunch en ’s avonds ontvingen ze tal van gasten. Beeldhouwers, archeologen, natuurwetenschappers – de bezoekers kwamen vanuit heel Europa en of het nu beroemde geleerden, aristocratische reizigers of sappelende kunstenaars waren, iedereen was welkom. Hier vond Humboldt niet alleen een enthousiast publiek voor zijn verhalen over het regenwoud en de Andes; hij trof er ook kunstenaars die zelfs zijn ruwste schetsen veranderden in schitterende illustraties voor zijn boeken.

Humboldt had in Rome afgesproken met Leopold von Buch, een oude vriend uit zijn tijd aan de mijnbouwacademie in Freiberg, die inmiddels een van de meest gerespecteerde geologen van Europa was.[68] Ze hadden plannen om samen de Vesuvius en de Alpen te verkennen. Hij kwam echter nog meer bekenden tegen. In juli arriveerde Simón Bolívar uit Frankrijk. Die was gedurende de koude grijze dagen van de afgelopen winter in een sombere stemming weggezakt en Simón Rodríguez, zijn oude leermeester uit Caracas, die ook in Parijs zat, had een uitstapje voorgesteld. In april waren ze per postkoets naar Lyon gereisd, om van daaruit te voet verder te gaan. Samen hadden ze door bossen en velden gelopen en genoten van de landelijke omgeving. Ze voerden gesprekken, zongen en lazen. Langzaam zuiverde Bolívar zijn lichaam en geest van de frivoliteiten van de afgelopen maanden. Hij was altijd al graag buiten geweest en ook nu weer voelde hij zich verkwikt door de frisse lucht, de beweging en de natuur. Toen hij de Alpen aan de horizon zag verrijzen, werd hij herinnerd aan het woeste landschap van zijn jeugd: de bergen waar Caracas tegenaan lag. Hij was nu vaak in gedachten bij zijn vaderland. In mei stak hij de Alpen van Savoye over en liep helemaal door tot Rome.[69]

In Rome spraken Bolívar en Humboldt opnieuw over Zuid-Amerika en revoluties. Hoewel Humboldt hoopte dat de koloniën zich aan het Spaanse juk zouden ontworstelen, kwam het geen moment bij hem op om Bolívar als potentiële leider te zien. Als Bolívar vol vuur over de bevrijding van zijn volk sprak, zag Humboldt alleen een jongeman met een levendige verbeelding – 'een dromer', noemde hij hem, nog niet droog achter de oren.[70] Toch schreef een gemeenschappelijke vriend

later dat het Humboldts 'grote wijsheid en bezonnenheid' waren die Bolívar tijdens zijn jonge, wilde jaren hadden geïnspireerd.[71] Humboldts vriend Leopold von Buch – een man die niet alleen bekendstond om zijn geologische kennis, maar ook om zijn onaangepaste en bruuske gedrag – ergerde zich omdat de samenkomst van wetenschappelijke geesten zoals hij zich die had voorgesteld, nu door de politiek gekaapt werd. Hij zette Bolívar al snel weg als een 'fantast' met opruiende ideeen,[72] en was dan ook opgelucht toen hij op 16 juli op weg kon gaan naar Napels en de Vesuvius – in gezelschap van Humboldt en Gay-Lussac, maar zonder Bolívar.

Ze hadden geen betere tijd kunnen uitkiezen. Een maand later, op de avond van 12 augustus, terwijl Humboldt in Napels een groep Duitse toeristen aangenaam bezighield met verhalen over de Orinoco en de Andes, kwam de Vesuvius voor hun ogen tot uitbarsting.[73] Humboldt was buiten zichzelf van vreugde. Dit was 'een geste van de Vesuvius naar Humboldt', zo luidde het commentaar van een wetenschapper.[74] Vanaf het balkon van zijn gastheer zag Humboldt de lava als een gloeiende slang langs de berg omlaagkronkelen en wijngaarden, dorpen en bossen verwoesten. Heel Napels werd gehuld in een spookachtig licht. Binnen een paar minuten stond Humboldt gereed om naar de spuwende vulkaan te rijden en daar de uitbarsting van zo dichtbij mogelijk te observeren. In de dagen daarop beklom hij de Vesuvius zes keer. Het was allemaal heel indrukwekkend, schreef hij aan Bonpland, maar niets in vergelijking met Zuid-Amerika. Vergeleken met de Cotopaxi was de Vesuvius een 'asteroïde naast Saturnus'.[75]

Rond diezelfde tijd liepen Bolívar en Rodríguez in Rome met een andere Zuid-Amerikaanse vriend op een bijzonder hete dag naar de top van de Monte Sacro.[76] Daar, met de stad aan hun voeten, vertelde Rodrí-

Een uitbarsting van de Vesuvius

guez het verhaal van de plebejers in het oude Rome, die op deze zelfde heuvel gedreigd hadden zich af te scheiden van de republiek, uit protest tegen de overheersing van de patriciërs. Toen hij dit hoorde, viel Bolívar op zijn knieën, greep Rodríguez bij de hand en zwoer dat hij Venezuela zou bevrijden. Hij zou niet rusten voordat hij 'de ketenen had stukgetrokken'.[77] Dit was voor Bolívar een keerpunt. Van nu af aan zou de vrijheid van zijn land de lichtende fakkel in zijn leven zijn. Toen hij twee jaar later terugkeerde in Caracas was hij niet langer een lichtzinnige dandy, maar een man gedreven door ideeën over vrijheid en revolutie. Het zaad van de Zuid-Amerikaanse zelfstandigheid was gaan ontkiemen.

Eind augustus, toen Humboldt in Rome terugkwam, was Bolívar al vertrokken. Humboldt voelde zich rusteloos en besloot naar Berlijn te reizen. In hoog tempo reed hij naar het noorden en maakte alleen tussenstops in Florence, Bologna en Milaan. Zijn plannen om Wenen aan te doen konden niet doorgaan omdat Gay-Lussac hem nog steeds vergezelde; aangezien Oostenrijk en Frankrijk nog steeds in oorlog waren, zou dat voor de Fransman te gevaarlijk zijn. De wetenschap was niet langer een waarborg voor veiligheid in dit explosieve politieke klimaat, klaagde Humboldt.

Uiteindelijk bleek de beslissing om Wenen over te slaan een verstandige te zijn geweest; het Franse leger was de Rijn overgestoken en rukte half november via Zwaben op naar Wenen. Drie weken later versloeg Napoleon de Russen en de Oostenrijkers in de Slag bij Austerlitz (het huidige Slavkov u Brna in Tsjechië). Met deze beslissende overwinning kwam er een einde aan het Heilige Roomse Rijk en daarmee aan het Europa zoals het tot dan toe had bestaan.

10 Berlijn

In een uiterste poging om de slagvelden te ontwijken wijzigde Humboldt zijn route naar Berlijn.[1] Hij reisde nu via het Comomeer in Noord-Italië, waar hij kennismaakte met Alessandro Volta, de Italiaanse wetenschapper die net de batterij had uitgevonden. Daarna trok hij in zware winterse buien de Alpen over. Regen, sneeuw en hagel striemden op hen neer en Humboldt was helemaal in zijn element. Eenmaal in Duitsland ging hij bij oude vrienden langs en bezocht hij zijn voormalige leermeester Johann Friedrich Blumenbach in Göttingen. Op 16 november 1805, meer dan een jaar na zijn terugkeer in Europa, arriveerde hij samen met Gay-Lussac in Berlijn.

Na Parijs en Rome had Berlijn iets provinciaals, en het vlakke landschap rond de stad maakte een saaie indruk.[2] Voor een man die dol was op de hitte en de vochtigheid van het regenwoud had Humboldt voor zijn bezoek wel het allerslechtste jaargetijde uitgekozen. Het was ijzig koud in Berlijn tijdens deze eerste, strenge wintermaanden. Binnen een paar weken was Humboldt ziek. Hij had hoge koorts en een huiduitslag die aan de mazelen deed denken. Het weer was ondraaglijk, schreef hij begin februari 1806 aan Goethe. Met zijn 'tropennatuur' was hij niet langer bestand tegen het koude, vochtige Noord-Duitse klimaat.[3]

Het liefst was hij onmiddellijk weer vertrokken. Hoe moest hij hier zijn werk doen en voldoende gelijkgestemde geesten vinden? Berlijn had niet eens een universiteit! De grond brandde onder zijn voeten.[4] Frederik Willem III vond het echter geweldig dat de beroemdste Pruis weer terug was in het land. De man die overal in Europa grote faam verworven had vanwege zijn gedurfde ontdekkingsreizen zou een aanwinst zijn voor het hof, en de koning bood hem dan ook een royale jaarlijkse toelage van vijfentwintighonderd taler aan, zonder dat daar ook maar een enkele verplichting tegenover stond.[5] Dat was een groot bedrag in een tijd waarin geschoolde ambachtslieden als timmermannen en meubelmakers nog geen tweehonderd taler per jaar verdienden, maar vergeleken met de 13 400 taler die Wilhelm als Pruisisch gezant kreeg, was het misschien weer weinig.[6] De koning benoemde Humboldt ook tot kamerheer, opnieuw zonder enig voorbehoud. Humboldt, die een groot deel van zijn erfenis had uitgegeven, kon het geld goed gebruiken, al vond hij al die aandacht van de koning 'welhaast benauwend'.[7]

De stugge, zuinige Frederik Willem was een weinig inspirerend heerser. Hij was geen bon vivant en kunstliefhebber zoals zijn vader, Frederik Willem II, en ontbeerde ook het militaire en wetenschappelijke

genie van zijn oudoom Frederik de Grote. Wel koesterde hij een grote fascinatie voor klokken en uniformen – Napoleon zou zelfs gezegd hebben dat de koning beter kleermaker had kunnen worden, omdat hij 'altijd precies [wist] hoeveel meter stof er nodig was voor het uniform van een soldaat'.[8]

Gegeneerd over zijn nieuwe banden met het hof vroeg Humboldt zijn vrienden te zwijgen over de koninklijke aanstelling.[9] En waarschijnlijk met recht, want sommigen onder hen waren geschokt dat de schijnbaar zo onafhankelijke, fel prorevolutionaire Humboldt nu de koning zou gaan dienen. Zijn vriend Leopold von Buch klaagde dat Humboldt inmiddels meer tijd aan het hof doorbracht dan de Pruisische hovelingen zelf. In plaats van zich op zijn onderzoek te concentreren, zou hij alleen nog maar geïnteresseerd zijn in roddels.[10] Deze aantijging was niet helemaal gerechtvaardigd, want Humboldt werd veel meer in beslag genomen door wetenschappelijke zaken dan door hofaffaires. Hoewel hij regelmatig acte de présence moest geven, vond hij ook tijd voor lezingen aan de Berlijnse Akademie der Wissenschaften, voor schrijven en voor zijn vergelijkende onderzoek naar magnetisme, waar hij in Zuid-Amerika al mee begonnen was.

Een rijke kennis uit zijn jeugd, die eigenaar was van een distilleerderij, bood Humboldt zijn tuinhuis aan om in te wonen.[11] Zijn landgoed grensde aan de rivier de Spree en lag slechts enkele honderden meters ten noorden van de beroemde boulevard Unter den Linden. Het eenvoudige tuinhuisje was precies wat Humboldt nodig had: hij bespaarde geld en kon zich er ongestoord aan zijn magnetische waarnemingen wijden. Daartoe bouwde hij in de tuin een hutje dat hij – om de metingen zuiver te houden – in elkaar zette zonder ook maar een enkel metalen onderdeeltje te gebruiken, zelfs geen spijkers.[12] Met een collega bracht hij er een aantal dagen door waarbij ze ieder halfuur – ook 's nachts – gegevens van hun instrumenten aflazen en alleen af en toe een hazenslaapje deden. Het experiment leverde zesduizend meetresultaten op, maar de onderzoekers waren achteraf wel enigszins uitgeput.

Begin april 1806 ging Joseph Louis Gay-Lussac, nadat hij een vol jaar in Humboldts gezelschap had verkeerd, terug naar Parijs.[13] Humboldt voelde zich eenzaam en ongelukkig in Berlijn en schreef enkele dagen later aan een vriend dat hij er 'geïsoleerd en als een buitenstaander' leefde.[14] Hij voelde zich niet langer thuis in Pruisen. Bovendien maakte hij zich zorgen over de botanische publicaties, die Bonpland op zich genomen had. Het moesten gespecialiseerde werken voor wetenschappers worden over de planten die ze in Latijns-Amerika hadden verzameld. Bonpland, die tot botanist was opgeleid, was geschikter voor die taak dan Humboldt zelf. Maar omdat hij het maken van plantenbeschrijvingen altijd al een uitputtend karwei vond en in het algemeen een hekel had aan schrijven, onttrok hij zich zoveel hij kon aan deze taak. Hij zat veel liever in het weelderige regenwoud dan aan zijn saaie schrijftafel.[15]

Gefrustreerd door de trage voortgang van het project drong Humboldt er herhaaldelijk bij Bonpland op aan zijn tempo op te voeren. En toen Bonpland eindelijk een aantal bladzijden naar Berlijn stuurde, ontdekte de uiterst nauwkeurige Humboldt tot zijn grote irritatie een heleboel vergissingen. Bonpland maakte zich over precisie blijkbaar niet al te druk, concludeerde hij, 'vooral niet bij de Latijnse benamingen en cijfers'.[16]

Bonpland liet zich niet opjutten en kondigde aan dat hij van plan was een volgende ontdekkingsreis te gaan maken. Humboldt was de wanhoop nabij. Hij had al zijn planten aan verzamelaars in heel Europa weggegeven, en bovendien had hij het druk met zijn vele andere boekprojecten. Hij had Bonpland echt nodig voor het botanische gedeelte. Toch kon hij niet veel anders doen dan zijn oude vriend blijven bestoken met brieven die een mengeling waren van vleierijen, tirades en smeekbedes.

Zelf had hij heel wat meer ijver betoond en het eerste deel afgerond van wat uiteindelijk de vierendertigdelige *Voyage aux régions équinoxiales du Nouveau Continent* (Reis naar de equinoctiale gebieden van het nieuwe continent) zou worden.* Dit eerste deel, dat zowel in het Frans

* Zie 'Over Humboldts publicaties' achter in dit boek.

als in het Duits werd uitgegeven, had als titel *Essai sur la géographie des plantes* (Essay over de geografie van planten). Het bevatte zijn indrukwekkende Naturgemälde – het in beeld gebrachte idee over de natuur als stelsel van verbindingen, dat hij in Zuid-Amerika had opgedaan. Het boek bestond voor het overgrote deel uit een verklaring van deze tekening; een heel lang onderschrift, bij wijze van spreken. 'Het grootste deel van dit werk heb ik geschreven in de nabijheid van de onderwerpen waar het over gaat, aan de voet van de Chimborazo,' schreef hij in het voorwoord.[17]

De met de hand ingekleurde gravure van zestig bij negentig centimeter, waarop de relatie tussen klimaatzone en plantengroei aan de hand van geografische breedte en hoogte werd aangeduid, was afgedrukt op een grote uitklappagina. Deze plaat was gebaseerd op de schets die Humboldt na zijn beklimming van de Chimborazo had gemaakt. Inmiddels was hij er klaar voor om de wereld deelgenoot te maken van de volstrekt nieuwe manier waarop hij tegen planten aankeek, en hij had besloten dat te doen met behulp van deze tekening. De Naturgemälde was een dwarsdoorsnede van de Chimborazo, met daarop de namen van alle planten die er groeiden, van de vallei tot aan de sneeuwgrens. In de lucht naast de berg stond ter vergelijking de hoogte van andere bergen weergegeven – de Mont Blanc, de Vesuvius, de Cotopaxi – alsmede de hoogte die Gay-Lussac met zijn ballonvaart in Parijs bereikt had. Humboldt had ook aangegeven tot waar hij, Bonpland en Montúfar de Chimborazo hadden beklommen, en hij kon het niet laten om onder zijn eigen hoogterecord te vermelden hoeveel minder hoog La Condamine en Bouguer in 1736 waren gekomen. Links en rechts van de berg was een aantal kolommen aangebracht met aanvullende gegevens, onder andere over zwaartekracht, temperatuur, chemische samenstelling van de lucht en het kookpunt van water – allemaal op hoogte gerangschikt. Alles werd met elkaar vergeleken en in perspectief gezet.

De reden dat Humboldt deze nieuwe visuele benadering toepaste, was dat hij zo een beroep deed op de verbeelding van zijn lezers, want, zo zei hij tegen een vriend, mensen willen het voor zich kunnen zien.[18] In zijn *Essai sur la géographie des plantes* bezag hij planten in een bredere context, waarbij hij de natuur beschouwde als een holistische wisselwerking tussen diverse verschijnselen die hij allemaal, zo zei hij, 'met een grove kwast' geschilderd had.[19] Dit was 's werelds eerste boek over ecologie.

Botanisten uit voorgaande eeuwen waren gebonden geweest aan een systeem van classificatie. Planten werden meestal gerangschikt op grond van hun relatie tot de mens: op toepassing – bijvoorbeeld medicinaal of decoratief – of op geur, smaak en eetbaarheid. Tijdens de wetenschappelijke revolutie in de zeventiende eeuw trachtten botanisten planten op een wat logischer manier te categoriseren, aan de hand van structurele verschillen en overeenkomsten zoals zaden, bladeren en bloemen. Zo poogden ze de natuur een bepaalde orde op te leggen. De Zweedse plantkundige Carolus Linnaeus was in de eerste helft van de achttiende eeuw nog veel verder gegaan met zijn indeling op grond van het aantal voortplantingsorganen – de stampers en de meeldraden.
Tegen het einde van de achttiende eeuw waren er weer andere classificatiesystemen in de mode, maar botanisten bleven vasthouden aan de taxonomie als het heersende principe binnen hun tak van wetenschap.

In het *Essai sur la géographie des plantes* werd de natuur op een geheel nieuwe manier gepresenteerd. Humboldts reizen hadden hem een uniek perspectief geboden; nergens anders dan in Zuid-Amerika, zei hij, konden onderlinge verbanden tussen natuurlijke verschijnselen zo scherp worden waargenomen.[20] Nu borduurde hij voort op de ideeen die hij de afgelopen jaren had opgedaan en zette ze in een bredere context. Zo nam hij de theorie van zijn vroegere leermeester Johann Friedrich Blumenbach, die beschreef dat levende materie een samenstel was van op elkaar inwerkende krachten, en paste deze toe op de natuur als geheel. In plaats van slechts naar het organisme te kijken, zoals Blumenbach had gedaan, schetste Humboldt nu verbanden tussen planten, klimaat en geografie. Planten werden niet langer ingedeeld in taxonomische eenheden, maar in landstreken. In zijn *Essai* stelde Humboldt het begrip vegetatiezone aan de orde; 'lange stroken', zoals hij ze noemde,[21] die zich rond de hele aarde wikkelden.* Hij schonk de westerse wetenschap een nieuwe bril waardoor zij de natuur kon bestuderen.

Hij schraagde zijn Naturgemälde met extra details en uitleg in de

* In het *Essai sur la géographie des plantes* wordt de relatie tussen plantengroei en geografische ligging gedetailleerd uiteengezet.[22] Naaldbomen die op grote hoogten in Mexico voorkomen, worden vergeleken met naaldbomen in Canada; eiken, pijnbomen en bloeiende struiken in de Andes met die in 'noordelijke landen'. Ook beschrijft Humboldt een mos aan de oever van de Río Magdalena, dat identiek is aan een mos in Noorwegen.

vorm van bladzijden vol bronnen, statistieken en tabellen. De culturele, biologische en fysieke wereld werd ineengevlochten tot een geheel van alom aanwezige patronen.

Al duizenden jaren volgden planten, groenten, fruit en granen de mensheid in haar tocht over de wereld.[23] Over continenten en oceanen, overal nam de mens gewassen met zich mee en veranderde daarmee het oppervlak van de aarde. Met de komst van landbouw ontstond er een verband tussen planten, politiek en economie. Er werden oorlogen gevoerd vanwege planten, en imperiums gevormd met thee, suiker en tabak.[24] Sommige planten onthulden Humboldt evenveel over de mens als over de natuur zelf, terwijl andere hem een beeld gaven van de geologische structuren in de aardkorst door hem te laten inzien dat continenten in de loop der tijd verschoven waren. Uit de overeenkomst in de begroeiing op beide kusten maakte hij op, zo schreef hij, dat er ooit een verbinding tussen Afrika en Zuid-Amerika geweest was,[25] dat eilanden die vroeger één geheel waren geweest nu van elkaar gescheiden waren – een onvoorstelbare gevolgtrekking, meer dan een eeuw voordat de theorie van tektonische platen en continentverschuivingen onder natuurwetenschappers zelfs maar de geringste opgang had gemaakt.[26] Humboldt 'las' planten zoals anderen boeken lazen: ze maakten hem duidelijk dat er achter de natuur, de bewegingen van volkeren én die van continenten een universele kracht school. Nooit eerder was plantkunde op zo'n manier benaderd.

In zijn *Essai* en de daarin opgenomen Naturgemälde onthulde Humboldt aan de hand van onverwachte analogieën een tot nu toe verborgen gebleven web van leven.[27] Zijn hele denken was gebaseerd op het concept samenhang. De natuur, schreef hij, was 'een afspiegeling van het geheel':[28] natuurwetenschappers moesten flora, fauna en gesteentelagen op wereldschaal bestuderen. Deden ze dat niet, dan zouden ze net zo zijn als die aardkundigen die zich een voorstelling van de aarde maakten 'gebaseerd op het model van de heuvels vlak om hen heen'.[29] Wetenschappers moesten uit hun zolderkamertjes tevoorschijn komen en de wereld gaan verkennen.

Niet minder revolutionair was Humboldts wens om 'zowel tot de verbeelding als tot de geest' te spreken,[30] iets waar hij in de introductie van de Duitse editie de nadruk op legt door naar de *Naturphilosophie* van Friedrich Schelling te verwijzen.[31] Deze had in 1798 op drieëntwintigjarige leeftijd een aanstelling aan de universiteit van Jena gekregen en was daar al snel toegetreden tot de kring van intimi rond Goethe. Zijn 'natuurfilosofie' werd de theoretische basis van de Duitse stromingen Idealisme en Romantiek.[32] Hij bepleitte 'de noodzaak de natuur in haar geheel te bevatten'[33] en verwierp het idee van de onoverbrugbare kloof tussen interne en externe wereld – de subjectieve wereld van het ik en de objectieve wereld van de natuur. In plaats daarvan legde hij de nadruk op de verbindende kracht tussen natuur en mens; hij was ervan overtuigd dat er een organische verbondenheid bestond tussen het ik en de natuurlijke omgeving. 'Ikzelf ben identiek aan de natuur,' zo stelde hij,[34] een bewering die de weg effende voor het idee van de romantici, die in de ongerepte natuur zichzelf meenden te kunnen vinden. Humboldt, die geloofde dat hij in Zuid-Amerika pas echt zichzelf geworden was, voelde zich door dit idee zeer aangesproken.

Met zijn verwijzing naar Schelling maakte Humboldt ook duidelijk hoezeer hijzelf in de afgelopen tien jaar was veranderd. Door Schellings ideeën in de schijnwerpers te zetten, introduceerde hij een nieuw gezichtspunt in de wetenschap. Hoewel hij zich niet volledig distantieerde van de rationele denkwijze die de mantra van de Verlichtingsdenkers was geweest, zette hij stilzwijgend de deur open voor subjectiviteit. Humboldt, de vroegere 'koning van het empirisme', zoals een vriend van Schelling hem noemde,[35] was voorgoed veranderd. Terwijl veel wetenschappers Schellings Naturphilosophie afdeden als onverenigbaar met empirische en wetenschappelijke onderzoeksmethoden, hield Humboldt vol dat empiristen en aanhangers van de natuurfilosofie niet noodzakelijkerwijs elkaars 'tegenpolen' waren.[36] Integendeel: Schellings nadruk op eenheid kwam overeen met Humboldts eigen beeld van de natuur.

Schelling voerde aan dat het concept 'organisme' de basis zou moeten vormen voor een goed begrip van de natuur – deze moest niet als een mechanisch stelsel, maar als een levend wezen worden beschouwd.[37] Dit onderscheid was vergelijkbaar met het verschil tussen een klok en een dier. Een klok kon uit elkaar worden gehaald en vervolgens weer in elkaar worden gezet, een dier niet. De natuur was een samenhangend geheel, een levend wezen waarvan de onderdelen alleen in onderlinge samenhang konden functioneren. In een brief aan Schelling schreef Humboldt dat hij dit als een 'revolutie' in de wetenschap beschouwde,[38] een verlossing van de 'droge opeenstapeling van feitjes' en de 'grove empirie'.[39]

De man die hem het eerst met deze ideeën in aanraking had gebracht, was Goethe. Humboldt was niet vergeten hoezeer zijn tijd in Jena hem beïnvloed had en hoe Goethes beeld van de natuur zijn denken had gevormd. Dat natuur en verbeelding in zijn boeken nauw verweven waren, kwam door 'de invloed van uw werken', zo schreef hij Goethe later.[40] Als dank droeg hij zijn *Ideen zu einer Geographie der Pflanzen* (de Duitse versie van zijn *Essai sur la géographie des plantes*) op aan zijn oude vriend. Op de titelplaat prijkte Apollo, de god van de dichtkunst, die de sluier optilt van de godin van de natuur. Poëzie was onontbeerlijk voor een goed begrip van de wonderen der natuur. Als wederdienst liet Goethe Ottilie, een van de hoofdpersonen uit zijn roman *Die Wahlverwandtschaften*, zeggen: 'Wat zou ik graag Humboldt horen vertellen, al was het maar één keer.'[41]

Goethe 'verslond' het boek toen hij het in maart 1807 van Humboldt kreeg toegestuurd.[42] Binnen enkele dagen las hij het verschillende ke-

Titelplaat van Humboldts *Ideen zu einer Geographie der Pflanzen* en de opdracht aan Goethe ren.[43] Humboldts ideeën waren zo'n openbaring dat Goethe niet kon wachten er ruchtbaarheid aan te geven.* Twee weken later gaf hij dan ook een lezing over plantkunde in Jena, waarbij hij zich baseerde op dit werk.[45] 'Met een esthetisch briesje,' zo schreef hij, had Humboldt de wetenschap aangewakkerd tot een 'heldere vlam'.[46]

Toen *Ideen zu einer Geographie der Pflanzen* begin 1807 in Duitsland verscheen,[47] lagen Humboldts plannen om naar Parijs terug te keren al in duigen. Oorlog en politiek hadden hem opnieuw de weg versperd. Meer dan tien jaar, sinds de Vrede van Basel in april 1795, had Pruisen zich dankzij de neutrale opstelling van koning Frederik Willem III verre weten te houden van de Coalitieoorlogen die Europa uiteenreten. Velen hadden die neutraliteit echter als lafheid opgevat, waardoor de koning weinig populariteit genoot in de Europese landen die wel tegen Frankrijk vochten. Nadat met de Slag bij Austerlitz – in december 1805 – een eind gekomen was aan het Heilige Roomse Rijk, stichtte Napoleon in de zomer van 1806 de Rijnbond, een alliantie van zestien Duitse staten waarvan hij de 'beschermheer' was, en die als een soort buffer fungeerde tussen Frankrijk en Centraal-Europa. Pruisen, dat geen lid was van de Rijnbond, maakte zich echter steeds meer zorgen over de Franse inbreuk op zijn grensgebied. In oktober 1806, na enkele Franse provocaties en wat schermutselingen aan de grens, belandden de Pruisen in een oorlog tegen Frankrijk, maar zonder bondgenoten die hen konden steunen – een rampzalige beslissing.

Op 14 oktober behaalden Napoleons troepen twee vernietigende overwinningen op het Pruisische leger in de Slag bij Jena en de Slag bij Auerstedt. In één dag verloor Pruisen de helft van zijn grondgebied. Veertien dagen later maakte Napoleon zijn intocht in Berlijn en in juli 1807 tekenden de Pruisen de Vrede van Tilsit, waarbij Frankrijk zich het gebied ten westen van de Elbe en delen van Oost-Pruisen toe-eigende. Een deel van deze gebieden werd bij Frankrijk ingelijfd, maar Napoleon richtte ook een aantal – uitsluitend in naam onafhankelijke – nieuwe

* Goethes enige probleem was dat de onontbeerlijke gravure van Humboldts Naturgemälde ontbrak in het boek dat hij ontvangen had. Daarom besloot hij een eigen tekening te maken, die hij 'half als grap, half in ernst' aan Humboldt opstuurde. Hij was zo opgewonden toen Humboldts eigen gravure zeven weken later eindelijk arriveerde, dat hij die meenam op vakantie en hem daar aan de muur prikte, zodat hij er voortdurend naar kon kijken.[44]

staten op, zoals het Koninkrijk Westfalen, een Franse vazalstaat die geregeerd werd door zijn broer.

De Brandenburger Tor waardoor Napoleon in 1806 triomfantelijk Berlijn binnentrok, na de Slag bij Jena en die bij Auerstedt

Pruisen was niet langer een grote Europese macht. De immense herstelbetalingen die door de Fransen bij de Vrede van Tilsit waren geëist, brachten de Pruisische economie tot stilstand. En met zijn gehalveerde grondgebied verloor het land ook de meeste wetenschapscentra, waaronder zijn grootste en beroemdste universiteit in Halle, dat inmiddels deel uitmaakte van het Koninkrijk Westfalen. Nu had Pruisen nog maar twee universiteiten: die in Königsberg, die met de dood van Immanuel Kant in 1804 haar enige professor van naam was kwijtgeraakt, en het plattelandsinstituut Viadrina in Frankfurt an der Oder, waar Humboldt als achttienjarige een semester gestudeerd had.[48]

Humboldt had het gevoel 'onder de brokstukken van een ongelukkig vaderland begraven te worden', zo schreef hij aan een vriend.[49] 'Waarom ben ik niet in de bossen bij de Orinoco of op de hoge bergruggen van de Andes gebleven?'[50] In zijn wanhoop richtte hij zich op het schrijven. Omgeven door bergen aantekeningen, zijn dagboeken uit Latijns-Amerika en stapels wetenschappelijke werken schreef hij in zijn tuinhuis aan verschillende manuscripten tegelijk. Maar de meeste troost putte hij uit het schrijven van zijn *Ansichten der Natur*.

Ansichten der Natur zou een van zijn meest gelezen boeken worden: een werk dat uiteindelijk in elf talen verscheen.[51] Met dit boek creëerde Humboldt een volstrekt nieuw genre, waarin levendig proza en uitgebreide landschapsbeschrijvingen samengingen met een wetenschappelijke invalshoek, een manier van schrijven die nog steeds bij veel natuurboeken wordt toegepast. Hoewel hij hierna nog een groot aantal boeken schreef, bleef *Ansichten* Humboldts favoriet.[52]

Hij toverde zijn lezers een beeld voor ogen van de stille, eenzame toppen in de Andes, van het vruchtbare regenwoud, de magische meteorenzwermen en het gruwelijke schouwspel van hun sidderalenvangst in de Llanos. Hij schreef over de 'gloeiende schoot der aarde' en de 'fraai getooide' rivieroevers. Een woestijn werd een 'zee van zand', planten 'ontplooien hun neerhangende bladeren en begroeten de opgaande zon' en apen vullen het oerwoud met hun 'melancholieke kreten'. In de mist boven de watervallen van de Orinoco dansen de regenbogen om elkaar heen – 'optische magie', zoals Humboldt het noemde.[53] In ware woordkunstwerkjes schilderde hij de vreemde insecten die 'hun roodachtige fosforlicht over de met maisplanten bedekte aarde uit[goten]', en over het land dat 'gloeide van het levende vuur, alsof het sterrenrijke hemelgewelf op het gras was neergedaald'.[54]

Humboldt schrok er niet voor terug om een wetenschappelijk werk met lyrische bespiegelingen te verluchtigen. Hij vond de vorm net zo belangrijk als de inhoud en verbood zijn uitgever ook maar een lettergreep te veranderen, uit angst dat de 'welluidendheid' van zijn zinnen verloren ging.[55] Gedetailleerde wetenschappelijke verhandelingen – die een groot deel van het boek in beslag namen – konden door de leek eenvoudig worden overgeslagen, omdat Humboldt ze had weggestopt in de noten aan het eind van ieder hoofdstuk.*

In *Ansichten der Natur* toonde Humboldt aan dat de natuur de menselijke verbeelding kon beïnvloeden. De natuur, zo schreef hij, stond

* Deze noten waren overigens juweeltjes.[56] Sommige waren een betoog op zich, andere bestonden uit gedachteflarden of wezen vooruit naar toekomstige ontdekkingen. Lang voordat Darwin zijn *On the Origin of Species* had geschreven, kwam Humboldt op deze plek al met ideeën over evolutie.

in een geheimzinnig soort verbinding met ons 'innerlijk leven'.[57] Een heldere blauwe lucht roept bijvoorbeeld andere gevoelens op dan een zwaar, donker wolkendek. Een tropisch landschap vol palmen en bananenbomen heeft een ander effect dan een luchtig bos met ranke, zilveren berken. Wat wij tegenwoordig vanzelfsprekend vinden – namelijk dat er een verband bestaat tussen de externe wereld en onze gemoedstoestand – was voor Humboldts lezers een openbaring. Alleen dichters hadden zich tot dan toe met dat soort ideeën ingelaten; wetenschappers nooit.

Ook hier beschreef hij de natuur als een web van leven,[58] met planten en dieren die van elkaar afhankelijk waren – een wereld die krioelde van leven. De nadruk lag vooral op de 'onderlinge samenhang tussen natuurkrachten'.[59] Hij vergeleek de woestijnen in Afrika met de Llanos in Venezuela en de heidevelden in Noord-Europa: gebieden die ver van elkaar lagen maar nu werden verenigd in 'één enkel beeld van de natuur'.[60] Het project waaraan hij was begonnen toen hij na de beklimming van de Chimborazo zijn eerste schets van de Naturgemälde had gemaakt, werd almaar verder uitgebouwd. Inmiddels hield het concept 'Naturgemälde', dat hij gebruikte om zijn nieuwe visie over te brengen, al veel meer in dan alleen een tekening; het kon ook een tekst zijn – zoals de *Ansichten der Natur* – een wetenschappelijke lezing, of een filosofisch principe.

Ansichten der Natur werd geschreven tegen de achtergrond van de wanhopige politieke situatie in Pruisen, in een tijd waarin Humboldt zich ellendig voelde, opgesloten in Berlijn.[61] Hij nodigde zijn lezers dan ook uit hem te vergezellen 'in het dichtste der bossen, door de onafzienbare steppen en op de hoge ruggen der Andesketen'. Want: 'In de bergen heerst vrijheid!'[62] Zo leidde hij hen een magische wereld binnen, ver van de oorlog en de 'woeste golven des levens'.[63]

Deze nieuwe natuurbeschrijvingen waren zo boeiend, schreef Goethe aan Humboldt, 'dat ik mij met u in de woestste streken stortte'.[64] Ook een andere kennis, de Franse schrijver François-René de Chateaubriand, vond de manier van schrijven zo buitengewoon, dat hij het gevoel had 'samen met Humboldt over de golven te varen en met hem te verdwalen in het hart van het woud'.[65] *Ansichten der Natur* zou voor vele generaties dichters en wetenschappers een bron van inspiratie vormen. Henry David Thoreau las het boek,[66] evenals Ralph Waldo Emerson, die verklaarde dat Humboldt 'de lucht definitief [had] schoongeveegd van al dat spinrag'.[67] En Charles Darwin zou zijn broer vragen een exemplaar van het boek naar Uruguay te sturen, waar hij het hoopte te kunnen oppikken als de Beagle daar aanlegde.[68] Later, in de tweede helft van de negentiende eeuw, gebruikte de sciencefictionschrijver Jules Verne Humboldts beschrijvingen van Zuid-Amerika voor zijn serie boeken over buitengewone reizen, waarbij hij hem vaak letterlijk citeerde in zijn dialogen.[69] Vernes *Le Superbe Orénoque* was een hommage aan Humboldt, en in zijn boek *Les Enfants du capitaine Grant* laat hij een Franse ontdekkingsreiziger beweren dat het geen zin heeft om de Pico del Teide te beklimmen, aangezien Humboldt dat al had gedaan: 'Wat valt er voor mij nog te bereiken na zo'n groot man?' vraagt monsieur Paganel.[70] Het was dus geen verrassing dat kapitein Nemo uit *Vingt mille lieues sous les mers* al Humboldts boeken in de kast had staan.[71]*

Terwijl hij daar in Berlijn vastzat, snakte Humboldt naar avontuur. Het liefst zou hij ontsnappen uit de stad die volgens hem niet door kennis, maar uitsluitend door 'bloeiende aardappelvelden' werd gesierd.[72] En in 1807 was de politiek hem eindelijk eens gunstig gezind. Frederik Willem III vroeg hem een Pruisische vredesmissie naar Parijs met zijn aanwezigheid te versterken. Prins Wilhelm, de jongere broer van de koning, werd uitgezonden om opnieuw te onderhandelen over de herstelbetalingen die Pruisen door de Fransen bij de Vrede van Tilsit waren opgelegd. De prins had iemand nodig die mensen op belangrijke posities kende en zo deuren kon openen voor diplomatiek overleg – en Humboldt, met zijn Parijse connecties, werd als de perfecte kandidaat gezien.

Humboldt liet zich niet bidden en vertrok halverwege november 1807 uit Berlijn. In Parijs deed hij wat hij kon, maar Napoleon was niet bereid tot compromissen. Toen prins Wilhelm na een paar maanden vergeefs onderhandelen weer terugreisde naar Pruisen, deed hij dat zonder Humboldt, die besloten had in Parijs te blijven. Dat was geen beslissing van het laatste moment geweest: hij had al zijn aantekeningen en manuscripten mee op reis genomen. Pruisen en Frankrijk mochten dan aartsvijanden zijn; Humboldt trok zich niets aan van politiek en patriottisme. Zijn Pruisische vrienden waren diep geschokt, net als zijn

* Deze drie boeken van Jules Verne zijn in het Nederlands verschenen onder de titels: *De korporaal en zijn pleegkind, De kinderen van kapitein Grant* en *20.000 mijlen onder zee* – vert.

broer, die niets begreep van zijn beslissing. 'Ik keur het niet goed dat Alexander in Parijs gaat wonen,' schreef Wilhelm aan Caroline, het was zelfzuchtig en onvaderlandslievend.[73]

Humboldt leek dat allemaal niet te deren. Hij schreef een brief aan Frederik Willem III, waarin hij uitlegde dat het gebrek aan wetenschappers, kunstenaars en uitgevers het hem onmogelijk maakte in Berlijn te werken en zijn bevindingen te publiceren.[74] Verbazingwekkend genoeg werd het hem toegestaan om in Parijs te blijven, terwijl hij zijn salaris als Pruisisch kamerheer gewoon kreeg doorbetaald. Het zou vijftien jaar duren voor hij zich weer in Berlijn liet zien.

11 Parijs

In Parijs viel Humboldt al snel terug in zijn oude ritme van koortsachtig werken en nauwelijks slapen. Het pijnigde hem voortdurend dat hij niet snel genoeg was, schreef hij aan Goethe.[1] Hij werkte aan zoveel boeken tegelijk dat hij zijn deadlines vaak niet haalde. Daarom begon hij zijn uitgevers te bestoken met allerlei wanhopige uitvluchten: een gebrek aan middelen voor het betalen van de graveurs die hij had ingehuurd om zijn boeken te illustreren, een 'melancholieke gemoedstoestand' en zelfs 'pijnlijke hemorroïdale aanvallen'.[2] De botanische publicaties lieten ook op zich wachten, want Bonpland was inmiddels eerste hovenier van Napoleons echtgenote Joséphine op Malmaison, haar landgoed even buiten Parijs. Bonpland werkte zo traag dat hij er acht maanden voor nodig had om slechts tien plantbeschrijvingen op papier te krijgen. 'Elke andere botanist in Europa had dat in twee weken gekund,' klaagde Humboldt.[3]

In januari 1810, iets meer dan twee jaar na zijn terugkeer in Frankrijk, voltooide hij eindelijk het eerste deel van *Vues des Cordillères, et monumens des peuples indigènes de l'Amerique* (Gezichten op de Andes en de monumenten van de inheemse volkeren van Amerika).[4] Dit was het lijvigste werk dat hij ooit zou publiceren: een foliant met negenenzestig prachtige gravures van vulkanen – waaronder de Chimborazo – Azteekse codices, kalenders van de Mexica, en nog veel meer.* Na elke gravure volgde een aantal pagina's met uitleg, maar de platen zelf vormden de essentie van het boek, dat een lofzang was op de natuur, de oude beschavingen en de bevolking van Latijns-Amerika. 'Natuur en kunst

* Codices zijn vroegkoloniale manuscripten van Spaanse geestelijken die met hulp van Meso-Amerikaanse informanten het precolumbiaanse verleden trachtten te reconstrueren – vert.

zijn in mijn werk nauw met elkaar verbonden,' schreef Humboldt aan Goethe toen hij het boek op 3 januari 1810 door een Pruisische koerier naar Weimar liet brengen.[5] Goethe ontving het een week later en kon er geen genoeg van krijgen.[6] Avond aan avond, al kwam hij nog zo laat thuis, verdiepte hij zich in Humboldts nieuwe wereld.[7]

Als Humboldt niet aan het schrijven was, deed hij experimenten of vergeleek hij de resultaten van zijn onderzoeken met die van anderen. Hij schreef een buitensporig aantal brieven. Collega's, vrienden en onbekenden werden bestookt met vragen over de meest uiteenlopende onderwerpen: de invoering van de aardappel in Europa, de geografische breedtegraad van het noordelijkste dorpje in Siberië of precieze cijfers over de slavenhandel.[8] Hij correspondeerde met collega's in heel Europa, maar ontving ook brieven uit Zuid-Amerika over het toenemende ressentiment jegens de Spaanse overheersers. Jefferson stuurde rapporten over verbeteringen van het binnenlands transport in de Verenigde Staten en voegde eraan toe dat Humboldt daar werd beschouwd als een van ''s werelds grote helden'.[9] In ruil stuurde Humboldt Jefferson zijn laatst uitgekomen werken.[10] Ook met Joseph Banks, de president van de Royal Society in Londen, die hij twintig jaar daarvoor had leren kennen, wisselde Humboldt nog regelmatig brieven uit.[11] Behalve zijn boeken stuurde hij hem gedroogde planten uit Zuid-Amerika, terwijl Banks zijn uitgebreide netwerk inzette zodra Humboldt informatie nodig had.

Humboldt holde van hot naar her. Een Duitse wetenschapper meldde dat hij 'in drie verschillende huizen' woonde, zodat hij overal en altijd kon werken en rusten.[12] Nu eens overnachtte hij in het observatorium, waar hij zijn studie van de sterren afwisselde met een paar uurtjes slaap; dan weer logeerde hij bij zijn vriend Joseph Gay-Lussac op de École Polytechnique, of bij Bonpland.* Tussen acht en elf uur 's ochtends legde hij bezoeken af bij jonge geleerden. Dat waren zijn 'zolderkameruurtjes',[14] zoals een collega vanwege de goedkope onderkomens van deze armlastige wetenschappers plagend opmerkte.

Een van deze nieuwe vrienden was François Arago, een getalenteerde

* In 1810 verhuisde Humboldt naar een appartement dat hij deelde met de Duitse plantkundige Karl Sigismund Kunth, de neef van zijn voormalige leermeester.[13] Deze had hij belast met het schrijven van zijn botanische publicaties, een taak waarvan Bonpland – na ettelijke op ruzie uitgelopen discussies – nu was ontheven.

jonge wiskundige en astronoom die werkzaam was aan het observatorium en de École Polytechnique. Met hem deelde Humboldt zijn hang naar avontuur. De autodidact Arago was in 1806 op twintigjarige leeftijd door de Franse overheid uitgezonden op een wetenschappelijke missie naar de Balearen.[15] Daar was hij echter door de Spanjaarden op verdenking van spionage gearresteerd. Een jaar lang had hij gevangengezeten in Spanje en Algiers, maar uiteindelijk had hij in 1809 weten te ontsnappen, met zijn kostbare aantekeningen verborgen onder zijn hemd. Toen deze gedurfde ontsnapping Humboldt ter ore kwam, schreef hij Arago meteen een brief waarin hij een ontmoeting voorstelde. Al snel werd Arago zijn beste vriend – misschien niet toevallig juist op het moment dat Gay-Lussac in het huwelijk trad.

Arago en Humboldt zagen elkaar vrijwel dagelijks. Ze werkten samen en deelden hun resultaten. Daarbij voerden ze regelmatig verhitte discussies die soms eindigden in ruzie. Humboldt had een groot hart, zei Arago, maar soms een wat al te scherpe tong.[16] Hun vriendschap had een stormachtig karakter. Volgens een collega gebeurde het regelmatig dat een van hen er 'mokkend als een kind' vandoor ging.[17] Ze bleven echter nooit lang kwaad op elkaar. Arago was een van de weinigen in wie Humboldt een onvoorwaardelijk vertrouwen had: aan hem durfde hij ook zijn angst en zijn onzekerheid te tonen. Ze waren net een 'Siamese tweeling',[18] schreef hij later, de vriendschap was de vreugde van zijn leven.[19] Hun relatie was zo hecht dat Wilhelm von Humboldt zich er zorgen over begon te maken. 'Je kent zijn behoefte om altijd met één persoon samen te zijn,' schreef hij aan Caroline.[20] Nu was die ene persoon Arago, en 'van hem wil hij niet gescheiden worden'.

Er zat Wilhelm echter nog meer dwars met betrekking tot zijn broer. Het bleef hem hinderen dat Alexander had besloten in Parijs – het hart van het vijandelijke gebied – te blijven wonen. Zelf was hij begin 1809 naar Berlijn teruggekeerd om daar minister van Onderwijs te worden. Op dat moment zat Alexander al in Parijs. Wilhelm was woedend toen hij merkte dat het familieslot in Tegel na de Slag bij Jena door Franse soldaten was geplunderd, en dat zijn broer niet eens de moeite had genomen hun bezittingen in te pakken om te voorkomen dat de boel gestolen werd. 'Alexander had alles kunnen redden,' klaagde hij tegen Caroline.[21]

In tegenstelling tot Alexander vervulde Wilhelm zijn vaderlandse plichten.[22] Eerst had hij zijn geliefde Rome verlaten om zich te wijden aan een grondige revisie van het Pruisische onderwijssysteem en de oprichting van de eerste Berlijnse universiteit. Daarna, in september 1810, was hij als Pruisisch gezant naar Wenen afgereisd. Hij werkte aan een alliantie tussen Oostenrijk, Pruisen en Rusland, zodat de strijd tegen Frankrijk hervat kon worden.

Wat Wilhelm betreft was Alexander 'opgehouden Duits te zijn'.[23] De meeste van diens boeken werden zelfs eerst in het Frans geschreven en gepubliceerd. Hij deed verschillende pogingen om zijn broer naar huis te lokken. Nadat hij de diplomatieke post in Wenen had aanvaard, stelde hij voor dat Alexander hem zou opvolgen als minister van Onderwijs. Alexanders antwoord was echter duidelijk: hij was absoluut niet van plan zich in Berlijn te laten begraven terwijl Wilhelm in Wenen de tijd van zijn leven had.[24] Uiteindelijk, zo grapte hij, woonde Wilhelm zelf blijkbaar ook liever elders.

Niet alleen Wilhelm en zijn landgenoten uitten hun zorgen over de woonplaats die Humboldt had gekozen; ook Napoleon had zo zijn twijfels. Al tijdens hun eerste ontmoeting, na Humboldts terugkeer uit Zuid-Amerika, had Napoleon in de vorm van kleinerende opmerkingen zijn afkeuring kenbaar gemaakt. 'U bent geïnteresseerd in plantkunde?' had hij op snerende toon gevraagd. 'Daar houdt mijn vrouw zich ook mee bezig.'[25] Napoleon mocht Humboldt niet, zei een vriend later, omdat deze 'zo star aan zijn eigen mening vasthield'.[26] Aanvankelijk had Humboldt nog geprobeerd Napoleon voor zich in te nemen door hem zijn boeken ten geschenke te doen,[27] maar hij werd genegeerd. Napoleon, zei Humboldt, 'heeft een hekel aan mij'.[28]

Voor de meeste andere geleerden was dit een goede tijd om in Frankrijk te verblijven, want Napoleon was een fervent voorvechter van de wetenschappen. In dit tijdperk van de rede werd de wetenschap steeds belangrijker voor de politiek. Kennis was macht en nooit eerder was de wetenschap het centrum van de macht zo dicht genaderd. Sinds het uitbreken van de Franse Revolutie werden veel ministeriële en politieke posities bekleed door wetenschappers, onder wie de naturalist Georges Cuvier en de wiskundigen Gaspard Monge en Pierre-Simon Laplace, Humboldts collega's aan de Académie des Sciences.[29]

Napoleon, die de wetenschappen net zo'n warm hart toedroeg als zijn militaire expedities, toonde zich tegenover Humboldt extreem weinig behulpzaam. Het kan zijn dat jaloezie hierbij een rol speelde, want Humboldt kwam met zijn veeldelige *Voyage aux régions équinoxiales du Nouveau Continent* gevaarlijk dicht in de buurt van Napoleons eigen trots en glorie: *Description de l'Égypte* (Beschrijving van Egypte).[30] Bijna tweehonderd wetenschappers hadden in 1798 de Franse troepen bij de invasie van Egypte vergezeld, met als doel alle beschikbare kennis over Egypte te verzamelen. *Description de l'Égypte* was het wetenschappelijke resultaat van deze veldtocht, en net als Humboldts publicaties was het een ambitieus project, dat uiteindelijk vorm kreeg in drieëntwintig delen met zo'n duizend afbeeldingen. Maar Humboldt, die noch de steun van een heel leger, noch de schijnbaar bodemloze schatkist van een rijk tot zijn beschikking had, bereikte meer: zijn *Voyage* bevatte uiteindelijk een groter aantal delen en gravures. Napoleon las Humboldts boeken wel; naar het schijnt was hij er zelfs vlak voor de Slag bij Waterloo nog in bezig.[31]

In het openbaar ontving Humboldt echter nooit enige steun van Napoleon, die hem bleef wantrouwen. Hij beschuldigde Humboldt van spionage en beval de geheime politie zijn brieven te openen. Humboldts bediende werd omgekocht voor informatie en zelfs zijn kamer werd meermalen doorzocht.[32] Toen Humboldt kort na zijn terugkeer uit Berlijn over een mogelijke expeditie naar Azië begon, gaf Napoleon een collega aan de Académie opdracht in het geheim een rapport te schrijven over de ambitieuze Pruisische wetenschapper.[33] In 1810 beval hij Humboldt opeens het land binnen vierentwintig uur te verlaten. Hij gaf daarvoor geen reden op, maar zei simpelweg dat Humboldt niet langer toestemming had te blijven. Pas toen de scheikundige Jean Antoine Chaptal (de toenmalige minister van Financiën) tussenbeide kwam, werd het bevel ingetrokken.[34] Het was een eer voor Frankrijk dat de beroemde Humboldt in Parijs woonde, zei Chaptal tegen Napoleon. Als Humboldt werd uitgewezen, verloor het land daarmee zijn grootste wetenschapper.

Ondanks Napoleons achterdocht droeg Parijs Humboldt op handen. Wetenschappers en denkers waren onder de indruk van zijn boeken en lezingen, collega-schrijvers genoten van zijn avontuurlijke verhalen en de Parijse beau monde was verrukt van zijn charme en spitsvondigheid. Hij spoedde zich van bijeenkomst naar bijeenkomst en van het ene diner naar het andere. Inmiddels was zijn roem zo wijdverbreid dat hij door een horde toeschouwers werd omringd wanneer hij nabij het Odéon in Café Procope zat te ontbijten.[35] Taxichauffeurs hadden genoeg aan de aanwijzing 'chez Monsieur de Humboldt' om hun klanten op het juiste adres te kunnen afleveren.[36] Humboldt was, zo merkte een Amerikaanse bezoeker op, het 'idool van de Parijse gemeenschap'.[37]

Hij bezocht iedere avond vijf verschillende salons, waar hij een haastig praatje van een halfuur hield en vervolgens weer verdween. Hij was alom aanwezig, zei een Pruisische diplomaat,[38] en de rector van Harvard University schreef tijdens zijn bezoek aan Parijs dat Humboldt 'in elk onderwerp thuis' was.[39] Volgens een kennis was Humboldt 'dronken van liefde voor de wetenschap'.[40]

In salons en op soirees trof Humboldt wetenschappers, maar ook bekende kunstenaars en denkers.[41] Ook hier trok hij als ongetrouwde en aantrekkelijke man de aandacht van de vrouwen. Eén vrouw, die wanhopig verliefd op hem was, sprak over een 'laagje ijs' onder zijn altijd aanwezige glimlach.[42] Toen ze hem vroeg of hij nooit had liefgehad, antwoordde hij dat hij een vurige passie koesterde voor de wetenschap, zijn 'eerste en enige liefde'.

Humboldt sprak zacht,[43] maar sneller dan ieder ander. Hij bleef nooit lang ergens hangen, maar was, zoals een van de gastvrouwen vertelde, net een 'dwaallicht'.[44] Het ene moment was hij er nog, het volgende was hij verdwenen. Hij was 'slank, elegant en lichtvoetig als een Fransman',[45] met onhandelbaar haar en een levendige blik. Inmiddels was hij begin veertig, maar hij zag er minstens tien jaar jonger uit. Als Humboldt ergens arriveerde, zo herinnerde een vriend zich, was het alsof de 'sluizen van zijn welsprekendheid' zich openden.[46] Wilhelm, die soms wat al te veel verhalen van zijn broer moest aanhoren, liet zich na een bijzonder lange sessie tegen Caroline ontvallen dat zijn oren pijn deden van de woordenstroom die 'onverbiddelijk langsraasde'.[47] Een kennis vergeleek Humboldt met een 'te sterk geladen apparaat' dat niet meer op kon houden.[48] Eigenlijk, zo meende een ander, sprak Humboldt alsof hij 'hardop dacht'.[49]

Sommigen vreesden zijn scherpe tong zozeer, dat ze nooit ergens weggingen voordat Humboldt was vertrokken, bezorgd als ze waren het mikpunt van zijn bijtende spot te zullen worden.[50] Hij werd weleens vergeleken met een meteoor die door de kamer zoefde.[51] Tijdens diners was hij voortdurend aan het woord, waarbij hij van het ene onderwerp op het andere sprong. Het ene moment had hij het nog over gekrompen hoofden, zo memoreerde een kennis, maar toen een van de gasten degene naast hem zachtjes om het zout vroeg en vervolgens zijn aandacht weer op Humboldt richtte, was deze al bezig aan een monoloog over het Assyrische spijkerschrift.[52] Humboldt was een boeiende figuur met een scherpe geest die geen vooroordelen kende.[53]

In deze jaren hadden vermogende Parijzenaars niet veel last van de aanhoudende Coalitieoorlogen.[54] Het Franse leger was onderweg naar het verre Rusland en dus veranderde er weinig in het leven van Humboldt en zijn vrienden en collega's. Met iedere overwinning van Napoleon nam de Parijse welvaart toe. Overal in de stad werd gebouwd. Er werden nieuwe paleizen besteld en de fundamenten voor de Arc de Triomphe werden gelegd, hoewel het nog bijna dertig jaar zou duren voordat de bouw voltooid was. Het aantal inwoners van de stad, dat ten tijde van Humboldts terugkeer uit Zuid-Amerika in 1804 iets meer dan vijfhonderdduizend bedroeg, nam in tien jaar tijd toe tot ongeveer zevenhonderdduizend.[55]

Terwijl Napoleon bezig was Europa onder zijn heerschappij te brengen, keerde zijn leger terug met karrenvrachten buitgemaakte kunstwerken, waarmee de musea in Parijs werden gevuld. De schatten stroomden binnen: Griekse beelden, Romeinse kostbaarheden, Renaissanceschilderijen en verfijnde sculpturen uit Egypte. Ter ere van zijn overwinningen liet Napoleon een vierenveertig meter hoge triomfzuil neerzetten: de Colonne Vendôme, gebouwd naar het voorbeeld van de zuil van Trajanus in Rome. Twaalfduizend vijandelijke kanonnen werden gesmolten en gebruikt voor het spiraalsgewijs oplopende vlakreliëf. Bovenop stond een standbeeld van een als Romeinse keizer geklede Napoleon, die uitkeek over zijn stad.

In 1812 verloren de Fransen in Rusland echter bijna een half miljoen soldaten. Door de Russische tactiek van de verschroeide aarde, waarbij hele dorpen en landbouwgebieden in brand werden gestoken zodat de Franse soldaten geen voedsel hadden, werd Napoleons leger gedecimeerd. Toen de Russische winter aanbrak, bleven er van het Grande Armée uiteindelijk nog geen dertigduizend manschappen over. Dit was het keerpunt in de napoleontische oorlogen. De Parijse straten raakten gevuld met invaliden – de gewonden die van het slagveld waren teruggekeerd – en de Parijzenaars beseften dat Frankrijk de oorlog wel eens zou kunnen verliezen. Het was 'het begin van het einde', zoals Talleyrand, Napoleons voormalige minister van Buitenlandse Zaken, het uitdrukte.[56]

Eind 1813 had het Britse leger onder leiding van de hertog van Wellington de Fransen uit Spanje verdreven, en een coalitie bestaande uit Oostenrijk, Rusland, Zweden en Pruisen had Napoleon in oktober van dat jaar in de Slag bij Leipzig vernietigend verslagen. Bij deze veldslag

– ook wel de Volkerenslag genoemd – waren bijna zeshonderdduizend soldaten betrokken, waarmee het de grootste veldslag in Europa vóór de Eerste Wereldoorlog was. Onder de velen die meehielpen het Franse leger ten val te brengen bevonden zich Russische Kozakken, Mongoolse ruiters, Zweedse reservisten, Oostenrijkse grenstroepen en Silezische dienstplichtigen.

Toen de geallieerden vijfenhalve maand later, eind maart 1814, over de Champs-Élysées marcheerden, kon zelfs de frivoolste Parijzenaar de realiteit niet langer ontkennen. Zo'n honderdzeventigduizend Oostenrijkers, Russen en Pruisen arriveerden in Parijs,[57] wierpen het standbeeld van Napoleon van de Colonne Vendôme en vervingen het door een witte vlag. De Britse schilder Benjamin Robert Haydon, die destijds in Parijs verbleef, beschreef de krankzinnige optocht: half ontklede Kozakkenruiters met hun gordel vol geweren, forse soldaten van de Russische Keizerlijke Garde met hun 'strak ingesnoerde wespentaille',[58] Engelse officieren met glimmend geboend gezicht, gezette Oostenrijkers, keurig uitgedoste Pruisische militairen en met pijl-en-boog uitgeruste Tataren in maliënkolder vulden de straten. Ze straalden zo'n triomf uit dat elke Parijzenaar 'binnensmonds vloekte'.[59]

Op 6 april 1814 werd Napoleon verbannen naar Elba, een eilandje in de Middellandse Zee. Binnen een jaar slaagde hij er echter in te ontsnappen, een leger van tweehonderdduizend man bijeen te brengen en terug te keren naar Parijs. Het was een laatste wanhopige poging om Europa te veroveren, maar enkele weken later, in juni 1815, werd hij in de Slag bij Waterloo verslagen door de Britten en de Pruisen. Ditmaal werd hij verbannen naar het verafgelegen Sint-Helena, een piepklein eilandje in de zuidelijke Atlantische Oceaan, bijna tweeduizend kilometer ten westen van de Afrikaanse kust en zo'n drieduizend kilometer ten oosten van Zuid-Amerika. Hij keerde nooit meer naar Europa terug.

In 1806 was Humboldt er getuige van geweest dat Napoleon Pruisen verpletterde. Nu, acht jaar later, zag hij de geallieerden triomfantelijk terugkeren in Frankrijk, het land dat hij als zijn tweede vaderland beschouwde.[60] Het was pijnlijk om te merken dat de idealen van de Franse Revolutie – persoonlijke en politieke vrijheid – leken te verdwijnen, schreef hij aan James Madison, die inmiddels Jefferson als president van de Verenigde Staten had opgevolgd.[61] Hij verkeerde in een netelige positie. Wilhelm, die nog steeds Pruisisch gezant in Wenen was en nu met de geallieerden naar Parijs kwam, vond zijn broer eerder een Franse dan een Duitse indruk maken.[62] Alexander voelde zich ook beslist niet prettig; hij klaagde over 'aanvallen van melancholie' en steeds terugkerende buikpijn.[63] Toch bleef hij in Parijs.

Er volgde openlijke kritiek. Zo werd hij er in de Duitse krant de *Rheinischer Merkur* van beschuldigd dat hij zijn vriendschap met de Fransen belangrijker vond dan de 'eer' van zijn eigen volk. De diep gekwetste Humboldt schreef een woedende reactie aan de auteur van het artikel, maar hij bleef wel in Frankrijk.[64] En al kostte het hem moeite om het juiste evenwicht te vinden, de wetenschap had baat bij zijn besluit. Sinds de komst van de geallieerden waren diefstal en plundering aan de orde van de dag. Soms waren die rooftochten gerechtvaardigd – bijvoorbeeld wanneer gestolen kunstwerken uit Franse musea werden gehaald om aan de rechtmatige eigenaars te worden teruggegeven – maar meestal gedroegen de geallieerde manschappen zich als een ongedisciplineerde bezettingsmacht. Toen het Pruisische leger plannen maakte om de Jardin des Plantes om te bouwen tot legerplaats, vroeg de Franse naturalist Georges Cuvier Humboldt om hulp. Deze zette zijn contacten in en haalde de Pruisische generaal ertoe over zijn troepen elders onder te brengen.[65] Een jaar later, toen de Pruisen na hun overwinning bij Waterloo naar Parijs terugkeerden, wist Humboldt opnieuw de waardevolle collecties van de Jardin des Plantes te redden. Cuvier maakte zich zorgen over zijn schatten omdat tweeduizend soldaten naast de botanische tuin hun kamp hadden opgeslagen. Ze maakten de dieren in de menagerie onrustig, zei hij tegen Humboldt, en zaten met hun vingers aan allerlei zeldzame objecten. Na een bezoekje aan de Parijse commandant kreeg Humboldt de verzekering dat de planten en dieren geen gevaar liepen.

Er arriveerden niet alleen soldaten in Parijs. Al snel kwamen er ook toeristen, vooral uit Groot-Brittannië, van waaruit niemand gedurende de lange jaren van de Coalitieoorlogen naar Parijs had kunnen reizen. Velen kwamen om de schatten in het Louvre te bewonderen, want geen enkel ander Europees museum beschikte over zoveel kunstwerken. Studenten maakten schetsen van beroemde schilderijen en beeldhouwwerken voordat die werden afgevoerd door werklui met ladders, touwen en kruiwagens om te worden ingepakt en aan de eigenaars te worden teruggegeven.[66]

Ook Britse wetenschappers vonden hun weg naar de Franse hoofdstad en klopten dan onveranderlijk bij Humboldt aan. Een voormalig

Naast een grote botanische tuin beschikte de Jardin des Plantes in Parijs ook over een menagerie en een natuurhistorisch museum.

secretaris van de Royal Society, Charles Blagden, kwam bij hem langs,[67] evenals Humphry Davy, toekomstig president van datzelfde instituut.[68] Misschien was Davy wel degene die nog het meest volgens Humboldts idealen leefde: hij was namelijk dichter én chemicus. Zo vulde hij zijn aantekenschriften aan één kant met verslagen van experimenten, terwijl hij op de andere bladzijde noteerde wat hij bij het uitvoeren van die experimenten had gevoeld. Zijn voordrachten aan het Royal Institution in Londen waren zo beroemd dat er op de dagen dat hij kwam spreken opstoppingen ontstonden in de straten rondom het gebouw.[69] De dichter Samuel Taylor Coleridge, ook een groot bewonderaar van Humboldts werk, kwam naar Davy luisteren om, zoals hij zei, 'zijn voorraad metaforen aan te vullen'.[70] Net als Humboldt geloofde Davy dat zowel de verbeelding als de rede nodig was om de filosofische geest te vervolmaken. Verbeelding en rede vormden de 'scheppende kracht achter iedere ontdekking'.[71]

Hoewel Humboldt ervan genoot om ideeën en informatie met andere wetenschappers uit te wisselen, vormde het leven in Europa voor hem in toenemende mate een bron van frustratie. Zijn onrust was na al deze jaren van politieke aardverschuivingen nog altijd even groot en nu Europa zo verdeeld was, had hij weinig reden om er nog te blijven. 'Ik heb een sombere kijk op de wereld,' schreef hij aan Goethe.[72] Hij miste de tropen en zou zich pas weer beter voelen als hij 'in de hete zone' woonde.

12 Natuur en revolutie

Humboldt en Simón Bolívar

Ik kwam, gehuld in een mantel van Iris, van waar de overvloedige Orinoco eer bewijst aan de god van de wateren. Ik had de betoverde bronnen van de Amazone bezocht en wilde de uitkijktoren van het universum beklimmen. Ik zocht de sporen van La Condamine en van Humboldt, volgde ze stoutmoedig, niets hield mij tegen; ik bereikte de ijskap, de bovenlucht benauwde mijn ademhaling. Geen enkele menselijke voet had de diamantine kroon, die de handen van de eeuwigheid op de verheven slapen van de heerser over het Andesgebergte hadden geplaatst, ontheiligd. Ik zei tegen mijzelf: deze Irismantel die mij als vaandel heeft gediend, heeft in mijn handen helse gebieden doorkruist, rivieren en zeeën bevaren, de schouders van de Anders beklommen; de aarde heeft zich aan de voet van Colombia geëffend, de tijd heeft het spoor van de vrijheid niet kunnen tegenhouden. Bellona is vernederd door de schittering van Iris, zou ik dan niet over de witte haardos van de kolos der aarde kunnen klauteren?

Ja, dat kan ik! En meegesleept door het geweld van een mij onbekende geest die me goddelijk voorkwam, liet ik, gehuld in de eeuwige kristallen die de Chimborazo omsluiten, de sporen van Humboldt achter me.

Simón Bolívar, ‘Mi delirio sobre el Chimborazo’ (Mijn delirium op de Chimborazo), 1822[1]

Het was niet Humboldt, maar zijn vriend Simón Bolívar die naar Zuid-Amerika terugkeerde. In 1807, drie jaar na hun eerste ontmoeting in Parijs, was Bolívar vertrokken uit Europa, vervuld van verlichte ideeën over vrijheid, de scheiding der machten en het sociaal contract tussen volk en heerser.[2] Zodra hij voet op Zuid-Amerikaanse bodem had gezet, wijdde hij zich aan het vervullen van de gelofte die hij op de Monte Sacro in Rome had afgelegd: het bevrijden van zijn land. De strijd tegen de Spanjaarden zou echter lang en bloedig worden, een opstand waarin goede vrienden elkaar zouden verraden. Pas na een genadeloos en vaak vernietigend conflict dat bijna twintig jaar zou duren, zouden de Spanjaarden het veld ruimen en zou Bolívar tot heerser worden uitgeroepen.

De inspiratie voor deze strijd was deels ingegeven door Humboldts werken. Het leek wel alsof zijn beschrijvingen van de natuur en de bevolking de kolonisten ervan bewust maakten hoe uniek en prachtig hun land eigenlijk was. Humboldts fantastische natuurschilderingen en zijn kritiek op kolonialisme en slavernij vormden een impuls voor de bevrijding van Latijns-Amerika. In 1809, twee jaar nadat het in Duitsland was verschenen, werd de Spaanse vertaling van *Ideen zu einer Geographie der Pflanzen* gepubliceerd in een wetenschappelijk tijdschrift dat in Bogotá was opgericht door Francisco José de Caldas,[3] een van de wetenschappers die Humboldt tijdens zijn expeditie in de Andes had ontmoet. Humboldt had Zuid-Amerika 'met zijn pen' gewekt, zei Bolívar later.[4] Hij had aangetoond dat de Zuid-Amerikanen heel wat redenen hadden om trots te zijn op hun continent. Tot op de dag van vandaag is Humboldts naam in Latijns-Amerika veel bekender dan in grote delen van Europa en de Verenigde Staten.

De Chimborazo en de Carihuairazo in het huidige Ecuador – een van de vele fraaie illustraties in Humboldts *Vues des Cordillères*

Gedurende de hele revolutie zou Bolívar zijn ideeën illustreren met metaforen uit de natuur, alsof hij met Humboldts pen schreef. Hij sprak over een 'stormachtige zee'[5] en vergeleek 'het dienen van de revolutie' met 'het ploegen van de zee'.[6] Tijdens de lange jaren van opstanden en veldslagen sprak hij zijn landgenoten moed in door beelden op te roepen van Zuid-Amerikaanse landschappen. Hij sprak van schitterende uitzichten en beweerde dat hun continent 'het middelpunt van het universum' was,[7] allemaal om zijn medeopstandelingen eraan te herinneren waar ze uiteindelijk voor vochten. Soms, als de chaos leek te overheersen, gebruikte hij het concept van de wildernis om een diepere betekenis te vinden. Hij zocht parallellen tussen de woeste natuur en de wreedheid van de mens, en hoewel dat niets veranderde aan de gruwelijke omstandigheden, ging er vreemd genoeg toch iets troostends van uit. Tijdens de strijd waarin de koloniën zich van de Spaanse ketenen probeerden te bevrijden, werden deze beelden, metaforen en allegorieën uit de natuur Bolívars vrijheidstaal.

Bossen, bergen en rivieren wakkerden zijn verbeelding aan. Hij was een 'echte natuurliefhebber', zei een van zijn generaals later.[8] 'Mijn ziel is geroerd door de aanwezigheid van de ongerepte natuur,' verklaarde Bolívar.[9] Hij was altijd al graag buiten geweest en als jongeman had hij genoten van het leven op het platteland en het verbouwen van gewassen. Zijn hechte band met de natuur was ontstaan in de omgeving van San Mateo, de familiehaciënda van de Bolívars in de buurt van Caracas, waar hij dag in, dag uit te paard door bossen en velden trok. Vooral bergen bekoorden hem, omdat ze hem aan thuis deden denken. Tijdens zijn voettocht van Frankrijk naar Italië, in de lente van 1805, waren het de Alpen geweest die zijn gedachten weer naar zijn eigen land hadden gevoerd,[10] weg van het gokken en drinken in Parijs. Tegen de tijd dat hij in Rome Humboldt weer ontmoette, had het idee van een opstand al bij hem postgevat, en toen hij in 1807 naar Venezuela terugkeerde, voelde hij vanbinnen 'een vuur branden' om zijn land te bevrijden, zei hij later.[11]

De Spaanse koloniën in Latijns-Amerika waren verdeeld in vier onderkoninkrijken, die samen zo'n zeventien miljoen inwoners telden. Het onderkoninkrijk Nieuw-Spanje bestond uit Mexico en delen van Californië en Midden-Amerika. Nieuw-Granada bestreek een groot deel van noordelijk Zuid-Amerika: het huidige Panama, Ecuador en Colombia en delen van Noordwest-Brazilië en Costa Rica. Verder naar het zuiden lagen de onderkoninkrijken Peru en Río de la Plata. Río de la Plata, waarvan Buenos Aires de hoofdstad was, omvatte delen van het huidige Argentinië, Paraguay en Uruguay. Naast de onderkoninkrijken waren er de zogenaamde kapiteinsgeneraliteiten, zoals Venezuela, Chili en Cuba. Kapiteinsgeneraliteiten waren zelfstandig functionerende districten, een soort kleine onderkoninkrijken. Dit reusachtige rijk hield de Spaanse economie al drie eeuwen gaande, maar met het verlies van het uitgestrekte Louisianaterritorium, dat deel had uitgemaakt van het onderkoninkrijk Nieuw-Spanje, was het eerste scheurtje in het pantser verschenen. De Spanjaarden hadden het gebied moeten afstaan aan de Fransen, die het op hun beurt in 1803 aan de Verenigde Staten hadden verkocht.

De napoleontische oorlogen hadden van de Spaanse koloniën een zware tol geëist. Door Britse en Franse blokkades was de overzeese handel ingezakt, met grote verliezen aan inkomsten tot gevolg. Tezelfdertijd beseften vermogende criollo's als Bolívar dat de verzwakte positie van Spanje in hun voordeel kon worden aangewend. De Britten hadden in 1805 in de Slag bij Trafalgar, de belangrijkste zeeslag tijdens de Derde Coalitieoorlog, een groot aantal Spaanse oorlogsschepen vernietigd. Twee jaar later viel Napoleon het Iberisch Schiereiland binnen. De Spaanse koning, Ferdinand VII, werd gedwongen af te treden ten gunste van Napoleons broer. Hierdoor was Spanje van een wereldmacht gereduceerd tot een speeltje in Franse handen. Nu de koning was afgezet en het moederland bezet werd door een buitenlandse legermacht, kregen sommige Zuid-Amerikanen hoop op een andere toekomst.[12]

In 1809, een jaar na de abdicatie van Ferdinand VII, klonk in Quito de eerste roep om onafhankelijkheid: de creolen schoven de Spaanse bestuurders aan de kant. Een jaar later, in mei 1810, volgden de kolonisten in Buenos Aires hun voorbeeld. Een paar maanden nadien stond in het stadje Dolores – ruim driehonderd kilometer ten noordwesten van Mexico-Stad – een priester met de naam Miguel Hidalgo y Costilla op. Hij verenigde creolen, mestiezen, indianen en vrijgelatenen in hun gezamenlijke strijd tegen de Spaanse overheersing. Binnen een maand had hij een leger van zestigduizend man op de been gebracht.[13] Tegen de achtergrond van al die onrust en opstandigheid in de Spaanse onderkoninkrijken verklaarde de creoolse elite van Venezuela zich op 5 juli 1811 onafhankelijk.

Negen maanden later leek de natuur zich echter aan de zijde van de

Spanjaarden te scharen. Op de middag van 26 maart 1812, toen de inwoners van Bolívars geboortestad Caracas dicht opeengepakt in de kerk zaten voor de paasdienst, werd de stad getroffen door een aardbeving waarbij duizenden doden vielen. Kerken en kathedralen stortten in, de gelovigen werden begraven onder het puin en de lucht was dik van het stof. Bolívar was wanhopig toen hij de ravage overzag. Velen beschouwden de aardbeving als een teken van Gods toorn. Priesters riepen de 'zondaars' toe dat dit een uiting was van 'goddelijke gerechtigheid', een straf voor hun rebellie.[14] Bolívar, die in zijn hemdsmouwen tussen het puin stond, had echter niets van zijn opstandigheid verloren. 'Als de natuur zelf besluit ons tegen te werken,' zei hij, 'zullen we haar dwingen ons te gehoorzamen.'[15]

Acht dagen later volgde er een nieuwe aardbeving, die het toch al schrikbarende dodental op twintigduizend bracht, ongeveer de helft van de bevolking van Caracas.[16] Toen er op de plantages ten westen van het Valenciameer een slavenopstand uitbrak waarbij haciënda's werden geplunderd en eigenaars werden gedood, werd heel Venezuela ondergedompeld in anarchie. Bolívar had op dat moment de leiding over de strategisch belangrijke havenstad Puerto Cabello aan de noordkust van Venezuela, honderdvijftig kilometer ten westen van Caracas. Hij had slechts vijf officiers en drie soldaten ter beschikking en maakte geen enkele kans toen de Spaanse troepen arriveerden. Binnen een paar weken gaven de republikeinse strijders zich over, en ruim een jaar nadat de creolen zich onafhankelijk hadden verklaard, hield de zogenoemde Eerste Republiek op te bestaan. De Spaanse vlag werd weer gehesen en Bolívar vluchtte eind augustus 1812 naar het Caribische eiland Curaçao.[17]

Terwijl in Zuid-Amerika de ene opstand na de andere uitbrak, werd Humboldt door de Amerikaanse president Thomas Jefferson bestookt met vragen: als de revolutionairen hun zin kregen, wat voor soort regering zouden zij dan vormen, en zou de maatschappij gebaseerd zijn op gelijkheid? Of zou het despotisme zegevieren? 'U kunt deze vragen beter beantwoorden dan wie dan ook,' schreef Jefferson.[18] Als een van de pioniers van de Noord-Amerikaanse Revolutie had hij grote belangstelling voor de Spaanse koloniën, en vreesde hij oprecht dat er in Zuid-Amerika geen republikeinse regeringen zouden komen.[19] Tegelijkertijd maakte hij zich zorgen over de economische gevolgen die het voor zijn eigen land zou hebben als het zuidelijk continent onafhankelijk werd. Nu de koloniën nog onder Spaanse heerschappij vielen, exporteerden de Verenigde Staten enorme hoeveelheden graan naar Zuid-Amerika. Maar zodra dat land eenmaal stopte met de teelt van handelsgewassen, zouden de Zuid-Amerikaanse productie en handel 'concurrentie vormen voor de onze', zo schreef hij aan de Spaanse gezant in Washington.[20]

Ondertussen beraadde Bolívar zich op volgende stappen, en eind oktober 1812, twee maanden nadat hij Venezuela was ontvlucht, kwam hij aan in Cartagena, een havenstad aan de noordkust van het onderkoninkrijk Nieuw-Granada, in het huidige Colombia.[21] Hij zat boordevol ideeën voor een sterk Zuid-Amerika waar de koloniën gezamenlijk de strijd zouden aangaan, in plaats van elk afzonderlijk, zoals dat eerder was gebeurd. Aan het hoofd van een bescheiden leger, maar naar het schijnt in het bezit van Humboldts uitstekende kaarten,[22] opende hij honderden kilometers van huis een gewaagd guerrillaoffensief. Hij had weliswaar geen uitgebreide militaire opleiding genoten, maar toch wist hij op weg van Cartagena naar Venezuela de royalisten te overrompelen in onherbergzame gebieden – hoog in de bergen, diep in de bossen en bij rivieren die vergeven waren van de slangen en de krokodillen. Langzaam maar zeker verkreeg hij de controle over de Río Magdalena, de rivier waarover Humboldt meer dan tien jaar daarvoor van Cartagena naar Bogotá was gereisd.

Tijdens zijn veroveringstochten hield hij bezielende toespraken voor de inwoners van Nieuw-Granada. 'Waar het Spaanse Rijk heerst,' verkondigde hij, 'daar heersen dood en verderf!'[23] Onderweg rekruteerde hij nieuwe soldaten. Hij was ervan overtuigd dat de koloniën van Zuid-Amerika zich moesten verenigen. Als de ene kolonie geknecht was, was de andere het ook, schreef hij. De Spaanse kroon was als 'gangreen' dat alles zou aantasten, tenzij zij 'als een geïnfecteerd lichaamsdeel werd afgehakt'.[24] Het was het gebrek aan eenheid tussen de koloniën onderling, en niet het Spaanse leger, dat Zuid-Amerika fataal kon worden.[25] De Spanjaarden waren 'sprinkhanen' die vraten aan de 'zaden en wortels van de boom der vrijheid',[26] een plaag die slechts verdelgd kon worden als hun tegenstanders als één front opereerden. Met mooie woorden, donderpreken en dreigementen probeerde hij de Nieuw-Granadezen over te halen zich bij hem aan te sluiten op zijn tocht naar Venezuela, en Caracas te helpen bevrijden.

Als Bolívar zijn zin niet kreeg, kon hij bruusk en beledigend uit de hoek komen. 'Vooruit! Óf jij schiet mij neer, en anders, bij God, dan schiet ik jou aan flarden,' schreeuwde hij toen een officier weigerde het Venezolaanse grondgebied te betreden.[27] 'Ik moet tienduizend geweren hebben,' gebood hij bij een andere gelegenheid, 'anders word ik gek.'[28] Met zijn vasthoudendheid wist hij velen te overtuigen.

Hij was een man vol tegenstellingen, die zich in een hangmat in het regenwoud net zo op zijn gemak voelde als op een tjokvolle dansvloer. Hij schreef in haast het concept van de eerste Venezolaanse grondwet terwijl hij in een kano over de Orinoco voer, maar stelde ook eens een militaire operatie uit omdat hij zelf op een geliefde wilde wachten.[29] Dansen noemde hij 'de poëzie van de beweging',[30] maar hij was ook in staat in koelen bloede de executie van honderden gevangenen te decreteren. Als hij in een goed humeur was, kon hij heel charmant zijn, maar was hij geïrriteerd, dan werd hij 'woest'.[31] Zijn stemming kon zo snel omslaan dat het verschil 'ongelofelijk' was, zei een van zijn generaals.

Simón Bolívar

Bolívar was een man van actie, maar geloofde tegelijkertijd dat het geschreven woord de macht had om de wereld te veranderen. Op latere campagnes zou hij nooit reizen zonder een drukpers, die hij dwars door de Andes en de uitgestrekte vlakten van de Llanos mee liet dragen.[32] Hij had een scherp en snel verstand; vaak dicteerde hij talloze brieven tegelijkertijd aan verschillende personen en hij stond bekend om zijn impulsieve beslissingen.[33] Sommige mannen hadden afzondering nodig om te kunnen nadenken, zei hij, maar hij kon het best 'delibereren, filosoferen en reflecteren te midden van feestelijkheden, tijdens het vertier en de herrie van een bal'.[34]

Vanaf de Río Magdalena trokken Bolívar en zijn mannen door de bergen naar Venezuela, waarbij ze onderweg de troepen van de royalisten bestreden en versloegen. In de lente van 1813, zes maanden nadat hij in Cartagena voet aan land had gezet, bevrijdde hij Nieuw-Granada. Venezuela was echter nog in Spaanse handen. In mei 1813 daalde zijn leger uit de bergen af naar de hoge vallei waarin de Venezolaanse stad Mérida lag.[35] Toen de Spanjaarden hoorden dat Bolívar eraan kwam, vluchtten ze in paniek uit Mérida weg. Bolívar en zijn koortsige, hongerige en in gescheurde lompen gehulde troepen werden als helden binnengehaald. De inwoners van de stad gaven Bolívar de bijnaam 'El Libertador' (de bevrijder) en zeshonderd rekruten meldden zich aan voor zijn leger.

Drie weken later, op 15 juni 1813, liet hij een meedogenloos decreet uitvaardigen, waarin hij een 'oorlog op leven en dood' afkondigde.[36] Alle Spanjaarden die weigerden aan de kant van zijn leger mee te vechten, waren daarmee ter dood veroordeeld. Het decreet was wreed maar effectief. Nu er Spanjaarden werden geëxecuteerd, liepen de royalisten over naar de republikeinen. Hoe dichter het leger Caracas naderde, hoe groter het aantal soldaten werd. Toen Bolívar op 6 augustus in de hoofdstad aankwam, waren alle Spanjaarden er weggevlucht. Caracas werd zonder slag of stoot genomen. 'Jullie bevrijders zijn van de oevers van de gezwollen Río Magdalena en door de bloeiende valleien van Aragua naar jullie toe gekomen,' hield hij de bewoners voor.[37] Hij sprak over de uitgestrekte plateaus die ze waren overgestoken en de hoge bergen die ze hadden beklommen – beschrijvingen van de ruige Zuid-Amerikaanse natuur die tegelijkertijd een beeldspraak vormden voor hun overwinningen.

Terwijl Bolívars soldaten een spoor van bloed door Venezuela trokken, waarbij vrijwel elke Spanjaard die ze tegenkwamen werd gedood, stond er ook een ander leger op: de 'legioenen van de hel'.[38] Dit leger, dat bestond uit mestiezen, slaven en ruige mannen uit de Llanos, stond onder leiding van de woeste, sadistische José Tomás Boves, een Spanjaard die als veehandelaar in de Llanos had gewerkt. De soldaten van Boves zouden uiteindelijk tachtigduizend republikeinen doden.[39] Ze vochten tegen Bolívars creolenelite, die ze als veel gevaarlijker beschouwden dan de Spaanse overheersers. Bolívars revolutie liep uit op een genadeloze burgeroorlog. Een Spaanse functionaris beschreef Venezuela als een gebied waar de dood heerste: 'Steden die ooit duizenden inwoners hadden, hebben er nu nog maar een paar honderd of zelfs enkele tientallen.'[40] Dorpen werden platgebrand en de onbegraven lijken lagen te rotten langs de straten en in de velden.

Humboldt had voorspeld dat de Zuid-Amerikaanse strijd om onafhankelijkheid een bloedige zou zijn, omdat de koloniale maatschappij zo diep verdeeld was. Drie eeuwen lang hadden de Europeanen er alles aan gedaan de 'haat tussen de verschillende kasten' te bestendigen, schreef hij aan Jefferson.[41] Creolen, mestiezen, slaven en indianen vormden geen gemeenschap, maar afzonderlijke groepen die elkaar wantrouwden. Het was een waarschuwing die Bolívar nog lang zou achtervolgen.

Spanje zelf was intussen bevrijd uit Napoleons militaire greep en kon zich weer gaan bezighouden met zijn onhandelbare koloniën. Ferdinand VII, die weer op de troon had plaatsgenomen, stuurde een enorme oorlogsvloot van zo'n zestig schepen met meer dan veertienduizend soldaten naar Zuid-Amerika – de grootste vloot die Spanje ooit naar de Nieuwe Wereld had gezonden.[42] Toen de Spanjaarden in april 1815 in Venezuela aankwamen, maakte het leger van Bolívar, dat verzwakt was door de gevechten tegen Boves, geen enkele kans. In mei hadden de royalisten Caracas in handen en de revolutie leek voorgoed voorbij.

Opnieuw vluchtte Bolívar zijn land uit, deze keer naar Jamaica, van waaruit hij internationale steun probeerde op te trommelen. Hij schreef een brief aan Lord Wellesley, de voormalige Britse minister van Buitenlandse Zaken, waarin hij uitlegde dat de kolonisten de hulp van de Britten nodig hadden. 'De mooiste helft van de aarde,' zo waarschuwde hij, zou anders worden 'gereduceerd tot een woestenij'.[43] Desnoods was hij bereid om helemaal naar de Noordpool te lopen, voegde hij eraan toe. Maar noch Engeland noch de Verenigde Staten waren op dat moment van zins om zich te mengen in de explosieve Spaanse koloniale politiek.

James Madison, de vierde Amerikaanse president, bepaalde dat het geen enkele inwoner van de Verenigde Staten was toegestaan zich aan te sluiten bij een militaire expeditie tegen de 'Spaanse grondgebieden'.[44] Voormalig president John Adams vond het vooruitzicht van een Zuid-Amerikaanse democratie lachwekkend, even absurd als een democratie bij 'vogels, zoogdieren en vissen'.[45] Thomas Jefferson herhaalde zijn vrees voor despotisme. Hoe, zo vroeg hij Humboldt, kon een maatschappij waar het 'wemelt van de priesters' ooit een republikeinse en vrije regering vormen?[46] Drie eeuwen van katholiek bestuur hadden de kolonisten tot onnozele kinderen gemaakt en 'hun geest geketend', stelde hij.[47]

Vanuit Parijs volgde Humboldt de gebeurtenissen nauwlettend. Hij schreef brieven aan leden van de Amerikaanse regering, waarin hij hun vroeg hun zuidelijke broeders bij te staan in de strijd, en als hij niet snel genoeg antwoord kreeg, gaf hij uiting aan zijn ongenoegen. Zijn verzoeken zouden met grote urgentie behandeld moeten worden, schreef een Amerikaanse generaal vanuit Parijs naar Jefferson, want Humboldt had meer invloed dan 'wie dan ook in Europa'.[48]

Niemand in Europa of Noord-Amerika wist meer over Zuid-Amerika dan Humboldt; hij was inmiddels dé autoriteit op dat terrein. Zijn boeken bevatten een schat aan informatie over het continent dat tot dan toe zo 'schandelijk onbekend' was geweest, zei Jefferson.[49] Vooral zijn *Essai politique sur le royaume de la Nouvelle-Espagne* (Staatkundige verhandeling over het koninkrijk Nieuw-Spanje) trok de aandacht.[50] Het was in vier delen tussen 1808 en 1811 gepubliceerd, precies in de periode dat de wereld haar blik richtte op de onafhankelijkheidsbewegingen in Zuid-Amerika.

Humboldt stuurde Jefferson de afzonderlijke boeken direct na verschijning, en de president bestudeerde ze aandachtig om zo veel mogelijk te weten te komen over de rebellerende koloniën.[51] Over deze gebieden was, 'behalve de kennis die we via u ontvangen', weinig informatie voorhanden, schreef Jefferson aan Humboldt.[52] Hij en zijn politieke medestanders verkeerden enigszins in tweestrijd: aan de ene kant wilden ze meer vrije republieken, en aan de andere kant waren daar het risico van officiële steun aan een potentieel onstabiel regime en het spookbeeld van serieuze concurrentie vanuit het zuidelijk halfrond. Het ging er niet zozeer om wat de Verenigde Staten wensten, meende Jefferson, maar om wat 'uitvoerbaar' was.[53] Hij hoopte dat de koloniën niet zouden samengaan tot één natie, maar aparte landen bleven, want anders zouden ze wel een bijzonder 'vervaarlijke buurman' worden.[54]

Jefferson was niet de enige die informatie uit Humboldts boeken haalde: ook Bolívar bestudeerde ze, want het grootste deel van het continent dat hij wilde bevrijden was hem onbekend.[55] Humboldt had met grote volharding al zijn kennis over geografie, planten, rassenconflicten, de Spaanse uitbuiting, de ecologische gevolgen van koloniale overheersing en de arbeidsomstandigheden in fabrieken, mijnen en landbouw tot een samenhangend geheel gesmeed. Hij kwam met informatie over inkomsten, defensie, wegen en havens en voegde talloze tabellen toe met de meest uiteenlopende gegevens, bijvoorbeeld over de productiviteit van zilvermijnen, landbouwopbrengsten, en in- en uitvoercijfers van de verschillende koloniën.

Bepaalde punten kwamen nadrukkelijk naar voren: kolonialisme was rampzalig voor zowel de bevolking als de natuur; de koloniale samenleving was gebaseerd op ongelijkheid; de oorspronkelijke bewoners waren barbaren noch wilden; de kolonisten hadden evenveel aanleg voor kunsten, ambachten en wetenschappen als de Europeanen, en de toekomst van Zuid-Amerika lag in landbouw voor eigen gebruik, niet in monocultuur of mijnbouw. Hoewel hij zich voornamelijk richtte op het onderkoninkrijk Nieuw-Spanje vergeleek Humboldt zijn gegevens altijd met die over Europa, de Verenigde Staten en de andere Spaanse koloniën in Zuid-Amerika. Zoals hij ook planten in een wereldwijde context plaatste en altijd op zoek was naar universele patronen, zo legde hij nu verband tussen kolonialisme, slavernij en economie. Het *Essai politique sur le royaume de la Nouvelle-Espagne* was geen reisverhaal en ook geen beschrijving van prachtige landschappen, maar een handboek met feiten en cijfers. Het was zo onvoorstelbaar gedetailleerd dat de vertaler in het voorwoord van de Engelse editie stelde dat het wel erg veel van de lezer vergde.[56] Dat Humboldt voor zijn latere werken een andere vertaler koos, kwam dus vermoedelijk niet als een verrassing.

De man die van Karel IV bij hoge uitzondering toestemming had gekregen om het Spaanse grondgebied in Latijns-Amerika te verkennen, schreef als dank een keiharde kritiek op het koloniale bewind. Hij had uiting gegeven aan zijn 'onafhankelijke opvattingen', schreef hij aan Jefferson.[57] De Spanjaarden hadden de verschillende bevolkingsgroepen tegen elkaar opgezet, vond hij.[58] Als voorbeeld noemde hij de onmenselijke behandeling van de indianen door de missionarissen, die werden gedreven door een 'verwerpelijk fanatisme'.[59] Koloniale heersers exploiteerden hun koloniën voor grondstoffen en vernielden daarmee de natuur.[60] Europese koloniale mogendheden stelden zich wreed en achterdochtig op, en Zuid-Amerika was verwoest door zijn veroveraars.[61] Hun zucht naar rijkdom had het 'machtsmisbruik' naar Latijns-Amerika gebracht.[62]

Humboldts kritiek was gebaseerd op zijn eigen waarnemingen en aangevuld met informatie die hij tijdens zijn expeditie van wetenschappers in de koloniën had gekregen. Het geheel werd onderbouwd met statistische en demografische gegevens uit de overheidsarchieven, voornamelijk die in Mexico-Stad en Havana. In de jaren na zijn terugkeer bewerkte en publiceerde hij zijn resultaten, eerst in het *Essai politique sur le royaume de la Nouvelle-Espagne* en later in zijn *Essai politique sur l'île de Cuba* (Staatkundige verhandeling over het eiland Cuba). In deze vlijmscherpe aanklachten tegen kolonialisme en slavernij toonde hij aan hoezeer klimaat, grondsoort en landbouw verbonden waren met slavernij, demografie en economie. De koloniën konden alleen onafhankelijk en zelfvoorzienend zijn als ze werden 'bevrijd van de ketenen van het verfoeilijke monopolie'.[63] Het was de 'Europese barbaarsheid' die deze onrechtvaardige wereld gecreëerd had, stelde hij.[64]

Humboldts kennis van het continent was encyclopedisch, schreef Bolívar in september 1815 in zijn 'Brief uit Jamaica',[65] waarin hij zijn oude vriend de grootste autoriteit op het gebied van Zuid-Amerika noemde. De brief, geschreven op het eiland waarheen hij vier maanden daarvoor vanwege de komst van de Spaanse armada was gevlucht, bevatte de essentie van zijn politieke denkbeelden en zijn visie op de toekomst. Hij echode Humboldts kritiek op de vernietigende invloed van het kolonialisme. Zijn volk werd geknecht; gedwongen tot mijnbouw en de teelt van handelsgewassen, allemaal vanwege de tomeloze Spaanse zucht naar rijkdom, schreef hij. Maar zelfs de weligste akkers en de dikste ertsaders zouden de 'hebzucht van dat gulzige land' nooit kunnen bevredigen.[66] De Spanjaarden verwoestten enorme gebieden, waarschuwde hij: 'Hele provincies veranderen in woestijnlandschappen.'[67]

Humboldt had geschreven over grondsoorten die zo vruchtbaar waren dat ze alleen maar aangeharkt hoefden te worden om een rijke oogst voort te brengen.[68] In diezelfde geest vroeg Bolívar zich nu af hoe het mogelijk was dat een door de natuur zo 'overvloedig begiftigd' land in een dergelijke wanhopige toestand van onderdrukking en passiviteit gehouden werd.[69] En zoals Humboldt in zijn essay over Nieuw-Spanje had gesteld dat de gebreken van de feodale regering van het noordelijk naar het zuidelijk halfrond waren overgestoken,[70] zo vergeleek Bolívar de Spaanse greep op de koloniën nu met een 'soort feodaal eigendom'.[71] De revolutionairen zouden de strijd echter niet opgeven, beloofde hij, want 'de ketenen zijn gebroken'.[72]

Bolívar besefte dat de slavernijkwestie een cruciale rol speelde in het conflict. Als de slaven niet aan zijn kant stonden, waren ze tegen hem, en tegen de creoolse plantage-eigenaars die afhankelijk waren van slavenarbeid. Dat was hem pijnlijk duidelijk geworden tijdens de wrede burgeroorlog met José Tomás Boves en zijn legioenen van de hel. Zonder steun van de slaven zou er geen revolutie plaatsvinden. Hij besprak dit onderwerp met Alexandre Pétion, de eerste president van de Republiek Haïti, het eiland waar hij zijn toevlucht had gezocht nadat hij op Jamaica aan een moordaanslag was ontkomen.

Haïti was een voormalige Franse kolonie waar de revolutionairen, na de succesvolle slavenopstand van 1791, in 1804 de onafhankelijkheid hadden uitgeroepen. Pétion, die van gemengde afkomst was – zoon van een rijke Fransman en een Afrikaanse moeder – was een van de grondleggers van de republiek. Hij was tevens de enige heerser en politicus die Bolívar zijn steun toezegde. Hij beloofde schepen en wapens in ruil voor bevrijding van de slaven.[73] Bolívar ging akkoord. 'Slavernij,' zo zei hij, 'is de dochter van de duisternis.'[74]

Na een verblijf van drie maanden in Haïti vertrok Bolívar weer naar Venezuela. Pétion gaf hem een bescheiden vloot mee, beladen met kruit, wapens en soldaten. Bij zijn aankomst, in de zomer van 1816, verklaarde Bolívar dat alle slaven vrij waren.[75] Dat was een eerste, belangrijke stap, maar de creoolse elite liet zich niet zomaar overtuigen. Drie jaar later zei Bolívar dat de slavernij het land nog altijd in een 'zwarte sluier' hulde en waarschuwde hij – opnieuw met een aan de natuur ontleende metafoor – dat onweerswolken de hemel verduisterden en een 'regen van vuur' voorspelden.[76] Hij liet zijn eigen slaven vrij op voorwaarde dat ze toetraden tot het bevrijdingsleger, maar pas tien jaar later, in 1826, legde hij de afschaffing van de slavernij vast in de Boliviaanse grondwet.[77] Toch was het een moedige stap in een tijd waarin schijnbaar verlichte Amerikaanse staatslieden als Thomas Jefferson en James Madison nog honderden slaven op hun plantages lieten werken. Humboldt, die een overtuigd abolitionist was geworden toen hij kort na zijn aankomst in Zuid-Amerika de slavenmarkt van Cumaná gezien had, was onder de indruk van Bolívars besluit. Hij prees Bolívar enkele jaren later in een van zijn boeken omdat deze de wereld op dit gebied een voorbeeld had gesteld, in tegenstelling tot de Verenigde Staten.[78]

Humboldt bleef de gebeurtenissen in Zuid-Amerika op de voet volgen. Er was een hoop getouwtrek waarbij Bolívar de regionale krijgsheren, die ieder op hun eigen grondgebied tegen de Spanjaarden vochten, op één lijn trachtte te krijgen. Sommige gebieden waren in handen van de revolutionairen, maar die gebieden lagen vaak ver uiteen en van samenwerking was geen enkele sprake. Zo had José Antonio Páez, na de dood van Boves in 1814, bij de mannen uit de Llanos steun voor de republikeinse zaak verworven.[79] Met zijn elfhonderd man sterke eenheid van uitsluitend met pijl-en-boog gewapende *llaneros* versloeg hij begin 1818 bijna vierduizend ervaren Spaanse soldaten in de open vlakten van de Llanos. De geharde, onbehouwen, blootvoetse indianen, de beste ruiters die er te vinden waren, zouden een stadse creool als Bolívar niet direct als leider hebben uitgekozen. Toch wist hij hun respect te winnen. Hij was sterk en extreem mager – met zijn lengte van één meter achtenzestig woog hij slechts negenenvijftig kilo – en vertoonde een kracht en uithoudingsvermogen in het zadel die hem de bijnaam *culo de hierro* (ijzerkont) bezorgde.[80] Hij kon zwemmen met zijn handen op zijn rug gebonden (nadat hij daartoe was uitgedaagd) en over het hoofd van zijn paard uit het zadel springen (iets wat hij had geoefend omdat hij het de llaneros had zien doen). De mannen van Páez waren onder de indruk van zijn fysieke kracht.

Humboldt zou Bolívar vermoedelijk niet meer hebben herkend. De knappe jongeman van weleer, die in modieuze kledij door de straten van Parijs flaneerde, droeg nu een eenvoudige jas en juten sandalen. Hoewel hij pas halverwege de dertig was, vertoonde zijn gezicht al rimpels, en zijn huid zag geel.[81] Maar zijn blik was priemend en zijn stem krachtig genoeg om de soldaten tot de orde te roepen. In de voorgaande jaren was hij zijn plantages kwijtgeraakt en diverse malen het land uit gezet. Hij was meedogenloos voor zijn mannen, maar ook voor zichzelf. Hele dagen kon hij te paard door het ruige landschap trekken, waarna hij 's avonds toch nog voldoende energie had om zich te verdiepen in de Franse filosofen. Vaak sliep hij in een cape gewikkeld op de vloer.

Het noordelijke gedeelte van Venezuela – met inbegrip van Caracas – en een groot deel van het onderkoninkrijk Nieuw-Granada waren nog steeds in handen van de Spanjaarden, maar Bolívar had gebieden veroverd in Oost-Venezuela en langs de Orinoco. De revolutie verliep niet zo vlot als hij gehoopt had. Toch vond hij dat het tijd was om in de bevrijde gebieden op verkiezingen aan te sturen en een grondwet op te stellen. Er werd een congres bijeengeroepen in Angostura (het huidige Ciudad Bolívar in Venezuela), de stad aan de oever van de Orinoco, waar Humboldt en Bonpland bijna twintig jaar daarvoor, na hun slopende zoektocht naar de Casiquiare, door koorts waren geveld.[82] Nu Caracas in handen was van de Spanjaarden, fungeerde Angostura tijdelijk als hoofdstad van de nieuwe republiek. Op 15 februari 1819 namen zesentwintig gedelegeerden in het eenvoudige bakstenen gouverneurshuis plaats om kennis te nemen van Bolívars visie op de toekomst. Hij las hun de grondwet voor waarvan hij tijdens zijn tocht over de Orinoco de eerste versie had opgesteld, en sprak opnieuw over het belang van eenheid tussen zowel de koloniën als de verschillende rassen en klassen.[83]

In zijn toespraak in Angostura beschreef Bolívar de 'grootsheid en levenskracht' van Zuid-Amerika, om zijn landgenoten er nogmaals op te wijzen waar ze voor vochten.[84] Geen enkele plek ter wereld was door de natuur zo 'gul bedeeld', zei hij.[85] Hij sprak over zijn ziel die tot grote hoogten opsteeg om de toekomst van zijn land met de juiste afstand te kunnen overzien – een toekomst waarin dit hele uitgestrekte continent een eenheid zou vormen. Hijzelf was niet meer dan een 'speeltje van de revolutionaire orkaan', maar hij was er klaar voor om zijn droom van een vrij Zuid-Amerika te volgen.[86]

Eind mei 1819, drie maanden na zijn toespraak voor het congres, leidde een vastberaden Bolívar zijn voltallige leger vanuit Angostura naar de Andes om Nieuw-Granada te bevrijden.[87] Zijn troepen bestonden uit de ruiters van Páez, indianen, bevrijde slaven, mestiezen, creolen, vrouwen en kinderen. Ook had zich na afloop van de napoleontische oorlogen een grote groep Britse veteranen bij hem aangesloten, soldaten die terug waren gekomen van het slagveld en nu geen werk of inkomen meer hadden.[88] Zijn officieuze gezant in Londen had niet alleen geprobeerd internationale steun voor de revolutie te verkrijgen, maar was ook actief bezig geweest met het rekruteren van de werkloze veteranen. Binnen vijf jaar waren er meer dan vijfduizend manschappen uit Groot-Brittannië en Ierland in Zuid-Amerika gearriveerd – de zogenoemde Britse legioenen – met meer dan vijftigduizend geweren en musketten en honderden tonnen munitie. Sommigen kwamen vanwege hun politieke overtuiging, anderen deden het voor het geld, maar wat hun beweegredenen ook waren, voor Bolívar zag de toekomst er een stuk zonniger uit.

Dit wonderlijke samenraapsel aan troepen trok door de striemende regen over de ondergelopen vlakten van de Llanos naar de Andes. Tegen de tijd dat ze bij het stadje Pisba, ruim honderdvijftig kilometer ten noordoosten van Bogotá, het schitterende gebergte beklommen, was van hun schoenen niets meer over en droeg een groot aantal soldaten een deken in plaats van een broek. Om het hart van het vijandelijke gebied te kunnen bereiken, moesten ze een bijna vierduizend meter hoge bergrug oversteken.[89] Blootsvoets, hongerig en tot op het bot verkild ploeterden ze in de ijle lucht voort over de bevroren sneeuw. Eind
juli werd het leger van de royalisten verrast door de moed van de speerwerpende llaneros, de kalme vastberadenheid van de Britse soldaten en Bolívars bijna goddelijke vermogen om schijnbaar overal tegelijk op te duiken.

Als ze deze tocht over de Andes overleefd hadden, zo geloofden Bolívars soldaten, dan konden ze ook de royalisten wel in de pan hakken. En dat gebeurde. Op 7 augustus 1819, aangemoedigd door een overwinning van een paar dagen daarvoor, versloegen ze het Spaanse leger in de Slag bij Boyacá.[90] De doodsbenauwde royalisten zetten het op een lopen toen hun tegenstanders de helling af kwamen zetten. Nu lag de weg naar de hoofdstad open, en Bolívar reed er volgens een van zijn officieren 'als de bliksem' heen; zijn jas open zodat zijn blote borst te zien was, en zijn lange haren fladderend in de wind.[91] Bogotá werd ingenomen, en daarmee was ook Nieuw-Granada in handen van de revolutionairen. In december verenigden Quito, Venezuela en Nieuw-Granada zich tot de nieuwe republiek Gran Colombia, met Bolívar als president.

In de daaropvolgende jaren zette Bolívar zijn strijd voort. In de zomer van 1821 heroverde hij Caracas en een jaar later, in juni 1822, trok hij in triomf Quito binnen. Hij reed door hetzelfde onherbergzame landschap dat twintig jaar eerder op Humboldt zo'n diepe indruk had gemaakt.[92] Zelf had hij dit deel van Zuid-Amerika nog nooit gezien. In de vruchtbare valleien stonden weelderig bloeiende bomen en bananenbomen die vol trossen hingen. Op de hogere vlakten graasden kuddes vicuña's en aan de hemel lieten condors zich drijven op de wind. De valleien ten zuiden van Quito werden bijna als boulevards omzoomd door vulkanen. In geen enkel ander gebied in Zuid-Amerika was de natuur zo gul geweest met haar geschenken, vond Bolívar.[93] Maar hoe mooi de omgeving hier ook was, zij zette hem ook aan het denken over wat hij allemaal had opgegeven. Per slot van rekening had hij evengoed een vreedzaam leven kunnen leiden en omringd door de schitterende natuur zijn land kunnen bewerken. De schoonheid van het landschap raakte hem diep, en hij verwoordde deze emoties in het hartstochtelijke prozagedicht 'Mi delirio sobre el Chimborazo'.[94] Het was zijn allegorie voor de bevrijding van Latijns-Amerika.

In dit gedicht volgt Bolívar Humboldts voetspoor. De vulkaan die hij beklimt staat voor zijn gevecht tegen de Spanjaarden. Vanaf een bepaalde hoogte laat hij Humboldt achter zich en zet hij zijn eigen voetafdrukken in de sneeuw. Als hij uiteindelijk in de zuurstofarme lucht voor iedere stap moet vechten, heeft hij een visioen van de Tijd zelf. Bevangen door een koortsachtig delirium ziet hij het verleden en de toekomst voor zich. Hoog boven hem aan het hemelgewelf ligt de oneindigheid: 'Ik reik met mijn handen naar het Eeuwige,' roept hij uit, en: 'Ik voel de druk van de hel onder mijn voeten koken.'[95] Bolívar wendt het beeld van de Chimborazo aan om zijn leven in de context van Zuid-Amerika te plaatsen. Hij wás Gran Colombia, de nieuwe staat die hij had gesticht, en Gran Colombia maakte deel uit van hem. Hij was El Libertador, de redder van de koloniën en de man in wiens handen het lot van het land lag. Hier, op de ijzige berghellingen van de Chimborazo, 'roept de luide stem van Colombia tot mij', zo eindigt hij zijn gedicht.[96]

Het was niet verbazingwekkend dat de Chimborazo Bolívars metafoor werd voor zijn revolutie en bestemming – de berg staat zelfs nu nog op de vlag van Ecuador. Zoals zo vaak gebruikte hij de natuur als illustratie voor zijn denkbeelden en overtuigingen. Drie jaar eerder had hij het congres in Angostura voorgehouden dat de natuur Zuid-Amerika grote rijkdommen geschonken had. De Zuid-Amerikanen zouden de Oude Wereld de 'grootsheid' van de Nieuwe Wereld tonen.[97] En de Chimborazo, die over de hele wereld beroemd was geworden vanwege Humboldts boeken, was de perfecte beeldspraak voor de revolutie. Kom naar de Chimborazo, om de kroon der aarde, de trap naar de goden, deze onneembare vesting van de Nieuwe Wereld te aanschouwen, schreef Bolívar aan zijn voormalige leermeester Simón Rodríguez.[98] Vanaf de Chimborazo had men een onbelemmerd uitzicht op het verleden en de toekomst, zei hij. Deze vulkaan was de 'troon van de natuur' – eeuwig en onoverwinnelijk.[99]

Toen hij in 1822 zijn 'delirium' schreef, stond Bolívar op het hoogtepunt van zijn roem.[100] Ruim tweeënhalf miljoen vierkante kilometer van Zuid-Amerika stond onder zijn heerschappij – een gebied dat veel groter was dan het rijk van Napoleon in diens hoogtijdagen. De noordelijke koloniën, die grofweg overeenkwamen met het huidige Colombia, Panama, Venezuela en Ecuador, waren bevrijd, en alleen Peru was nog in Spaanse handen. Maar Bolívar wilde meer. Hij droomde van een pan-Amerikaanse federatie die het hele gebied van Panama tot het zuidelijkste puntje van Peru, en van Guayaquil aan de westkust tot de Caribische Zee omvatte. Zo'n unie zou een ware 'kolos' zijn, meende hij, die de aarde 'met één blik aan het sidderen' bracht.[101] Met andere woorden: het zou de machtige buur zijn waar Jefferson zich zo'n zorgen over maakte.

In het voorafgaande jaar had Bolívar Humboldt een brief geschreven waarin hij onderstreepte hoe belangrijk diens beschrijvingen van de Zuid-Amerikaanse natuur waren geweest. Het was Humboldts indringende schrijfstijl die hem en zijn mederevolutionairen 'met wortel en al' aan de onwetendheid ontrukt had; dankzij Humboldt waren ze trots geworden op hun continent.[102] Humboldt was de 'ontdekker van de Nieuwe Wereld', schreef hij.[103] En het zou heel goed Humboldts obsessieve belangstelling voor Zuid-Amerikaanse vulkanen geweest kunnen zijn die Bolívar geïnspireerd had tot de woorden waarmee hij zijn land opriep tot revolutie: 'een machtige vulkaan ligt aan onze voeten' en 'het juk van de slavernij zal breken'.[104]

Bolívar bleef zich bedienen van metaforen die hij ontleende aan de natuur. Zo beschreef hij de vrijheid als een 'kostbare plant'[105] en later, toen de nieuwe naties getroffen werden door chaos en verdeeldheid, waarschuwde hij dat de revolutionairen 'op de rand van de afgrond'[106] balanceerden en op het punt stonden te verdrinken in de 'oceaan van anarchie'.[107] Maar de vulkaan bleef toch wel een van zijn meest gebruikte zinnebeelden. Een revolutie was even gevaarlijk als een vulkaan die op uitbarsten stond, zei hij.[108] En de inwoners van Zuid-Amerika bewogen zich in 'vulkanische gebieden', een beeldspraak waaruit zowel het gevaarlijke karakter als de schoonheid van de Andes naar voren kwam.[109]

Humboldt had zich in Bolívar vergist. Toen ze elkaar in de zomer van 1804 in Parijs en een jaar later in Rome ontmoetten, had hij de onstuimige creool afgedaan als een dromer, maar inmiddels had hij zijn mening herzien.[110] In juli 1822 schreef hij zijn oude vriend een brief waarin hij hem prees als de 'grondlegger van de vrijheid en onafhankelijkheid van uw schitterende vaderland'.[111] Hij wees Bolívar er ook op dat hijzelf Zuid-Amerika als zijn tweede vaderland beschouwde. 'Ik herhaal mijn gelofte over de glorie van het Amerikaanse volk,' schreef hij.[112]

Natuur, politiek en maatschappij vormden een drie-eenheid. Zij hadden invloed op elkaar. Gemeenschappen werden gevormd door hun natuurlijke omgeving – natuurlijke hulpbronnen verschaften een land rijkdom, en, zoals Bolívar ervaren had, een ongetemde wildernis als de Andes kon een mens vervullen van geestelijke en lichamelijke kracht. Verschillende Europese wetenschappers hadden echter laten zien dat een concept als dit ook heel anders kon worden aangewend. Vanaf de tweede helft van de achttiende eeuw waren er denkers geweest die hamerden op de 'degeneratie van Amerika'.[113] Een van hen was de Franse naturalist Georges-Louis Leclerc, graaf van Buffon, die in de jaren zestig en zeventig geschreven had dat in Amerika alles 'ineenkromp en verschrompelde op een onvruchtbaar land onder een schrale hemel'.[114] De Nieuwe Wereld was ondergeschikt aan de Oude Wereld, beweerde hij in het meest gelezen boek over natuurlijke historie. Planten, dieren en zelfs mensen waren er kleiner en zwakker, zo meende hij. Er leefden daar geen grote zoogdieren en evenmin geciviliseerde mensen; zelfs de wilden waren 'zwak'.[115]

Zo was de Amerikaanse natuur het zinnebeeld geworden van de politieke en culturele kracht of zwakte van het land – afhankelijk van het standpunt dat verdedigd werd. Naast de kracht van de economie, de successen van het leger en de wapenfeiten van de wetenschap was nu ook de natuur een indicator voor het gewicht van een staat. Tijdens de Amerikaanse Revolutie had Jefferson zich bijzonder kwaad gemaakt over Buffons beweringen, die hij jarenlang gepoogd had te weerleggen. Wanneer kracht en superioriteit aan omvang konden worden afgemeten, hoefde hij om te bewijzen dat zijn land de Europese landen overtrof alleen maar aan te tonen dat alles in de Nieuwe Wereld, in tegenstelling tot wat Buffon verkondigde, juist groter was dan in Europa. In 1782, nog tijdens de onafhankelijkheidsoorlog, had hij zijn *Notes on the State of Virginia* gepubliceerd, waarin de flora en fauna van de Verenigde Staten optraden als voetsoldaten van een patriottische strijd. Om zijn gelijk te bewijzen kwam hij met een lijst met gewichten van beren, bizons en panters, onder het mom van 'hoe groter hoe beter'. Zelfs de Amerikaanse wezel, schreef hij, was groter dan de Europese.[116]

Nadat hij in 1785 Amerikaans gezant in Parijs geworden was, schepte hij tegenover Buffon op dat het Scandinavische rendier zo klein was dat het 'onder onze eland door' kon lopen.[117] Hij liet een opgezette eland uit Vermont overkomen, een kostbare expeditie die hij zelf betaalde maar waarmee hij uiteindelijk de Fransen niet wist te imponeren, aangezien het dier in erbarmelijke staat van ontbinding arriveerde – er zat geen vacht meer op het vel en het verspreidde een verschrikkelijke stank.[118] Hij gaf echter niet op en vroeg vrienden en bekenden om hem de hoogste gewichtsgegevens van de Amerikaanse dieren – 'van muis tot mammoet' – toe te sturen.[119] Later, toen hij al president was, zond Jefferson reusachtige fossiele beenderen en slagtanden van de Noord-Amerikaanse mastodont naar de Académie des Sciences in Parijs, om de Fransen te laten zien hoe immens groot de Noord-Amerikaanse dieren waren.[120] Ondertussen hoopte hij dat er in de nog niet geëxploreerde delen van het continent ooit nog eens levende mastodonten aangetroffen zouden worden. Bergen, rivieren, planten en dieren waren nu wapens in het strijdperk van de politiek.*

Humboldt deed hetzelfde voor Zuid-Amerika. Hij omschreef het continent niet alleen als van een ongeëvenaarde schoonheid, vruchtbaarheid en grootsheid, maar viel Buffon ook direct aan. 'Buffon had het helemaal bij het verkeerde eind,' schreef hij, en later vroeg hij zich af hoe de Franse naturalist het in zijn hoofd had gehaald te schrijven over een continent waar hij nog nooit geweest was.[122] De inheemse stammen waren allesbehalve zwak, zei hij, één blik op de Karaïben in Venezuela was genoeg om de lukrake beschouwingen van de Europese wetenschappers te weerleggen. Zelf had hij deze stam op zijn reis van de Orinoco naar Cumaná ontmoet; het waren de grootste, sterkste en mooiste mensen die hij ooit gezien had, net bronzen standbeelden van Jupiter.[123]

*Jefferson was niet de eerste Amerikaan die deze discussie aanging. In de jaren tachtig van de achttiende eeuw trof Benjamin Franklin tijdens zijn gezantschap in Parijs Abbé Raynal, een van de gewraakte wetenschappers, bij een diner. Het viel hem op dat alle Amerikaanse gasten aan de ene, en de Fransen aan de andere kant van de tafel zaten. Hij zag zijn kans schoon en stelde voor: 'Laat beide partijen opstaan, dan zullen we zien aan welke kant de natuur gedegenereerd is.'[121] Het toeval wilde dat de Amerikanen allemaal 'zeer goed gebouwd' waren, zo vertelde hij Jefferson later, terwijl de Fransen stuk voor stuk een nietig postuur hadden, vooral Raynal, die hij als 'een miezerige garnaal' bestempelde.

Hij maakte ook korte metten met Buffons idee dat Zuid-Amerika een 'nieuwe wereld' was, een continent zonder beschaving of geschiedenis, dat nog maar kortgeleden uit de oceaan was verrezen. De eeuwenoude monumenten – paleizen, aquaducten, beelden en tempels – die hij er had aangetroffen en die hij had beschreven in zijn boeken, getuigden van ontwikkelde beschavingen. In Bogotá had hij enkele kopieën gevonden van manuscripten uit de tijd vóór de Inca's (met een Spaanse uitleg), die een complexe kennis van astronomie en wiskunde openbaarden. Ook de taal van de Karaïben was dermate ver ontwikkeld dat zij abstracte begrippen als 'toekomst' en 'eeuwigheid' bevatte. Eerdere onderzoekers hadden nooit gerept van een gebrekkige taalontwikkeling, zei Humboldt; dit soort talen vertoonde juist een grote verscheidenheid, gratie, kracht en tederheid.[124]

Dit waren geen 'wilden' zoals die door de Europeanen al drie eeuwen werden beschreven. Bolívar, die verschillende van Humboldts boeken in bezit had, was vast dolblij toen hij in het *Essai politique sur le royaume de la Nouvelle-Espagne* las dat Buffons theorieën over degeneratie uitsluitend populair waren geworden omdat ze 'de ijdelheid van de Europeanen streelden'.[125]

Humboldt bleef de wereld voorzien van kennis over Latijns-Amerika. Zijn denkbeelden werden overal verspreid via artikelen en tijdschriften waarin veel zinnen begonnen met 'Monsieur de Humboldt stelt vast' of 'Monsieur de Humboldt zegt'.[126] Humboldt had 'meer goeds voor Amerika gedaan dan alle veroveraars', zei Bolívar.[127] Hij had de Zuid-Amerikaanse natuur gepresenteerd als een afspiegeling van de identiteit van het continent: mooi, dynamisch en sterk. En dat was precies wat Bolívar zelf deed als hij zijn landgenoten tot actie aanspoorde of zijn politieke denkbeelden uiteenzette.

In plaats van zich te laten inspireren door abstracte theorieën of ideeen, spoorde Bolívar de Zuid-Amerikanen aan om te leren van bossen, rivieren en bergen. 'Verder krijgt u goede raad van de natuur in uw eigen land, waartoe ook het imposante Andesgebergte en de geblakerde oevers van de Orinoco horen,' hield hij het congres in Bogotá voor. 'Bestudeer deze gebieden goed,' vervolgde hij, 'en leer ervan met welke wetten het congres het geluk van het Colombiaanse volk kan bewerkstelligen.'[128] De natuur, zo meende Bolívar, was de 'onfeilbare leermeester van de mens'.

13 Londen

Terwijl Simón Bolívar een bloedige strijd streed voor het verbreken van de koloniale ketenen, probeerde Humboldt de Britten zover te krijgen dat hij naar India mocht reizen. Hij wilde de Himalaya onderzoeken en gegevens verzamelen, zodat hij de twee majestueuze bergketens (de Himalaya en de Andes) met elkaar kon vergelijken en zijn Naturgemälde kon voltooien. Geen enkele wetenschapper had de Himalaya ooit beklommen. Al die tijd dat de Britten op het subcontinent zaten, was het zelfs nooit bij hen opgekomen om dit schitterende gebergte op te meten, zei Humboldt. Ze hadden er gewoon 'gedachteloos naar gekeken, zonder zich zelfs maar in de verste verte af te vragen: hoe hoog zijn de kolossen van de Himalaya?'[1] Zelf was hij van plan de hoogte te bepalen, geologische structuren te bestuderen en de plantengroei in kaart te brengen, net zoals hij dat in de Andes had gedaan.

Vanaf het moment dat hij – in 1804 – bij terugkomst van zijn Zuid-Amerikaanse expeditie voet op Franse bodem had gezet, had hij ernaar verlangd Europa weer te verlaten.[2] Zijn Wanderlust was nog altijd zijn trouwste metgezel. Aan boeken alleen had een wetenschapper niet genoeg om de wereld te begrijpen, meende hij, daarvoor moest je de natuur kunnen voelen en ervaren – een idee dat Goethe bij *Faust* had uitgewerkt in de persoon van Wagner, de assistent van Heinrich Faust, die hij beschreef als een koppige, eendimensionale figuur die er het nut niet van inzag om van de natuur zelf te leren, en het liefst met zijn neus in de boeken zat.

Zelf had ik dikwijls ook mijn grillen
maar vliegen, nee, dat zou ik echt niet willen.
Bossen en velden en dan heb je het gehad,
ik kan geen vogel om zijn vlucht benijden.

Laat mij de *geest* naar hoger sferen leiden,
van boek tot boek, van blad tot blad![3]

Goethes Wagner is de typische kleingeestige geleerde die nooit zijn laboratorium uit komt en vastzit in zijn gevangenis van boeken. Humboldt was zijn tegenpool. Hij was een wetenschapper die de natuur niet alleen met zijn intellect wilde begrijpen, maar ook fysiek wilde ervaren.

Het probleem was echter dat hij voor een reis naar de Himalaya de toestemming nodig had van de Britse Oost-Indische Compagnie, die het in de praktijk in bijna heel India voor het zeggen had. De Compagnie – begin zeventiende eeuw opgericht door een aantal kooplieden die hun middelen bij elkaar hadden gelegd en van de staat een handelsmonopolie hadden verkregen – had met een eigen leger haar gezag in het subcontinent gevestigd. Gedurende de achttiende eeuw was zij van een onderneming die goederen in- en uitvoerde, uitgegroeid tot een machtig militair apparaat, en tegen de tijd dat de gedachte aan een expeditie naar de Himalaya bij Humboldt postvatte, functioneerde zij als een zelfstandige staat binnen een staat. Net zoals Humboldt het fiat van de Spaanse koning nodig had gehad om naar Zuid-Amerika te kunnen reizen, zo kon hij nu niet vertrekken zonder toestemming van de bestuurders van de Compagnie.

De Himalaya

Het eerste deel van het *Essai politique sur le royaume de la Nouvelle-Espagne* was in 1811 in een Engelse vertaling verschenen, en Humboldts felle aanval op het Spaanse kolonialisme was in Londen niet onopgemerkt gebleven. Wat moest men denken van een man die sprak over de 'wreedheid van de Europeanen'?[4] Het zal Humboldts zaak ook vast geen goed hebben gedaan dat hij, altijd op zoek naar samenhang, de Spaanse heerschappij in Latijns-Amerika meermalen vergeleken had met die van de Britten in India. De geschiedenis van veroveringen in Zuid-Amerika én India, zo stond er in zijn boek te lezen, beschreef een 'ongelijke strijd', en – hier wees hij opnieuw met de beschuldigende vinger naar de Britten – zowel de Zuid-Amerikanen als de 'hindoes' gingen al lange tijd gebukt onder een 'civiel en militair despotisme'.[5] Het lezen van dit soort opmerkingen zal bij de bestuurders van de Britse Oost-Indische Compagnie zeker geen groot enthousiasme voor Humboldts reisplannen hebben gewekt.

Al in de zomer van 1814, toen hij de Pruisische koning Frederik Willem III vergezelde naar Londen – waar de geallieerden hun overwinning op Napoleon vierden – had hij geprobeerd de toestemming van de Compagnie binnen te halen.[6] Tijdens zijn korte verblijf van twee weken trof hij politici en hertogen, lords en lady's, wetenschappers en denkers – met andere woorden: iedereen die hem ook maar enigszins van nut zou kunnen zijn – maar zonder resultaat. Men uitte hoop en enthousiasme, er werden enkele beloften en hulptoezeggingen gedaan; maar het felbegeerde paspoort bleef uit.

Drie jaar later, op 31 oktober 1817, was hij opnieuw in Londen, waar hij wederom een verzoek indiende bij de Compagnie. Zijn broer Wilhelm, die kortgeleden in zijn nieuwe functie van Pruisisch gezant naar Engeland was vertrokken, had hem uitgenodigd in zijn huis aan Portland Place.[7] Wilhelm was niet erg ingenomen met zijn nieuwe woonplaats: Londen was hem te groot en het weer was er miserabel.[8] Op straat wemelde het van de koetsen, wagens en mensen. Toeristen klaagden geregeld dat het gevaarlijk was om in de stad te lopen, vooral op maandag en vrijdag, als er hele kuddes vee door de smalle steegjes gedreven werden. Mist en kolendamp gaven Londen vaak iets benauwends. Hoe hadden de Engelsen ooit zo groot kunnen worden met zo weinig daglicht? vroeg Richard Rush, de Amerikaanse gezant in Londen, zich af.[9]

Portland Place, waar Wilhelm woonde, lag in een van de populairste wijken van Londen. Die winter werd er echter overal gebouwd. De architect John Nash was al sinds 1814 bezig met de uitvoering van zijn grootscheepse herbouwplannen, waarbij er een verbinding zou komen tussen Carlton House – de Londense residentie van de prins-regent in St. James's Park – en het nieuwe Regent's Park. Tot deze plannen behoorde ook de aanleg van Regent Street, die zich dwars door het labyrint van nauwe straatjes van Soho een weg baande naar Portland Place. Het afbreken van oude gebouwen die plaats moesten maken voor de nieuwe, brede straten, veroorzaakte een hoop lawaai.

Alexanders kamer was op orde en Wilhelm verheugde zich op het weerzien met zijn broer. Zoals zo vaak reisde deze echter met een mannelijke metgezel, en dit keer was dat François Arago. Wilhelm had een grondige afkeer van de intense vriendschappen van Alexander.[10] Waarschijnlijk was dit een mengsel van jaloezie en bezorgdheid over de mogelijk ongepast lijkende aard van deze contacten. Toen hij weigerde Arago onderdak te bieden, week Alexander samen met zijn vriend uit naar een nabijgelegen herberg: geen bijster geslaagd begin van het bezoek.

Wilhelm klaagde dat hij zijn broer altijd alleen maar in gezelschap van anderen zag.[11] Geen enkele keer aten ze samen bij hem thuis. Hij moest echter wel toegeven dat Alexander een verfrissende wervelwind van activiteiten meebracht. Nog steeds vond Wilhelm hem te Frans, en vaak ergerde hij zich aan Alexanders onstuitbare woordenstroom.[12] Meestal liet hij zijn broer maar gewoon praten, zonder hem te onderbreken.[13] Toch was hij blij om Alexander te zien, ook al zaten ze dan niet altijd op één lijn.

Ondanks de chaos rondom Portland Place stond de buurt Alexander wel aan. Met een paar minuten lopen was hij bij open veld en bij de slingerende landweggetjes naar het noorden, en toch was het maar een kort ritje met de koets naar de Royal Society en een wandelingetje van twintig minuten naar het British Museum. Het British Museum was dat jaar een van de meest geliefde attracties. Duizenden mensen stroomden toe om de beroemde Elgin Marbles, een verzameling marmeren sculpturen die door de graaf van Elgin op omstreden wijze uit de Griekse Akropolis waren weggehaald en die sinds een paar maanden in het museum huisden.[14] Het waren fantastische sculpturen, zei Wilhelm tegen zijn vrouw, maar wat een diefstal! Je waande je gewoonweg in Athene.[15]

Er werd in Londen ook druk handel gevoerd, op veel grotere schaal dan in Parijs.[16] Londen was de grootste stad ter wereld en het economische succes van Groot-Brittannië was aan alle winkels in West End af te lezen, het was daar één glinsterende uitstalkast van de macht van het Britse Rijk. Nu Napoleon verbannen was naar Sint-Helena en Frankrijk niet langer een bedreiging vormde, brak er voor Groot-Brittannië een lange periode aan van onbetwiste dominantie. De 'opeenstapeling' van koopwaar was 'onvoorstelbaar', merkten bezoekers op.[17] De stad was lawaaiig, rommelig en vol.

Ook het indrukwekkende hoofdkantoor van de Britse Oost-Indische Compagnie in Leadenhall Street weerspiegelde de macht van het Britse handelsimperium. Zes reusachtige cannelurezuilen ondersteunden de imposante porticus waarop Britannia haar hand uitstrekte naar een knielende India, die de Britse maagd haar schatten aanbood. Binnen straalden de weelderige vertrekken zowel macht als rijkdom uit. Het marmeren vlakreliëf boven de schoorsteenmantel in de raadzaal liet niets aan de verbeelding over: het droeg de titel 'Britannia receiving the Riches of the East' (Britannia neemt de rijkdommen van het Oosten in ontvangst). Het reliëf toonde Britannia, Father Thames (het symbool van Londen) en de gaven van het Oosten – parels, thee, porselein en katoen. Verder hingen er grote schilderijen van de Indiase vestigingen van de Compagnie, zoals Calcutta, Madras en Bombay. Het was hier, in het East India House, dat de beraadslagingen over legers, schepen, ladingen, werknemers, opbrengsten en natuurlijk reisvergunningen werden gevoerd.

Humboldts dagen in Londen waren drukbezet. Hij deed niet alleen pogingen om toestemming te krijgen voor zijn reis naar India, maar ging ook met Arago naar het Royal Observatory in Greenwich, bezocht Joseph Banks in zijn huis op Soho Square en verbleef twee dagen in Slough, net buiten Londen, om de in Duitsland geboren astronoom William Herschel met zijn werk te helpen.[18] De inmiddels tachtig jaar oude Herschel was een levende legende: in 1781 had hij de planeet Uranus ontdekt, en met zijn enorme telescopen had hij het universum naar de aarde gehaald. Net als iedereen wilde Humboldt de gigantische twaalfmetertelescoop zien die Herschel eigenhandig had gebouwd; een van de wereldwonderen, zo werd gezegd.[19]

Wat Humboldt nog het meest interesseerde was Herschels beeld van een zich ontwikkelend universum, een universum dat niet uitsluitend op wiskundige principes gebaseerd was, maar groeide en veranderde als een levend organisme. Naar analogie van de tuin had Herschel de ontwikkeling van sterren en planeten beschreven als 'de ontkieming, de bloei, de bladering, de vruchtbaarheid, het verwelken, het vergaan en het bederf'.[20] Jaren later zou Humboldt precies hetzelfde beeld gebruiken door te schrijven over 'de grote tuin van het universum' waarin sterren in verschillende stadia van hun ontwikkeling te zien waren, als bomen 'in alle stadia van de groei'.[21]

Arago en Humboldt woonden ook bijeenkomsten bij aan de Royal Society.[22] De Royal Society 'for the Improvement of Natural Knowledge by Experiment',[23] zoals de in 1660 opgerichte academie officieel heette, was hét centrum voor wetenschappelijk onderzoek in Groot-Brittannië. Elke donderdag kwamen de leden bijeen om de laatste ontwikkelingen te bespreken. Er werden experimenten gedaan, mensen 'geëlektriseerd', en er werd gesproken over kometen, planten, fossielen en het nieuwste model telescoop. Er werden discussies gevoerd, resultaten uitgewisseld en brieven van gelijkgestemden uit binnen- en buitenland gelezen.

Voor wetenschappers bestond er geen betere plek om te netwerken. 'Alle wetenschappers zijn broeders,' zei Humboldt eens na een bijeenkomst.[24] Twee jaar voordien was hem de eervolle uitverkiezing tot buitenlands lid te beurt gevallen, en toen de president, zijn oude vriend Joseph Banks, ten overstaan van dit illustere gezelschap zijn laatste botanische publicatie omschreef als 'een van de mooiste en indrukwekkendste' boeken die ooit verschenen waren, was hij niet in staat zijn trots te verbergen.[25] Banks nodigde Humboldt ook uit bij de zelfs nog

Het auditorium van de Royal Society

exclusievere Royal Society Dining Club, waar hij de kennismaking met Humphry Davy en anderen hernieuwde.[26] Over het eten was hij minder enthousiast, gewend als hij was aan de Parijse keuken. 'Ik heb gedineerd in de Royal Society, waar men vergiftigd wordt,' klaagde hij later.[27] Hoe weinig smakelijk het voedsel er misschien ook was, het aantal wetenschappers dat aan tafel aanschoof nam beduidend toe tijdens Humboldts verblijf in Londen.[28]

Humboldt spoedde zich van bijeenkomst naar bijeenkomst, met Arago in zijn kielzog, al liet deze het bij de evenementen in de late avond afweten. Als zijn vriend sliep legde de onvermoeibare Humboldt nog een nieuwe ronde visites af.[29] Hij was inmiddels achtenveertig, maar had nog niets van zijn jeugdig enthousiasme verloren. Het enige wat hem van Londen tegenstond waren de starre kledingvoorschriften. Het was 'afschuwelijk', zo mopperde hij tegen een vriend: 'Om negen uur moet je je das zús dragen, om tien uur zó, en om elf uur nog weer anders.'[30] Toch leek het allemaal wel de moeite waard, want iedereen wilde hem ontmoeten. Overal waar hij kwam werd hij met het grootste respect verwelkomd. Alle 'machtige mannen' waren hem gunstig gezind waar het zijn projecten en zijn plannen voor een reis naar India betrof, zei hij.[31] Dit algemene succes had echter niet het gewenste effect op de hoge heren van de Britse Oost-Indische Compagnie.

Na een maand keerde Humboldt terug naar Parijs, met een tollend hoofd maar nog altijd zonder permissie om naar India te reizen. Aangezien er van zijn aanvraag geen officiële documenten bewaard gebleven zijn, is het niet duidelijk welke argumenten de Compagnie gebruikt heeft voor haar weigering, maar enkele jaren later stond er in een artikel in de *Edinburgh Review* dat de toestemming hem was geweigerd vanwege 'verachtelijke politieke jaloezie'.[32] Waarschijnlijk wilde de Compagnie het risico niet nemen dat een liberale Pruisische onruststoker koloniaal onrecht aan de kaak zou stellen. Voorlopig was India voor Humboldt van de baan.

Ondertussen werden zijn boeken in Engeland goed verkocht. De eerste Engelse vertaling – die van zijn essay over Nieuw-Spanje – verscheen in 1811, en in 1814 verscheen het eerste deel van de nog succesvollere *Relations historiques*.* Dit met uitgebreide wetenschappelijke noten aangevul-

* Ook bekend onder de titels *Voyage de Humboldt et Bonpland* en *Voyage aux régions*

de chronologische verslag van de Zuid-Amerikaanse reis van Humboldt en Bonpland, dat begint in 1799 bij het moment van hun vertrek uit Spanje, sprak het grote publiek zeer aan.* Het was dit boek dat Darwin zei vrijwel uit zijn hoofd te kennen en dat hem later deed besluiten deel te nemen aan de reis op de Beagle.[33]

Relations historiques leek in geen enkel opzicht op andere reisverhalen, verklaarde Humboldt. Veel reizigers deden niets dan meten, zei hij. Sommigen verzamelden alleen planten, anderen waren louter geïnteresseerd in economische gegevens van handelsposten, maar niemand combineerde exacte waarnemingen met 'schilderachtige beschrijvingen van het landschap'.[34] Humboldt daarentegen voerde zijn lezers mee door de drukke straten van Caracas, over de stoffige vlakten van de Llanos en door het dichte Orinoco-regenwoud. Hij beschreef een continent dat weinig Britten ooit hadden gezien, en deed daarmee een beroep op hun verbeelding. Zijn beschrijvingen waren zo beeldend, schreef de *Edinburgh Review*, dat 'je deelt in zijn gevaren, zijn angsten, zijn successen en zijn teleurstellingen'.[35]

Er verschenen wel enkele negatieve recensies, maar alleen in tijdschriften die het niet eens waren met Humboldts liberale politieke opvattingen. De conservatieve *Quarterly Review* had kritiek op zijn brede benadering en keurde het af dat hij geen specifieke theorie aanhing. Hij 'leeft zich overal in uit', stond er in het artikel, hij 'waait met alle winden mee en laat zich op elke stroming meevoeren'.[36] Maar enkele jaren later prees zelfs de *Quarterly Review* Humboldts unieke talent om wetenschappelijk onderzoek te combineren met 'warmte en verbeeldingskracht'.[37] Hij schreef als een dichter, erkende de recensent.

In de jaren daarop sijpelden Humboldts beschrijvingen van Zuid-Amerika en zijn nieuwe visie op de natuur de Britse literatuur en poëzie binnen. In Mary Shelleys roman *Frankenstein*, die in 1818 werd gepubliceerd – slechts vier jaar na het eerste deel van *Relations historiques* – wil het monster van Frankenstein ontsnappen naar de 'immen-

équinoxiales du Nouveau Continent. Deze laatste titel werd eveneens gebruikt voor zijn gehele oeuvre over Zuid-Amerika.

* De vertaling van het eerste deel van *Relations historiques* verscheen in 1814, in hetzelfde jaar als die van *Vues des Cordillères*. In Groot-Brittannië werden Humboldts boeken gepubliceerd door een consortium, waartoe ook John Murray – destijds een van de bekendste uitgevers in Londen – behoorde. Murrays succesvolste auteur was Lord Byron.

se wildernis van Zuid-Amerika'.[38] Kort daarna vereeuwigde Lord Byron Humboldt in *Don Juan* door de spot te drijven met zijn cyanometer, het instrument waarmee Humboldt de blauwheid van de hemel mat.

Een reiziger door onbekend gebied,
Von Humboldt, avontuurlijk edelman,
Bedacht een apparaat waarvan ik niet
Het jaartal en de naam onthouden kan,
Een instrument dat hij gebruiken liet
Als luchtdrukmeter om de dichtheid van
Het blauw dat ons de hemel toont te weten.
O lady Daphne, mocht ik u maar meten![39]

Tezelfdertijd begonnen ook de Britse romantische dichters Samuel Taylor Coleridge, William Wordsworth en Robert Southey Humboldts werk te lezen. Southey was zo onder de indruk dat hij Humboldt in 1817 in Parijs bezocht.[40] Humboldt combineerde zijn enorme kennis met 'het oog van een schilder en de gevoelens van een dichter', verklaarde hij.[41] Wat Wordsworth in de wereld van de dichters was, was Humboldt in die van de ontdekkingsreizigers.[42] Toen Wordsworth kort na het verschijnen van *Relations historiques* deze lofzang hoorde, vroeg hij Southey hem het boek te lenen.[43] Zelf was hij in die periode bezig aan een reeks sonnetten over de rivier de Duddon in Cumbrië, en sommige gedichten die hij schreef nadat hij Humboldt had gelezen, kunnen in dit licht worden gezien.

Zo gebruikte Wordsworth Humboldts reisverslag als bronnenmateriaal voor de sonnetten. Humboldt had in zijn reisverslag beschreven dat hij een inheemse stam aan de Opper-Orinoco vragen stelde over figuren van dieren en sterren die op grote hoogte boven de rivier in de rotswand waren gekrast. 'Hun antwoord is een glimlach,' schreef hij, 'omdat alleen een vreemdeling, een blanke, onkundig kan zijn van het feit dat "hun vaders in de tijden van de grote wateren met boten tot die hoogte kwamen".'[44]

In het gedicht van Wordsworth werd dit:

'Daar,' knikt de Indiaan met slechts een lach,
welk een domheid legt de Blanke aan de dag,
de GROTE WAAT'REN tonen hoe ze stegen,

[...]

Waarop zijn Vaad'ren ijlden naar de top,
Slechts zo bereikbaar, met opwaartse kracht,
En kerfden in het ongevreesde klif
Zon maan en sterren, dieren van de jacht.[45]

Wordsworths vriend en collega-dichter Coleridge vond Humboldts werk al net zo stimulerend.[46] Waarschijnlijk had hij voor het eerst met diens ideeën kennisgemaakt bij Wilhelm en Caroline, ten tijde van zijn bezoek aan Rome, eind 1805. Hij had de 'broer van de grote reiziger', zoals hij Wilhelm omschreef, kort na zijn aankomst in die stad ontmoet.[47] In de salon van de Humboldts gonsde het van de verhalen over Alexanders reis naar Zuid-Amerika, en er werd flink gediscussieerd over zijn nieuwe opvattingen van de natuur. Terug in Engeland begon Coleridge aan Humboldts boeken, waarvan hij gedeelten in zijn aantekenschriften overschreef. Die aantekeningen raadpleegde hij wanneer hij nadacht over wetenschap en filosofie, want zelf speelde hij met soortgelijke ideeen.

Wordsworth en Coleridge waren allebei 'wandelende dichters', die niet alleen een grote behoefte hadden om buiten in de natuur te zijn, maar daar ook hun gedichten schreven.[48] Net als Humboldt, die vond dat wetenschappers uit hun laboratoria tevoorschijn moesten komen als ze de natuur werkelijk wilden begrijpen, geloofden Wordsworth en Coleridge dat dichters de deur van hun studeerkamer moesten openen en door weilanden, over heuvels en langs rivieren moesten lopen. Coleridge beweerde dat oneffen paden en dichte bossen zijn favoriete plekken waren om te dichten. Een vriend schatte dat Wordsworth rond zijn zestigste wel zo'n driehonderdduizend kilometer moest hebben afgelegd. De twee dichters maakten deel uit van de natuur; ze waren op zoek naar een innerlijke harmonie, maar ook naar harmonie tussen de mens en zijn omgeving.

Evenals Humboldt was Coleridge een bewonderaar van Immanuel Kant – die hij 'een waarlijk groot man' noemde[49] – en was hij aanvankelijk enthousiast over Schellings Naturphilosophie, de zoektocht naar harmonie tussen het ik en de natuur – de interne en de externe wereld. Schellings overtuiging dat het creatieve ik belangrijk was voor het begrip van de natuur, sprak Coleridge aan. De wetenschap kon niet zonder de verbeelding, of, zoals Schelling het uitdrukte, 'we moeten de natuurwetenschappen weer vleugels geven'.[50]

Coleridge, die vloeiend Duits sprak, verdiepte zich al jaren in de Duitse wetenschap en literatuur.* Hij had Humboldts uitgever, John Murray, zelfs aangeboden om Goethes meesterwerk *Faust* te vertalen.[51] Meer dan in welk ander toneelstuk uit die tijd kwamen in *Faust* zaken aan de orde die Coleridge intens bezighielden. Heinrich Faust begreep dat alles met elkaar samenhing: 'Hoe hier tot eenheid is verweven / 't oneindig netwerk van het leven!'[52] verklaart Faust in de eerste scène – een zin die zowel door Humboldt als door Coleridge geschreven had kunnen zijn.

Coleridge betreurde het verlies van wat hij 'de verbindende krachten van het begrip' noemde.[53] Hij leefde in een 'tijdperk van scheiding en splitsing', van versplintering en verlies van eenheid.[54] Het probleem, zo stelde hij, lag bij filosofen en wetenschappers als René Descartes en Carolus Linnaeus, die het begrip van de natuur hadden omgevormd tot een bekrompen praktijk van verzamelen, classificeren en mathematisch abstraheren. Deze 'filosofie van het mechanisme', schreef Coleridge aan Wordsworth, 'is dódelijk'.[55] Wordsworth was het met hem eens. Was de naturalist met zijn neiging tot classificeren immers niet 'Zo'n slaaf die met zijn fijne bril / Zelfs moeders grafstee nog bezien / En bestuderen wil?'[56] Zowel Coleridge als Wordsworth keerde zich tegen het beeld van een newtoniaans universum dat bestond uit inerte atomen die zich als automaten naar de wetten van de fysica voegden, en tegen het idee dat kennis met 'schroef of hefboom' – om met Faust te spreken – aan de natuur moest worden ontworsteld.[57] Net als Humboldt zagen zij de natuur als dynamisch, organisch en bruisend van leven.

Als reactie op het verlies van de 'ziel van de natuur' riep Coleridge op tot een nieuwe benadering van de wetenschappen.[58] Noch hij noch Wordsworth keerde zich daarbij tegen de wetenschappen zelf, maar wel tegen de 'microscopische blik' die alles overheerste.[59] Beide dichters verzetten zich, evenals Humboldt, tegen het verschijnsel dat de weten-

* Het is heel goed mogelijk dat Coleridge enkele van Humboldts boeken al in het Duits gelezen had voordat ze in het Engels werden vertaald; hij had in Duitsland gestudeerd en er ook veel gereisd. Precies tien jaar na Humboldt begon hij aan zijn studie aan de universiteit van Göttingen. Zijn leermeester was Johann Friedrich Blumenbach, de man die ook Humboldt zijn kennis over levenskrachten had bijgebracht.

schap in steeds specialistischer takken werd opgedeeld. Coleridge sprak kleinerend over 'peuteraars',[60] terwijl Wordsworth in *The Excursion* (1814) schreef:

Zijn wij echt voorbestemd
Te turen, oeverloos te turen
Met afnemend begrip
Naar losse dingen die wij zien
Als onverbonden, dood en zonder ziel,
Die wij ontleden, oeverloos ontleden,
En zo van alle pracht ontdoen [...][61]

Humboldts beeld van de natuur als een levend, door stuwende krachten bezield organisme viel in Groot-Brittannië op vruchtbare bodem. Dit concept was het leidende principe en de voornaamste metafoor van de romantici. De werken van Humboldt, schreef de *Edinburgh Review*, waren het beste bewijs voor de 'onzichtbare verbinding' tussen alle onderdelen van geleerdheid en van het onverwachte licht dat de natuur- en geesteswetenschappen op elkaar afstraalden.[62]

Maar hoe succesvol zijn boeken ook waren en hoezeer zijn werk ook door Britse dichters, denkers en wetenschappers werd bewonderd, nog steeds had Humboldt geen toestemming om naar India te reizen. De Compagnie volhardde in haar weinig behulpzame houding. Humboldt ging echter gewoon verder met het maken van gedetailleerde plannen. Hij was van plan om vier of vijf jaar in India te blijven, zei hij tegen Wilhelm, en als hij terugkwam zou hij niet meer naar Parijs gaan. Zijn bedoeling was de boeken over India in het Engels te schrijven, en om die reden wilde hij zich vestigen in Londen.[63]

14 Cirkelbewegingen

Maladie centrifuge

Op 14 september 1818, zijn negenenveertigste verjaardag, stapte Humboldt in een Parijse diligence voor een volgende reis naar Londen, de derde in slechts vier jaar tijd.[1] Vijf dagen later kwam hij in het holst van de nacht bij Wilhelm aan. Inmiddels was hij zo beroemd dat de Londense kranten zijn komst aankondigden in de kolom 'belangrijke bezoekers'. Hij probeerde nog steeds zijn expeditie naar India rond te krijgen, en Wilhelm, met zijn diplomatieke status, kon bepaalde deuren voor hem openen. Zo regelde zijn broer een privéaudiëntie bij de prins-regent, die Humboldt zijn steun voor de onderneming toezegde.[2] Ook ontmoette Humboldt de minister die de Britse Oost-Indische Compagnie in zijn portefeuille had: George Canning, de president van de raad van toezicht. Deze beloofde eveneens te zullen helpen. Na deze ontmoetingen was Humboldt er zeker van dat alle hindernissen die de Compagnie nog zou kunnen opwerpen, uit de weg zouden worden geruimd.[3] Na meer dan tien jaar vleien en smeken leek India eindelijk binnen bereik. Overtuigd dat het met die toestemming nu wel goed zou komen, besloot hij zich te richten op koning Frederik Willem III, die in het verleden ooit had laten vallen dat hij eventueel bereid was de reis te financieren.

Ten tijde van Humboldts bezoek aan Londen zat de Pruisische koning toevallig net op het Congres van Aken, waar de vier geallieerde mogendheden – Pruisen, Oostenrijk, Groot-Brittannië en Rusland – op 1 oktober 1818 bij elkaar waren gekomen voor een bespreking over de toekomstige verhoudingen binnen Europa en de terugtrekking van hun troepen uit Frankrijk. Aken lag slechts een kleine driehonderdvijftig kilometer ten oosten van Calais. Als hij er rechtstreeks vanuit Londen heen ging, bespaarde hem dat een gevreesd bezoek aan Berlijn, waar hij al in geen elf jaar was geweest, en ruim vijftienhonderd kilometer nutteloos gereis.

Op 8 oktober, nog geen drie weken na zijn aankomst in Londen, was Humboldt alweer op weg, achtervolgd door geruchten.[4] Sommige Britse kranten schreven dat hij zo haastig naar Aken was vertrokken om 'geconsulteerd te worden over zaken betreffende Zuid-Amerika'.[5] De Franse geheime politie koesterde soortgelijke verdenkingen: zij geloofde dat Humboldt een gedetailleerd verslag over de rebellerende kolonien bij zich had.[6] Er was ook een Spaanse gezant naar Aken gezonden, die Europese steun voor Spanje in de strijd tegen het leger van Simón Bolívar moest proberen te verwerven.[7] Maar tegen de tijd dat Humboldt arriveerde, was het duidelijk dat de geallieerden geen enkele aanvechting hadden om zich te bemoeien met de Spaanse koloniale ambities;[8] de machtsbalans binnen het postnapoleontische Europa was een veel nijpender kwestie. Humboldt kon zich dus richten op zijn 'eigen zaken', zoals *The Times* het noemde:[9] geld voor zijn reis naar India zien los te krijgen van de Pruisen.

Hij deelde de Pruisische kanselier, Karl August von Hardenberg, mee dat de moeilijkheden rondom de expeditie vrijwel geheel waren overwonnen. De enige belemmering voor een 'volledige garantie' dat de reis doorging, was een financiële.[10] Binnen vierentwintig uur had Frederik Willem hem het geld toegezegd.[11] Humboldt was in de wolken. Na veertien jaar Europa kon hij eindelijk weer weg. Nu zou hij de machtige Himalaya kunnen beklimmen en de gehele aarde in zijn Naturgemälde kunnen verwerken.

Vanuit Aken reisde hij terug naar Parijs, waar hij definitieve voorbereidingen begon te treffen.[12] Hij kocht boeken en instrumenten, correspondeerde met mensen die naar Azië waren gereisd en stippelde een precieze route uit. Eerst zou hij naar Constantinopel gaan, en vervolgens naar de besneeuwde slapende vulkaan de Ararat, nabij de huidige grens tussen Turkije en Iran. Van daaruit zou hij dwars door Perzië trekken, naar de stad Bandar-e Abbas aan de Perzische Golf, vanwaar hij per schip naar India zou reizen. Hij nam lessen Perzisch en Arabisch en hing een reusachtige kaart van Azië aan de wand van zijn Parijse appartement. Maar zoals gewoonlijk duurde het allemaal veel langer dan hij aanvankelijk had aangenomen.

Ondertussen had hij nog steeds niet alle resultaten van zijn ontdekkingsreis naar Zuid-Amerika gepubliceerd. Bij elkaar zouden die uiteindelijk vierendertig delen beslaan, met als overkoepelende titel *Voyage aux régions équinoxiales du Nouveau Continent*. Hieronder vielen niet alleen de delen van zijn reisverslag, maar ook gespecialiseerde werken over botanie, zoölogie en astronomie. Het reisverslag en het essay over Nieuw-Spanje, die nauwelijks illustraties bevatten, waren betaalbaar voor het gemiddelde publiek, maar werken als *Vues des Cordillères* met zijn adembenemende platen van Zuid-Amerikaanse landschappen en monumenten, verschenen in grote, peperdure uitgaven. De volledige *Voyage aux régions équinoxiales du Nouveau Continent* zou de allerduurste reeks worden die ooit door een wetenschapper zelf was uitgegeven. Humboldt had al jaren cartografen, kunstenaars, graveurs en botanisten in dienst, en de kosten liepen zo hoog op dat hij er financieel aan ten onder ging.[13] Hij ontving nog steeds de toelage van de Pruisische koning en de inkomsten van zijn boekverkoop, maar toch moest hij het zuinig aan doen. Zijn erfenis was helemaal opgebruikt; hij had vijftigduizend taler aan zijn expeditie uitgegeven en ongeveer het dubbele aan zijn publicaties en het leven in Parijs.

Niets kon hem echter tegengehouden. Hij leende geld van banken en vrienden en wijdde verder geen enkele gedachte aan zijn financiële situatie, hoewel zijn schulden steeds verder opliepen.

Terwijl hij aan zijn boeken werkte, ging hij verder met de voorbereidingen voor zijn reis. Hij stuurde Karl Sigismund Kunth – de neef van zijn oude leermeester Gottlob Johann Christian Kunth en tevens degene die de botanische publicaties had overgenomen omdat het werk bij Bonpland niet vorderde – naar Zwitserland. Het plan was dat Kunth mee zou gaan naar India, maar dat hij eerst de planten in de Alpen zou bestuderen, zodat hij die kon vergelijken met de planten op de Ararat en in de Himalaya.[14] Aimé Bonpland, Humboldts oude reisgenoot, was niet langer beschikbaar. Sinds de dood van Joséphine Bonaparte, in mei 1814, werkte hij niet meer als hovenier op Malmaison. Hij had genoeg van het leven in Parijs – 'mijn hele bestaan is te voorspelbaar',[15] schreef hij aan zijn zuster – en wilde dolgraag opnieuw op avontuur, maar de uitvoering van Humboldts plannen liet te lang op zich wachten.

Bonpland had altijd al terug gewild naar Zuid-Amerika. Hij was verschillende keren naar Londen gereisd,[16] waar hij contact had met de mannen van Simón Bolívar en met andere revolutionairen die naar Groot-Brittannië waren gekomen om steun te vragen voor hun strijd tegen Spanje. Hij steunde hen zelfs met boeken, een drukpers en meegesmokkelde wapens. Al snel streden de Zuid-Amerikanen om zijn diensten. Francisco Antonio Zea, de botanist die onder Bolívar vicepresident van Colombia zou worden, vroeg Bonpland naar Bogotá te komen om het werk van de overleden botanist José Celestino Mutis voort te zetten.[17] Tezelfdertijd hoopten afgevaardigden uit Buenos Aires dat hij daar een botanische tuin wilde aanleggen, want Bonplands kennis van mogelijk nuttige planten bood economische kansen voor de nieuwe naties. De Britten hadden in Calcutta ten behoeve van het imperium een botanische tuin laten aanleggen die als een soort kraamkamer van nuttige gewassen diende. Zoiets wilden de Argentijnen ook. Bonpland moest hen helpen met het invoeren van 'nieuwe, praktische landbouwmethoden' uit Europa.[18]

De revolutionairen deden hun best om Europese wetenschappers naar Latijns-Amerika te lokken. De wetenschap was als een natie zonder grenzen, zij verenigde de mensen en zou – zo hoopten de revolutionairen – een onafhankelijk Latijns-Amerika op gelijk niveau met Europa brengen. Toen Zea werd aangesteld tot gevolmachtigd Colombiaans gezant in Groot-Brittannië, kreeg hij de opdracht niet alleen steun te vergaren voor de politieke strijd, maar ook wetenschappers, ambachtslieden en boeren aan te moedigen naar Zuid-Amerika te emigreren. 'De illustere [Benjamin] Franklin wist in Frankrijk meer voor zijn land te bereiken met behulp van de natuurwetenschappen dan met diplomatie,' hielden zijn meerderen hem voor.[19]

Het idee dat Bonpland mogelijk zou emigreren was voor de revolutionairen al helemaal opwindend, gezien zijn uitgebreide kennis van hun land. Iedereen 'wachtte ongeduldig' op zijn komst, werd hem verteld.[20] In het voorjaar van 1815, toen de Spaanse troepen een groot deel van het gebied langs de Río Magdalena in Nieuw-Granada terugwonnen en het leger van de revolutionairen gedecimeerd werd door ziekte en desertie, maakte Bolívar zelf tijd vrij om Bonpland te schrijven en hem te vragen Mutis op te volgen.[21] Maar uiteindelijk vond Bonpland Bogotá toch te gevaarlijk, vanwege de wrede burgeroorlog die in Nieuw-Granada en Venezuela woedde.

Eind 1816, twaalf jaar nadat hij met Humboldt uit Zuid-Amerika was vertrokken, verliet hij Frankrijk voor een nieuw leven in Buenos Aires, deze keer beladen met jonge fruitboompjes, groentezaden, druiven en geneeskrachtige planten. Na een paar jaar had hij echter genoeg van het stadse leven. Het methodische werk van de studeerkamerwetenschapper had hem toch al nooit echt gelegen. Hij ging graag in de natuur op zoek naar zeldzame gewassen, maar op het gebied van classificeren was hij hopeloos. Hoewel hij in de loop der jaren twintigduizend planten had verzameld, was zijn herbarium één grote chaos van dozen vol gedroogde exemplaren die niet eens op papier waren geplakt, maar in losse bosjes bijeengebonden waren.[22] In 1820 vestigde hij zich in Santa Ana aan de rivier de Paraná in Argentinië, nabij de grens met Paraguay. Daar verzamelde hij planten en teelde hij yerba maté, een hulstachtige boom waarvan de bladeren gebruikt werden voor een populaire Zuid-Amerikaanse thee.

Op 25 november 1821, precies vijf jaar nadat Bonpland uit Frankrijk was vertrokken, stuurde Humboldt hem een brief en een geldbedrag. In de brief beklaagde Humboldt zich erover dat hij al zo lang niets van zijn oude 'deelgenoot in het geluk' had vernomen.[23] De brief bereikte Bonpland echter nooit. Op 8 december 1821, twee weken nadat Humboldt zijn brief had verstuurd, staken vierhonderd Paraguayaanse soldaten de grens met Argentinië over en vielen Bonplands boerderij in Santa Ana binnen. In opdracht van José Gaspar Rodríguez de Francia, de dictator van Paraguay, doodden ze de arbeiders en sloten ze Bonpland in de boeien op verdenking van landbouwspionage. Francia vreesde dat Bonplands bloeiende plantage een bedreiging vormde voor de Paraguayaanse matéhandel. Bonpland werd meegevoerd naar Paraguay, waar hij in de gevangenis verdween.[24]

Oude vrienden trachtten hem te helpen. Bolívar, die inmiddels in Lima zat en zijn best deed de Spanjaarden uit Peru te verdrijven, schreef Francia een brief waarin hij verzocht om Bonplands vrijlating. Anders, zo dreigde hij, zou hij met zijn leger naar Paraguay komen om Bonpland te redden. Francia kon op hem rekenen als bondgenoot, zei Bolívar, maar alleen als 'de onschuldige, die ik liefheb, niet ten prooi valt aan de ongerechtigheid'.[25] Ook Humboldt deed wat hij kon, met behulp van zijn Europese contacten.[26] Hij zond brieven die ondertekend waren door beroemde wetenschappers, en vroeg zijn oude Londense kennis George Canning, die inmiddels minister van Buitenlandse Zaken was, de Britse consul in Buenos Aires bij de zaak te betrekken. Maar Francia weigerde Bonpland te laten gaan.

Ondertussen zat er geen enkele vooruitgang in Humboldts eigen plannen. De Britse Oost-Indische Compagnie bleef hem de toegang tot India weigeren, ondanks de steun van Canning en de prins-regent. Hij had het gevoel dat hij al jaren in een kringetje ronddraaide. Waar de periode in en vlak na Zuid-Amerika was gekenmerkt door een tomeloze activiteit en gestadige vooruitgang, was Humboldt nu tot zijn ergernis in een impasse beland. Hij was niet langer de knappe, heroische jonge ontdekkingsreiziger die beroemd was om zijn avonturen, maar een voornaam en gerespecteerd wetenschapper van begin vijftig. De meesten van zijn leeftijdsgenoten zouden blij zijn geweest met al die aandacht en bewondering, maar Humboldt was nog niet toe aan een geregeld leven. Er was nog veel te veel te doen. Hij was zo chagrijnig dat een vriend sprak van zijn *maladie centrifuge* – zijn rondtolziekte.[27]

De boze, gefrustreerde Humboldt voelde zich bedrogen en miskend. Hij kondigde aan dat hij voornemens was Europa te verlaten. Zijn plan

was om in Mexico een wetenschappelijke academie op te richten. Daar zou hij zich omringen met geleerden, schreef hij zijn broer in oktober 1822, en genieten van de 'meningsvrijheid'.[28] In Mexico had men tenminste een 'zeer hoge dunk' van hem.[29] Hij had zich stellig voorgenomen nooit meer naar Europa terug te keren. Enkele jaren later schreef hij aan Bolívar dat hij nog steeds in Latijns-Amerika wilde gaan wonen.[30] Niemand wist wat Humboldts precies in zijn hoofd had en waar hij van plan was te gaan wonen. Wilhelm vatte de situatie samen met de woorden: 'Alexander stelt zich altijd grote dingen voor, maar nog niet de helft krijgt daadwerkelijk vorm.'[31]

De Compagnie mocht zich dan niet erg bereidwillig hebben opgesteld, de rest van de Britten was zeer te spreken over Humboldt. Vele wetenschappers die hij in Londen had ontmoet, kwamen hem nu in Parijs opzoeken.[32] De beroemde scheikundige Humphry Davy kwam opnieuw, en ook John Herschel (de zoon van William Herschel, de astronoom) en Charles Babbage, de wiskundige die aan de wieg stond van de computer, brachten Humboldt een bezoek. Humboldt stond altijd klaar om anderen te helpen, zei Babbage, of zijn bezoeker nu beroemd was of volledig onbekend.[33] Ook William Buckland, een geoloog uit Oxford, bezocht Humboldt in Parijs. Nog nooit had hij iemand zo snel en zo scherpzinnig horen praten, schreef hij enthousiast aan een vriend.[34] Zoals gewoonlijk hield Humboldt zich niet in: hij liet Buckland ruimhartig delen in zijn kennis en toonde hem zijn aantekeningen en verzamelingen.

Een van zijn belangrijkste bezoekers was Charles Lyell, de Britse geoloog die later Charles Darwin zou helpen zijn ideeën over evolutie vorm te geven.[35] Lyell, die zich hevig interesseerde voor het ontstaan van de aarde, maakte in die jaren een aantal reizen door Europa om bergen, vulkanen en andere geologische structuren te onderzoeken voor zijn revolutionaire werk *Principles of Geology*. In de zomer van 1823, rond dezelfde tijd dat het nieuws over Bonplands gevangenschap Bolívar bereikte, kwam de enthousiaste vijfentwintigjarige wetenschapper naar Parijs, beladen met introductiebrieven voor Humboldt.

Sinds zijn terugkomst uit Latijns-Amerika had Humboldt zich onder andere gewijd aan het verzamelen en vergelijken van gegevens over gesteentelagen in de hele wereld. Enkele maanden voor de komst van Lyell had hij, na bijna twintig jaar, de resultaten van dit onderzoek gepubliceerd in zijn boek *Essai géognostique sur le gisement des roches dans les deux hémisphères* (Geognostische verhandeling over de afzetting van gesteenten in de beide halfronden). Dit was precies de informatie die Lyell nodig had voor zijn eigen onderzoek. Het *Essai géognostique*, schreef hij, was een 'fantastische les' voor hem.[36] Zelfs als Humboldt verder niets gepubliceerd zou hebben, had dit werk hem in de hoogste regionen van de wetenschappelijke wereld geplaatst. Twee maanden lang kwamen de twee mannen iedere middag bij elkaar. Ze spraken over geologie, over Humboldts waarnemingen op de Vesuvius en over gemeenschappelijke vrienden in Groot-Brittannië. 'Hoombowl',[37] zoals Humboldts Franse bediende zijn meester noemde, sprak uitstekend Engels,[38] en had hem heel veel materiaal en allerlei nuttige gegevens verstrekt, schreef Lyell aan zijn vader.

Humboldt en Lyell spraken ook over de isothermen die Humboldt had getekend, de lijnen die we tegenwoordig op weerkaarten zien en die alle punten op aarde met dezelfde temperatuur met elkaar verbinden.* Humboldt had het systeem bedacht voor zijn verhandeling *Des isothermes et de la distribution de la chaleur sur le globe* (Over de isothermische lijnen en de verdeling van warmte op aarde), om het klimaatpatroon op aarde in beeld te kunnen brengen. Dit stuk hielp Lyell zijn eigen theorieën te ontwikkelen. Het vormde tevens het begin van een nieuw begrip van het klimaat, een inzicht waarop alle latere onderzoeken over de verdeling van warmte werden gebaseerd.[39]

Voordat Humboldt met zijn isothermen kwam, werden meteorologische gegevens weergegeven in lange temperatuurtabellen – eindeloze rijen klimaatgegevens met precieze temperaturen van verschillende plekken op aarde, die maar moeilijk met elkaar te vergelijken waren.

* Isobaren zijn lijnen die gebieden met gelijke luchtdruk met elkaar verbinden.

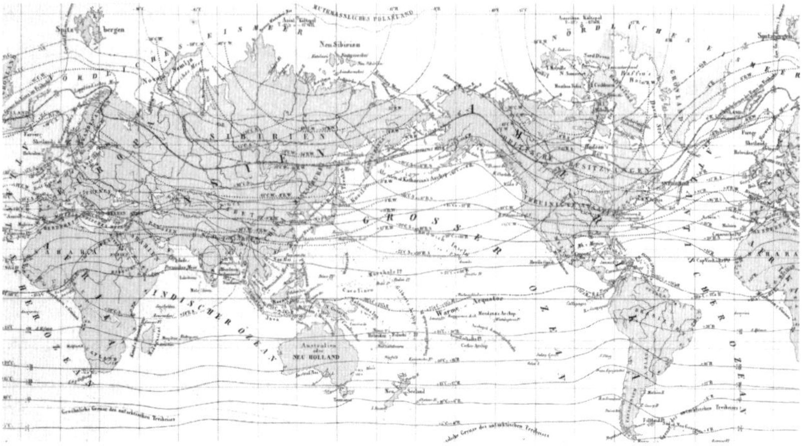

Kaart met isothermen

Humboldts grafische visualisatie van diezelfde gegevens was eenvoudig en vernieuwend tegelijk. Eén blik op de kaart met isothermen onthulde een nieuwe wereld van patronen die zich als brede golvende banden rond de aarde slingerden. Volgens Humboldt was dit de basis van wat hij 'vergelijkende klimatologie' noemde.[40] En hij kreeg gelijk, want hedendaagse wetenschappers gebruiken zijn uitvinding nog steeds voor het begrijpen en beschrijven van de klimaatverandering en de opwarming van de aarde. Isothermen stelden Humboldt en zijn navolgers in staat om patronen op wereldschaal te bestuderen. Lyell gebruikte het concept voor zijn onderzoek naar geologische veranderingen in relatie tot veranderingen van het klimaat.[41]

De centrale stelling in Lyells *Principles of Geology* was dat de aarde zeer geleidelijk gevormd was, door voortdurende minieme veranderingen in plaats van door plotselinge catastrofes als aardbevingen of overstromingen, zoals andere wetenschappers meenden. Lyell was ervan overtuigd dat dit soort traag werkende krachten altijd actief bleven en dat hij dus naar het heden moest kijken om iets over het verleden te weten te komen. Om uit te leggen hoe die krachten werkten, en apocalyptische theorieën over het ontstaan van de aarde te weerleggen, moest hij verklaren hoe het kwam dat het oppervlak van de aarde geleidelijk aan was afgekoeld. Hij bestudeerde Humboldts verhandeling terwijl hij tegelijkertijd werkte aan zijn eigen theorie, vertelde hij later aan een vriend.[42]

In zijn nauwgezette analyse kwam Humboldt tot de verrassende conclusie dat de relatie tussen temperatuur en breedtegraad minder eenduidig was dan tot dan toe werd verondersteld. Factoren als hoogte, wind, reliëf en de nabijheid van oceanen waren ook van invloed op de warmteverdeling.[43] Boven land was het warmer dan boven zee, maar op grotere hoogte was de temperatuur weer lager. Daaruit concludeerde Lyell dat de temperatuur lager was op plekken waar het land door geologische krachten omhoog was gedrukt.[44] Op de lange duur had deze opwaartse beweging een algemene afkoeling tot gevolg gehad: veranderingen in het klimaat gingen dus gelijk op met veranderingen in de aardkorst. Jaren later, toen een recensent Lyell vroeg wanneer zijn theorie precies 'ontstaan' was, antwoordde Lyell dat dat gebeurd was op het moment waarop hij Humboldts verhandeling over isothermen onder ogen had gekregen. 'Humboldt verdient alle lof voor zijn prachtige essay,' zei hij.[45] In zijn eigen werk, zo verklaarde Lyell, had hij Humboldts klimaattheorieën alleen een 'geologische toepassing' gegeven.[46]

Humboldt probeerde jonge wetenschappers zowel inhoudelijk als financieel zo veel mogelijk bij te staan, hoe moeilijk hij het zelf ook had. Hij ging daarbij zo ver dat zijn schoonzuster Caroline vreesde dat zijn zogenaamde vrienden misbruik van hem maakten: 'Hij eet droog brood, zodat zij vlees kunnen eten.'[47] Maar dat leek Humboldt niet te deren. Hij was de as van een draaiend wiel, het verbindende element dat altijd in beweging bleef.[48]

Hij schreef Bolívar een aanbevelingsbrief voor een jonge Franse wetenschapper die van plan was een reis door Zuid-Amerika te maken en gaf de Fransman zelfs zijn eigen instrumenten mee.[49] Ook introduceerde hij een Portugese botanist die naar de Verenigde Staten wilde emigreren bij Thomas Jefferson.[50] De Duitse chemicus Justus von Liebig, wiens ontdekking van stikstof als belangrijke voedingsstof voor planten hem later beroemd zou maken, vertelde dat zijn ontmoeting met Humboldt in Parijs 'de fundering' voor zijn latere carrière was geweest.[51] Zelfs Albert Gallatin, de voormalige Amerikaanse minister van Financiën, die Humboldt eerst in Washington en later in Londen en Parijs ontmoet had, was zo geïnspireerd geraakt door Humboldts geestdrift voor inheemse volkeren dat hij zich was gaan verdiepen in de oorspronkelijke bewoners van Amerika. Tegenwoordig wordt Gallatin beschouwd als de grondlegger van de Amerikaanse etnologie. De reden van zijn interesse, zo schreef hij, was ‘het verzoek van een beroemde vriend, baron Alexander von Humboldt’.[52]

Terwijl Humboldt zijn vrienden en collega’s verder hielp op hun carrièrepad en ondersteunde bij het organiseren van hun reizen, waren zijn eigen kansen om nog tot India te worden toegelaten tot vrijwel nul gereduceerd. Weliswaar stilde hij zijn Wanderlust met reisjes door Europa – Zwitserland, Frankrijk, Italië en Oostenrijk – maar dat was toch niet hetzelfde. Hij voelde zich ongelukkig. En daar kwam bij dat het steeds moeilijker werd om zijn besluit om in Parijs te blijven wonen tegenover de Pruisische koning te rechtvaardigen. Frederik Willem III had er sinds Humboldts terugkomst uit Zuid-Amerika, inmiddels twintig jaar geleden, herhaaldelijk op aangedrongen dat hij weer naar Berlijn kwam. Twintig jaar lang had de koning hem een jaarlijkse toelage betaald zonder er ook maar iets voor terug te eisen. Humboldt had altijd aangevoerd dat hij de Parijse wetenschappelijke omgeving nodig had om zijn boeken te kunnen schrijven, maar intussen was het klimaat in de stad, en in heel Frankrijk, veranderd.

Sinds Napoleons verbanning had Frankrijk weer een koning in de persoon van Lodewijk XVIII,* de broer van Lodewijk XVI, die tijdens de Franse Revolutie was onthoofd. Daarmee had het huis Bourbon zijn macht herwonnen. Het absolutisme was weliswaar niet teruggekeerd, maar het land dat vrijheid en gelijkheid voorheen zo hoog in het vaandel had gehad, was nu een constitutionele monarchie geworden. Slechts één procent van de Franse bevolking was stemgerechtigd bij de verkiezingen voor de Kamer van Afgevaardigden. Hoewel Lodewijk XVIII niet onwelwillend stond tegenover sommige liberale denkbeelden, was hij na zijn verbanning in Frankrijk teruggekeerd met een heel gevolg van ultraroyalistische emigrés die terugverlangden naar het ancien régime. Humboldt had hen terug zien komen en gemerkt hoezeer ze werden verteerd door haat en wraakgevoelens. ‘Hun hang naar absolute monarchie is onbedwingbaar,’ schreef Charles Lyell vanuit Parijs aan zijn vader.[53]

In 1820 werd de hertog van Berry, een neef van de koning en nummer drie in de lijn van troonopvolging, door een republikein vermoord. Daarna waren de ultraroyalisten niet meer te stuiten. Er kwam een

*Tijdens Napoleons bewind had Lodewijk XVIII in ballingschap in Pruisen, Rusland en Groot-Brittannië geleefd.

strengere censuur, mensen konden zonder proces worden vastgehouden en de allerrijksten kregen dubbel stemrecht. In 1823 kregen de ultraroyalisten de meerderheid in de Kamer van Afgevaardigden. Humboldt was zwaar ontdaan en zei tegen een Amerikaanse bezoeker dat je met één blik op het *Journal des Débâts* – een krant die was opgericht in het jaar dat de Revolutie uitbrak – al zag dat de persvrijheid zwaar was ingeperkt.[54] Tot zijn ongenoegen begon ook de Katholieke Kerk, die aan wetenschappers allerlei beperkingen oplegde, na de terugkeer van de ultraroyalisten haar greep op de Franse maatschappij weer te verstevigen. Al snel verrezen er nieuwe torenspitsen in het stadsbeeld.

Parijs was 'minder dan ooit' geschikt als centrum van de wetenschappen, schreef Humboldt aan een vriend in Genève.[55] Er werd flink gesneden in de subsidies voor laboratoria, onderzoek en onderwijs. Intellectuele nieuwsgierigheid werd gesmoord en wetenschappers moesten de koning naar de mond praten om zijn gunsten te verkrijgen. Geleerden waren nu 'willige werktuigen' in handen van politici en prinsen, zei Humboldt in 1823 tegen Charles Lyell.[56] Zelfs de grote George Cuvier aasde inmiddels op 'lintjes, erekruisen, titels en gunsten van het hof' in plaats van zijn talenten als naturalist in te zetten. Er was zoveel politiek getouwtrek in Parijs dat er een soort stoelendans met overheidsfuncties aan de gang leek te zijn. Iedereen die hij ontmoette, was óf minister óf ex-minister, zei Humboldt. 'Ze vallen als herfstbladeren van de bomen,' zei hij tegen Lyell. 'En nog voordat ze zijn weggerot, worden ze al bedekt met een volgende laag, en weer een volgende.'[57]

Franse geleerden vreesden dat Parijs zijn status als centrum van vernieuwende wetenschap zou kwijtraken. Aan de Académie des Sciences kwam weinig meer tot stand, en wát er gebeurde, liep meestal op gekibbel uit, zei Humboldt. Erger nog: de leden hadden een geheim comité gevormd om de bibliotheek op te schonen, ze verwijderden alle boeken waarin liberale ideeën als die van Jean-Jacques Rousseau en Voltaire werden verkondigd. Toen de kinderloze Lodewijk XVIII in september 1824 overleed, werd hij opgevolgd door zijn broer Karel X, de leider van de ultraroyalisten. Iedereen die in de vrijheid en de waarden van de revolutie geloofde, wist dat het intellectuele klimaat alleen nog maar repressiever kon worden.

Humboldt zelf was ook veranderd.[58] Hij was nu halverwege de vijftig, zijn bruine haar was zilvergrijs geworden en zijn rechterarm was door de reumatiek zo goed als verlamd geraakt – een verlaat gevolg, zo legde hij aan zijn vrienden uit, van het slapen op de natte grond in het Orinoco-regenwoud. Hij droeg ouderwetse kleren in de stijl van vlak na de Franse Revolutie: een nauwsluitende gestreepte kniebroek, een geel vest, een blauwe slipjas, een witte sjaal, hoge laarzen en een versleten zwarte hoed. Niemand in Parijs kleedde zich meer zo, merkte een vriend op. Humboldt deed dit echter niet alleen uit politieke overtuiging, maar ook uit zuinigheid. Van zijn erfenis was allang niets meer over. Hij woonde in een eenvoudig appartementje aan de Seine, waar hij slechts over een karig gemeubileerde slaapkamer en een studeerkamer beschikte. Hij had noch het geld noch de smaak voor dure spullen, elegante kleding en chique meubelen.

In de herfst van 1826 was het, na meer dan twintig jaar, dan toch eindelijk gedaan met het geduld van Frederik Willem III. Hij schreef Humboldt dat deze 'de publicatie van zijn werken' die hij 'uitsluitend bevredigend in Parijs dacht te kunnen volbrengen' inmiddels toch wel moest hebben afgerond.[59] De koning gaf hem geen permissie om nog langer in een land te blijven dat 'voor iedere rechtgeaarde Pruis het voorwerp van haat zou moeten zijn'. Hij was in afwachting van Humboldts 'spoedige terugkeer'. Humboldt zag in dat dit een bevel was.

Hij had dringend het geld van zijn jaarlijkse toelage nodig, want door de hoge kosten van zijn publicaties was hij inmiddels 'zo arm als een kerkrat'.[60] Hij moest zien rond te komen van wat hij verdiende, maar op het gebied van financiën was hij hopeloos. 'Het enige op de hele wereld waar monsieur Humboldt géén verstand van heeft,' had zijn Engelse vertaler al eens opgemerkt, 'zijn geldzaken.'[61]

Parijs was meer dan twintig jaar zijn thuis geweest en ook zijn beste vrienden woonden er. Het was een pijnlijke beslissing, maar uiteindelijk stemde hij ermee in om terug te keren naar Berlijn, op voorwaarde dat hij regelmatig enkele maanden naar Parijs mocht om zijn onderzoek voort te zetten. Het was niet makkelijk om zijn vrijheid en zijn wetenschappelijke leven op te geven, schreef hij in februari 1827 aan de Duitse wiskundige Carl Friedrich Gauss.[62] En terwijl hij nog maar kortgeleden George Cuvier ervan beschuldigd had de revolutionaire geest te hebben verraden, werd hij nu zelf hoveling en betrad hij een wereld waarin hij een subtiele balans moest zien te vinden tussen zijn liberale politieke denkbeelden en zijn verplichtingen aan het hof. Het zou bijna onmogelijk worden om een middenweg te vinden tussen al die uiteenlopende meningen, zo vreesde hij.[63]

Op 14 april 1827 vertrok Humboldt uit Parijs. Zijn bestemming was Berlijn, maar zoals gewoonlijk maakte hij een omweg. Hij reisde via Londen, misschien wel om een laatste wanhopige poging te doen de Britse Oost-Indische Compagnie te vermurwen hem toe te laten in India. Sinds zijn laatste bezoek in 1818, toen hij bij zijn broer Wilhelm had gelogeerd, waren er negen jaar voorbijgegaan. In die tussentijd was Wilhelm teruggeroepen van zijn post in Groot-Brittannië; hij woonde nu weer in Berlijn.* Maar Alexander vond snel weer aansluiting bij zijn oude Britse kennissen, en probeerde zijn drieweekse bezoek zo goed mogelijk te benutten.

Hij werd van de een naar de ander doorgeschoven en ontmoette politici, wetenschappers en een 'heel leger edelen'.[64] Op de Royal Society trof hij zijn oude vrienden John Herschel en Charles Babbage, en bezocht hij een bijeenkomst waarbij een van de leden tien kaarten liet zien uit de nieuwe atlas van India die in opdracht van de Compagnie vervaardigd werd – waardoor hij zich eens te meer realiseerde wat er aan zijn neus voorbijging.[65] Hij dineerde bij Mary Somerville,† een van de weinige vrouwelijke wetenschappers in Europa, en bezocht de botanist Robert Brown in de botanische tuinen in Kew, even ten westen van Londen. Brown was in dienst van Joseph Banks naar Australië geweest om planten te verzamelen, en Humboldt wilde graag meer weten over de Australische flora.

Ook werd Humboldt uitgenodigd voor een chic feestje aan de Royal Academy, en dineerde hij bij zijn oude kennis George Canning, die twee weken daarvoor minister-president van Groot-Brittannië was geworden.[67] Op datzelfde diner ontmoette hij tot zijn grote vreugde ook Albert Gallatin, zijn vriend uit Washington DC, die inmiddels als Amerikaans

*Wilhelm was in 1818 uit Londen weggegaan. Hij had korte tijd als minister in Berlijn gewerkt, maar de reactionaire politiek van Pruisen stond hem tegen. Eind 1819 had hij zich uit het politieke leven teruggetrokken en was hij verhuisd naar het familielandgoed Tegel, dat hij geërfd had.

† De zesenveertigjarige Mary Somerville was een gevierd wiskundige en uomo universale. In 1827 was ze bezig aan een vertaling van *Traité de mécanique céleste* van Laplace. Haar schrijfstijl was zo helder dat het boek in Groot-Brittannië een bestseller werd. Zij was de enige vrouw die zijn werk begreep én corrigeerde, zei Laplace. Anderen noemden haar de 'koningin van de wetenschap'. Later verscheen haar boek *Physical Geography*, dat diverse raakvlakken vertoonde met Humboldts benadering van natuur en wetenschap.[66]

gezant in Londen werkte. Maar de aandacht van de Britse aristocratie irriteerde hem. Vergeleken met wat hij hier aan 'kwellingen' moest doorstaan, was Parijs maar een slaperig stadje, schreef hij aan een vriend.[68] Iedereen leek iets van hem te willen. Hij klaagde dat in Londen 'elke zin' begon met: 'U mag niet weg voordat u mijn buitenhuis gezien heeft, het ligt maar vijfenzestig kilometer buiten Londen.'

De opwindendste dag bracht hij echter niet door in het gezelschap van wetenschappers of politici, maar van een jonge ingenieur, Isambard Kingdom Brunel, die Humboldt had uitgenodigd te komen kijken naar de bouw van de eerste tunnel onder de Theems.[69] Het idee om een tunnel onder een rivier te maken was gedurfd, maar ook gevaarlijk; tot nu toe was dit dan ook niemand ooit gelukt.

De omstandigheden bij de Theems konden bijna niet slechter: de rivierbedding en de grond eronder bestonden uit zand en zachte klei. Brunels vader Marc had echter een ingenieuze techniek bedacht waarbij hij een gietijzeren schild gebruikte dat even hoog en breed was als de tunnelbuis. Geïnspireerd door de scheepsworm, die een boorgang door de hardste houtsoorten graaft door zijn kop met een schelp te beschermen, had Marc Brunel een reusachtige stellage ontworpen die tijdens het graven van de tunnel de zachte klei op zijn plaats hield en ervoor zorgde dat het plafond niet instortte. Dit schild werd stukje bij beetje naar voren geschoven, terwijl aan de achterkant de bakstenen wanden werden gemetseld. Zo kreeg de tunnel centimeter voor centimeter gestalte. Twee jaar geleden waren ze met de bouw begonnen, en ten tijde van Humboldts bezoek aan Londen was de helft van de 366 meter lange tunnel voltooid.

Toch was het een hachelijke onderneming. Het dagboek van Marc Brunel getuigde dan ook van zijn zorgen: 'mijn bezorgdheid groeit met de dag', 'elke dag gaat het slechter' en 'iedere ochtend zeg ik bij mezelf, weer een dag vol gevaren voorbij.'[70] Zijn zoon Isambard, die in januari 1827 op twintigjarige leeftijd tot hoofdingenieur benoemd was, stortte zich vol energie en zelfverzekerdheid op het project. Het bleef echter een hele uitdaging. Sinds begin april, kort voordat Humboldt was aangekomen, sijpelde er water in de tunnel, en Isambard moest veertig mensen aan het pompen houden om de toevloed te bedwingen. Marc vreesde dat de tunnel ieder moment kon instorten, want boven hun hoofd zat alleen 'kleiachtig slib'.[71] Isambard wilde de constructie van de buitenkant bekijken en vroeg Humboldt hem te vergezellen. Het was een gevaarlijk werkje, maar dat kon Humboldt niet schelen, voor geen goud ter wereld had hij dit willen missen. Bovendien hoopte hij de luchtdruk op de bodem van de rivier te kunnen meten, zodat hij die kon vergelijken met zijn gegevens uit de Andes.

De duikersklok waarmee Humboldt en Brunel zich naar de bodem van de Theems lieten zakken om de constructie van de tunnel te inspecteren

Op 26 april werd er een reusachtige metalen duikersklok van zo'n tweeduizend kilo met een kraan vanaf een schip te water gelaten.[72] Onder het oog van talloze nieuwsgierigen op boten zakte het gevaarte met Humboldt en Brunel erin naar een diepte van elf meter. De luchttoevoer werd geregeld via een leren slang aan de bovenkant, en twee dikke glazen ramen boden uitzicht op het troebele rivierwater. Eerst kon Humboldt de druk op zijn oren bijna niet verdragen, maar na een paar minuten raakte hij eraan gewend. Met hun dikke jassen zagen ze eruit als Eskimo's, schreef hij achteraf aan François Arago in Parijs.[73] Op de rivierbodem, met onder hen de tunnel en niets dan water boven hun hoofd, was het spookachtig donker, op het zwakke schijnsel van hun lantaarns na. Ze bleven veertig minuten onder water, maar toen ze weer naar boven gingen, knapten er bloedvaatjes in Humboldts neus en keel vanwege de veranderende druk. Een vol etmaal lang spuugde en nieste Humboldt bloed, net als destijds bij het beklimmen van de Chimborazo. Brunel had nergens last van, en Humboldt grapte dat die bloedingen blijkbaar een 'privilege van de Pruisen' waren.[74]

Twee dagen later stortte de tunnel gedeeltelijk in, en halverwege mei begaf de rivierbedding erboven het volledig, waardoor er een reusachtig gat ontstond en het water naar binnen stroomde.[75] Wonderbaarlijk genoeg vielen er geen doden, en nadat de zaak gerepareerd was, werd het werk voortgezet. Maar tegen die tijd was Humboldt al aangekomen in Berlijn.

Inmiddels was hij de beroemdste wetenschapper in Europa. Hij werd alom bewonderd, door natuurwetenschappers, dichters en denkers. Er was echter een man die zijn werk nog niet gelezen had, en dat was de achttienjarige Charles Darwin, die precies in de tijd dat Humboldt zich in Londen liet fêteren zijn medicijnenstudie aan de universiteit van Edinburgh eraan gaf, tot grote woede van zijn vader, Robert Darwin. 'Jij geeft alleen om jagen, honden en rattenvangen,' schreef deze aan zijn zoon. 'Je maakt jezelf en je hele familie nog te schande.'[76]

DEEL IV

INVLOED: IDEEËN VERSPREIDEN

15 Terug in Berlijn

Op 12 mei 1827 kwam Alexander von Humboldt in Berlijn aan. Hij was inmiddels zevenenvijftig en had nog net zo'n hekel aan de stad als twintig jaar geleden. Hij wist dat zijn leven voorgoed zou veranderen. Voortaan zou een groot deel van zijn tijd opgaan aan het 'geestdodende, rusteloze leven aan het hof'.[1] Van de tweehonderdvijftig kamerheren die Frederik Willem III had, ging het voor de meesten om niet meer dan een eretitel.[2] Humboldt zou echter deel gaan uitmaken van de kleine kring van hovelingen rond de koning. Hij kreeg geen politieke functie, maar moest de koning intellectueel vermaken en na het avondeten voorlezen. Achter een façade van opgewekte conversatie wist hij te overleven. De man die dertig jaar eerder had geschreven dat het 'hofleven zelfs de grootste intellectueel nog van zijn talent en vrijheid beroofde',[3] zat nu in het keurslijf van de hofroutine. Hiermee begonnen zijn 'pendelbewegingen' – Humboldts benaming voor een leven waarin hij de koning almaar volgde, naar een kasteel, naar een zomerverblijf, dan weer terug naar Berlijn, altijd maar onderweg, bepakt met manuscripten en dozen vol boeken en aantekeningen.[4] Alleen tussen twaalf uur 's nachts en drie uur 's ochtends had hij de tijd aan zichzelf en kon hij aan zijn boeken werken.

Het land waar Humboldt naar was teruggekeerd was een politiestaat geworden waarin censuur iedere dag voelbaar was. Openbare bijeenkomsten – ook wetenschappelijke – werden met grote achterdocht bekeken en studentengezelschappen waren opgeheven. Pruisen had geen grondwet of nationaal parlement, alleen een paar provinciale landdagen met adviestaken, maar die konden geen wetten opstellen of belastingen opleggen. Het hof hield nauw toezicht op elk besluit dat werd genomen. In Berlijn wemelde het van de soldaten. Bij vrijwel elk openbaar gebouw stonden schildwachten, en bezoekers van de stad merkten op dat er overal parades van trommelende soldaten werden gehouden. Het leek wel of er meer soldaten dan burgers in Berlijn waren. Een reiziger merkte op dat er voortdurend werd gemarcheerd en dat er een 'onophoudelijk vertoon van allerlei soorten uniformen in iedere openbare ruimte' was.[5]

Berliner Stadtschloss

Humboldt had aan het hof geen politieke invloed, maar hij was vastbesloten om Berlijn in ieder geval enige intellectuele nieuwsgierigheid bij te brengen. Dat was dringend nodig. In zijn jonge jaren, toen hij als mijnbouwinspecteur werkte, had hij al uit eigen middelen een school voor mijnwerkers opgericht. Net als zijn broer Wilhelm, die twintig jaar eerder bijna in zijn eentje een nieuw onderwijsstelsel voor Pruisen had ingevoerd, geloofde Alexander dat onderwijs de basis vormde voor een vrije, gelukkige samenleving. Voor veel mensen was dat een gevaarlijke gedachte. In Groot-Brittannië bijvoorbeeld werden pamfletten uitgegeven waarin werd gewaarschuwd dat armen door kennis het niveau van 'hun eenvoudige, afmattende taken' zouden ontstijgen.[6]

Humboldt geloofde in de kracht van onderwijs: hij schreef boeken zoals zijn *Ansichten der Natur* voor een algemeen publiek en niet zozeer voor wetenschappers in ivoren torens. Terug in Berlijn ijverde hij meteen voor de oprichting van een afdeling voor wis- en scheikunde aan de universiteit. Met vakgenoten schreef hij over de mogelijkheden die laboratoria boden, en het belang van een polytechnische school. Daarnaast wist hij de koning ervan te overtuigen dat er in Berlijn een nieuw observatorium met de modernste instrumenten moest komen.[7] Volgens sommigen was Humboldt een 'kruiperige hoveling' geworden,[8] maar het was juist dankzij zijn positie aan het hof dat hij wetenschappers, onderzoekers en kunstenaars kon steunen. Je moest de koning op een verloren moment aanspreken en vervolgens vasthoudend zijn, legde Humboldt een vriend uit.[9] Binnen een paar weken na zijn aankomst was hij al druk bezig allerlei ideeën ten uitvoer te brengen. Hij had, zo zei een vakgenoot, de 'jaloersmakende gave zichzelf tot het middelpunt van het intellectuele en wetenschappelijke gesprek te maken'.[10]

Humboldt had tientallen jaren lang regeringen bekritiseerd en was in het verleden altijd openlijk voor zijn mening uitgekomen, maar in de tijd dat hij naar Berlijn verhuisde, verwachtte hij niet veel meer van de politiek. Hoewel hij als jongeman vol geestdrift was geweest over de Franse Revolutie, had hij de laatste jaren gezien hoe in Frankrijk ultraroyalisten van het ancien régime de klok terugzetten. Elders in Europa was de stemming eveneens reactionair. Waar hij ook keek, nergens was er uitzicht op verandering.

Onlangs nog had hij Engeland bezocht en daar de nieuwe Britse premier George Canning ontmoet, die hij nog van vroeger kende. Hij had gezien hoeveel moeite het Canning kostte om een regering te vormen, omdat diens eigen Tory Party verdeeld was over sociale en economische hervormingen.[11] Eind mei 1827, tien dagen nadat Humboldt in Berlijn was aangekomen, zag Canning zich gedwongen steun te zoeken bij leden van de oppositiepartij, de Whigs. Uit wat hij in de Berlijnse kranten las, begreep Humboldt dat de situatie in Groot-Brittannië met de dag verslechterde. Binnen een week had het Hogerhuis een amendement op de controversiële Graanwetten, die de kern vormden van het debat over hervormingen, op de lange baan geschoven. De Graanwetten zorgden voor veel verdeeldheid omdat ze de overheid de mogelijkheid boden hoge invoerrechten te heffen op graan uit het buitenland. De invoerrechten op goedkoop graan uit de Verenigde Staten bijvoorbeeld waren zo hoog dat het onbetaalbaar werd. Vermogende Britse landeigenaren konden op die manier in feite iedere concurrentie uitbannen en de prijzen blijven bepalen. Arme Britten leden hier het meest onder, omdat de prijzen voor brood buitensporig hoog bleven. De rijken bleven rijk en de armen arm. 'Het volk kan elk moment in opstand komen tegen de landeigenaren,' voorspelde Canning.[12]

Op het vasteland van Europa heerste een soortgelijke reactionaire sfeer. Na de napoleontische oorlogen en het Congres van Wenen in 1815 begon voor de Duitse staten een relatief rustige periode, maar van hervormingen was nauwelijks sprake. Onder leiding van de Oostenrijkse minister van Buitenlandse Zaken, vorst Klemens von Metternich, hadden de Duitsers tijdens het Congres van Wenen de Duitse Bond opgericht – een confederatie. Het was een losse federatie van veertig staten, die in de plaats kwam van het vroegere Heilige Roomse Rijk en de Rijnbond ten tijde van Napoleon. Met deze federatieve structuur wilde Metternich het machtsevenwicht in Europa herstellen en voorkomen dat één staat te machtig werd. De Bond kende geen staatshoofd en de Bondsdag in Frankfurt was niet zozeer een parlement als wel een congres van afgevaardigden die de belangen van hun eigen staten bleven behartigen. Toen de napoleontische oorlogen voorbij waren, werd Pruisen dankzij uitbreiding van het eigen grondgebied economisch weer van enige betekenis. Het jonge Koninkrijk Westfalen, een vazalstaat van Napoleons rijk, werd nu ook Pruisisch, evenals het Rijnland en delen van Saksen. Daarmee strekte Pruisen zich uit van de grens met Nederland in het westen tot de grens met Rusland in het oosten.

In de Duitse staten stond men wantrouwend tegenover hervormingen, omdat ze gezien werden als een eerste stap naar revolutie. Volgens Metternich was democratie een vulkaan die moest worden gedoofd.[13] Humboldt, die Metternich in Parijs en Wenen diverse keren had ontmoet, was teleurgesteld over deze ontwikkelingen. De twee mannen hadden een briefwisseling gevoerd over de ontwikkelingen in de wetenschap, maar kenden elkaar goed genoeg om geen discussies over politiek te beginnen. Onder intimi omschreef de Oostenrijkse kanselier Humboldt als 'een politiek vervormde geest',[14] terwijl Humboldt Metternich de 'laatste der mummiekisten' noemde omdat zijn beleid zo gedateerd was.[15]

Het was overduidelijk dat Humboldt nu in een antiliberaal land woonde. Ruimte voor liberale ideeën was er niet en de middenstand in Pruisen, die vrijwel geen politieke rechten had, trok zich terug in eigen kring. In muziek, literatuur en beeldende kunst werden niet langer revolutionaire opvattingen, maar voornamelijk gevoelens tot uiting gebracht. De geest van 1789, zoals Humboldt hem genoemd had, bestond niet meer.[16]

Elders was het beeld al evenmin rooskleurig. Simón Bolívar realiseerde zich dat het heel wat moeilijker was om naties te stichten dan oorlogen te voeren. Toen Humboldt naar Berlijn verhuisde, waren verscheidene koloniën er al in geslaagd zich van de Spaanse overheersing te ontdoen. Diverse landen hadden zich tot republiek verklaard: Mexico, de Federale Republiek van Centraal-Amerika, Argentinië, Chili en een aantal landen dat Bolívar als leider had – Groot-Colombia (dat ook Venezuela, Panama, Ecuador en Nieuw-Granada omvatte), Bolivia en Peru.
Toen zijn oude bondgenoten zich tegen hem keerden, viel Bolívars plan – een bond van vrije staten – echter in duigen.

Op het pan-Amerikaanse congres dat in de zomer van 1826 onder leiding van Bolívar plaatsvond, waren maar vier Latijns-Amerikaanse republieken vertegenwoordigd.[17] Het congres had de eerste stap moeten zijn naar een Andesfederatie die zich uitstrekte van Panama in het noorden tot Bolivia in het zuiden, maar het werd een complete mislukking. De voormalige koloniën voelden niet voor eenwording. De situatie verergerde nog aanzienlijk toen Bolívar in het voorjaar van 1827 te horen kreeg dat zijn troepen in Peru aan het muiten waren geslagen. Zijn oude vriend Francisco de Paula Santander, vicepresident van Colombia, prees de opstandelingen en eiste Bolívars afzetting als president, in plaats van 'El Libertador' te steunen. In de woorden van een van Bolívars vertrouwelingen waren ze een 'tijdperk van blunders' ingegaan.[18] Humboldt was ook van mening dat Bolívar zichzelf veel te veel dictatoriale macht had toegekend. Natuurlijk had Zuid-Amerika veel aan Bolívar te danken, maar zijn autoritaire optreden was 'onrechtmatig, ongrondwettelijk en deed aan dat van Napoleon denken', zei hij tegen een Colombiaanse wetenschapper en diplomaat.[19]

Over Noord-Amerika was hij al niet veel optimistischer. Met de dood van Thomas Jefferson en John Adams, die allebei stierven op 4 juli 1826 – precies vijftig jaar na de aanname van de Onafhankelijkheidsverklaring – was er niemand meer over van de oude garde van de *founding fathers*. Humboldt was altijd een bewonderaar van Jefferson geweest omdat die het land mede vorm had gegeven, maar hij was diep teleurgesteld dat er te weinig was gedaan om tot afschaffing van de slavernij te komen. Toen het Amerikaanse Congres in 1820 het Missouri-compromis goedkeurde, kregen slavenbezitters opnieuw de ruimte. Terwijl de Unie zich bleef uitbreiden met nieuw gestichte staten, werden er verhitte discussies gevoerd over de slavernijkwestie. Het stelde Humboldt teleur dat het Missouri-compromis nieuwe staten onder de zesendertigste breedtegraad (ongeveer ter hoogte van de grens tussen Tennessee en Kentucky) de mogelijkheid bood om als slaafhoudende staat toe te treden. Zijn leven lang zou hij Noord-Amerikaanse gasten, correspondenten en dagbladen vertellen hoezeer het hem schokte dat de 'slavernij zich nog steeds uitbreidde'.[20]

Humboldt was de politiek en revoluties moe en trok zich terug in de wereld van de wetenschap. Toen hij een brief kreeg van een vertegenwoordiger van de Mexicaanse regering waarin hem werd gevraagd aanwezig te zijn bij handelsbesprekingen tussen Europa en Mexico, was zijn antwoord dan ook ondubbelzinnig. Hij schreef dat hij daar vanwege zijn 'vervreemding van de politiek' niet op zijn plaats was.[21] Voortaan zou hij zich richten op natuur en wetenschap, en op onderwijs. Hij wilde mensen helpen de macht van het intellect te ontsluiten. 'Door kennis komt men tot denken,' zei hij, en met denken komt macht.[22]

Op 3 november 1827, toen hij nog geen halfjaar in Berlijn woonde, gaf Humboldt zijn eerste in een serie van eenenzestig colleges aan de universiteit.[23] De colleges waren zo populair dat hij op 6 december ook begon met een serie van zestien colleges in het gebouw van de Singakademie. Een halfjaar lang gaf hij iedere week colleges. Er kwamen telkens honderden mensen op af en Humboldt sprak zijn gehoor toe zonder een blik op zijn aantekeningen te werpen. Zijn lezingen waren levendig, inspirerend en volslagen nieuw. Door de mensen geen entree te laten betalen, democratiseerde Humboldt de wetenschap: in de volle zalen bevonden zich koninklijke hoogheden en koetsiers, studenten en huisknechten, geleerden en metselaars – en de helft van de aanwezigen was vrouw.

Zoiets was in Berlijn nog nooit vertoond, zei zijn broer Wilhelm.[24] Zodra in de kranten de lezingen werden aangekondigd, wisten de mensen niet hoe snel ze een plaats moesten bemachtigen. Op de collegedagen zelf waren er verkeersopstoppingen en probeerde politie te paard de chaos onder controle te krijgen.[25] Een uur voor Humboldt het spreekgestoelte beklom, was de zaal al vol. Het 'gedrang is beangstigend', zei Fanny Mendelssohn Bartholdy, de zus van de componist.[26] Maar het was het allemaal waard. Het was vrouwen niet toegestaan aan de universiteit te studeren en zelfs niet om bijeenkomsten van wetenschappelijke genootschappen bij te wonen. Op deze manier konden ze eindelijk eens een intelligent verhaal horen.[27] 'De heren kunnen spotten wat ze willen,' zei Fanny tegen een vriendin,[28] maar het was een geweldige ervaring. Anderen waren minder te spreken over het nieuwe, vrouwelijke publiek en lieten zich laatdunkend uit over het enthousiasme dat vrouwen voor de wetenschap toonden. De dirigent van de Singakademie schreef aan Goethe dat één vrouw kennelijk zo gefascineerd was door Humboldts uitspraken over Sirius, de helderste ster aan de nachtelijke hemel, dat ze haar pas ontdekte passie voor astronomie meteen een plek gaf in haar garderobe. Ze vroeg haar kleermaker om de mouwen van haar jurk 'twee keer zo breed als Sirius' te maken.[29]

Met zijn vriendelijke stem[30] nam Humboldt het publiek mee op een reis door het luchtruim en de diepzee, over land en naar het topje van de hoogste berg, om te eindigen bij een klein mosdeeltje op een rots. Hij vertelde over poëzie en sterrenkunde, maar ook over geologie en landschapsschilderkunst. Meteorologie, de geschiedenis van de aarde, vulkanen en de verspreiding van planten, het kwam allemaal in zijn colleges aan de orde. Hij dwaalde van fossielen naar het noorderlicht, van magnetisme naar flora, fauna en de verspreiding van de mens. De lezingen vormden een levendige caleidoscoop van onderlinge verbanden die het hele universum omspanden. Of, zoals zijn schoonzus Caroline het omschreef, samen vormden ze Alexanders 'volledige grootse Naturgemälde'.[31]

De aantekeningen die Humboldt ter voorbereiding maakte, laten zien hoe zijn geest werkte, hoe het ene idee het andere voortbracht. Hij begon heel gewoon door op een vel papier een redelijk lineaire gedachtegang op te schrijven. Vervolgens kwamen er dan nieuwe ideeën bij hem op die hij ook op het papier kwijt moest – naast de eerdere notities of in de kantlijn – en met lijnen en omcirkelingen scheidde hij alle punten van elkaar. Hoe langer hij over zijn lezing nadacht, hoe meer informatie hij toevoegde.

Wanneer het blad vol was, schreef hij met zijn priegelige handschrift nog eens talloze stukjes papier vol, die hij allemaal op zijn aantekeningen plakte. Hij schrok er niet voor terug om een bladzijde uit een dik boek te scheuren en die vervolgens met dotjes rode en blauwe kneedlijm – een negentiende-eeuwse versie van posterbuddy's – op zijn

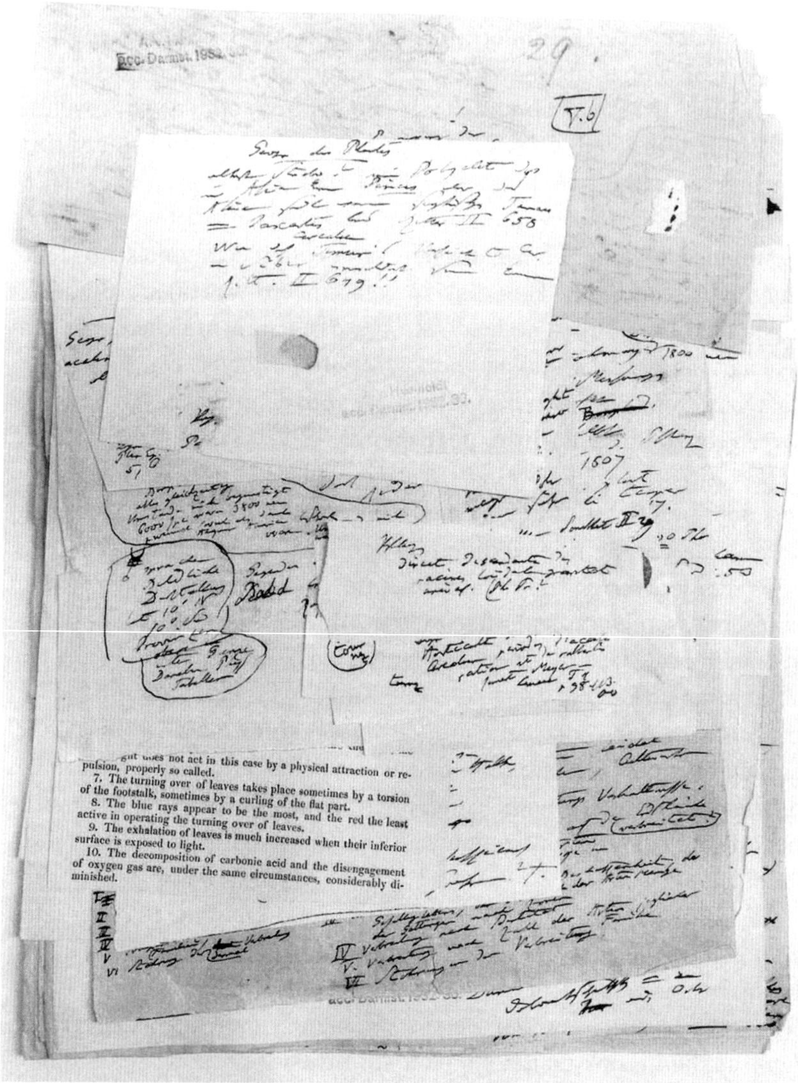

Humboldts aantekeningen voor zijn college over plantengeografie aantekeningen te plakken. Naarmate zijn werk vorderde, werd de laag toegevoegde papieren zo dik dat de onderste bladen totaal niet meer te zien waren, behalve de paar die konden worden uitgevouwen. Overal stonden vragen, geheugensteuntjes, verwijzingen, cijfers en schetsen. Op het laatst was het oorspronkelijke vel papier een veellagig knutselwerk van ideeën, cijfers, citaten en notities geworden waarin alleen voor hemzelf lijn zat.[32]

Iedereen was in de ban van Humboldt. Kranten schreven dat hij met zijn nieuwe manier van denken en college geven het publiek verraste door ogenschijnlijk los van elkaar staande vakgebieden en feiten met elkaar te verbinden.[33] 'De toehoorder blijft onophoudelijk geboeid,' was in een krant te lezen.[34] Dit alles vormde de kroon op het werk dat Humboldt de afgelopen dertig jaar had verricht. 'Ik heb nog nooit eerder iemand gehoord die in anderhalf uur tijd zoveel nieuwe ideeën te berde bracht,' schreef een geleerde aan zijn vrouw.[35] Velen merkten op dat Humboldt de ingewikkelde samenhang in de natuur zo helder uiteen wist te zetten.[36] Zijn schoonzus Caroline was diep onder de indruk. Alleen Alexander, zei ze, was in staat zulke 'wonderlijke diepten' zo lichtvoetig te brengen.[37] De colleges luidden een nieuw tijdperk in, schreef een dagblad.[38] Toen Humboldts Duitse uitgever, Johann Georg von Cotta, hoorde dat het eerste college een groot succes was geweest, kwam hij onmiddellijk met het voorstel om iemand in te huren voor het maken van verslagen, die vervolgens gepubliceerd konden worden.[39] Hij kondigde aan hiervoor een bedrag van maar liefst vijfduizend taler te willen uittrekken, maar Humboldt weigerde. Hij had andere plannen en liet zich niet opjagen.

Humboldt bracht een revolutie teweeg in de wetenschappelijke wereld. In september 1828 nodigde hij honderden wetenschappers uit heel Duitsland en Europa uit voor een conferentie in Berlijn.* Dergelijke bijeenkomsten bestonden gewoonlijk uit een eindeloze reeks verhandelingen van geleerden over hun eigen werk, maar Humboldt had een heel ander programma samengesteld. Zijn bedoeling was dat wetenschappers niet tégen, maar mét elkaar spraken. De maaltijden verliepen in een ongedwongen sfeer en de deelnemers bezochten concerten of maakten een uitstapje naar de koninklijke menagerie op Pfaueninsel in

* Humboldt organiseerde deze conferentie voor het Gesellschaft Deutscher Naturforscher und Ärzte.

Potsdam.[40] Bijeenkomsten vonden plaats te midden van collecties fossielen, planten of opgezette dieren, in het gebouw van de universiteit, of in de botanische tuin. Humboldt drong erop aan dat er in kleine groepjes en met deelnemers uit verschillende vakgebieden werd gediscussieerd. Hij zorgde voor meer persoonlijk contact tussen de deelnemers, zodat er vriendschappen en hechte netwerken konden ontstaan. Wat hij beoogde was een interdisciplinaire broederschap, waarin onderling kennis werd uitgewisseld. 'Zonder een verscheidenheid aan opvattingen is het onmogelijk de waarheid te vinden,' drukte hij de aanwezigen tijdens zijn openingstoespraak op het hart.[41]

Er namen ongeveer vijfhonderd wetenschappers aan de conferentie deel. Het was een 'eruptie van nomadische naturalisten', schreef Humboldt aan zijn vriend Arago in Parijs.[42] Deelnemers kwamen uit Cambridge, Zürich, Florence en zelfs helemaal uit Rusland. Uit Zweden was onder meer Jöns Jacob Berzelius aanwezig, een van de grondleggers van de moderne chemie, en onder de diverse wetenschappers uit Engeland bevond zich ook Charles Babbage, een oude kennis van Humboldt. De briljante wiskundige Carl Friedrich Gauss uit Göttingen, die drie weken lang bij Humboldt logeerde, vond dat het congres pure 'zuurstof' was.[43]

Ondanks het krankzinnige levenstempo dat Humboldt erop na hield, maakte hij tijd vrij om zijn vriendschap met Goethe weer op te pakken. Goethe was inmiddels bijna tachtig, te broos om de reis van meer dan driehonderd kilometer van Weimar naar Berlijn te maken; daarom ging Humboldt bij hem op bezoek. De oude dichter benijdde zijn vrienden in Berlijn die het geluk hadden Humboldt geregeld te zien. Hij had Humboldts leven lange tijd op de voet gevolgd en hun gemeenschappelijke vrienden vaak tot vervelens toe om bijzonderheden gevraagd.[44] In gedachten had hij zijn oude vriend altijd vergezeld, zei hij,[45] en het contact met Humboldt was een van de hoogtepunten van zijn leven geweest. De afgelopen twintig jaar hadden ze elkaar geregeld geschreven; iedere brief was voor Goethe weer even inspirerend[46] en hij las elk nieuw werk dat Humboldt hem stuurde. Toch miste hij hun levendige gesprekken.

Goethe had het gevoel dat hij steeds verder van de wetenschappelijke wereld verwijderd raakte. Hij klaagde erover dat, anders dan in Frankrijk, waar alle Franse denkers in Parijs gevestigd waren, in Duitsland iedereen zo ver van elkaar woonde – de een in Berlijn, de ander in Königsberg, een derde in Bonn.[47] Door de afstand werden er nauwelijks ideeën uitgewisseld. Hoe anders zou het leven eruitzien, zo bedacht hij na het weerzien met Humboldt, als ze vlak bij elkaar woonden. Eén dag met Humboldt bracht hem verder dan een jaar van onderzoek op zijn eigen 'geïsoleerde pad'.[48]

Hoe blij hij ook was dat hij zijn wetenschappelijke gesprekspartner terug had, over één – bijzonder groot – onderwerp verschilden ze van mening: hoe gesteenten en gebergten waren ontstaan. Toen Humboldt aan de mijnbouwacademie in Freiberg studeerde, had hij de ideeën van zijn leraar Abraham Gottlieb Werner overgenomen, de belangrijkste verdediger van het neptunisme: aardkorst en gebergten zouden zijn ontstaan uit de sedimentatie die zich in een oeroceaan had afgezet. Door zijn eigen waarnemingen in Latijns-Amerika was hij echter vulkanist geworden.[49] Hij was nu van mening dat de aardkorst haar vorm had gekregen door catastrofale gebeurtenissen als vulkaanuitbarstingen en aardbevingen.

Onder de oppervlakte, zei Humboldt, was alles met elkaar verbonden. De vulkanen die hij in de Andes had beklommen, stonden onderaards allemaal met elkaar in verbinding – als 'één vulkanische oven'.[50] Het bestaan van groepen ver uit elkaar liggende, maar onderling toch met elkaar verbonden vulkanen wees erop dat het hier niet om een geïsoleerd, plaatselijk verschijnsel ging, maar om een wereldomvattende kracht. De voorbeelden die hij gaf waren even beeldend als beangstigend: moeiteloos koppelde hij het plotselinge ontstaan van een nieuw eiland in de Azoren op 30 januari 1811 aan een serie aardbevingen die de aarde nog langer dan een jaar nadien teisterde, van West-Indië en de prairies van Ohio en Mississippi tot Caracas, de stad die in maart 1812 door een desastreuze aardbeving werd verwoest.[51] Op 30 april van dat jaar volgde een vulkaanuitbarsting op Saint Vincent, een eiland in West-Indië – en precies op die dag hadden bewoners van het gebied aan de Apure (de rivier waar Humboldt zijn Orinoco-expeditie begonnen was), een luid gerommel diep in de aarde gehoord. Al deze gebeurtenissen maakten deel uit van één enorme kettingreactie, zei Humboldt.

De theorie van schuivende aardplaten zou pas halverwege de twintigste eeuw worden aanvaard, maar Humboldt had in 1807 in zijn *Ideen zu einer Geographie der Pflanzen* al uiteengezet dat Afrika en Zuid-Amerika ooit één continent waren geweest. Later schreef hij dat deze continentale verschuiving was veroorzaakt door een onderaardse kracht.[52] Goethe, de verstokte neptunist, nam hier met ontzetting kennis van. Hij mopperde dat iedereen maar luisterde naar deze krankzinnige theorieën, als 'wilden naar de preken van missionarissen'.[53] Het was absurd om te geloven dat de Himalaya en de Andes – die immense, 'onwrikbare en trotse' bergketens – ooit plotseling uit de buik van de aarde waren opgerezen. Hij zou zijn hersenstelsel van geheel nieuwe bedrading moeten voorzien, grapte hij, wilde hij het ooit met Humboldt eens worden over dit onderwerp.[54] Ondanks hun meningsverschillen over wetenschappelijke onderwerpen bleven de twee mannen goede vrienden. Misschien werd hij gewoon oud, schreef Goethe aan Wilhelm von Humboldt, want hij leek 'steeds meer tot de geschiedenis te gaan behoren'.[55]

Hoewel Humboldt het fijn vond Goethe te zien, genoot hij nog meer van zijn ontmoetingen met Wilhelm. In het verleden hadden de twee broers de nodige onenigheid gehad, maar Wilhelm was zijn enige familie. 'Ik weet waar mijn geluk zich bevindt,' schreef hij Wilhelm, 'dicht bij jou!'[56] Wilhelm was na zijn pensionering met zijn gezin naar Tegel verhuisd, net buiten Berlijn. Voor het eerst sinds hun jonge jaren woonden de twee broers weer dicht bij elkaar en zagen ze elkaar regelmatig. Ze waren nu eindelijk in de gelegenheid om 'op wetenschappelijk gebied samen te werken'.[57]

Wilhelms passie was het bestuderen van talen. Als kind was hij helemaal opgegaan in de Griekse en Romeinse mythologie. Tijdens zijn carrière had hij iedere diplomatieke post aangegrepen om er weer een taal bij te leren. Van Alexander had hij allerlei gegevens gekregen over het inheemse vocabulaire in Latijns-Amerika, waaronder kopieën van pre-Incamanuscripten. Kort nadat Alexander van zijn expeditie was teruggekeerd, had Wilhelm gesproken over het 'mysterieuze, prachtige onderlinge verband tussen alle talen'.[58] Tientallen jaren had hij het betreurd geen tijd te hebben om het onderwerp nader te onderzoeken, maar nu had hij er de gelegenheid toe. Binnen een halfjaar na zijn pensionering gaf hij aan de Akademie der Wissenschaften in Berlijn een lezing over vergelijkende taalstudies.

Zoals Alexander naar de natuur als een geheel van onderlinge verbanden keek, zo onderzocht Wilhelm de taal als een levend organisme. Hij was van mening dat taal, net als de natuur, in de bredere context van landschappelijke omgeving, cultuur en volk moest worden geplaatst. Alexander zocht naar plantengroepen die continentsgrenzen overschreden en Wilhelm onderzocht groepen talen en gemeenschappelijke linguïstische wortels die landsgrenzen passeerden. Hij leerde Sanskriet, Chinees, Japans en Polynesische en Maleise talen. Hieruit haalde hij de gegevens die hij nodig had voor zijn theorieën, zoals Alexander die uit zijn planten en meteorologische metingen haalde.

De twee broers werkten in verschillende vakgebieden, maar hun uitgangspunten en benadering waren gelijk. Vaak gebruikten ze zelfs dezelfde terminologie. Zoals Alexander had gezocht naar de vormende kracht in de natuur, zo schreef Wilhelm nu dat 'taal de vormende kracht van gedachten' was.[59] Zoals de natuur veel meer was dan de optelsom van planten, gesteenten en dieren, was taal meer dan woorden, grammatica en klanken. Volgens Wilhelms volslagen nieuwe theorie weerspiegelden de verschillende talen verschillende wereldbeelden. Taal was niet slechts een instrument om gedachten uit te drukken; ze vormde ook gedachten – aan de hand van bijvoorbeeld grammatica, woordenschat en werkwoordstijden. Het ging bij taal niet om een mechanische constructie van afzonderlijke elementen, maar om een organisme, een web waarin handeling, gedachte en spraak met elkaar verweven werden. Wilhelm wilde alles bijeenbrengen in een 'beeld van een organisch geheel', net als Alexander in zijn Naturgemälde.[60] Beide broers bedreven wetenschap op wereldschaal.

Wilde Alexander dat blijven doen, dan diende een aantal van zijn reiswensen nog vervuld te worden. Sinds zijn reis naar Latijns-Amerika, nu bijna dertig jaar geleden, had hij diverse vergeefse pogingen gedaan om een expeditie op touw te zetten waarmee hij zijn onderzoek kon afronden. Als hij echt een beeld van de natuur als een wereldomvattend geheel wilde geven, moest hij meer van de aarde zien. Voor het idee van de natuur als een web van leven, dat tijdens zijn reis door Latijns-Amerika vorm had gekregen, had hij aanvullende gegevens uit de hele wereld nodig. Juist voor hem was het noodzaak zo veel mogelijk continenten te verkennen, om zo de benodigde gegevens te verzamelen voor zijn onderzoek naar klimaatpatronen, vegetatiezones en geologische formaties.

Al jaren trokken de hoge gebergten van Centraal-Azië hem aan. Zijn ideaal was om de Himalaya te beklimmen, zodat hij verbanden kon leggen met wat hij in de Andes had gezien. Hij zeurde de Britten voortdurend aan het hoofd om hem toestemming te geven naar het Indiase subcontinent te gaan. En bijna twintig jaar eerder had hij een Russische diplomaat in Parijs zelfs gevraagd of het mogelijk was om – zonder betrokken te raken in grensschermutselingen – vanuit het Russische Rijk India of Tibet in te komen.[61]

Nooit had het ergens toe geleid, tot hij plotseling een brief ontving van de Russische minister van Financiën, de als Duitser geboren graaf Georg Cancrin. In de herfst van 1827, toen Humboldt zijn lezingenserie voorbereidde, vroeg Cancrin in een brief om informatie over platina als mogelijk Russisch betaalmiddel.[62] Vijf jaar eerder was dit metaal in het Oeralgebergte gevonden en Cancrin hoopte dat Humboldt hem informatie kon geven over de platina munteenheid die in Colombia werd gebruikt. Hij wist dat Humboldt nog steeds goede contacten had in Zuid-Amerika. Humboldt zag onmiddellijk zijn kans. In een vele bladzijden tellende brief gaf hij uitvoerig antwoord op Cancrins vraag, om er in een kort postscriptum aan toe te voegen dat het zijn 'vurigste wens' was om een bezoek aan Rusland te brengen.[63] Het Oeralgebergte, de berg Ararat en het Bajkalmeer vormden 'de lieflijkste beelden' in zijn hoofd, legde hij uit.[64]

Dit was uiteraard geen India, maar als hij toestemming kreeg om het Aziatische deel van het Russische Rijk te bezoeken, zou hij waarschijnlijk genoeg gegevens kunnen verzamelen om zijn Naturgemälde te voltooien. Hij schreef Cancrin dat hij ondanks zijn grijze haren de ontberingen van een lange expeditie zeker aankon en negen tot tien uur achtereen kon lopen.[65] Binnen een maand nadat hij Cancrins brief had beantwoord, sprak deze met tsaar Nicolaas I, die Humboldt uitnodigde voor een volledig bekostigde expeditie naar Rusland.[66] De nauwe banden tussen het Pruisische en Russische hof hadden waarschijnlijk ook meegeholpen, want de zuster van Frederik Willem III, Alexandra, was de echtgenote van tsaar Nicolaas I. Eindelijk mocht Humboldt naar Azië.

16 Rusland

Het was een warme, onbewolkte dag. Kale, in de junizon blakerende vlakten strekten zich uit tot de verre horizon. Over de zogeheten Siberische Postweg, die vanaf Moskou enkele duizenden kilometers naar het oosten liep, reed een konvooi van drie rijtuigen.

Het was half juni 1829 en de inmiddels negenenvijftigjarige Humboldt was twee maanden daarvoor uit Berlijn vertrokken.[1] Hij staarde uit het raam van zijn rijtuig terwijl het Siberische landschap aan hem voorbijtrok, en zag hoe de steppen met hun korte gras werden afgewisseld door uitgestrekte bossen van populieren, berken, linden en lariksen. Nu en dan zag hij een jeneverbes die donker afstak tegen de witte, afbladderende berkenstammen. De wilde roos stond in bloei, net als het vrouwenschoentje, een orchidee met een bloem als een klein muiltje.[2] Het uitzicht was aangenaam genoeg, maar het was niet helemaal wat hij zich van Rusland had voorgesteld. De omgeving deed te veel denken aan hun landgoed in Tegel.

Zo ging het al weken – alles kwam hem vaag bekend voor. Net als in Engeland bestonden de wegen hier ook uit klei en grind, en hij vond de begroeiing en de dieren eigenlijk maar 'tamelijk gewoon'.[3] Zoveel dieren waren er overigens niet: soms een konijntje of een eekhoorn, en nooit meer dan twee of drie vogels bij elkaar. Het was een stil landschap waar nauwelijks vogels zongen. Al met al stelde het teleur. Maar hoewel een expeditie naar Siberië lang 'niet zo verrukkelijk'[4] was als een naar Zuid-Amerika, was hij in ieder geval buiten en niet opgesloten in het hof in Berlijn. Dit benaderde het meest wat hij wilde, namelijk 'een leven in de vrije natuur', zoals hij het graag noemde.[5]

Door het hoge tempo waarin ze reden schoot het landschap aan hen voorbij.[6] Om de vijftien, twintig kilometer werden de paarden ververst in de poststations langs deze doorgangsweg naar het oosten. De brede weg was zo goed onderhouden dat ze er met hun koetsen in verontrustende vaart overheen konden rijden. Aangezien ze maar weinig herbergen tegenkwamen, reden ze 's nachts vaak door en sliep Humboldt in zijn rijtuig terwijl kilometer na kilometer aan hen voorbijgleed.[7]

Humboldts koets spoedt zich door Rusland

Anders dan in Latijns-Amerika had hij tijdens deze expeditie door Rusland een heel gevolg bij zich. Gustav Rose reisde mee, een negenentwintigjarige mineraloog die aan de universiteit van Berlijn doceerde, evenals de vierendertigjarige Christian Gottfried Ehrenberg, een ervaren naturalist die al een expeditie naar het Midden-Oosten had gemaakt. Ook Johann Seifert maakte deel uit van het gezelschap. Hij maakte voor hen jacht op dieren voor de zoölogische verzameling en zou Humboldt in Berlijn vele jaren dienen als trouwe knecht en dienstbode. Verder had zich in Moskou een Russische mijnfunctionaris bij hen gevoegd; dan waren er een kok, een konvooi Kozakken dat hen moest beschermen, en graaf Adolphe Polier – een oude kennis uit Parijs, die met een vermogende Russische gravin was getrouwd die een landgoed bezat ten westen van de Oeral, niet ver van Jekaterinburg.[8] In Nizjni Novgorod, ruim duizend kilometer ten zuidwesten van Sint-Petersburg, had hij zich bij het gezelschap van Humboldt gevoegd om naar het landgoed van zijn vrouw te reizen. In de drie rijtuigen van het konvooi bevonden zich behalve mensen ook instrumenten, koffers en gestaag uitdijende collecties. Humboldt had zich overal op voorbereid: zijn bagage bevatte een extra dikke overjas, barometers, riemen papier, flesjes, medicijnen en zelfs een ijzervrije tent waarin hij magnetische waarnemingen kon doen.[9]

Hier had hij tientallen jaren op gewacht. Toen tsaar Nicolaas I eind 1827 eenmaal zijn toestemming had gegeven, had hij de tijd genomen om zijn reis zorgvuldig te plannen. Na elkaar enkele brieven te hebben geschreven kwamen hij en Cancrin overeen dat de expeditie in het vroege voorjaar van 1829 vanuit Berlijn zou vertrekken. Uiteindelijk stelde hij zijn vertrek toch nog met enkele weken uit, omdat Wilhelms vrouw, Caroline, kanker had en haar toestand snel verslechterde. Hij had zijn schoonzus altijd graag gemogen en bovendien wilde hij Wilhelm in deze moeilijke periode bijstaan. Alexander was 'lief en meelevend', schreef Caroline in haar laatste brief.[10] Toen ze op 26 maart na een huwelijk van bijna veertig jaar overleed, was Wilhelm gebroken. Alexander bleef nog tweeënhalve week bij hem, maar vertrok toen naar Berlijn om ten langen leste aan zijn Russische avontuur te beginnen. Hij beloofde Wilhelm dat hij geregeld zou schrijven.

Het was zijn bedoeling van Sint-Petersburg naar Moskou te reizen en van daaruit oostwaarts naar Jekaterinburg en Tobolsk in Siberië te gaan, om vervolgens in een grote bocht terug te keren. Het gebied rond de Zwarte Zee zou hij mijden, omdat Rusland daar verwikkeld was in een oorlog met het Ottomaanse Rijk; deze Russisch-Turkse oorlog was in het voorjaar van 1828 uitgebroken. Hoe graag hij de Kaspische Zee en de Ararat – de met eeuwige sneeuw bedekte, uitgedoofde vulkaan op de huidige grens tussen Turkije en Iran – ook had willen zien, volgens de Russen was het onmogelijk. Zijn wens om een 'vrijpostige blik op de Kaukasus en de berg Ararat' te werpen zou hij moeten uitstellen tot vrediger tijden.[11]

De expeditie voldeed op geen enkel punt helemaal aan zijn wensen; eigenlijk ging het om één groot compromis. De reis werd betaald door tsaar Nicolaas I, die graag wilde weten of goud, platina en andere waardevolle metalen in zijn uitgestrekte rijk op een efficiëntere manier gedolven konden worden. Officieel diende de expeditie 'de wetenschap te bevorderen', maar de tsaar was meer geïnteresseerd in het bevorderen van de handel.[12] In de achttiende eeuw had Rusland tot Europa's grootste exporteurs van erts behoord en was het de belangrijkste producent van ijzer geweest, maar het industriële Engeland was Rusland allang voorbijgestreefd.[13] Arbeid was in Rusland nog feodaal georganiseerd, productiemethoden waren verouderd en een aantal mijnen was uitgeput. Als voormalig mijnbouwinspecteur met een schat aan geologische kennis was Humboldt de man bij uitstek voor de tsaar. Wetenschappelijk gezien was het niet ideaal, maar Humboldt zag geen andere mogelijkheid om zijn doel te bereiken. Hij was bijna zestig en de tijd drong.

Zoals afgesproken met Cancrin verrichtte hij op hun reis door Siberië onderzoek aan de mijnen, maar hij voegde ook een opwindende component aan deze zware werkzaamheden toe. Hij had een vermoeden waar later uit zou blijken hoe slim zijn methode was om alles in de wereld met elkaar te vergelijken. Door de jaren heen was het hem opgevallen dat diverse mineralen altijd samen leken voor te komen. In de mijnen van Brazilië bijvoorbeeld werden diamanten vaak gevonden in goud- en platinalagen. Nu paste hij zijn gedetailleerde geologische kennis over Zuid-Amerika toe op Rusland. Aangezien er zich in de Oeral soortgelijke goud- en platinalagen bevonden als in Zuid-Amerika, was hij ervan overtuigd dat er diamanten in de Russische bodem zaten. Hij was er zo zeker van dat hij zich helemaal door het idee liet meeslepen toen hij tsarina Alexandra in Sint-Petersburg ontmoette en haar gedecideerd beloofde er een paar voor haar mee te nemen.[14]

Bij alle mijnen die ze aandeden zocht hij naar diamanten. Hij haalde zijn arm door het zand en liet de fijne korrels door zijn vingers glijden. Nauwgezet zocht hij met een vergrootglas het zand af, overtuigd dat hij de glinsterende schatten zou vinden.[15] Hij wist zeker dat het slechts een kwestie van tijd was. De meeste mensen die hem zo bezig zagen vonden hem volkomen getikt, omdat er buiten de tropen nog nooit diamanten waren gevonden. Een van de Kozakken die hen vergezelde, noemde hem 'de gekke Pruisische prins Humplot'.[16]

Een paar mensen lieten zich niettemin door zijn idee meeslepen, ook graaf Polier, Humboldts oude kennis uit Parijs. Die reisde inmiddels een aantal weken met de expeditie mee en had gezien hoe er naar diamanten gezocht werd. Op 1 juli nam hij afscheid van Humboldt om het landgoed van zijn vrouw bij Jekaterinburg te inspecteren, waar goud en platina gedolven werden. Aangestoken door Humboldts stelligheid gaf hij zijn mannen meteen instructies waar ze naar de edelstenen moesten zoeken. Een paar uur na zijn aankomst werd de eerste diamant in de Oeral gevonden.[17] Toen Polier een artikel publiceerde over de vondst, verspreidde het nieuws zich snel door heel Europa. Binnen een maand waren er zevenendertig diamanten in Rusland gevonden.[18] Humboldts voorspellingen waren uitgekomen. Hij wist zelf natuurlijk dat zijn vermoeden gebaseerd was geweest op harde wetenschappelijke gegevens, maar veel mensen scheen het zo geheimzinnig toe dat ze meenden dat hij zich met tovenarij had beziggehouden.[19]

Het Oeralgebergte, schreef Humboldt geestdriftig aan Cancrin, was een 'waar eldorado'.[20] Voor hem was zijn juiste voorspelling misschien een staaltje van fraaie wetenschappelijke analogie geweest, maar voor de Russen bood ze de belofte van profijtelijke handel. Humboldt negeerde dit – en het was niet het enige wat hij tijdens de expeditie terzijde schoof. In Latijns-Amerika had hij kritiek geleverd op alle onderdelen van het Spaanse koloniale bewind, van de exploitatie van natuurlijke hulpbronnen en vernietiging van bossen tot de mishandeling van de inheemse bevolking en de verschrikkingen van de slavernij. Destijds had hij erop gehamerd dat reizigers die getuige waren van onrecht en onderdrukking 'het weeklagen van de ellendigen moesten laten horen aan de mensen die de macht hadden hun nood te lenigen'.[21] Slechts een paar maanden voor zijn vertrek naar Rusland had hij enthousiast aan Cancrin geschreven dat hij ernaar uitkeek om de kleine boeren in de oostelijke 'armere provincies' te zien.[22] Maar dit was bepaald niet wat de Russen voor ogen hadden. Cancrin had streng geantwoord dat de expeditie alleen handelsbelangen en wetenschappelijke doelen diende. Humboldt werd geacht zijn mening over de Russische samenleving en over horigheid voor zich te houden.

Onder tsaar Nicolaas I voerden in Rusland absolutisme en ongelijkheid de boventoon. Liberale ideeën en openlijke kritiek werden niet op prijs gesteld. Toen er in december 1825, in de begindagen van zijn bewind, een opstand uitbrak, had Nicolaas I gezworen dat hij Rusland met strakke hand zou besturen. Een netwerk van spionnen en informanten infiltreerde overal in het land. De tsaar had het gecentraliseerde bestuur stevig in handen. Van gedichten tot krantenartikelen stond het geschreven woord onder strenge censuur, en met behulp van vergaand toezicht werd elk liberaal idee de kop ingedrukt. Wie zich tegen de tsaar of de regering uitsprak, werd onmiddellijk naar Siberië verbannen. Nicolaas I zag zichzelf als de man die Rusland behoedde voor revoluties.

Hij was een vorst met een grote voorliefde voor strikte orde, vormelijkheid en discipline. Slechts enkele jaren na Humboldts expeditie zou hij de triade van 'orthodoxie, autocratie en nationaliteit' tot de ideologische doctrine van het land verklaren: orthodox christendom, het bewind van het huis Romanov en Russische tradities in plaats van een verwesterde cultuur.

Humboldt wist wat er van hem verwacht werd en hij had Cancrin beloofd zich alleen op de natuur te richten. Hij zou alles mijden wat met het bewind en met 'de omstandigheden van de lagere volksklassen' te maken had,[23] en geen openlijke kritiek leveren op het Russische feodale

stelsel – hoe slecht de kleine boeren ook werden behandeld. Enigszins onoprecht had hij Cancrin zelfs gezegd dat buitenlanders die de taal niet machtig waren, de omstandigheden in een land onvermijdelijk verkeerd beoordeelden en alleen maar valse geruchten in omloop zouden brengen.

Hij kwam er al snel achter hoe ver de arm van Cancrin reikte, want overal op hun route leken zich hoogwaardigheidsbekleders in het gelid te hebben gesteld om hem te spreken en Sint-Petersburg er verslag van te doen. Moskou en Sint-Petersburg mochten ver van hem verwijderd zijn, hij bevond zich nog steeds niet in de ongetemde wildernis. Het op meer dan vijftienhonderd kilometer van Moskou gelegen Jekaterinburg bijvoorbeeld,[24] dat de poort naar het Aziatische deel van Rusland vormde, telde zo'n vijftienduizend inwoners, waarvan velen in mijnen en fabrieken werkten. In deze streek bevonden zich goudmijnen, ijzerfabrieken, hoogovens, steenslijperijen, gieterijen en smederijen. Aan natuurlijke hulpbronnen waren er onder meer goud, platina, koper, edelstenen en halfedelstenen te vinden. De Siberische Postweg vormde als belangrijkste handelsroute de verbinding tussen de fabrieks- en mijnsteden in het enorme land. Waar Humboldt en zijn mensen ook halt hielden, altijd werden ze welkom geheten door gouverneurs, raadsleden, officieren of andere met versierselen opgetuigde functionarissen. Hij moest aanwezig zijn bij eindeloos durende diners, toespraken en bals, waardoor hij geen tijd voor zichzelf had. Deze officiële gelegenheden ergerden hem omdat al zijn bewegingen er in de gaten werden gehouden en hij 'als een zieke' bij de arm werd genomen, schreef hij Wilhelm.[25]

Eind juli, ruim drie maanden na zijn vertrek uit Berlijn, kwam hij in Tobolsk aan,[26] op een kleine drieduizend kilometer afstand van Sint-Petersburg. Dit was het meest oostelijke punt van de geplande route – maar naar zijn smaak was het ook daar nog niet wild genoeg. Ze hadden niet zo ver gereisd om nu dan maar terug te gaan. In plaats van terug te keren naar Sint-Petersburg zoals oorspronkelijk de bedoeling was, negeerde hij Cancrins opdracht en knoopte er een omweg van ruim tweeënhalfduizend kilometer aan vast. Hij wilde het Altajgebergte zien, het punt waar Rusland, China en Mongolië aan elkaar grensden, waar vergelijkingsmateriaal voor zijn waarnemingen in de Andes voorhanden was.

Aangezien het hem niet gelukt was naar de Himalaya te gaan, was de Altaj het hoogst haalbare om gegevens over een bergketen in Centraal-Azië te verzamelen. De resultaten van de expeditie naar Rusland, schreef hij later, waren gebaseerd op 'overeenkomsten en tegenstellingen'.[27] Het Altajgebergte was de reden dat hij al die onplezierige nachtelijke ritten in een ratelende koets had verdragen. Ze lagen zo ver voor op schema dat hij meende de route te kunnen verlengen zonder al te zeer in de problemen te komen. Wilhelm had hij vanuit Jekaterinburg wel al over deze plannen geschreven, maar verder wist niemand er iets van. De dag voor ze uit Tobolsk vertrokken schreef hij Cancrin alleen dat de route 'een beetje verlengd' werd – heel goed wetend dat Cancrin in het verre Sint-Petersburg toch niets kon uitrichten.[28]

Hij probeerde Cancrin gunstig te stemmen door te beloven dat hij nog meer mijnen zou bezoeken en dat hij ook hoopte zeldzame planten en dieren te vinden. Het was de laatste kans voor zijn dood, voegde hij er met gevoel voor drama aan toe.[29] Ze aanvaardden dus niet de terugtocht, maar reisden door de Barabasteppe verder oostwaarts, naar Barnaoel en de westkant van het Altajgebergte. Toen Cancrin de brief een maand later ontving, had Humboldt zijn bestemming allang bereikt.[30]

Nadat Humboldt uit Tobolsk was vertrokken en van de voorgeschreven route was afgeweken, kreeg hij het eindelijk naar zijn zin. Hij was niet rustiger geworden met het vorderen van de jaren. Zijn gevolg zag met verbijstering toe dat de negenenvijftigjarige Humboldt 'zonder enig teken van vermoeidheid' uren achtereen liep,[31] altijd herkenbaar aan zijn donkere overjas, witte sjaaltje en ronde hoed. Hij liep behoedzaam, maar met vaste, doelgerichte stappen. Naarmate de reis zwaarder werd, genoot hij er steeds meer van. Aanvankelijk was deze expeditie misschien niet zo opwindend geweest als zijn Zuid-Amerikaanse avontuur, maar nu begaven ze zich in een veel wildere omgeving. Hij was duizenden kilometers van de wetenschapscentra in Europa verwijderd en reisde door woest landschap. De Barabasteppe strekte zich uit over zo'n vijftienhonderd kilometer, van Tobolsk tot het aan de voet van de Altaj gelegen Barnaoel.[32] De dorpen langs de Siberische Postweg werden schaarser en lagen steeds verder uit elkaar – al kwamen ze er nog wel genoeg tegen om de paarden te kunnen verversen – en het land ertussen was vaak leeg en verlaten.

In deze leegte zat een zekere schoonheid. Bloeiende planten maakten van de vlakte een zee van rood- en blauwschakeringen. Humboldt zag het roze van het kegelvormige wilgenroosje (*Epilobium angustifolium*) en het intense blauw van de hoge ridderspoor (*Delphinium elatum*). Elders zette het uitbundige rood van de brandende liefde (*Lychnis chalcedonica*) de steppe in een vlammende gloed, maar nog steeds waren er maar weinig wilde dieren en vogels te zien.

De temperatuur steeg van zes graden Celsius 's nachts naar dertig overdag. Humboldt en zijn medereizigers werden voortdurend door muggen geplaagd, net als hij en Bonpland dertig jaar eerder bij de Orinoco. Nu droegen ze ter bescherming zware leren maskers. Daarin zaten kleine gaten voor de ogen, die afgeschermd waren met van paardenhaar gemaakt gaas. De maskers boden bescherming tegen de muggen, maar het was er ook benauwd onder.[33] De hitte was ondraaglijk. Toch deerde het hun allemaal niet. Humboldt was in een opperbeste stemming omdat hij verlost was uit de greep van het Russische gezag. Ze reden dag en nacht door en sliepen in hun voortschokkende koetsen. Het was net een 'bootreis over land', schreef Humboldt;[34] ze zeilden voort over de eentonige vlakte alsof het een oceaan was. Per dag legden ze gemiddeld ruim honderdvijftig kilometer af, en per etmaal soms wel meer dan driehonderd. De Siberische Postweg kon zich meten met de beste wegen in Europa. Humboldt noteerde met trots dat ze sneller gingen dan de snelste Europese ijlbode.

Maar op 29 juli 1829, vijf dagen na hun vertrek uit Tobolsk, kwam het konvooi plotseling tot stilstand. De inwoners van de streek vertelden dat er in de Barabasteppe een miltvuurepidemie was uitgebroken – ook wel de Siberische pest genoemd.[35] Gewoonlijk zijn het plantenetende dieren als runderen en geiten die als eerste miltvuur oplopen, door inname van de buitengewoon sterke sporen van de bacterie die de ziekte veroorzaakt. Vervolgens kan de ziekte worden overgedragen op mensen – een dodelijke ziekte waar geen geneesmiddel voor is. Het

Altajgebergte was alleen te bereiken via het besmette gebied. Humboldt had zijn besluit snel genomen. Miltvuur of niet, ze vervolgden hun reis. 'Op mijn leeftijd,' zei hij, 'moet je niets meer uitstellen.'[36] De bedienden kregen opdracht in de rijtuigen te blijven zitten. Er werd zo veel mogelijk proviand en water ingeslagen om het contact met eventueel besmette mensen of besmet voedsel te beperken. Niettemin zouden ze nog steeds geregeld de paarden moeten wisselen, met het risico dat ze een besmet koetspaard meekregen.

Humboldt rijdt door de Barabasteppe

Terwijl ze zwijgend voor de stevig gesloten raampjes van hun hete, volgepakte rijtuigen zaten, trok een landschap des doods aan hen voorbij. De sporen van de pest waren overal, schreef Humboldts metgezel Gustav Rose in zijn dagboek.[37] Er brandden vuren rond de dorpen, een ritueel om 'de lucht te zuiveren'.[38] Ze zagen kleine, provisorische ziekenhuizen en in de velden lagen dode dieren. In één dorpje alleen al waren vijfhonderd paarden bezweken.

Na een oncomfortabele reis van enkele dagen bereikten ze de Ob, de rivier die de grens van de steppe aangaf. Omdat de Ob tevens de scheidingslijn van de epidemie vormde, zouden ze aan het miltvuur ontkomen door simpelweg de rivier over te steken. Maar terwijl ze zich op de oversteek voorbereidden stak er een wind op die al snel stormkracht kreeg.[39] De golven gingen te hoog voor het veer, dat zowel koetsen als mensen overzette. Voor één keer vond Humboldt de vertraging niet erg. De spanning van de afgelopen dagen was bijna achter de rug. Ze roosterden verse vis en genoten van de regen, die de muggen had verdreven. Eindelijk konden ze hun verstikkende maskers afzetten. Aan de overkant lagen de bergen op Humboldt te wachten. Toen de storm ging liggen, staken ze de rivier over en op 2 augustus kwamen ze aan in Barnaoel, een bloeiende mijnstad – Humboldt had zijn bestemming bijna bereikt. Ze hadden de vijftienhonderd kilometer van Tobolsk naar Barnaoel in slechts negen dagen afgelegd en bevonden zich nu op ruim vijfenhalfduizend kilometer van Berlijn,[40] even ver als Caracas van Berlijn af lag, rekende Humboldt uit.[41]

Drie dagen later, op 5 augustus, zag hij de Altaj in de verte oprijzen.[42] Terwijl ze zich voorthaastten naar Oest-Kamenogorsk, een vestingstad niet ver van de grens met Mongolië – het huidige Öskemen in Kazachstan – verkenden ze in de uitlopers van het gebergte opnieuw mijnen en gieterijen. Na Oest-Kamenogorsk werden de bergpaden zo steil dat ze hun rijtuigen en het grootste deel van hun bagage in de vestingplaats achterlieten en de reis voortzetten in kleine, smalle karren van de plaatselijke bevolking.[43] Naarmate ze hoger kwamen, gingen ze vaker te voet. Ze passeerden reusachtige granietwanden en grotten, waar Humboldt de rotslagen onderzocht en zijn bevindingen in tekeningen en notities vastlegde.[44] Hij werd weleens ongeduldig wanneer zijn metgezellen Gustav Rose en Christian Gottfried Ehrenberg planten en stenen aan het verzamelen waren, en stoof dan voor hen uit naar een grot of hogergelegen punt. Ehrenberg ging zo in zijn planten op dat ze hem regelmatig kwijt waren en de Kozakken hem moesten zoeken. Eenmaal troffen ze hem geheel doorweekt aan in een veenpoel, met in de ene hand een aantal grassen en in de andere hand een soort mos, waarvan hij met vochtige ogen beweerde dat het hetzelfde was als het mos op de bodem van de Rode Zee.[45]

Humboldt was weer in zijn element. Hij daalde af in diepe schachten, beitelde stukjes uit rotsen, droogde planten, beklom bergen, en vergeleek de ertsaders die hij vond met de aders in Nieuw-Granada in Zuid-Amerika, de bergen zelf met de Andes, en de Siberische steppe met de Llanos in Venezuela. Hun tocht naar het Oeralgebergte mocht in economische zin belangrijk zijn geweest, zei hij, maar het 'werkelijke plezier' van de expeditie was pas in de Altaj begonnen.[46]

In de valleien waren het gras en de struiken zo hoog dat de expeditieleden elkaar zelfs op een paar meter afstand niet konden zien; hogerop was er geen boom meer te bekennen.[47] De reusachtige bergen rezen als 'machtige kathedralen' voor hen op, schreef Rose in zijn dagboek.[48] De twee met eeuwige sneeuw bedekte toppen van de berg Beloecha, die met hun hoogte van rond de vierenhalfduizend meter ongeveer achttienhonderd meter lager waren dan de Chimborazo, vormden het hoogste punt van de Altaj. Rond half augustus bevond het gezelschap zich inmiddels zo diep in het gebergte dat de twee toppen verleidelijk dichtbij waren gekomen.[49] Het was alleen te laat in het seizoen – er lag te veel sneeuw om verder te kunnen. In mei was er wat sneeuw gesmolten, maar in juli was de Beloecha opnieuw met sneeuw bedekt. Humboldt moest zich gewonnen geven, al oefende de berg nog zo'n aantrekkingskracht op hem uit. Het was onmogelijk om onder deze omstandigheden verder te gaan – de Beloecha zou pas in het tweede decennium van de twintigste eeuw bedwongen worden. De hoogste berg van Centraal-Azië was onbereikbaar. Humboldt kon hem zien, maar zou de toppen nooit beklimmen. Het seizoen was tegen hem, net als zijn leeftijd.

Ondanks deze teleurstelling vond hij dat hij genoeg had gezien. Zijn koffers zaten vol gedroogde planten, lange maattabellen, stenen en ertsmonsters. Toen hij enkele warmwaterbronnen vond, concludeerde hij dat ze verband hielden met de lichte aardschokken die hier plaatsvonden.[50] En hoe lang ze overdag ook gelopen of geklommen hadden, 's avonds had hij altijd nog voldoende energie om zijn telescoop op te zetten en naar de sterrenhemel te kijken. Hij voelde zich sterk en fit. 'Mijn gezondheid is uitstekend,' schreef hij Wilhelm.[51]

Terwijl ze hun reis vervolgden, bedacht hij dat hij graag de Chinees-Mongoolse grens over wilde. Er werd een Kozak vooruitgestuurd, die hun komst moest aankondigen bij de soldaten die in het gebied patrouilleerden. Op 17 augustus kwam Humboldt met zijn gezelschap in Baty aan, waar op de linkeroever van de Irtysj de Mongoolse, en op de rechteroever van de rivier de Chinese grenspost stond.[52] Er stonden enkele joerten, er liepen een paar kuddes geiten, wat kamelen, en zo'n tachtig woest uitziende, in lompen gehulde soldaten, zoals Humboldt het omschreef.[53]

Hij ging eerst naar de Chinese grenspost en bezocht daar de commandant in zijn joert. Gezeten op kussens en kleden bood hij zijn geschenken aan: laken, suiker, potloden en wijn. Zijn vriendschapsbetuigingen werden door een trits tolken overgebracht, die ze van het Duits in het Russisch, vervolgens van het Russisch in het Mongools en ten slotte van het Mongools in het Chinees vertaalde. In tegenstelling tot de morsige soldaten zag hun commandant, die pas enkele dagen daarvoor uit Peking aangekomen was, er in zijn lange blauwzijden jas en zijn met prachtige pauwenveren versierde hoed indrukwekkend uit.

Een paar uur later werd Humboldt naar de overkant van de rivier geroeid om daar in de andere joert kennis te maken met de Mongoolse hoogwaardigheidsbekleder. Intussen kwam er steeds meer publiek kijken. De Mongolen waren gefascineerd door deze vreemdelingen,

en raakten Humboldt en zijn metgezellen voortdurend aan. Ze prikten hen in de buik, keken onder hun jas, stootten hen zachtjes aan – voor één keer was Humboldt zelf een exotisch voorwerp, maar hij genoot van elk moment van deze vreemde ontmoeting. Hij was in China geweest, het 'hemelse rijk'.[54]

Het was tijd om terug te gaan. Aangezien Cancrin hun in het geheel geen toestemming had gegeven om verder oostwaarts dan Tobolsk te reizen, wilde Humboldt er in ieder geval voor zorgen dat ze op de afgesproken tijd terug in Sint-Petersburg waren. Eerst moesten ze naar de vesting in Oest-Kamenogorsk om hun koetsen te halen en vervolgens langs de zuidgrens van het Russische Rijk naar het westen reizen, langs Omsk, Miass en Orenburg, een reis van bijna vijfduizend kilometer die langs de grens van Rusland met China voerde.[55] Deze ruim drieduizend kilometer lange grens liep langs de steppe van Kazachstan, waar de nomadische Kirgiezen woonden, en telde vele poststations, wachttorens en kleine, door Kozakken bewaakte vestingen.*

Humboldt vierde op 14 september in Miass zijn zestigste verjaardag bij de plaatselijke apotheker, de man die de geschiedenis in zou gaan als de grootvader van Vladimir Lenin.[56] De volgende dag stuurde hij een brief naar Cancrin waarin hij uiteenzette dat hij een keerpunt in zijn leven had bereikt. Hoewel hij vóór zijn oude dag, waarin zijn krachten zouden afnemen, niet alles had bereikt wat hij voor ogen had gehad, had hij wel de Altaj en de steppen gezien, wat hem niet alleen grote voldoening had geschonken, maar ook de gegevens die hij nog nodig had. 'Dertig jaar geleden zat ik in de wouden van de Orinoco en in de Cor-

* De Kazachse steppe is de grootste droge steppe ter wereld, en strekt zich uit van het Altajgebergte tot de Kaspische Zee.

dilleras,' schreef hij.[57] Nu had hij eindelijk de resterende 'grote voorraad aan ideeën' in elkaar kunnen passen. Het jaar 1829 was 'het belangrijkste van mijn rusteloze leven', voegde hij eraan toe.

Vanuit Miass reisden ze westwaarts door naar Orenburg, waar Humboldt opnieuw besloot van de route af te wijken. Hij vervolgde de reis niet in noordwestelijke richting, naar Moskou en Sint-Petersburg, maar zuidwaarts, naar de Kaspische Zee – opnieuw een grote omweg waar hij geen toestemming voor had.[58] Als jongen had hij ervan gedroomd naar de Kaspische Zee te gaan, schreef hij Cancrin op de ochtend van vertrek. Hij moest deze reusachtige binnenzee zien voor het te laat was.

Waarschijnlijk vormde het nieuws van de Russische overwinning op de Ottomanen de aanleiding om de plannen te wijzigen. Cancrin had hem de hele reis per exprespost op de hoogte gehouden van alle ontwikkelingen.[59] De afgelopen maanden waren Russische soldaten van beide kanten van de Zwarte Zee naar Constantinopel opgerukt en hadden ze het Ottomaanse leger keer op keer verslagen. Toen er steeds meer Turkse bolwerken in Russische handen vielen, besefte de Ottomaanse sultan, Mahmut II, dat de Russische overwinning nabij was. Op 14 september werd het Verdrag van Adrianopel ondertekend en kwam er een eind aan de oorlog – waardoor Humboldt toegang kreeg tot een immens gebied dat voorheen altijd onbereikbaar en gevaarlijk was geweest. Slechts tien dagen later liet hij zijn broer weten dat ze langs de oevers van de Wolga naar Astrachan zouden reizen,[60] waar de grote rivier uitmondde in het noorden van de Kaspische Zee. Humboldt feliciteerde Cancrin met de bereikte vrede, die beslist 'glorieus' was – hij was 'voor de poorten van Constantinopel gesloten'.[61]

Half oktober kwamen ze in Astrachan aan en stapten ze over op een stoomschip om de Kaspische Zee en de Wolga te verkennen.[62] De Kaspische Zee stond bekend om haar sterk wisselende waterpeil – Humboldt was hierdoor net zo gefascineerd als dertig jaar eerder door het Valenciameer. Later hield hij wetenschappers in Sint-Petersburg voor dat er meetstations rond de zee gebouwd moesten worden om systematisch het stijgen en dalen van het waterpeil bij te houden en eventuele verschuivingen van de grond te onderzoeken;[63] hij meende dat de schommelingen in het waterpeil mogelijk veroorzaakt werden door vulkanen en andere onderaardse krachten. Niettemin vroeg hij zich later ook af of het mogelijk was dat de Kaspische Laagte – het gebied ten noorden van de Kaspische Zee, dat bijna dertig meter onder de zeespiegel lag –

tegelijk met het opkomen van de hoogvlakten in Centraal-Azië en de Himalaya was gedaald.[64]

Tegenwoordig is bekend dat het wisselende waterpeil van deze zee door diverse factoren wordt beïnvloed. Eén daarvan is de hoeveelheid water die de Kaspische Zee in stroomt vanuit de Wolga, die de regenval van haar reusachtige stroomgebied meevoert – de hoeveelheid regen hangt weer samen met de atmosferische omstandigheden in het noorden van de Atlantische Oceaan. Veel wetenschappers zijn van mening dat de fluctuaties een weerspiegeling zijn van de klimaatverandering op het noordelijk halfrond, waardoor de Kaspische Zee een belangrijk gebied voor klimaatonderzoek is. Volgens andere theorieën wordt het waterpeil beïnvloed door tektonische krachten. Dit is precies het soort allesomvattende verbanden waar Humboldt in geïnteresseerd was. Het zien van de Kaspische Zee, schreef hij aan Wilhelm, was een van de hoogtepunten in zijn leven.[65]

Inmiddels was het eind oktober en de Russische winter naderde. Humboldt werd eerst in Moskou en daarna in Sint-Petersburg verwacht om verslag te doen van zijn expeditie. Hij was gelukkig. Behalve diepe mijnen en besneeuwde bergtoppen had hij ook de grootste droge steppe ter wereld en de Kaspische Zee gezien. Hij had aan de grens met Mongolië theegedronken met de Chinese commandanten en gefermenteerde paardenmelk met de Kirgiezen. Tussen Astrachan en Wolgograd had de ontwikkelde kan van de Kalmukken ter ere van hem een concert laten geven waarin het Kalmukse koor ouvertures van Mozart zong. Hij had galopperende saiga-antilopen in de steppe van Kazachstan gezien, zonnebadende slangen op een eiland in de Wolga, en een naakte, kunsten vertonende Indiase fakir in Astrachan. Zijn voorspelling over de aanwezigheid van diamanten in Siberië was uitgekomen, hij had tegen de instructies in met politieke bannelingen gesproken en hij had zelfs kennisgemaakt met een naar Orenburg gedeporteerde Pool die hem trots een exemplaar van zijn *Essai politique sur le royaume de la Nouvelle Espagne* had laten zien. Hij had een miltvuurepidemie overleefd en was afgevallen, omdat hij het Siberische eten onverteerbaar vond. Hij had zijn thermometer in diepe bronnen laten zakken, zijn instrumenten door heel het Russische Rijk meegezeuld en duizenden metingen verricht.[66] Hij kwam terug met stenen, gedroogde planten, vissen in flessen en opgezette dieren, en met oude handschriften en boeken voor Wilhelm.

Nog altijd was hij niet alleen geïnteresseerd in plantkunde, zoölogie en geologie, maar ook in land- en bosbouw. Toen hij zag hoe snel de wouden rond de mijnstreken verdwenen, had hij Cancrin geschreven over het 'gebrek aan hout' en hem aangeraden geen stoommachines te gebruiken voor het leegpompen van overstroomde mijnen, omdat dat te veel bomen kostte.[67] In de Barabasteppe, waar de miltvuurepidemie had gewoed, had hij opgemerkt welke gevolgen intensieve landbouw en veeteelt voor het milieu hadden. Deze steppe was (en is) een belangrijk agrarisch gebied in Siberië. De boeren hadden er moerassen en meren drooggelegd om er akkers en weilanden van te maken, waardoor er aanzienlijke uitdroging van de moerasvlakten had plaatsgevonden; die uitdroging zou nog toenemen, stelde Humboldt vast.[68]

Hij zocht naar de 'verbanden die alle verschijnselen en alle natuurkrachten aan elkaar koppelden'.[69] Rusland was voor hem het laatste hoofdstuk in zijn zoektocht om de natuur te begrijpen – hij voegde alle gegevens die hij door de jaren heen had verzameld samen, vergeleek en controleerde ze en bracht ze met elkaar in verband. Niet ontdekken, maar vergelijken vormde zijn leidraad. Later, toen de resultaten van zijn expeditie naar Rusland in twee boeken werden uitgegeven,* schreef hij over de vernietiging van bossen en over de veranderingen die de mens op lange termijn in zijn natuurlijke omgeving zou veroorzaken.[70] Toen hij in kaart bracht op welke drie manieren de mens het klimaat beïnvloedde, noemde hij ontbossing, nietsontziende irrigatie en, misschien het meest profetisch, de 'enorme hoeveelheden stoom en gas' die in de industriecentra werden geproduceerd.[71] Hij was de eerste die op deze manier naar de relatie tussen mens en natuur keek.†

Op 13 november 1829 kwam Humboldt eindelijk in Sint-Petersburg aan. Hij had blijk gegeven van een formidabel uithoudingsvermogen. Sinds hun vertrek uit Sint-Petersburg op 20 mei hadden ze in minder dan een halfjaar tijd 16 000 kilometer afgelegd, 658 poststations aangedaan en 12 244 paarden gebruikt.[73] Humboldt voelde zich dankzij het langdurige buiten zijn en de opwindende avonturen fitter dan ooit.[74] Ie-

* *Fragmens de géologie et de climatologie asiatiques* (1831) en *Asie centrale, recherches sur les chaînes de montagnes et la climatogie comparée* (1843).

† Humboldts denkbeelden waren zo nieuw en weken zo af van de gangbare ideeën, dat zelfs zijn vertaler vraagtekens zette bij zijn redeneringen. Die voegde een voetnoot toe in de Duitse vertaling waarin gesteld werd dat de invloed van ontbossing, zoals Humboldt die voorstelde, 'aanvechtbaar' was.[72]

dereen wilde weten hoe de expeditie verlopen was. Iets soortgelijks had hij een paar dagen eerder in Moskou ook al moeten meemaken, toen de halve stad, gekleed in gala-uniform en met linten overtogen, leek te zijn opgedraafd om hem te zien.[75] In beide steden werden ter ere van hem feesten gegeven en toespraken gehouden waarin hij werd geroemd als de 'Prometheus van onze dagen'.[76] Het leek niemand te deren dat hij van de oorspronkelijke route was afgeweken.

Deze formele ontvangsten verveelden hem. In plaats van te kunnen spreken over zijn klimaattheorieën en geologische onderzoek zag hij zich gedwongen een vlecht te bewonderen die van het haar van Peter de Grote was gemaakt. De koninklijke familie wilde meer weten over de spectaculaire diamantvondsten en Russische wetenschappers wilden heel graag zijn collecties zien. Zo ging het almaar door; Humboldt werd van de een naar de ander geleid. Maar al had hij nog zo'n hekel aan deze gang van zaken, hij bleef vriendelijk en geduldig. De Russische dichter Aleksandr Poesjkin was weg van Humboldt. 'De meeslepende redevoeringen stroomden hem gewoon uit de mond,' zei Poesjkin, als het water uit de marmeren leeuw in de fontein van de Grote Cascade voor het koninklijk paleis in Sint-Petersburg.[77] In eigen kring klaagde Humboldt over de ceremoniële poespas. 'Ik bezwijk bijna onder alle verplichtingen,'[78] schreef hij Wilhelm. Tegelijkertijd probeerde hij gebruik te maken van zijn naam en invloed. Hij had ervan afgezien om openlijk kritiek te leveren op de leefomstandigheden van kleine boeren en landarbeiders, maar vroeg de tsaar nu wel om gratie te verlenen aan een aantal van de gedeporteerden die hij op zijn reis had ontmoet.[79]

Hij hield ook een toespraak aan de Keizerlijke Academie van Wetenschappen in Sint-Petersburg, die zou leiden tot een reusachtig internationaal wetenschappelijk samenwerkingsproject. Al tientallen jaren had hij grote belangstelling voor aardmagnetisme – net als voor het klimaat – omdat het een wereldomvattende kracht was. Hij wilde beslist meer weten over de 'geheimzinnige gang van de magnetische naald', zoals hij het noemde,[80] en stelde voor om in het Russische Rijk een hele reeks waarnemingsstations neer te zetten. De bedoeling was er zo achter te komen of de verschillen in magnetische waarden door de aarde zelf werden veroorzaakt – bijvoorbeeld als gevolg van veranderingen in het klimaat – of door de zon. Aardmagnetisme was bij uitstek een verschijnsel waarmee de wisselwerking tussen de hemel en de aarde kon worden begrepen omdat, zei Humboldt, het 'ons kan onthullen wat

De Keizerlijke Academie van Wetenschappen in Sint-Petersburg

er op grote diepte binnen in onze planeet of in de hogere lagen van de atmosfeer plaatsvindt'.[81] Hij had het verschijnsel langdurig onderzocht. In de Andes had hij de magnetische evenaar ontdekt en tijdens zijn gedwongen verblijf in Berlijn in 1806, toen het Franse leger in Pruisen zijn terugkeer naar Parijs had verhinderd, hadden hij en een vakgenoot op ieder heel uur, dag en nacht, magnetische metingen gedaan – een experiment dat hij na zijn terugkeer in Berlijn in 1827 opnieuw had uitgevoerd.[82] Na zijn expeditie naar Rusland deed hij tijdens deze toespraak zijn landgenoten de aanbeveling samen te werken met Britse, Franse en Amerikaanse instellingen om gegevens van over de hele wereld te verzamelen. Hij sprak de aanwezigen aan als leden van een 'grote confederatie'.[83]

Binnen een paar jaar omspande een netwerk van meetstations de aarde: er waren stations te vinden bij Sint-Petersburg, Peking, in Alaska, Canada en Jamaica, Australië en Nieuw-Zeeland, Ceylon, en zelfs op Sint-Helena, het eiland in het zuiden van de Atlantische Oceaan waar Napoleon naartoe was verbannen. In drie jaar tijd zouden er bijna twee miljoen waarnemingen worden gedaan.[84] Net als in de hedendaagse klimaatwetenschap werden er op deze nieuwe meetstations gegevens verzameld van over de hele wereld; we zouden het nu een Big Science Project noemen. Bij deze zogeheten 'magnetische kruistocht' was er sprake van zeer grootschalige internationale samenwerking.

Humboldt had zijn toespraak in Sint-Petersburg ook aangewend om het klimaatonderzoek in het reusachtige Russische Rijk te stimuleren. Hij wilde gegevens hebben over de gevolgen die de vernietiging van bossen op het klimaat had – een eerste grootschalig onderzoek naar de invloed van de mens op klimaatomstandigheden. Het was de plicht van wetenschappers om de veranderlijke elementen in de 'economie van de natuur' te onderzoeken, vond hij.[85]

Twee weken later, op 15 december, vertrok hij uit Sint-Petersburg. Voor hij de stad verliet gaf hij een derde van het geld dat hij als onkostenvergoeding had ontvangen, terug aan Cancrin met het verzoek het aan een andere onderzoeker te geven – het vergaren van kennis was belangrijker dan zijn eigen gewin.[86] Zijn koetsen zaten vol met de collecties die hij voor de Pruisische koning had samengesteld – ze waren zo omvangrijk dat ze een naturaliënkabinet op wielen vormden, zei Humboldt.[87] Tussen alle dieren en planten bevonden zich ook zijn instrumenten en aantekenboeken, en een somptueuze, ruim twee meter hoge vaas op een sokkel, die hij samen met een kostbare vacht van sabelbont van de tsaar had gekregen.*

Het was bitterkoud toen ze zich naar Berlijn spoedden. Niet ver van Riga verloor de koetsier op de verraderlijke, met ijs bedekte weg de controle over de koets, die op volle snelheid tegen een brug botste. Door de klap begaf de reling het. Een van de paarden viel tweeënhalve meter naar beneden in de rivier, en trok in de val zijn vracht mee. Eén kant van de koets werd volledig verbrijzeld. Humboldt en de andere passagiers werden eruit geslingerd en kwamen op de brug terecht, op slechts tien centimeter afstand van de rand. Het was een wonder dat alleen het paard gewond was, maar de koets was zo beschadigd dat de reparatie ervan voor enkele dagen vertraging zorgde. Desondanks bleef Humboldt enthousiast. Ze moesten er, bengelend op het randje van de brug, behoorlijk schilderachtig uit hebben gezien, zo peinsde hij.[88] Hij grapte ook dat er, met drie erudiete mannen in de koets, uiteraard de nodige 'tegenstrijdige theorieën' waren ontstaan over de oorzaak van het ongeluk.[89] Kerst brachten ze door in Königsberg (het huidige Kaliningrad) en op 28 december 1829 kwam Humboldt in Berlijn aan, overlopend van de ideeën, 'vol als een ziedende pan', schreef een vriend aan Goethe.[90]

* Humboldt schonk de vaas aan het Altes Museum in Berlijn. Tegenwoordig staat ze in de Alte Nationalgalerie.

Dit was Humboldts laatste expeditie. Zelf zou hij niet meer over de wereld reizen, maar zijn denkbeelden over de natuur verspreidden zich al met ogenschijnlijk onstuitbare kracht door wetenschappelijk Europa en Amerika.

17 Natuur en evolutie

Humboldt en Charles Darwin

274 Met meedogenloze regelmaat deinde de HMS Beagle op en neer op de toppen en dalen van de golven, terwijl de wind de zeilen van het schip deed opbollen. De Beagle was vier dagen eerder, op 27 december 1831, uit Portsmouth aan de zuidkust van Engeland vertrokken voor een wereldreis, om kustlijnen te karteren en de exacte geografische positie van havens te bepalen. De tweeëntwintigjarige Charles Darwin, die zich aan boord bevond, voelde zich 'uiterst miserabel'.[1] Zo had hij zich zijn avontuur niet voorgesteld. Terwijl ze door de Golf van Biskaje naar Madeira voeren stond hij niet aan dek naar de wilde zee te kijken, maar lag hij in zijn hut en voelde hij zich ellendiger dan ooit. Hij was vreselijk zeeziek en kon het alleen uithouden door droge kaakjes te eten.[2]

De kleine hut op het achterschip, die hij deelde met twee bemanningsleden, was zo volgestouwd dat zijn hangmat opgehangen was boven de grote meettafel in het midden, waar de landmeters aan hun zeekaarten werkten.[3] Naast deze tafel rees de bezaansmast als een grote zuil op in de slechts drie bij drie meter tellende ruimte; tegen de wanden vol boekenplanken stonden scheepskisten en een ladekist. Om zich in de hut te verplaatsen – de ongeveer één meter tachtig lange Darwin kon er niet rechtop staan – moesten de mannen over de dikke houten balken van de stuurinrichting heen klauteren. Er was geen raam, alleen een daklicht waardoor Darwin liggend in zijn hangmat naar de maan en de sterren keek.

Op de kleine plank naast zijn hangmat stonden zijn kostbaarste bezittingen: de boeken die hij had uitgekozen om mee te nemen op zijn reis.[4] Er stonden enkele werken over plant- en dierkunde, een gloednieuw woordenboek Spaans/Engels, diverse door ontdekkingsreizigers geschreven reisverslagen en het eerste deel van het revolutionaire *Principles of Geology* van Charles Lyell, dat een jaar eerder was uitgekomen.[5]

Daarnaast stond *Personal Narrative* van Alexander von Humboldt, de zeven delen tellende Engelse vertaling van *Relations historiques*, het verslag van Humboldts expeditie naar Latijns-Amerika, dat de reden was dat Darwin zich op de Beagle bevond:* 'Ik heb zoveel bewondering voor zijn beroemde *Relations historiques* (die ik deels uit het hoofd ken),[6] dat ik besloot naar verre landen te reizen en me als naturalist op Harer Majesteits schip de Beagle aan te melden.'

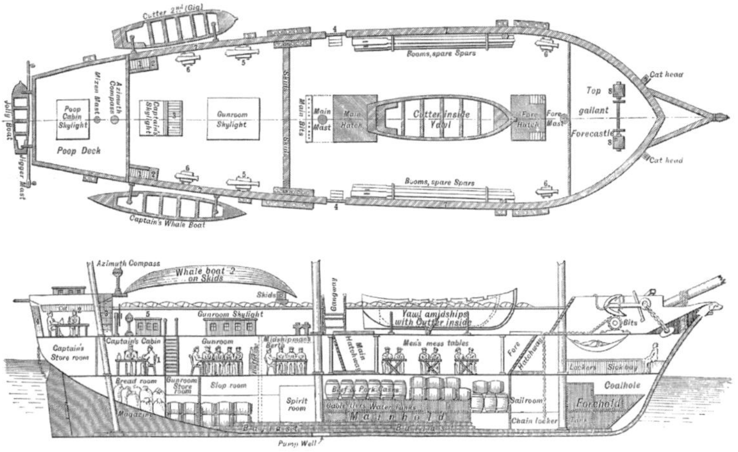

Plattegrond en dwarsdoorsnede van de Beagle met Darwins hut op het achterschip

Nu hij zo misselijk was, twijfelde hij aan de juistheid van zijn besluit. Toen ze op 4 januari 1832 langs Madeira voeren, voelde hij zich zo ziek dat hij zich er niet toe kon zetten naar het dek te strompelen om het eiland te kunnen zien.[8] Hij bleef binnen en las Humboldts beschrijvingen van de tropen, omdat er niets beters was om 'een zeezieke man op te vrolijken'.[9] Twee dagen later waren ze bij Tenerife – het eiland waar hij al maandenlang van droomde. Hij wilde tussen ranke palmbomen wandelen en de Pico del Teide zien, de ruim drieënhalfduizend meter

* Vanwege de geringe afmetingen van de hut had Darwin voor vertrek de kapitein gevraagd of hij zijn eigen exemplaar van *Relations historiques* mee mocht nemen. 'Uiteraard mag je je Humboldt meenemen,' had de kapitein geruststellend geantwoord.[7]

hoge vulkaan die Humboldt meer dan dertig jaar geleden had beklommen. Maar toen de Beagle dichter bij het eiland kwam, werden ze door een schip tegengehouden en kregen ze te horen dat ze niet aan land mochten. Het was de autoriteiten op Tenerife ter ore gekomen dat er in Engeland op verschillende plaatsen cholera was uitgebroken en ze waren bang dat zeelui de ziekte aan wal zouden brengen. Toen de consul een quarantaine van twaalf dagen oplegde, besloot de kapitein snel verder te varen in plaats van zo lang te wachten. Darwin was de wanhoop nabij. 'Ellende, ellende,' schreef hij in zijn dagboek.[10]

Terwijl de Beagle die avond van Tenerife wegvoer, werd de zee kalm. De golven klotsten vriendelijk tegen de achtersteven van het schip en een warme wind deed de zeilen zachtjes klapperen. Darwins zeeziekte nam af. De lucht was schoongeveegd en in het donkere water flonkerden ontelbare sterren. Het was betoverend. 'Ik begrijp nu al waarom Humboldt zo enthousiast is over tropennachten,' schreef Darwin.[11] De volgende ochtend keek hij naar de kegelvormige top van de Pico del Teide, die in de verte boven de wolken in een oranje gloed verdween; dat maakte de doorstane zeeziekte meer dan goed. Hij had in *Relations historiques* zoveel over de vulkaan gelezen, dat hij het gevoel had 'afscheid van een vriend' te nemen.[12]

Slechts enkele maanden daarvoor had het nog 'een groot luchtkasteel' geleken om als naturalist mee te gaan op een expeditie naar de tropen.[13] Overeenkomstig de wens van zijn vader – die hem het liefst een traditioneel beroep zag uitoefenen – was hij in Cambridge gaan studeren, met de bedoeling predikant te worden. Met deze keuze wilde hij zijn vader tegemoetkomen, omdat hij eerder zijn studie medicijnen aan de universiteit van Edinburgh had afgebroken. Hij was ervan overtuigd dat hij eens genoeg zou erven om een 'redelijk comfortabel bestaan'[14] te leiden en was niet al te enthousiast over de carrière die hem was opgelegd. In Edinburgh was hij liever bezig geweest met het ontleden van ongewervelde zeedieren dan met zijn studie, en in Cambridge had hij colleges over plantkunde gevolgd in plaats van het vereiste curriculum voor theologie.[15] Hij was geobsedeerd geraakt door kevers en liep urenlang rond, hier een steen en daar een boomstam optillend, en stopte zijn zakken vol met entomologische schatten.[16] Hij wilde zijn vondsten altijd meenemen en toen hij op een dag de handen al vol kevers had, nam hij er eentje in zijn mond, om hem daar te bewaren. De kever stelde zich tegen deze ongebruikelijke behandeling teweer en spoot zoveel zuur dat Darwin hem weer uitspuwde.

Tijdens zijn laatste jaar in Cambridge las hij Humboldts *Relations historiques* voor het eerst, een werk waar hij 'laaiend enthousiast' over was.[17] Hij was er zo van onder de indruk dat hij hele passages overschreef en ze tijdens botanische excursies voorlas aan de docent, John Stevens Henslow, en aan andere vrienden.[18] In het voorjaar van 1831 had hij zich al zozeer in Humboldts werken verdiept dat hij sprak, dacht en droomde, zo schreef hij zijn neef, over 'een al bijna helemaal uitgewerkte reis naar de Canarische Eilanden'.[19]

Zijn bedoeling was om met Henslow en een paar vrienden van de universiteit naar Tenerife te gaan. Hij was er heel opgewonden over en 'kon nauwelijks stilzitten'.[20] Ter voorbereiding haastte hij zich 's ochtends naar de kassen in de botanische tuin in Cambridge om naar 'de palmbomen te staren'[21] en spoedde zich dan weer naar huis om botanie, geologie en Spaans te studeren. Hij droomde over dichte wouden, schitterende vlakten en bergtoppen, las en herlas Humboldt[22] en praatte zo vaak over de reis dat zijn vrienden wensten dat hij al vertrokken was. 'Mijn verhalen over tropisch natuurschoon zijn hun een kwelling,' grapte hij tegen zijn neef.[23]

Half juli 1831 schreef hij Henslow dat hij meer van Humboldt moest lezen, om zijn 'Canarische vuur aan te wakkeren'.[24] De opwinding spatte van zijn brieven en hij doorspekte ze met pas geleerde Spaanse uitdrukkingen. 'Ik heb mezelf naar een tropische gloed toe geschreven,' was in een brief aan zijn zus te lezen.[25] Maar toen ze zich voorbereidden om te vertrekken, zegde Henslow af in verband met verplichtingen op zijn werk en de zwangerschap van zijn vrouw.[26] Darwin besefte ook dat er maar weinig Britse schepen naar de Canarische Eilanden voeren – en dan ook nog alleen in de vroege zomermaanden. Het seizoen was al te ver gevorderd en hij zou de reis een jaar moeten uitstellen.

Een maand later echter, op 29 augustus 1831, ontving hij een brief van Henslow en zag alles er weer anders uit. Henslow schreef dat een kapitein, een zekere Robert FitzRoy, een naturalist uit de betere stand zocht die met hem kon meevaren op de Beagle – een schip waarmee hij over vier weken aan een reis om de wereld zou beginnen.[27] Dat was een nog veel opwindender vooruitzicht dan Tenerife. Niettemin vervloog Darwins enthousiasme onmiddellijk toen zijn vader hem er geen toestemming voor gaf en weigerde voor de passage van zijn zoon te betalen.

Charles Darwin

Het was een wild plan, vond Robert Darwin, en een nutteloze onderneming.[28] Een reis om de wereld leek geen noodzakelijke vereiste voor het predikantschap.

Darwin voelde zich verslagen. De reis zou natuurlijk niet goedkoop zijn, maar zijn familie kon het wel betalen. Zijn vader was een geslaagd arts die vooral veel geld had verdiend met slimme investeringen,[29] en dankzij zijn beide grootvaders had de familie naam en fortuin gemaakt. Josiah Wedgwood, zijn grootvader van moederskant, was de man van het beroemde serviesgoed – een man die zijn wetenschappelijke kennis had toegepast op de productie van aardewerk en die had geïndustrialiseerd. Hij was als een rijk en gerespecteerd man gestorven. Darwins grootvader van vaderskant, de arts, wetenschapper en uitvinder Erasmus Darwin, was al even vermaard. In 1794 verscheen zijn boek *Zoonomia,* waarin voor het eerst radicale evolutie-ideeën werden beschreven; Erasmus Darwin beweerde tevens dat dieren en mensen afstamden van een zeer klein, levend filament in de oerzee. Hij had het botanische classificatiesysteem van Carolus Linnaeus op rijm gezet in zijn bijzonder populaire gedicht 'The Loves of the Plants' – een gedicht dat Humboldt en Goethe aan het eind van de achttiende eeuw hadden gelezen. Al deze verrichtingen hadden de familie trots, misschien zelfs wat hoogmoedig gemaakt, en ook Charles Darwin kende zeker enige eerzucht.

Uiteindelijk wist een oom Darwins vader het belang van de reis te laten inzien. 'Als Charles nu helemaal opging in zijn studie theologie,' schreef Josiah Wedgwood II aan Robert Darwin, zou het onverstandig zijn die te onderbreken, 'maar dat is niet het geval, en dat zal waarschijnlijk ook nooit zo worden'.[30] Aangezien Charles alleen belangstelling had voor natuurlijke historie, bood de expeditie hem een uitgelezen kans om zijn stempel te drukken op de wereld van de wetenschap, meende zijn oom. De volgende dag stemde Darwins vader er eindelijk mee in om garant te staan voor de uitgaven van zijn zoon. Darwin ging een reis om de wereld maken.

De Beagle voer zuidwaarts. In de eerste drie weken van de reis gebeurde er weinig bijzonders. Nadat ze Tenerife achter zich hadden gelaten, begon Darwin zich beter te voelen. Het werd warmer en hij trok lichtere kleren aan.[31] Hij ving kwallen en andere kleine ongewervelden uit zee, en doodde de tijd door ze te ontleden. Ook had hij nu de gelegenheid om de rest van de bemanning te leren kennen.[32] Zijn hut deelde hij met de negentienjarige assistent-landmeter en een van de zeecadetten, die pas veertien was. Aan boord bevonden zich vierenzeventig personen, onder wie zeemannen, timmerlieden en landmeters, evenals een instrumentmaker, een kunstenaar en een arts.*

Kapitein FitzRoy was met zijn zesentwintig jaar maar vier jaar ouder dan Darwin. Hij kwam uit een aristocratische familie en had zijn hele volwassen leven op zee doorgebracht.[33] Dit was zijn tweede reis op de Beagle. De bemanning kwam er al snel achter dat de kapitein bijzonder humeurig en korzelig kon zijn – vooral 's ochtends vroeg. FitzRoy had een oom die zelfmoord had gepleegd en hij was bang dat hij ook neigingen in die richting had. Bij tijden viel de kapitein ten prooi aan hevige

* Aan boord van de Beagle bevonden zich ook een missionaris en drie Vuurlanders, die FitzRoy op een eerdere reis gevangen had genomen en naar Engeland had gebracht. Ze gingen nu terug naar Vuurland, en FitzRoy hoopte dat ze hun mede-Vuurlanders tot het christendom zouden bekeren wanneer hij daar een missiepost opzette.

neerslachtigheid die 'grensde aan krankzinnigheid', meende Darwin.[34] FitzRoy liet nu eens een ogenschijnlijk tomeloze energie zien, om dan weer in zwijgzaamheid en melancholie te vervallen. Hij was echter een intelligente man en een harde werker, die bovendien gefascineerd was door natuurlijke historie.

FitzRoy had de leiding over een door de staat gefinancierde expeditie rond de wereld, die tot doel had langs de hele route de lengtegraden te bepalen. In een poging om kaarten en navigatie te standaardiseren, moesten ze daarbij steeds dezelfde instrumenten gebruiken. Daarnaast had hij opdracht gekregen de zuidkust van Zuid-Amerika in kaart te brengen, want Groot-Brittannië hoopte op grote economische belangen in de pas onafhankelijk geworden Zuid-Amerikaanse landen.

De Beagle mocht met zijn zevenentwintig meter lengte een klein schip zijn, het was desondanks beladen met allerlei spullen – van duizenden blikken vleesconserven tot de nieuwste meetinstrumenten. FitzRoy had erop gestaan maar liefst tweeëntwintig chronometers mee te nemen waarmee tijd en lengtegraad werden gemeten; ook waren er bliksemafleiders, die het schip bij onweer voor inslag moesten behoeden. Aan proviand was de Beagle behalve met suiker, rum en gedroogde erwten ook bevracht met de gebruikelijke middeltjes tegen scheurbuik, zoals augurken en citroensap. 'Het scheepsruim zat zo vol dat er zelfs geen brood meer bij paste,' noteerde Darwin vol bewondering over het efficiënte inladen.[35]

De Beagle zou voor het eerst land aandoen op Santiago, het grootste van de Kaapverdische Eilanden in de Atlantische Oceaan, op zo'n achthonderd kilometer van de westkust van Afrika.[36] Toen Darwin voet aan wal zette op het tropische eiland, buitelden in zijn hoofd de nieuwe indrukken over elkaar heen. Het was verwarrend, exotisch en opwindend tegelijk. Palmen, tamarinden en bananenbomen vroegen om de aandacht, evenals de apenbroodboom met zijn dikke stam. Hij hoorde de zang van onbekende vogels en zag vreemde insecten verdwijnen in de bloemen van nog vreemdere planten. Net als bij Humboldt en Bonpland na hun aankomst in Venezuela in 1799 was het ook in zijn hoofd een 'complete orkaan van verrukking en verbazing' toen hij vulkanisch gesteente onderzocht, planten droogde, dieren ontleedde en motten opprikte.[37] Hij hakte stukken steen af, schraapte bast van bomen, zocht onder stenen naar insecten en wormen, en verzamelde alles wat hij tegenkwam, van schelpen en grote palmbladeren tot platwormen en nietige insectjes. Wanneer hij 's avonds terugkwam, zwaarbeladen met zijn 'rijke oogst', was hij gelukkiger dan ooit.[38] Hij was net een kind met nieuw speelgoed, zei kapitein FitzRoy lachend.[39]

Het was 'alsof een blinde het gezicht kreeg', schreef Darwin in zijn dagboek.[40] In zijn brieven naar huis legde hij uit dat het onmogelijk was om de tropen te beschrijven, omdat het er allemaal zo anders en zo duizelingwekkend was dat hij niet wist hoe een zin te beginnen of te eindigen. Hij raadde zijn neef William Darwin Fox aan om Humboldts *Relations historiques* te lezen zodat die kon begrijpen wat hij nu meemaakte, en schreef zijn vader: 'Als u echt een idee van tropische landen wilt krijgen, verdiep u dan in Humboldt.'[41] Hij zag zijn nieuwe wereld door de ogen van Humboldt. Zijn dagboek wemelde van de opmerkingen als 'getroffen door de juistheid van Humboldts waarnemingen' en 'zoals Humboldt opmerkt'.[42]

Er was maar één ander boek dat hem in dezelfde mate had gevormd, en dat was *Principles of Geology* van Charles Lyell, een werk dat zelf doordrenkt was van Humboldts ideeën.[43] Lyell haalde Humboldt tientallen keren aan, van diens ideeën over een wereldklimaat en vegetatiezones tot bijzonderheden over de Andes. Hij legde uit dat de aarde zich als gevolg van erosie en sedimentatie in een aaneenschakeling van zeer langzame bewegingen over een onvoorstelbaar lange periode had gevormd, een proces dat telkens onderbroken werd door vulkaanuitbarstingen en aardbevingen. Toen Darwin de gesteentelagen van de steile rotsen van Santiago bestudeerde, leek alles wat Lyell had geschreven te kloppen. In de steenlagen van de kliffen kon hij de ontstaansgeschiedenis van het eiland 'lezen': de resten van een oude vulkaan, verder naar boven een witte strook van schelpen en koraal, en daarbovenop een laag lava.[44] De lava had de schelpen bedekt en sindsdien was het eiland door een onderaardse kracht langzaam omhooggedrukt. Golven en onregelmatigheden in de witte strook getuigden ook van recentere beweging – de door Lyell beschreven krachten die nog steeds actief waren. Tijdens zijn koortsachtige ontdekkingstocht over het eiland zag Darwin de planten en dieren door Humboldts ogen, en de gesteenten door die van Lyell. Terug op de Beagle schreef hij zijn vader een brief waarin hij aankondigde dat hij 'vernieuwend onderzoek' zou kunnen doen op het gebied van 'natuurlijke historie', dankzij de inspirerende waarnemingen die hij op Santiago gedaan had.[45]

Toen de Beagle een paar weken later, eind februari, Bahia (het huidige Salvador) in Brazilië aandeed, duurde zijn verbazing nog steeds voort. Alles kwam zo droomachtig over dat het wel een scène uit *Duizend-en-een-nacht* leek, verklaarde hij.[46] Telkens weer schreef hij dat alleen Humboldts beschrijving van de tropen de werkelijkheid benaderde. 'Hoe meer ik hem lees, hoe meer bewondering ik voor hem krijg,' schreef hij jubelend in een brief naar huis,[47] en in een andere stond: 'Eerst bewonderde ik Humboldt, nu aanbid ik hem bijna.'[48] Op de dag dat hij Brazilië voor het eerst zag, zei hij dat Humboldts beschrijvingen onvergelijkelijk waren vanwege de 'zeldzame verbintenis tussen poëzie en wetenschap'.[49]

Hij liep in een nieuwe wereld rond, schreef hij zijn vader.[50] 'Momenteel ben ik helemaal weg van spinnen',[51] en al de bloemen zouden 'een bloemist dolenthousiast maken'.[52] Hij zag zoveel nieuws dat hij niet wist wat hij eerst moest bekijken of wat hij eerst moest pakken – een kleurige vlinder, een insect dat in een exotische bloem kroop, of een nieuwe plant. 'Op het ogenblik kan ik alleen maar Humboldt lezen,' schreef hij in zijn dagboek, want 'als een tweede zon verlicht hij alles wat ik waarneem'.[53] Het was alsof Humboldt hem een reddingslijn toewierp waaraan hij zich vastklampte om niet in de zee van nieuwe indrukken te verdrinken.

De Beagle voer zuidwaarts naar Rio de Janeiro en Montevideo, en vervolgens naar de Falklandeilanden, Vuurland en Chili – de komende drie jaar zouden ze deze route herhaaldelijk bevaren om hun metingen te controleren. Darwin ging geregeld een paar weken aan land om lange tochten te maken (hij sprak met FitzRoy steeds af waar hij weer aan boord zou komen). Hij trok te paard door het Braziliaanse regenwoud en reed met gaucho's mee door de pampa. Hij zag de weidse horizonten boven de stoffige vlakten van Patagonië en vond aan de kust van Argentinië reusachtige fossiele botten. Hij schreef zijn neef Fox dat hij 'een echte zwerver' geworden was.[54]

Aan boord van de Beagle had hij een vaste dagindeling, waar hij zelden van afweek.[55] 's Ochtends ontbeet hij samen met FitzRoy; daarna gingen ze allebei aan het werk. De kapitein hield toezicht en ordende alle meetresultaten, terwijl Darwin zijn verzameling zeedieren bestudeerde en aantekeningen maakte. Hij werkte in de hut op het achterdek aan de grote meettafel, waar de assistent-landmeter ook zijn kaarten bewaarde. Op een hoek van de tafel stond zijn microscoop en lagen zijn aantekenboeken. Daar ontleedde hij zijn planten en dieren, voorzag ze van een etiket, en droogde hij ze. Het was bijzonder krap in de hut, maar hij zag het vertrek als de perfecte studeerkamer voor een naturalist omdat hij 'alles dicht bij de hand' had.[56]

De fossiele botten moest hij aan dek schoonmaken, en daar ving hij ook de kwallen. 's Avonds gebruikte Darwin de maaltijd samen met FitzRoy, maar nu en dan nodigden de overige bemanningsleden hem uit om in de enigszins lawaaierige messroom te komen eten, waar hij altijd van genoot. Aangezien de Beagle voor de kust heen en weer voer om metingen te verrichten, was er altijd vers voedsel voorhanden. Ze aten tonijn, schildpad, haai en struisvogel met meelballetjes; over het gordeldier schreef Darwin dat het zonder zijn schild het uiterlijk en de smaak van eend had.[57]

Hij vond zijn nieuwe leven heerlijk. Bij de bemanning, die hem 'Philos' (filosoof) en 'vliegenvanger' noemde,[58] was hij geliefd. Zijn passie voor de natuur was aanstekelijk en al snel begonnen anderen ook dieren te verzamelen voor zijn collectie.[59] Een van de zeemannen plaagde hem met die 'verdomde beestenbende' aan vaten, kisten en botten aan dek en zei: 'Als ik kapitein was, zou ik korte metten maken met jou en je zootje.'[60] Iedere keer dat ze een haven aandeden van waaruit op Engeland werd gevaren, verscheepte Darwin kisten vol met fossielen, balgen en gedroogde planten naar Henslow in Cambridge,[61] en stuurde hij brieven naar huis.

Naarmate de reis vorderde kreeg hij een steeds grotere drang om alles te lezen wat Humboldt had geschreven. In april 1832 vroeg hij vanuit Rio de Janeiro zijn broer per brief om Humboldts *Ansichten der Natur* naar Montevideo in Uruguay te sturen, zodat hij het boek daar later kon ophalen.[62] Zijn broer stuurde prompt een stel boeken – niet de *Ansichten*, maar Humboldts nieuwste werk, *Fragmens de géologie et de climatologie asiatiques*, het resultaat van zijn expeditie naar Rusland, en *Essai politique sur le royaume de la Nouvelle-Espagne*.

Tijdens de reis met de Beagle was Darwin voortdurend in een soort innerlijke dialoog met Humboldt verwikkeld – met potlood onderstreepte hij fragmenten in *Relations historiques*. Humboldts boeken vormden bijna een mal voor Darwins eigen ervaringen. Toen hij voor het eerst de sterrenstelsels van het zuidelijk halfrond zag, moest hij denken aan Humboldts beschrijvingen.[63] En toen hij, na dagenlang het ongerepte regenwoud te hebben verkend, de Chileense vlakten zag, reageerde hij op precies dezelfde manier als Humboldt toen die na de expeditie over de Orinoco in de Llanos in Venezuela aankwam. Humboldt had geschreven over 'nieuwe gewaarwordingen' en de verrukking om na al die weken in het dichte regenwoud eindelijk weer te kunnen 'zien',[64] en nu schreef Darwin hoe 'verfrissend' het uitzicht was 'na ingesloten en begraven te zijn geweest in de wildernis van de bomen'.[65]

Het fragment in zijn dagboek over de aardbeving die hij op 20 februari 1835 in Valdivia in het zuiden van Chili meemaakte, was bijna een samenvatting van Humboldts beschrijving van diens eerste aardbeving in 1799 in Cumaná. Humboldt had geschreven dat de aardbeving 'aan één ogenblik' genoeg had om 'lang bestaande illusies te vernietigen'[66] – in Darwins dagboek stond dat een 'aardbeving als deze in één ogenblik de oudste denkbeelden verwoest'[67].*

Dergelijke voorbeelden waren er te over, en de overeenkomst tussen Darwins verhandeling over het bruinwier aan de kust van Vuurland als belangrijkste plant in de voedselketen, en Humboldts beschrijving van de mauritiuspalm als de sleutelsoort die in de Llanos het 'leven verspreidt', is treffend.[68] Darwin schreef dat het grote woud van bruinwier in het water een zeer groot aantal levensvormen van voedsel voorzag, van de kleinste poliepen met hun vele armen tot weekdieren, kleine vissen en krabben – die op hun beurt het voedsel vormden voor aalscholvers, otters en robben, en uiteindelijk natuurlijk voor de inheemse stammen.[69] Humboldt inspireerde Darwin ertoe de natuur op te vatten als een ecologisch systeem. Net als door de vernietiging van regenwoud zou door de verdelging van bruinwier een ontelbaar aantal soorten verloren gaan, en waarschijnlijk ook de inheemse bevolking van Vuurland worden weggevaagd.

Darwin ontwikkelde een schrijfstijl naar voorbeeld van Humboldt. Wetenschappelijke en poëtische beschrijvingen versmolten zozeer met elkaar dat zijn dagboek van de reis met de Beagle zowel stilistisch als inhoudelijk opvallend veel overeenkomst met *Relations historiques* ver-

* De hele beschrijving doet sterk aan die van Humboldt denken. Waar Humboldt schreef 'de aarde schudt op haar grondvesten, die wij zo onwrikbaar achtten', is in Darwins dagboek te lezen: 'de wereld, het zinnebeeld van al wat standvastig is, beweegt onder onze voeten'. Humboldt schreef 'nu koesteren wij argwaan tegen de grond waarop wij zo lang vol vertrouwen onze voeten hebben gezet', en Darwin volgde met 'één enkele seconde geeft de geest een merkwaardig idee van onveiligheid'.

toonde. Nadat zijn zuster in oktober 1832 een eerste deel van zijn dagboek had ontvangen, klaagde die zelfs dat hij, 'waarschijnlijk door zoveel van Humboldt te lezen, zijn stijl had overgenomen', en 'nu en dan van die bloemrijke Franse uitdrukkingen gebruikte die hij [Humboldt] ook bezigt'.[70] Anderen waren complimenteuzer en vertelden hem hoe verrukt ze waren van zijn 'levendige, Humboldtachtige beschrijvingen'.[71]

Van Humboldt leerde Darwin dat hij de natuur niet enkel moest onderzoeken vanuit de beperkte invalshoek van een geoloog of dierkundige, maar ook van buitenaf. Zowel Humboldt als Darwin bezat het zeldzame talent om zich te kunnen concentreren op het kleinste detail – zoals een mosdeeltje of een klein kevertje – en vervolgens in het grotere geheel patronen te onderzoeken en met elkaar te vergelijken. Doordat ze zo gemakkelijk van perspectief wisselden, kregen ze een geheel nieuw begrip van de wereld. Het was een wereld die werd gezien door zowel de telescoop als de microscoop, die grote vergezichten maar ook minuscule cellen liet zien, en die zich bewoog in de tijd, van het verre geologische verleden naar de economische toekomst van inheemse bevolkingsgroepen.

In september 1835, iets minder dan vier jaar na het vertrek uit Engeland, voer de Beagle eindelijk van Zuid-Amerika weg om de reis om de wereld te vervolgen. Vanuit Lima vertrok het schip naar de Galápagoseilanden, gelegen op een kleine duizend kilometer uit de kust van Ecuador. Het waren merkwaardige, dorre eilanden waar de bijzonder tamme vogels en reptielen eenvoudig gevangen konden worden omdat ze geen mensen gewend waren. Darwin deed onderzoek naar gesteenten en geologische formaties, hij verzamelde vinken en spotvogels en nam de maten van de reuzenschildpadden die over de eilanden zwierven.[72] Pas toen hij na terugkomst in Engeland zijn verzamelingen onderzocht, werd hem duidelijk hoe belangrijk de Galápagoseilanden waren voor zijn evolutietheorie. De eilanden vormden een keerpunt voor hem, maar ter plekke besefte hij dat nog niet.

Na een verblijf van vijf weken op de Galápagoseilanden voer de Beagle over de grote leegte van de Stille Zuidzee naar Tahiti, en van daaruit naar Nieuw-Zeeland en Australië. Vanuit de westkust van Australië staken ze de Indische Oceaan over en voeren ze om de zuidpunt van Afrika heen, om vervolgens via de Atlantische Oceaan opnieuw naar

Zuid-Amerika te gaan. De laatste maanden vielen iedereen heel zwaar. 'Er is nog nooit een schip geweest dat zoveel helden met heimwee aan boord had,' schreef Darwin.[73] Telkens als er een koopvaardijschip in zicht kwam, had hij de uiterst gevaarlijke neiging om van het schip te springen, bekende hij.[74] Ze waren bijna vijf jaar weggeweest – zo lang dat hij visioenen kreeg van vriendelijke, groene Engelse landschappen.

Nadat ze de Indische en de Atlantische Oceaan overgestoken waren, hielden ze op 1 augustus 1836 kort halt in Bahia in Brazilië, de plaats waar ze eind februari 1832 voor het eerst in Zuid-Amerika aan land waren gegaan. Daarna koersten ze noordwaarts voor de laatste etappe van de reis. Het was een ontnuchterende ervaring om Bahia terug te zien. Darwin had geen oog meer voor de tropische bloemen van het Braziliaanse regenwoud; hij verlangde naar de statige paardenkastanjes in Engelse parken.[75] Hij wilde wanhopig graag naar huis. Aan zijn zuster schreef hij dat hij genoeg had van het kriskras reizen: 'Ik verfoei en verafschuw de zee en alle schepen die erop varen.'[76]

Eind september voeren ze langs de Azoren in de Atlantische Oceaan en koersten ze aan op Engeland. Darwin bleef in zijn hut, even zeeziek als hij op de eerste dag van de reis was geweest. Zelfs na al die jaren was hij niet aan het ritme van de zee gewend geraakt en kermde hij: 'Ik haat iedere golf van de oceaan.'[77] Liggend in zijn hangmat schreef hij de laatste observaties in zijn lijvige dagboek en vatte hij de afgelopen vijf jaar nog eens samen. Eerste indrukken, schreef hij, werden vaak gevormd aan de hand van vooropgezette ideeën. 'Die van mij kwamen allemaal voort uit de levendige beschrijvingen in *Relations historiques*.'[78]

Bijna vijf jaar na hun vertrek uit Engeland voeren ze op 2 oktober 1836 de haven van Falmouth binnen, aan de zuidkust van Cornwall.[79] Ter voltooiing van alle verrichte metingen moest kapitein FitzRoy in Plymouth nog één lengtegraad bepalen, op precies dezelfde plek waar hij zijn eerste meting had verricht. Darwin ging in Falmouth echter van boord. Hij nam de postkoets, want hij snakte ernaar zijn familie in Shrewsbury terug te zien.

Terwijl de ratelende koets hem noordwaarts voerde, keek hij door het raampje naar de glooiende, met hagen omzoomde velden die aan hem voorbijtrokken. Het landschap leek hem veel groener dan vroeger, maar toen hij er de andere passagiers naar vroeg, keken ze hem niet-begrijpend aan.[80] Na een reis van meer dan twee etmalen kwam hij 's avonds laat in Shrewsbury aan en sloop stilletjes het huis in, om zijn vader en zusters niet te wekken. Toen hij de volgende ochtend de ontbijtkamer in liep, geloofden ze hun ogen niet. Hij was gezond en wel terug, maar 'zag er erg mager uit', zei zijn zuster.[81] Hoewel er heel veel te vertellen was kon Darwin slechts een paar dagen blijven, want hij moest naar Londen om zijn hutkoffers van de Beagle te halen.[82]

Willem IV regeerde nog steeds over het land waar Darwin naar teruggekeerd was, maar tijdens zijn langdurige afwezigheid waren er wel twee belangrijke wetten aangenomen. In juni 1832 was na felle politieke strijd de controversiële Reform Act in werking getreden. Dit was een grote eerste stap naar democratie, aangezien steden die tijdens de Industriële Revolutie groot waren geworden dankzij deze wet voor het eerst recht hadden op een zetel in het Lagerhuis, en het stemrecht van vermogende landeigenaren werd uitgebreid naar de hogere middenklassen. Darwins familie, die voorstander was van deze wet, had hem tijdens zijn reis op de Beagle per brief zo goed mogelijk op de hoogte gehouden van alle perikelen in het parlement. Het andere heuglijke nieuws was de wet ter afschaffing van de slavernij, die in augustus 1834 – toen Darwin zich in Chili bevond – was aangenomen. De slavenhandel was in 1807 al verboden, maar met deze nieuwe wet kwam er in het grootste deel van het Britse Rijk ook een eind aan de slavernij zelf. Zowel de familie Darwin als de familie Wedgwood had altijd deel uitgemaakt van de antislavernijbeweging. Ze waren dan ook bijzonder blij met deze wet, evenals uiteraard Humboldt, die zich sinds zijn expeditie naar Latijns-Amerika altijd fel had uitgesproken tegen het tot slaaf maken van medemensen.

Darwin had echter meer belangstelling voor nieuws uit de wetenschappelijke wereld. Hij had voldoende materiaal om diverse boeken te kunnen schrijven en het plan om hem predikant te laten worden was allang van de baan. Zijn hutkoffers zaten vol insecten, vogels en andere dieren, planten, gesteenten en reusachtige, fossiele botten – en zijn aantekenboeken stonden bol van de analyses en ideeën. Hij wilde zich nu een plaats verwerven binnen de wetenschap. Ter voorbereiding had hij een paar maanden eerder vanuit het verre Sint-Helena zijn oude vriend, de botanist John Stevens Henslow, al een brief geschreven met het verzoek hem te introduceren bij de Geological Society.[83] Hij wilde dolgraag zijn verzamelde schatten laten zien, en Britse geleerden, die de avonturen van de Beagle via in kranten gepubliceerde brieven en verslagen hadden gevolgd, zagen ernaar uit hem te ontmoeten. Darwin schreef later: 'De reis met de Beagle is verreweg de belangrijkste gebeurtenis in mijn leven geweest en heeft mijn hele levensloop bepaald.'[84]

Hij spoedde zich door Londen naar bijeenkomsten van de Royal Society, de Geological Society en de Zoological Society, en zette zich intussen aan het schrijven. Zijn collecties werden door de beste geleerden onderzocht – anatomen en ornithologen, en deskundigen op het terrein van de classificatie van fossielen, vissen, reptielen en zoogdieren.* Zijn eerste prioriteit betrof het redigeren van zijn dagboek, zodat het kon worden uitgegeven.[86] Toen *Voyage of the Beagle* in 1839 werd gepubli-

ceerd,† was hij op slag beroemd.[87] Hij schreef over planten, dieren en geologie, maar ook over de kleur van de hemel, over lichtval, windstilte en heiigheid in de lucht, als een schilder, met levendige penseelstreken. Net als Humboldt legde hij de gevoelens vast die de natuur bij hem losmaakte, verschafte hij wetenschappelijke gegevens en kwam hij met bijzonderheden over inheemse bevolkingsgroepen.

Toen half mei 1839 de eerste exemplaren van de drukpers rolden, stuurde hij er meteen een naar Humboldt in Berlijn. Hij wist echter niet hoe hij zijn schrijven moest adresseren en informeerde daar bij een vriend naar, want hij wist net zomin hoe hij zich tot Humboldt moest richten als tot de koning van Pruisen of de tsaar aller Russen.[88] Hij maakte zich zenuwachtig over het oordeel van zijn idool, en schreef in de begeleidende brief daarom in vleiende bewoordingen dat Humboldts verslag over Zuid-Amerika hem tot reizen had aangezet. Hij vertelde dat hij hele fragmenten uit *Relations historiques* had overgeschreven zodat hij ze 'altijd in zijn hoofd' had.[89]

Hij had zich geen zorgen hoeven te maken. Nadat Humboldt zijn exemplaar had ontvangen, schreef hij een lange brief terug waarin hij sprak van een 'uitstekend, bewonderenswaardig boek'.[90] Als zijn werk had geïnspireerd tot een boek als *Voyage of the Beagle*, dan was dat zijn grootste verdienste. 'Er ligt een gouden toekomst voor u,' schreef hij. De beroemdste geleerde uit die tijd maakte op deze manier welwillend duidelijk dat Darwin de fakkel van de wetenschap droeg. Hij was veertig

* Darwin slaagde er ook in overheidsfondsen te verwerven voor de uitgave van *Zoology of the Voyage of H.M.S. Beagle* – om het 'op bescheidener schaal te [laten] gelijken' op Humboldts schitterende zoölogische uitgaven.[85]

† In het Nederlands verschenen onder de titel *De reis van de Beagle*.

De Chimborazo, in het huidige Ecuador. Toen Humboldt deze berg in 1802 beklom, werd die beschouwd als de hoogste ter wereld. De vulkaan inspireerde Simón Bolívar tot het schrijven van een gedicht over de bevrijding van de Spaanse koloniën in Latijns-Amerika.

Alexander von Humboldt en Aimé Bonpland verzamelen planten aan de voet van de Chimborazo.

Humboldt in gesprek
met een inheemse
bewoner van Turbaco
(het huidige Colombia),
op weg naar Bogotá.

Humboldt en zijn reisgenoten bij de Cayambe, een vulkaan in de buurt van Quito.

Dit schilderij van Humboldt en Bonpland in een hut in het regenwoud werd voltooid in 1856, meer dan vijftig jaar na hun expeditie. Humboldt was er niet tevreden over, omdat de instrumenten onjuist waren afgebeeld.

Thomas Jefferson in 1805, kort nadat hij Humboldt in Washington had ontmoet. Anders dan de statige portretten van George Washington is dat van Jefferson met opzet wat 'rustiek' gehouden om een beeld van eenvoud over te brengen.

De spectaculaire zestig bij negentig centimeter grote afbeelding van Humboldts *Naturgemälde*, die deel uitmaakte van zijn *Ideen zu einer Geographie der Pflanzen*.

METER
LUFTWÄRME NACH HÖHE DER SCHICHTEN
CHEMISCHE NATUR des LUFTKREISES
HÖHE DER UNTERN GRENZE DES EWIGEN SCHNEES, nach Verschiedenheit der Geographischen Breite.
THIERE, geordnet nach der HÖHE IHRES WOHNORTS
SIEDHITZE DES WASSERS nach Verschiedenheit der Höhen
GEOGNOSTISCHE ANSICHT der Tropen-Welt
SCHWÄCHUNG DER LICHTSTRAHLEN
TOISEN
Höhe der Stadt Quito
n in den Tropen-Länder;
de der Anden,
s zum 10ten Grade südlicher Breite angestellt worden sind, in den Jahren 1799 bis 1803.
OLDT und A. G. BONPLAND.

Fragment van een Azteekse codex die Humboldt uit Mexico meebracht.

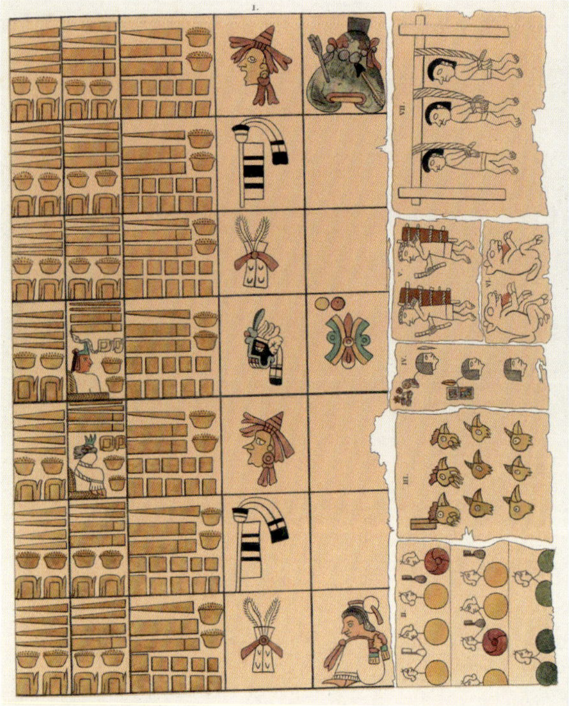

De Amerikaanse schilder Frederic Edwin Church maakte in Zuid-Amerika dezelfde reis als Humboldt en combineerde in zijn werk weidse vergezichten met wetenschappelijke precisie. Zijn magnifieke, anderhalf bij drie meter grote schilderij *The Heart of the Andes* bracht een sensatie teweeg. Net toen hij van plan was het schilderij naar Berlijn te verzenden, kwam hem ter ore dat Humboldt was overleden.

Humboldt in 1843, twee jaar voordat hij het eerste deel van *Kosmos* publiceerde.

Volgens Humboldt gaf deze afbeelding een heel getrouwe weergave van de bibliotheek in zijn appartement in de Oranienburger Straße. Hij ontving zijn vele gasten hier of in zijn studeerkamer, die nog juist zichtbaar is door de deuropening.

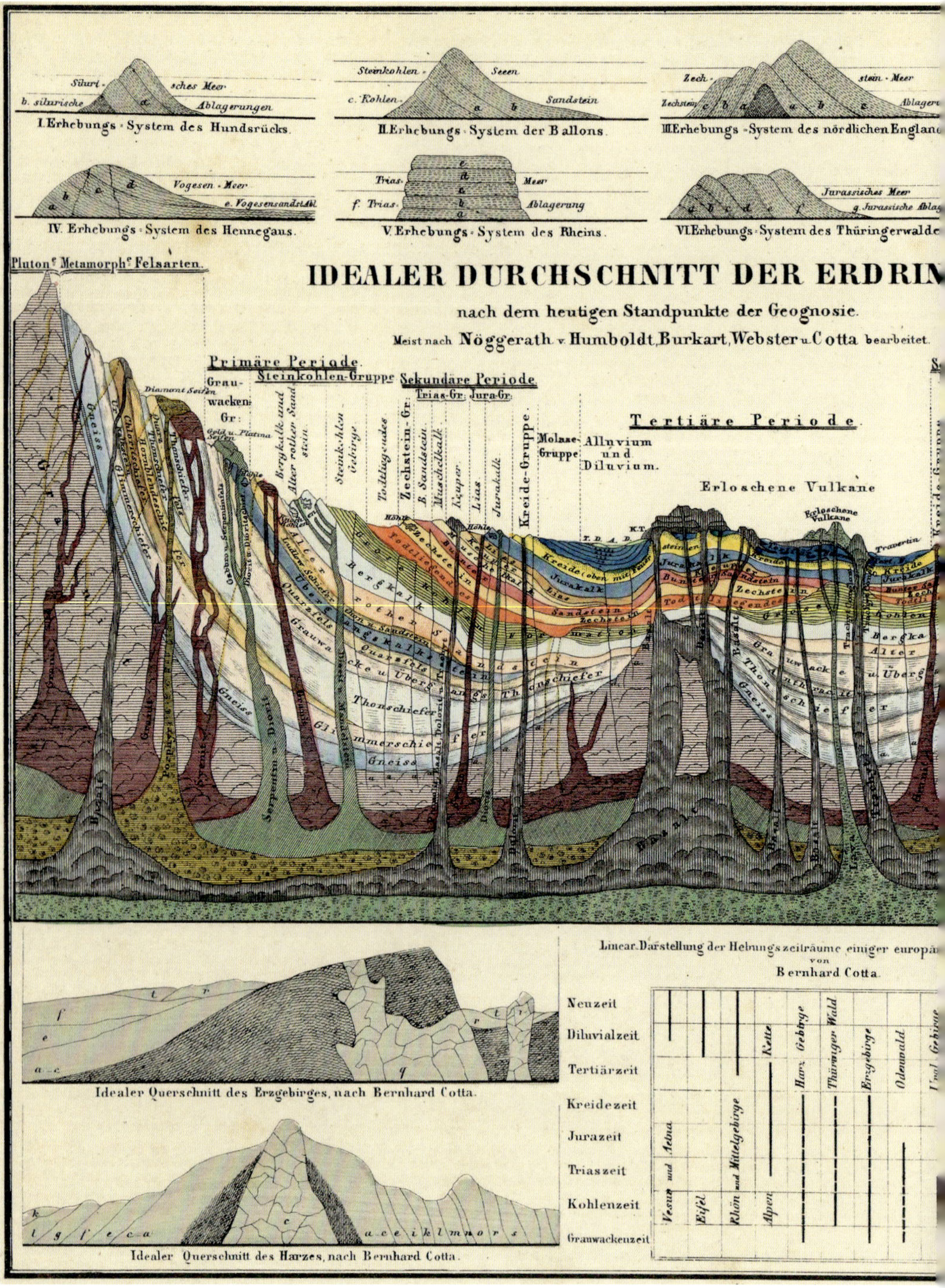

IDEALER DURCHSCHNITT DER ERDRIN
nach dem heutigen Standpunkte der Geognosie.
Meist nach Nöggerath v. Humboldt, Burkart, Webster u. Cotta bearbeitet.
I. Erhebungs-System des Hundsrücks.
II. Erhebungs-System der Ballons.
III. Erhebungs-System des nördlichen Englan
IV. Erhebungs-System des Hennegaus.
V. Erhebungs-System des Rheins.
VI. Erhebungs-System des Thüringerwalde
Pluton^e Metamorph^e Felsarten.
Primäre Periode.
Steinkohlen-Gruppe
Sekundäre Periode
Trias-Gr. Jura-Gr.
Tertiäre Periode
Molasse-Gruppe
Alluvium und Diluvium.
Erloschene Vulkane
Grauwacken-Gr.
Kreide-Gruppe
Gneiss
Thonschiefer
Glimmerschiefer
Idealer Querschnitt des Erzgebirges, nach Bernhard Cotta.
Idealer Querschnitt des Harzes, nach Bernhard Cotta.
Linear-Darstellung der Hebungszeiträume einiger europä
von
Bernhard Cotta.
Neuzeit
Diluvialzeit
Tertiärzeit
Kreidezeit
Jurazeit
Triaszeit
Kohlenzeit
Grauwackenzeit
Vesuv und Aetna
Eifel
Rhön und Mittelgebirge
Alpen
Kette
Harz Gebirge
Thüringer Wald
Erzgebirge
Odenwald

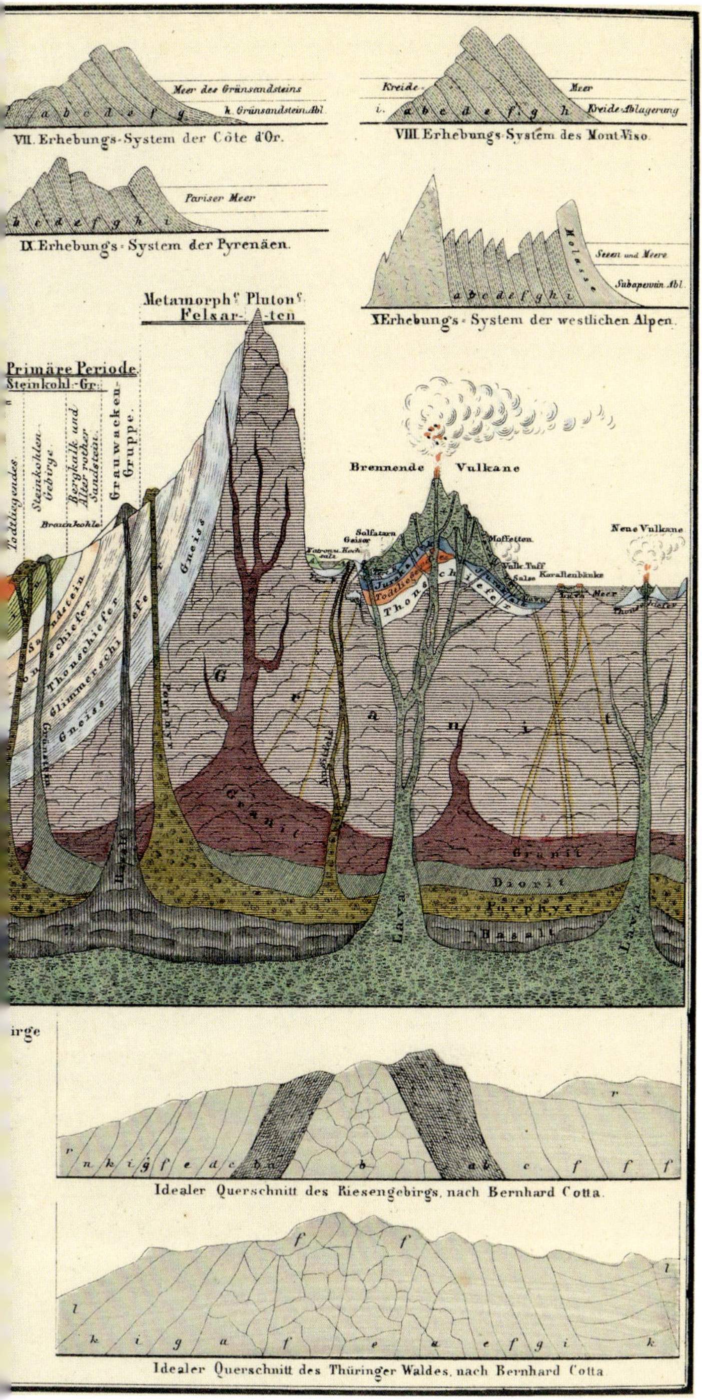

Een pagina uit een atlas die bedoeld was ter illustratie van Humboldts *Kosmos*. De kaart toont zowel de verschillende sedimentlagen in de aardkorst als onderaardse verbindingen tussen vulkanen.

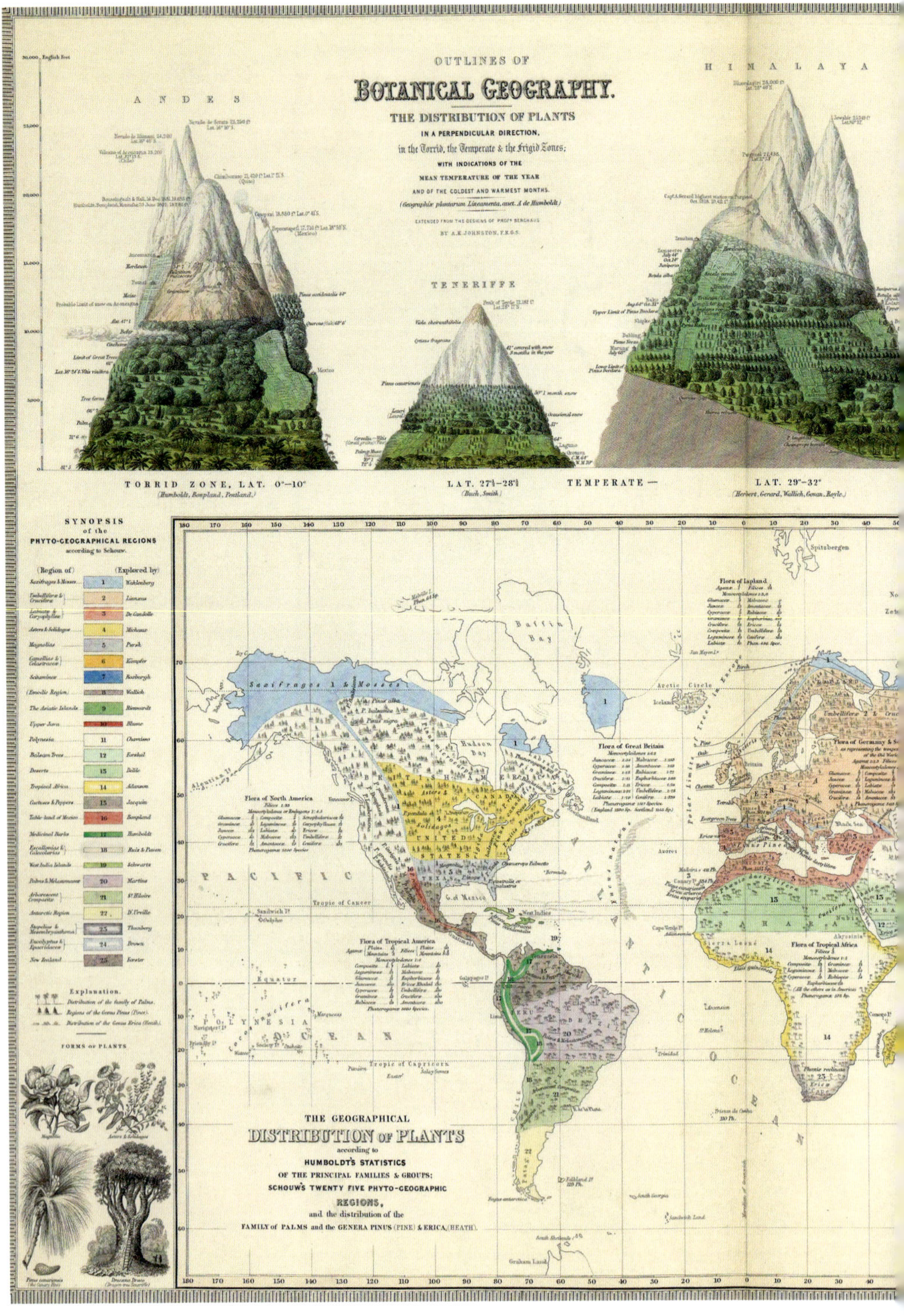

OUTLINES OF
BOTANICAL GEOGRAPHY.
THE DISTRIBUTION OF PLANTS
IN A PERPENDICULAR DIRECTION,
in the Torrid, the Temperate & the Frigid Zones;
WITH INDICATIONS OF THE
MEAN TEMPERATURE OF THE YEAR
AND OF THE COLDEST AND WARMEST MONTHS.
(Geographiæ plantarum Lineamenta, auct. A. de Humboldt)
EXTENDED FROM THE DESIGNS OF PROF. BERGHAUS
BY A. K. JOHNSTON, F.R.G.S.
ANDES
TENERIFFE
HIMALAYA
TORRID ZONE, LAT. 0°–10°
(Humboldt, Bonpland, Pentland.)
LAT. 27¾–28¾
(Buch, Smith)
TEMPERATE —
LAT. 29°–32°
(Herbert, Gerard, Wallich, Govan, Royle.)
SYNOPSIS
of the
PHYTO-GEOGRAPHICAL REGIONS
according to Schouw.
(Region of)
(Explored by)
Explanation.
FORMS OF PLANTS
THE GEOGRAPHICAL
DISTRIBUTION OF PLANTS
according to
HUMBOLDT'S STATISTICS
OF THE PRINCIPAL FAMILIES & GROUPS;
SCHOUW'S TWENTY FIVE PHYTO-GEOGRAPHIC
REGIONS,
and the distribution of the
FAMILY of PALMS and the GENERA PINUS (PINE) & ERICA (HEATH).
Flora of North America
Flora of Tropical America
Flora of Great Britain
Flora of Lapland
Flora of Tropical Africa
PACIFIC
OCEAN
Tropic of Cancer
Equator
Tropic of Capricorn
Arctic Circle
Baffin Bay
Hudson Bay

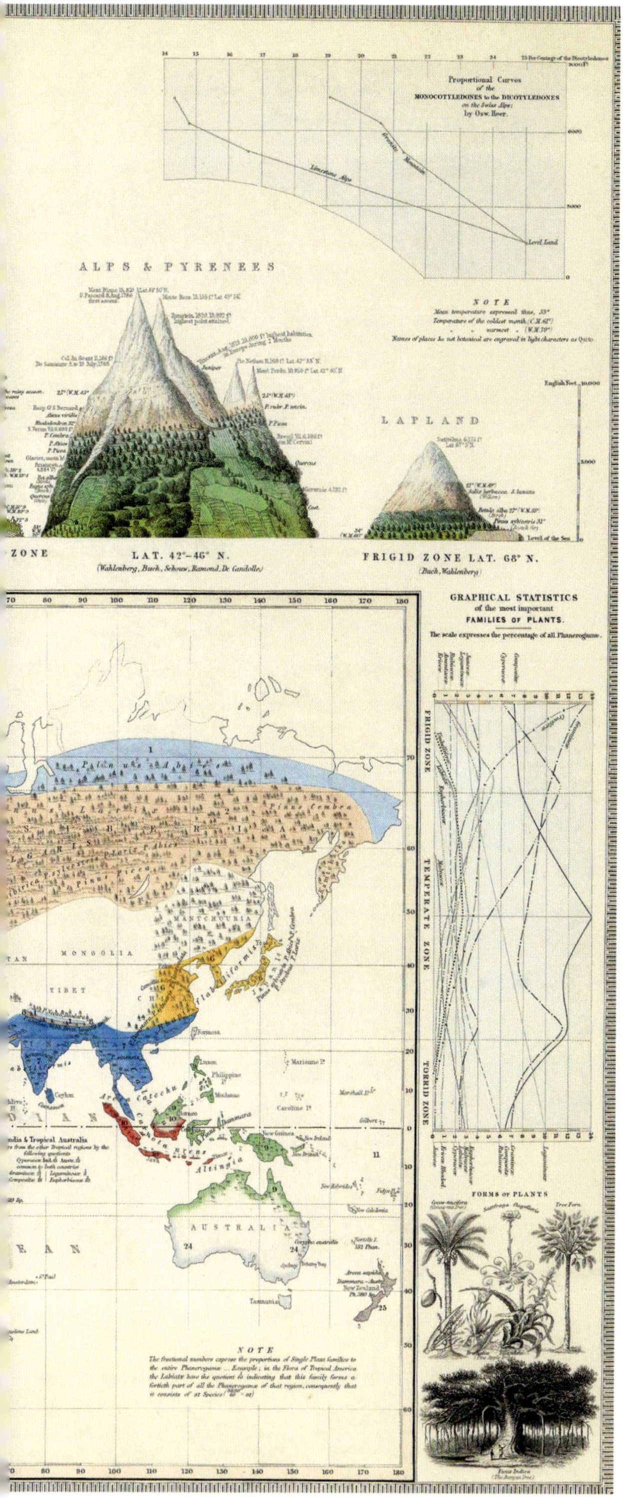

Dubbele pagina uit een atlas ter illustratie van *Kosmos* met daarop de verschillende vegetatiezones en plantenfamilies over de hele aarde.

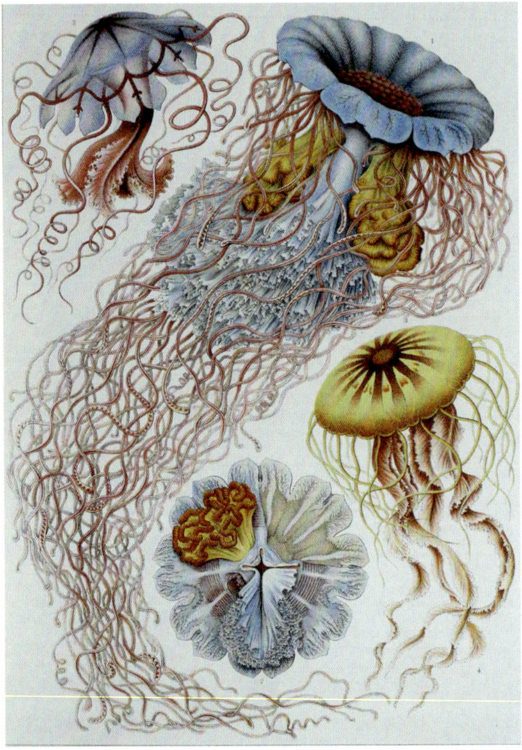

Ernst Haeckels tekeningen van kwallen. De grote, rechtsboven, noemde hij *Desmonema annasethe*, naar zijn vrouw Anna Sethe. Het onderschrift luidde dat zij hem 'de gelukkigste jaren van zijn leven' had bezorgd.

Yosemite Valley, Californië. John Muir verwees naar de Sierra Nevada als de *Range of Light*, de keten van licht.

jaar ouder dan Darwin, maar herkende in hem onmiddellijk een verwante geest.

Zijn woorden betroffen geen holle complimenten – regel na regel voorzag hij Darwins observaties van kanttekeningen. Hij gaf daarbij bladzijdenummers, somde voorbeelden op en becommentarieerde argumenten. Het was duidelijk dat hij Darwins verslag van a tot z gelezen had. En of dat niet genoeg was, schreef hij ook nog een brief aan de Geographical Society in Londen – een brief die in het blad van de Society werd gepubliceerd – en noemde hij het boek een van de opmerkelijkste werken die hij tijdens zijn lange leven had zien verschijnen.[91] Darwin raakte in vervoering. 'Zelden in mijn leven heb ik me zo gevleid gevoeld,' zei hij,[92] 'zelfs een jonge schrijver kan zoveel loftuitingen niet verwerken.' Hij voelde zich vereerd dat hem publiekelijk lof werd toegezwaaid, schreef hij Humboldt.[93] Toen Humboldt later aandrong op een Duitse vertaling van het werk, schreef Darwin aan een vriend: 'Ik moet met onvergeeflijke ijdelheid tegen je pochen.'[94]

Hij werkte koortsachtig aan allerlei onderwerpen, van koraalriffen en vulkanen tot aardwormen. 'Ik kan mijn werk nog geen halve dag laten liggen,' bekende hij zijn oude leraar en vriend, John Stevens Henslow.[95] Hij werkte zo hard dat hij last kreeg van hartkloppingen, die altijd leken op te treden wanneer hij door iets werd 'beroerd',[96] bijvoorbeeld door de opwindende ontdekking over de verschillende soorten vogels die ze hadden meegenomen van de Galápagoseilanden. Toen hij zijn vondsten analyseerde, overwoog hij de mogelijkheid dat soorten evolueerden – destijds werd dit nog de transmutatie van soorten genoemd.[97]

De verschillende vinken en spotvogels die ze op de diverse eilanden hadden verzameld waren niet, zoals hij aanvankelijk dacht, variaties van de vogels op het vasteland. Toen de Britse ornitholoog John Gould – die de vogels determineerde – verklaarde dat het hier om andere soorten ging, concludeerde Darwin dat elk eiland zijn eigen endemische soorten had. Aangezien de eilanden zelf van betrekkelijk recente vulkanische oorsprong waren, kon dit maar op twee manieren verklaard worden: of God had deze soorten specifiek voor de Galápagoseilanden geschapen, of de soorten waren door hun geografische geïsoleerdheid allemaal geëvolueerd uit een gemeenschappelijke voorouder die naar de eilanden gemigreerd was.[98]

Dit waren ideeën met grote implicaties. Als God planten en dieren had geschapen, hield het idee van evoluerende soorten dan in dat hij in

Darwinvinken van de Galápagoseilanden

het begin fouten had gemaakt? En als soorten uitstierven en God voortdurend nieuwe maakte, betekende dat dan dat hij steeds van gedachten veranderde? Voor veel geleerden waren het angstaanjagende vragen. De discussie over de mogelijke transmutatie van soorten was al een tijdje aan de gang. Darwins grootvader, Erasmus Darwin, had er in *Zoonomia* al over geschreven, en ook Jean-Baptiste Lamarck, een oude kennis van Humboldt uit het natuurhistorisch museum in Parijs, had zich aan het onderwerp gewaagd.

In het begin van de negentiende eeuw had Lamarck verklaard dat organismen onder invloed van hun omgeving mogelijk progressieve veranderingen ondergingen.[99] In 1830, een jaar voor Darwins reis op de Beagle begon, was de ideeënstrijd over veranderlijke versus onveranderlijke soorten uitgelopen op felle openbare twistgesprekken aan de Académie des Sciences in Parijs.* Humboldt had tijdens een be-

* De aanhangers van het idee van onveranderlijke soorten waren van mening dat dieren en planten uitstierven en dat God regelmatig nieuwe schiep. De tegenstanders van dit idee stelden dat er een onderliggend patroon bestond, of een soort

zoek aan Parijs vanuit Berlijn deze heftige discussies bijgewoond en de geleerden naast hem al fluisterend voorzien van neerbuigend commentaar op de argumenten voor de onveranderlijke soorten.[100] Hij had meer dan twintig jaar geleden in *Ansichten der Natur* al geschreven over de 'geleidelijke transformatie van soorten'.[101]

Ook Darwin was ervan overtuigd dat het idee van onveranderlijke soorten onjuist was. Alles was voortdurend in beweging – of, zoals Humboldt zei, als de aarde veranderde, als land en zee bewogen, als de temperatuur steeg en daalde – dan moesten alle organismen 'ook onderworpen zijn geweest aan velerlei veranderingen'.[102] Als de omgeving van invloed was op de ontwikkeling van organismen, dan moesten wetenschappers het klimaat en de natuurlijke omgeving nauwkeuriger onderzoeken. De geografische spreiding van organismen vormde daarom het brandpunt van Darwins nieuwe theorieën. Dat onderwerp was Humboldts specialiteit – althans, wat planten betrof. Plantengeografie vormde een 'hoeksteen van de wetten der schepping', schreef Darwin.[103]

Toen Humboldt plantenfamilies uit verschillende continenten en van verschillende klimaten met elkaar had vergeleken, had hij de vegetatiezones ontdekt.[104] Hij had gezien dat nauw met elkaar verwante planten vaak in dezelfde soort omgeving voorkwamen, al werden ze van elkaar gescheiden door een bergketen of oceaan. Dit leverde niettemin ook verwarring op, omdat ondanks deze continentoverschrijdende overeenkomsten een vergelijkbaar klimaat niet altijd, en zelfs niet noodzakelijkerwijs, soortgelijke planten of dieren voortbracht.[105]

In *Relations historiques* werden hier voorbeelden van gegeven, die Darwin tijdens het lezen onderstreepte.* Waarom, zo had Humboldt zich afgevraagd, waren de vogels in India niet zo kleurig als die in Zuid-Amerika, en waarom kwamen tijgers alleen in Azië voor? Waarom waren er zoveel grote krokodillen in de Neder-Orinoco en geen enkele in de Opper-Orinoco?[107] Darwin raakte door deze voorbeelden gefasci-

blauwdruk van waaruit zich verschillende soorten ontwikkelden al naargelang hun specifieke omgeving – varianten op Goethes oervorm. Ze betoogden dat bijvoorbeeld de vleugels van een vleermuis of de vinnen van een bruinvis variaties op voorste ledematen betroffen.

* In Darwins manuscripten zijn honderden verwijzingen naar Humboldt te vinden – van potloodkrabbels in Humboldts boeken tot opmerkingen over Humboldts werk in zijn eigen aantekenboeken, zoals 'Bij Humboldt uitstekend uitgewerkt' of 'Humboldt heeft over de plantengeografie geschreven'.[106]

neerd en zette in de kantlijn van het boek vaak opmerkingen als 'net als Patagonië', 'in Paraguay', 'net als de guanaco' of soms gewoon een krachtig 'ja' of '!'.[108]

Geleerden als Charles Lyell verklaarden dat verwante planten die op zeer grote afstand van elkaar voorkwamen, in verschillende scheppingscentra waren gemaakt. God had deze op elkaar lijkende soorten tegelijkertijd op verschillende plaatsen geschapen, in een reeks van meerdere scheppingen. Darwin onderschreef dit niet en begon zijn ideeën te onderbouwen met argumenten die betrekking hadden op migratie en verspreiding; hij gebruikte daarbij *Relations historiques* als een van zijn bronnen. Hij onderstreepte regels in Humboldts boeken, maakte er eigen registers bij, plaatste opmerkingen in de kantlijn, en schreef kattebelletjes die hij op de schutbladen plakte – 'bij bestudering Canarische plantengeografie dit gedeelte bekijken'.[109] In zijn aantekenboek krabbelde hij 'Humboldt bestuderen' of 'deel VI *Relations historiques* raadplegen'. Ook schreef hij 'niets over theorie der soorten', toen het zesde deel niet de noodzakelijke voorbeelden bleek op te leveren.[110]

De migratie van soorten werd de belangrijkste pijler onder zijn evolutietheorie.[111] Hoe verplaatsten verwante soorten zich over de aarde? Om hier antwoord op te krijgen, voerde hij diverse experimenten uit. Hij deed bijvoorbeeld onderzoek naar de overlevingskans van zaden in zout water, om te zien of het mogelijk was dat planten de oceaan waren overgestoken. Bij Humboldts constatering dat een eik op de hellingen van de Pico del Teide leek op een eik in Tibet, noteerde Darwin: 'Hoe worden eikels verspreid?' [...] 'Duiven brengen graankorrels naar Norfolk – mais naar noordpoolgebied.'[112] Toen hij Humboldts verslag las over knaagdieren die de harde bolsters van paranoten wisten te openen en over apen, papegaaien, eekhoorns en ara's die vochten om de noten, krabbelde hij in de kantlijn: 'op die manier verspreid'.[113]

Waar Humboldt geneigd was te geloven dat het raadsel van de verspreiding van planten niet kon worden opgelost, wilde Darwin het juist ontrafelen. De wetenschap van planten- en dierengeografie betrof niet 'het onderzoek naar de oorsprong van soorten', schreef Humboldt.[114] Wat Darwin precies dacht toen hij deze uitspraak in *Relations historiques* onderstreepte weten we niet, maar het was duidelijk dat hij voornemens was juist dat te gaan doen – de oorsprong van de soorten onderzoeken.

Hij begon na te denken over de gemeenschappelijke voorouder, een thema waar Humboldt ook in ruime mate voorbeelden van had laten zien. De krokodillen van de Orinoco waren reusachtige uitvoeringen van de Europese hagedis, zei Humboldt, terwijl 'de gestalte van ons kleinste huisdier was uitvergroot' bij de tijger en de jaguar.[115] Maar waarom veranderden soorten? Wat veroorzaakte die veranderlijkheid? De Franse geleerde Lamarck had, als een van de belangrijkste voorstanders van de transmutatietheorie, gesteld dat een ledemaat onder invloed van de omgeving kon veranderen in bijvoorbeeld een vleugel, maar Darwin achtte dit 'grote nonsens'.[116]

Hij vond het antwoord op de vraag in het idee van natuurlijke selectie. In de herfst van 1838 bestudeerde hij een boek dat hem hielp dit concept vorm te geven: *An Essay on the Principle of Population* van de Engelse econoom Thomas Malthus.*[117] Malthus deed hierin de sombere voorspelling dat de menselijke bevolking sneller zou groeien dan haar voedselvoorziening als het aantal mensen niet door 'afremming' in de vorm van oorlogen, hongersnoden en epidemieën beheerst werd. Hij schreef dat het overleven van een bepaalde soort gelegen was in een overmatige productie van nageslacht – iets wat Humboldt ook in *Relations historiques* had uiteengezet toen hij schreef over de enorme hoeveelheid eieren die schildpadden leggen.[118] Zaden, eieren en kuit werden in reusachtige hoeveelheden geproduceerd, maar slechts een miniem deel ervan bracht het tot het stadium van de volwassenheid. Het lijdt geen twijfel dat Malthus Darwin voorzag van een theorie waarmee hij 'aan de slag kon',[119] maar de zaden van deze theorie werden al gezaaid toen Darwin Humboldts werk las.

Humboldt beschreef hoe planten en dieren 'elkaars aantallen beteugelden'[120] en merkte ook op dat er sprake was van een 'aanhoudende strijd' om ruimte en voedsel.[121] Het was een meedogenloze strijd. De dieren die hij in het oerwoud had gezien 'vreesden elkaar', merkte Humboldt op, 'welwillendheid gaat zelden gepaard met kracht'[122] – een denkbeeld dat van cruciaal belang zou worden voor Darwins idee van natuurlijke selectie.

Op de Orinoco had Humboldt aantekeningen gemaakt over de populatiedynamiek van de capibara, het grootste knaagdier ter wereld. Tijdens zijn tocht over deze rivier had hij waargenomen hoe snel deze dieren zich voortplantten, maar ook hoe ze op het land door jaguars achternagezeten, en in het water door krokodillen verslonden werden.

* In het Nederlands verschenen onder de titel *Over bevolking*.

Zonder deze 'twee machtige vijanden', schreef Humboldt, zouden de aantallen capibara's omhoog zijn geschoten.[123] Hij had ook beschreven hoe jaguars tapirs achtervolgden en dat apen, 'door deze strijd angstig geworden', begonnen te gillen.[124]

'Wat een voortdurende slachtingen in het schitterende, vredige beeld van het tropische regenwoud,' schreef Darwin in de kantlijn. 'Dieren die elkaar opeten,' noteerde hij, 'wat een "actieve" afremming.'[125] Zo legde hij, in de kantlijn van het vijfde deel van Humboldts *Relations historiques*, met potlood voor het eerst zijn 'theorie waarmee hij aan de slag kon' vast.

In september 1838 schreef hij in zijn aantekenboek dat alle planten en dieren door 'een web van ingewikkelde relaties met elkaar verbonden zijn'.[126] Dit was Humboldts web van leven – maar Darwin zou een stap verder gaan en er een levensboom van maken waar alle organismen uit voortkwamen, en waarvan de takken naar uitsterving en nieuwe soorten leidden.[127] In 1839 had hij de meeste fundamentele ideeën die de grondslag vormden van zijn evolutietheorie wel uiteengezet, maar hij bleef er nog twintig jaar aan werken en pas in november 1859 werd *On the Origin of Species* uitgegeven.

De laatste alinea van het boek was, zeer toepasselijk, geïnspireerd op een vergelijkbaar fragment in *Relations historiques*, dat Darwin in zijn exemplaar van het boek onderstreept had.[128] Hij nam Humboldts beeldende beschrijving van het struikgewas waarin het wemelt van de vogels, insecten en andere dieren* en maakte er zijn beroemde metafoor van de dichtbegroeide oever van:

> Het is interessant te kijken naar een dichtbegroeide oever, bekleed met allerlei soorten planten, met vogels die zingen in de struiken, met allerlei rondvliegende insecten en met wormen, die door de vochtige aarde kruipen, en daarbij te bedenken dat al deze ingewikkeld gebouwde vormen, die zo van elkaar verschillen en op zulke ingewikkelde manieren van elkaar afhangen, allemaal ontstaan zijn dankzij wetten die nog steeds om ons heen in werking zijn.[129]

Darwin stond op Humboldts schouders.

* Humboldt schreef in *Relations historiques*: 'De dieren van het woud trekken zich terug in het struikgewas; de vogels verbergen zich achter het gebladerte van de

bomen of in de spleten van de rotsen. Maar als we oplettend luisteren naar de zachte geluiden die de lucht aanvoert, horen we in de ogenschijnlijke stilte een doffe trilling, een aanhoudend gemurmel, een gezoem van insecten, dat alle lage luchtlagen vult, als we het zo mogen uitdrukken. Niets kan een mens beter de omvang en de kracht van het leven doen voelen dan dit. Ontelbare insecten krioelen op de bodem en fladderen rond door de zon verdorde planten. Er komen raadselachtige geluiden uit iedere struik, uit halfvergane boomstammen, uit rotsspleten, en uit de door hagedissen, duizendpoten en wormsalamanders omgewoelde grond. Er zijn zoveel stemmen die ons vertellen dat alles in de natuur ademt; en dat het leven zich in duizend verschillende vormen door de gekloven, stoffige grond verspreidt, evenals door de wateren, en door de lucht die ons omringt.'[130]

18 Humboldts *Kosmos*

'Het krankzinnige idee heeft in me postgevat om in één enkel werk de hele stoffelijke wereld weer te geven,' verklaarde Humboldt in oktober 1834.[1] Hij wilde een boek schrijven waarin alles in de hemel en op de aarde samenkwam, van verre nevels tot de geografie van mossen, en van landschapsschilderkunst tot poëzie en de verspreiding van het menselijke ras. Zo'n boek over de natuur, schreef hij, 'zou een indruk moeten geven als de natuur zelf doet'.[2]

Op zijn vijfenzestigste begon Humboldt aan zijn invloedrijkste werk: *Kosmos. Entwurf einer physischen Weltbeschreibung*. Het was losjes gebaseerd op de lezingenreeks die hij in Berlijn had gegeven. Daar voegde hij de laatste benodigde vergelijkende gegevens aan toe die hij dankzij de expeditie naar Rusland verkregen had. *Kosmos* was een reusachtige onderneming, 'een zwaard op de borst dat er nu uit moest'[3] en zijn 'levenswerk'.[4] Humboldt legde uit dat de titel afkomstig was van het Griekse woord *κόσμος* – kosmos – dat 'schoonheid' en 'orde' betekende, maar dat tegelijkertijd het universum als een geordend systeem aanduidde. Hij gebruikte het als een pakkende term waarin het beeld van zowel hemel als aarde lag besloten.[5]

Zo begon hij in 1834, het jaar waarin in Engeland de term *scientist* werd gemunt – een woord dat de professionalisering van de wetenschap en een strengere scheiding tussen de verschillende vakgebieden aanduidde – aan een boek dat juist het tegenovergestelde beoogde. Terwijl de natuurwetenschap zich van de natuur naar laboratoria en universiteiten verplaatste en in verschillende vakgebieden uiteenviel, schiep hij een werk waarin alles bijeen werd gebracht wat de professionele wetenschap uit elkaar probeerde te houden.

Omdat *Kosmos* een grote hoeveelheid onderwerpen omvatte, waaierde Humboldts onderzoek uit naar alle mogelijke terreinen. Hij was zich ervan bewust dat hij niet alles zelf wist en riep de hulp in van een heel leger deskundigen – natuurwetenschappers, classici, geschiedkundigen.[6] Bereisde Britse botanisten waren graag bereid hem lange lijsten te sturen van planten uit de landen die ze hadden bezocht. Astronomen overlegden hun gegevens, geologen voorzagen hem van kaarten en classici onderzochten oude teksten voor hem. Ook zijn oude contacten in Frankrijk bleken goed van pas te komen. Zo was een Franse ontdekkingsreiziger zo vriendelijk hem een lang manuscript over Polynesische planten toe te zenden, terwijl hij goede vrienden in Parijs, zoals François Arago, ook altijd kon raadplegen. Soms stelde hij heel specifieke vragen of vroeg hij welke bladzijden uit welk boek hij moest bestuderen; andere keren zond hij lange vragenlijsten. Wanneer hij een hoofdstuk af had, stuurde hij bladzijden van de ruwe versie op waarin nog zaken ontbraken en vroeg hij zijn contacten om zijn werk te corrigeren of het aan te vullen met de benodigde aantallen en feiten.

Hij hield het overzicht over het geheel, terwijl de deskundigen hem van de specifieke gegevens en informatie voorzagen die hij nodig had. Zij waren de werktuigen in zijn grootse plan, dat hij vanuit kosmisch perspectief bezag. Omdat hij uiterst nauwgezet was, raadpleegde hij altijd verschillende deskundigen over een bepaald onderwerp. Hij had een onverzadigbare honger naar feiten – hij vroeg een missionaris in China naar de afkeer van Chinezen van zuivelproducten en een andere brievenschrijver naar het aantal palmsoorten in Nepal.[7] Hij gaf toe dat het een obsessie van hem was om 'één bepaald onderwerp net zolang uit te pluizen' tot hij het 'kon uitleggen'.[8] Hij verstuurde duizenden brieven en vroeg bezoekers naar tal van zaken. Een pas uit Algiers teruggekeerde romancier bijvoorbeeld werd doodsbenauwd toen Humboldt een spervuur van vragen over hem uitstortte over gesteenten, planten en aardlagen, waar hij niets van af wist. Humboldt kon meedogenloos zijn. 'Deze keer ontglipt u me niet,' zei hij tegen een bezoeker, 'ik moet u leegroven.'[9]

Met de reacties op zijn vragen en verzoeken kwam er een stroom van kennis en gegevens naar Berlijn. Iedere maand kwam er nieuw materiaal aan dat moest worden gelezen, begrepen, gerangschikt en ingevoegd. Het werk breidde zich steeds meer uit. Door de steeds uitdijende vloed van kennis groeide het materiaal onder zijn handen, schreef hij zijn uitgever.[10] Hij erkende dat *Kosmos* 'een enigszins onmogelijke onderneming' was.[11]

Al deze gegevens konden alleen goed worden verwerkt door het onderzoek zeer gestructureerd vorm te geven. Humboldt bewaarde het materiaal in dozen met daarin enveloppen voor verschillende onderwerpen. Iedere keer dat hij een brief ontving, knipte hij de relevante stukken eruit en stopte die in de juiste enveloppe, samen met andere informatie die van nut kon zijn – krantenknipsels, bladzijden uit boeken, stukjes papier waarop hij wat getallen, een citaat of een schetsje had gekrabbeld. Zo zaten er in de kist met materiaal over geologie bijvoorbeeld kaarten, tabellen met de hoogten van gebergten, aantekeningen voor lezingen, opmerkingen van zijn oude kennis Charles Lyell, een kaart van Rusland die een andere Britse geoloog had gemaakt, maar ook gravures van fossielen en informatie van classici over geologie in het oude Griekenland.[12] Het voordeel van dit systeem was dat hij jarenlang materiaal kon blijven verzamelen en dat hij alleen maar de juiste doos of enveloppe hoefde te openen als hij over iets wilde schrijven. Hoe slordig zijn studeerkamer er ook uit mocht zien en hoe chaotisch zijn financiën ook waren, bij dit onderzoek ging hij steeds heel secuur te werk.[13]

Soms schreef hij bij bepaalde aantekeningen 'heel belangrijk'[14] of 'belangrijk, uitwerken in *Kosmos*'.[15] Andere keren plakte hij stukjes papier met eigen ideeën aan een brief vast, of scheurde hij een bladzijde uit een relevant boek. In een en dezelfde doos konden zich zowel krantenartikelen en een stukje gedroogd mos[16] als een lijst van planten uit de Himalaya bevinden.[17] Er was een doos waarin een enveloppe zat met de beeldende titel *Luftmeer*, 'luchtzee'[18] – zijn fraaie term voor de atmosfeer – er waren dozen met informatie over de Oudheid,[19] met lange temperatuurtabellen[20] of met een blad vol citaten uit de Hebreeuwse poezie over krokodillen en olifanten;[21] dozen over slavernij, meteorologie, astronomie en botanie. Een vakgenoot beweerde dat alleen Humboldt met zoveel vaardigheid een fraai knoopwerk wist te maken van de vele 'losse eindjes' van het wetenschappelijke onderzoek.[22]

Meestal was Humboldt dankbaar voor alle hulp die hij kreeg, maar nu en dan kreeg zijn beruchte venijnigheid de overhand. Zo werd Johann Franz Encke, de directeur van het observatorium in Berlijn, nogal onheus door hem bejegend. Encke werkte bijzonder hard en was wekenlang bezig met het verzamelen van astronomische gegevens voor *Kosmos*. Als wederdienst noemde Humboldt hem in een brief aan een vakgenoot de 'in het moederlijf tot gletsjer verkilde Encke'.[23] Zijn broer spaarde hij ook niet als het om hatelijkheden ging. Toen Wilhelm hem trachtte te helpen met zijn precaire financiële situatie door hem voor te dragen als directeur van een nieuw museum in Berlijn, werd Alexander woedend. Die functie was beneden zijn stand en faam en hij was zeker niet uit Parijs weggegaan om directeur te worden van een 'schilderijen-galerie'.[24]

Hij was eraan gewend geraakt om bewonderd en gevleid te worden. De vele jongemannen om hem heen vormden een soort hofhouding, merkte een van de hoogleraren van de universiteit van Berlijn op.[25] Wanneer Humboldt een kamer binnenkwam, was het alsof alles opnieuw gerangschikt moest worden, en het zwaartepunt veranderde – 'alles richtte zich op hem'.[26] In stille eerbied luisterden de jongemannen naar iedere lettergreep die hij uitsprak.[27] Hij was de grootste attractie die Berlijn te bieden had en hij vond het vanzelfsprekend in het middelpunt van de belangstelling te staan. Het lukte niemand ertussen te komen wanneer hij iets vertelde, mopperde een Duitse schrijver.[28] Humboldts neiging om onophoudelijk te praten was zo legendarisch geworden dat de Franse schrijver Honoré de Balzac hem onsterfelijk maakte in een geestig verhaal over hersenen die in een fles bewaard werden en waaraan ideeën onttrokken werden, en over een 'zekere Pruisische geleerde die erom bekendstond de woorden onafgebroken uit zijn mond te laten stromen'.[29]

Een jonge pianist die een uitnodiging kreeg om voor Humboldt te spelen, voelde zich erg vereerd. Hij kwam er echter al snel achter dat de oude Humboldt bijzonder bot kon doen (en in het geheel geen belangstelling voor muziek had). Toen hij aan het muziekstuk begon was het even stil, maar vrijwel meteen vervolgde Humboldt zijn verhaal zo luid dat niemand de muziek kon volgen. Hij sprak het publiek toe als altijd en liet zijn stemgeluid stijgen met de crescendo's en fortes die de pianist speelde, waarbij hij de muziek steeds overstemde. 'Het was een duet dat ik niet lang volhield,' zei de pianist.[30]

Voor veel mensen bleef Humboldt een raadsel. Hij kon erg uit de hoogte doen, maar ook nederig toegeven dat er voor hem nog veel te leren viel. De studenten aan de universiteit van Berlijn waren verbijsterd wanneer Humboldt de gehoorzaal binnenschuifelde met zijn schrijfmap onder de arm – niet om er college te geven, maar om naar een van de jonge hoogleraren te luisteren.[31] Hij woonde colleges over Griekse literatuur bij om zijn achterstand op dat gebied in te halen. Tijdens het schrijven van *Kosmos* volgde hij de wetenschappelijke ontwikkelingen door experimenten bij te wonen die werden uitgevoerd door een hoogleraar scheikunde, en door de colleges van geoloog Carl Ritter te volgen. Hij zat in de gehoorzaal altijd op de vierde of vijfde rij, vlak bij het raam, en maakte rustig zijn aantekeningen, net als de jonge studenten naast hem. Hij kwam altijd, weer of geen weer. Hij was enkel absent wanneer de koning zijn aanwezigheid eiste. De studenten grapten dan: 'Alexander spijbelt vandaag, omdat hij op de thee gaat bij de koning.'[32]

De universiteit van Berlijn, opgericht in 1810 door Wilhelm, waar Alexander colleges volgde

Humboldt zou zijn mening over Berlijn nooit herzien en blijven volhouden dat het een 'kleine, ongeletterde en overboosaardige stad' was.[33] Het huis van zijn broer Wilhelm vormde een belangrijk toevluchtsoord voor hem. De laatste paar jaar hadden de twee broers een nauwe band gekregen en ze zagen elkaar zo veel mogelijk. Na de dood van Caroline in het voorjaar van 1829 had Wilhelm zich teruggetrokken in Tegel, waar Alexander hem zo vaak mogelijk opzocht. Wilhelm was zevenenzestig, slechts twee jaar ouder dan Alexander, maar hij was in korte tijd erg oud en zwak geworden.[34] Hij was aan één oog blind en erbarmelijk mager. Hij liep krom en zijn handen beefden zo dat hij niet meer kon schrijven. Eind maart 1835, nadat hij in het park van Tegel Carolines graf bezocht had, kreeg hij koorts. De daaropvolgende dagen zat Alexander aan het bed van zijn broer. Ze praatten over de dood en Wilhelm sprak de wens uit om naast Caroline begraven te worden. Op 3 april las Alexander zijn broer een van Friedrich Schillers gedichten voor. Vijf dagen later stierf Wilhelm, met Alexander aan zijn zijde.

De diepbedroefde Alexander voelde zich verlaten en alleen. 'Ik wist niet dat mijn oude ogen nog zoveel tranen konden vergieten,' schreef hij aan een oude vriend.[35] Met de dood van Wilhelm had hij al zijn familie verloren en ook 'de helft van zichzelf'.[36] Eén zin in een brief aan zijn Franse uitgever vatte al zijn gevoelens samen: 'Heb medelijden met me; ik ben de ongelukkigste van alle mensen.'[37]

Humboldt voelde zich ellendig in Berlijn. 'Het is leeg om me heen, zo leeg,' schreef hij een jaar nadat Wilhelm was overleden.[38] Gelukkig was hij met de koning overeengekomen dat hij ieder jaar enkele maanden in Parijs mocht verblijven om, met het oog op zijn onderzoek voor *Kosmos*, op de hoogte te blijven van de nieuwste ontwikkelingen. Alleen de gedachte aan Parijs kon hem nog opvrolijken, bekende hij.[39]

In Parijs had hij altijd meteen zijn ritme weer te pakken: hard werken, contacten leggen en 's avonds salons bezoeken. Na een ontbijt 's ochtends vroeg van zwarte koffie – 'geconcentreerde zonnestralen', zoals hij die noemde[40] – werkte hij de hele dag door, om 's avonds tot twee uur in de nacht op stap te gaan. Overal in de stad bezocht hij wetenschappers, om de laatste ontdekkingen aan hen te ontfutselen.[41] Parijs mocht nog zo stimulerend voor hem zijn, altijd was er het schrikbeeld van de terugkeer naar Berlijn, die 'carnavaleske, dansende necropolis'.[42] Met ieder bezoek aan Parijs werd zijn lijst van internationale contacten langer en met iedere terugkeer naar Berlijn waren er weer koffers vol nieuw materiaal dat in *Kosmos* opgenomen moest worden. Tegelijkertijd zorgde elke ontdekking, elke nieuwe meting en elk nieuw gegeven ervoor dat de publicatie van het boek weer werd uitgesteld.

Het wetenschappelijke werk moest hij bovendien zien te combineren met de verplichtingen die hij aan het hof had. Zijn financiële situatie bleef zorgelijk en hij had de bezoldiging die hij als kamerheer ontving gewoon nodig. Hij diende de koning steeds te volgen wanneer die van het ene naar het andere kasteel trok. Het lievelingspaleis van de koning was Sanssouci in Potsdam, op een afstand van ongeveer dertig kilometer van Humboldts appartement in Berlijn. Om toch aan *Kosmos* te kunnen werken, nam Humboldt iedere keer twintig tot dertig dozen met materiaal mee – zijn 'mobiele hulpbronnen'.[43] Soms leek het wel of hij alleen maar onderweg was: 'Gisteren Pfaueninsel, thee op Charlottenburg, komedie en avondeten te Sanssouci, vandaag Berlijn, morgen naar Potsdam'; het was geen ongebruikelijk programma.[44] Hij voelde zich als een planeet die haar baan beschreef: altijd in beweging, nooit in rust.[45]

Zijn verplichtingen aan het hof slokten meer tijd op dan hem lief was.[46] De koning eiste zijn aanwezigheid bij de maaltijden, Humboldt moest hem voorlezen en 's avonds was het tijd voor de privécorrespondentie van de vorst. Frederik Willem III overleed in juni 1840; zijn zoon Frederik Willem IV, die hem opvolgde, kostte Humboldt nog meer tijd als kamerheer. De nieuwe koning noemde hem liefkozend 'mijn beste Alexandros'[47] en gebruikte hem als zijn 'woordenboek', zoals een bezoeker van het hof opmerkte,[48] want Humboldt was altijd in de buurt om vragen over uiteenlopende onderwerpen te beantwoorden, van de hoogten van gebergten tot de geschiedenis van Egypte en de geografie van Afrika.[49] Hij voorzag de koning van allerlei kennis en feiten: de grootste diamanten die ooit gevonden waren, het tijdsverschil tussen Parijs en Berlijn (44 minuten), jaartallen van belangrijke regeringsperiodes en de soldij van Turkse soldaten. Hij adviseerde de koning ook over de aankopen voor de koninklijke collecties en bibliotheek, en over de expedities en onderzoeken die financiering verdienden – vaak deed hij een beroep op de ijverzucht van zijn koninklijke meester door te zeggen dat andere landen hun niet voorbij mochten streven.

De koning was noch geïnteresseerd in maatschappelijke hervormingen, noch in de Europese politiek, maar Humboldt probeerde op een subtiele manier toch enige invloed uit te oefenen – 'zoveel ik kan, maar vaak als vluchtige ether'.[50] Pruisen ging achteruit, zei hij, net als William Parry, de Britse poolreiziger die meende dat hij in de richting van de Noordpool voer, terwijl hij er in werkelijkheid tussen de ijsschotsen steeds verder van afdreef.[51]

Vaak was het al middernacht wanneer Humboldt in zijn kleine appartement in de Oranienburger Straße aankwam, zo'n anderhalve kilometer ten noorden van het Stadtschloss van de koning. Zelfs daar kreeg hij niet de rust die hij nodig had. Bezoekers schelden voortdurend aan, klaagde hij, alsof zijn woning een 'brandewijnwinkel' was.[52] Om toch iets op papier te krijgen moest hij 's nachts werken.[53] 'Ik ga nooit voor halfdrie naar bed,' verzekerde hij zijn uitgever,[54] die betwijfelde of *Kosmos* ooit af zou komen. Steeds opnieuw stelde hij publicatie uit, omdat hij voortdurend nieuw materiaal vond dat hij in het werk wilde opnemen.

In maart 1841, meer dan zes jaar nadat hij had verklaard *Kosmos* te gaan schrijven, beloofde hij het manuscript van het eerste deel te sturen – en slaagde ook daar niet in.[55] Schertsend waarschuwde hij zijn uitgever voor het gevaar dat deze liep door zich 'in te laten met mensen die halve fossielen' waren,[56] maar toch liet hij zich niet opjagen. *Kosmos* was daarvoor te belangrijk, hield hij vol, zijn 'meest consciëntieuze werk'.[57]

Bij tijden raakte hij zo ontgoocheld dat hij zijn manuscripten en boeken ongeopend op zijn bureau liet liggen en naar het drie kilometer verderop gelegen nieuwe observatorium ging, dat hij na zijn terugkeer naar Berlijn mede had helpen oprichten.[58] Dan keek hij door de grote telescoop naar de nachtelijke hemel en ontvouwde het universum zich – hier was zijn kosmos, in al zijn glorie. Hij zag donkere kraters op de maan, kleurige dubbelsterren die voor hem leken op te lichten en verre nevels die over het hemelgewelf verstrooid waren. Met deze nieuwe telescoop zag hij Saturnus dichterbij dan ooit; de ringen leken wel geschilderd. Hij vertelde zijn uitgever dat deze gestolen ogenblikken hem de inspiratie gaven om door te gaan.

In de jaren dat hij aan het eerste deel van *Kosmos* werkte, bracht hij diverse bezoeken aan Parijs. In 1842 vergezelde hij Frederik Willem IV echter ook naar Engeland, om de doop van de prins van Wales (de toekomstige Edward VII) op Windsor Castle bij te wonen. Hij klaagde dat het bezoek een haastige aangelegenheid was van minder dan twee weken, waarin weinig tijd was voor wetenschappelijke zaken.[59] Er was zelfs geen gelegenheid voor een bezoek aan het observatorium in Greenwich of de botanische tuin in Kew; wel slaagde hij erin Charles Darwin te ontmoeten.

Hij had de geoloog Roderick Murchison, die hij nog kende van Parijs, gevraagd een afspraak te regelen.[60] Murchison voldeed graag aan zijn verzoek, al was het jachtseizoen en zou hij het beste van de jacht missen.[61] De ontmoeting zou op 29 januari plaatsvinden. Darwin was nerveus en opgewonden nu hij aan Humboldt voorgesteld zou worden en ging die dag al vroeg in de ochtend naar het huis van Murchison in Belgrave Square, een paar honderd meter achter Buckingham Palace in Londen.[62] Hij had zoveel te vragen en te bespreken. Hij werkte aan zijn evolutietheorie en dacht nog steeds na over de verspreiding van planten en de migratie van soorten.

In het verleden had Humboldt zijn theorieën over de verspreiding van planten gebruikt voor het idee dat Afrika en Zuid-Amerika ooit aan elkaar vast hadden gezeten, maar hij had ook gesproken over hindernissen als woestijnen en bergketens, die de verplaatsing van planten tegenhielden. Hij had geschreven over tropische bamboeplanten die 'begraven [lagen] in de aardlagen van het koude noorden',[63] en daaruit afgeleid dat de planeet veranderd was en daarmee ook de verspreiding van de planten.

Toen de tweeëndertigjarige Darwin het huis van Murchison binnenging, zag hij een oude man met een bos zilvergrijs haar, die de kleding droeg die hij ook tijdens zijn expeditie naar Rusland gedragen had: een donkere slipjas met een wit sjaaltje. Humboldt noemde dit zijn 'kosmopolitische dracht', omdat ze geschikt was voor alle gelegenheden, of hij nu bij de koning of bij studenten was.[64] Op zijn tweeënzeventigste was zijn tred voorzichtiger en trager geworden, maar nog steeds wist hij hoe hij met een zaal mensen moest omgaan. Wanneer hij op een feestje of bijeenkomst kwam, liep hij langzaam de zaal door met het hoofd een beetje schuin, en knikte links en rechts de aanwezigen toe. Tijdens deze openingsscène was hij onophoudelijk aan het woord. Zodra hij een kamer binnenstapte, zwegen alle anderen. Iedere opmerking die gemaakt werd, vormde voor hem aanleiding tot weer een lange filosofische redevoering.[65]

Darwin was geschokt door Humboldts gedrag. Hoewel hij enkele keren probeerde ertussen te komen, gaf hij het uiteindelijk op. De oude Humboldt was heel opgewekt en maakte hem een paar 'geweldige complimenten',[66] maar hij praatte gewoon te veel. De stortvloed van woorden hield drie uur aan; het geratel was 'buiten proporties'.[67] Zo had Darwin zich hun eerste ontmoeting niet voorgesteld. Nadat hij Humboldt al die jaren had verafgood en zijn boeken had bewonderd, voelde hij nu een zekere ontgoocheling. 'Mijn verwachtingen waren waarschijnlijk te hooggespannen,' gaf hij later toe.[68]

Door de ellenlange monoloog van Humboldt was het Darwin niet mogelijk een zinvol gesprek met hem te voeren. Terwijl het betoog maar doorging, dwaalden zijn gedachten af. Opeens hoorde hij dat Humboldt sprak over een rivier in Siberië waar de vegetatie op de beide oevers 'zeer sterk' van elkaar verschilde, al waren bodem en klimaat gelijk.[69] Zijn belangstelling was gewekt. De planten op de ene oever van de rivier waren voornamelijk Aziatisch en die op de andere Europees, zei Humboldt. Darwin had genoeg opgevangen om geïntrigeerd te zijn, maar door de woordenvloed waren veel bijzonderheden hem ontgaan – toch durfde hij Humboldt niet te onderbreken. Terug in zijn huis krabbelde hij onmiddellijk alles op wat hij zich nog herinnerde. Hij wist alleen niet zeker of hij de oude geleerde goed had begrepen en schreef: 'Zijn twee flora's uit tegengestelde richting hier op elkaar gestuit? Merkwaardige zaak.'[70]

Hij was bezig zijn 'soortentheorie' te overdenken en verzamelde daar materiaal voor. Aan de buitenkant leek het of zijn regelmatige leven van werk, eten en gezinsleven op rolletjes liep.[71] In 1839, iets minder dan twee jaar nadat hij van de reis met de Beagle was teruggekeerd, was hij met zijn nicht Emma Wedgwood getrouwd. Ze woonden met hun twee jonge kinderen in Londen.* In zijn hoofd streden echter de meest revolutionaire ideeën om de voorrang. Hij was ook vaak ziek; hij leed aan hoofdpijnen, pijn in de buik, vermoeidheid en gezichtsontsteking.[72] Desondanks schreef hij essays en boeken en dacht hij onderwijl na over evolutie.

De meeste redeneringen die hij jaren later in *On the Origin of Species* zou uiteenzetten, had hij al goed overdacht. Hij was echter nauwgezet en wilde niet iets publiceren wat in haast was geschreven en niet degelijk met argumenten en feiten onderbouwd was. Voor hij om Emma's hand vroeg, had hij een lijst gemaakt van de voor- en nadelen van het huwelijk,[73] en voor hij zijn evolutietheorie aan de wereld zou tonen, wilde hij alles wat ermee verband hield onderzoeken.

Als Humboldt en Darwin die dag echt een gesprek met elkaar hadden gevoerd, had Humboldt mogelijk over zijn idee gesproken dat de wereld niet aan evenwicht en stabiliteit was onderworpen, maar aan dynamische verandering – een denkbeeld dat hij al spoedig vorm zou geven in het eerste deel van *Kosmos.* Een soort was een deel van het geheel, verbonden aan zowel het verleden als de toekomst, eerder veranderlijk dan 'onveranderlijk'.[74] Hij zou, aan de hand van fossielen, ook schrijven over 'tussenstappen' en missing links;[75] over 'cyclische verandering', overgangsvormen en voortdurende vernieuwing.[76] Kortom, de natuur van Humboldt was in beweging. Al zijn ideeën waren voorlopers van Darwins evolutietheorie. Hij was, zoals wetenschappers later zeiden, een 'predarwinistische darwinist'.[77]†

* In september 1842 verhuisden ze naar Down House in Kent.

† Humboldt zou *On the Origin of Species* nooit lezen, omdat hij overleed voor de publicatie van het boek in november 1859. Niettemin gaf hij wel zijn visie op een ander boek – het anoniem gepubliceerde *Vestiges of the Natural History of Creation* (1844) van Richard Chambers. In tegenstelling tot *On the Origin of Species* was dit boek niet wetenschappelijk onderbouwd, maar waren er wel vergelijkbare, voor die tijd onrustbarende uitspraken over evolutie en de verandering van soorten in te vinden. Eind 1845 ging in wetenschappelijke kringen het gerucht dat Humboldt de 'theorieën tot in bijna elk detail' onderschreef.[78]

Het lot wilde dat Darwin nooit met Humboldt over zijn ideeën sprak, maar het verhaal over de rivier in Siberië liet hem niet los. In januari 1845, drie jaar na het bezoek van Humboldt aan Londen, ging de botanist Joseph Dalton Hooker, een goede vriend van Darwin, naar Parijs. Darwin wist dat Humboldt ook in Parijs was en verzocht Hooker om Humboldt nader te ondervragen over het raadsel van de flora langs de rivier in Siberië. Hij drong er bij Hooker op aan Humboldt er eerst aan te herinneren dat zijn hele leven was gevormd door Humboldts *Relations historiques*. Vervolgens moest Hooker Humboldt vragen naar 'de rivier in het noordoosten van Europa die aan beide oevers zeer verschillende flora heeft'.[79]

Hooker boekte een kamer in het hotel waar Humboldt ook logeerde, het Hôtel de Londres in Saint-Germain-des-Prés.[80] Als altijd was Humboldt graag tot hulp bereid, maar dat Hooker informatie over Antarctica had, kwam ook erg gelegen. Iets meer dan een jaar geleden was Hooker teruggekeerd van een reis van vier jaar, die deel uitmaakte van de zogenoemde magnetische kruistocht. Hij had kapitein James Clark Ross vergezeld in diens zoektocht naar de magnetische zuidpool – een expeditie die deel uitmaakte van de activiteiten van Groot-Brittannië naar aanleiding van Humboldts oproep om een wereldomvattend net van waarnemingsstations op te zetten.

Net als Darwin had de zevenentwintigjarige Hooker van Humboldt in gedachten een held van welhaast mythische proporties gemaakt. Toen hij de vijfenzeventigjarige man in Parijs ontmoette, was hij eerst teleurgesteld. Tot zijn 'ontzetting' zag hij een 'gedrongen, kleine Duitse man',[81] en niet de wilskrachtige, boomlange ontdekkingsreiziger die hij voor ogen had gehad. Net als veel anderen was hij ervan uitgegaan dat de legendarische Duitser er imposanter zou uitzien, meer 'als Jupiter'.[82] Humboldt was al nooit bijzonder groot en robuust geweest, maar op oudere leeftijd was hij ook wat krom gaan lopen en mager geworden. Het leek Hooker onmogelijk dat deze kleine, verschrompelde man ooit de Chimborazo had beklommen. Hij herzag zijn mening niettemin snel en was algauw verrukt van de oude wetenschapper.

Ze spraken over gemeenschappelijke vrienden in Groot-Brittannië, en ook over Darwin. Hooker vond het amusant dat de oude Humboldt zichzelf en zijn boeken citeerde; tegelijkertijd was hij ervan onder de indruk hoe scherp hij nog was. Humboldts geheugen en 'vermogen tot generaliseren' waren 'wonderbaarlijk'.[83] Hooker wenste alleen dat Darwin hem had vergezeld, want samen hadden ze al Humboldts vragen kunnen beantwoorden. Uiteraard onderbrak Humboldt zijn betoog zoals gewoonlijk nooit, meldde Hooker aan Darwin, maar 'zijn geest was nog helder'.[84] Het beste bewijs hiervoor was Humboldts antwoord op de vraag over de rivier in Siberië. Het was de Ob, schreef Hooker aan Darwin, de rivier die Humboldt had overgestoken om naar Barnaoel te gaan nadat ze over de door miltvuur geteisterde steppe in Rusland waren geraasd. Er waren meer dan vijftien jaar verstreken sinds de expeditie naar Rusland had plaatsgevonden, maar Humboldt wist Hooker nog alles te vertellen over de verspreiding van Siberische planten. 'Ik geloof dat hij twintig minuten lang geen adem heeft gehaald,' schreef Hooker.[85]

Tot zijn verbazing liet Humboldt hem tijdens hun ontmoeting de proeven van het eerste deel van *Kosmos* zien. Hij geloofde zijn ogen niet. Net als iedere andere wetenschapper had hij 'Kosmos opgegeven',[86] omdat Humboldt er meer dan tien jaar over had gedaan om het eerste deel te voltooien. Darwin zou ongetwijfeld even opgetogen zijn over dit nieuws als hij en dus stelde hij hem er onmiddellijk van op de hoogte.

Twee maanden later, eind april 1845, kwam in Duitsland eindelijk het eerste deel uit.[87] Het was het wachten waard geweest. Binnen een paar maanden werden er van de Duitse uitgave van *Kosmos* maar liefst twintigduizend exemplaren verkocht. Humboldts uitgever begon binnen een paar weken al met een herdruk en in de jaren die volgden verschenen er vertalingen – zijn 'niet-Duitse Kosmoskinderen',[88] zoals Humboldt ze noemde – in het Engels, Nederlands, Italiaans, Frans, Deens, Pools, Zweeds, Spaans, Russisch en Hongaars.

Kosmos was anders dan enig ander boek over de natuur. Humboldt nam zijn lezers mee op een reis door de ruimte naar de aarde, en van het aardoppervlak naar het hart van de aarde. Hij schreef over kometen, de Melkweg en het zonnestelstel, maar ook over aardmagnetisme, vulkanen en de sneeuwgrens van bergen. Hij sprak over de verspreiding van de menselijke soort en vertelde over planten, dieren en microscopisch kleine organismen in stilstaand water of op het verweerde oppervlak van gesteenten. Waar anderen van mening waren dat de natuur haar magie verloor als de mens tot haar diepste geheimen doordrong, geloofde hij precies het tegenovergestelde. Hoe kon de magie verdwijnen uit een wereld waarin de kleuren van het noorderlicht 'zich verenigden in een trillende zee van vlammen'[89] en zo'n buitenaards beeld vormden dat 'de pracht ervan in geen schilderij' vastgelegd kon worden? Kennis kon 'de scheppende kracht van de verbeelding' nooit vernietigen[90] – integendeel, ze bracht opwinding, verbazing en verwondering.

De lange inleiding van bijna honderd bladzijden vormde het belangrijkste gedeelte van *Kosmos*. Hierin zette Humboldt zijn visie uiteen – op een wereld die klopte van leven. Alles maakte deel uit van deze 'nimmer eindigende beweging der levende krachten'.[91] De natuur was een 'levend geheel'[92] waarin organismen met elkaar verstrengeld waren in een 'netachtig weefsel'.[93]

De rest van het boek bestond uit drie delen: het eerste behandelde hemelverschijnselen; het tweede de aarde, met inbegrip van aardmagnetisme, oceanen, aardbevingen, meteorologie en geografie; het derde organisch leven, dat planten, dieren en mensen omvatte. *Kosmos* verkende de 'onmetelijke sferen van de schepping'[94] en bracht een veel grotere verscheidenheid aan onderwerpen bijeen dan enig ander boek. Toch was het meer dan een verzameling van feiten en kennis – zoals bijvoorbeeld Diderots beroemde *Encyclopédie* – want het ging Humboldt vooral om verbanden. Zijn bespreking van het klimaat was een van de voorbeelden die lieten zien dat zijn benadering geheel nieuw was. Andere wetenschappers hadden zich tot dusver slechts op meteorologische gegevens als temperatuur en weer gericht. Humboldt was de eerste die het klimaat opvatte als een systeem van complexe wisselwerkingen tussen dampkring, oceanen en grote landoppervlakken. In *Kosmos* schreef hij over de 'perpetuele wisselwerking' tussen lucht, wind, zeestromen, hoogteligging en de plantendichtheid op het land.[95] Nooit eerder was er zo'n veelomvattend boek verschenen. En in dit boek over het universum kwam het woord 'God' niet één keer voor. Zeker, in de natuur van Humboldt was, 'als door één ademtocht bezield, van pool tot pool slechts één leven uitgestort; in gesteenten, planten en dieren en in de zwellende borst van de mens',[96] maar die ademtocht kwam van de aarde zelf en werd niet aangestuurd door een goddelijke macht. Voor degenen die hem kenden was dit geen verrassing, want hij was nooit vroom geweest, integendeel.[97] Zijn leven lang had hij gewezen op de verschrikkelijke gevolgen van religieuze dweepzucht. Hij had de missionarissen in Zuid-Amerika bekritiseerd, maar ook de kerk in Pruisen. Hij sprak over een 'prachtig web van leven' en niet over God.[98]*

*In een Duitse kerk werd geschokt gereageerd op het verschijnen van *Kosmos*, omdat het een blasfemisch boek zou zijn. In het kerkblad was vervolgens te lezen dat Humboldt een 'pact met de duivel' had gesloten.[99]

De wereld was in vervoering. 'Mocht de republiek der letteren haar grondwet wijzigen en een vorst kiezen, dan zou de intellectuele scepter aan Alexander von Humboldt worden aangeboden,' luidde het in een recensie van *Kosmos*.[100] In de uitgeversgeschiedenis was het boek 'historisch', verklaarde de Duitse uitgever.[101] Hij had nog nooit zoveel orders gehad – zelfs niet toen Goethes meesterwerk *Faust* werd uitgegeven.

Studenten, wetenschappers, kunstenaars en politici, allemaal lazen ze *Kosmos*. Vorst Klemens von Metternich, de Oostenrijkse kanselier die zo van mening had verschild met Humboldt over hervormingen en revolutie, negeerde de politiek nu en verklaarde geestdriftig dat alleen Humboldt zo'n groot werk tot stand had kunnen brengen.[102] Dichters en musici bewonderden het boek. De Franse romantische componist Hector Berlioz verklaarde dat Humboldt 'verbluffend' schreef.[103] Het boek was onder musici zo populair, zei hij, dat een musicus die in de momenten dat hij tijdens opera-uitvoeringen niet hoefde te spelen, *Kosmos* had 'gelezen, herlezen, overwogen en begrepen', terwijl de andere musici het muziekstuk voortzetten.[104]

In Engeland vroeg prins Albert, de echtgenoot van koningin Victoria, om een exemplaar, terwijl Darwin verklaarde dat hij met ongeduld wachtte op de Engelse vertaling.[105] Binnen enkele weken na de publicatie van het boek in Duitsland en Frankrijk circuleerde er een clandestiene uitgave in het Engels – de vertaling was zo abominabel dat Humboldt vreesde dat het zijn reputatie in Groot-Brittannië mogelijk 'ernstig zou schaden'.[106] Zijn 'arme Kosmos' was in deze versie verknoeid en onleesbaar.[107]

Toen Hooker een exemplaar te pakken kreeg, gaf hij het aan Darwin. 'Weet je zeker dat je Kosmos kunt missen,' schreef Darwin hem in september 1845, 'ik ben er heel benieuwd naar.'[108] Hij had het boek binnen twee weken uit, maar het betrof de clandestiene uitgave. Ondanks het 'miserabele Engels' was Darwin ervan onder de indruk, omdat het 'precies uitdrukte wat iemand zelf dacht'.[109] Hij wilde graag met Hooker over *Kosmos* spreken. Aan Charles Lyell vertelde hij dat hij versteld stond van de 'levendigheid en informatie'.[110] Enkele stukken waren enigszins teleurstellend, omdat het om herhalingen uit *Relations historiques* leek te gaan, maar andere waren 'bewonderenswaardig'.[111] Hij was ook gevleid dat Humboldt zijn *Voyage of the Beagle* noemde. Toen er een jaar later een geautoriseerde vertaling van *Kosmos* werd uitgegeven door John Murray, haastte Darwin zich het boek te kopen.[112]

Ondanks het grote succes van het boek bleef Humboldt er onzeker over. Een slechte recensie vergat hij nooit – en net als met *Relations historiques* was het ook nu de behoudende Britse *Quarterly Review* die zich er kritisch over uitliet. Hooker vertelde Darwin dat Humboldt 'heel vergramd was over het artikel in de *Quarterly Review* over *Kosmos*'.[113] Toen twee jaar later, in 1847, het tweede deel uitkwam, maakte Humboldt zich zo'n zorgen over de ontvangst van het boek dat hij zijn uitgever bad eerlijk tegen hem te zijn.[114] Er was echter geen reden tot zorg. Zijn uitgever schreef dat er 'ware veldslagen' werden geleverd om een exemplaar te bemachtigen, en dat hun kantoren 'gewoonweg geplunderd' werden.[115] Er werden steekpenningen geboden en pakketten met boeken voor Sint-Petersburg en Londen werden onderschept door handelaren die hun wanhopige klanten in Hamburg en Wenen wilden bedienen.

In het tweede deel van *Kosmos* nam Humboldt de lezer mee op een reis door de geschiedenis van de mensheid, van oude beschavingen naar de moderne tijd. Nooit eerder was in een wetenschappelijk boek iets dergelijks geprobeerd. Wetenschappers schreven niet over poëzie, kunst en tuinen, over landbouw en politiek, of over gevoelens en emoties. Het tweede deel was een geschiedschrijving van de dichterlijke natuurbeschrijving[116] en landschapsschilderkunst door de eeuwen heen, van de Grieken en de Perzen tot de moderne literatuur en kunst. Het was ook een geschiedschrijving van natuurwetenschappen, verkenningen en ontdekkingen, van Alexander de Grote tot de Arabische wereld en van Christoffel Columbus tot Isaac Newton.

Was in het eerste deel van *Kosmos* de externe wereld beschreven, het tweede deel was gericht op een interne wereld – op de werking die de externe wereld op het gevoel had, zoals Humboldt het omschreef.[117] Als eerbetoon aan zijn oude vriend Goethe, die in 1832 was gestorven, en aan hun prille vriendschap in Jena, toen de oude dichter hem 'nieuwe organen' had gegeven waarmee hij de natuurlijke wereld kon zien,[118] benadrukte hij in *Kosmos* het belang van de zintuigen. Het oog was het orgaan van de *Weltanschauung* – het orgaan waarmee we de wereld zien, maar waarmee we haar ook interpreteren, begrijpen en omschrijven.[119] In een tijd dat de verbeelding met kracht uit de natuurwetenschappen werd geweerd, bleef Humboldt eraan vasthouden dat de natuur enkel daarmee begrepen kon worden. Eén blik op de hemel was voldoende om dit in te zien: de fonkelende sterren verblijdden en verrukten,[120] en toch beschreven ze banen van wiskundige precisie.

De eerste twee delen van *Kosmos* waren zo in trek dat er binnen vier jaar drie met elkaar wedijverende Engelse versies van waren uitgegeven. In Engeland was er sprake van een 'ware Kosmos-gekte', meldde Humboldt zijn Duitse uitgever, en de vertalers waren met elkaar in 'oorlog'.[121] In 1849 waren er rond de veertigduizend Engelstalige exemplaren verkocht, en de vele duizenden die in de Verenigde Staten aftrek vonden waren daarin nog niet eens meegerekend.[122]*

Er waren maar weinig Amerikanen die Humboldts eerdere werken hadden gelezen, maar met *Kosmos* werd Humboldts naam op het Noord-Amerikaanse continent gevestigd. De essayist en denker Ralph Waldo Emerson was een van de eersten die een exemplaar wist te bemachtigen. Hij schreef in zijn dagboek dat 'de geweldige Humboldt, met zijn veelomvattende aandachtsveld en uitgeslagen vleugels, als een leger voortmarcheert en alles verzamelt wat hij op zijn pad vindt'. Niemand wist meer over de natuur dan Humboldt, zei hij.[124] Een andere schrijver die verrukt was van Humboldts werk was Edgar Allan Poe. Zijn laatste grote werk – het honderddertig bladzijden tellende prozagedicht *Eureka*, dat in 1848 verschenen was, had hij aan Humboldt opgedragen en was rechtstreeks geïnspireerd op *Kosmos*.[125] *Eureka* was zijn poging om een overzicht van het universum te geven – met inbegrip van alle 'stoffelijke en onstoffelijke' zaken[126] – en een nabootsing van Humboldts werkwijze om de externe en interne wereld bijeen te brengen. Het universum was 'het verhevenste aller gedichten'.[127] De eveneens door *Kosmos* geïnspireerde dichter Walt Whitman schreef zijn veelgeprezen dichtbundel *Leaves of Grass*† met een exemplaar van *Kosmos* op zijn bureau.[128] Hij schreef zelfs een gedicht met de titel 'Kosmos', en noemde zichzelf 'een kosmos' in zijn beroemde gedicht 'Song of Myself'.[129]

Humboldts *Kosmos* heeft twee generaties van Amerikaanse natuurwetenschappers, kunstenaars, schrijvers en dichters beïnvloed. Maar het allerbelangrijkste was misschien wel dat door *Kosmos* een van Amerika's invloedrijkste natuurschrijvers tot wasdom kwam: Henry David Thoreau.

* Humboldt genoot geen inkomsten uit deze vertalingen, aangezien er geen wetgeving over het auteursrecht van vertalingen bestond. Pas na 1849, toen er nieuwe wetten waren ingevoerd, leverden de vertalingen van de delen die na dat jaar verschenen hem iets op.[123]

† In het Nederlands verschenen onder de titel *Grasbladen*.

19 Natuur, poëzie en wetenschap

Humboldt en Henry David Thoreau

In september 1847 verliet Henry David Thoreau zijn hut bij Walden Pond om terug te keren naar zijn huis in het nabijgelegen Concord in Massachusetts. Hij was dertig jaar oud en had twee jaar, twee maanden en twee dagen lang in de kleine hut in het bos gewoond. Dit had hij gedaan omdat hij 'bewust wilde leven, om alleen de wezenlijke dingen van het leven onder ogen te zien'.[1]

Hij had het optrekje met de dakspanen zelf gebouwd.[2] Het mat drie bij vierenhalve meter en in alle vier muren zat een raam; er was een kleine kachel met een schoorsteen om het vertrek te verwarmen. Er stonden een bed, een kleine houten schrijftafel en drie stoelen. Gezeten in de voordeur kon hij het rimpelende wateroppervlak van het meer in de zon zien glinsteren. Het meer was 'het oog van de aarde', dat in de winter, als het vroor, 'de oogleden sloot'.[3] De wandeling om het meer heen was iets meer dan drie kilometer. Op de steile oevers stonden hoge weymouthdennen met hun breed uitwaaierende takken vol groene naalden, maar ook bitternoten en eiken – bomen die als 'ranke wimpers' het oog omlijstten.[4] De bosbodem werd in het voorjaar bedekt met tere bloemen; in mei waren de wiegende klokjes van bloeiende bosbes te zien. Guldenroede kleurde de zomer stralend geel en sumakstruiken zetten de herfst in een rode gloed.[5] 's Winters, wanneer de geluiden door de sneeuw gedempt werden, volgde hij de sporen van konijnen en vogels. Om in de herfst zo veel mogelijk lawaai te maken, schopte hij in het bos luid zingend afgevallen bladeren tot ritselende bergen bijeen.[6] Hij keek, luisterde en wandelde. Hij dwaalde door het vriendelijke landschap dat Walden Pond omgaf en werd een onderzoeker die plekken namen gaf zoals een ontdekkingsreiziger zou doen: Mount Misery, Thrush Alley, Blue Heron Rock.[7]

Zijn tweejarige verblijf in de hut zou leiden tot een van de beroemdste werken in het Amerikaanse genre van de natuurbeschrijving: *Walden*. Het verscheen in 1854, ongeveer zeven jaar nadat hij naar Concord teruggekeerd was. Het schrijven van het boek was een worsteling, en *Walden* kreeg pas zijn huidige vorm nadat hij in Humboldts *Kosmos* een nieuwe wereld ontdekte. Humboldts visie op de natuur gaf hem het vertrouwen dat natuurwetenschap en poëzie met elkaar verweven konden worden. Hij schreef later dat de 'door een dichter verzamelde feiten eindelijk voor de gevleugelde zaden van de waarheid' gehouden werden.[8] *Walden* was zijn antwoord op *Kosmos*.

De hut van Thoreau bij Walden Pond

Thoreau werd in juli 1817 geboren. Zijn vader was een winkelier en kleine potloodfabrikant die moeite had het hoofd boven water te houden. Concord was Thoreaus geboorteplaats. Het was een bedrijvig stadje van zo'n tweeduizend inwoners, gelegen op zo'n vijfentwintig kilometer ten westen van Boston. Als kind was Thoreau verlegen en graag alleen.[9] Terwijl zijn klasgenootjes wilde spelletjes deden, stond hij aan de kant naar de grond te turen, op zoek naar een blad of een insect. Hij was niet populair omdat hij nooit meedeed, en de andere kinderen noemden hem het 'brave jongetje met de grote neus'.[10] Als een eekhoorn klom hij in bomen;[11] buiten voelde hij zich het prettigst.

Toen hij zestien was, schreef hij zich in aan Harvard University, die op ongeveer vijftien kilometer ten zuidoosten van Concord gevestigd was.[12] Hij studeerde Grieks, Latijn en moderne talen – waaronder Duits – maar volgde ook colleges wiskunde, geschiedenis en filosofie. Hij maakte intensief gebruik van de bibliotheek en genoot vooral van reisverslagen, die hem lieten dromen over verre landen.

Na zijn afstuderen in 1837 keerde hij naar Concord terug, waar hij kort als leraar werkte en zijn vader nu en dan hielp met het potlodenbedrijf. In Concord ontmoette hij ook de dichter en schrijver Ralph Waldo Emerson, die daar drie jaar eerder naartoe verhuisd was. De veertien jaar oudere Emerson moedigde hem aan door te gaan met schrijven en gaf hem toegang tot zijn welvoorziene bibliotheek.[13]* Thoreaus hut bij Walden Pond stond op land van Emerson. In die tijd rouwde Henry om John, zijn enige broer, die in zijn armen was gestorven, na een tetanusinfectie. Hij was zo geschokt door de plotselinge dood van zijn broer dat hij een sympathetische vorm van diens ziekte ontwikkelde: hij vertoonde symptomen als kaakkramp en spierspasmen.[14] Hij voelde zich als 'een verdord blad'[15] – ellendig, nutteloos en zo diepbedroefd dat een vriend hem aanraadde: 'Bouw een hut en begin daar aan het grote procedé om jezelf levend te verslinden. Ik zie geen andere keuze, geen andere hoop voor jou.'[16]

De natuur hielp Thoreau. Hij vertelde Emerson dat een verwelkende bloem geen reden was tot treuren, net zomin als dikke lagen wegrottende herfstbladeren op de bosbodem, omdat in het nieuwe jaar alles weer tot leven zou komen. De dood maakte deel uit van de kringloop der natuur en was daarmee een teken van haar vitaliteit en kracht.[17] 'Voor iemand die midden in de natuur woont, kan er geen sprake zijn van échte zwartgalligheid': dat was Thoreaus overtuiging toen hij in de natuur grip

*Thoreau woonde ook twee jaar bij de Emersons in huis. Hij verdiende er de kost door klusjes aan het huis en in de tuin te doen, terwijl Emerson geregeld op reis was om lezingen te geven.

probeerde te krijgen op de wereld om hem heen en binnen in hem.[18]

Het Amerika waar hij na zijn verblijf in de hut naar terugkeerde, was sinds Humboldts ontmoeting met Thomas Jefferson in de zomer van 1804 in Washington erg veranderd. In de tussenliggende jaren hadden Meriwether Lewis en William Clark het continent van Saint Louis tot de westkust doorkruist. Ze keerden van hun expeditie terug met berichten over rijke, uitgestrekte gebieden die de groeiende natie aanlokkelijke vooruitzichten boden. Veertig jaar later, in 1846, verwierven de Verenigde Staten van de Britten grote delen van het Oregon Territory, die de huidige staten Washington, Oregon en Idaho, maar ook delen van Montana en Wyoming omvatten. Het land was op dat moment, na de annexatie van het slaafhoudende Texas, in een oorlog met Mexico verwikkeld. Toen de oorlog in een totale overwinning voor de Verenigde Staten eindigde, vlak nadat Thoreau zijn hut had verlaten, stond Mexico een reusachtig gebied af dat de toekomstige staten Californië, Nevada, New Mexico, Utah en het grootste deel van Arizona omvatte, maar ook delen van Wyoming, Oklahoma, Kansas en Colorado. Onder president James K. Polk was het land tussen 1845 en 1848 uitgebreid met meer dan tweeënhalf miljoen vierkante kilometer, een derde deel van het hele grondgebied; hiermee strekte het land zich voor het eerst over het hele continent uit. In januari 1848 werd het eerste goud in Californië gevonden en in de jaren die volgden maakten veertigduizend mensen zich op om in het westen fortuin te maken.

Ook in technologische zin was er de nodige vooruitgang geboekt. In 1825 was het Eriekanaal voltooid en vijf jaar later werd het eerste traject van de Baltimore and Ohio Railroad geopend. In april 1838 kwam het eerste trans-Atlantische stoomschip, de Great Western, vanuit Engeland in New York aan; in de winter van 1847, toen Thoreau naar Concord terugkeerde, werd het Capitool in Washington voor het eerst verlicht met gaslampen.

Boston was nog steeds een belangrijke havenstad en de groei van Concord, dat ten westen daarvan gelegen was, hield gelijke tred met die van Boston.[19] In Concord waren fabrieken te vinden waar katoen, schoenen en loden pijpen geproduceerd werden, maar ook diverse pakhuizen en banken. Het stadje, dat tevens de zetel was van de regionale overheid, werd iedere week door veertig postkoetsen aangedaan. Wagens vol met goederen uit Boston reden door Main Street naar marktsteden in New Hampshire en Vermont.

Concord, Massachusetts

Door de komst van de landbouw was de wildernis bij Concord veranderd in open veld, weiden en grasland. Je kon er niet door de bossen lopen zonder het geluid van bijlen te horen, noteerde Thoreau in zijn dagboek.[20] Het landschap van New England was de laatste twee eeuwen zo drastisch veranderd, dat er slechts een handjevol oude bomen was overgebleven. Eerst was er bos omgehakt voor landbouw en brandstof; later, met de komst van de spoorweg, hadden locomotieven het hout opgeslokt. In 1844 had Concord een spoorlijn gekregen, die langs de westelijke rand van Walden Pond liep.[21] Thoreau had er vaak langsgelopen. De wilde natuur trok zich terug en mensen raakten er steeds verder van verwijderd.

Het leven bij Walden Pond beviel Thoreau, want daar kon hij helemaal in een boek opgaan of urenlang naar een bloem staren zonder ook maar iets van zijn omgeving op te merken. Hij had de genoegens van een eenvoudig leven altijd al geprezen. 'Eenvoud, eenvoud,' zou hij later in *Walden* schrijven.[22] Wijsgeer zijn was 'een leven van eenvoud' leiden.[23] Hij had genoeg aan zichzelf en gaf niet om sociaal vermaak, vrouwen of geld. Dat was in zijn uiterlijk terug te zien. Zijn kleren pasten hem niet goed; zijn broekspijpen waren te kort en zijn schoenen waren niet gepoetst. Hij had een grote neus, sprekende blauwe ogen en een onverzorgde baard; zijn huid was rossig.[24] Een vriend zei dat hij 'zeer getrouw een stekelvarken kon imiteren'[25] en anderen omschreven hem als een ruziezoeker en als 'strijdlustig'.[26] Volgens sommigen had hij 'hoffelijke manieren', hoewel wat 'onbeschaafd en enigszins boers'[27] – maar velen vonden hem onderhoudend en grappig.[28] Toch noemde zelfs zijn vriend en buurman in Concord, de schrijver Nathaniel Hawthorne, hem 'een onuitstaanbare zeurpiet'[29] die ervoor zorgde dat Hawthorne zich schaamde voor zijn geld, zijn huis, of voor een boek dat hij had geschreven dat door mensen gelezen werd. Thoreau was beslist zonderling,[30] maar ook verfrissend 'als ijswater voor de in de hondsdagen verdorste burger', zei een andere vriend.[31]

Iedereen was het erover eens dat Thoreau zich meer thuis voelde in de natuur en in taal dan bij mensen. Kinderen vormden een uitzondering; hij hield van hun gezelschap. Edward, Emersons zoon, had dierbare herinneringen aan Thoreau. Die had altijd tijd voor hem, vertelde over twee modderschildpadden die in de rivier een gevecht hielden,[32] of liet als een goochelaar potloden verdwijnen en weer tevoorschijn komen. Wanneer de dorpskinderen naar de hut kwamen, maakte Thoreau lange tochten in het bos met hen. De dieren verschenen een voor een wanneer hij vreemde deuntjes floot – een bosmarmot kwam uit het kreupelhout tevoorschijn, eekhoorns renden op hem af en vogels gingen op zijn schouder zitten.

Hawthorne zei dat de natuur Thoreau 'als haar speciale kind' leek op te nemen, want de planten en dieren communiceerden met hem; ze hadden een onverklaarbare band met elkaar.[33] Muizen renden over zijn armen, kraaien gingen boven op hem zitten, slangen kronkelden zich om zijn benen en altijd vond hij in het voorjaar de eerste bloeiende bloemen, al stonden ze nog zo verborgen. De natuur sprak tot hem, en hij tot haar. Wanneer hij een veld bonen inzaaide, vroeg hij: 'Wat zal ik van de bonen leren, of de bonen van mij?' Zijn ware oogst van het dagelijkse leven bestond in het 'opvangen van een beetje sterrenstof, het grijpen van een stukje van de regenboog'.[34]

Tijdens zijn verblijf bij Walden Pond nam hij de natuur aandachtig waar.[35] 's Ochtends waste hij zich en ging daarna in de zon zitten. Hij wandelde door het bos of knielde neer op een open plek om te wachten tot de dieren zich aan hem zouden vertonen. Hij observeerde het weer en was 'zelfbenoemd inspecteur van sneeuwjachten en wolkbreuken'.[36] In de zomer ging hij met de boot het water op en speelde hij fluit terwijl de boot ronddreef; in de winter ging hij languit op het bevroren oppervlak van het meer liggen en drukte hij zijn gezicht tegen het ijs om de bodem 'als een schilderij achter glas' te bestuderen.[37] 's Nachts luisterde

Henry David Thoreau

hij naar de takken die tegen de dakspanen van zijn hut schuurden en 's ochtends naar de vogels die hem een aubade brachten. Hij was een 'bosnimf', zei een vriend, 'een ziel van het woud'.[38]

Hoeveel Thoreau ook van het alleen-zijn genoot, hij leefde niet als een kluizenaar. Vaak ging hij naar het dorp om bij zijn ouders of bij de Emersons te eten.[39] Hij gaf lezingen aan het Concord Lyceum en ontving bij Walden Pond ook bezoekers. In augustus 1846 hield het gezelschap tegen de slavernij van Concord zijn jaarlijkse bijeenkomst voor de deur van zijn hut, en ook maakte hij een uitstapje naar Maine. Maar hij schreef ook. In de twee jaar dat hij bij Walden Pond verbleef, schreef hij twee dikke aantekenboeken vol; een met zijn ervaringen in het bos (de aantekeningen die de eerste versie van *Walden* zouden worden) en een met de ruwe versie van *A Week on the Concord and Merrimack Rivers*, een boek over de boottocht die hij een paar jaar eerder had gemaakt met zijn broer, die hij zo miste.[40]

Toen hij na twee jaar naar Concord terugkeerde, probeerde hij herhaaldelijk een uitgever te vinden voor *A Week*. Er was echter niemand die belangstelling had voor een manuscript dat deels uit natuurbeschrijvingen en deels uit persoonlijke herinneringen bestond. Uiteindelijk stemde een uitgever ermee in om het op kosten van Thoreau te drukken en te verspreiden. Het werd een jammerlijke mislukking. Het boek verkocht in het geheel niet en de kritieken waren voor het merendeel vernietigend; in één ervan werd Thoreau ervan beschuldigd Emerson slecht te hebben overgeschreven. Een enkeling bewonderde *A Week* en verklaarde dat het 'echt Amerikaans' was.[41]

Thoreau bleef met een schuld van enkele honderden dollars en vele onverkochte exemplaren van het boek zitten. Hij zei spottend dat hij nu een bibliotheek van negenhonderd boeken bezat waarvan er meer dan zevenhonderd door hemzelf geschreven waren.[42] Het fiasco veroorzaakte ook wrijving tussen hem en Emerson. Thoreau voelde zich in de steek gelaten door zijn oude mentor, die *A Week* had geprezen, terwijl het hem in werkelijkheid niet beviel. 'Zolang hij mijn vriend was, vleide hij me en hoorde ik nooit de waarheid, maar toen hij mijn vijand werd, schoot hij die met een giftige pijl naar me toe,' schreef hij in zijn dagboek.[43] Dat hij hevig verliefd was geworden op Lydian, de vrouw van Emerson, kwam hun vriendschap waarschijnlijk ook niet ten goede.[44]

Tegenwoordig is Thoreau een van de meest gelezen en geliefdste Amerikaanse schrijvers – maar bij zijn leven maakten vrienden en familie zich zorgen om zijn gebrek aan eerzucht. Emerson vond dat Thoreau de enige in Concord was met 'een lui leventje'[45] en noemde hem 'onbeduidend',[46] terwijl Thoreaus tante van mening was dat haar neef wel iets beters kon doen dan 'er nu en dan op uit te gaan'.[47] Het liet Thoreau tamelijk onverschillig wat anderen van hem vonden. Hij worstelde met het manuscript voor *Walden* en had moeite het te voltooien. 'Waar zijn deze pijnbomen en vogels op uit? Waar is het meer mee doende?' schreef hij in zijn dagboek, en besloot dat hij 'meer moest weten'.[48]

Nog steeds probeerde hij de natuur te doorgronden en bleef hij wandelingen maken. Hij liep met grote stappen, kaarsrecht als een pijnboom, zeiden zijn vrienden. Ook verwierf hij een bescheiden inkomen door als landmeter te gaan werken; zo kon hij nog meer tijd buiten doorbrengen. Volgens Emerson kon Thoreau afstanden nauwkeuriger meten aan de hand van zijn stappen dan anderen met meetroede en landmetersketting.[49] Hij verzamelde planten en dieren voor zoölogen en botanisten aan Harvard University. Hij mat de diepte van beekjes en meertjes, nam de temperatuur op en droogde planten. In het voorjaar noteerde hij wanneer de vogels terugkwamen en 's winters telde hij de luchtbellen die gevangenzaten in het bevroren deksel van het meer.[50] In plaats van zijn licht op te steken bij geleerden liep hij kilometers door het bos voor zijn 'afspraken' met planten.[51] Hij probeerde te begrijpen wat pijnbomen en vogels echt bedoelden.

Net als Emerson zocht hij eenheid in de natuur, maar uiteindelijk zouden ze allebei een andere kant op gaan. Thoreau zou Humboldt volgen in zijn geloof dat het geheel alleen doorgrond kon worden via een juist begrip van de verbanden, onderlinge relaties en details. Emerson was van mening dat deze eenheid niet ontdekt kon worden met slechts het rationele denken, maar dat er ook intuïtie voor nodig was, of een soort openbaring van God. Net als de Engelse romantici – zoals bijvoorbeeld Samuel Taylor Coleridge – en de Duitse idealisten – onder wie Friedrich Schelling – zetten Emerson en andere Amerikaanse transcendentalisten zich af tegen wetenschappelijke methoden die gepaard gingen met deductief redeneren en empirisch onderzoek.[52] Dergelijk natuuronderzoek kon gemakkelijk 'de blik vertroebelen', zei Emerson.[53] De mens moest een spirituele waarheid in de natuur vinden. Wetenschappers waren niet meer dan materialisten voor wie de geest 'tot uiterste ijlheid gereduceerde materie' was.[54]

De filosoof Immanuel Kant, die had uiteengezet hoe de mens de wereld begreep, vormde voor de transcendentalisten een belangrijke inspiratiebron. Kant had gesproken van een klasse van ideeën of kennis 'die niet uit de ervaring voortkwam', legde Emerson uit.[55] Daarmee had Kant zich tegen empirici als de zeventiende-eeuwse Britse filosoof John Locke gekeerd, die zei dat alle kennis verkregen werd via de ervaring van de zintuigen. Emerson en andere transcendentalisten benadrukten dat de mens het vermogen had 'de waarheid intuïtief te kennen'.[56] Zowel feiten als de verschijningsvorm van de natuur waren als een gordijn dat weggetrokken moest worden om de goddelijke wet erachter te kunnen ontdekken. Thoreau vond het echter steeds moeilijker om zijn fascinatie voor wetenschappelijke feiten met dit wereldbeeld te verenigen, omdat voor hem alles in de natuur in zichzelf betekenis had. Hij was een transcendentalist die deze grote ideeën over eenheid zocht door bloemblaadjes of de jaarringen van een gevelde boom te tellen.

Hij was begonnen de natuur als een wetenschapper te bestuderen. Hij deed metingen en noteerde die; zijn belangstelling voor gegevens groeide aanhoudend. Vervolgens nam hij in de herfst van 1849, twee jaar nadat hij zijn hut had verlaten en op het moment dat duidelijk werd dat de publicatie van *A Week* een grote mislukking was, een besluit dat zijn leven zou veranderen en zou leiden tot het *Walden* zoals we het nu kennen. Hij richtte zijn leven helemaal opnieuw in en koos voor een dagindeling waarbij hij 's ochtends en 's avonds gedisciplineerd studeerde en tussendoor een lange middagwandeling maakte.[57] Dit nieuwe leven vormde een keerpunt: was hij eerst slechts een dichter die geboeid werd door de natuur, nu was hij op weg een van Amerika's belangrijkste natuurschrijvers te worden. Mogelijk was deze wending veroorzaakt door de pijnlijke ervaring van de publicatie van *A Week*, of door de breuk met Emerson. Of misschien had Thoreau gewoon het vertrouwen gevonden om zich te richten op datgene waar hij van hield. Wat ook de reden was, alles veranderde.

Het nieuwe dagritme vormde het begin van zijn wetenschappelijke onderzoek, dat dagelijks uitgebreide dagboekaantekeningen vereiste. Iedere dag noteerde hij wat hij op zijn wandelingen had gezien. Deze aantekeningen hadden voorheen, als losse fragmenten over waarnemingen, voornamelijk gediend als schetsen voor zijn essays en boeken, maar ze werden nu met regelmaat en in chronologische volgorde geschreven, waarbij de seizoenen in Concord tot in alle bijzonderheden gedocumenteerd werden. Hij haalde nu geen stukken meer uit zijn dagboeken om ze in te voegen in zijn literaire manuscripten, maar liet de nieuwe dagboekdelen intact. Willekeurig bijeengeraapte aantekeningen werden 'veldaantekeningen'.[58]

Gewapend met zijn hoed als botaniseertrommel om planten tijdens de lange wandelingen goed te houden,[59] een zwaar muziekboek om de planten in te drogen, een wandelstok die hij als meetlint gebruikte en een vergrootglas, verkende hij de natuur in al haar details. Hij maakte notities op kleine stukjes papier die hij 's avonds uitwerkte voor zijn langere dagboekaantekeningen. Zijn plantenobservaties werden zo nauwgezet dat wetenschappers ze nog steeds gebruiken om de invloed van het veranderende klimaat te onderzoeken – door de eerste bloeidatum van wilde bloemen of de datum van uitlopen van de bomen te vergelijken met de datums in zijn dagboeken.[60]

'Ik laat het ongebruikelijke – een orkaan of aardbevingen – weg en beschrijf het gewone,' schreef Thoreau in zijn dagboek, 'dat is het ware thema van poëzie.'[61] Terwijl hij rondzwierf en metingen deed, verdwenen Emersons grootse, spirituele ideeën over de natuur naar de achtergrond en observeerde hij tijdens zijn wandelingen juist de gedetailleerde verscheidenheid van de natuur. Het was ook in deze periode dat hij voor het eerst helemaal in de geschriften van Humboldt opging – op het moment dat hij zich tegen de invloed van Emerson keerde. 'Ik voel dat ik rijp ben voor iets,' schreef hij. 'Het is zaaitijd voor mij – ik heb lang genoeg braak gelegen.'[62]

Hij las Humboldts populairste werken: *Kosmos, Ansichten der Natur* en *Relations historiques*.[63] Boeken over de natuur waren 'een soort wondermiddel', zei hij.[64] Tijdens het lezen maakte hij altijd aantekeningen. 'Hij las met de pen in de aanslag,' merkte een vriend op.[65] In deze jaren kwam Humboldts naam regelmatig in Thoreaus dagboeken en aantekenschriften voor, maar ook in zijn gepubliceerde werk.[66] 'Humboldt zegt' of 'Humboldt schrijft', noteerde Thoreau.[67] Zo wilde hij op een dag, toen de hemel uitzonderlijk helderblauw was, de blauwheid precies meten. 'Waar is mijn cyanometer?' riep hij uit. 'Humboldt gebruikte die op zijn reizen.'[68] Hij bedoelde het instrument waarmee Humboldt het blauw van de hemel boven de Chimborazo had gemeten. Toen hij in *Relations historiques* las dat het lawaai van de stroomversnellingen in de Orinoco 's nachts luider klonk dan overdag, maakte hij in zijn dagboek een notitie over dit verschijnsel – met het verschil dat de donderende Orinoco een kabbelend beekje in Concord werd.[69] Voor hem waren de heuvels in Peterborough in het naburige New Hampshire waar hij had gewandeld te vergelijken met de Andes,[70] terwijl de Atlantische Oceaan een 'groot Walden Pond' werd.[71] 'Staand op de steile rotsen van Concord' was hij 'bij Humboldt'.[72]

Wat Humboldt over de hele wereld had waargenomen, zag Thoreau rond zijn huis gebeuren. Alles was met elkaar verweven. Wanneer 's winters de mannen die ijs uithakten voor vervoer naar verre bestemmingen naar het bevroren meer kwamen, dacht hij aan de mensen die het ver weg in de verzengende hitte in Charleston zouden gebruiken, of zelfs in Bombay of Calcutta. Ze zouden drinken van zijn bron en het zuivere water uit het meer zou worden 'vermengd met het heilige water van de Ganges'.[73] Het was onnodig om expedities naar verre landen te maken. Waarom niet dicht bij huis reizen?[74] Het ging er niet om hoe ver iemand reisde, maar in hoeverre hij echt leefde.[75] Wees een ontdekkingsreiziger van de rivieren en oceanen in uzelf, adviseerde hij;[76] een Columbus van het denken, niet een van handel of de zucht naar een groot rijk.

Hij was niet alleen met zichzelf, maar ook voortdurend met de boeken in gesprek die hij las – hij was altijd vragen aan het stellen, aan het doordenken, muggenziften en in twijfel trekken. Wanneer hij op een heldere, koude winterdag een karmozijnrode wolk laag boven de horizon zag hangen, verfoeide hij het wanneer hij die enkel kon zien als 'een reusachtige wasem die alle stralen opslorpte'; deze verklaring was niet goed genoeg, want 'dit rode visioen prikkelde', deed zijn bloed tintelen.[77] Hij was een wetenschapper die wilde begrijpen hoe wolken ontstonden, maar evenzeer een dichter die in vervoering werd gebracht door die veranderlijke rode bergen aan de hemel.

Wat voor wetenschap was dat, schreef hij, 'die het verstand verrijkte, maar de verbeelding wegroofde'?[78] Hierover had Humboldt in *Kosmos* geschreven. Die legde uit dat natuurbeschrijvingen wetenschappelijk heel precies konden zijn, zonder dat ze om die reden van de 'bezielende adem van de verbeeldingskracht beroofd' hoefden te worden.[79] Kennis 'verkilde het gevoel' niet,[80] want zintuigen en intellect waren met elkaar verbonden. Meer dan enig ander volgde Thoreau Humboldt in diens overtuiging dat er tussen kennis en poëzie een 'oud verbond' bestond.[81] Humboldt stond Thoreau toe om wetenschap met verbeeldingskracht te verweven, net als het afzonderlijke met het geheel en het feitelijke met het wonderbaarlijke.

Thoreau bleef worstelen met het evenwicht hierin. Met de jaren kostte het hem minder moeite, maar hij bleef twijfelen. Op een avond, nadat hij de hele dag had doorgebracht aan een rivier en bladzijde na bladzijde had gevuld met observaties over planten en dieren, besloot hij de aantekeningen in zijn dagboek met: 'Aan de rand van de wetenschap beeft iedere dichter.'[82] Maar door zich onder te dompelen in Humboldts werk, verdween zijn angst geleidelijk. *Kosmos* leerde hem dat alle individuele observaties samen een beeld van de natuur als een geheel schiepen, waarin details de draden waren van het wandkleed van de natuur. Net als Humboldt vond Thoreau harmonie in de verscheidenheid. Details leidden naar het samenhangende geheel of, zoals Thoreau het stelde, 'een getrouwe neerslag van het feitelijke vormt de beste poëzie'.[83]

Dat hij niet langer aparte dagboeken voor 'poëzie' en 'feiten' bijhield, was het schriftelijke bewijs voor de verandering die zich in hem voltrokken had.[84] Hij wist niet meer wat het verschil tussen de twee was. Het was allemaal een en hetzelfde geworden, want de interessantste en mooiste feiten waren 'eens te meer poëtisch'.[85] *Walden* was het boek dat hier uitdrukking aan gaf.

Toen hij in september 1847 zijn hut bij Walden Pond verliet, had hij een eerste versie van *Walden* bij zich. Vervolgens werkte hij een tijdlang aan verschillende versies. Halverwege het jaar 1849 legde hij het manuscript terzijde en pas een kleine drie jaar later nam hij het weer ter hand – drie jaar waarin hij een serieuze naturalist was geworden die gegevens consciëntieus vastlegde en Humboldts boeken bewonderde. In januari 1852 haalde hij het manuscript weer tevoorschijn om *Walden* volledig te gaan herschrijven.*

Tijdens het herschrijven werd het boek twee keer zo dik door de wetenschappelijke observaties die hij eraan toevoegde. Hierdoor werd *Walden* een heel ander boek dan hij aanvankelijk voor ogen had gehad.[87] Maar hij was bereid: 'Ik heb het gevoel dat ik nu helemaal rijp ben voor literair werk.'[88] Door elk detail van de wisseling der seizoenen vast te leggen, ontwikkelde hij een diep inzicht in de kringloop en onderlinge verbanden van de natuur. Toen hij eenmaal besefte dat vlinders, bloemen en vogels ieder voorjaar terugkwamen, kreeg alles betekenis. 'Een jaar is een cyclus,' schreef hij in april 1852.[89] Hij stelde lange lijsten samen van seizoensgebonden gebeurtenissen als bomen die blad kregen en bloeiperioden.[90] Hij benadrukte dat niemand de ingewikkelde verschillen in dit soort waarnemingen had geobserveerd zoals hij. Zijn dagboek werd 'een boek der seizoenen'; bij deze aantekening noemde hij ook Humboldt.[91]

In de eerste versies van *Walden* richtte hij zich vooral op het kritiseren van de Amerikaanse cultuur en haar inhaligheid, op de volgens hem steeds toenemende gerichtheid op geld en het stedelijke leven – en stelde daar zijn leven in een hut tegenover. Maar in de nieuwe versie vormde het verloop van lente, zomer, herfst en winter zijn leidraad. 'Ik geniet van de vriendschap der jaargetijden,' schreef hij in *Walden*.[92] Hij keek met nieuwe ogen naar de natuur – ogen die Humboldt hem had gegeven.[93] Hij verkende, verzamelde, mat en legde verbanden, net als Humboldt had gedaan. Zijn methoden en waarnemingen, vertelde

*Thoreau schreef zeven versies van *Walden*.[86] De eerste had hij voltooid tijdens zijn verblijf in de hut bij Walden Pond. Van het voorjaar van 1848 tot halverwege het jaar 1849 werkte hij aan een tweede en derde versie. In januari 1852 nam hij het manuscript opnieuw ter hand en werkte hij tot het voorjaar van 1854 aan vier andere versies.

hij de American Association for the Advancement of Science in 1853, kwamen voort uit zijn bewondering voor *Ansichten der Natur,* het boek waarin Humboldt fraai proza en levendige beschrijvingen had samengevoegd met wetenschappelijke analyses.[94]

Alle belangrijke passages in *Walden* hebben hun oorsprong in Thoreaus dagboeken. Daarin ging hij, in een adembenemend samenspel met de natuur, met de aarde als levende poëzie,[95] met kikkers die in de rivier kwaakten[96] en met de vreugde van vogelzang in de lente, van het ene onderwerp naar het andere. Zijn dagboek was het document van zijn liefde en extase – poëzie en wetenschap.[97] Hij betwijfelde of hij ooit iets kon schrijven wat beter was dan zijn dagboek; hij vergeleek zijn woorden met bloemen en vroeg zich af of ze mooier leken in een vaas (zijn metafoor voor een boek) of in de weide waar hij ze gevonden had (zijn dagboek).[98] Hij was inmiddels zo trots op zijn feitenkennis over de natuur van Concord dat hij verstoord raakte als iemand anders een plant wist te determineren die hij niet kende. 'Henry Thoreau kon zijn verontwaardiging amper verbergen toen ik hem een bes liet zien die hij nog nooit was tegengekomen,' schreef Emerson niet zonder leedvermaak op een dag aan zijn broer.[99]

Ondanks zijn nieuwe werkwijze verdween de twijfel bij Thoreau niet helemaal. Hij bleef zich afvragen of zijn aanpak de juiste was. 'Ik kom om in de vele waarnemingen,' schreef hij in 1853.[100] Hij was bang dat zijn kennis te 'gedetailleerd en wetenschappelijk' werd en dat hij verreikende ideeën die het hemelruim omspanden mogelijk had ingewisseld voor de beperkte inzichten van de microscoop.[101] 'Weet jij, met al je wetenschap, hoe het licht de ziel bereikt?' vroeg hij zich in wanhoop af;[102] maar toch sloot hij deze dagboekaantekening af met een gedetailleerde beschrijving van bloeiende soorten, vogelzang, vlinders, en bessen die rijpten.

Hij schreef geen gedichten,[103] maar onderzocht de natuur – en zijn observaties vormden het ruwe materiaal voor *Walden*: 'De natuur zal mijn van poëzie vervulde taal zijn.'[104] In zijn dagboek was het ruisende, kristalheldere water van een stroompje 'het zuivere bloed van de natuur'.[105] Een paar regels verderop had hij weer twijfels over de dialoog tussen hem en de natuur, en besloot hij met: 'Deze gewoonte van zorgvuldig waarnemen – bij Humboldt, Darwin, en anderen. Zal deze natuurwetenschap nog lang standhouden?' Hij knoopte wetenschap en poëzie samen tot één dikke streng.

Om hier betekenis aan te geven zocht hij een perspectief waarin alles met elkaar verenigd werd. Wanneer hij een berg beklom, zag hij het mos op de rotsen onder zijn voeten, maar ook de bomen in de verte. Net als Humboldt op de Chimborazo nam hij ze in relatie tot elkaar waar en werden ze 'derhalve herleid tot één beeld' – waarmee hij het idee van de Naturgemälde navolgde.[106] Of hij keek tijdens een winterstorm op een koude januariochtend in de dwarrelende sneeuw naar de tere kristallen van de sneeuwvlokken en vergeleek ze met de volmaakte symmetrie van bloemblaadjes. Hij zei dat dezelfde natuurwet die de aarde had gevormd ook de sneeuwvlokken hun vorm had gegeven, en sprak nadrukkelijk: 'Orde. Kosmos.'[107]

Humboldt had het woord 'kosmos' aan het Oudgrieks ontleend, waar het orde en schoonheid betekende – maar die waren wel door het menselijke oog gecreëerd. Hiermee bracht hij de externe fysieke wereld en de interne wereld van de geest bijeen. *Kosmos* handelde over de verhouding tussen mens en natuur, en Thoreau plaatste zichzelf midden in deze kosmos. Hij schreef dat hij bij Walden Pond een kleine wereld geheel voor zichzelf had – zijn eigen zon, maan en sterren.[108] 'Waarom zou ik me eenzaam moeten voelen?' vroeg hij zich af. 'Bevindt onze planeet zich niet in de Melkweg?'[109] Hij was niet eenzamer dan een bloem of een hommel in de wei, omdat hij net als zij deel uitmaakte van de natuur. 'Ben ik niet ook zelf deels blad en humus?' schreef hij in *Walden*.[110]

Een van de beroemdste passages in *Walden* laat goed zien hoezeer hij veranderd was sinds hij Humboldt had gelezen. Jarenlang had hij elk voorjaar waargenomen hoe de dooi inwerkte op de zanderige spoordijk bij Walden Pond.[111] Wanneer de zon de bevroren grond verwarmde en het ijs deed smelten, sijpelden er kronkelende, purperen stroompjes zand uit, die bladerfiguren vormden op de dijk: een bladerdek van zand dat voorafging aan het uitlopen van de bomen en de struiken in het voorjaar.

In het oorspronkelijke, in de hut geschreven manuscript had hij deze 'bloei' van het zand in een terzijde van minder dan honderd woorden beschreven.[112] Maar in *Walden* besloeg het meer dan vijftienhonderd woorden en werd het een van de belangrijkste passages. In het zand was een 'voorafspiegeling van het organische blad'[113] te vinden, het prototype,[114] de oervorm van Goethe. Een verschijnsel dat in het oorspronkelijke manuscript slechts 'wonderbaarlijk interessant en fraai' was,[115] verbeeldde nu niet minder dan 'het principe van de werking van de natuur'.[116]

Deze paar bladzijden in het boek laten zien hoezeer Thoreau zich ontwikkeld had. Toen hij het verschijnsel in 1851 op de laatste dag van het jaar beschreef, juist toen hij Humboldt las, werd het een metafoor voor de kosmos. De zon verwarmde de spoordijk zoals gedachten het bloed verwarmden. De aarde was niet dood, maar 'leefde en groeide'.[117] Hij nam het verschijnsel opnieuw waar in het voorjaar van 1854, op het moment dat hij de definitieve versie van *Walden* voltooide, en schreef toen in zijn dagboek dat de aarde 'levende poëzie' was, en geen fossiele, maar levende soort; woorden die hij bijna letterlijk in de definitieve versie van *Walden* overnam.[118] De aarde was 'een en al leven'[119] en de natuur werkte 'op volle kracht'.[120] Dit was Humboldts natuur, die klopte van leven. De komst van de lente was als de schepping van Kosmos uit Chaos.[121] Het was leven, natuur en poëzie tegelijk.

Walden was *Kosmos* in het klein van één specifieke plek, een beeld van de natuur waarin alles met elkaar was verbonden, vol bijzonderheden over diergedrag, bloemen, en de dikte van het ijs op het meer.[122] Objectiviteit of zuiver wetenschappelijk onderzoek bestonden niet, schreef Thoreau toen hij *Walden* had voltooid, omdat ze altijd verstrengeld waren met subjectiviteit en de zintuigen. 'Feiten vallen als rijpe zaden van de poëtische waarnemer af,' meende hij.[123] Het fundament van alles was de waarneming.

'Ik melk de hemel en de aarde,' schreef Thoreau.[124]

DEEL V

NIEUWE WERELDEN: IDEEËN ONTWIKKELEN

20 De grootste geleerde sinds de zondvloed

In het jaar na de publicatie van het tweede deel van *Kosmos* werd het voor Humboldt steeds moeilijker om het wankele evenwicht te bewaren tussen zijn liberale politieke overtuigingen en zijn verplichtingen aan het Pruisische hof. Toen in Europa in het voorjaar van 1848 een periode vol onrust aanbrak, werd het bijna onmogelijk. Na tientallen jaren van reactionaire politiek spoelde er een golf van revoluties door het werelddeel.

In Parijs brak als gevolg van economische tegenspoed en het verbod op politieke bijeenkomsten een gewelddadige opstand uit. Een bevreesde koning Lodewijk Filips I deed op 24 februari afstand van de troon en vluchtte naar Groot-Brittannië. Twee dagen later werd de Tweede Republiek uitgeroepen en binnen een paar weken plantte de revolutie zich voort naar onder meer Italië, Denemarken, Hongarije en België. In Wenen probeerde de conservatieve kanselier vorst Klemens von Metternich tevergeefs de revolte te bedwingen waarin studenten en de werkende klasse kun krachten hadden gebundeld. Op 13 maart trad hij af, en ook hij vluchtte naar Londen. Twee dagen later deed de Oostenrijkse keizer Ferdinand I zijn volk de belofte dat er een grondwet zou komen. Heersers in Europa raakten in paniek.

De kranten deden dat voorjaar verslag van de opstanden in Europa, en in Berlijnse koffiehuizen lazen de Pruisen elkaar de artikelen hardop voor.[1] In München, Keulen, Leipzig, Weimar en tientallen andere Duitse steden en staten kwamen de mensen in opstand tegen hun vorsten. Ze eisten een verenigd Duitsland, een nationaal parlement en een grondwet. In maart deed de koning van Beieren afstand van de troon en de groothertog van Baden boog voor de eisen van zijn volk en beloofde persvrijheid en een parlement. Ook in Berlijn verzamelden zich oproerlingen die om hervormingen riepen, maar de Pruisische koning Frederik Willem IV gaf zich niet zomaar gewonnen en liet zijn troepen in staat van paraatheid brengen. Toen de opzwepende toespraken in de stad een gehoor van twintigduizend mensen trokken, gaf hij zijn soldaten bevel door de straten van Berlijn te marcheren en zijn slot te bewaken.

Pruisische liberalen waren al veel langer teleurgesteld over hun nieuwe koning. Net als veel anderen had ook Humboldt gehoopt dat er met de troonsbestijging van Frederik Willem IV een einde zou komen aan het absolutisme. Begin 1841, in de eerste maanden van het bewind van de nieuwe koning, had Humboldt tegen een vriend gezegd dat Frederik

Willem IV een verlicht vorst was die 'enkel nog van een paar middeleeuwse denkbeelden af moest',[2] maar hij had zich vergist. Twee jaar later vertrouwde hij de vriend toe dat de koning 'gewoon deed wat hem beliefde'.[3] Frederik Willem IV was verzot op architectuur en leek enkel interesse te hebben in plannen voor nieuwe schitterende gebouwen, statige parken en grote kunstverzamelingen. Aan 'aardse' zaken als buitenlandse politiek, economie of het Pruisische volk wijdde hij 'nauwelijks een gedachte', klaagde Humboldt.[4]

Toen de koning in april 1847 in Berlijn het eerste Pruisische parlement in de geschiedenis opende, sloeg hij de hoop op hervormingen meteen de bodem in. Eerder al had hij er geen twijfel over laten bestaan dat hij nooit gehoor zou geven aan de roep van het volk om een grondwet. In zijn troonrede sprak hij de afgevaardigden toe dat een koning regeerde bij Gods wet en niet bij meerderheid van stemmen.[5] Pruisen zou geen constitutionele monarchie worden. Twee maanden later werd het parlement ontbonden; er was niets bereikt.

Voor het Pruisische volk, dat zich aangemoedigd voelde door de revoluties elders in Europa, was in het voorjaar van 1848 de maat vol. Op 18 maart rolden revolutionairen vaten door de straten van Berlijn en bouwden ze barricaden van kisten, planken en stenen. Ze groeven straatstenen uit en legden die boven op de daken. Tegen de avond begon de strijd. Stenen en tegels werden van de daken geslingerd en de eerste geweerschoten ketsten door de straten.[6] Humboldt was thuis, in zijn appartement in de Oranienburger Straße; toen het geluid van trommelende soldaten in heel de stad weerklonk, bleef hij net als veel anderen wakker. De gevechten bleven de hele nacht aanhouden en vrouwen brachten eten, wijn en koffie naar de opstandelingen. Er vielen enkele honderden doden, maar de troepen van de koning slaagden er niet in het gezag te herstellen. Frederik Willem IV liet zich die nacht in een stoel vallen en jammerde: 'O God, o God, hebt Gij mij dan helemaal verlaten!'[7]

Humboldt was van mening dat hervormingen van wezenlijk belang waren, maar had een afkeer van rellen en hardhandig politieoptreden – hij had een vroegtijdiger, meer geleidelijke en daardoor ook vreedzamere ommekeer voor ogen gehad.[8] Net als veel andere liberalen zag hij uit naar een verenigd Duitsland, maar hij hoopte wel dat dit geregeerd zou worden door het parlement en door overeenstemming, niet door angst en bloed. Nu er in de straten van Berlijn honderden mensen omkwamen, was de achtenzeventigjarige Humboldt tussen de twee linies in de val geraakt.

Aangezien de revolutionairen de stad in handen kregen, schikte de bange Frederik Willem IV zich en beloofde hij dat er een grondwet en een nationaal parlement zouden komen.[9] Op 19 maart stemde hij ermee in zijn troepen terug te trekken. Die avond waren de straten in Berlijn verlicht en vierden de mensen de overwinning. Geweerschoten hadden plaatsgemaakt voor gezang en gejuich. Op 21 maart, slechts drie dagen nadat de gevechten waren begonnen, reed de koning in het zwart, rood en geel van de revolutionairen door de straten van Berlijn,[10] als symbool voor zijn nederlaag.* Nadat hij in zijn paleis teruggekeerd was, verscheen hij op het balkon voor de menigte die zich buiten had verzameld. Humboldt stond zwijgend achter hem en boog naar het volk onder hen.[11] De volgende dag kwam hij zijn verplichtingen tegenover de koning niet na en liep hij vooraan in de rouwstoet voor de gesneuvelde opstandelingen.

Frederik Willem IV had zich nooit gestoord aan de revolutionaire neigingen van zijn kamerheer. Hij stelde prijs op Humboldts kennis en vermeed 'tweespalt in politieke denkbeelden'.[12] Anderen hadden meer moeite met Humboldts positie. Een Pruisische denker noemde hem

* Het is niet helemaal duidelijk waar de Duitse kleuren zwart, rood en geel hun oorsprong in hebben, maar een onderdeel soldaten met een bijzonder onafhankelijke geest, die tussen 1813 en 1815 tegen Napoleon hadden gevochten, droegen zwarte uniformen met rood beleg en goudkleurige knopen. Later, toen radicale studentengezelschappen in veel Duitse staten werden verboden, kwamen de kleuren symbool te staan voor de strijd voor vrijheid en eenheid. De opstandelingen van 1848 maakten er veelvuldig gebruik van en later zouden de kleuren worden verwerkt in de Duitse vlag.

een 'aartsliberaal', een minister een 'revolutionair die bij het hof in de gunst' stond, terwijl de broer van de koning, prins Wilhelm (de latere keizer Wilhelm I) hem als een bedreiging voor de bestaande orde zag.[13]

Humboldt was het gewend tussen verschillende politieke standpunten door te laveren. Vijfentwintig jaar eerder had hij zich in Parijs soepel om de reactionaire en revolutionaire linies heen bewogen en daarbij nooit echt zijn positie geriskeerd. 'Hij weet heel goed dat, al is hij nog zo liberaal, zijn status en de privileges die hij aan zijn afkomst dankt geen gevaar lopen,' schreef Charles Lyell toen.[14]

Onder intimi kenschetste Humboldt de Europese vorsten met zijn gebruikelijke sarcasme. Toen koningin Victoria hem tijdens een van haar bezoeken aan Duitsland eens voor het ontbijt had geïnviteerd, spotte hij dat ze hem 'harde varkenskoteletten, koude kip' alsmede 'filosofische onthouding' had voorgezet.[15] Na een ontmoeting met de kroonprins van Württemberg en de toekomstige koningen van Denemarken, Engeland en Beieren op paleis Sanssouci van Frederik Wilhelm IV, omschreef hij de troonopvolgers aan een vriend als een 'bleke lamlendeling, een IJslands drankorgel, een politiek blind heethoofd en een stijfhoofdige geestesverlamde'. Dat was de 'toekomstige monarchale wereld'.[16]

Sommigen hadden er bewondering voor dat hij een koninklijke meester kon dienen en tegelijkertijd de 'moed had bij zijn mening' te blijven.[17] Maar Ernst August I, de koning van Hannover, merkte op dat hij nog altijd dezelfde was, 'altijd republikein en altijd in de antichambre van het paleis'.[18] Toch had Humboldt waarschijnlijk zoveel vrijheid dankzij zijn vermogen om in beide werelden te leven. Hij gaf zelf eens toe dat hij anders misschien wel als 'revolutionair en als auteur van het goddeloze *Kosmos*' het land was uit gezet.[19]

Hij zag hoe de revoluties in de Duitse staten hun loop namen; even leek het dat hervorming mogelijk was, maar dat moment ging even snel voorbij als het was ontstaan. De Duitse staten besloten een parlement te benoemen – dat in Frankfurt vergaderde – om de toekomst van een verenigd Duitsland te bespreken. Toch wist Humboldt eind mei 1848, iets meer dan twee maanden nadat in Berlijn het eerste geweerschot was afgevuurd, niet of hij meer ontgoocheld was over de koning, de Pruisische ministers of de afgevaardigden van het Frankfurter Parlement.[20]

Zelfs degenen die hervormingen noodzakelijk achtten, konden het er niet over eens worden hoe een nieuw Duitsland vorm moest krijgen. Humboldt was van mening dat een verenigd Duitsland zijn fundament moest hebben in de beginselen van het federalisme. De verschillende staten moesten enige macht behouden, verklaarde hij, zonder voorbij te gaan aan het 'organisme en de eenheid van het geheel'[21] – hij zette zijn standpunt kracht bij door woorden te bezigen die hij ook voor de natuur gebruikte.

Sommigen waren om zuiver economische redenen voor een verenigd Duitsland – zij hadden een land voor ogen zonder invoerrechten en handelsbarrières – maar er waren ook nationalisten die een gemeenschappelijk, geromantiseerd Duits verleden verheerlijkten. Daarnaast waren er meningsverschillen over de grenzen en over welke staten deel moesten uitmaken van het verenigde land. Zo waren er die een Großdeutschland voorstonden; dat omvatte ook Oostenrijk. Anderen gaven de voorkeur aan een kleiner land, Kleindeutschland, dat aangevoerd werd door Pruisen. De kennelijk onoverkomelijke verdeeldheid zorgde voor rommelige onderhandelingen waarin argumenten onderuit werden gehaald en men geen stap verder kwam. Intussen hadden de meer conservatieve krachten de tijd om zich te hergroeperen.

Een jaar na de opstanden, in het voorjaar van 1849, werd alle vooruitgang die de revolutionairen hadden geboekt, tenietgedaan. De vooruitzichten leken Humboldt somber.[22] Toen na veel geharrewar het Frankfurter Parlement eindelijk besloot de keizerlijke kroon aan Frederik Willem IV te geven zodat hij de constitutionele monarchie van een verenigd Duitsland kon leiden, weigerde hij deze categorisch. Uit angst voor het gepeupel had hij slechts een jaar daarvoor de revolutionaire Duitse driekleur gedragen, maar hij voelde zich nu zeker genoeg om dit aanbod af te slaan. De afgevaardigden hadden hem geen echte kroon te bieden, verklaarde hij, want alleen God was daartoe in staat. De kroon die hem geboden werd, was gebakken van 'drek en klei' en was geen 'diadeem van Gods genade'.[23] Het was een 'hondenhalsband' waarmee het volk hem aan de revolutie wilde ketenen.[24] Duitsland was verre van verenigd, en in mei 1849 keerden de afgevaardigden van het parlement huiswaarts zonder dat ze zich voor hun inspanningen zagen beloond.

Humboldt was diep teleurgesteld.[25] Tijdens zijn leven hadden de Amerikanen de onafhankelijkheid verklaard, maar bleven ze tegelijkertijd de 'pest van de slavernij' verspreiden.[26] In de maanden voorafgaand aan de revoluties van 1848 had hij de berichten gevolgd over de oorlog die de Verenigde Staten tegen Mexico voerden – en was geschokt door Amerika's imperiale gedrag, dat hem deed denken aan de 'oude Spaanse conquista'.[27] Als jongeman was hij getuige geweest van de Franse Revolutie, maar had hij ook gezien hoe Napoleon zichzelf tot keizer kroonde. Simón Bolívar had de Zuid-Amerikaanse koloniën van de Spaanse tirannie bevrijd, maar 'El Libertador' had zichzelf vervolgens tot dictator benoemd. En nu had men in zijn eigen land jammerlijk gefaald. Hij was teleurgesteld in revoluties en revolutionairen. Op tachtigjarige leeftijd, schreef hij in november 1849, had hij enkel nog een sprankje hoop dat het verlangen van het volk naar hervormingen niet voor altijd verdwenen was.[28] Het mocht om de zoveel tijd lijken te slapen, maar nog steeds hoopte hij dat de roep om verandering eeuwig was, 'als de

elektromagnetische storm die in de zon schitterde'. Misschien zou de volgende generatie slagen.

Zoals al zo vaak gebeurd was, begroef hij zich ook nu in het werk om aan de 'onophoudelijke golfbewegingen' te ontsnappen.[29] Toen een afgevaardigde van het Frankfurter Parlement hem vroeg hoe hij in zulke roerige tijden kon werken, antwoordde hij stoïcijns dat hij zoveel revoluties in zijn leven had gezien dat de nieuwigheid en opwinding ervan verflauwd waren.[30] Hij concentreerde zich op het voltooien van *Kosmos*.

Het tweede deel van *Kosmos* was in 1847 verschenen. Dit had Humboldt oorspronkelijk als het laatste deel voor ogen gehad, maar algauw besefte hij dat er nog meer te vertellen was. Het derde deel werd, anders dan de eerste twee delen, meer specialistisch en handelde over 'kosmische verschijnselen': van sterren en planeten tot de snelheid van het licht en kometen.[31] Humboldt probeerde de ontwikkelingen in de wetenschap bij te houden en het materiaal meester te worden,[32] maar wanneer hij een nieuwe theorie niet begreep, had hij er geen moeite mee dat toe te geven. Aangezien hij pertinent de nieuwste ontdekkingen in zijn boek wilde opnemen, vroeg hij anderen gewoon om uitleg en drong hij daarbij aan op spoed, omdat hem niet veel tijd meer restte – 'halfdoden gaan snel', zoals hij zei.[33] *Kosmos* was als een 'berg die op zijn schouders' drukte.[34]

Dankzij het succes van de eerste twee delen van *Kosmos* was er ook een nieuwe, uitgebreidere uitgave van zijn lievelingsboek, *Ansichten der Natur*, gepubliceerd – eerst in het Duits, maar al snel volgden er twee verschillende Engelse uitgaven. Er was ook een nieuwe, maar ongeautoriseerde Engelse vertaling van *Relations historiques* uitgekomen. Om wat extra inkomsten te verwerven probeerde Humboldt, zij het tevergeefs, zijn Duitse uitgever enthousiast te maken voor een 'Micro-Kosmos' – een goedkopere, kortere versie van *Kosmos* in één deel.[35]

In december 1850 werd de eerste helft van het derde deel van *Kosmos* uitgegeven, en een jaar later de andere helft. In de inleiding schreef Humboldt dat in het derde en laatste deel veel ontbrekende zaken alsnog werden behandeld.[36] Maar hij had dit nog niet geschreven of hij begon al aan het vierde deel, dat zich richtte op de aarde: daarin kwamen aardmagnetisme, vulkanen en aardbevingen aan de orde. Het leek of hij nooit zou ophouden.

Humboldt was het ondanks zijn leeftijd niet rustiger aan gaan doen. Hij schreef, verrichtte zijn taken aan het hof, en ontving daarnaast ook nog een nooit eindigende stroom bezoekers. Een van hen was de voormalige aide de camp van Simón Bolívar, generaal Daniel O'Leary, die Humboldt in april 1853 een bezoek bracht.[37] De twee mannen haalden een middag lang herinneringen op aan de revolutie en aan Bolívar, die in 1830 aan tuberculose overleden was. Humboldt was inmiddels zo beroemd dat het voor Amerikanen een overgangsrite was geworden om de oude man te bezoeken. Een Amerikaanse schrijver van reisverhalen zei dat hij niet naar Berlijn was gekomen om naar musea en kunstgalerijen te gaan, maar om 'de grootste nog levende man op aarde te zien en te spreken'.[38]*

Humboldt bleef jonge natuurwetenschappers, kunstenaars en ontdekkingsreizigers steunen en bood ze ondanks zijn eigen schulden vaak ook financiële hulp. De Zwitserse geoloog en paleontoloog Louis Agassiz bijvoorbeeld, die naar de Verenigde Staten emigreerde, maakte diverse keren gebruik van Humboldts 'gebruikelijke goedgunstigheid'.[40] Ook gaf Humboldt een jonge wiskundige eens honderd taler en regelde hij bij de universiteit gratis maaltijden voor de zoon van de koffieschenker aan het hof. Hij bracht kunstenaars bij de koning onder de aandacht en moedigde de directeur van het Neues Museum in Berlijn aan schilderijen en tekeningen te kopen. Tegen een vriend zei hij dat, aangezien hijzelf geen gezin had, deze jongemannen als zijn kinderen waren.[41]

* Humboldt hield van Amerikanen en bood hun altijd een warm welkom. 'Amerikaan zijn maakte dat toegang tot hem bijna verzekerd was,' herinnerde een bezoeker zich. In Berlijn ging het gezegde dat de liberale Humboldt liever Amerikanen dan prinsen ontving.[39]

Volgens de wiskundige Carl Friedrich Gauss was Humboldts ijver om anderen te helpen en aan te moedigen 'een van de prachtigste edelstenen in Humboldts kroon'.[42] Daarmee had Humboldt tevens het lot in handen van natuurwetenschappers over heel de wereld. Protegé van Humboldt zijn kon het welslagen van een loopbaan verzekeren. Het gerucht ging zelfs dat hij de uitslag van de verkiezingen aan de Académie des Sciences in Parijs bepaalde door kandidaten eerst bij hem thuis een gesprek af te nemen voordat ze naar de Académie gingen.[43] Een aanbevelingsbrief van Humboldt kon bepalend zijn voor iemands toekomst en mensen die tegen hem in gingen, kwamen erachter hoe venijnig hij

kon zijn. Humboldt had giftige slangen in Zuid-Amerika bestudeerd 'en veel van ze geleerd', beweerde een jonge wetenschapper.[44]

Incidentele schimpscheuten daargelaten was Humboldt meestal genereus, en vooral ontdekkingsreizigers hadden daar profijt van. Hij moedigde zijn oude kennis en vriend van Darwin, de botanist Joseph Dalton Hooker, aan naar de Himalaya te reizen en gebruikte zijn contacten in Londen om de Britse regering ervan te overtuigen dat ze de expeditie moest financieren – zelf voorzag hij Hooker van uitgebreide instructies over zaken die hij moest meten, observeren en verzamelen.[45] Een paar jaar later, in 1854, hielp hij drie Duitse broers, Hermann, Rudolph en Adolf Schlagintweit – het 'klaverblad', zoals hij hen noemde[46] – om naar India en de Himalaya te reizen, waar ze aardmagnetische velden wilden bestuderen. Deze ontdekkingsreizigers vormden zijn eigen legertje onderzoekers dat hem van gegevens uit de hele wereld voorzag waarmee hij *Kosmos* kon voltooien. Hij had geaccepteerd dat hij te oud was om zelf naar de Himalaya te gaan, maar het feit dat hij dit grootse gebergte niet zelf had beklommen, bleef de grootste teleurstelling van zijn leven – 'niets heeft me in mijn leven met heviger droefenis vervuld'.[47]

Ook spoorde hij kunstenaars aan naar de uithoeken van de wereld te reizen; hij hielp hen fondsen te verwerven en beval bepaalde routes aan, maar klaagde soms wanneer ze zijn aanbevelingen niet opvolgden. De instructies die hij gaf, waren gedetailleerd en precies.[48] Een Duitse kunstenaar kreeg van Humboldt een lange lijst planten mee om te schilderen.[49] Hij moest 'echte landschappen' afbeelden in plaats van geïdealiseerde taferelen, zoals kunstenaars in voorgaande eeuwen hadden gedaan.[50] Humboldt beschreef zelfs precies de plek waar de schilder op een berg moest gaan staan om het beste uitzicht te hebben.

Hij schreef honderden aanbevelingsbrieven. Wanneer deze brieven hun plaats van bestemming bereikten, begon het ontcijferingswerk.[51] Humboldts handschrift – onmogelijke 'microscopisch-hiëroglifische regels', zoals hijzelf toegaf[52] – was altijd al bedroevend geweest, maar werd nog slechter naarmate hij ouder werd. De brieven gingen van hand tot hand, zodat iedereen een ontcijferd woord of zinsdeel kon toevoegen. Al werd zijn petieterige gekriebel met een vergrootglas bekeken, het kostte vaak nog dagen om uit te vinden wat er precies stond.

In ruil kreeg Humboldt nog meer brieven terug. Halverwege de negentiende eeuw schatte hij dat hij zo'n tweeënhalf- tot drieduizend brieven per jaar ontving.[53] Zijn appartement in de Oranienburger Straße was een handelsplaats van adressen geworden, klaagde hij. Tegen wetenschappelijke brieven had hij geen bezwaar, maar 'onnozele correspondentie' kwelde hem – vroedvrouwen en onderwijzers die hoopten op een koninklijke onderscheiding bijvoorbeeld, handtekeningenjagers of vrouwengroepen die uit waren op zijn bekering naar hun godsdienstige gezindte.[54] Hij kreeg vragen over heteluchtballonnen, verzoeken om hulp bij emigratie en nu en dan het 'aanbod om zich te laten verplegen'.

Niettemin waren er ook brieven die hij met genoegen las, in het bijzonder die van zijn oude reisgenoot Aimé Bonpland, die na zijn vertrek naar Zuid-Amerika in 1816 nooit naar Europa teruggekeerd was.[55] Nadat hij in Paraguay bijna tien jaar in de gevangenis had gezeten werd Bonpland in 1831 plotseling vrijgelaten, maar hij besloot in zijn nieuwe vaderland te blijven. Hij was inmiddels begin tachtig en bezat een stukje grond in Argentinië, vlak bij de grens met Paraguay. Hij leidde daar een eenvoudig plattelandsleven; hij kweekte fruitbomen en ging er nu en dan op uit om planten te zoeken.

De twee oude mannen correspondeerden over planten, politiek en vrienden. Humboldt stuurde Bonpland zijn nieuwste boeken en hield hem op de hoogte van de politieke ontwikkelingen in Europa.[56] Het leven aan het Pruisische hof had zijn liberale idealen niet aangetast, verzekerde hij; hij geloofde nog steeds in vrijheid en gelijkheid. Met het vorderen van de leeftijd werden hun brieven steeds inniger en herinnerden de mannen elkaar aan hun langdurige vriendschap en aan de avonturen die ze samen hadden beleefd. Er ging geen week voorbij dat hij niet aan Bonpland dacht, schreef Humboldt. Er verstreken jaren waarin de ene na de andere gemeenschappelijke vriend overleed, en dit bracht de mannen nog dichter bij elkaar. 'Wij overleven iedereen,'

Aimé Bonpland

schreef Humboldt nadat drie van hun wetenschappelijke vakgenoten – onder wie zijn goede vriend Arago – binnen drie maanden waren overleden, 'maar helaas! We zijn van elkaar gescheiden door de immense oceaan.'[57] Bonpland wenste ook vurig Humboldt te zien. Een mens had een vriend nodig die hij de 'geheime gevoelens van het hart' kon toevertrouwen, schreef hij.[58] In 1854 sprak de eenentachtigjarige Bonpland nog steeds over een bezoek aan Europa, om Humboldt te kunnen omarmen. Maar in mei 1858 stierf hij in Argentinië; in Frankrijk zei zijn naam toen bijna niemand meer iets.

Humboldt was daarentegen de beroemdste natuurwetenschapper van zijn tijd geworden, niet alleen in Europa, maar in heel de wereld. Zijn portret was te vinden op de Great Exhibition in Londen, maar hing ook in verre paleizen als dat van de koning van Siam in Bangkok.[59] Zijn geboortedag werd tot in verre oorden als Hongkong gevierd en een Amerikaanse dagbladschrijver beweerde: 'Vraag een willekeurige schooljongen wie Humboldt is, en hij zal het juiste antwoord geven.'[60]

De Amerikaanse minister van Oorlog, John B. Floyd, stuurde Humboldt negen kaarten van Noord-Amerika waarop alle steden, county's, gebergten en rivieren stonden die naar hem genoemd waren. Zijn naam was in het hele land een begrip geworden, schreef Floyd.[61] Ooit was er zelfs geopperd dat de Rocky Mountains tot 'Humboldt Andes' moesten worden omgedoopt[62] – en nu droegen diverse county's en steden, een rivier, baaien, meren en bergen zijn naam, evenals een hotel in San Francisco en een dagblad in Eureka in Californië, de *Humboldt Times*.[63] Toen de half gevleide, half gegeneerde Humboldt hoorde dat er weer een rivier naar hem genoemd was, zei hij gekscherend dat hij vijfhonderd kilometer lang was en slechts een paar zijrivieren had – maar wel 'vol met vis' zat.[64] Er waren zoveel schepen die zijn naam droegen dat hij ze tot zijn 'scheepsmacht' verklaarde.[65]

Kranten over heel de wereld berichtten over de gezondheid en de bezigheden van de wetenschapper op leeftijd. Toen het gerucht ging dat hij ziek was, vroeg een anatoom uit Dresden om zijn schedel. Humboldt antwoordde dat hij zijn 'hoofd nog een tijdje nodig had', maar later 'met alle genoegen aan het verzoek zou voldoen'.[66] Een bewonderaarster vroeg hem haar een telegram te sturen wanneer zijn einde naderde, zodat zij zich naar zijn sterfbed kon spoeden om zijn ogen te sluiten.[67] Bij zoveel roem konden roddels niet uitblijven, en Humboldt was weinig gecharmeerd van berichten in Franse kranten dat hij een verhouding zou hebben gehad met de 'lelijke barones Berzelius', de weduwe van de Zweedse scheikundige Jöns Jacob Berzelius.[68] Het was niet helemaal duidelijk of hij er meer door gegriefd was dat hem een verhouding in de schoenen werd geschoven, of dat ze hem ervan hadden kunnen verdenken dat hij zo'n onaantrekkelijke vrouw zou kiezen.

Hij was inmiddels halverwege de tachtig en voelde zich een 'half gepetrificeerd curiosum',[69] maar hij bleef belangstelling houden voor alles wat nieuw was. Hoe groot zijn liefde voor de natuur ook was, hij voelde ook fascinatie voor technologie. Hij vroeg bezoekers naar de reis die ze per stoomboot hadden gemaakt en was verwonderd dat het slechts tien dagen kostte om van Europa in Boston of Philadelphia te komen. Spoorwegen, stoomschepen en telegrafisch verkeer 'deden de ruimte teniet'.[70] Al tientallen jaren probeerde hij zijn Noord- en Zuid-Amerikaanse vrienden ervan te overtuigen dat een kanaal door de landengte van Panama technisch mogelijk was en van groot belang voor de handel kon zijn. In 1804, tijdens zijn bezoek aan de Verenigde Staten, had hij James Madison al aanbevelingen gedaan, en later had Bolívar zich door hem laten overreden en het gebied laten inspecteren door twee ingenieurs. Humboldt bleef zijn hele verdere leven over dit kanaal schrijven.[71]

Doordat algemeen bekend was dat hij een bewonderaar was van de telegraaf, stuurde een kennis hem vanuit Amerika een klein deel van een kabel – een stukje sub-Atlantische telegraaf.[72] Humboldt had twintig jaar eerder in Parijs het telegraaftoestel van Samuel Morse gezien, en sindsdien correspondeerde hij met de uitvinder. Morse, die ook het morseschrift ontwikkelde, deed Humboldt in 1856 verslag van zijn experimenten met een onderaardse verbindingslijn tussen Ierland en Newfoundland.[73] Het was geen verrassing dat Humboldt hier belangstelling voor had, aangezien hij via een communicatielijn tussen Europa en Amerika onmiddellijk informatie zou kunnen krijgen van wetenschappers aan de andere kant van de oceaan over nog ontbrekende gegevens voor *Kosmos*.*

Ondanks alle aandacht voelde Humboldt vaak grote afstand tot zijn tijdgenoten. Zijn leven lang was eenzaamheid zijn trouwste metgezel geweest. Buren berichtten dat ze hem op straat zagen lopen; in de vroege ochtend voerde hij de mussen, en tot diep in de nacht flakkerde er een eenzaam licht voor het raam van zijn studeervertrek, waar hij aan het vierde deel van *Kosmos* werkte.[74] Hij mocht iedere dag nog graag een stukje lopen en was vaak op Unter den Linden te vinden, de beroemde laan in Berlijn, waar hij in de schaduw van de grote lindebomen langzaam en met het hoofd gebogen rondwandelde. En iedere keer dat hij bij de koning in diens paleis in Potsdam verbleef, ging hij graag de heuvel op – 'onze Potsdamer Chimborazo'[75] – naar het daar gelegen observatorium.

Toen Charles Lyell in 1856 een bezoek aan Berlijn bracht, kort voor Humboldts zevenentachtigste verjaardag, maakte de Britse geoloog er gewag van dat Humboldt nog net zo was als 'meer dan dertig jaar geleden, en nog heel goed weet had van wat er zich op allerlei gebied afspeelde'.[76] Humboldt was nog steeds snel en scherp; hij had weinig rimpels en zijn zilvergrijze haar was nog dik.[77] Een andere bezoeker merkte op dat de huid van zijn gezicht 'in het geheel niet verslapt' was.[78] Hij

* Slechts twee jaar later, in augustus 1858, werden tussen Engeland en de Verenigde Staten de eerste telegrafische berichten uitgewisseld via de eerste trans-Atlantische telegraafkabel – maar een maand later begaf deze het. Het zou tot 1866 duren voor er een nieuwe, werkende lijn was.

Unter den Linden, de beroemde laan met rechts de universiteit en de Akademie der Wissenschaften

was met de jaren wel mager geworden,[79] maar zijn hele lichaam praatte mee wanneer hij aan het woord was en mensen vergaten hoe oud hij was. Een Amerikaan zei dat Humboldt nog steeds 'al het vuur en de geestkracht' van een man van dertig had.[80] Hij was nog even rusteloos als toen hij jong was. Velen merkten op dat hij gewoon niet kon stilzitten. Het ene moment stond hij voor zijn boekenplanken naar een boek te zoeken, het volgende boog hij zich over een tafel om tekeningen uit te vouwen. Hij pochte dat hij nog steeds acht uur achtereen kon staan als het nodig was. Wat ouderdom betrof gaf hij enkel toe dat hij niet langer lenig genoeg was om in zijn studeervertrek de ladder op te klimmen om een boek van de bovenste plank te pakken.

Hij woonde nog steeds in zijn gehuurde appartement in de Oranienburger Straße. Zijn financiële situatie bleef ongewis.[81] Hij bezat zelfs niet van al zijn eigen boeken een exemplaar, omdat ze te duur waren.[82] Hij leefde op te grote voet, maar bleef jonge wetenschappers steunen. Op de tiende van de maand had hij zijn geld meestal al verteerd, en soms moest hij lenen van zijn toegewijde huisknecht Johann Seifert, die hem al dertig jaar diende. Seifert had hem vergezeld naar Rusland en voerde nu samen met zijn vrouw het huishouden in de Oranienburger Straße.

De meeste bezoekers verbaasden zich over Humboldts eenvoudige huisvesting: een appartement in een onopvallend pand op korte afstand van de universiteit die zijn broer Wilhelm gesticht had.[83] Bezoekers werden altijd door Seifert verwelkomd. Hij nam ze mee naar het appartement op de tweede verdieping, waar ze eerst door een vertrek met opgezette vogels, stukken gesteente en andere natuurhistorische voorwerpen liepen, en dan via de bibliotheek naar de studeerkamer gingen, waar ook weer boekenkasten tegen de muren stonden. In de overvolle studeerkamer lagen manuscripten, tekeningen en opgerolde kaarten, er stonden wetenschappelijke instrumenten en opgezette dieren, folianten met gedroogde planten, bustes en portretten; als huisdier liep er zelfs een kameleon rond. Op de eenvoudige houten vloer lag een schitterend luipaardvel.[84] Gesprekken werden onderbroken wanneer de aanwezige papegaai Humboldts meest voorkomende opdracht aan de huisknecht schreeuwde: 'Veel suiker, veel koffie, mijnheer Seifert!'[85] Op de vloer was het een wanorde van kisten en het bureau was omringd door stapels boeken. Op een van de bijzettafels stond een globe, waar Humboldt naartoe liep om hem rond te draaien zodra hij over een bepaalde berg, rivier of stad sprak.

Humboldt had een hekel aan kou; in zijn studeerkamer was er altijd sprake van een welhaast ondraaglijke tropische hitte, die zijn bezoekers lijdzaam doorstonden. Wanneer hij met vreemdelingen sprak, gebruikte hij verschillende talen door elkaar en ging hij in één zin van het Duits over op het Frans, Spaans en Engels. Zijn gehoor werd slechter, maar hij was nog even gevat als altijd. Eerst komt doofheid, dan imbeciliteit, grapte hij.[86] Een kennis vertelde hij dat beroemdheid toenam wanneer iemand maar lang genoeg leefde.[87] Veel bezoekers wezen op zijn jongensachtige humor, zoals de vaak herhaalde grap over zijn kameleon. 'Veel geestelijken' leken op dit dier,[88] vanwege hun vermogen om met één oog naar de hemel en met het andere naar de aarde te kijken.

Hij adviseerde reizigers welke landen ze moesten bezoeken, en vertelde anderen welke boeken ze moesten lezen of welke mensen ze moesten ontmoeten. Hij sprak over wetenschap, natuur, kunst en politiek, en werd het niet moe om mensen uit de Verenigde Staten te vragen naar de slavernij en de onderdrukking van indianen. Slavernij was een smet op de Amerikaanse natie.[89]* Hij was vooral furieus toen een Amerikaan uit

* Humboldt kon in de Verenigde Staten niets uitrichten, maar hij slaagde er wel

de zuidelijke staten, die vóór slavernij was, in 1856 een Engelse uitgave publiceerde van zijn *Essai politique sur l'île de Cuba* waarin alle kritiek op slavernij was weggelaten.[90] Een woedende Humboldt stelde een persbericht op dat in kranten in heel de Verenigde Staten werd afgedrukt, waarin hij verklaarde dat de stukken die in deze uitgave ontbraken, de belangrijkste van het boek waren.

De meeste bezoekers waren ervan onder de indruk dat de oude Humboldt nog zo helder was; een van hen herinnerde zich de 'ononderbroken stroom van grote kennis' die uit Humboldts mond kwam.[91] Maar al deze aandacht deed zijn krachten afnemen. Daarbij ontving hij ook nog eens steeds meer brieven, inmiddels vierduizend per jaar, en schreef hij er zelf nog altijd zo'n tweeduizend; hij voelde zich 'onverminderd achtervolgd' door zijn eigen correspondentie.[92] Gelukkig had zijn gestel zich de laatste tientallen jaren opvallend sterk betoond. Hij had alleen nu en dan maagklachten gehad, kougevat en last gehad van een onaangename, jeukende huiduitslag.[93]

Begin september 1856, twee dagen voor zijn zevenentachtigste verjaardag, vertelde hij een vriend dat hij zwakker werd.[94] Twee maanden later raakte hij bijna ernstig gewond toen hij tijdens een bezoek aan een tentoonstelling in Potsdam werd getroffen door een schilderij dat van de muur viel – gelukkig ving zijn stevige hogehoed de klap voor het grootste deel op.[95] Maar op de avond van 25 februari 1857 hoorde zijn huisknecht Johann Seifert een vreemd geluid en toen hij poolshoogte nam, bleek Humboldt op de vloer te liggen. Seifert liet de geneesheer komen, die zich naar het appartement haastte. Humboldt had een kleine beroerte gehad en de geneesheer verklaarde dat er niet veel hoop op herstel was. De patiënt legde intussen met zijn gebruikelijke nauwgezetheid de symptomen vast die hij waarnam: tijdelijke verlammingsverschijnselen, pols onveranderd, onaangetast gezichtsvermogen, en zo meer. De weken daarna moest Humboldt het bed houden, wat hem buitengewoon tegenstond. Doordat hij veel tijd met nietsdoen in bed had moeten doorbrengen, waren zijn 'bedroefdheid en onvrede met de wereld' toegenomen, schreef hij in maart.[96]

in dat er een wet werd aangenomen die bepaalde dat slaven vrij werden zodra ze voet op Pruisische bodem zetten – een van zijn weinige politieke wapenfeiten. Het wetsontwerp werd in november 1856 voltooid; in maart 1857 trad de wet in werking.

Tot ieders verbazing herstelde hij, hoewel hij nooit meer helemaal de oude werd. De machinerie was op zijn leeftijd roestig, zei hij.[97] Vrienden merkten op dat zijn tred onvast was geworden, maar dat hij uit trots en ijdelheid weigerde een wandelstok te gebruiken.[98] In juli 1857 kreeg Frederik Willem IV een beroerte, waardoor hij deels verlamd raakte en niet meer in staat was te regeren – zijn broer Wilhelm werd regent – en Humboldt kon eindelijk zijn ambt aan het hof neerleggen. Hij bleef nog wel bezoeken afleggen aan de oude koning, maar hoefde er niet voortdurend te zijn.

In december rolde het vierde deel van *Kosmos*, dat over de aarde handelde en de wat omslachtige ondertitel *Spezielle Ergebnisse der Beobachtung in dem Gebiete tellurischer Erscheinungen* had, eindelijk van de pers.[99] Het was een taai, wetenschappelijk boek dat maar weinig deed denken aan zijn eerdere boeken. De oplage was met vijftienduizend exemplaren nog steeds hoog, maar de verkoop bleef ver achter bij die van de eerste twee delen, die een meer algemeen publiek hadden aangesproken.[100] Toch voelde Humboldt zich verplicht er nog een deel aan toe te voegen

Humboldt in 1857

– een vervolg, zoals hij uitlegde, met nog meer bijzonderheden over de aarde en de verspreiding van planten. Tegen de bibliothecaris van de koninklijke bibliotheek, die hij overspoelde met aanvragen voor boeken, gaf hij toe dat het schrijven van het vijfde deel een wedloop tegen de dood was.[101] Ook leek het werk hem te veel te worden. Zijn kortetermijngeheugen werd minder en hij merkte dat hij nu voortdurend in zijn aantekeningen zocht en vergat waar hij zijn boeken had neergelegd.

In 1857 kwamen twee van de drie broers Schlagintweit terug van de expeditie naar de Himalaya en ze bezochten Humboldt; ze schrokken toen ze zagen hoe oud hij was geworden.[102] Vol enthousiasme vertelden ze hem dat ze zijn omstreden hypothese over de verschillende hoogten van de sneeuwgrens op de noordelijke en zuidelijke hellingen van de Himalaya hadden onderzocht. Tot hun verbazing hield Humboldt echter vol dat hij nooit iets dergelijks beweerd had. Om te bewijzen dat de theorie wel degelijk van hem afkomstig was, gingen de broers naar zijn studeerkamer en haalden Humboldts eigen essay over het onderwerp uit 1820 van de plank.[103] Met tranen in de ogen drong het tot hen door dat Humboldt het zich gewoon niet wist te herinneren.

Tegelijkertijd bleef Humboldt 'ongenadig getreiterd'[104] worden door de enorme hoeveelheid brieven die hij ontving; inmiddels waren dat er bijna vijfduizend per jaar, maar hij weigerde alle hulp bij de correspondentie.[105] Hij voelde niets voor een persoonlijke secretaris, omdat gedicteerde brieven veel te stijf en zakelijk waren.[106] In december 1858 moest hij opnieuw het bed houden, deze keer vanwege griep; hij voelde zich ziek en akelig.

In februari 1859 was hij voldoende hersteld om samen met zeventig Amerikanen in Berlijn de geboortedag van George Washington te vieren.[107] Hoewel hij nog steeds zwak was, wilde hij beslist het vijfde deel van *Kosmos* voltooien. Op 15 maart 1859, een halfjaar voor zijn negentigste verjaardag, liet hij een kennisgeving in de kranten zetten: aangezien hij 'gebukt ging onder grote neerslachtigheid als gevolg van een nog dagelijks toenemende hoeveelheid correspondentie', vroeg hij 'de mensen van de twee werelddelen zich minder met hem bezig te houden'. Hij verzocht met klem hem van enige vrije tijd te laten genieten en tijd te laten om te werken.[108] Op 19 april, een maand later, stuurde hij het manuscript van het vijfde deel van *Kosmos* naar zijn uitgever. Twee dagen later zakte hij in elkaar.[109]

Toen zijn gezondheid niet vooruitging, verschenen er in de kranten in Berlijn dagelijks berichten over hem. Op 2 mei werd gemeld dat zijn toestand erg zwak was; de dag daarna was deze bijzonder zorgwekkend; daarna kritiek: hij had hevige hoestbuien en ernstige moeite met ademhalen; op 5 mei werd bericht dat hij steeds zwakker werd. In de ochtend van 6 mei 1859 werd gemeld dat de krachten van de zieke van uur tot uur afnamen.[110] Die middag om halfdrie, toen de zon de muren van zijn slaapvertrek met haar stralen liefkoosde, opende Humboldt nog één keer zijn ogen en sprak zijn laatste woorden: 'Wat verrukkelijk, deze zonnestralen! Ze lijken de aarde naar de hemel te roepen!'[111] Hij was negenentachtig toen hij stierf.

Het schokkende nieuws verspreidde zich over de wereld, van de Europese hoofdsteden naar de Verenigde Staten en van Panama-Stad en Lima naar kleine steden in Zuid-Afrika.[112] 'De grote en zo aanbeden Humboldt is niet meer!' schreef de Amerikaanse gezant in Pruisen in een bericht aan het Amerikaanse ministerie van Buitenlandse Betrekkingen;[113] het duurde meer dan tien dagen voor het in Amerika aankwam. Een telegram uit Berlijn bereikte de Londense redactiekamers slechts enkele uren na Humboldts dood: Berlijn was 'in rouw gedompeld'.[114] Diezelfde dag schreef Charles Darwin, onwetend van Humboldts dood, vanuit Kent naar zijn uitgever in Londen dat hij hem binnenkort de eerste zes hoofdstukken van *On the Origin of Species* zou sturen.[115] In een volmaakt gelijktijdige, maar tegengestelde ontwikkeling was Humboldt langzaam achteruitgegaan en had Darwin haast gemaakt; hij voltooide het manuscript van het boek dat een schok in de wetenschappelijke wereld zou teweegbrengen.

Twee dagen na Humboldts dood verschenen er in de Engelse kranten lange necrologieën en berichten over hem. De eerste zin van een lang artikel in *The Times* in Londen luidde eenvoudigweg: 'Alexander von Humboldt is dood.'[116] Terwijl de Britten die dag hun krant opensloegen om over de dood van Humboldt te lezen, stonden er bij het Tenth Street Studio Building in New York honderden mensen in de rij om een prachtig schilderij te bekijken dat door hem geïnspireerd was: *The Heart of the Andes* van de jonge Amerikaanse schilder Frederic Edwin Church.[117]

Het schilderij was zo opzienbarend dat de geestdriftige bezoekers urenlang in een lange rij rond het gebouw stonden te wachten om tegen betaling van vijfentwintig cent het drie bij anderhalve meter grote doek te kunnen bekijken dat de Andes in al zijn glorie toonde. De waterval in het midden van het doek was zo levensecht dat de mensen de opspringende nevel bijna konden voelen. Bomen, bladeren en bloemen waren zo precies weergegeven dat botanici ze konden determineren. Op de achtergrond rezen majestueus de met eeuwige sneeuw bedekte bergen op. Meer dan enige andere schilder had Church gehoor gegeven aan Humboldts oproep om kunst en wetenschap met elkaar te verenigen.[118] Church bewonderde Humboldt zozeer dat hij te voet en per muilezel dezelfde tocht door Zuid-Amerika had gemaakt als zijn held.

In *The Heart of the Andes* werd schoonheid gekoppeld aan de meest nauwgezet weergegeven geologische, botanische en wetenschappelijke details – hier was Humboldts opvatting van onderlinge verbondenheid zonneklaar op doek overgebracht. Het schilderij nam de beschouwer mee naar de wildernis van Zuid-Amerika. *The New York Times* verklaarde dat Church de 'kunstzinnige Humboldt van de Nieuwe Wereld' was.[119] Op 9 mei schreef Church, die niet wist dat Humboldt drie dagen daarvoor was gestorven, aan een vriend dat hij het schilderij naar Berlijn wilde sturen om de oude man het natuurschoon te laten zien dat zestig jaar geleden zijn ogen had verrukt.[120]

De volgende ochtend kreeg Humboldt in Duitsland een staatsbegrafenis.[121] De lijkwagen werd gevolgd door een rouwstoet van tienduizenden mensen die van zijn appartement via Unter den Linden naar de Dom van Berlijn toog. Zwarte vlaggen wapperden in de wind en overal langs de weg stonden mensen. De lijkwagen met de eenvoudige eiken kist die was opgeschikt met twee kransen en begeleid werd door palmbladeren dragende studenten, werd getrokken door koninklijke paarden. Nooit eerder hadden de inwoners van Berlijn meegemaakt dat een particulier zo'n grootse begrafenis kreeg. Hoogleraren van de universiteit en leden van de Akademie der Wissenschaften waren gekomen, maar ook soldaten, diplomaten en politici. Er waren ambachtslieden, handelaren, winkeliers, kunstenaars, dichters, toneelspelers en schrijvers. Achter de langzaam voortrijdende lijkwagen liepen familieleden van Humboldt met hun gezin en Humboldts huisknecht Johann Seifert. De rouwstoet was anderhalve kilometer lang. Overal in de straten luidden kerkklokken en de koninklijke familie wachtte in de Dom om afscheid van Humboldt te kunnen nemen. 's Avonds werd de kist naar Tegel overgebracht, waar Humboldt in het familiegraf werd bijgezet.

Het Humboldtfamiliegraf bij Slot Tegel

Toen het stoomschip met het nieuws van Humboldts dood half mei in de Verenigde Staten aankwam, treurden denkers en kunstenaars evenzeer als wetenschappers.[122] Church zei dat het was alsof hij een vriend had verloren.[123] Een van Humboldts vroegere protegés, de natuurwetenschapper Louis Agassiz, beweerde in de lofrede die hij aan de Academy of Art and Sciences in Boston hield, dat de geest van elk Amerikaans schoolkind werd gevoed aan de hand van 'de inspanningen die Humboldts hersenen hadden verricht'.[124] Op 19 mei 1859 deden kranten in heel Amerika verslag van de dood van Humboldt, die door velen gekenschetst werd als de bijzonderste man die ooit geboren was.[125] Zij hadden het geluk te hebben geleefd in het 'tijdperk van Humboldt'.[126]

In de decennia na Humboldts dood bleef zijn faam groeien. Op 14 september 1869 werd zijn honderdste geboortedag in de hele wereld door tienduizenden mensen met allerlei feestelijkheden gevierd – in New York en Berlijn, in Mexico-Stad en Adelaide, en in ontelbare andere steden. Meer dan twintig jaar na zijn dood noemde Darwin hem nog steeds de grootste ontdekkingsreiziger en natuurwetenschapper die ooit had geleefd.[127] Darwin zou altijd gebruik blijven maken van Humboldts boeken. In 1881, op zijn tweeënzeventigste, nam hij opnieuw het derde deel van *Relations historiques* ter hand. Toen hij het uit had, schreef hij achter op het boek: '3 april 1882 uitgelezen'.[128] Zestien dagen later, op 19 april, was ook hij dood.

Hij was niet de enige die Humboldts werk bewonderde. Humboldt had het zaad verspreid waaruit nieuwe wetenschappen groeiden, meende een Duitse wetenschapper.[129] Humboldts opvatting van de natuur bereikte ook andere vakgebieden – letteren en schone kunsten.[130] Zijn denkbeelden waren doorgedrongen tot in de gedichten van Walt Whitman en de boeken van Jules Verne. In 1934 verwees Aldous Huxley in zijn reisverhaal *Beyond the Mexique Bay* naar Humboldts *Essai politique sur le royaume de la Nouvelle-Espagne* en halverwege de twintigste eeuw verscheen Humboldts naam in de gedichten van Ezra Pound en Erich Fried. Honderddertig jaar na zijn dood werd Humboldt door de Colombiaanse schrijver Gabriel García Márquez tot leven gewekt in *El general en su laberinto*,* een gefictionaliseerd relaas van de laatste dagen van Simón Bolívar.

Voor velen was Humboldt, zoals de Pruisische koning Frederik Willem IV had gezegd, gewoon 'de grootste geleerde sinds de zondvloed'.[131]

* In het Nederlands verschenen onder de titel *De generaal in zijn labyrint.*

21 Mens en natuur

Humboldt en George Perkins Marsh

Op het moment dat het nieuws van Humboldts dood de Verenigde Staten bereikte, verliet George Perkins Marsh de stad New York om naar zijn huis in Burlington, Vermont, terug te keren.[1] De achtenvijftigjarige Marsh miste de lofredes die twee weken later, op 2 juni 1859, in Manhattan tijdens een bijeenkomst van de American Geographical and Statistical Society – waarvan hij lid was – op Humboldt werden uitgesproken.[2] Hij had zich in Burlington in zijn werk begraven en was de stoffigste kamergeleerde op aarde geworden, schreef hij aan een vriend.[3] Hij zat ook op zwart zaad.[4] In een poging geld te verdienen hield hij zich met verschillende onderwerpen bezig. Zo zette hij een serie colleges over de Engelse taal, die hij de maanden daarvoor aan het Columbia College in New York had gegeven, op schrift, stelde hij een verslag op over spoorwegmaatschappijen in Vermont en werkte hij aan een aantal gedichten die in een bloemlezing zouden worden opgenomen; daarnaast schreef hij diverse artikelen voor een krant.[5]

Hij was van New York naar Burlington teruggekeerd 'als een ontsnapte gevangene naar zijn cel'.[6] Hij zat over stapels papier, boeken en manuscripten gebogen, kwam zijn studeerkamer bijna niet uit en sprak zelden iemand. Hij deed niets dan schrijven, vertelde hij een vriend,[7] met boeken als zijn enige gezelschap. Zijn bibliotheek telde vijfduizend werken uit alle hoeken van de wereld; één afdeling was geheel aan Humboldt gewijd.[8] Hij was van mening dat de Duitsers 'meer hadden gedaan om de grenzen van de moderne wetenschap op te rekken dan de overige christenen met al hun inspanningen bij elkaar'.[9] Duitse boeken waren 'oneindig voortreffelijker dan andere', waarbij Humboldts werk de kroon spande.[10] Zijn enthousiasme over Humboldt was zo groot dat hij verrukt was toen zijn schoonzuster een Duitser trouwde, Friedrich Wislizenus, een arts en botanist.[11] Wislizenus had Marsh' goedkeuring omdat hij in de nieuwste druk van *Ansichten der Natur* werd genoemd – zijn kwaliteiten als echtgenoot waren kennelijk minder van belang.

George Perkins Marsh

Marsh sprak twintig talen, waaronder Duits, Spaans en IJslands.[12] Hij maakte zich talen eigen zoals een ander zich een boek eigen maakte. Hij beweerde dat 'een ontwikkelde Duitser of Deen in een maand tijd Nederlands kon leren'.[13] Duits was zijn lievelingstaal en zijn brieven doorspekte hij vaak met Duitse woorden, zoals *Blätter* in plaats van kranten, of *Klapperschlangen* in plaats van ratelslangen.[14] Toen een vriend in Peru grote moeite had een zonsverduistering waar te nemen vanwege de bewolking, verwees Marsh naar 'Humboldts aanduiding van de *unastronomischer Himmel Perus*' – de onastronomische hemel van Peru.

Humboldt was de 'grootste der priesters van de natuur',[15] omdat hij de wereld had opgevat als een wisselwerking tussen de mens en de natuur – een verband dat Marsh' eigen werk zou bevestigen, aangezien hij materiaal verzamelde voor een boek waarin werd uiteengezet dat de mensheid haar leefomgeving verwoestte.

Marsh was autodidact en had een onverzadigbare honger naar kennis. Hij was geboren in 1801 in Woodstock, Vermont, als zoon van een calvinistische advocaat. Hij was een voorlijk kind; op zijn vijfde leerde hij de woordenboeken van zijn vader uit het hoofd. Hij kon heel snel lezen en las veel boeken tegelijk. Vrienden en familie verbaasden zich er altijd over dat hij met één oogopslag de inhoud van een bladzijde wist te vangen. Zijn leven lang zouden mensen wijzen op zijn buitengewoon goede geheugen. Een vriend noemde hem een wandelende encyclopedie.[16] Toch leerde Marsh niet alleen van boeken; hij was ook heel graag buiten. Hij was 'met het bos grootgebracht' en 'het kabbelende beekje, de bomen, de bloemen, de wilde dieren' waren voor hem 'mensen, geen dingen'.[17] Als kind had hij genoten van de lange wandelingen met zijn vader, die hem de namen van de bomen leerde. 'Mijn kinderjaren heb ik bijna letterlijk in het bos doorgebracht,' schreef hij aan een vriend,[18] en deze grote achting voor de natuur zou hij zijn hele leven behouden.

Voor een man die zoveel kennis verslond, verliep zijn loopbaan opmerkelijk grillig. Hij had rechten gestudeerd, maar was als advocaat nutteloos omdat hij zijn cliënten ruw en ongemanierd vond.[19] Hij was een groot geleerde, maar hield niet van onderwijzen.[20] Hij was een ondernemer met een feilloos gevoel voor rampzalige beslissingen en soms bracht hij meer tijd op het gerecht door met eigen zaken dan met zaken van cliënten. Toen hij zijn geluk beproefde als schapenboer, raakte hij alles kwijt toen de prijs van wol instortte. Hij bezat een wolfabriek die eerst afbrandde en vervolgens werd verwoest door drijfijs. Hij speculeerde in land, verkocht timmerhout en dolf marmer – alles met verlies.[21]

Hij was duidelijk meer een geleerde dan een ondernemer. Als veertiger had hij meegeholpen aan de oprichting van de Smithsonian Institution in Washington – het eerste nationale museum van de Verenigde Staten. Hij had een woordenboek van noordse talen geschreven en was deskundige op het gebied van de Engelse etymologie. In Washington was hij ook Congreslid geweest voor Vermont, maar zelfs zijn loyale echtgenote gaf toe dat haar man niet de meest inspirerende politicus was. Caroline Marsh zei dat het hem 'ten enenmale ontbrak aan welsprekendheid'.[22] Hij had zoveel verschillende beroepen trachten uit te oefenen dat een vriend schertste dat hij 'ambachten moest úítvinden als hij nog veel langer leefde'.[23]

Eén ding wist Marsh zeker: hij wilde reizen, iets van de wereld zien. Het enige probleem was dat hij daar nooit geld voor had. Dat kon worden opgelost door een diplomatieke post te vinden, besloot hij in het voorjaar van 1849.[24] Het liefst was hij naar Berlijn gegaan, Humboldts woonplaats, maar zijn hoop daarop werd de bodem ingeslagen door een senator uit Indiana, die zijn zinnen ook op Berlijn had gezet. De man stuurde een aantal kisten champagne naar Washington, waarmee hij de politici wilde omkopen die over de kandidatuur beslisten. Marsh hoorde van vrienden dat de mannen binnen een paar uur zo 'onrustbarend beneveld' waren dat ze dansten en zongen.[25] Aan het eind van de avond verklaarden de beschonken politici dat de senator uit Indiana naar Berlijn zou worden uitgezonden.

Marsh wilde pertinent een tijd in het buitenland wonen. Hij was ervan overtuigd dat hij via zijn connecties in Washington, die hij had opgedaan in de periode dat hij Congreslid was, een post moest kunnen bemachtigen. Als het geen Berlijn werd, dan maar een andere plaats. Hij had het geluk dat hij een paar weken later, eind mei 1849, tot Amerikaans gezant in Constantinopel, Turkije, werd benoemd; hij kreeg de opdracht de handel tussen de twee landen te bevorderen.[26] Constantinopel was geen Berlijn, maar van het Ottomaanse Rijk, gelegen op het kruispunt van Europa, Afrika en Azië, ging een opwindende bekoring uit. Tegen een vriend zei Marsh dat de bestuurlijke taken 'zeer licht' werden geacht. 'Een aanzienlijk deel van het jaar is mijn aanwezigheid in Constantinopel niet vereist.'[27]

En dat bleek. In de vier navolgende jaren reisden hij en zijn echtgenote Caroline veel door Europa en door gebieden in het Midden-Oosten. Ze vormden een gelukkig paar.[28] Intellectueel gezien leek Caroline erg veel op haar echtgenoot – ze was bijna net zo'n fervente lezer als hij, publiceerde gedichten en redigeerde alle artikelen, opstellen en boeken die haar man schreef. Ze sprak zich openlijk uit voor vrouwenrechten – evenals Marsh, die voorstander was van stemrecht en onderwijs voor vrouwen.[29] Caroline was een sociabele, levendige vrouw en een 'virtuoos causeur'.[30] Vaak plaagde ze haar man, die neigde naar zwaarmoedigheid, dat hij een 'oude geleerde' en een 'brombeer' was.[31]

Caroline worstelde wel met haar gezondheid – ze werd gekweld door een folterende rugpijn, die haar vaak belette meer dan een paar stappen te wandelen.[32] Door de jaren heen schreven dokters haar allerlei middelen voor, van baden in zee tot kalmerende middelen en ijzersupplementen, maar deze boden geen van alle soelaas en vlak voor ze naar Turkije vertrokken, oordeelde een arts in New York dat haar geheimzinnige ziekte ongeneeslijk was.[33] Marsh verpleegde haar vol toewijding en droeg haar vaak in zijn armen.[34] Toch slaagde Caroline erin haar echtgenoot op de meeste reizen te vergezellen. Soms werd ze gedragen door plaatselijke gidsen, andere keren moest ze op een constructie liggen die aan een muilezel of zelfs aan een kameel vastgemaakt was. Toch was ze altijd opgeruimd en wilde ze beslist met haar echtgenoot mee.

Toen ze voor het eerst van de Verenigde Staten naar Constantinopel waren gereisd, hadden ze een omweg gemaakt via Italië, maar hun eerste echte expeditie maakten ze naar Egypte. In januari 1851, een jaar na hun aankomst in Constantinopel, vertrokken ze naar Caïro en maakten

vandaar een tocht over de Nijl.[35] Vanaf het dek van hun boot zagen ze hoe het exotische landschap zich ontvouwde. De rivier werd door dadelpalmen omzoomd en krokodillen koesterden zich op zandbanken in de zon. Overal waren pelikanen en groepen aalscholvers te zien en Marsh bewonderde de reigers die naar hun eigen spiegelbeeld in het water tuurden. Ze schaften zich een jonge struisvogel aan die 'vers uit de woestijn' kwam en vaak zijn hoofd op Carolines knieën legde.[36] Een mozaïek van velden, met gewassen als rijst, katoen, bonen, tarwe en suikerriet, schurkte tegen de rivier aan. Van de vroege ochtend tot de late avond hoorden ze het geluid van de knarsende bevloeiingssystemen – lange, door ossen getrokken ketens met kruiken en emmers die de omringende velden met het water van de Nijl besprenkelden. Onder-

Velden en terrassen langs de Nijl in Nubië

weg hielden ze halt bij de overblijfselen van de oude stad Thebe, waar Marsh zijn vrouw door de grote tempels droeg, en verder zuidwaarts bezochten ze de piramiden van Nubië.

Deze wereld ademde geschiedenis. De monumentale overblijfselen verhaalden van vergane rijkdom, van koninkrijken uit een ver verleden, terwijl het landschap de sporen van ploegscharen en spaden liet zien. Onvruchtbare terrassen maakten van het landschap een geometrisch mozaïek en elke omgewoelde graszode, elke gevelde boom had in de grond onuitwisbare aandenkens nagelaten. Marsh zag een wereld die door de mensheid was gevormd en door duizenden jaren landbouw was getekend. De 'aarde zelf', de naakte rotsen en de kale heuvels, getuigden van het zwoegen van de mens.[37] Marsh zag de overblijfselen van oude beschavingen niet alleen in de piramiden en tempels, maar ook in de bodem gebeeldhouwd.

Wat zag dat deel van de wereld er oud en verweerd uit, en hoe jong was zijn eigen land vergeleken bij dit landschap. 'Ik wenste wel te weten of een Europeaan even diep getroffen wordt door de nieuwheid van Amerika als wij door de oudheid van het oosterse continent,' schreef hij aan een Engelse vriend.[38] Hij besefte dat de verrichtingen van de mens in hoge mate bepaalden hoe de natuur eruitzag. Terwijl ze over de Nijl voeren, zag hij de welige velden, die dankzij grootschalige bevloeiing in de plaats waren gekomen van een woestijnlandschap, maar hij merkte ook op dat er nergens wilde planten voorkwamen, omdat de natuur 'door langdurige ontginning' was onderworpen.[39]

Alles wat hij in Humboldts boeken gelezen had, kreeg opeens betekenis. Humboldt had geschreven dat de 'drang der naties tot herscheppen de aarde geleidelijk van haar tooi beroofde'[40] – dat was precies wat Marsh nu zag. Humboldt had gezegd dat de natuurlijke wereld verbonden was met de 'politieke en morele geschiedenis van het mensdom', wat te zien was in grote rijken die koloniale gewassen uitbaatten, maar ook in de verspreiding van planten langs de paden van oude beschavingen.[41] Hij had beschreven hoe suikerplantages in Cuba en zilversmelterijen in Mexico voor rampzalige ontbossing hadden gezorgd. Hebzucht vormde niet alleen samenlevingen, maar óók de natuur. Waar hij ook ging, de menselijke soort liet verwoestende sporen na.[42]

Tijdens zijn reis door Egypte raakte Marsh steeds meer gefascineerd door de flora en fauna. 'Wat benijd ik jouw kennis van de vele talen waarin de natuur spreekt,' schreef hij aan een vriend.[43] Hij was geen geoefende wetenschapper, maar begon toch met meten en vastleggen. Trots verkondigde hij 'student van de natuur' te zijn geworden.[44] Hij verzamelde planten voor vrienden die botanist waren, insecten voor een entomoloog in Pennsylvania, en ook honderden dieren voor het pas opgerichte Smithsonian Institution in Washington. 'Het is nog te vroeg voor schorpioenen,' schreef hij aan de curator, zijn vriend Spencer Fullerton Baird,[45] maar hij had wel al slakken en twintig verschillende soorten kleine vissen, die hij bewaarde in alcohol. Baird vroeg om schedels van kamelen, jakhalzen en hyena's, en om vissen, reptielen, insecten en 'alles wat er maar was'.[46] Later stuurde hij zestig liter alcohol naar

Marsh toen die door zijn voorraad spiritus heen raakte waarin hij de dieren bewaarde.

Marsh maakte nauwkeurige aantekeningen en was altijd aan het schrijven – hij legde het papier op zijn knieën, greep ernaar wanneer de wind de bladen wegblies, krabbelde zijn aantekeningen op te midden van zandstormen. 'Vertrouw niet op het geheugen,' schreef de man die erom bekendstond dat hij alles wat hij las onthield.[47]

Ze reisden acht maanden door Egypte; vervolgens trokken ze per kameel door de Sinaïwoestijn naar Jeruzalem, en daarna verder, naar Beiroet. In Petra zagen ze de magnifieke gebouwen, uitgehakt in de gemarmerde, rozige rotsen. Toch durfde Marsh niet te kijken wanneer de kameel waar zijn vrouw op zat door nauwe doorgangen en langs steile afgronden manoeuvreerde. Tussen Hebron en Jeruzalem zag hij dat de oude, met terrassen bedekte heuvels, waarop duizenden jaren landbouw bedreven was, er nu 'grotendeels dor en troosteloos' uitzagen.[48] Aan het eind van de expeditie was hij tot de overtuiging gekomen dat de 'onverdrotenheid van honderden generaties landbouwers en veehouders' dit deel van de aarde had veranderd in een 'uitgeputte, afgeleefde planeet'.[49] Het was een keerpunt in zijn leven.

Toen hij eind 1853 werd teruggeroepen naar Amerika, had hij door Turkije, Egypte, Klein-Azië en delen van het Midden-Oosten gereisd, en ook door Griekenland, Italië en Oostenrijk. Terug in Vermont zag hij de vertrouwde omgeving door de ogen waarmee hij zijn waarnemingen in de Oude Wereld had gedaan, en hij besefte dat Amerika op weg was naar dezelfde landschappelijke verwoesting. De lessen van de Oude Wereld paste hij toe op de Nieuwe Wereld. Het landschap van Vermont bijvoorbeeld was sinds de komst van de eerste blanke kolonisten drastisch veranderd, doordat de menselijke vooruitgang het had teruggebracht tot niet meer dan 'natuur in verminkte, geplunderde staat'.[50]

Het milieu van Amerika leed: rivieren werden vervuild met industrieafval en hele wouden verdwenen doordat hout werd gebruikt als brandstof, maar ook voor de industrie en spoorwegen. 'De mens is overal een verstorende kracht,' zei Marsh,[51] en als voormalig fabriekseigenaar en schapenboer had hij zelf bijgedragen aan de schade. Vermont was al van driekwart van zijn bomen beroofd, maar door de gestage opmars van kolonisten was het Midwesten ook aan het veranderen. Chicago was een van de grootste opslagplaatsen van hout en graan van de Verenigde Staten geworden. Het was schokkend om op het Michiganmeer de duizenden boomstammen en houtvlotten te zien drijven die afkomstig waren uit 'alle bossen in de Verenigde Staten'.[52]

Intussen waren Amerikaanse landbouwmachines voor het eerst doeltreffender dan Europese. Bezoekers van de Wereldtentoonstelling in Parijs in 1855 zagen met verbazing hoe een Amerikaanse maaimachine in eenentwintig minuten een akker haver kon oogsten – drie keer zo snel als een vergelijkbare Europese machine. Ook waren Amerikaanse boeren de eersten die hun machines met stoom aandreven; en naarmate de Amerikaanse landbouwmethoden meer machinaliseerden, daalden de graanprijzen. Tegelijkertijd bleef de industriële productie stijgen en in 1860 stonden de Verenigde Staten op de vierde plaats van grootste industrielanden.[53] In het voorjaar van datzelfde jaar haalde Marsh zijn aantekenboeken tevoorschijn en begon hij met het schrijven van *Man and Nature*, een boek waarin hij Humboldts vroegtijdige waarschuwing voor ontbossing tot in de uiterste consequenties zou doortrekken.[54] *Man and Nature* vertelde het verhaal van verwoesting en inhaligheid, van uitsterven en uitbuiten, van uitgeputte grond en hevige overstromingen.

Voor de meeste mensen leek de mens heerser te zijn over de natuur. Chicago, dat uit de modder werd opgetrokken, was daar een overduidelijk voorbeeld van.[55] Deze stad lag op hetzelfde niveau als het Michiganmeer en had te kampen met epidemieën en een zompige bodem. De gedurfde oplossing van stedenbouwkundigen bestond erin om hele huizenblokken en vele verdiepingen tellende gebouwen verscheidene decimeters omhoog te hijsen, zodat er nieuwe waterafvoersystemen onder konden worden gebouwd. Terwijl Marsh aan *Man and Nature* werkte, tartten ingenieurs in Chicago de zwaartekracht door huizen, winkels en hotels met honderden hydraulische dommekrachten op te tillen terwijl de mensen in de gebouwen gewoon doorgingen met hun leven en hun werk.

De kunde en de hebzucht van de mens leken geen grenzen te kennen. Meren, vijvers en rivieren waarin ooit een overvloed aan vis had gezwommen, waren angstaanjagend doods geworden.[56] Marsh was de eerste die daarvoor een verklaring gaf. Overbevissing vormde deels de oorzaak, maar ook vervuiling door industrie en productiebedrijven. De vissen werden vergiftigd door chemicaliën, waarschuwde Marsh, terwijl migratie stroomopwaarts hun onmogelijk werd gemaakt door molenstuwen en hun kieuwen verstopt raakten door zaagsel. Marsh had bij-

zonder veel oog voor detail en staafde zijn beweringen met feiten. Hij liet het niet bij de verklaring dat vis verdween of dat spoorwegen hele bossen opslorpten, maar voegde gedetailleerde cijfers toe van visexport uit de hele wereld, evenals precieze berekeningen van de hoeveelheid hout die benodigd was per kilometer spoorlijn.[57]

Net als Humboldt was hij van oordeel dat de schade deels te wijten was aan de verbouw van marktgewassen als tabak en katoen.[58] Maar er waren meer oorzaken. Het inkomen van de gewone Amerikaan steeg en daarmee nam onder meer ook de vleesconsumptie toe – en dit had een grote weerslag op de natuur. Marsh berekende dat de hoeveelheid grond die benodigd was om de dieren te voeden, veel groter was dan de hoeveelheid grond die benodigd was om het equivalent aan voedingswaarde in granen en groenten te produceren.[59] Hij kwam tot de slotsom dat een vegetarisch dieet veel verantwoorder was tegenover het milieu dan een dieet van vlees.

Overvloed en consumptie gingen hand in hand met verwoesting van het milieu, aldus Marsh. Maar voorlopig ging zijn zorg om het milieu volledig kopje-onder in de kakofonie die de vooruitgang voortbracht – piepende molenraderen, sissende stoommotoren, ritmisch schurende zagen in de bossen en fluitende locomotieven.

Zijn financiële situatie was inmiddels nijpend geworden. De bezoldiging in Turkije was ontoereikend geweest, zijn fabriek was op de fles gegaan, zijn compagnon had hem opgelicht, en al zijn andere ondernemingen waren desastreus gebleken. Hij was praktisch bankroet en zocht nu naar een betrekking met 'geringe taken en ruime inkomsten'.[60] De redding kwam toen Abraham Lincoln, de nieuw gekozen president, hem in maart 1861 tot gezant in het pas gevestigde koninkrijk van Italië benoemde.

Net als Duitsland had Italië daarvoor uit vele onafhankelijke staten bestaan. Na jaren van strijd hadden de Italiaanse staten zich uiteindelijk verenigd, met uitzondering van Rome, dat nog onder pauselijk bewind stond, en van Venetië, dat onder Oostenrijks bestuur viel. Marsh had tien jaar eerder Italië voor het eerst bezocht en was opgetogen over de eenwording van het land. 'Ik wilde dat ik dertig jaar jonger en *kugelfest* – "kogelbestendig" – was,' schreef hij aan een vriend,[61] want dan zou hij aan de strijd hebben deelgenomen. Het was een opwindend vooruitzicht om gezant voor Amerika in deze nieuwe natie te worden, en het bijbehorende vaste inkomen te innen. 'Nog twee jaar als de afgelopen jaren zou ik niet overleven,' zei hij.[62] De bedoeling was om naar Turijn te verhuizen, de tijdelijke hoofdstad in het noorden van Italië, waar het eerste Italiaanse parlement dat voorjaar vergaderd had. Marsh kreeg weinig tijd om de vele nodige zaken ter voorbereiding te regelen. Binnen drie weken had hij zijn huis in Burlington verhuurd en zijn meubels, boeken en kleding ingepakt, evenals zijn aantekeningen en schetsen voor *Man and Nature*.[63]

Aangezien Amerika op de rand van een burgeroorlog stond, was het een goede tijd om te vertrekken. Nog voor de inauguratie van Lincoln op 4 maart 1861 hadden zeven zuidelijke staten zich afgescheiden en een nieuwe alliantie gevormd: de Confederatie.* Op 12 april, minder dan een maand nadat Marsh door Lincoln tot gezant was benoemd, losten soldaten van de Confederatie de eerste schoten bij hun aanval op eenheden van de Unie in Fort Sumter in de haven van Charleston. Na meer dan dertig uur van onophoudelijke beschietingen gaven de eenheden van de Unie zich over. Het was het begin van een oorlog waarin meer dan zeshonderdduizend Amerikaanse soldaten zouden sneuvelen. Zes dagen later nam Marsh met een gloedvolle toespraak in het stadhuis van Burlington afscheid van zo'n duizend stadgenoten.[64] Het was hun plicht, sprak hij hen toe, de Unie van middelen en mankracht te voorzien in de strijd tegen de Confederatie en de slavernij. Deze oorlog was belangrijker dan de revolutie van 1776, omdat het om de vrijheid en gelijkheid van alle Amerikanen ging. Een halfuur na het einde van zijn toespraak stapten de zestigjarige Marsh en zijn echtgenote in de trein naar New York, vanwaar ze naar Italië zouden varen.[65]

* De zeven slaafhoudende staten die zich het eerst afscheidden waren: South Carolina, Florida, Mississippi, Georgia, Texas, Louisiana en Alabama. In maart 1861 volgden er nog vier: Virginia, Arkansas, Tennessee en North Carolina.

Hij liet een land achter dat uiteenviel om in een later stadium tot eenwording te komen. Nu Amerika door de oorlog diep verdeeld was, wilde hij op afstand zo veel mogelijk hulp bieden. In Turijn probeerde hij de bekende Italiaanse legerleider Giuseppe Garibaldi over te halen zich in de Amerikaanse Burgeroorlog te mengen en zich aan te sluiten bij de Unie.[66] Ook schreef hij diplomatieke berichten en kocht hij wapens voor de eenheden van de Unie. Tegelijkertijd waren zijn gedachten bij het manuscript voor *Man and Nature*, waar hij nog steeds gegevens voor verzamelde. In Italië ontmoette hij ook de eerste minister, baron Bettino Ricasoli, die erom bekendstond zijn landgoed op innovatieve wijze te
 beheren.[67] Marsh vroeg Ricasoli naar allerlei landbouwkwesties – in het bijzonder naar de drooglegging van de Maremma, een regio in Toscane. Ricasoli beloofde hem een volledig verslag.

Zijn nieuwe diplomatieke post eiste echter veel meer van Marsh dan hij had gehoopt. De sociale etiquette in Turijn vereiste dat hij voortdurend bezoeken aflegde en ook kreeg hij te maken met Amerikaanse reizigers die hem als een soort persoonlijke secretaris zagen: hij moest hun zoekgeraakte bagage opsporen, paspoorten regelen en hen zelfs adviseren over de bezienswaardigheden. Er deden zich onophoudelijk voorvallen voor die zijn aanwezigheid vereisten. 'Wat betreft de rust en ontspanning die ik zocht, ben ik volledig teleurgesteld,' schreef Marsh aan vrienden in Amerika.[68] Het beeld van een goedbetaalde, weinig eisende betrekking was spoedig vervlogen.

Nu en dan schoten er een paar uur over waarin hij de bibliotheek of de botanische tuin in Turijn kon bezoeken.[69] De stad was gelegen in de Povlakte en zag uit op de majestueuze, met sneeuw bedekte Alpen. Wanneer ze maar konden, maakten Marsh en zijn echtgenote uitstapjes en tochten in de omgeving. Marsh was verrukt van bergen en gletsjers en begon zichzelf al spoedig 'ijsgek' te noemen.[70] Hij had nog een goed uithoudingsvermogen en gezien zijn 'leeftijd en afmetingen (rondom)' was hij 'geen slechte klimmer'.[71] Als hij zo doorging, grapte hij, zou hij de Himalaya op zijn honderdste beklimmen.

Toen het voorjaar werd, lokte het natuurschoon rond Turijn nog meer. De Povlakte veranderde in een tapijt van bloemen. Caroline schreef in haar dagboek dat ze in 'een gestolen uurtje' zagen hoe de duizenden paarse viooltjes en gele sleutelbloemen elkaar om het hardst verdrongen.[72] Amandelbomen stonden in bloei en wiegende wilgentakken zaten vol frisgroene blaadjes. Caroline plukte graag wilde bloemen, maar haar man zag dat als een misdaad tegen de natuur.[73]

Soms lukte het Marsh om in de vroege ochtend een paar uur aan zijn eigen werk te besteden. In het voorjaar van 1862 pakte hij *Man and Nature* kort weer op, evenals in de winter van dat jaar, toen ze enkele weken aan de Italiaanse Rivièra bij Genua verbleven.[74] Vervolgens installeerden ze zich in het voorjaar van 1863 in het plaatsje Piobesi, een kleine twintig kilometer ten zuidwesten van Turijn; Marsh had het half voltooide manuscript in zijn koffers meegenomen. Hier vond hij in een oud, vervallen landhuis met een toren uit de tiende eeuw die uitzicht op de Alpen bood, eindelijk de rust om zijn boek af te maken.

Vanuit zijn studeerkamer had hij toegang tot een breed, zonovergoten terras naast de toren, en kon hij de duizenden zwaluwen zien die in de oude muren nestelden. De kamer stond vol dozen en er lagen zoveel manuscripten, brieven en boeken dat hij zich er soms door overweldigd voelde. Jarenlang had hij gegevens verzameld. Er was zoveel dat hij in het boek wilde opnemen, er waren zoveel verbanden die moesten worden gelegd en zoveel voorbeelden die hij nader moest bekijken. Terwijl hij schreef, las en redigeerde Caroline. Ook zij moest bekennen zich door alles 'behoorlijk afgebeuld' te voelen.[75] Marsh werd zo wanhopig dat ze vreesde dat hij 'libricide' zou plegen.[76] Hij was aanhoudend, zelfs gejaagd aan het schrijven, omdat hij het gevoel had dat de mensheid haar gedrag snel moest veranderen, wilde ze de aarde behoeden voor de verwoestingen van ploeg en bijl. 'Ik doe dit om de spoken uit mijn hoofd te bannen die er zo lang in rondgewaard hebben,' schreef hij aan de redacteur van de *North American Review*.[77]

Toen het in Piobesi zomer werd, werd de hitte ondraaglijk en verschenen er overal vliegen – op zijn oogleden en op de punt van zijn pen. Begin juli 1863 bracht hij de laatste wijzigingen aan en zond het manuscript vervolgens naar zijn uitgever in Amerika. Hij wilde het boek de titel *Man, the Disturber of Nature's Harmonies* geven, maar zijn uitgever bracht hem hiervan af, omdat dit de verkoop zou schaden.[78] Ze kwamen uit op *Man and Nature*, en een jaar later, in juli 1864, kwam het boek uit.

Man and Nature was de synthese van alles wat Marsh de afgelopen tientallen jaren had gelezen en waargenomen. 'Ik zal het nodige stelen,' had hij tegen zijn vriend Baird gegrapt toen hij begon, 'maar ik weet ook heus zelf het een en ander.'[79] Om informatie en voorbeelden te verzamelen had hij bibliotheken afgeschuimd op manuscripten en publicaties uit tientallen landen. Hij had klassieke teksten nageplozen op vroege landschaps- en landbouwbeschrijvingen uit het oude Griekenland en Rome. Hier voegde hij zijn eigen gedane waarnemingen in Turkije, Egypte, het Midden-Oosten, Italië en overig Europa aan toe. Hij nam verslagen op van Duitse boswachters, citaten uit kranten van die tijd, evenals gegevens van ingenieurs, uittreksels van Franse essays en anekdotes uit zijn kindertijd – en, uiteraard, bijzonderheden uit Humboldts boeken.[80]

Van Humboldt had hij geleerd dat er verbanden waren tussen de mens en het milieu. En in *Man and Nature* gaf hij het ene voorbeeld na het andere van de mens die ingreep in de processen van de natuur: ontwierp een hoedenmaker in Parijs bijvoorbeeld hoeden van zijde, dan raakten bontmutsen uit de mode – waardoor de gedecimeerde beverpopulaties in Canada zich konden herstellen. Op soortgelijke wijze kregen boeren, die op grote schaal vogels hadden gedood om hun oogst veilig te stellen, te maken met zwermen insecten die anders de vogels tot voedsel hadden gediend. Tijdens de napoleontische oorlogen was de wolf weer in een aantal gebieden van Europa verschenen, omdat jagers werden beziggehouden op het slagveld. Zelfs minuscule organismen in het water waren van wezenlijk belang voor het evenwicht in de natuur: het aquaduct van Boston was zo angstvallig goed gereinigd dat deze organismen verdwenen waren en het water troebel was geworden.[81] 'Alles in de natuur is door onzichtbare banden met elkaar verbonden,' schreef hij.[82]

De mens was sinds lang vergeten dat de aarde niet aan hem gegeven was om te worden 'geconsumeerd',[83] en verspilde wat ze voortbracht. Wilde runderen werden gedood om hun huid, struisvogels om hun veren, olifanten om hun slagtanden en walvissen om hun olie. Mensen waren verantwoordelijk voor het uitsterven van planten en dieren, was in *Man and Nature* te lezen,[84] terwijl ongebreideld waterverbruik een ander voorbeeld van nietsontziende inhaligheid was.* Bevloeiing deed grote rivieren slinken, en maakte de bodem zilt en onvruchtbaar.[85]

Marsh zag de toekomst somber in. Als er niets veranderde, zou de

* Humboldt had dit gevaar al gezien en gewaarschuwd dat het onverantwoordelijk zou zijn om de Llanos in Venezuela via een kanaal vanuit het Valenciameer te bevloeien. Op korte termijn zou dat voor vruchtbare akkers in de Llanos zorgen, maar op lange termijn kon het slechts leiden tot een 'dorre woestijn'.[86] De Araguavallei zou even onvruchtbaar worden als de omringende, ontboste bergen.

bodem zozeer 'geruïneerd' en zou het klimaat zo 'buitensporig' worden dat er 'mogelijk zelfs uitsterving van de [menselijke] soort' dreigde.[87] Wat hij tijdens zijn reizen had waargenomen – van de overbegraasde heuvels langs de Bosporus bij Constantinopel tot de dorre berghellingen in Griekenland[88] – zag hij in het Amerikaanse landschap uitvergroot terug. Grote rivieren, wilde bossen en vruchtbare weiden waren verdwenen. In Europa was landschap door landbouw 'bijna even desolaat als dat op de maan' geworden.[89] Het Romeinse Rijk was gevallen omdat de Romeinen hun wouden hadden verwoest en daarmee de grond die hen had gevoed.[90]

De Oude Wereld moest de Nieuwe Wereld tot waarschuwing dienen. Door de Homestead Act* uit 1862 kregen mensen die zich naar het westen van Amerika begaven ruim zestig hectare land in handen tegen niet veel meer dan betaling van administratiekosten, en daarmee kwamen miljoenen hectaren aan publieke grond in privébezit; deze grond diende 'verbeterd' te worden met bijl en ploeg. 'Laten we ons verstand gebruiken,' drong Marsh aan, en leren van de fouten van 'onze oudere broeders!'[91] Het was niet te voorspellen welke gevolgen het handelen van de mens zou hebben. 'Ook bij het gooien van het kleinste kiezeltje in de oceaan van leven weten we nooit hoe groot de kringen van verstoring in de harmonie van de natuur zullen worden,' schreef hij.[92] Maar hij wist wel dat sinds de '*homo sapiens Europae*' in Amerika was gekomen de verwoestingen zich van oost naar west hadden verplaatst.[93]

Anderen waren tot soortgelijke conclusies gekomen. In de Verenigde Staten was president James Madison de eerste geweest die ideeën van Humboldt overnam.[94] Hij had Humboldt in 1804 in Washington ontmoet, en later een groot aantal van zijn boeken gelezen. Humboldts waarnemingen in Zuid-Amerika waren door hem toegepast op de Verenigde Staten. In mei 1818, een jaar nadat hij als president was teruggetreden, hield hij een toespraak voor de Agricultural Society in Albemarle, Virginia, waarin hij Humboldts waarschuwingen tegen ontbossing herhaalde en wees op de rampzalige gevolgen van grootschalige tabaksverbouw op de ooit vruchtbare bodem van Virginia.[95] Deze toespraak, die

* Iedereen die eenentwintig of ouder was en niet tegen de Verenigde Staten had gevochten, kon land aanvragen. Het enige dat geëist werd, was dat men minstens vijf jaar op dit land moest wonen en het moest 'verbeteren'.

grote bekendheid kreeg, bevatte de kern van het Amerikaanse milieubewustzijn. Madison verklaarde dat de natuur niet het nut van de mens diende. Hij had zijn landgenoten opgeroepen het milieu te beschermen, maar zijn waarschuwingen waren alom genegeerd.

Simón Bolívar was de eerste geweest die Humboldts ideeën in de wet had verankerd toen hij in 1825 met vooruitziende blik een decreet had opgesteld dat bepaalde dat de regering van Bolivia een miljoen bomen moest planten.[96] Midden in de strijd en de oorlog had hij begrepen dat dor land de natie slechts een rampzalige toekomst bood. Met de nieuwe wet moesten waterwegen worden beschermd en overal in de nieuwe republiek bos worden aangeplant. Vier jaar later vaardigde hij in Colombia maatregelen uit 'ter bescherming en voor een verantwoord gebruik van de nationale wouden', waarbij de nadruk lag op controle op het oogsten van kinine.[97] Deze werd gewonnen uit de bast van de in het wild voorkomende kinaboom – de bomen werden daarbij van hun beschermende bast ontdaan, wat een schadelijke methode was.[98] Humboldt had dit tijdens zijn expeditie al opgemerkt.*

In Noord-Amerika had Henry David Thoreau in 1851 opgeroepen tot het behoud van bossen. 'Het behoud van de wereld is gelegen in de wilde natuur,' schreef hij.[100] Later, in oktober 1859 – enkele maanden na Humboldts dood – stelde hij dat iedere stad een 'voor eeuwig onvervreemdbaar' bos van enkele honderden hectare diende te hebben.[101] Terwijl Madison en Bolívar de bescherming van bomen hadden gezien als economische noodzaak, drong Thoreau erop aan dat 'nationale reservaten' bestemd moesten worden voor recreatie.[102] Marsh bracht in *Man and Nature* alles bij elkaar en wijdde een compleet boek aan het onderwerp, waarbij hij het bewijs leverde dat de mens de aarde vernietigde.

'Humboldt was de grote apostel,' verklaarde hij toen hij aan *Man and Nature* begon.[103] Door het hele boek heen verwees hij naar Humboldt en werkte hij diens ideeën verder uit.[104] Humboldt had in al zijn boeken her en der waarschuwingen afgegeven – kostbare flitsen van inzicht, die niettemin vaak verloren gingen in het bredere kader – maar Marsh voegde ze allemaal samen in één krachtig pleidooi. Bladzij na bladzij

* Bolívar maakte het verwijderen van bomen of hout uit bossen die eigendom van de staat waren, strafbaar.[99] Hij maakte zich ook zorgen over het mogelijke uitsterven van de wilde kudden vicuñas.

sprak hij over de verschrikkingen van ontbossing.[105] Hij legde uit hoe bossen de bodem en natuurlijke bronnen beschermden. Was bos eenmaal verdwenen, dan werd de naakte bodem blootgesteld aan wind, zon en regen. De aarde zou niet langer een spons zijn, maar een stofberg. Met het wegspoelen van de bodem verdween al het goede en daarmee was de aarde 'niet langer geschikt voor bewoning door de mens'.[106] Het lezen van dit boek stemde somber. De schade die werd veroorzaakt door slechts twee of drie generaties was even rampzalig als een aardbeving of als de uitbarsting van een vulkaan. 'We maken het beschot, de vloer en de deuren en kozijnen van onze woning stuk,' profeteerde hij.[107]

Hij zei de Amerikanen dat ze nu moesten handelen, voor het te laat was. Er moesten 'onverwijld' maatregelen worden genomen, aangezien 'het ergste was te vrezen'.[108] Bossen moesten worden gespaard en heraangeplant. Sommige moesten dienen voor recreatie en inspiratie en als het natuurlijke woongebied van flora en fauna – als 'onvervreemdbaar bezit' van alle burgers.[109] In andere gebieden moest bos worden aangeplant ten behoeve van een duurzaam gebruik en beheer van hout. 'We hebben nu genoeg bossen geveld,' schreef Marsh.[110]

Hij sprak niet alleen over een verdorde plek in het zuiden van Frankrijk, een droge streek in Egypte of een overbevist meer in Vermont. Nee, zijn pleidooi betrof de hele aarde. De kracht van *Man and Nature* kwam voort uit de wereldomvattende strekking van het boek; Marsh vergeleek alles met elkaar en vatte de wereld op als een geheel. Hij keek niet naar plaatselijke gebeurtenissen, maar tilde zorgen om de leefomgeving naar een nieuw, angstaanjagend niveau. De hele planeet was in gevaar. 'De aarde wordt spoedig ongeschikt voor bewoning door zijn edelste inwoner,' schreef hij.[111]

Man and Nature was het eerste werk over natuurlijke historie dat de Amerikaanse politiek wezenlijk beïnvloedde. Het was een 'harde klap in het gezicht' van het Amerikaanse optimisme, zoals schrijver en voorvechter van natuurbescherming Wallace Earle Stegner later zou zeggen.[112] In een tijd dat het land naar industrialisatie snelde – daarbij verwoed de natuurlijke hulpbronnen uitbuitend en de wouden neerhalend – wilde Marsh zijn landgenoten pas op de plaats laten maken en laten nadenken. Tot zijn grote teleurstelling verkocht *Man and Nature* aanvankelijk slecht. Maar in de maanden die volgden, ging het beter; er werden meer dan duizend exemplaren verkocht en zijn uitgever begon met een herdruk.*

Het werkelijke effect van *Man and Nature* bleef tientallen jaren onopgemerkt, maar het boek beïnvloedde een groot aantal mensen in de Verenigde Staten die een leidende rol zouden krijgen in bewegingen voor bescherming en behoud van de natuur. John Muir, de 'vader van de nationale parken', zou het lezen, evenals Gifford Pinchot, de eerste directeur van de United States Forestry Service, die het 'baanbrekend' noemde.[114] Marsh' uitspraken over ontbossing in *Man and Nature* leidden tot de passage in de Timber Culture Act uit 1873 die kolonisten van de Great Plains aanmoedigde bomen te planten.[115] Ook bereidde het de weg voor de bescherming van Amerika's bossen; veel van de bewoordingen in de Forest Reserves Act van 1891 waren ontleend aan Marsh' boek en aan Humboldts eerdere ideeën.

Ook over de grens vond *Man and Nature* weerklank. In Australië werd het diepgaand besproken en het boek bezielde zowel Franse boswachters als Nieuw-Zeelandse wetgevers. Natuurbeschermers in Zuid-Afrika en Japan werden erdoor aangemoedigd te strijden voor de bescherming van bomen. In Italiaanse boswetten werd Marsh aangehaald, en natuurbeschermers in India namen het boek zelfs mee 'naar de hellingen van de noordelijke Himalaya, en naar Kasjmir en Tibet'.[116] Door *Man and Nature* werd een nieuwe generatie activisten gevormd. Het werk zou in de eerste helft van de twintigste eeuw geroemd worden als 'de bron van de beweging voor natuurbescherming'.[117]

Marsh was van mening dat er uit de littekens die de mens in duizenden jaren in het landschap had achtergelaten, lessen lagen verborgen. 'De toekomst is onzekerder dan het verleden,' schreef hij.[118] Door terug te kijken, keek hij juist vooruit.

* Marsh had de rechten van *Man and Nature* gedoneerd aan een liefdadigheidsfonds voor soldaten die in de burgeroorlog gewond waren geraakt.[113] Hij had het geluk dat zijn broer en neef de rechten terugkochten voor de verkopen van het boek stegen.

22 Natuur, kunst en ecologie

Humboldt en Ernst Haeckel

De Duitse, vijfentwintig jaar oude zoöloog Ernst Haeckel voelde zich ellendig toen hij het nieuws hoorde van Humboldts overlijden. 'Er huizen, ach! twee zielen in mijn lijf,' schreef hij aan zijn verloofde, Anna Sethe.[1] Hij gebruikte hiermee een bekend beeld uit *Faust* van Goethe om zijn gevoelens weer te geven. Zoals Faust verscheurd werd tussen zijn liefde voor de aardse wereld en het verlangen om in hogere rijken te verkeren, zo werd hij verscheurd tussen kunst en wetenschap, tussen het ervaren van de natuur met zijn hart, of het onderzoeken van de natuurlijke wereld als zoöloog. Het bericht van de dood van Humboldt – de man wiens boeken hem sinds zijn kindertijd hadden geïnspireerd tot liefde voor de natuur, wetenschap, onderzoek en schilderen – was de aanleiding geweest voor deze inzinking.

Hij bevond zich op dat moment in Italië, in Napels, waar hij hoopte dierkundige ontdekkingen te doen die zijn wetenschappelijke loopbaan in Duitsland vaart zouden geven. Tot dusver was het wetenschappelijke onderdeel van zijn reis nog op geen enkele manier geslaagd te noemen. Hij was naar Italië gegaan om de anatomie van zee-egels, zeekomkommers en zeesterren te bestuderen, maar voor dat doel waren er gewoon te weinig exemplaren in de Golf van Napels te vinden. Niet een rijke oogst uit de zee, maar het Italiaanse landschap bood 'verlokkingen'.[2] Hoe kon hij wetenschapper zijn in een vakgebied dat zo benauwend aanvoelde wanneer de natuur als een oosterse bazaar haar tantaliserende waren tentoonspreidde? Hij schreef Anna dat het zo erg was dat hij Mefistofeles' hoongelach kon horen.[3]

In zijn brief omschreef Haeckel zijn twijfels vanuit Humboldts opvatting van de natuur. Hoe kon hij het doen van gedetailleerde waarnemingen, wat zijn wetenschappelijke werk vereiste, verenigen met zijn drang om de 'natuur als een geheel op te vatten'?[4] Hoe kon hij zijn kunstzinnige beschouwing van de natuur verbinden aan wetenschappelijke feiten? In *Kosmos* had Humboldt geschreven over de samenhang tussen kennis, wetenschap, poëzie en kunst,[5] maar Haeckel wist niet hoe hij die moest toepassen op zijn zoölogische werk. Hij werd geprikkeld en verlokt door de flora en fauna om hun geheimen te ontsluieren, maar hij wist niet of hij daarvoor een schilderskwast of een microscoop moest gebruiken. Hoe kwam hij daarachter?

Met Humboldts dood brak in Haeckels leven een periode van onzekerheid aan waarin hij zijn ware roeping zocht. Ze vormde het begin van een loopbaan die deels werd gevormd door boosheid, vertwijfeling en leed. De dood zou een leidende kracht in Haeckels leven worden, zonder echter naar stilstand en stagnatie te voeren. Hij ging er juist nog harder en verwoeder door werken, zonder zich erom te bekommeren of hij naam zou maken. Hij werd er ook een van de meest omstreden en opmerkelijke natuurwetenschappers van zijn tijd* door – een man door wie zowel kunstenaars als natuurwetenschappers beïnvloed werden en die Humboldts idee van de natuur de twintigste eeuw in loodste.

Humboldt was altijd nadrukkelijk aanwezig geweest in Haeckels leven.[7] Haeckel was in 1834 in Potsdam geboren – het jaar waarin Humboldt aan *Kosmos* was begonnen – en had zijn boeken gelezen toen hij nog een jongen was. Zijn vader werkte voor de Pruisische regering, maar had ook belangstelling voor natuurwetenschap, en de gezinsleden lazen elkaar 's avonds vaak wetenschappelijke artikelen voor. Haeckel had Humboldt nooit ontmoet, maar ging desondanks al sinds zijn kindertijd helemaal in diens ideeën over de natuur op. Hij vond Humboldts beschrijvingen van de tropen zo prachtig dat hij ervan droomde ook ontdekkingsreiziger te worden; zijn vader stond echter een traditionelere loopbaan voor ogen.

* Haeckels naam liep in de tweede helft van de twintigste eeuw grote schade op.[6] Historici waren van mening dat hij had voorzien in een intellectueel fundament voor de racistische ideeën van de nazi's. Robert Richards stelt in zijn biografie *The Tragic Sense of Life* dat Haeckel, die overleed tien jaar vóór de nazi's aan de macht kwamen, geen antisemiet was. In zijn omstreden stambomen had Haeckel de Joden in feite naast de Kaukasiërs geplaatst. Zijn theorieën waarin rassen van 'wild' naar 'beschaafd' opklimmen, zijn heden ten dage niet meer aanvaardbaar, maar werden door Darwin en vele andere negentiende-eeuwse wetenschappers onderschreven.

Om aan de wens van zijn vader tegemoet te komen, had hij zich als achttienjarige aan de universiteit in Würzburg, Beieren, ingeschreven om arts te worden. In Würzburg had hij heimwee en voelde hij zich alleen. Na de lange dagen op de universiteit trok hij zich terug op zijn kamer om zich in *Kosmos* onder te kunnen dompelen.[8] Iedere keer wanneer hij het beduimelde boek opensloeg, verdween hij in Humboldts magnifieke wereld. Wanneer hij niet las, wandelde hij door het bos, waar hij eenzaamheid en verbondenheid met de natuur zocht. De knappe, lange Haeckel met zijn indringende blauwe ogen rende en zwom iedere dag en was net zo atletisch als Humboldt als jongeman was geweest.[9]

'Ik kan gewoon niet zeggen hoeveel vreugde ik aan de natuur beleef,' schreef hij aan zijn ouders. 'Ik voel me in één keer van al mijn zorgen verlost.'[10] Hij schreef over de lieflijke zang van vogels en over de wind, die door de bladeren speelde. Hij bewonderde dubbele regenbogen en berghellingen vol schaduwen van snel vlietende wolken. Soms keerde hij beladen met klimop van zijn lange wandelingen terug.[11] Hij maakte er kransen van die hij om het portret van Humboldt in zijn kamer hing. Wat zou hij graag in Berlijn wonen, dicht bij zijn held. Hij wilde het jaarlijkse diner bijwonen van het Gesellschaft für Erdkunde in Berlijn, waar Humboldt ook aanwezig zou zijn, schreef hij in mei 1853 aan zijn ouders, een paar maanden nadat hij in Würzburg aangekomen was. Humboldt zien, al was het van een afstand, was zijn 'vurigste wens'.[12]

Het daaropvolgende voorjaar mocht hij een tijdlang in Berlijn studeren – en hoewel hij nog geen glimp van Humboldt opving, vond hij wel iemand anders die hij kon bewonderen. Hij volgde enkele colleges vergelijkende anatomie bij de beroemdste Duitse zoöloog van die tijd, Johannes Müller.[13] Müller werkte met vissen en ongewervelde zeedieren. Haeckel was betoverd door Müllers levendige verhalen over het afstruinen van de kust en bracht een zomer door op Helgoland, een klein eiland voor de Duitse kust in de Noordzee. Hij was er de hele dag buiten, zwom, en ving zeedieren. Hij bewonderde de kwallen die hij ving – hun doorschijnende lichamen waren met kleuren dooraderd en hun lange armen bewogen sierlijk door het water.[14] Toen hij eens een bijzonder fraai exemplaar in zijn net ving, wist hij dat hij zijn lievelingsdier had gevonden en met welk wetenschappelijk vakgebied hij zich wilde bezighouden: zoölogie.

Ernst Haeckel met zijn vangtuig

Hij gaf gehoor aan de wens van zijn vader en ging door met zijn studie medicijnen, maar had nooit de bedoeling om daadwerkelijk als arts werkzaam te zijn. Hij hield van plantkunde en vergelijkende anatomie, van ongewervelde zeedieren en microscopen, van bergbeklimmen en zwemmen, schilderen en tekenen, maar had een afkeer van zijn studie. Zijn belangstelling voor Humboldts werk nam alleen maar toe naarmate hij meer las. Toen hij op bezoek was bij zijn ouders had hij *Ansichten der Natur* bij zich en hij vroeg zijn moeder *Relations historiques* voor hem te kopen omdat hij er 'verzot' op was.[15] Van de universiteitsbibliotheek in Würzburg leende hij tientallen van Humboldts boeken, van de werken over plantkunde tot de extra grote uitgave van *Vues des Cordillères* met de verbluffende gravures van Latijns-Amerikaanse landschappen en monumenten – 'kostbare prachtwerken', zoals hij ze noemde.[16] Als kerstgeschenk vroeg hij van zijn ouders de atlas die bij *Kosmos* hoorde.[17] Hij legde hun uit dat hij het gemakkelijker vond om dingen te onthouden aan de hand van afbeeldingen dan van woorden.[18]

Tijdens een bezoek aan Berlijn maakte hij een bedevaart naar het landgoed van de familie Humboldt in Tegel.[19] Het was een prachtige zomerdag, al was Humboldt nergens te bekennen. Haeckel baadde in de rivier waar zijn held eens in gezwommen had, en bleef aan de waterkant zitten tot de maan een zilveren sluier over het wateroppervlak wierp. Zo dicht bij Humboldt was hij nog nooit geweest.

Hij wilde in Humboldts voetsporen treden en Zuid-Amerika zien. Alleen op die manier kon hij de twee wedijverende zielen in zijn lijf met elkaar verzoenen: de 'verstandsmens'[20] en de kunstenaar, die beheerst werd door gevoel en poëzie. Het enige beroep waarin natuurwetenschap hand in hand ging met emoties en avontuur was dat van ontdekkingsreiziger en naturalist. Daarvan was hij overtuigd. Hij droomde
'dag en nacht' van een lange reis, en begon plannen te maken.[21] Hij zou eerst zijn medische graad behalen en dan zoeken naar een post als scheepsarts. Had hij de tropen eenmaal bereikt, dan zou hij van boord gaan en zijn 'robinsonsiaanse project' beginnen.[22] Het voordeel van dit plan was dat hij erdoor gedwongen werd zijn studie in Würzburg af te maken, vertelde hij zijn steeds bezorgder wordende ouders. Hij was tot alles bereid, zolang hij daardoor 'ver, ver de wereld in' kon trekken.[23]

Zijn ouders hadden niettemin andere ideeën en stonden erop dat hun zoon als arts in Berlijn zou werken. Aanvankelijk deed Haeckel wat hem gevraagd werd, maar hij probeerde stilletjes hun plannen te dwarsbomen. Toen hij zijn praktijk in Berlijn begon, hield hij op nogal ongebruikelijke tijden spreekuur. Patiënten konden alleen tussen vijf en zes uur in de ochtend bij hem terecht. Het wekte geen verbazing dat hij in het jaar dat hij als arts werkte, slechts een half dozijn patiënten had – hoewel er niemand die bij hem onder behandeling stond, overleed, zo verkondigde hij trots.[24]

Uiteindelijk koos hij vanwege zijn liefde voor zijn verloofde Anna voor een traditionelere loopbaan. Hij noemde haar zijn 'echte, Duitse kind van het woud'.[25] Anna gaf niet om materiële zaken – kleding, meubels of mooie juwelen – maar hield van de eenvoudige genoegens van het leven, zoals wandelen op het platteland of tussen de wilde bloemen in een weide liggen. Ze was, zei Haeckel, 'geheel onbedorven, zuiver'.[26] Het toeval wilde dat zij op dezelfde datum was geboren als Humboldt – 14 september – de datum dat de twee ook hun verloving aankondigden.[27] Haeckel besloot hoogleraar zoölogie te worden. Het was een achtenswaardig beroep en hij zou niet te maken hebben met een 'onoverwinnelijke afschuw' van het 'zieke lichaam'.[28] Om zich in de wetenschappelijke wereld te onderscheiden hoefde hij slechts te besluiten welk onderzoeksproject hij zou kiezen.

Begin februari 1859 was hij in Italië aangekomen, waar hij nieuwe ongewervelde zeedieren hoopte te vinden. Alles was goed, kwallen of minuscule eencelligen, zolang de ontdekking zijn loopbaan maar een vlucht liet nemen. Na in Florence en Rome enkele weken lang bezienswaardigheden te hebben bezocht, reisde hij door naar Napels om serieus aan het werk te gaan. Daar verliep het echter niet volgens plan. De vissers wilden hem niet helpen. De stad was vuil en lawaaiig. Op straat wemelde het van de oplichters en bedriegers – en hij betaalde overal een veel te hoge prijs voor. Het was heet en stoffig. En er waren gewoon niet genoeg zee-egels en kwallen.[29]

Hier ontving hij de brief waarin zijn vader hem het nieuws van Humboldts dood meedeelde, waardoor hij niet alleen over kunst en natuurwetenschap, maar ook over zijn eigen toekomst ging nadenken. In de lawaaiige, nauwe Napolitaanse straatjes die aan de voet van de indrukwekkend oprijzende Vesuvius een kronkelend labyrint vormden, voelde hij opnieuw de strijd die de twee zielen in zijn lijf voerden.[30] Op 17 juni, drie weken nadat hij had vernomen van de dood van zijn held, verdroeg hij Napels niet langer. Hij maakte de korte overtocht naar Ischia, een klein eiland in de Golf van Napels.

Op Ischia leerde hij een Duitse dichter en schilder kennen, Hermann Allmers.[31] Een week lang zwierven de twee mannen samen over het eiland; ze maakten schetsen, wandelden, zwommen en praatten. Ze raakten zo op elkaar gesteld dat ze besloten een tijdje samen te reizen. Toen ze teruggingen naar Napels, beklommen ze de Vesuvius en voeren toen naar Capri, een ander klein eiland in de Golf van Napels, waar Haeckel de natuur als een 'samenhangend geheel' hoopte te zien.[32]

Hij pakte zijn ezel en aquarelverf in en voor de zekerheid ook zijn instrumenten en aantekenboeken, maar eenmaal op Capri leidde hij binnen een week het leven van een bohemien. Zijn dromen waren uitgekomen, bekende hij Anna, die in Berlijn geduldig op haar verloofde wachtte. De microscoop kwam de doos niet uit. Hij was aan het schilderen. Hij wilde geen 'microscoperende worm' worden, vertelde hij Anna[33] – hoe kón hij, wanneer de natuur in al haar glorie 'Naar buiten! Naar buiten!' tegen hem riep.[34] Alleen een uitgedroogde geleerde kon die roep weerstaan.[35] Sinds hij als jongen Humboldts *Ansichten der Natur* had gelezen, had hij van een half wild natuurleven als dit gedroomd.[36] Hier op Capri zag hij eindelijk de 'verrukkelijke pracht van de macrokosmos', schreef hij Anna.[37] Hij had alleen maar een 'trouw penseel' nodig.[38] Hij wilde zijn leven wijden aan deze poëtische wereld van licht en kleur. De inzinking die Humboldts dood had teweeggebracht, maakte plaats voor een ware transformatie.

Zijn ouders ontvingen soortgelijke brieven van hem, hoewel daarin minder de nadruk lag op de wilde kant van zijn nieuwe leven. Hij schreef hun vooral over een mogelijke toekomst als kunstenaar en bracht hun in herinnering dat Humboldt had geschreven over de band tussen kunst en natuurwetenschap. Met zijn kunstzinnige gaven – waarover hij ook volgens andere schilders beschikte, zo verzekerde hij zijn ouders – en zijn kennis van de botanica was hij bij uitstek de persoon om de handschoen op te nemen die Humboldt had toegeworpen. Per slot van rekening was landschapsschilderkunst een van Humboldts 'voorliefdes' geweest. Hij verklaarde dat hij een schilder wilde zijn die 'met zijn penseel door alle zones van de Noordelijke IJszee tot de evenaar schreed'.[39]

In Berlijn kon zijn vader zich niet over deze ontwikkelingen verheugen en stuurde hem een strenge brief terug. Jarenlang had hij moeten aanzien hoe zijn zoon steeds weer andere plannen maakte. Hij was geen rijk man, bracht hij zijn zoon in herinnering, en hij kon hem niet 'eindeloos over de hele wereld laten rondreizen'.[40] Waarom moest hij met alles altijd tot het uiterste gaan – met werken, zwemmen en klimmen, maar ook met dromen, hopen en twijfelen? 'Je moet je nu in je echte werk ontwikkelen,' ging hij verder, en liet er geen twijfel over bestaan waar volgens hem de toekomst van zijn zoon lag.

Opnieuw was het zijn liefde voor Anna die Haeckel deed beseffen dat zijn droom een droom moest blijven. Om met haar te kunnen trouwen, moest hij een 'tamme' professor worden en niet de wereld met een penseel gaan verkennen.[41] Half september, iets meer dan vier maanden na Humboldts dood, pakte hij zijn spullen en instrumenten in en reisde naar Messina, Sicilië, om zich op zijn wetenschappelijke werk te concentreren – maar het verblijf op Capri had hem voorgoed veranderd. Toen de Siciliaanse vissers met emmers zeewater aankwamen waarin het krioelde van minuscule organismen, keek hij daarnaar met de ogen van zowel de zoöloog als de kunstenaar. Toen hij voorzichtig waterdruppels onder zijn microscoop legde, openbaarden zich nieuwe wonderen aan hem. Deze piepkleine ongewervelden zagen eruit als 'subtiele kunstwerken' van gekleurd gesneden glas of edelstenen.[42] Hij zag er nu niet meer tegen op om dagen achter de microscoop door te brengen, integendeel: hij werd gegrepen door deze 'zeewonderen'.

Hij ging iedere dag bij het ochtendgloren zwemmen, wanneer de zon het wateroppervlak rood verniste en de natuur in haar 'heerlijkste gloed'[43] zette, schreef hij aan zijn dierbaren in Duitsland.[44] Daarna ging hij naar de vismarkt om zijn dagelijkse portie zeewater op te halen. Om acht uur was hij al terug op zijn kamer, waar hij tot vijf uur 's middags doorwerkte. Na een snelle maaltijd maakte hij een verkwikkende wan-
 deling over het strand en zat hij om halfacht weer achter zijn bureau, om tot middernacht aantekeningen uit te werken. Het harde werken wierp zijn vruchten af. In december, drie maanden nadat hij op Sicilië was aangekomen, was hij er zeker van dat hij het wetenschappelijke onderwerp had gevonden dat zijn loopbaan vorm zou geven: straaldiertjes.

Deze minuscule mariene eencelligen waren ongeveer een driehonderdste millimeter groot en waren alleen onder de microscoop zichtbaar. Uitvergroot onthulden ze hun verbluffende schoonheid. Hun verfijnde kiezelskelet vertoonde een veelvoudig symmetrisch patroon, vaak met straalvormige uitsteeksels, waardoor ze leken te zweven. Week na week ontdekte Haeckel nieuwe soorten en zelfs nieuwe families. Begin februari had hij meer dan zestig nieuwe soorten ontdekt. En vervolgens leverde op 10 februari 1860 alleen al de oogst van de ochtend twaalf nieuwe soorten op. Hij schreef Anna dat hij voor de microscoop op de knieën viel en de welwillende zeegoden en nimfen dankte voor hun overvloedige geschenken.[45]

Dit werk was 'als voor hem geschapen', verklaarde hij.[46] Hierin kwamen al zijn liefdes bijeen: lichamelijke inspanning, natuur, wetenschap en kunst – van de vreugde om de oogst van de vroege ochtend, die hij nu zelf binnenhaalde, tot de laatste penseelstreek van zijn tekeningen. De straaldiertjes onthulden een nieuwe wereld, een wereld van orde, maar ook van verwondering – zo 'poëtisch en verrukkelijk', vertelde hij Anna.[47] Eind maart 1860 had hij meer dan honderd nieuwe soorten ontdekt en kon hij terug naar huis om alles uit te werken voor publicatie in een boek.[48]

Hij illustreerde zijn zoölogische werk met eigen tekeningen van volmaakte wetenschappelijke precisie, maar ook van opvallende schoonheid. Hij had het voordeel dat hij met één oog in de microscoop kon kijken terwijl het andere op zijn tekenbord gericht bleef – een zeldzame gave die zijn voormalige hoogleraren nog nooit bij iemand hadden vastgesteld.[49] Tekenen was voor Haeckel de beste manier om de natuur te begrijpen. Met potlood en penseel drong hij 'dieper door in het geheim van haar schoonheid' dan ooit;[50] ze vormden het gereedschap waarmee hij keek en leerde. Eindelijk waren de twee zielen in zijn lijf verenigd.

De straaldiertjes waren zo mooi, schreef hij aan zijn oude reisgenoot Allmers toen hij terug in Duitsland was, dat hij zich afvroeg of Allmers er zijn atelier niet mee wilde opluisteren of er zelfs een nieuwe stijl uit kon halen.[51]* Hij werkte als een bezetene aan zijn tekeningen en twee jaar later, in 1862, verscheen zijn schitterende, in twee delen uitgevoerde werk *Die Radiolarien (Rhizopoda Radiaria)*. Daarop werd hij aan de universiteit van Jena – de stad waar Humboldt meer dan een halve eeuw eerder Goethe had ontmoet – aangesteld als buitengewoon hoogleraar.[52] In augustus 1862 trouwde hij met Anna. Hij voelde zich volmaakt gelukkig. Zonder haar zou hij zijn gestorven als een plant die geen 'bezielend zonlicht' ontving.[53]

Terwijl hij aan *Die Radiolarien* werkte, las hij een boek dat zijn leven opnieuw zou veranderen: *On the Origin of Species* van Darwin. Darwins evolutietheorie had hem getroffen – het was een 'compleet krankzinnig boek', vertelde hij later.[55] *On the Origin of Species* gaf hem in één klap antwoord op de vraag hoe organismen zich hadden ontwikkeld. In dit boek werd 'een nieuwe wereld geopend'.[56] Het loste de ingewikkeldste vraagstukken op, schreef hij in een lange, bewonderende brief aan Darwin.[57] *On the Origin of Species* verving het geloof in de goddelijke schepping van dieren, planten en mensen door het denkbeeld dat ze voortbrengselen waren van natuurlijke processen – een revolutionair idee dat de godsdienstige leer tot in het hart raakte.

On the Origin of Species zorgde voor opschudding in de wetenschappelijke wereld.[58] Velen beschuldigden Darwin van ketterij. Als zijn theorie tot in het uiterste werd doorgetrokken, betekende dit dat de mens deel uitmaakte van dezelfde levensboom als alle andere organismen. Enkele maanden na de publicatie van het boek in Engeland kwam het

* Allmers antwoordde dat zijn nicht een van de tekeningen van straaldiertjes had gebruikt voor een haakpatroon.[54]

in Oxford tot een publiekelijke aanvaring tussen bisschop Samuel Wilberforce en bioloog Thomas Huxley, die Darwin fel verdedigde en later voorzitter van de Royal Society zou worden. Tijdens een bijeenkomst van de British Association for the Advancement of Science daagde Wilberforce Huxley uit door te vragen of hij van grootmoeders- of grootvaderskant van de apen afstamde. Huxley antwoordde daarop dat hij liever van een aap dan van een bisschop afstamde. De discussies die gevoerd werden waren geruchtmakend, opwindend en fundamenteel van aard.

On the Origin of Species viel bij Haeckel in vruchtbare bodem omdat hij al sinds zijn kindertijd gevormd werd door Humboldts idee van de natuur – en *Kosmos* ademde al in hoge mate een 'predarwinistische sfeer'.[59] In de decennia die volgden, zou hij in Duitsland Darwins vurigste aanhanger worden.* Anna noemde hem 'haar Duitse Darwin-man',[61] terwijl Hermann Allmers hem plaagde met zijn 'leven vol liefdesgeluk en darwinisme'.[62]

Toen sloeg het noodlot toe. Op 16 februari 1864, zijn dertigste verjaardag en de dag waarop hij een prestigieuze wetenschappelijke prijs ontving voor zijn boek over straaldiertjes, stierf Anna na een kort ziekbed; mogelijk had ze blindedarmontsteking.[63] Ze waren nog geen twee jaar getrouwd geweest. Haeckel verviel in grote zwaarmoedigheid. 'Ik ben dood vanbinnen,' vertelde hij Allmers,[64] verpletterd door 'bittere smart'.[65] Anna's dood had alle vooruitzicht op geluk vernietigd, verklaarde hij. Hij begroef zich in het werk om aan zijn gevoelens te ontsnappen. Aan Darwin schreef hij dat hij van plan was zijn 'hele leven' aan de evolutietheorie te wijden.[66]

Hij leefde als een kluizenaar, vertelde hij Darwin, en was alleen nog bezig met evolutie.[67] Hij kon het tegen de hele wetenschappelijke wereld opnemen, omdat de dood van Anna hem 'had gehard tegen afkeuring en lof'.[68] Om zijn verdriet te vergeten, werkte hij een heel jaar lang zeven dagen per week achttien uur per dag.

Uit deze wanhoop ontstond het tweedelige *Generelle Morphologie der Organismen*, dat in 1866 werd uitgegeven – duizend bladzijden over

* Haeckels boeken over Darwins evolutietheorie werden in meer dan een dozijn talen vertaald, en verkochten beter dan *On the Origin of Species* zelf.[60] Er waren meer mensen die via Haeckel de evolutietheorie leerden kennen dan via een andere bron.

evolutie en morfologie, de studie naar structuur en vorm van organismen.* Darwin omschreef het boek als de 'schitterendste lof' die *On the Origin of Species* ooit betuigd was.[69] Het was een boos boek, waarin Haeckel de tegenstanders van Darwins evolutietheorie aanviel. Hij slingerde hun de ene belediging na de andere naar het hoofd: critici van Darwin schreven dikke, maar 'leeghoofdige' boeken; ze verkeerden in een 'wetenschappelijke halfslaap' en anders op zijn minst in een 'gedachtearm droomleven'.[70] Zelfs Thomas Huxley – de man die zichzelf 'Darwins buldog' noemde[71] – vond dat Haeckel zijn toon moest matigen als hij een Engelse uitgave van het boek wilde maken. Maar Haeckel bond niet in.

Hij zei tegen Huxley dat een drastische hervorming van de natuurwetenschappen niet met tact werd bereikt. Ze zouden vuile handen moeten maken en 'mestvorken' moeten gebruiken.[73] Aan Darwin legde hij uit dat *Generelle Morphologie* geschreven was in een periode van grote persoonlijke crisis, en dat iedere zin doordrenkt was van zijn bitterheid over de wereld en zijn leven. Sinds Anna's dood bekommerde hij zich niet meer om zijn naam: 'laten mijn vele vijanden mijn werk maar hard aanvallen'.[74] Ze mochten hem de grond in boren, het kon hem niets schelen.

Generelle Morphologie riep niet alleen op de nieuwe evolutietheorie te omarmen. Het was tevens het boek waarin Haeckel voor het eerst Humboldts vakgebied een naam gaf: *Oecologie*, oftewel ecologie.[75] *Oikos*, het Griekse woord voor 'huishouden', paste hij toe op de natuur. Alle organismen op aarde hoorden bij elkaar, als gezinsleden die samen een huis bewoonden; en net als gezinsleden konden ze elkaar helpen of tegenwerken. De organische en de anorganische natuur vormden samen een 'systeem van bewegende krachten', schreef Haeckel, waarmee hij dezelfde woorden als Humboldt gebruikte.[76] Hij gaf Humboldts idee van de natuur als een geheel van ingewikkelde verbanden een naam.

* *Generelle Morphologie* bood ook een algemeen wetenschappelijk overzicht, als tegenwicht tegen de steeds strenger wordende grenzen tussen vakgebieden. Haeckel schreef dat natuurwetenschappers het begrip van het geheel hadden verloren – de enorme hoeveelheid specialisten had in de natuurwetenschappen een 'Babylonische spraakverwarring' veroorzaakt. Botanici en zoölogen mochten individuele bouwstenen verzamelen, maar ze waren het zicht op de blauwdruk van het geheel kwijtgeraakt. Er was geen sprake van een gebouw, maar van een 'woeste hoop stenen'. Niemand begreep er nog iets van, behalve Darwin... en Haeckel natuurlijk.[72]

Ecologie was de 'wetenschap van de betrekkingen van een organisme met zijn omgeving'.[77]*

In het jaar dat Haeckel het woord 'ecologie' bedacht, volgde hij eindelijk ook Humboldt en Darwin in hun tochten naar verre oorden. In oktober 1866, meer dan twee jaar na Anna's dood, reisde hij naar Tenerife, het eiland dat voor natuurwetenschappers welhaast mystieke proporties had aangenomen door Humboldts verlokkende beschrijving ervan in *Relations historiques*. Het werd tijd dat Haeckels 'oudste en liefste reiswens' in vervulling ging.[79] Bijna zeventig jaar nadat Humboldt was weggevaren en meer dan dertig jaar nadat Darwin aan boord van

de Beagle was gegaan, begon Haeckel aan zijn eigen reis. Hoewel ze van drie verschillende generaties waren, geloofden ze allemaal dat natuurwetenschap meer was dan een cerebrale aangelegenheid. Hun wetenschap ging gepaard met zware lichamelijke inspanning omdat ze de flora en fauna – of het nu om palmen, korstmossen, zeepokken, vogels of ongewervelde zeedieren ging – in hun natuurlijke habitat opzochten. Om ecologie te begrijpen moesten er nieuwe werelden verkend worden waarin het wemelde van leven.

Op weg naar Tenerife deed Haeckel Engeland aan, waar hij een afspraak wist te regelen bij Darwin thuis, in Down House in Kent, gelegen op een korte treinreis afstand van Londen.[80] Haeckel had Humboldt nooit ontmoet, maar kreeg nu de kans om zijn andere held te leren kennen. Op zondag 21 oktober om halftwaalf in de ochtend haalde Darwins koetsier hem af in Bromley, het plaatselijke treinstation, en bracht hem naar een in klimop gehuld landhuis waar de zevenenvijftigjarige Darwin bij de voordeur op hem stond te wachten. Haeckel was zo zenuwachtig dat hij het weinige Engels dat hij kende, helemaal kwijt was. De twee mannen schudden elkaar langdurig de hand, waarbij Darwin her-

* Haeckel had zich lang met de ecologische zienswijze beziggehouden. Toen hij begin 1854 als jonge student in Würzburg Humboldt las, had hij al nagedacht over de gevolgen van ontbossing voor het milieu. Tien jaar voor George Perkins Marsh' *Man and Nature* werd uitgegeven, schreef hij dat er op plaatsen in het Midden-Oosten waar in de Oudheid bossen geveld waren, een verandering van het klimaat had plaatsgevonden. Cultuur en vernietiging van bossen gingen 'hand in hand'.[78] Hij voorspelde dat hetzelfde in Europa zou gebeuren. Onvruchtbare bodems, klimaatverandering en hongerdood zouden uiteindelijk leiden tot een massale volksverhuizing vanuit Europa naar vruchtbaarder streken. 'Met Europa en zijn hypercultuur is het binnenkort gebeurd,' aldus Haeckel.

haaldelijk zei hoe verheugd hij was Haeckel te zien. Darwins dochter Henrietta schreef dat Haeckel tot een 'dodelijk zwijgen' vervallen was.[81] Toen de mannen door de tuin wandelden, langs de Sandwalk waar Darwin zoveel nadacht, kwam Haeckel langzaam weer tot zichzelf en begon hij te praten. Het Engels sprak hij uit met een sterk Duits accent en hij hakkelde ook een beetje, maar hij drukte zich helder uit, zodat de twee mannen een aangenaam, lang gesprek konden voeren over evolutie en verre reizen.

Darwin was precies zoals Haeckel zich had voorgesteld. Deze al wat oudere, vriendelijke man met zijn zachte stem straalde voor Haeckel wijsheid uit. Zo stelde hij zich Socrates en Aristoteles voor. Hij werd door alle gezinsleden zo warm onthaald dat het was alsof hij thuiskwam, vertelde hij vrienden in Jena. Het bezoek vormde een van de 'onvergetelijkste' momenten in zijn leven, schreef hij later.[82] Toen hij de volgende dag vertrok, was hij er meer dan ooit van overtuigd dat de natuur enkel kon worden gezien als één allesomvattend geheel – een 'rijk van leven' vol onderlinge samenhang.[83]

Het was tijd om de reis te vervolgen. Haeckel had met zijn drie assistenten, die hij had ingehuurd om hem met zijn onderzoek te helpen (een natuurwetenschapper uit Bonn en twee van zijn studenten uit Jena),[84] in Lissabon afgesproken. Van daaruit voeren ze naar de Canarische Eilanden. Toen de vier mannen op Tenerife voet aan wal zetten, haastte Haeckel zich de plaatsen te bezoeken die Humboldt had beschreven. En uiteraard trad hij in Humboldts voetsporen door de Pico del Teide te bedwingen. Tijdens de beklimming in sneeuw en ijzige wind raakte hij door hoogteziekte uitgeput. Strompelend en vallend wist hij de afdaling tot een eind te brengen. Maar het was hem gelukt, schreef hij trots naar huis. Dat hij had gezien wat Humboldt had gezien, stemde tot 'grote voldoening'.[85] Hij en zijn assistenten voeren vervolgens naar het vulkanische eiland Lanzarote, waar ze drie maanden lang aan verschillende zoölogische projecten werkten. Haeckel richtte zich op straaldiertjes en kwallen, terwijl de assistenten vissen, sponzen, wormen en weekdieren onderzochten. Het landschap mocht dor zijn, de zee was vol leven; het was een 'grote dierensoep'.[86]

Toen Haeckel in april 1867 naar Jena terugkeerde, was hij tot rust gekomen.[87] Anna zou de liefde van zijn leven blijven en zelfs jaren later, toen hij al hertrouwd was, maakte haar sterfdag hem nog altijd bedroefd. 'Op deze treurige dag voel ik me verloren,' schreef hij vijfendertig jaar na het gebeurde.[88] Toch had hij geleerd met Anna's dood te leven.

In de decennia die volgden, reisde Haeckel veel – voornamelijk in Europa.[89] Hij bezocht echter ook Egypte, Brits-Indië, Ceylon, Java en Sumatra. Doceren deed hij nog steeds, maar hij voelde zich het gelukkigst wanneer hij op reis was. Zijn hang naar avontuur ging nooit over. In 1900 vertrok hij op zesenzestigjarige leeftijd op een expeditie naar Java. Alleen al het vooruitzicht van de reis had hem 'verjongd', vertelden zijn vrienden.[90] Tijdens zijn ontdekkingsreizen verzamelde hij zeedieren en

maakte hij schetsen. Net als Humboldt was Haeckel van mening dat de tropen de beste plek waren om de beginselen van de ecologie te begrijpen.

Hij schreef dat één enkele boom in Java's regenwoud de betrekkingen tussen planten en dieren onderling en tussen hen en de omgeving treffend weergaf: epifytische orchideeën klampten zich met hun wortels aan de takken van de boom vast, en insecten waren in het proces van aanpassing volmaakte bestuivers geworden, of klimmers die de strijd om het licht in de boomkruin hadden gewonnen – ze lieten alle de verscheidenheid van het ecosysteem zien. In de tropen was de 'strijd om het bestaan' zo hevig dat flora en fauna 'uitzonderlijk rijke' en gevarieerde wapens hadden ontwikkeld.[91] Het was de plek die liet zien hoe planten en dieren samen met 'vrienden en vijanden, symbionten en parasieten' leefden.[92] Het was Humboldts web van leven.

Tijdens zijn jaren in Jena richtte Haeckel samen met anderen een wetenschappelijk tijdschrift op dat bedoeld was als een eerbewijs aan Humboldt en Darwin. Het kreeg de naam *Kosmos* en was gewijd aan de evolutietheorie en ecologische ideeën.[93] Haeckel schreef ook indrukwekkende monografieën over zeedieren als kalksponzen en kwallen, en tevens nog een aantal over straaldiertjes. Daarnaast werden er reisverslagen en diverse boeken van hem uitgegeven die Darwins theorieën verdere bekendheid gaven. In veel van de boeken werden zijn weelderige tekeningen opgenomen; meestal werden ze in een reeks bij elkaar gezet en niet als losse afbeeldingen getoond. Voor Haeckel verbeeldden ze het verhaal van de natuur – hiermee maakte hij evolutie op een dwingende manier 'aanschouwelijk'.[94] Kunst was het gereedschap geworden waarmee hij wetenschappelijke kennis overbracht.

Rond de eeuwwisseling werd er een serie boekjes van hem uitgegeven onder de naam *Kunstformen der Natur* – hierin waren honderd schitterende prenten opgenomen die de stijl van de art nouveau vorm zouden geven.[95] Haeckel vertelde een vriend dat hij meer dan vijftig jaar Humboldts ideeën had gevolgd,[96] maar dat *Kunstformen der Natur* ze verder verbreidde doordat kunstenaars en ontwerpers daarin kennismaakten met wetenschappelijke onderwerpen. De meeste prenten onthulden de opzienbarende schoonheid van minuscule organismen die alleen onder de microscoop zichtbaar waren – 'verborgen schatten' noemde Haeckel ze.[97] In *Kunstformen der Natur* gaf hij ambachtslieden, kunstenaars en architecten aanwijzingen hoe ze deze nieuwe 'fraaie motieven' moesten gebruiken. Hij voegde een epiloog met tabellen toe waarin hij de verschillende organismen rangschikte naar esthetische waarde en van commentaar voorzag als 'buitengewoon rijkgeschakeerd', 'uiterst veelvormig en betekenisvol' en 'van ornamentele vormgeving'.[98]

De tussen 1899 en 1904 uitgegeven delen van *Kunstformen der Natur* hadden enorme invloed. In een tijd waarin mensen door verstedelijking, industrialisatie en technologische vooruitgang van de natuur vervreemd raakten, boden Haeckels tekeningen een palet aan vormen en motieven uit de natuur die een leidraad vormden voor kunstenaars, architecten en ambachtslieden die mens en natuur via hun kunst weer wilden verenigen.

Rond de eeuwwisseling bevond Europa zich al geruime tijd in het machinale tijdperk. Fabrieken maakten gebruik van elektrische motoren, en massaproductie vormde de drijvende kracht achter de economie van Europa en de Verenigde Staten. Duitsland had lange tijd ver achtergelegen op Groot-Brittannië, maar na de stichting van het Duitse Rijk in 1871 door kanselier Otto von Bismarck, waarbij de Pruisische koning Wilhelm I keizer was geworden, had het land de achterstand in duizelingwekkende vaart ingehaald. Toen de eerste oplage van Haeckels *Kunstformen* in 1899 verscheen, vormde Duitsland, evenals Groot-Brittannië en de Verenigde Staten, een economische wereldmacht.[99]

Inmiddels reden de eerste automobielen over de Duitse wegen en verbond een spoorwegnet het industriële Ruhrgebied met grote havensteden als Hamburg en Bremen. Kolen en staal werden in steeds grotere hoeveelheden geproduceerd en rond de industriële centra schoten steden als paddenstoelen uit de grond. In 1887 was in Berlijn de eerste elektrische centrale geopend. De Duitse chemische industrie, die synthetische verfstoffen, farmaceutica en kunstmest produceerde, was de belangrijkste en modernste ter wereld geworden. Anders dan in Groot-Brittannië waren er in Duitsland polytechnische scholen en onderzoekslaboratoria die een nieuwe generatie wetenschappers en ingenieurs voortbrachten. Deze instellingen richtten zich niet zozeer op wetenschappelijke ontdekkingen als wel op de praktische toepassing van de wetenschap.

Haeckel schreef dat velen van het groeiende aantal stedelingen dolgraag aan de 'rusteloze drukte' en de 'duistere rookwolken van de fabrieken' wilden ontsnappen.[100] Ze trokken naar de kust, naar schaduwrijke bossen en ruige berghellingen, in de hoop daar de rust van de natuur te vinden. Art-nouveaukunstenaars probeerden rond de eeuwwisseling de verstoorde verhoudingen tussen mens en natuur te herstellen door esthetische inspiratie uit de natuur op te doen. Ze 'leerden nu van de natuur' en niet van hun leraren, schreef een Duitse vormgever.[101] Het invoeren van motieven uit de natuur in interieur en architectuur werkte bevrijdend: het bracht het natuurlijke in een steeds machinaler wordende wereld.[102]

Zo had de beroemde glaskunstenaar Émile Gallé *Kunstformen der Natur* in zijn bezit en beweerde hij dat wetenschappelijke laboratoria door de 'zeeoogst' uit de oceanen ateliers voor decoratieve kunsten waren geworden. De 'kristallijnen kwal' zorgde voor nieuwe 'lijnen en schakeringen in glas', zei hij in mei 1900.[103] Dankzij de nieuwe stilistische taal van de art nouveau werd alles doortrokken van elementen uit de natuur: van wolkenkrabbers tot sieraden, van affiches tot kandelaars en van meubels tot textiel. In glazen deuren werden sierlijke, slingerende bloemenranken gegraveerd en meubelmakers vervaardigden tafelpoten en armleuningen die de vorm hadden van fraai gebogen takken.

Aan deze organische vormen en lijnen heeft de art nouveau zijn stijl te danken. In het eerste decennium van de twintigste eeuw werden Haeckels zeeorganismen door de Barcelonese architect Antoni Gaudí uitvergroot in trapleuningen en bogen.[104] Reusachtige zee-egels sierden zijn glas-in-loodramen en zijn kolossale plafondlampen deden aan nautilusschelpen denken. Enorme, met algen en ongewervelde zeedieren verstrengelde bundels zeewier gaven Gaudí's vertrekken, trappen en ramen vorm. Aan de andere kant van de oceaan, in de Verenigde Staten, richtte Louis Sullivan, de 'vader der wolkenkrabbers', zich ook tot de natuur voor inspiratie.[105] Hij bezat diverse boeken van Haeckel en geloofde dat kunst het verbond vormde tussen de ziel van de kunstenaar en die van de natuur. De gevels van zijn gebouwen ornamenteerde hij met gestileerde motieven uit flora en fauna. Ook de Amerikaanse vormgever Louis Comfort Tiffany werd door Haeckel beïnvloed.[106] De bijna etherische doorschijnendheid van algen en kwallen was bij uitstek geschikt voor zijn glazen objecten. Ornamentele kwallen slingerden zich om zijn vazen heen en in zijn atelier werden zelfs 'zeewierkettingen' van goud en platina gemaakt.

De Porte Monumentale van Binet op de Wereldtentoonstelling in Parijs in 1900

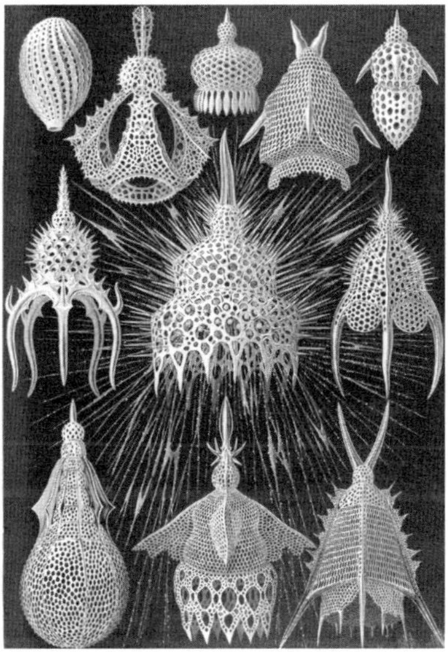

De straaldiertjes van Haeckel die Binet tot inspiratie voor zijn poort hadden gediend – in het bijzonder die van de middelste rij

Eind augustus 1900 deed Haeckel op zijn reis van Jena naar Java de stad Parijs aan om er de Wereldtentoonstelling te bezoeken en onder een van zijn straaldiertjes door te lopen.[107] De Franse architect René Binet had Haeckels tekeningen van de minuscule zeediertjes namelijk als inspiratie gebruikt voor de Porte Monumentale, de reusachtige metalen toegangspoort die hij voor de tentoonstelling ontworpen had.[108] Het jaar daarvoor had Binet aan Haeckel geschreven dat 'alles eraan' – van de hoofdlijnen tot de kleinste details – 'geïnspireerd was' op Haeckels studies.[109] Dankzij de Wereldtentoonstelling werd de art nouveau over de hele wereld bekend. Bijna vijftig miljoen bezoekers liepen onder Haeckels uitvergrote straaldiertje door.

Van Binet werd later een boek uitgegeven met de titel *Esquisses Décoratives* (Decoratieve schetsen). Het liet zien hoe Haeckels illustraties konden worden gebruikt voor interieurinrichting. Tropische kwallen werden lampen, eencellige organismen veranderden in lichtknoppen en microscopische celstructuren werden behangpatronen. Binet drong er bij architecten en vormgevers op aan zich tot 'het grote laboratorium van de natuur' te richten.[110]

Koralen, kwallen en algen drongen de huiskamers binnen. Haeckels half als grap bedoelde suggestie aan Hermann Allmers veertig jaar eerder, om aan zijn in Italië gemaakte schetsen van straaldiertjes een nieuwe stijl te onttrekken, was bewaarheid. Haeckel had zijn huis in Jena de naam Villa Medusa* gegeven, naar zijn lievelingskwal, en het navenant ingericht. De plafondrozet in de eetkamer bijvoorbeeld was geïnspireerd op zijn eigen tekening van een kwal die hij op Ceylon had ontdekt.

Terwijl de mens de natuur tot steeds kleinere delen reduceerde – tot cellen, moleculen, atomen en elektronen – was Haeckel van mening dat deze gefragmenteerde wereld geheeld moest worden.[111] Humboldt had altijd al gesproken over de eenheid van de natuur, maar Haeckel ging een stap verder. Hij werd een vurig voorstander van het 'monisme' – het idee dat er geen scheiding was tussen de organische en de anorganische wereld. Het monisme keerde zich expliciet tegen het dualistische concept van geest tegenover materie. Dit idee van eenheid was een vervanging voor God en daarmee werd het monisme rond de eeuwwisseling naar de twintigste eeuw de belangrijkste *Ersatzreligion*.[112]

In 1899, hetzelfde jaar waarin het eerste deel van *Kunstformen* werd uitgegeven, verscheen Haeckels boek *Die Welträthsel* (De raadselen van de wereld). Hierin legde hij uit wat het filosofische fundament van het wereldbeeld van het monisme was. Het boek was, ook internationaal, een enorm succes; alleen al in Duitsland werden er bijna een half miljoen exemplaren van verkocht.[113] Het werd in zevenentwintig talen ver-

* Haeckel bouwde zijn villa precies op de plek waar Goethe in 1810 een schets had gemaakt van Friedrich Schillers tuinhuis. Vanuit het raam zag hij aan de overkant van de Leutra, een klein riviertje, Schillers oude huis staan – de plaats waar de broers Humboldt, Goethe en Schiller in de vroege zomer van 1797 vele avonden hadden doorgebracht.

Binets ontwerpen voor lichtknoppen waren duidelijk ontleend aan Haeckels tekeningen

Haeckels tekening van de kwal die op het plafond van Villa Medusa werd geschilderd

taald, waaronder Sanskriet, Chinees en Hebreeuws, en het werd het invloedrijkste populairwetenschappelijke boek van rond de eeuwwisseling. In dit boek schreef Haeckel over de ziel, het lichaam, en de eenheid van de natuur; over kennis en vertrouwen; en over wetenschap en religie. Het werd de bijbel van het monisme.

Hij schreef dat de godin van de waarheid in de 'tempel van de natuur' woonde.[114] Slanke palmen en door lianen omwikkelde tropische bomen vormden de statige zuilen van de monistische 'kerk', aldus Haeckel, en in plaats van altaren zouden zij aquaria hebben met tere koralen en kleurige vissen. Uit de 'schoot van Moeder Natuur' kwam een nimmer opdrogende stroom van 'eindeloze schoonheden'.[115]

Haeckel geloofde ook dat de eenheid in de natuur via de esthetiek kon worden uitgedrukt.[116] In zijn geest riep deze van natuur doordrenkte kunst een nieuwe wereld op. Zoals Humboldt in zijn 'sublieme *Kosmos*' al had gezegd, schreef hij, was kunst een van de belangrijkste instrumenten voor onderricht, aangezien ze de liefde voor de natuur voedde.[117] Wat Humboldt de 'wetenschappelijke en esthetische beschouwing' van de natuurlijke wereld had genoemd, was van wezenlijk belang voor een goed begrip van het universum; en dit begrip werd een 'natuurlijke religie'.[118]

Zolang er wetenschappers en kunstenaars bestonden, zei Haeckel, waren priesters en kathedralen overbodig.

23 Natuur en natuurbehoud

Humboldt en John Muir

Humboldt had altijd gewandeld; dat begon in zijn kindertijd met omzwervingen door de bossen van Tegel en ging door tot ver na zijn tocht door het Andesgebergte. Zelfs op zijn zestigste had hij in Rusland nog indruk gemaakt op zijn reisgenoten met zijn uithoudingsvermogen. Hij kon uren achtereen wandelen en klimmen. Voetreizen lieten de poëzie van de natuur zien, zei hij. Hij voelde de natuur door erin rond te lopen.

In de nazomer van 1867, acht jaar na Humboldts dood, pakte de negenentwintigjarige John Muir een reistas in om vanuit Indianapolis, waar hij de afgelopen vijftien maanden had gewerkt, naar Zuid-Amerika te reizen. Hij had niet veel bij zich – een paar boeken, zeep, een handdoek, een plantenpers, wat potloden en een aantekenboek.[1] Behalve extra ondergoed had hij slechts de kleding bij zich die hij aanhad. De lange, slanke Muir ging eenvoudig, maar netjes gekleed. Hij was een knappe man met kastanjebruin, licht golvend haar, die met zijn helderblauwe ogen voortdurend de omgeving afzocht.[2] 'Hoezeer wenste ik een Humboldt te zijn,'[3] verzuchtte hij in zijn grote verlangen naar 'de met sneeuw bedekte Andes en de bloemen van de evenaar'.[4]

Toen hij Indianapolis achter zich had gelaten, ging hij onder een boom zitten en pakte zijn kaart om de route uit te stippelen door de staat Florida, van waaruit hij de oversteek naar Zuid-Amerika wilde maken. Hij pakte zijn nog lege aantekenboek en schreef op de eerste bladzijde: 'John Muir, aarde-planeet, universum' – om zijn plaats in Humboldts kosmos vast te leggen.[5]

Muir was geboren en opgegroeid in Dunbar aan de oostkust van Schotland. Zijn kindertijd had hij doorgebracht in open landschap en aan de rotsachtige kust. In hun huis stond zijn diepgelovige vader geen afbeeldingen, sieraden of muziekinstrumenten toe. Zijn moeder had schoonheid in hun tuin gevonden, terwijl de kinderen buiten rondzwierven. 'Ik was dol op alles wat wild was,' schreef Muir,[6] die zich herinnerde hoe hij probeerde te ontsnappen aan zijn vader. Die had de Bijbel er letterlijk bij hem in geslagen: Muir kon praktisch het hele Oude en Nieuwe Testament uit het hoofd opzeggen.[7] Wanneer hij niet buiten was, las hij over Humboldts reizen en droomde hij over exotische werelden.[8]

Toen hij elf was, emigreerde het gezin naar de Verenigde Staten. Daniel Muir, zijn fanatieke vader, stond steeds afwijzender tegenover de gevestigde kerk in Schotland en hoopte in Amerika godsdienstvrijheid te vinden.[9] Hij wilde leven volgens de zuivere Bijbelse waarheid, niet

aangetast door georganiseerde godsdienst, en zijn eigen priester zijn. En zo werd er land aangekocht en vestigde het gezin zich in Wisconsin. Wanneer hij zich maar aan het werk op het boerenbedrijf kon onttrekken, trok John door de weiden en de bossen; zo kwam hij enigszins tegemoet aan zijn zwerflust, die hij zijn leven lang zou houden.[10] In januari 1861 schreef hij zich op zijn tweeëntwintigste in voor het 'wetenschappelijke curriculum' aan de universiteit van Wisconsin in Madison.[11] Daar ontmoette hij Jeanne Carr, een getalenteerde botaniste, de vrouw van een van zijn docenten. Carr moedigde hem aan door te gaan met zijn botanische studie en stelde hem haar bibliotheek ter beschikking. Ze werden goede vrienden en zouden later een levendige correspondentie met elkaar voeren.[12]

Terwijl Muir in Madison verliefd werd op de botanie, werd het land verscheurd door de burgeroorlog. In maart 1863, bijna exact twee jaar nadat bij Fort Sumter de eerste schoten waren gelost, ondertekende Abraham Lincoln de eerste wet op de dienstplicht van het land. Alleen al Wisconsin moest veertigduizend mannen leveren; de meeste studenten in Madison hadden het alleen nog over oorlog, geweren en kanonnen. Muir was geschokt door de bereidheid tot 'moorden' bij zijn medestudenten en was niet van plan daaraan mee te doen.[13]

Een jaar later, in maart 1864, ontdook Muir de dienstplicht door naar Canada te gaan – zijn nieuwe 'universiteit der wildernis'.[14] In de twee jaren die volgden, zwierf hij over het platteland en deed hij her en der karweitjes wanneer hij geld nodig had. Hij had gevoel voor nieuwe vindingen en bouwde machines en werktuigen voor de houtzagerij,[15] maar bleef er intussen van dromen om in Humboldts voetsporen te treden.[16] Wanneer hij maar tijd had, maakte hij lange tochten – naar het Ontariomeer en de Niagarawatervallen bijvoorbeeld. Hij waadde door rivieren en baande zich een weg door moerassen en dichte wouden, op zoek naar planten, die hij toevoegde aan zijn uitdijende herbarium. Hij was zo bezeten van zijn plantenverzameling dat hij de bijnaam 'Botany' kreeg van een familielid met een boerderij ten noorden van Toronto, bij wie hij een maand lang woonde en werkte.[17] Wanneer hij onder afhangende takken over een wirwar van wortels klauterde, dacht hij aan Humboldts beschrijving van de ondergelopen wouden van de Orinoco.[18] En hij voelde een 'natuurlijke verbondenheid met de Kosmos' die hij de rest van zijn leven zou houden.[19]

Toen in het voorjaar van 1866 de fabriek waar hij werkte – in Meaford, aan de oever van het Huronmeer in Canada – door brand verwoest werd, begon hij aan teruggaan te denken. Aan de Amerikaanse Burgeroorlog was in de zomer daarvoor na vijf lange jaren van gevechten een einde gekomen, en hij kon nu uit Canada vertrekken.[20] Hij pakte zijn weinige spullen in en bestudeerde de kaart. Waar zou hij naartoe gaan? Hij besloot zijn geluk in Indianapolis te beproeven; deze plaats was een knooppunt van spoorlijnen en het leek hem dat er veel fabrieken zouden zijn waar hij werk kon krijgen. Maar het belangrijkste was dat Indianapolis 'in het hart van een van de weelderigste bossen van bladverliezende loofbomen van het continent' gelegen was.[21] Daar zou hij een onvermijdelijk baantje, dat nodig was om rond te komen, kunnen combineren met zijn passie voor botanie.

In Indianapolis vond hij werk in een fabriek waar wielen en andere onderdelen voor wagens werden gemaakt. Het ging om een tijdelijke baan, want hij wilde slechts werken tot hij genoeg had gespaard om Humboldt op 'een botanische reis' door Zuid-Amerika te kunnen navolgen.[22] Begin maart 1867 kwam er echter een abrupt einde aan zijn plannen. In de fabriek probeerde hij de leren riem van een cirkelzaag strakker te zetten. Met het puntige uiteinde van een metalen vijl haalde hij de stiksels van de riem uit, maar plotseling schoot de vijl los in de richting van zijn gezicht en doorboorde zijn rechteroog. Toen hij zijn hand onder het gewonde oog hield, druppelde er vocht op zijn handpalm en verloor hij het gezichtsvermogen.[23]

Aanvankelijk leek alleen zijn rechteroog aangetast, maar binnen een paar uur was hij ook blind aan het andere oog. Hij was omringd door duisternis. Dat ene moment veranderde alles. Jarenlang was hij vervuld geweest van 'visioenen van de glorieuze tropische flora',[24] maar de kleuren van Zuid-Amerika leken voor hem nu voorgoed verloren te zijn.

Toen hij de weken daarna in een verduisterde kamer rust hield, kwamen buurjongens hem opzoeken om hem voor te lezen. Tot verbazing van de dokter begonnen zijn ogen langzaam te herstellen. In het begin kon hij de silhouetten van het meubilair in de kamer onderscheiden, daarna herkende hij gezichten. Na een herstelperiode van vier weken kon hij letters ontcijferen en maakte hij voor het eerst weer een wandeling. Toen zijn gezichtsvermogen zich volledig hersteld had, kon niets hem er meer van weerhouden naar Zuid-Amerika te gaan om de 'tropische vegetatie in al haar luister' te zien.[25] Op 1 september, een halfjaar na het ongeluk, nam hij in Wisconsin afscheid van zijn ouders en broers en

zusters, knoopte zijn dagboek met een stukje touw aan zijn riem vast, zwaaide zijn reistas met plantenpers om de schouder en begon aan de zestienhonderd kilometer lange voettocht van Indianapolis naar Florida.

Hij liep door een verwoest land zuidwaarts.[26] Door de burgeroorlog lag de infrastructuur – wegen, fabrieken en spoorlijnen – in puin, terwijl veel van de verwaarloosde, achtergelaten boerderijen in verval waren geraakt. Van de rijkdommen van het zuiden was door de oorlog niets meer over, terwijl het land nog steeds diep verdeeld was. In april 1865, minder dan een maand voor het einde van de oorlog, was Abraham Lincoln vermoord; zijn opvolger, Andrew Johnson, had de grootste moeite het land bijeen te houden. Aan het eind van de oorlog was de slavernij afgeschaft en een maand voor Muir Indianapolis verliet hadden de eerste Afro-Amerikanen tijdens de gouverneursverkiezingen in Tennessee hun stem uitgebracht, maar desondanks werden bevrijde slaven niet als gelijken behandeld.

Muir vermeed steden en dorpen.[27] Hij wilde in de natuur zijn. Soms sliep hij in het bos en werd hij 's ochtends wakker van de zingende vogels; andere nachten vond hij onderdak in de schuur van een boer. In Tennessee beklom hij voor het eerst een berg.[28] Vanaf de top strekten de valleien en beboste berghellingen zich onder hem uit; vol bewondering keek hij naar dit landschap. Naarmate de reis vorderde, begon hij de bergen en hun vegetatiezones door de ogen van Humboldt te zien. Zo merkte hij op dat de planten die hij van het noorden kende, hier op de hogergelegen, koude hellingen groeiden, terwijl de planten in de valleien duidelijk zuidelijke, voor hem onbekende planten waren. Hij besefte dat bergen een soort 'hoofdwegen waren waarlangs noordelijke planten hun koloniën naar het zuiden konden uitbreiden'.[29]

Tijdens de tocht door Indiana, Kentucky, Tennessee, Georgia en uiteindelijk Florida, die vijfenveertig dagen duurde, begon hij de natuur anders te zien. Het was alsof hij met iedere kilometer waarmee hij zich van zijn oude leven verwijderde, dichter bij Humboldt kwam. Terwijl hij planten verzamelde, insecten observeerde en van bemoste bosbodems zijn bed maakte, ervoer hij de natuur op een nieuwe manier. Tot dan was hij een verzamelaar geweest, om met de verschillende soorten zijn herbarium aan te vullen, maar nu begon hij verbanden te zien. In de grote kluwen van leven was alles belangrijk. Hij bedacht dat onverbonden 'fragmenten' niet bestonden.[30] Minuscule organismen waren evenzeer onderdeel van de kluwen als de mens. 'Waarom zou de mens zichzelf meer waard vinden dan een oneindig klein deeltje van die ene grote eenheid die de schepping is?' vroeg hij zich af.[31] 'De kosmos,' meende hij – waarmee hij Humboldts benaming gebruikte – zou niet compleet zijn zonder de mens, maar evenmin zonder 'het kleinste transmicroscopische creatuur'.[32]

In Florida werd hij door malaria geveld, maar na een herstelperiode van enkele weken ging hij scheep naar Cuba. Met gedachten aan de 'glorieuze gebergten en bloemenvelden'[33] van de tropen had hij tijdens de koortsaanvallen de moed erin gehouden, maar hij was nog steeds zwak. In Cuba voelde hij zich te ziek om het eiland te gaan verkennen dat voor vele maanden Humboldts thuis was geweest. Doordat hij uitgeput was van de steeds terugkerende koortsaanvallen gaf Muir uiteindelijk met tegenzin zijn plannen op om naar Zuid-Amerika te gaan. Hij besloot naar Californië te reizen, in de hoop dat hij daar door het milde klimaat geheel zou herstellen.[34]

In februari 1868, slechts een maand nadat hij er was aangekomen, vertrok hij uit Cuba naar New York, waar hij een goedkope overtocht naar Californië wist te bemachtigen. De snelste en veiligste manier om de westkust te bereiken was over water, niet over land. Voor veertig dollar voer hij als tussendekspassagier vanaf New York zuidwaarts, naar Colón aan de noordkust van Panama. Van daaruit maakte hij de treinreis van tachtig kilometer door de landengte van Panama naar Panama-Stad in het zuiden, aan de Stille Zuidzee; hij zag voor het eerst het tropische regenwoud, maar alleen vanuit het rijtuig van zijn trein.*

* Humboldts droom van een kanaal door de landengte van Panama was nog niet in vervulling gegaan. In plaats daarvan liep er een spoorlijn door het gebied, van

Met paarse, rode en gele bloesem overtogen bomen schoten met 'wrede snelheid' aan hem voorbij; hij kon er slechts vanaf het balkon van de trein naar 'kijken en huilen'.[35] Er was geen tijd voor botanische verkenningen, want hij moest in Panama-Stad op tijd bij zijn schoener zijn.

Op 27 maart 1868, een maand nadat hij uit New York was vertrokken, kwam hij in San Francisco aan de westkust aan. Hij had een hekel aan de stad. In de twintig jaar daarvoor was door de goldrush een stadje van duizend zielen veranderd in een druk San Francisco van honderdvijftigduizend inwoners. De mensen die hier hun geluk hadden beproefd, hadden in hun kielzog bankiers, kooplieden en ondernemers meegenomen. Er waren lawaaiige kroegen, goed bevoorrade winkels, volle pakhuizen en een keur aan hotels. Al op zijn eerste dag in de stad vroeg Muir een voorbijganger hoe hij er weer weg kon komen. Op de vraag waar hij naartoe wilde, antwoordde hij: 'Waar het wild is.'[36]

En het was er ook wild. De volgende ochtend verliet hij de stad om naar de Sierra Nevada te wandelen, de bergketen die over een lengte van ruim zeshonderd kilometer van noord naar zuid door Californië loopt (met enkele oostelijke uitlopers in Nevada), ongeveer parallel aan de op honderdvijftig kilometer afstand gelegen kust. De hoogste top meet ruim vierenhalfduizend meter en in het midden van het gebergte, een kleine driehonderd kilometer ten oosten van San Francisco, ligt Yosemite Valley. Deze vallei wordt omringd door reusachtige granieten rotswanden en is beroemd om haar watervallen en naaldbomen.

Om de Sierra Nevada te bereiken moest Muir eerst door de uitgestrekte Central Valley heen, een grote vlakte ten westen van de bergketen. Al wandelend door hoog gras en bloemen kreeg hij het gevoel dat de vallei een hof van Eden was.[37] Central Valley leek wel één groot bloembed, een kleurig tapijt dat onder zijn voeten werd uitgerold. In de decennia daarna zou de vallei door landbouw en irrigatie veranderen in het grootste boomgaard- en tuinbouwgebied ter wereld. Muir zou later betreuren dat deze grote wilde weide door 'ploeg en grasland' verdwenen was.[38]

Op weg naar de bergen vermeed hij wegen en bebouwing en werd hij ondergedompeld in kleuren en een verrukkelijke lucht, die 'zoet genoeg

Colón naar Panama-Stad. In 1855, dertien jaar voor Muir deze treinreis maakte, was het traject voltooid. Tienduizenden mensen die vanwege de goldrush naar Californië waren vertrokken, hadden er gebruik van gemaakt.

was om door engelen te worden ingeademd'.[39] In de verte schitterden de witte toppen van de Sierra alsof ze van zuiver licht waren gemaakt, 'als de muur van een hemelse stad'.[40] Toen hij eindelijk bij Yosemite Valley aankwam – die zo'n twaalf kilometer lang was – werd hij overweldigd door de ongerepte wildernis en schoonheid.

De vele hoge granieten rotswanden waren spectaculair. Met zijn vijftienhonderd meter was Half Dome de hoogste; als een schildwacht leek deze hoogste top over de vallei uit te kijken. De zijde van de top die op de vallei gericht was, liep loodrecht naar beneden, de andere zijde liep rond af. Dit gaf Half Dome de aanblik van de helft van een doormidden gesneden koepel; vandaar de naam. Ook El Capitan was oogverblindend – aan de voorzijde torende de wand bijna loodrecht negenhonderd meter boven de bodem van de vallei uit (die zelf al twaalfhonderd meter boven de zeespiegel ligt). De wand is zo steil dat hij ook tegenwoordig nog een van de grootste uitdagingen voor bergbeklimmers vormt. Door de bijna loodrechte wanden die de vallei omringden leek het of iemand zich een weg had gebaand tussen de rotsen door.

Het was precies de goede tijd om in Yosemite Valley te zijn, aangezien de vele watervallen die van de rotswanden naar beneden vielen, door de gesmolten sneeuw gezwollen waren. Ze leken 'rechtstreeks uit de hemel te stromen'.[41] Hier en daar verschenen regenbogen die in de nevel leken te dansen.[42] De Yosemite Falls vielen door een smalle uitsparing in de rotswand zevenhonderdvijftig meter naar beneden. Deze waterval is de hoogste van Noord-Amerika. In de vallei stonden naaldbomen en waren kleine meren waarin het omringende landschap weerspiegeld werd.

De oude sequoia's (*Sequoiadendron giganteum*) in Mariposa Grove, zo'n dertig kilometer ten zuiden van de vallei, deden voor dit indrukwekkende tafereel niet onder. Deze hoge, statige reuzen leken uit een andere wereld te komen. Ze waren zo specifiek voor het gebied dat ze alleen aan de westkant van de Sierra te vinden waren. Sommige bomen waren bijna negentig meter hoog en meer dan tweeduizend jaar oud. Sequoia's zijn de hoogste eenstammige bomen ter wereld en behoren tot de oudste levende organismen van onze planeet. Als majestueuze, gecanneleerde zuilen reikten de oudste bomen met hun rode schors en hoge bladerdek naar de hemel en leken ze nog hoger dan ze waren. Zulke bomen had Muir nog nooit gezien. Hij stoof van de ene sequoia naar de andere en brulde iedere keer dat hij naar de hemel opkeek.

Het ene moment lag hij op zijn buik op de grond en streek hij het gras uit elkaar om de 'onderwereld der mossen' te kunnen zien,[43] die werd bewoond door nijvere mieren en kevers, en het andere probeerde hij te begrijpen hoe Yosemite Valley was ontstaan. Hij zoefde van het minieme naar het grootse. Hij zag de natuur door Humboldts ogen, en zoals Humboldt was aangetrokken door de majestueuze vergezichten van de Andes en daar 44 000 bloemen had geteld op één enkele boom in het regenwoud,[44] telde Muir nu '165 913' bloemen op één vierkante meter,[45] en was hij verrukt van het 'gloeiende hemelgewelf'.[46] Het grote en het kleine waren met elkaar verweven.

'Wanneer we proberen iets afzonderlijks te pakken, ontdekken we dat het vastzit aan al het andere in het universum,' schreef hij later in *My First Summer in the Sierra*.[47] Steeds weer kwam hij uit op dat idee. Hij schreef over 'duizend onzichtbare koorden' en 'ontelbare onverbreekbare koorden', over koorden die niet verbroken konden worden,[48] en gaf daarmee blijk van een natuuropvatting waarin alles met elkaar verbonden was. Iedere boom, bloem, vogel, ieder insect, stroompje of meer leek hem uit te nodigen 'iets te komen leren van zijn geschiedenis en connecties', en het belangrijkste wat hij tijdens zijn eerste zomer in Yosemite geleerd had, waren 'lessen over eenheid en onderlinge samenhang'.*[49]

Muir was zo verrukt van Yosemite dat hij er in de jaren daarna zo vaak mogelijk naartoe ging.[51] Soms bleef hij er een paar maanden, soms slechts enkele weken. Wanneer hij niet aan het klimmen, wandelen of observeren was in de Sierra, deed hij klusjes – in Central Valley, aan de voet van de Sierra of in Yosemite. Hij werkte als schaapherder in de bergen, als boerenknecht en bij een houtzagerij in Yosemite Valley. Tijdens een van zijn verblijven in Yosemite bouwde hij een hut waar een klein beekje doorheen stroomde, dat 's avonds zijn murmelende slaapliedje zong.[52] Er groeiden varens in de hut en over de vloer sprongen kikkers – tussen binnen en buiten was geen verschil. Wanneer hij maar kon, verdween hij naar de bergen en 'schreeuwde tussen de toppen'.[53]

In de Sierra werd de wereld steeds beter zichtbaar naarmate hij 'ver-

* In zijn Engelstalige exemplaren van *Ansichten der Natur* en *Kosmos* had Muir de passages over 'harmonieuze samenwerking der krachten' en de 'eenheid van alle levenskrachten der natuur' gemarkeerd, evenals Humboldts beroemde opmerking dat de natuur inderdaad een geheel liet zien.[50]

der en hoger' ging, zei hij.[54] Hij legde zijn waarnemingen vast, tekende en verzamelde, en beklom steeds hogere bergtoppen. Hij ging van top naar canyon, van canyon naar top, metend en vergelijkend – hij ordende gegevens om het ontstaan van Yosemite Valley te kunnen begrijpen.

Anders dan de wetenschappers die destijds geologisch onderzoek deden in Californië en meenden dat de vallei door natuurrampen was ontstaan, was Muir de eerste die besefte dat de vallei over een periode van duizenden jaren door de schuivende ijsmassa's van gletsjers uitgesleten was.[55]

Muir begon met het bestuderen van de door gletsjers en andere oorzaken ontstane verwering en sporen in het gesteente. Wanneer hij een gletsjer vond, bewees hij zijn theorie van de schuivende gletsjers in Yosemite Valley door stokken in het ijs te zetten, die na zesenveertig dagen een aanzienlijk aantal centimeters waren opgeschoven.[56] Hij was geheel 'ijzig' geworden, verklaarde hij. 'Ik kan alleen nog praten over bevroren zijn of bevroren worden,' schreef hij Jeanne Carr.[57] En hoewel hij nog steeds graag de Andes wilde zien, besloot hij Californië niet te verlaten zolang de Sierra hem 'vertrouwde en toesprak'.[58]

Hij dacht er ook na over Humboldts idee van plantenverspreiding. In het voorjaar van 1872, precies drie jaar na zijn eerste bezoek, maakte hij een tekening waarmee hij liet zien hoe Arctische planten over een periode van duizenden jaren van de vlakten in Central Valley gemigreerd waren naar de gletsjers hoog in de Sierra. Op de schets gaf hij aan waar de planten zich hadden bevonden 'aan het begin van de glaciale lente',[59] maar ook waar ze nu groeiden, vlak bij de top. De tekening deed denken aan Humboldts Naturgemälde en onthulde Muirs nieuwe inzicht dat botanie, geografie, klimaat en geologie nauw met elkaar verweven waren.

Muir genoot in instinctieve, emotionele en intellectuele zin van de natuur. Hij gaf zich er 'onvoorwaardelijk' aan over en zag gevaar graag over het hoofd.[60] Zo klom hij op een avond eens naar een gevaarlijk hoog liggende richel achter de Upper Yosemite Fall om sporen in het gesteente te onderzoeken die mogelijk door een gletsjer gemaakt waren.[61] Hij gleed uit en viel, maar wist zich op de een of andere manier vast te houden aan een uitstekend stuk rots. Terwijl hij op de richel achter de waterval op zo'n honderdvijftig meter hoogte voortkroop, werd hij door de meedogenloze waterstralen tegen de muur achter hem gedrukt. Hij raakte doorweekt en was bijna in trance. Toen hij naar beneden klauter-

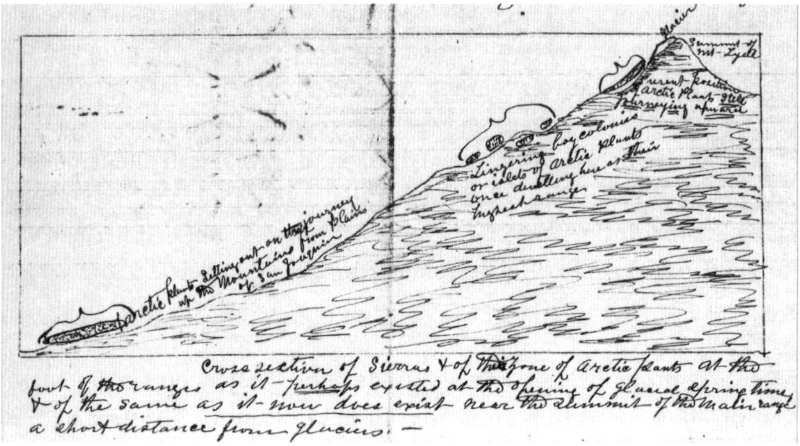

De tekening van Muir liet de migratie van Arctische planten over een periode van duizenden jaren zien. Hij gaf drie verschillende posities van de planten: op de vlakten, 'beginnend aan hun reis de bergen op', wat hogerop 'dralende' planten en vlak bij de top de 'huidige plaats van Arctische planten – die nog steeds naar boven trekken'

de was het inmiddels pikdonker, maar hij was in vervoering – gedoopt door de waterval, zoals hij het noemde.

In de bergen voelde hij zich thuis. Een vriend merkte op dat Muir zich 'even zeker als een berggeit' over de steile, met ijs bedekte hellingen bewoog,[62] en hij klom in de hoogste bomen. Winterstormen werden met groot enthousiasme verwelkomd. Toen in het voorjaar van 1872 zijn hut en heel Yosemite Valley door sterke trillingen werden bewogen, rende hij naar buiten en riep: 'Een machtige aardbeving!!!'[63] In de naar beneden tuimelende grote zwerfkeien zag hij zijn theorieën over de bergen tot leven komen. 'Verwoesting betekent altijd schepping,' zei hij.[64] Dit was zijn eigen ontdekking. Hoe kon iemand de waarheid over de natuur in een laboratorium vinden?

Tijdens deze eerste jaren in Californië schreef hij geestdriftige brieven naar zijn vrienden en familie, maar leidde hij ook bezoekers rond in de vallei. Toen Jeanne Carr, zijn oude vriendin en mentor uit zijn studietijd, met haar man naar Californië verhuisde, beval ze Muir aan bij een groot aantal wetenschappers, kunstenaars en schrijvers. Muir schreef dat hij gemakkelijk te herkennen was: bezoekers moesten uitkijken naar een 'bedeesde, krom lopende man met een zeer zongebruind hoofd'.[65]

Hij verwelkomde wetenschappers uit heel de Verenigde Staten.[66]

De gerenommeerde botanisten Asa Gray en John Torrey bezochten de vallei, evenals de geoloog Joseph LeConte. Yosemite Valley werd ook een toeristische attractie en algauw kwamen er honderden bezoekers op af. In juni 1864, drie jaar voor Muir er aankwam, was Yosemite Valley door de Amerikaanse overheid aan de staat Californië toegewezen als een park voor ontspanning en recreatie.[67] Door de toenemende industrialisering verhuisden er steeds meer mensen naar de steden, waar sommigen de natuur begonnen te missen. Ze togen naar Yosemite Valley, op paarden die bepakt waren met de gemakken der beschaving. Muir schreef dat ze er in hun bonte kleding in het landschap van rotswanden en bomen uitzagen als kleurige insecten.[68]

Een van zijn bezoekers was de oude mentor van Henry David Thoreau, de beroemde dichter en transcendentalistische schrijver Ralph Waldo Emerson.[69] Jeanne Carr had hem aangemoedigd Muir op te zoeken. De twee mannen brachten een paar dagen samen door; de onlangs drieëndertig geworden Muir liet de bijna zeventigjarige Emerson zijn tekeningen en herbarium zien, maar ook de vallei en zijn geliefde sequoia's in Mariposa Grove. Wel was hij diep teleurgesteld dat Emerson niet in de vrije natuur wilde overnachten en liever een kamer huurde in een van de houten hutten die in de vallei voor toeristen waren neergezet. Dat Emerson per se binnen wilde slapen liet zien hoe 'droevig het met het glorieuze transcendentalisme gesteld was', meende Muir.[70]

Emerson was niettemin zo onder de indruk van Muirs kennis en liefde voor de natuur dat hij hem vroeg naar de faculteit aan Harvard University te komen, waar hij zelf gestudeerd had en nu en dan nog steeds college gaf. Muir weigerde. Hij was te wild voor de gevestigde orde aan de oostkust, had 'te zeer in weer en wind geleefd om goed te kunnen opvlammen in droge, hooggestookte onderwijsovens'.[71] Hij verlangde naar de wildernis. 'Eenzaamheid is een fantastische minnares, maar een onuitstaanbare echtgenote,' waarschuwde Emerson, maar dat zei Muir niets.[72] Hij hield van de afzondering. Hoe kon hij zich alleen voelen wanneer hij voortdurend in gesprek was met de natuur?[73]

Dit gesprek vond op allerlei niveaus plaats. Net als Humboldt en Thoreau was hij ervan overtuigd geraakt dat, wilde iemand de natuur begrijpen, gevoelens evenzeer van belang waren als wetenschappelijke gegevens.[74] Aanvankelijk wilde hij de betekenis van de natuur ontdekken door te 'botaniseren', maar hij besefte al snel dat dit een beperkte benadering was. In de artikelen en boeken die hij later zou schrijven voor een niet-wetenschappelijk publiek werden beschrijvingen van textuur, kleuren, geluiden en geuren zijn handelsmerk. Maar in de brieven en dagboeken van zijn eerste jaren in Yosemite spatte van bijna iedere bladzij de sterk zinnelijke band af die hij met de natuur had. 'Ik ben in de bossen, de bossen, de bossen, en zij zijn in mij-ij-ij,' schreef hij, en: 'Ik wilde dat ik zo dronken en sequoiaans was [...]',[75] een tot de verbeelding sprekend adjectief voor de machtige sequoia's.

De schaduw van bladeren op een zwerfkei 'dansten in een vrolijke werveling de wals' en borrelende stroompjes 'zongen als koren'.[76]

De natuur sprak tot hem. De bergen riepen hem op 'hoger te komen', schreef hij, terwijl de planten en dieren 's ochtends juichten: 'Word wakker, word wakker, wees vrolijk, heb ons lief en zing met ons. Kom! Kom!'[77] Hij praatte met watervallen en bloemen. In een brief aan Emerson vertelde hij dat hij twee viooltjes had gevraagd wat ze van de aardbeving vonden, en dat ze hadden geantwoord: 'Het is allemaal liefde.'[78] De wereld die hij in Yosemite ontdekte, was bezield en klopte van leven. Het was Humboldts natuur als een levend organisme.*

Muir schreef over de 'adem der natuur' en het 'slaan van het grote hart van de natuur'.[80] Hij was deel van de wilde natuur, verklaarde hij.[81] Soms werd hij zozeer één met de natuur dat het voor de lezer niet duidelijk is wat hij bedoelt: 'Vier wolkeloze aprildagen vulden elke porie en holte met krachtige, ongedempte zonnestralen' – bescheen de zon hier Muir, of het landschap?[82]

Wat voor Humboldt een gevoelsmatige reactie was geweest, werd voor Muir een spirituele dialoog. Waar Humboldt een interne scheppende kracht had gezien, vond Muir een goddelijke hand. Hij ontdekte God in de natuur – maar geen God die van de kansel sprak. De Sierra Nevada was zijn 'bergkerk' waarin gesteenten, planten en de hemel de woorden van God vormden die als een goddelijk handschrift konden worden gelezen.[83] De natuur opende 'duizenden ramen om God te laten zien', had hij tijdens zijn eerste zomer in Yosemite Valley geschreven,[84] en iedere bloem was een weerspiegeling van de hand van de Schepper. Hij zou de natuur prediken als een 'apostel'.[85]

* Humboldt had uitgelegd dat alles doordrongen was van leven – gesteenten, bloemen, insecten et cetera. In zijn Engelse vertaling van *Ansichten der Natur* onderstreepte Muir Humboldts opmerkingen over deze 'universele overdaad aan leven' en over de organische krachten die 'onophoudelijk aan het werk' waren.[79]

Hij was niet alleen in gesprek met de natuur en met God, maar ook met Humboldt. In zijn exemplaren van *Relations historiques, Ansichten der Natur* en *Kosmos* had hij met potlood honderden commentaren toegevoegd. Met veel belangstelling las hij Humboldts beschrijving van inheemse stammen die de natuur als heilig beschouwden. Het fascineerde hem dat er stammen waren die 'overtredingen tegen de monumenten der natuur' streng bestraften,[86] evenals stammen die 'enkel natuurkrachten vereerden'.[87] Hun god bevond zich in het woud, net als die van hem. Waar Humboldt schreef over de 'gewijde heiligdommen' der natuur,[88] maakte hij er het 'heilige der heiligen van de Sierra's' van.[89]

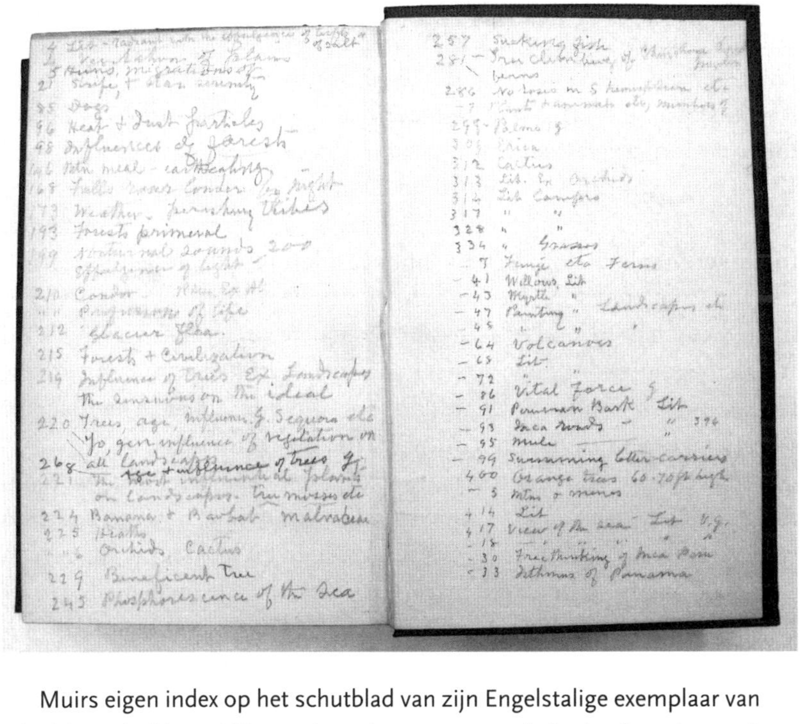

Muirs eigen index op het schutblad van zijn Engelstalige exemplaar van *Ansichten der Natur*. Hij voegde onderwerpen toe als 'invloed van bossen' en 'bossen en cultuur', waar hij de bladzijden bij zette die handelden over de invloed van bomen op klimaat, bodem en verdamping, maar ook die over de vernietigende gevolgen van landbouw en ontbossing

Hij was zo fanatiek dat hij zelfs de bladzijden in de boeken van Darwin en Thoreau markeerde die naar Humboldt verwezen.[90] Eén onderwerp in het bijzonder fascineerde hem: Humboldts opmerkingen over ontbossing en de ecologische functie van bossen – een onderwerp dat ook George Perkins Marsh intrigeerde.[91]

Wanneer hij naar de wereld om hem heen keek, besefte hij dat er iets gedaan moest worden. Het land veranderde. Ieder jaar eisten Amerikanen zes miljoen hectare grond voor de landbouw op.[92] Met de komst van stoomaangedreven maaimachines, graanbindmachines en combines, die het graan machinaal oogstten en dorsten, was de landbouw geïndustrialiseerd. Alles in de wereld leek steeds sneller te gaan. In 1861 was er in de Verenigde Staten bijna ogenblikkelijke communicatie mogelijk dankzij de eerste transcontinentale telegraafkabel van het oosten naar het westen van het land. Acht jaar later, toen Muir zijn eerste zomer in Yosemite doorbracht en tevens de honderdste geboortedag van Humboldt gevierd werd, bereikte de eerste transcontinentale spoorlijn de westkust. In de veertig jaar daarvoor had de pijlsnelle groei van spoorlijnen Amerika veranderd en tijdens Muirs eerste vijf jaar in Californië was er nog eens ruim vijftigduizend kilometer spoorlijn aan toegevoegd – in 1890 lag er tweehonderdvijftigduizend kilometer aan spoorlijnen in de Verenigde Staten.[93] Het kleiner worden van afstanden leek hand in hand te gaan met het kleiner worden van de wildernis. Algauw viel er in het westen geen land meer te veroveren of te verkennen. Aan het eind van de negentiende eeuw lag daar voor het eerst geen grens meer. 'De moeizame verovering van de wildernis is voltooid,' zou de Amerikaanse historicus Frederick Jackson Turner in 1903 verklaren.[94]

Behalve dat door de spoorlijnen verre oorden snel bereikbaar werden, kwam er door de standaardisatie van de *railway time* ook een indeling van vier tijdzones in het land. Standaardtijden en klokken vervingen de zon en de maan om het leven in de tijd te plaatsen. De mensheid, zo leek het, had de natuur in haar macht en de Amerikanen stonden in de voorhoede. Ze hadden land om te bebouwen, water om te consumeren en hout om te stoken. In het hele land werd gebouwd, geploegd, gekarnd en genaaid. Dankzij het uitgebreide spoorwegennet konden goederen en granen snel over het reusachtige continent worden vervoerd. Aan het eind van de negentiende eeuw waren de Verenigde Staten het grootste industrieland ter wereld geworden. Boeren verhuisden naar grote en kleine steden en de natuur kwam steeds verder van het dagelijkse leven af te staan.

In de jaren na zijn eerste zomer in Yosemite begon Muir met schrijven, om de mensen ‘te verlokken naar de lieflijkheden der natuur te kijken’.[95] Toen hij aan zijn eerste artikelen werkte, bestudeerde hij behalve Humboldts boeken ook *Man and Nature* van Marsh[96] en *The Maine Woods* en *Walden* van Thoreau. In *The Maine Woods* onderstreepte hij de passage waarin Thoreau pleitte voor ‘nationale natuurreservaten’ en hij begon na te denken over de bescherming van de wildernis.[97] De cirkel van Humboldts ideeën was rond. Humboldt had een aantal vooraanstaande denkers, wetenschappers en kunstenaars beïnvloed, en op hun beurt inspireerden die elkaar. Humboldt, Marsh en Thoreau voorzagen samen in het intellectuele kader waarmee Muir de veranderende wereld om zich heen zag.

Muir zou de rest van zijn leven strijden voor de bescherming van de natuur. *Man and Nature* had sommige Amerikanen de ogen geopend, maar in Marsh’ boek had bescherming van het milieu voornamelijk als doel het land economisch voordeel te bezorgen. Muir daarentegen schreef een tiental boeken en meer dan driehonderd artikelen om gewone Amerikanen van de natuur te laten houden. Hij wilde dat ze met eerbied naar berglandschappen en hoog oprijzende bomen keken. Om dit te bereiken schreef hij nu eens beeldend en meeslepend, dan weer grappig. Hij nam het schrijfstokje der natuur van Humboldt over, die dit nieuwe genre had uitgevonden waarin wetenschappelijk denken gecombineerd werd met emotionele reacties op de natuur. Humboldt had zijn lezers, onder wie Muir, versteld doen staan, en nu werd Muir zelf een meester in deze manier van schrijven. De natuur zelf was ‘een dichteres’, zei hij – hij hoefde haar alleen maar via zijn pen te laten spreken.[98]

Hij wist dingen zeer goed over te brengen en stond erom bekend een echte prater te zijn, die vol zat met ideeën, feiten, wetenswaardigheden en, uiteraard, enthousiasme voor de natuur. ‘We voelden de wind en de regen gewoon op ons voorhoofd,’ merkte een vriend op toen hij naar Muirs verhalen had geluisterd.[99] Muirs brieven, dagboeken en boeken waren eveneens gloedvol en stonden vol beschrijvingen die de lezer meevoerden naar wouden en bergen. Toen hij eens een berg beklom met Charles Sargent, de directeur van het Arnold Arboretum van Harvard University, verbaasde hij zich erover dat een man die zoveel over bomen wist zo onaangedaan bleef onder het schitterende herfstlandschap. Hijzelf sprong dansend rond en bezong de ‘glorie ervan’, maar Sargent bleef ‘onbewogen als een rots’. Toen hij Sargent ernaar vroeg, antwoordde die: 'Ik draag het hart niet op de tong.' Daar nam Muir echter geen genoegen mee. 'Het doet er niet toe waar je je hart draagt,' wierp hij tegen, 'maar jij staat naar het hemelse op aarde te kijken als een soort criticus van het universum, alsof je zegt: "Kom op, natuur, laat eens het beste van jezelf zien: ik kom uit Boston."'[100]

Muir leefde en ademde natuur. Een van zijn eerste brieven – een liefdesbrief aan de sequoia's – was geschreven met inkt die hij van hun sap gemaakt had, en tot op de dag van vandaag is de weerschijn van zijn handschrift in het rode sap van de sequoia's terug te zien. Het briefhoofd luidde: 'Eekhoornstad, Sequoia Co., notentijd' – en hij schreef:

'De koningsboom en ik hebben elkaar eeuwige liefde beloofd.' Wanneer het om de natuur ging, was hij nooit bang zich te laten gaan. Hij wilde de 'futloze wereld' vertellen over het woud, het leven, de natuur. Aan de mensen die zich hadden laten bedotten door de beschaving, of ze nu 'ziek of succesvol' waren, schreef hij: 'kom bij de sequoia drinken en laat je redden.'[101]

Zijn boeken en artikelen ademden zo'n speels plezier dat hij miljoenen Amerikanen inspireerde en hun relatie met de natuur vormgaf. Hij schreef, in een taal die intuïtief en gevoelvol was, over 'een schitterende wildernis die met duizend melodieuze stemmen leek te roepen' en over bomen die in een storm 'bonsden van muziek en leven'.[102] Hij wist zijn lezers te boeien en mee te nemen de wildernis in, besneeuwde bergen op, boven en achter ontzagwekkende watervallen langs en door weiden vol bloemen heen.*

Muir zag zichzelf graag als de wilde man uit de bergen. Maar nadat hij vijf jaar had doorgebracht in de Sierra en op het platteland van Californië, ging hij in de wintermaanden naar San Francisco en de Bay Area om aan zijn artikelen te werken.[104] Hij huurde kamers bij vrienden en bekenden en had nog steeds een hekel aan de 'dorre, dierloze' straten van de stad,[105] maar daar leerde hij wel de uitgevers kennen die zijn eerste werk zouden publiceren. Hij was rusteloos in die tijd en toen zijn broers en zusters in hun brieven uit Wisconsin schreven over hun huwelijk en kinderen, begon hij over zijn eigen toekomst na te denken.[106]

* De enige die Muirs natuurbeschrijvingen niet bevielen, was zijn strenge vader. Daniel Muir had in 1873 zijn vrouw verlaten om zich aan te sluiten bij een religieuze sekte, en schreef zijn zoon: 'Je kunt het hart van de gelovige niet verwarmen met je ijzige, besneeuwde bergen.'[103]

In september 1874, toen hij zesendertig was, stelde Jeanne Carr hem aan Louie Strentzel voor.[107] De zevenentwintigjarige Louie was het enige in leven gebleven kind van een vermogende Poolse emigrant die in Martinez, vijftig kilometer ten noordoosten van San Francisco, een grote boomgaard en wijngaard bezat. De twee begonnen met elkaar te corresponderen en John bracht Louie en haar familie geregeld een bezoek, maar het duurde vijf jaar voor hij zijn besluit genomen had. In 1879 verloofden ze zich en in april 1880 trouwden ze, een paar dagen voor Muirs tweeënveertigste verjaardag. Ze gingen op de boerderij van de Strentzels in Martinez wonen, maar Muir vluchtte nu en dan nog steeds naar de natuur. Louie begreep dat ze haar echtgenoot moest laten gaan wanneer hij zich 'verloren en verstikt' voelde in de taken op het boerenbedrijf.[108] John kwam altijd verkwikt en geïnspireerd terug en bracht de tijd dan graag door met zijn vrouw en later ook met zijn twee jonge dochters, op wie hij dol was.[109] Louie ging slechts één keer met hem mee naar Yosemite Valley; John duwde haar de bergen op door met een stok in haar rug te drukken. Het leek hem een behulpzaam gebaar, maar het experiment werd nooit herhaald.[110]

Muirs tekening waarop hij Louie een berg in Yosemite op duwt

Hij had aanvaard dat hij een boerderij runde, maar hij genoot niet van die taak. Toen Louies vader in 1890 overleed, liet hij zijn dochter bijna 250 000 dollar na, een fortuin.[111] Ze besloten delen van het land te verkopen en huurden Johns zuster en haar echtgenoot in om de rest van het bedrijf te leiden. John was inmiddels begin vijftig en hij was blij verlost te zijn van het dagelijkse werk op de boerderij, zodat hij zich op belangrijker zaken kon concentreren.

In de jaren dat hij het bedrijf van de Strentzels in Martinez had geleid, was zijn passie voor Yosemite niet bekoeld. Hiertoe aangemoedigd door Robert Underwood Johnson, uitgever van het vooraanstaande cultureel-literaire tijdschrift *The Century*, begon hij voor het behoud van de wildernis te strijden.[112] Iedere keer wanneer hij Yosemite Valley bezocht, waren er weer dingen veranderd en bijgekomen. De vallei was een staatspark, maar toezicht op naleving van de regels was er nauwelijks. Het beheer over Yosemite Valley werd door Californië heel slecht uitgevoerd. Schapen hadden de bodem van de vallei kaalgevreten en in het landschap wemelde het van de toeristische voorzieningen. Muir ontdekte dat veel wilde bloemen sinds zijn eerste bezoek aan de Sierra twintig jaar geleden waren verdwenen. En buiten het park, in de bergen, waren veel van zijn geliefde sequoia's geveld voor hun hout. Hij vond deze vernietiging en verspilling schokkend en zou later schrijven dat 'deze bomen na bewerking in de houtzagerij ongetwijfeld tot goed timmerhout zouden dienen, zoals George Washington na bewerking door een Franse kok tot een goede maaltijd zou hebben gediend'.*[113]

Onder de niet-aflatende aansporingen van Johnson ging Muir van liefde voor de natuur over op daden en begon hij te strijden voor een nationaal park in Yosemite – een park als het Yellowstone National Park in Wyoming, het eerste en tot dan enige van het land, dat in 1872 gesticht was. In de nazomer en herfst van 1890 lobbyde Johnson in Washington bij het Huis van Afgevaardigden voor een Yosemite National Park. Tegelijkertijd kreeg deze strijd voor natuurbehoud veel bekendheid dankzij Muirs artikelen in het populaire *The Century*, dat landelijk verscheen.[115]

* Een soortgelijke redenering van Thoreau in diens *The Maine Woods* had Muir onderstreept. Die luidde: 'Maar een pijnboom is net zomin timmerhout als een mens, en tot planken en huizen verwerkt worden is niet zijn ware, hoogste bestemming, net zomin als het de hoogste bestemming van de mens is om tot mest verwerkt te worden... een dode pijnboom is net zomin een pijnboom als een lijk een mens is.'[114]

De artikelen waren rijk geïllustreerd met schitterende gravures van de canyons, bergen en bomen van Yosemite Valley en voerden de lezer mee de wildernis van de Sierra in. Valleien werden 'bergstraten vol leven en licht', granieten bergtoppen stonden met hun voet in smaragdgroene weiden en hun 'wenkbrauwen' reikten naar de blauwe hemel. De vleugels van vogels, vlinders en bijen deden de lucht 'trillen tot muziek' en cascaden 'wervelden en dansten'. Majestueuze watervallen schuimden, kronkelden, draaiden en plonsden, terwijl wolken 'bloeiden'.

Met zijn proza bracht hij de betoverende schoonheid van Yosemite rechtstreeks de Amerikaanse huiskamers in, maar tegelijkertijd waarschuwde hij ervoor dat alles verwoest werd door houtzagerijen en schapen. Dit reusachtige gebied moest beschermd worden, schreef hij, omdat de ermee verbonden valleien en beken er even afhankelijk van waren als 'vingers van de palm van de hand'. De vallei was geen apart 'fragment', maar maakte deel uit van de grote 'harmonieuze eenheid' der natuur. Als een deel ervan vernietigd werd, zouden andere delen volgen.[116]

In oktober 1890, slechts enkele weken nadat zijn artikelen in *The Century* waren gepubliceerd, werd een gebied van achthonderdduizend hectare opgenomen in Yosemite National Park – dat onder federaal beheer en niet onder het beheer van de staat Californië kwam te staan.[117] Maar midden in het nieuwe park stond op de kaart een witte plek die nog steeds onder de lakse bewindvoering van Californië viel: Yosemite Valley.

De stichting van Yosemite National Park was een eerste stap in de goede richting, maar er moest nog veel gebeuren. Muir was ervan overtuigd dat alleen Uncle Sam – de federale regering – het vermogen had om de natuur te beschermen tegen 'dwazen' die bomen vernietigden.[118] Gebieden als park of bosreservaat aanwijzen was niet genoeg, er moest op worden toegezien dat ze beschermd werden. Daarom richtte hij in 1892 samen met anderen de Sierra Club op. Deze begon als een vereniging ter verdediging van de wildernis en is tegenwoordig Amerika's grootste algemene milieuorganisatie.[119] Muir hoopte dat er op deze manier 'iets voor de wilde natuur werd gedaan en de bergen blij werden gemaakt'.[120]

Onvermoeibaar bleef hij schrijven en campagne voeren. Zijn artikelen werden in grote landelijke tijdschriften gepubliceerd, zoals *Atlantic Monthly*, *Harper's New Monthly Magazine* en natuurlijk *The Century* –

en zijn publiek groeide nog steeds.[121] Rond de eeuwwisseling was hij zo beroemd geworden dat president Theodore Roosevelt verzocht hem tijdens een kampeertocht in Yosemite te vergezellen. 'Ik wil niemand mee behalve u,' schreef Roosevelt in maart 1903.[122] Twee maanden later kwam de potige president, die een fervent naturalist was maar ook hield van het jagen op groot wild, in de Sierra Nevada aan.

President Theodore Roosevelt en John Muir op Glacier Point in Yosemite Valley, in 1903

Ze vormden een merkwaardig stel: de magere, taaie, vijfenzestigjarige Muir en de twintig jaar jongere, zwaargebouwde, robuuste Roosevelt. In vier dagen tijd kampeerden ze op drie verschillende plaatsen – in de 'verheven tempel van de reusachtige sequoia's',[123] in de sneeuw op een van de hoge rotsformaties, en in de vallei onder de grijze, bijna loodrechte muur van El Capitan. In deze omgeving van majestueuze granieten rotswanden en hoog oprijzende bomen wist Muir de president ervan te overtuigen dat de federale regering het beheer over Yosemite Valley moest overnemen van de staat Californië en dat de vallei onderdeel moest worden van het Yosemite National Park.*

Humboldt had begrepen dat de natuur bedreigd werd, Marsh had van het bewijs daarvoor één overtuigend argument gemaakt, maar het was Muir die zorgen om het milieu tot onderwerp maakte bij politiek en burgers. Er waren verschillen tussen Marsh en Muir – tussen instandhouding en behoud van de natuur. Marsh wilde dat bossen niet vernietigd werden, maar bewaard bleven; het ging hem daarbij echter voornamelijk om de bescherming van natuurlijke hulpbronnen. Hij wilde dat het gebruik van bomen en water gereguleerd werd om tot een duurzaam evenwicht te komen.

Muir gaf een andere interpretatie aan Humboldts ideeën. Hij ijverde voor natuurbehoud, waarmee hij bedoelde dat de natuur beschermd moest worden tegen menselijk ingrijpen. Wouden, rivieren en bergen dienden in hun oorspronkelijke staat te blijven, en dat doel streefde hij met ijzeren volharding na. 'Ik heb geen plan, systeem of foefje om ze [de wouden] te redden,' zei hij, 'mijn bedoeling is eenvoudigweg om hier keihard voor te vechten.'[124] Hij wist ook steun van het publiek voor zijn zaak te krijgen. Doordat tienduizenden Amerikanen zijn artikelen lazen en zijn boeken bestsellers werden, klonk zijn onverschrokken stemgeluid door heel het Noord-Amerikaanse continent. Hij was de felste voorvechter van de Amerikaanse natuur geworden.

Een van de belangrijkste dingen waar hij tegen streed betrof het plan om een dam te bouwen in de Hetch Hetchy Valley, een minder bekende, maar eveneens spectaculaire vallei in het Yosemite National Park. In 1906, na een grote aardbeving en een brand, verzocht de stad San Francisco, waar men al lange tijd kampte met watertekorten, de federale regering om een dam te bouwen in de rivier die door Hetch Hetchy stroomde. Zo zou er een waterreservoir voor de groeiende metropool ontstaan. In zijn strijd tegen de bouw van de dam schreef Muir naar Roosevelt, die hij herinnerde aan hun kampeertocht en wees op de noodzaak Hetch Hetchy te sparen. Tegelijkertijd ontving Roosevelt verslagen van ingenieurs over de situatie ter plekke; volgens hen was een dam de enige oplossing voor het aanhoudende waterprobleem van San Francisco. Zo ontstond het eerste geschil tussen de aanspraken van

* Roosevelt hield zijn belofte. In 1906 werd zowel Yosemite Valley als Mariposa Grove deel van het Yosemite National Park.

de natuur en de eisen van de cultuur – tussen natuurbehoud en vooruitgang – dat in Amerika op nationaal niveau uitgevochten werd. Er stond veel op het spel. Als delen van een nationaal park voor zakelijke doeleinden konden worden opgeëist, werd er niets echt beschermd.[125]

Muir schreef felle artikelen tegen het plan en de Sierra Club spoorde mensen aan om naar de president en politici te schrijven, waardoor hun strijd uitgroeide tot een nationaal protest. Leden van het Amerikaanse Congres ontvingen duizenden brieven van bezorgde kiezers, woordvoerders van de Sierra Club getuigden voor regeringscommissies en *The New York Times* verklaarde dat er sprake was van een 'universele

strijd'.[126] Maar na jaren van strijd en lobby won San Francisco het pleit en werd begonnen met de bouw van de dam. Muir voelde zich verpletterd, maar besefte ook dat het hele land 'wakker was geschud'.[127] Hetch Hetchy was verloren, maar hij en zijn medestrijders voor natuurbehoud hadden geleerd hoe ze moesten lobbyen, hoe ze landelijk actie moesten voeren en hoe ze zich in de politieke arena moesten opstellen – een voorbeeld voor toekomstig activisme. Het idee van een nationale protestbeweging werd geboren. Ze hadden een bittere pil moeten slikken: 'Niets wat geld kan opleveren is veilig, al is het nog zo beschermd,' zoals Muir verklaarde.[128]

Door de jaren heen was Muir blijven dromen van een reis naar Zuid-Amerika.[129] Tijdens de eerste jaren van zijn verblijf in Californië was hij er nog van overtuigd dat hij ernaartoe zou gaan, maar er was altijd iets tussengekomen. 'Ben ik de Amazone, de grootste rivier van de aarde, vergeten? Nee, nooit, nooit. Ze brandt al een halve eeuw in mij, en zal er altijd blijven branden,' schreef hij aan een oude vriend.[130] Tussen het bergbeklimmen, het werken op de boerderij, het schrijven en het actievoeren door had hij tijd vrijgemaakt voor een aantal bezoeken aan Alaska en ook voor een wereldreis om bomen te bestuderen. Hij had Europa, Rusland, Brits-Indië, Japan, Australië en Nieuw-Zeeland bezocht, maar het was hem niet gelukt naar Zuid-Amerika te gaan. Toch had hij al die jaren Humboldt altijd in het achterhoofd. Tijdens zijn wereldreis had hij Berlijn aangedaan, waar hij door het Volkspark Humboldthain had gewandeld, dat was aangelegd na de honderdste geboortedag van Humboldt. Ook bezocht hij het standbeeld van Humboldt dat voor de universiteit stond die naar hem genoemd was.[131] Zijn vrienden wisten hoezeer hij zich met de Pruisische wetenschapper identificeerde en noemden zijn expedities daarom 'Humboldtreizen'.[132] Een van hen zette Muirs publicaties in de afdeling ontdekkingsreizigers van zijn bibliotheek zelfs 'onder Humboldt'.[133]

Muir bleef hardnekkig vasthouden aan het idee dat hij in het voetspoor van zijn held zou treden. Met het ouder worden werd zijn levenslange wens om Zuid-Amerika te zien zelfs nog vuriger. Er was ook veel minder om voor thuis te blijven. In 1905 was Louie overleden en vervolgens waren zijn beide dochters getrouwd en hadden ze hun eigen gezin gesticht. Toen Muir zeventig werd – een leeftijd waarop anderen aan pensionering zouden denken – had hij zijn droom nog steeds niet opgegeven. Hij begon ernst te maken met zijn Humboldtreis. Mogelijk had het schrijven van het boek *My First Summer in the Sierra*, in het voorjaar van 1910, zijn wens nieuw leven ingeblazen – per slot van rekening was de drang 'een Humboldt' te willen zijn de reden geweest dat hij veertig jaar eerder van Indianapolis naar Californië was gegaan.[134] Hij kocht een nieuwe uitgave van Humboldts *Relations historiques* en herlas het werk van kaft tot kaft, waarbij hij aantekeningen maakte en regels onderstreepte. Hij liet zich door niemand tegenhouden. Hoezeer zijn dochters en vrienden ook protesteerden, hij moest gaan voor het te laat was.[135] Ze wisten dat hij koppig kon zijn. Hij had zo vaak over de expeditie gesproken, merkte een vriendin op, dat ze zeker wist dat Muir niet gelukkig was voor hij Zuid-Amerika had gezien.

In april 1911 vertrok Muir per trein uit Californië om naar de oostkust te gaan, waar hij een aantal weken als een waanzinnige aan de manuscripten van diverse boeken werkte.[136]* Vervolgens scheepte hij op 12 augustus in New York in op een stoomschip. Eindelijk ging hij op weg naar 'de grote, spannende rivier' die hij altijd al had willen zien.[138] Een uur voor het schip vertrok, stuurde hij nog snel een laatste briefje naar zijn bezorgde dochter Helen. 'Maak je geen zorgen. Het gaat prima met me,' stelde hij haar gerust.[139] Twee weken later kwam hij in Belém in Brazilië aan, de poort naar de Amazone. Vierenveertig jaar nadat hij uit Indianapolis was vertrokken voor zijn wandeling naar het zuiden, en meer dan een eeuw nadat Humboldt aan zijn zeereis was begonnen, zette hij eindelijk voet op Zuid-Amerikaanse bodem. Hij was drieënzeventig.

*Muir ging ook naar Washington, waar hij lobbyde voor Hetch Hetchy. Hij had een ontmoeting met president William Howard Taft, met de minister voor Landsbeheer, de voorzitter van het Congres, en vele Congresleden.[137]

Alles was begonnen met Humboldt en een wandeling. 'Ik ging naar buiten om een ommetje te maken, en besloot uiteindelijk tot zonsondergang weg te blijven,' schreef Muir toen hij terugkwam, 'want ik raakte pas echt betrokken door erop uit te trekken.'[140]

Epiloog

Alexander von Humboldt is in de Engelssprekende wereld grotendeels vergeten. Hij was een van de laatste generalistische geleerden, en overleed in een tijd dat wetenschappelijke vakgebieden specialistischer werden en meer geïsoleerd kwamen te staan. Zijn meer holistische benadering – een wetenschappelijke methode die naast harde gegevens ook kunst, geschiedenis, poëzie en politiek omvatte – is daardoor uit de gratie geraakt. Aan het begin van de twintigste eeuw was er maar weinig ruimte voor een man wiens kennis een enorme hoeveelheid onderwerpen besloeg. Wetenschappers bewogen zich in het wereldje van hun specialisme, dat nog verder verdeeld en onderverdeeld werd, en raakten Humboldts interdisciplinaire methoden en zijn concept van de natuur als een wereldomvattende kracht kwijt.

Een van Humboldts grootste verdiensten was dat hij wetenschap toegankelijk en populair had gemaakt. Iedereen leerde van hem: boeren en ambachtslieden, schooljongens en leraren, kunstenaars en musici, wetenschappers en politici. Tijdens de viering van zijn honderdste geboortedag in Boston had een spreker gezegd dat ieder leerboek en iedere atlas die schoolkinderen in de westerse wereld in handen kregen, gevormd was door Humboldts ideeën.[1] Anders dan Christoffel Columbus en Isaac Newton ontdekte Humboldt geen nieuw continent of nieuwe natuurwet. Hij was niet bekend om één bepaald feit of één bepaalde ontdekking, maar vanwege zijn wereldbeeld. Zijn visie op de natuur is in ons bewustzijn terechtgekomen als door een proces van osmose.

Het anti-Duitse sentiment dat de Eerste Wereldoorlog met zich meebracht, is een andere oorzaak dat Humboldt uit het collectieve geheugen is gewist. In Groot-Brittannië bijvoorbeeld voelde zelfs de koninklijke familie zich gedwongen haar Duitsklinkende achternaam 'Saxe-Coburg and Gotha' te veranderen in 'Windsor' en werden de werken van Beethoven en Bach niet meer gespeeld. Het kan dus niet verbazen dat een Duitse wetenschapper niet langer populair was. Toen in de Verenigde Staten het Congres zich in 1917 met het conflict bemoeide, werden Amerikanen van Duitse origine opeens gelyncht en gepest. In Cleveland, waar vijftig jaar daarvoor duizenden mensen de straat waren op gegaan om de honderdste geboortedag van Humboldt te vieren, werden Duitse boeken op een enorm vuur verbrand.[2] In Cincinnati werden alle Duitstalige werken van de planken van de openbare bibliotheek verwijderd en werd 'Humboldt Street' veranderd in 'Taft Street'.[3] Beide wereldoorlogen wierpen lange schaduwen over een grote Duitse geest.

Dus waarom zouden we ons in Alexander von Humboldt verdiepen? De afgelopen jaren hebben veel mensen me gevraagd waarom ik in hem geïnteresseerd ben. Er zijn veel redenen waarom Humboldt nog steeds fascinerend en belangrijk is: niet alleen leidde hij een interessant, avontuurlijk leven, zijn verhaal geeft ook een verklaring voor de manier waarop wij tegenwoordig tegen de natuur aankijken. In een wereld waarin de neiging bestaat scherpe grenzen te trekken tussen wetenschap en kunst, tussen het subjectieve en het objectieve, maakt zijn inzicht dat we de natuur alleen echt kunnen begrijpen door onze verbeelding te gebruiken, hem tot een visionair.

Humboldts volgelingen en op hun beurt hun volgelingen hebben zijn gedachtegoed uitgewerkt – onopvallend, nauwelijks merkbaar en soms onbedoeld. De ideeën van hedendaagse milieudeskundigen, ecologen en natuurschrijvers hebben hun oorsprong nog altijd in Humboldts visie – al hebben velen van hen misschien nog nooit van hem gehoord. Humboldt is hun geestelijke vader.

Nu wetenschappers de wereldwijde gevolgen van klimaatverandering proberen te begrijpen en te voorspellen, is Humboldts interdisciplinaire benadering van wetenschap en natuur van meer betekenis dan ooit. Zijn geloof in de vrije uitwisseling van informatie, in het bijeenbrengen van wetenschappers en in het bevorderen van communicatie tussen disciplines, vormt de pijler onder de hedendaagse wetenschap. Ons denken wordt geschraagd door zijn concept van een natuur van wereldomvattende patronen.

Eén blik op het rapport uit 2014 van het IPCC (Intergovernmental Panel on Climate Change) maakt duidelijk waarom een humboldtiaans perspectief juist nu nodig is. In het rapport, waaraan meer dan achthonderd wetenschappers en deskundigen hebben meegewerkt, wordt gesteld dat de opwarming van de aarde 'ernstige, ingrijpende en onomkeerbare gevolgen voor mensen en ecosystemen' zal hebben.[4] Humboldts onderkenning dat maatschappelijke, economische en politieke vraagstukken nauw verbonden zijn met milieuproblemen is nog steeds hoogst actueel. Zoals de Amerikaanse boer en dichter Wendell Berry zei: 'Er is in feite geen verschil tussen het lot van het land en dat van de mensen. Wordt een van de twee misbruikt, dan lijdt de ander.'[5] Of, in de woorden van de Canadese activiste Naomi Klein in haar *This Changes Everything* (2014)*: het economische systeem en het milieu zijn in oorlog. Zoals Humboldt besefte dat koloniën die dreven op slavernij, monocultuur en uitbuiting, een systeem voortbrachten van onrechtvaardigheid en rampzalige verwoesting van het milieu, zo moeten wij begrijpen dat economische fenomenen en klimaatverandering deel uitmaken van hetzelfde systeem.

Humboldt sprak van de 'menselijke baldadigheid [...] die de natuurlijke orde verstoort'.[6] Soms was hij zo pessimistisch dat hij een naargeestig toekomstbeeld schilderde waarin de mens zijn dodelijke mengsel van slechtheid, hebzucht, geweld en onwetendheid naar andere planeten overbracht. Al in 1801 schreef Humboldt dat de menselijke soort verre sterren kon doen 'verdorren' en 'verwoest' achter kon laten, zoals ze op dat moment met de aarde deed.[7]

Het lijkt alsof we weer op dit punt zijn aanbeland. Misschien is dit het moment voor ons en de milieubeweging om Alexander von Humboldt tot onze held uit te roepen.

Goethe vergeleek Humboldt met een 'bron met vele vertakkingen waaruit [het water] ons verkwikkend en onuitputtelijk tegemoet stroomt, zodat we slechts onze vaten eronder hoeven te houden'.[8]

Ik denk dat die bron nooit is opgedroogd.

* In het Nederlands verschenen onder de titel *No time. Verander nu, voor het klimaat alles verandert.*

Dankwoord

In 2013 heb ik het hele jaar in het Eccles Centre van de British Library mogen werken. Het was mijn productiefste jaar ooit als schrijver. Ik genoot van elk moment. Graag wil ik iedereen van het Centre bedanken, in het bijzonder Philip Davies, Jean Petrovic en Cara Rodway, evenals Matt Shaw en Philip Hatfield van de British Library.

De afgelopen jaren heb ik van heel veel mensen hulp gehad; zoveel bereidwilligheid maakt een mens bescheiden. Dankzij al deze mensen werden mijn onderzoek voor en het schrijven van dit boek een prachtige belevenis. Er waren zoveel mensen die hun kennis of onderzoeksresultaten met me deelden, stukken voor me lazen, me nuttige adressen gaven, (heel vaak) antwoord zochten op mijn vragen en me over de hele wereld welkom heetten, dat het werk een ware humboldtiaanse ervaring van wereldwijde netwerken werd.

Ik bedank de volgende mensen in Duitsland: Ingo Schwarz, Eberhard Knobloch, Ulrike Leitner en Regina Mikosch van de Humboldt Forschungsstelle in Berlijn; Thomas Bach van het Ernst-Haeckel Haus in Jena; Frank Holl van de Münchner Wissenschaftstage in München; Ilona Haak-Macht van de Klassik Stiftung Weimar, Direktion Museen/Abteilung Goethe-Nationalmuseum; Jürgen Hamel; en Karl-Heinz Werner.

Voor de hulp die ik in Groot-Brittannië ontving, bedank ik Adam Perkins van het Department of Manuscripts and University Archives van de universiteitsbibliotheek te Cambridge; Annie Kemkaran-Smith van Down House in Kent; Neil Chambers van het Sir Joseph Banks Archive Project aan Nottingham Trent University; Richard Holmes; Rosemary Clarkson van het Darwin Correspondence Project; Jenny Wattrus voor de Spaanse vertalingen; Eleni Papavasileiou van Library & Archive, ss Great Britain Trust; John Hemming; Terry Gifford en zijn 'leesgroep' van wetenschappers van Bath University; Lynda Brooks van de Linnean

Society; Keith Moore en het overige personeel van de Royal Society Library and Archives te Londen; Crestina Forcina van de Wellcome Trust, en het personeel van de British Library en de London Library.

In de Verenigde Staten ontving ik hulp van Michael Wurtz van de Holt-Atherton Special Collections, University of the Pacific Library; van Bill Swagerty van het John Muir Center, University at the Pacific; van Ron Eber; Marie Arana; Keith Thomson van de American Philosophical Society; van het personeel van de New York Public Library; van Leslie Wilson van de Concord Free Public Library; van Jeff Cramer van het Thoreau Institute te Walden Woods; van Matt Burne van het Walden Woods Project; van David Wood, Adrienne Donohue en Margaret Burke van het Concord Museum; van Kim Burns; van Jovanka Ristic en Bob Jaeger van de American Geographical Society Library van de University of Wisconsin-Milwaukee Libraries; van Sandra Rebok; van Prudence Doherty van de Special Collections Bailey/Howe Library van de University of Vermont; van Eleanor Harvey van het Smithsonian American Art Museum; van Adam Goodheart van het C.V. Starr Center for the Study of the American Experience, Washington College. En op Monticello van Anna Berkes, Endrina Tay, Christa Dierksheide, en Lisa Francavilla, van het International Center for Jefferson Studies, de Jefferson Retirement Papers en de Jefferson Library; van David Mattern van de Madison Retirement Papers van de University of Virginia; van Aaron Sachs, Ernesto Bassi en de 'Historians are Writers Group' van Cornell University. Iedereen heel hartelijk bedankt.

Voor de hulp die ik in Zuid-Amerika kreeg bedank ik Alberto Gómez Gutiérrez van de Pontificia Universidad Javeriana te Bogotá; onze gids Juanfe Duran Cassola in Ecuador en het personeel van het archief van het Ministerio de Cultura y Patrimonio in Quito.

Ik ben de volgende archieven en bibliotheken dank verschuldigd voor hun toestemming om uit hun bronnen te citeren: Syndics van Cambridge University Library; Royal Society, Londen; Concord Free Public Library, Concord MA; Staatsbibliothek zu Berlin – Preussischer Kulturbesitz; Holt-Atherton Special Collections, University of the Pacific, Stockton, California © 1984 Muir-Hanna Trust; New York Public Library; British Library; Special Collections, University of Vermont.

Graag bedank ik het fantastische team van uitgeverij John Murray, onder wie Georgina Laycock, Caroline Westmore, Nick Davies, Juliet Brightmore en Lyndsey Ng.

Van uitgeverij Knopf bedank ik het al even fantastische team, onder wie Edward Kastenmeier, Emily Giglierano, Jessica Purcell en Sara Eagle.

Mijn geweldige vriend en agent Patrick Walsh kan ik niet genoeg bedanken. Al meer dan tien jaar lang vond hij dat ik een boek over Alexander von Humboldt moest schrijven, en hij was de eerste die me meenam naar Venezuela tien jaar geleden. Je hebt hier zo ongelooflijk hard aan gewerkt, regel na regel. Zonder jou was dit een heel ander boek geworden. Dankjewel voor je vertrouwen in mij, en voor je goede zorgen. Zonder jou zou ik veel minder plezier in het leven hebben en zou ik geen werk hebben.

Vrienden en familie, die geduldig mijn Humboldtkoorts hebben verdragen, enorm bedankt:

Leo Hollis die – zoals zo vaak – mijn ideeën de juiste richting op stuurde en ze in één zin wist samen te vatten. De titel is van jou!

Mijn moeder, Brigitte Wulf, hielp me opnieuw met de Franse vertalingen en sleepte voor mij met boeken uit Duitse bibliotheken, terwijl mijn vader, Herbert Wulf, verschillende versies heeft gelezen van alle hoofdstukken van dit boek. Bedankt dat jullie naar Weimar en Jena kwamen.

Constanze von Unruh werkte ook nu het hele manuscript door. In je begeleiding was je eerlijk, intelligent en bemoedigend. Bedankt voor alles, voor al die avonden.

Veel van mijn vrienden en familie hebben hoofdstukken in concept gelezen en me hun commentaar en suggesties gegeven; ik bedank Robert Rowland Smith, John Jungclaussen, Rebecca Bernstein en Regan Ralph. Ik bedank jou nog extra, Regan. Je bent een geweldige vriendin en je hebt me een tweede huis gegeven – en ging bovendien met me mee naar Yosemite. Ontzettend bedankt. Ook bedank ik Hermann en Sigrid Düringer voor hun gastvrijheid. Tijdens mijn onderzoek in Berlijn mocht ik in hun mooie flat logeren. Ik bedank mijn broer Axel Wulf voor gegevens over barometers, en Anne Wigger voor haar hulp bij *Faust*. Dankjewel, Lisa O'Sullivan; je hebt me als goede vriendin enorm gesteund en je hebt onophoudelijk voor me gezorgd toen ik tijdens orkaan Sandy in je appartement in New York gestrand was. Je bent nu officieel lid van mijn apocalyptische team.

Het allermeest bedank ik mijn superslimme, beste en oudste vriendin Julia-Niharika Sen, die het hele manuscript heeft doorgewerkt, woord voor woord, steeds opnieuw – je brak het af en hielp me vervolgens om er weer een geheel van te maken. Bedankt dat je met mij naar Ecuador en Venezuela ging – dat je in je vakantie in Humboldts voetsporen trad. Geen strand en cocktails, maar tarantula's en hoogteziekte. Met jou op vijfduizend meter hoogte op de Chimborazo staan was een van de hoogtepunten in mijn leven. Het is ons gelukt! Dankjewel dat je er bent. Altijd. Zonder jou had ik dit boek niet kunnen schrijven.

Ik draag dit boek op aan mijn prachtige, knappe dochter Linnéa die heel lang met Humboldt heeft moeten leven. Dankjewel. Je bent de beste dochter ter wereld; jij maakt mijn geluk compleet.

Verantwoording illustraties

Illustraties in de tekst

© Alamy: 58; 196/Interfoto: 237/Heritage Image Partnership Ltd: 278/ Lebrecht Music and Arts Photo Library. René Binet, *Esquisses Décoratives* (circa 1905): 387 links. © bpk/Staatsbibliothek zu Berlin: 248. *Catalogue souvenir de l'Exposition Universelle 1900 Paris:* 385 links. © Collectie van het Museo Nacional de Colombia/Registro1204/foto Oscar Monsalve: 124/Alexander von Humboldt, *Geografia de las plantas cerca del Ecuador* (1803). Ter beschikking gesteld door Concord Museum, Massachusetts: 313; 316. Ernst-Haeckel-Haus, Jena: 372. Herman Klencke, *Alexander von Humboldt's Leben und Wirken, Reisen und Wissen* (1870): 34; 71; 91; 92; 95; 101; 105; 120; 256; 263; 350. Library of Congress Prints and Photographs Division, Washington DC: 68; 135; 353; 408. Met toestemming van The Linnean Society of London: 66/Martin Hendriksen Vahl, *Symbolae Botanicae* (1790-1794): 385 rechts; 387 rechts/Ernst Haeckel, *Kunstformen der Natur* (1899-1904). Benjamin C. Maxham: 318/daguerreotype, 1856. Ministerio de Cultura del Ecuador, Quito: 74. John Muir Library/ Holt-Atherton Special Collections, University of the Pacific, Stockton, Californië © 1984 Muir-Hanna Trust en ter beschikking gesteld door The Bancroft Library/University of California, Berkeley: 398; 401; 405. Privécollecties: 84; 150; 340. © Stiftung Stadtmuseum Berlin: 172. Wellcome Library, London: 21; 81; 127; 130; 191/Alexander von Humboldt, *Vues des Cordillères,* 2 delen (1810-1813): 23/Heinrich Berghaus, *The Physical Atlas* (1845): 40; 45/Alexander von Humboldt, *Versuch über die gereizte Muskel- und Nervenfaser* (1797): 49; 51; 78; 112; 114; 145/Alcide D. d'Orbingy, *Voyage pittoresque dans les deux Amériques* (1836): 152; 153; 163; 174; 188; 212; 230; 346/Traugott Bromme, *Atlas zu Alex. v. Humboldt's Kosmos* (1851): 216; 242; 271; 275/Charles Darwin, *Journal of Researches* (1902): 290/Charles Darwin, *Journal of Researches* (1845): 300; 240/E.T.

Hamy, *Aimé Bonpland, médecin et naturaliste, explorateur de l'Amérique du Sud* (1906): 343.

Illustraties in kleur

© Akademie der Wissenschaften, Berlin: 3 boven/akg-images. © Alamy: 3 onder/Stocktreck Images Inc; 6 onder/FineArt; 7 onder/Pictorial Press Ltd; 12 onder/World History Archive. © bpk/Stiftung Preussische Schlösser und Gärten Berlin-Brandenburg: 7 boven/foto Gerhard Murza. © Humboldt-Universität Berlin: 4-5/Alexander von Humboldt, *Geographie der Pflanzen in den Tropen-Ländern, ein Naturgemälde der Anden* (1807), foto Bridgeman Images. Ter beschikking gesteld door The Linnean Society of London: 12 boven/Ernst Haeckel, *Kunstformen der Natur* (1899-1904). Wellcome Library, London: 1, 2, 6 boven/Alexander von Humboldt, *Vues des Cordillères* (1810-1813); 8-9/Traugott Bromme, *Atlas zu Alex. v. Humboldt's Kosmos* (1851); 10-11/Heinrich Berghaus, *The Physical Atlas* (1845).

Noten

AFKORTINGEN

Personen en archieven

AH: Alexander von Humboldt

BL: British Library, Londen

Caroline Marsh Journal, NYPL: Crane family papers. Manuscripts and Archives Division. The New York Public Library. Astor, Lenox, and Tilden Foundations

CH: Caroline von Humboldt

CUL: Scientific Manuscripts Collections, Department of Manuscripts & University Archives, University Library, Cambridge

DLC: Library of Congress, Washington DC

JM online: Online collection of John Muir Papers. Holt-Atherton Special Collections, University of the Pacific, Stockton, Californië, © 1984 Muir-Hanna Trust

MHT: Holt-Atherton Special Collections, University of the Pacific, Stockton, California, ©1984 Muir-Hanna Trust

NYPL: New York Public Library

RS: Royal Society, Londen

Stabi Berlin NL AH: Staatsbibliothek zu Berlin – Preußischer Kulturbesitz, Nachl. Alexander von Humboldt (Collectie Humboldtmanuscripten)

TJ: Thomas Jefferson

UVM: George Perkins Marsh Collection, Special Collections, University of Vermont Library

WH: Wilhelm von Humboldt

AFKORTINGEN

Werken van Alexander von Humboldt

AH Althaus memoires 1861: *Briefwechsel und Gespräche Alexander von Humboldt's mit einem jungen Freunde, aus den Jahren 1848 bis 1856*

AH Arago brieven 1907: *Correspondance d'Alexandre de Humboldt avec François Arago (1809-1853)*

AH Aspecten 1849: *Aspects of Nature, in Different Lands and Different Climates, with Scientific Elucidations* (oorspronkelijke titel: *Ansichten der Natur mit wissenschaftlichen Erläuterungen*)

AH Berghaus brieven 1863: *Briefwechsel Alexander von Humboldt's mit Heinrich Berghaus aus den Jahren 1825 bis 1858*

AH Bessel brieven 1994: *Briefwechsel zwischen Alexander von Humboldt und Friedrich Wilhelm Bessel*

AH Böckh brieven 2011: *Alexander von Humboldt und August Böckh. Briefwechsel*

AH Bonpland brieven 2004: *Alexander von Humboldt und Aimé Bonpland. Correspondance 1805-1858*

AH brieven 1973: *Die Jugendbriefe Alexander von Humboldts 1787-1799*

AH brieven Amerika 1993: *Briefe aus Amerika 1799-1804*

AH brieven Rusland 2009: *Briefe aus Russland 1829*

AH brieven VS 2004: *Alexander von Humboldt und die Vereinigten Staaten von Amerika. Briefwechsel*

AH Bunsen brieven 2006: *Briefe von Alexander von Humboldt und Christian Carl Josias Bunsen*

AH Centraal-Azië 1844: *Central-Asien. Untersuchungen über die Gebirgsketten und die vergleichende Klimatologie*

AH Cordillera's 1814: *Researches, concerning the Institutions & Monuments of the Ancient Inhabitants of America with Descriptions & Views of some of the most Striking Scenes in the Cordilleras!* (oorspronkelijke titel: *Vues des Cordillères et monuments des peuples indigènes de l'Amérique*)

AH Cordillera's 1810: *Pittoreske Ansichten der Cordilleren und Monumente americanischer Völker*

AH Cotta brieven 2009: *Alexander von Humboldt und Cotta. Briefwechsel*

AH Cuba 2011: *Political Essay on the Island of Cuba. A Critical Edition* (oorspronkelijke titel: *Essai politique sur l'île de Cuba*)

AH dagboek 1982: *Lateinamerika am Vorabend der Unabhängigkeitsrevolution: eine Anthologie von Impressionen und Urteilen aus seinen Reisetagebüchern*

AH dagboek 2000: *Reise durch Venezuela. Auswahl aus den Amerikanischen Reisetagebüchern*

AH dagboek 2003: *Reise auf dem Río Magdalena, durch die Anden und Mexiko*

AH Dirichlet brieven 1982: *Briefwechsel zwischen Alexander von Humboldt und P.G. Lejeune Dirichlet*

AH Du Bois-Reymond brieven 1997: *Briefwechsel zwischen Alexander von Humboldt und Emil du Bois-Reymond*

AH Fragmenten Azië 1832: *Fragmente einer Geologie und Klimatologie Asiens*

AH Frederik Willem IV brieven 2013: *Alexander von Humboldt. Friedrich Wilhelm IV. Briefwechsel*

AH Gauss brieven 1977: *Briefwechsel zwischen Alexander von Humboldt und Carl Friedrich Gauß*

AH Geografie 1807: *Ideen zu einer Geographie der Pflanzen nebst einem Naturgemälde der Tropenländer*

AH Geografie 2009: *Essay on the Geography of Plants* (oorspronkelijke titel: zie hierboven)

AH Kosmos 1845-1850: *Kosmos. Entwurf einer physischen Weltbeschreibung*

AH Kosmos 1845-1852: *Cosmos: Sketch of a Physical Description of the Universe* (oorspronkelijke titel zie hierboven)

AH Kosmos 1878: *Cosmos: Sketch of a Physical Description of the Universe*, Muirs Engelse exemplaar van *Kosmos. Entwurf einer physischen Weltbeschreibung*

AH Kosmos lezingen 2004: *Alexander von Humboldt. Die Kosmos-Vorträge 1827/28*

AH Mendelssohn brieven 2011: *Alexander von Humboldt. Familie Mendelssohn. Briefwechsel*

AH Natuurbeschouwingen 1808: *Ansichten der Natur mit wissenschaftlichen Erläuterungen*

AH Natuurbeschouwingen 1849: *Ansichten der Natur mit wissenschaftlichen Erläuterungen*, derde en aangevulde druk

AH Natuurbeschouwingen 1896: *Views of Nature*, Muirs Engelse exemplaar van de *Ansichten der Natur*

AH Natuurbeschouwingen 2014: *Views of Nature*

AH Nieuw-Spanje 1811: *Political Essay on the Kingdom of New Spain* (oorspronkelijke titel: *Essai politique sur le royaume de la Nouvelle-Espagne*)

AH reisbeschrijving 1814-1829: *Personal Narrative of Travels to the Equinoctial Regions of the New Continent during the years 1799-1804* (oorspronkelijke titel: *Voyage aux régions équinoxiales du nouveau continent, fait en 1799, 1800, 1801, 1802, 1803 et 1804*)

AH reisbeschrijving 1907: *Personal Narrative of Travels to the Equinoctial Regions of the New Continent during the years 1799-1804*, Muirs Engelse exemplaar van de *Voyages*

AH Schumacher brieven 1979: *Briefwechsel zwischen Alexander von Humboldt und Heinrich Christian Schumacher*

AH Spiker brieven 2007: *Alexander von Humboldt. Samuel Heinrich Spiker. Briefwechsel*

AH Varnhagen brieven 1860: *Letters of Alexander von Humboldt to Varnhagen von Ense* (oorspronkelijke titel: *Briefe von Alexander von Humboldt an Varnhagen von Ense, aus den jahren 1827 bis 1858 : nebst Auszügen aus Varnhagen's Tagebüchern und Briefen von Varnhagen und andern an Humboldt*)

AH WH brieven 1880: *Briefe Alexander's von Humboldt und seinen Bruder Wilhelm*

Terra 1959: 'Alexander von Humboldts Correspondence with Jefferson, Madison, and Gallatin'

AFKORTINGEN
algemeen

Darwin Beagle-dagboek 2001: *Beagle Diary*

Darwin correspondentie: *The Correspondence of Charles Darwin*

Goethe AH WH brieven 1876: *Goethe's Briefwechsel mit den Gebrüdern von Humboldt*

Goethe brieven 1980-2000: *Briefe an Goethe, Gesamtausgabe in Regestform*, ed. Karl Heinz Hahn

Goethe correspondentie 1968-1976: *Goethes Briefe*

Goethes dag 1982-1996: *Goethes Leben von Tag zu Tag: Eine Dokumentarische Chronik*, ed. Robert Steiger

Goethe dagboek 1998-2007: *Johann Wolfgang Goethe: Tagebücher*

Goethe Eckermann 1999: *Johannn Peter Eckermann, Gespräche mit Goethe in den Letzten Jahren seines Lebens*

Goethe Humboldt brieven 1909: *Goethes Briefwechsel mit Wilhelm und Alexander v. Humboldt*, ed. Ludwig Geiger

Goethes jaar 1994: *Johann Wolfgang Goethe. Tag- und Jahreshefte*, ed. Irmtraut Schmid

Goethe morfologie 1987: *Johann Wolfgang Goethe. Schriften zur Morphologie*

Goethe natuurwetenschappen 1989: *Johann Wolfgang Goethe. Schriften zur*

Allgemeinen Naturlehre, Geologie und Mineralogie, ed. Wolf von Engelhardt en Manfred Wenzel

Goethe ontmoetingen 1965-2000: *Goethe Begegnungen und Gespräche*, ed. Ernst Grumach en Renate Grumach

Haeckel Bölsche brieven 2002: *Ernst Haeckel-Wilhelm Bölsche. Briefwechsel 1887-1919*, ed. Rosemarie Nöthlich

Madison geschriften: *The Papers of James Madison: Secretary of State Series*, ed. David B. Mattern et al.

Muir dagboek 1867-1868, JM online: John Muir, Manuscript Journal 'The "thousand mile walk" from Kentucky to Florida and Cuba, September 1867-February 1868', MHT

Muir dagboek 'Sierra', zomer 1869 (1887), MHT: John Muir, manuscript 'Sierra Journal', deel 1: zomer 1869, aantekenschrift, circa 1887, MHT

Muir dagboek 'Sierra', zomer 1869 (1910), MHT: John Muir, 'Sierra Journal', deel 1: zomer 1869, typoscript, circa 1910, MHT

Muir dagboek 'World Tour', deel 1, 1903, JM online: John Muir, manuscript Journal, 'World Tour', deel 1, juni-juli 1903, MHT

Schiller brieven 1943-2003: *Schillers Werke: Nationalausgabe. Briefwechsel*, ed. Julius Petersen en Gerhard Fricke

Schiller en Goethe 1856: *Briefwechsel zwischen Schiller und Goethe in den Jahren 1794-1805*

Schiller en Körner 1847: *Schillers Briefwechsel mit Körner*, Berlijn: Veit en Comp. 1847

Thoreau correspondentie 1958: *The Correspondence of Henry David Thoreau*, ed. Walter Harding en Carl Bode

Thoreau excursies en gedichten 1906: *The Writings of Henry David Thoreau: Excursions and Poems*

Thoreau dagboek 1906: *The Writings of Henry David Thoreau: Journal*, ed. Bradford Torrey

Thoreau dagboek 1981-2002: *The Writings of Henry D. Thoreau: Journal*, ed. Robert Sattelmeyer et al.

Thomas Jefferson geschriften: *The Papers of Thomas Jefferson: Retirement Series*, ed. Jeff Looney et al.

Thoreau Walden 1910: *Walden*

WH CH brieven 1910-1916: *Wilhelm und Caroline von Humboldt in ihren Briefen*, ed. Familie von Humboldt

Proloog

1 Beschrijving beklimming Chimborazo: AH aan WH, 25 november 1802, AH WH brieven 1880, p. 48; AH, About an Attempt to Climb to the Top of Chimborazo, Kutzinski 2012, pp. 135-155; AH, 23 juni 1802, AH dagboek 2003, deel 2, pp. 100-109.
2 AH aan WH, 25 november 1802, AH WH brieven 1880, p. 49.
3 AH, About an Attempt to Climb to the Top of Chimborazo, Kutzinski 2012, p. 143.
4 Ibid., p. 142.

5 AH gaf elders andere afmetingen, bijvoorbeeld 400 voet (122 meter) diep en 60 voet (18 meter) breed, in ibid., p. 142.
6 AH, 23 juni 1802, AH dagboek 2003, deel 2, p. 106.
7 Ralph Waldo Emerson aan John F. Heath, 4 augustus 1842, Emerson 1939, deel 3, p. 77.
8 Rossiter Raymond, 14 mei 1859, AH brieven VS 2004, p. 572.
9 AH aan Karl August Varnhagen, 31 juli 1854, AH Varnhagen brieven 1860, p. 235.
10 AH, geciteerd in Leitzmann 1936, p. 210.
11 Arnold Henry Guyot, 2 juni 1859, Humboldt Commemorations, *Journal of the American Geographical and Statistical Society*, deel 1, nr. 8, oktober 1859, p. 242; Rachel Carson, *The Sense of Wonder*, 1965.
12 AH aan Goethe, 3 januari 1810, Goethe Humboldt brieven 1909, p. 305.
13 Matthias Jacob Schleiden, 14 september 1869, Jahn 2004.
14 Ralph Waldo Emerson, aantekeningen voor Humboldtspeech op 14 september 1869, Emerson 1960-1992, deel 16, p. 160.
15 AH Geografie 2009, p. 79; AH Geografie 1807, p. 39.
16 AH reisbeschrijving 1814-1829, deel 4, p. 140 e.v.; AH, 4 maart 1800, AH dagboek 2000, p. 216.
17 AH, september 1799, AH dagboek 2000, p. 140; AH Natuurbeschouwingen 1849, deel 1, pp. 126-127; AH Natuurbeschouwingen 2014, p. 83; AH Natuurbeschouwingen 1849, deel 1, p. 158; AH reisbeschrijving 1814-1829, deel 4, p. 477.
18 AH reisbeschrijving 1814-1829, deel 4, p. 143.
19 Thomas Jefferson aan Carlo de Vidua, 6 August 1825, AH brieven VS 2004, p. 171.
20 Darwin aan Alfred Russel Wallace, 22 september 1865, Darwin correspondentie, deel 13, p. 238.

21 Bolívar aan Madame Bonpland, 23 oktober 1823, Rippy en Brann 1947, p. 701.
22 Goethe aan Johann Peter Eckermann, 12 December 1828, Goethe Eckermann 1999, p. 183.
23 Melbourne en Adelaide: *Melbourner Deutsche Zeitung*, 16 september 1869; *South Australian Advertiser*, 20 september 1869; *South Australian Register*, 22 september 1869; *Standard*, Buenos Aires, 19 september 1869; *Two Republics*, Mexico-Stad, 19 september 1869; *The New York Herald*, 1 oktober 1869; *Daily Evening Bulletin*, 2 november 1869.
24 Herman Trautschold, 1869, Roussanova 2013, p. 45.
25 Alexandrië, Egypte: ibid.; *Die Gartenlaube*, nr. 43, 1869.

26 *Desert News*, 22 september 1869; *The New York Herald*, 15 september 1869; *The New York Times*, 15 september 1869; *Charleston Daily Courier*, 15 september 1869; *Philadelphia Inquirer*, 14 september 1869.
27 Cleveland en Syracuse: *The New York Herald*, 15 september 1869.
28 Pittsburgh: *Desert News*, 22 september 1869.
29 Citaat *NYT* en herdenkingen in New York: *The New York Times*, 15 september 1869; *The New York Herald*, 15 september 1869.
30 Franz Lieber, *The New York Times*, 15 september 1869.
31 *Norddeutsches Protestantenblatt*, Bremen, 11 september 1869; Glogau, Heinrich, 'Akademische Festrede zur Feier des Hundertjährigen Geburtstages Alexander's von Humboldt, 14 september 1869', Glogau 1869, p. 11; Agassiz, Louis, 'Address Delivered on the Centennial Anniversary of the Birth of Alexander von Humboldt 1869', Agassiz 1869, pp. 5, 48; Herman Trautschold, 1869, Roussanova 2013, p. 50; *Philadelphia Inquirer*, 15 september 1869; Humboldt Commemorations, 2 juni 1859, *Journal of American Geological and Statistical Society*, 1859, deel 1, p. 226.
32 Ralph Waldo Emerson, 1869, Emerson 1960-1992, deel 16, p. 160; Agassiz 1869, p. 71.
33 *Daily News*, Londen, 14 september 1869.
34 Jahn 2004, pp. 18-28.
35 Berlijn: *Illustrirte Zeitung Berlin*, 2 oktober 1869; *Vossische Zeitung*, 15 september 1869; *Allgemeine Zeitung Augsburg*, 17 september 1869.
36 Oppitz 1969, pp. 281-427.
37 Er kon gekozen worden tussen Washoe, Esmeralda, Nevada en Humboldt, Oppitz 1969, p. 290.
38 Meer plaatsen vernoemd naar AH: Egerton 2012, p. 121.

39 AH Kosmos 1845-1852, deel 1, p. 45; AH Kosmos 1845-1850, deel 1, p. 52.
40 AH aan Karl August Varnhagen, 24 oktober 1834, Humboldt Varnhagen brieven 1860, p. 18.
41 Wolfe 1979, p. 313.

1 Jeugdjaren

1 Familie Humboldt: AH, Meine Bekenntnisse, 1769-1805, in Biermann 1987, p. 50 e.v.; Beck 1959-1961, deel 1, p. 3 e.v.; Geier 2010, p. 16 e.v.

2 Dit was prins Frederik Willem, die in 1786 koning Frederik Willem II werd.
3 AH aan Carl Freiesleben, 5 juni 1792, AH brieven 1973, p. 191 e.v.; WH aan CH, april 1790, WH CH brieven 1910-1916, deel 1, p. 134.
4 Karakter ouders AH: Frau von Briest, 1785, WH CH brieven 1910-1916, deel 1, p. 55.
5 De lessen van Kunth: WH aan CH, 2 april 1790; ibid., pp. 115-116; Geier 2010, p. 22 e.v.; Beck 1959-1961, deel 1, p. 6 e.v.
6 WH aan CH, 2 april 1790, WH CH brieven 1910-1916, deel 1, p. 115.
7 AH aan Carl Freiesleben, Bruhns 1873, deel 1, p. 31; AH, Aus Meinem Leben (1769-1850), in Biermann 1987, p. 50.
8 WH en de oude Grieken: Geier 2010, p. 29.
9 Bruhns 1873, deel 1, p. 20; Beck 1959-1961, deel 1, p. 10.
10 Walls 2009, p. 15.
11 Kunth over Marie Elisabeth von Humboldt, Beck 1959-1961, deel 1, p. 6.
12 AH aan Carl Freiesleben, 5 juni 1792, AH brieven 1973, p. 192.
13 WH aan CH, 9 oktober 1804, WH CH brieven 1910-1916, deel 2, p. 260.
14 WH 1903-1936, deel 15, p. 455.
15 AH aan Carl Freiesleben, 5 juni 1792, AH brieven 1973, p. 191; Bruhns 1873, deel 3, pp. 12-13.
16 AH aan WH, 19 mei 1829, AH brieven Rusland 2009, p. 116.
17 AH's paspoort bij vertrek uit Parijs in 1798, Bruhns 1873, deel 1, p. 394.
18 Karoline Bauer, 1876, Clark en Lubrich 2012, p. 199.
19 Luise von Bornstedt, 1856, Beck 1959, p. 385.
20 WH aan CH, 2 april 1790, p. 116; zie ook WH aan CH, 3 juni 1791, WH CH brieven 1910-1916, deel 1, pp. 116, 477; voor ziektes, zie AH aan Wilhelm Gabriel Wegener, 24, 25, 27 februari 1789 en 5 juni 1790, AH brieven 1973, pp. 39, 92.

21 Dove 1881, p. 83; voor latere uitspraken, zie Caspar Voght, 14 februari 1808, Voght 1959-1965, deel 3, p. 95.

22 Arago over AH, Biermann en Schwarz 2001b (geen paginanummers).

23 WH over AH, 1788, Dove 1881, p. 83.

24 WH aan CH, 6 november 1790, WH CH brieven 1910-1916, deel 1, p. 270.

25 Universiteiten en geletterdheid in Duitsland: Watson 2010, p. 55 e.v.

26 George Cheyne, Worster 1977, p. 40.

27 Dit was een veelgebruikte term, zie bijvoorbeeld Joseph Pitton de Tournefort aan Hans Sloane, 14 januari 1701/2 en John Locke aan Hans Sloane, 14 september 1694, MacGregor 1994, p. 19.

28 Bruhns 1873, deel 1, p. 33.

29 AH, Meine Bekenntnisse, 1769-1805, in Biermann 1987, pp. 50, 53; Holl 2009, p. 30; Beck 1959-1961, deel 1, p. 11 e.v.; WH aan CH, 15 januari 1790, WH CH brieven 1910-1916, deel 1, p. 74.

30 AH aan Ephraim Beer, november 1787, AH brieven 1973, p. 4; Beck 1959-1961, deel 1, p. 14.

32 Holl 2009, p. 23 e.v.; Beck 1959-1961, deel 1, pp. 18-21.

33 WH, Geier 2009, p. 63.

34 AH, Mein Aufbruch nach America, Biermann 1987, p. 64.

35 AH Kosmos 1845-1852, deel 2, p. 92; AH, Meine Bekenntnisse, 1769-1805, in Biermann 1987, p. 51.

36 AH, Ich Über Mich Selbst, 1769-1790, Biermann 1987, p. 36 e.v.

37 White 2012, p. 168; zie ook Carl Philip Moritz, juni 1782, Moritz 1965, p. 26.

38 Richard Rush, 7 januari 1818, Rush 1833, p. 79.

39 AH in Londen: AH aan Wilhelm Gabriel Wegener, 20 juni 1790; AH aan Paul Usteri, 27 juni 1790, AH aan Friedrich Heinrich Jacobi, 3 januari 1791, AH brieven 1973, pp. 93, 96, 117; AH, Ich Über Mich Selbst, 1769-1790, Biermann 1987, p. 39.

40 AH, Ich Über Mich Selbst, 1769-1790, Biermann 1987, p. 38.

41 AH aan Wilhelm Gabriel Wegener, 23 september 1790, AH brieven 1973, pp. 106-107.

42 AH, Ich Über Mich Selbst, 1769-1790, Biermann 1987, p. 38.

43 AH, Meine Bekenntnisse, 1769-1805, in Biermann 1987, p. 51; zie ook AH aan Joachim Heinrich Campe, 17 maart 1790, AH brieven 1973, p. 88.

44 AH, Ich Über Mich Selbst, 1769-1790, Biermann 1987, p. 40.

45 AH aan Paul Usteri, 27 juni 1790, AH brieven 1973, p. 96.
46 AH aan David Friedländer, 11 april 1799, AH brieven 1973, p. 658.
47 Georg Forster aan Heyne, Bruhns 1873, deel 1, p. 31.
48 CH aan WH, 21 januari 1791, WH CH brieven 1910-1916, deel 1, p. 372; CH en AH ontmoetten elkaar voor het eerst in december 1789.
49 Alexander Dallas Bache, 2 juni 1859, 'Tribute to the Memory of Humboldt', *Pulpit and Rostrum*, 15 juni 1859, p. 133; zie ook WH aan CH, 2 april 1790, WH CH brieven 1910-1916, deel 1, p. 116.
50 AH aan William Gabriel Wegener, 23 september 1790, AH brieven 1973, p. 106.

51 AH aan Samuel Thomas Sömmerring, 28 januari 1791, AH brieven 1973, p. 122.
52 AH aan William Gabriel Wegener, 23 september 1790, AH brieven 1973, p. 106.
53 AH aan William Gabriel Wegener, 27 maart 1789, AH brieven 1973, p. 47.
54 AH, Meine Bekenntnisse, 1769-1805, in Biermann 1987, p. 54.
55 AH aan Archibald MacLean, 14 oktober 1791, AH brieven 1973, p. 153.
56 AH dagelijks leven in Freiberg: AH aan Dietrich Ludwig Gustav Karsten, 25 augustus 1791; AH aan Paul Usteri, 22 september 1791; AH aan Archibald MacLean, 14 oktober 1791, AH brieven 1973, pp. 144, 151-152, 153-154.
57 Bruiloft en reis door Thüringen: AH aan Dietrich Ludwig Gustav Karsten, AH brieven 1973, p. 146.
58 CH aan WH, 14 januari 1790 en 21 januari 1791, WH CH brieven 1910-1916, deel 1, pp. 65, 372.
59 AH aan Archibald MacLean, 14 oktober 1791, AH brieven 1973, p. 154.
60 AH aan Carl Freiesleben, 2 maart 1792, AH brieven 1973, p. 173.
61 AH aan Archibald MacLean, 6 november 1791, AH brieven 1973, p. 157.
62 AH aan Freiesleben, 7 maart 1792, AH brieven 1973, p. 175.
63 AH aan William Gabriel Wegener, 27 maart 1789, AH brieven 1973, p. 47.
64 AH aan Archibald MacLean, 1 oktober 1792, 9 februari 1793, Jahn en Lange 1973, pp. 216, 233; zie ook AH's brieven aan Carl Freiesleben uit deze periode, bijvoorbeeld die van 14 januari 1793, 19 juli 1793, 21 oktober 1793, 2 december 1793, 20 januari 1794, AH brieven 1973, pp. 227-229, 257-258, 279-281, 291-292, 310-315.
65 AH aan Archibald MacLean, 9 februari 1793; zie ook 6 november 1791, AH brieven 1973, pp. 157, 233.

66 AH aan Carl Freiesleben, 21 oktober 1793, AH brieven 1973, p. 279.
67 AH aan Carl Freiesleben, 10 april 1792, AH brieven 1973, p. 180.
68 AH aan Carl Freiesleben, 6 juli 1792, AH brieven 1973, p. 201; zie ook 21 oktober 1793 en 20 januari 1794, ibid., pp. 279, 313.
69 AH aan Carl Freiesleben, 13 augustus 1793, AH brieven 1973, p. 269.
70 AH uitvindingen: AH, *Über die unterirdischen Gasarten und die Mittle, ihren Nachteul zu vermindern. Ein Beytrag zur Physik der praktischen Bergbaukunde*, Braunschweig: Vieweg, 1799, afbeelding III; AH aan Carl Freiesleben, 20 januari 1794, 5 oktober 1796, AH brieven 1973, pp. 311 e.v., 531 e.v.
71 AH aan Carl Freiesleben, 20 januari 1794, AH brieven 1973, p. 311.
72 Ibid., p. 310 e.v.
73 AH aan Carl Freiesleben, 19 juli 1793, AH brieven 1973, p. 257.
74 AH vaak ziek: AH aan Carl Freiesleben, 9 april 1793 en 20 januari 1794; AH aan Friedrich Wilhelm von Reden, 17 januari 1794; AH aan Dietrich Ludwig Karsten, 15 juli 1795, AH brieven 1973, pp. 243-244, 308, 311, 446.
75 AH, *Mineralogische Beobachtungen über einige Basalte am Rhein*, 1790.
76 AH, *Florae Fribergensis specimen*, 1793; geïnspireerd door het werk van de Franse scheikundige Antoine Laurent Lavoisier en de Britse natuurwetenschapper Joseph Priestley begon Humboldt ook met een onderzoek naar de werking van licht en waterstof op de productie van zuurstof in planten: AH, *Aphorismen aus der chemischen Physiologie der Pflanzen*, 1794.
77 AH aan Johann Friedrich Blumenbach, 17 november 1793, AH brieven 1973, p. 471; AH 1797, deel 1, p. 3.
78 AH aan Johann Friedrich Blumenbach, juni 1795, Bruhns 1873, deel 1, p. 150; het Duitse woord dat hij gebruikt is 'Gassenläufer', Bruhns 1872, deel 1, p. 173.
79 AH aan Johann Friedrich Blumenbach, 17 november 1793, AH brieven 1973, p. 471.
80 De eerste druk verscheen in 1781, de tweede in februari 1789. Humboldt arriveerde in Göttingen in april 1789; voor Blumenbach, zie Reill 2003, p. 33 e.v.; Richards 2002, p. 216 e.v.
81 AH aan Freiesleben, 9 februari 1796, AH brieven 1973, p. 495.

2 Natuur en verbeelding

1 AH ging in juli 1792 voor het eerst naar Jena, waar hij samen met zijn broer Wilhelm bij Friedrich Schiller logeerde. Hij had een korte ontmoeting met Goethe in maart 1794, en daarna nog een in december van datzelfde jaar: AH aan Carl Freiesleben, 6 juli 1792, AH brieven 1973, p. 202; Goethes dag 1982-1996, deel 3, p. 303.

2 Het progressieve Jena: Merseburger 2009, p. 113; Safranski 2011, p. 70.

3 Schiller aan Christian Gottlob Voigt, 6 april 1795, Schiller brieven 1943-december 2003, deel 27, p. 173.

4 Beschrijving Weimar: Merseburger 2009, p. 72.

5 De Staël 1815, deel 1, p. 116.

6 Wilhelm woonde op Unterm Markt 4 en Schiller op Unterm Markt 1: AH brieven 1973, p. 386.

7 WH aan Goethe, 14 december 1794, Goethe brieven 1980-2000, deel 1, p. 350.

8 Maria Körner, 1796, Goethe ontmoetingen 1965-2000, deel 4, p. 222; voor dagelijkse ontmoetingen, zie Goethes dagboeken uit deze tijd.

9 Goethe, 17-19 december 1794, Goethe ontmoetingen 1965-2000, deel 4, p. 116.

10 Goethe aan Karel August, hertog van Saksen-Weimar, maart 1797, ibid., p. 288.

11 AH bezoek december 1794: Goethe, december 1794, Goethes jaar 1994, pp. 31-32; december 1794, Goethe ontmoetingen 1965-2000, deel 4, pp. 116-117, 122; Goethe aan Max Jacobi, 2 februari 1795, Goethe correspondentie 1968-1976, deel 2, pp. 194, 557; AH aan Reinhard von Haeften, 19 december 1794, AH brieven 1973, p. 388.

12 Boyle 2000, p. 256.

13 Goethe, december 1794, Goethes jaar 1994, p. 32.

14 Goethe aan Schiller, 27 februari 1797, Goethe correspondentie 1968-1976, deel 2, p. 257.

15 Goethe, december 1794, Goethe ontmoetingen 1965-2000, deel 4, p. 122.

16 Karel August in Wertherkostuum: Merseburger 2009, p. 67.

17 Friedenthal 2003, p. 137.

18 Merseburger 2009, pp. 68-69; Boyle 1992, p. 202 e.v., 243 e.v.

19 Goethe trad uiteindelijk in 1806 met Christiane Vulpius in het huwelijk.

20 Botting 1973, p. 38.
21 Karl August Böttiger over Goethe, rond 1795, Goethes dag 1982-1996, deel 3, p. 354.
22 Maria Körner aan K.G. Weber, augustus 1796, Goethe ontmoetingen 1965-2000, deel 4, p. 223.
23 Goethes dag 1982-1996, deel 3, p. 354.
24 Jean Paul Friedrich Richter aan Christian Otto, 1796, geciteerd in Klauss 1991, p. 14; voor Goethes arrogantie zie: Friedrich Hölderlin aan Christian Ludwig Neuffer, 19 januari 1795, Goethes dag 1982-1996, deel 3, p. 356.
25 W. von Schak over Goethe, 9 januari 1806, Goethe ontmoetingen 1965-2000, deel 6, p. 4.

26 Henry Crabb Robinson, 1801, Robinson 1869, deel 1, p. 86.
27 Goethe, 1791, geciteerd in Safranski 2011, p. 103.
28 Goethe, ibid., p. 106.
29 Goethes huis en tuin: Klauss 1991; Ehrlich 1983; Goethes dag 1982-1996, deel 3, pp. 295-296.
30 Goethe aan Johannn Peter Eckermann, 12 mei 1825, Goethe Eckermann 1999, p. 158.
31 Goethe, 1794, Goethes jaar 1994, p. 26.
32 Goethe, 1790, ibid., p. 19.
33 Goethe, 1793, ibid., p. 25.
34 Ehrlich 1983, p. 7.
35 Goethe, *Versuch die Metamorphose der Pflanzen zu erklären*, 1790.
36 Goethe, *Italienische Reise*, Goethe 1967, vol. 11, p. 375.
37 Goethe aan Karl Ludwig von Knebel, 28 maart 1797, Goethe correspondentie 1968-1976, deel 2, pp. 260-261.
38 Richards 2002, p. 445 e.v.; Goethe in 1790, Goethes jaar 1994, p. 20.
39 Goethe, 1795, Goethe ontmoetingen 1965-2000, deel 4, p. 122.
40 Goethe aan Jacobi, 2 februari 1795, Goethe correspondentie 1968-1976, deel 2, p. 194; Goethe ontmoetingen 1965-2000, deel 4, p. 122.
41 Karl August Böttiger over Goethe, januari 1795, Goethe ontmoetingen 1965-2000, deel 4, p. 123.
42 AH bezoeken aan Jena en Weimar: 6-10 maart 1794, 15-16 april 1794, 14-19 december 1794, 16-20 april 1795, 13 januari 1797, 1 maart-30 mei 1797.
43 Goethe, 9 maart 1797, Goethe dagboek 1998-2007, boek 2, deel 1, p. 100.
44 Goethe aan Karl Ludwig von Knebel, 28 maart 1797, Goethe correspondentie 1968-1976, deel 2, pp. 260-261.

45 Goethe in Jena voorjaar 1797: Goethe bleef tot 31 maart 1797; zie zijn dagboek en brieven uit die tijd, Goethe ontmoetingen 1965-2000, p. 288 e.v.; Goethe, maart-mei 1797, Goethe dagboek 1998-2007, boek 2, deel 1, pp. 99-115; Goethes jaar 1994, pp. 58-59.

46 Humboldts *Versuch über die gereizte Muskel- und Nervenfaser*: AH aan Carl Freiesleben, 18 april 1797, AH aan Friedrich Schuckmann, 14 mei 1797, AH brieven 1973, pp. 574, 579.

47 AH aan Carl Freiesleben, 18 april 1797, AH aan Friedrich Schuckmann, 14 mei 1797, AH brieven 1973, pp. 574, 579.

48 Goethe, 3, 5, 6 maart 1797, Goethe dagboek 1998-2007, boek 2, deel 1, p. 99.

49 AH aan Friedrich Schuckmann, 14 mei 1797, AH brieven 1973, p. 580.

50 Ibid., p. 579.

51 AH, *Versuch über die gereizte Muskel- und Nervenfaser*, 1797, deel 1, p. 76 e.v.

52 Ibid., p. 79.

53 Goethe, *Erster Entwurf einer Allgemeinen Einleitung in die Vergleichende Anatomie*, 1795, p. 18.

54 Richards 2002, p. 450 e.v.; zie ook Immanuel Kant, *Kritik der Urteilskraft*, Kant 1957, deel 5, p. 488.

55 Goethe aan Karl Ludwig von Knebel, 28 maart 1797, Goethe correspondentie 1968-1976, deel 2, pp. 260-261.

56 Goethe 1797, Goethes jaar 1994, p. 59; Goethe, maart-mei 1797, Goethe dagboek 1998-2007, boek 2, deel 1, pp. 99-115.

57 Goethe aan Karel August, 14 maart 1797, Goethe ontmoetingen 1965-2000, deel 4, p. 291.

58 27 maart 1797, Goethe dagboek 1998-2007, boek 2, deel 1, p. 103.

59 Goethe, 19 en 27 maart 1797, ibid., pp. 102-103.

60 Goethe, 20 maart 1797, ibid., p. 102.

61 Goethe, 25 maart 1797, ibid., p. 102.

62 Goethe aan Karl Ludwig von Knebel, 28 maart 1797, Goethe correspondentie 1968-1976, deel 2, p. 260.

63 Goethe aan Friedrich Schiller, 26 april 1797, Schiller en Goethe 1856, deel 1, p. 301.

64 Biermann 1990b, pp. 36-37.

65 Friedrich Schiller aan Christian Gottfried Körner, 6 augustus 1797; Christian Gottfried Körner aan Friedrich Schiller, 25 augustus 1797, Schiller en Körner 1847, deel 4, pp. 47, 49.

66 Goethe aan AH, 14 april 1797, AH brieven 1973, p. 573; voor bezoek AH, zie Goethe, 19-24 april 1797, Goethe dagboek 1998-2007, boek 2, deel 1, p. 106; AH aan Johannes Fischer, 27 april 1797, Goethe ontmoetingen 1965-2000, deel 4, p. 306.

67 Goethe, 25, 29-30 april, 19-30 mei 1797, Goethe dagboek 1998-2007, boek 2, deel 1, pp. 107, 109, 115.

68 Goethe, 19, 25, 26, 29, 30 mei 1797, Goethe dagboek 1998-2007, boek 2, deel 1, pp. 109, 112, 113, 115.

69 Goethe aan Johannn Peter Eckermann, 8 oktober 1827, Goethe Eckermann 1999, p. 672.

70 Friedrich Schiller aan Goethe, 2 mei 1797, Schiller en Goethe 1856, deel 1, p. 304.

71 Goethe, 16 maart 1797, Goethe dagboek 1998-2007, boek 2, deel 1, p. 101.

72 Kant, voorwoord bij de tweede editie van *Kritik der reinen Vernunft*, 1787.

73 AH aan Wilhelm Gabriel Wegener, 27 februari 1789, AH brieven 1973, p. 44.

74 Elden en Mendieta 2011, p. 23.

75 Henry Crabb Robinson, 1801, Stelzig 2010, p. 59. Er werd ook veel gediscussieerd over Johann Gottlieb Fichtes *Wissenschaftslehre*. Daarin voerde Fichte Kants ideeën over subjectiviteit, het ik-bewustzijn en de externe wereld nog een stap verder door diens dualisme terzijde te schuiven. Fichte werkte aan de universiteit van Jena en wordt als een van de grondleggers van het Duitse idealisme beschouwd. Volgens hem bestond het Ding an sich niet – het gehele bewustzijn was gebaseerd op het ik, niet op de externe wereld. Daarmee bestempelde Fichte subjectiviteit tot de enige manier waarop de wereld gekend kon worden. Als hij gelijk had, en ware objectiviteit dus onmogelijk was, zou dat enorme consequenties voor de wetenschap hebben. Voor Goethe en AH over Fichte, zie Goethe, 12, 14, 19 maart 1797, Goethe dagboek 1998-2007, boek 2, deel 1, pp. 101-102.

76 AH aan Wilhelm Gabriel Wegener, 27 februari 1789, AH brieven 1973, p. 44.

77 Morgan 1990, p. 26.

78 AH Kosmos 1845-1852, deel 1, p. 197; zie ook Knobloch 2009.

79 AH Kosmos 1845-1852, deel 1, p. 64; AH Kosmos 1845-1850, deel 1, pp. 69-70.

80 AH Kosmos 1845-1852, vol. 1, p. 64; AH Kosmos 1845-1850, deel 1, p. 70.

81 Goethe, *Maximen und Reflexionen*, nr. 295, Buttimer 2001, p. 109; zie ook Jackson 1994, p. 687.

82 AH aan Johann Leopold Neumann, 23 juni 1791, AH brieven 1973, p. 142.

83 AH aan Goethe, 3 januari 1810, Goethe Humboldt brieven 1909, p. 305; zie ook AH Kosmos 1845-1852, deel 1, p. 73; AH Kosmos 1845-1850, deel 1, p. 85.

84 Darwin (1789) 1791, regel 232.

85 King-Hele 1986, pp. 67-68.

86 AH aan Charles Darwin, 18 september 1839, Darwin correspondentie, deel 2, p. 426. AH verwees naar Erasmus Darwins boek *Zoonomia* dat in 1795 in Duitsland werd gepubliceerd; zie ook AH aan Samuel Thomas von Sömmerring, 29 juni 1795, AH brieven 1973, p. 439.

87 Goethe aan Friedrich Schiller, 26-27 januari 1798, Schiller brieven 1943-2003, deel 37, p. 234.

88 Goethe Morfologie 1987, p. 458.

89 Eind december 1794, Goethe ontmoetingen 1965-2000, deel 4, p. 117; Goethe, 1796, Goethes jaar 1994, p. 53; WH aan Friedrich Schiller, 17 juli 1795, Goethes dag 1982-1996, deel 3, p. 393; Safranski 2011, p. 191; Friedrich Schiller aan Goethe, 26 juni 1797, Schiller en Goethe, 1856, deel 1, p. 322. De vroegste versie van het werk, nu bekend als de *Urfaust*, kwam tot stand in 1772. In 1790 publiceerde Goethe *Faust. Ein Fragment.*

90 *Faust*, Nacht, regel 436. (Vertaling Ard Posthuma.)

91 Goethe aan Johann Friedrich Unger, 28 maart 1797, Goethe correspondentie 1968-1976, deel 2, p. 558.

92 *Faust*, Nacht, regels 437-438. (Vertaling Ard Posthuma.)

93 Ibid., regels 382-383.

94 Louise Nicolovius herinnert zich een conversatie met Goethe, weergegeven door Charlotte von Stein, 20 januari 1810, Goethes dag 1982-1996, deel 5, p. 381.

95 Goethe schreef en publiceerde het gedicht in 1797, Goethe, 1797, Goethes jaar 1994, p. 59.

96 Pierre-Simon Laplace, *Exposition du système du monde*, 1796, zie Adler 1990, p. 264.

97 *Faust*, Nacht, regels 672-675. (Vertaling Ard Posthuma.)

98 AH aan Goethe, 3 januari 1810, Goethe Humboldt brieven 1909, p. 304.

99 John Keats, 28 december 1817, weergegeven door Benjamin Robert Haydon, Haydon 1960-1963, deel 2, p. 173.

100 AH aan Caroline von Wolzogen, 14 mei 1806, Goethe AH WH brieven 1876, p. 407.

101 Ibid.

3 Op zoek naar een bestemming

1 AH aan William Gabriel Wegener, 27 maart 1789, AH brieven 1973, p. 47.
2 WH aan CH, 9 oktober 1818, WH CH brieven 1910-1916, deel 6, p. 219.
3 Geier 2009, p. 199.
4 WH aan Friedrich Schiller, 16 juli 1796, Geier 2009, p. 2.
5 AH aan Carl Freiesleben, 7 april 1796, AH brieven 1973, p. 503.
6 AH aan Carl Freiesleben, 25 november 1796; AH aan Carl Ludwig Willdenow, 20 december 1796, ibid., pp. 551-554, 560.
7 AH aan Abraham Gottlob Werner, 21 december 1796, ibid., p. 561.
8 AH aan William Gabriel Wegener, 27 maart 1789, ibid., p. 47; AH, Meine Bekenntnisse, 1769-1805, in Biermann 1987, p. 55.
9 AH aan Carl Freiesleben, 25 november 1796, AH brieven 1973, p. 553.
10 AH aan Archibald MacLean, 9 februari 1793, ibid., pp. 233-234.
11 Carl Freiesleben aan AH, 20 december 1796, ibid., p. 559.
12 Gersdorff 2013, pp. 65-66.
13 Eichhorn 1959, p. 186.
14 AH aan Paul Christian Wattenback, 26 april 1791, AH brieven 1973, p. 136.
15 AH aan Carl Ludwig Willdenow, 20 december 1796, ibid., p. 560; AH, Meine Bekenntnisse, 1769-1805, in Biermann 1987, pp. 55-58.
16 AH aan Carl Freiesleben, 4 maart 1795, AH brieven 1973, p. 403.
17 AH aan Schuckmann, 14 mei 1797; AH aan Georg Christoph Lichtenberg, 10 juni 1797; AH aan Joseph Banks, 20 juni 1797, ibid., pp. 578, 583, 584.
18 AH aan Carl Freiesleben, 18 april 1797; AH aan Schuckmann, 14 mei 1797, ibid., pp. 575, 578.
19 AH aan Goethe, 16 juli 1795, Goethe AH WH brieven 1876, p. 311.
20 AH reisbeschrijving 1814-1829, p. 5; AH aan Carl Freiesleben, 14 en 16 oktober 1797, AH brieven 1973, p. 593.
21 AH aan Joseph van der Schot, 31 december 1797; zie ook AH aan Carl Freiesleben, 14 oktober 1797, AH brieven 1973, pp. 593, 603.
22 AH aan Joseph van der Schot, 31 december 1797; AH aan Franz Xaver von Zach, 23 februari 1798, ibid., pp. 601, 608.
23 AH aan Joseph van der Schot, 28 oktober 1797, ibid., p. 594.
24 AH aan Heinrich Karl Abraham Eichstädt, 19 april 1798, ibid., p. 625.
25 West-Indië en Egypte: AH aan graaf Christian Günther von Bernstorff,

25 februari 1798; AH aan Carl Freiesleben, 22 april 1798, ibid., pp. 612, 629.

26 AH aan Carl Ludwig Willdenow, 20 april 1799, ibid., p. 661; AH, Aus Meinem Leben (1769-1850), in Biermann 1987, p. 96.

27 AH's plannen voor Parijs: AH aan Heinrich Karl Abraham Eichstädt, 19 april 1798; AH aan Carl Freiesleben, 22 april 1798, AH brieven 1973, pp. 625, 629.

28 AH in Parijs: Moheit 1993, p. 9; AH aan Franz Xaver von Zach, 3 juni 1798, AH brieven 1973, pp. 633-634; AH, Meine Bekenntnisse, 1769-1805, in Biermann 1987, pp. 57-58; Gersdorff 2013, p. 66 e.v.

29 AH aan Marc-Auguste Pictet, 22 juni 1798, Bruhns 1873, deel 1, p. 234.

30 AH aan Carl Ludwig Willdenow, 20 april 1799, AH brieven 1973, p. 661.

31 Biermann 1990, p. 175 e.v.; Schneppen 2002; Sarton 1943, p. 387 e.v.; AH aan Carl Ludwig Willdenow, 20 april 1799, AH brieven 1973, p. 662.

32 Friedrich Schiller aan Goethe, 17 september 1800, Schiller brieven 1943-2003, deel 30, p. 198; zie ook Christian Gottfried Körner aan Friedrich Schiller, 10 september 1800, Schiller brieven 1943-2003, deel 38-I, p. 347.

33 AH aan Carl Freiesleben, 19 maart 1792, AH brieven 1973, p. 178.

34 Expeditie Baudin: AH aan Carl Ludwig Willdenow, 20 april 1799, ibid., p. 661; AH, Meine Bekenntnisse, 1769-1805, in Biermann 1987, p. 58.

35 AH's plannen voor Egypte: AH aan Heinrich Karl Abraham Eichstädt, 21 april 1798; AH aan Carl Ludwig Willdenow, 20 april 1799, AH brieven 1973, pp. 627, 661.

36 AH reisbeschrijving 1814-1829, deel 1, p. 2.

37 Ibid., p. 8; AH aan Carl Ludwig Willdenow, 20 april 1799, AH brieven 1973, p. 662.

38 AH aan Banks, 15 augustus 1798, BL Add MS 8099, folio 71-72.

39 AH's paspoort: Bruhns 1873, deel 1, p. 394.

40 AH in Marseille: ibid., p. 239; AH aan Carl Ludwig Willdenow, 20 april 1799, AH brieven 1973, p. 662.

41 AH aan Carl Ludwig Willdenow, 20 april 1799, AH brieven 1973, p. 661.

42 AH aan Joseph Franz Elder von Jacquin, 22 april 1798, ibid., p. 631.

43 AH aan David Friedländer, 11 april 1799; AH aan Carl Ludwig Willdenow, 20 april 1799; AH aan Carl Freiesleben, 4 juni 1799, ibid., pp. 657, 663, 680; zie ook AH's paspoort, 7 mei 1799, Ministerio de Cultura del Ecuador, Quito; Holl 2009, pp. 59-60.

44 AH aan Carl Freiesleben, 4 juni 1799, AH brieven 1973, p. 680.

45 AH's instrumenten: AH reisbeschrijving 1814-1829, deel 1, pp. 33-39; Seeberger 1999, pp. 57-61.
46 AH, 5 juni 1799, AH dagboek 2000, p. 58.
47 AH aan David Friedländer, 11 april 1799, AH brieven 1973, p. 657; in een andere brief schreef AH over de 'wisselwerking tussen de krachten', AH aan Karl Maria Erenbert von Moll, 5 juni 1799, ibid., p. 682.
48 AH aan Carl Freiesleben, 4 juni 1799, ibid., p. 680.
49 AH, 6 juni 1799, AH dagboek 2000, p. 424.
50 Aankomst op Tenerife: AH reisbeschrijving 1814-1829, deel 1, p. 110 e.v.
51 Ibid., pp. 153-154.
52 Ibid., pp. 168, 189-190.

53 Ibid., pp. 182, 188; zie ook AH aan WH, 20-25 juni 1799, AH WH brieven 1880, p. 10.
54 AH, Mein Aufbruch nach America, in Biermann 1987, p. 82.
55 AH reisbeschrijving 1814-1829, deel 2, p. 20.
56 Aankomst in Cumaná: ibid., p. 183 e.v.
57 Ibid., p. 184.
58 Spaanse heerschappij koloniën: Arana 2013, p. 26 e.v.
59 AH reisbeschrijving 1814-1829, deel 2, pp. 188-189.
60 Ibid., p. 184.

4 Zuid-Amerika

1 AH aan WH, 16 juli 1799, AH WH brieven 1880, p. 11.
2 Flora en fauna Cumaná: AH reisbeschrijving 1814-1829, deel 2, pp. 183-184; AH aan WH, 16 juli 1799, AH WH brieven 1880, p. 13.
3 AH aan WH, 16 juli 1799, ibid., p. 13.
4 Ibid.
5 AH reisbeschrijving 1814-1829, deel 2, p. 239.
6 Ibid., deel 3, p. 72.
7 AH aan WH, 16 juli 1799, AH WH brieven 1880, p. 13.
8 AH reisbeschrijving 1814-1829, deel 2, p. 183.
9 Ibid., p. 194.
10 Ibid., deel 3, pp. 111, 122.
11 Ibid., p. 122.
12 AH aan Reinhard en Christiane von Haeften, 18 november 1799, AH brieven Amerika 1993, p. 66; AH aan WH, 16 juli 1799, AH WH brieven 1880, p. 13.

13 AH reisbeschrijving 1814-1829, deel 3, p. 332 e.v.
14 AH aan Reinhard en Christiane von Haeften, 18 november 1799, AH brieven Amerika 1993, p. 66.
15 Ibid., p. 65.
16 AH reisbeschrijving 1814-1829, deel 2, p. 246.
17 Aardbeving in Cumaná: ibid., deel 3, pp. 316-317; AH, 4 november 1799, AH dagboek 2000, p. 119.
18 AH reisbeschrijving 1814-1829, deel 3, p. 321.
19 AH, november 1799, AH dagboek 2000, p. 166.
20 AH reisbeschrijving 1814-1829, deel 3, pp. 347, 351-352.

21 José de la Cruz: AH schreef in juni 1801 in zijn dagboek dat José hen sinds augustus 1799 vergezelde; AH, 23 juni-8 juli 1801, AH dagboek 2003, deel 1, p. 85.
22 AH, 18 november 1799, AH dagboek 2000, p. 165.
23 AH reisbeschrijving 1814-1829, deel 3, p. 435.
24 Juan Vicente de Bolívar, Martín de Tobar en Marqués de Mixares aan Francisco de Miranda, 24 februari 1782, Arana 2013, p. 21.
25 AH reisbeschrijving 1814-1829, deel 3, p. 379.
26 AH, 8 februari 1800, AH dagboek 2000, p. 188.
27 AH reisbeschrijving 1814-1829, deel 3, p. 90.
28 Ibid., p. 160.
29 AH, 22 november 1799-7 februari 1800, AH dagboek 2000, p. 179.
30 Holl 2009, p. 131.
31 AH reisbeschrijving 1814-1829, deel 3, p. 307; in de Engelse editie staat niets over het geld, maar in de Franse wel: AH, *Voyage aux régions équinoxiales du Nouveau Continent*, deel 4, p. 5.
32 AH aan Ludwig Bolmann, 15 oktober 1799, Biermann 1987, p. 169.
33 AH brieven Amerika 1993, p. 9.
34 AH, 7 februari 1800, AH dagboek 2000, p. 185.
35 AH reisbeschrijving 1814-1829, deel 4, p. 107.
36 Beschrijving Aragua: Ibid., p. 132.
37 Ibid., p. 131 e.v.; AH, 4 maart 1800, AH dagboek 2000, p. 215 e.v.
38 AH reisbeschrijving 1814-1829, deel 4, p. 141.
39 Ibid., p. 140.
40 Ibid., p. 145 e.v.
41 Ibid., p. 142.
42 Ibid., pp. 148-149.
43 Gevolgen van ontbossing: AH, 4 maart 1800, AH dagboek 2000, p. 215.

44 AH reisbeschrijving 1814-1829, deel 3, pp. 24-25.
45 Ibid., vol. 4, p. 63.
46 AH, 7 februari 1800, AH dagboek 2000, p. 186.
47 AH reisbeschrijving 1814-1829, deel 4, p. 144.
48 Ibid., p. 143.
49 AH en klimaatverandering: zie AH's geschriften, maar ook Holl 2007-2008, pp. 20-25; Osten 2012, p. 61 e.v.
50 AH reisbeschrijving 1814-1829, deel 4, pp. 143-144.
51 AH over houtverbruik in mijnen: Weigel 2004, p. 85.
52 Evelyn 1670, p. 178.
53 Jean-Baptiste Colbert, Schama 1996, p. 175.
54 Bartram, John, 'An Essay for the Improvements of Estates, by Raising a Durable Timber for Fencing, and Other Uses', Bartram 1992, p. 294.
55 Benjamin Franklin aan Jared Eliot, 25 oktober 1750; Benjamin Franklin, 'An Account of the New Invented Pennsylvanian Fire-Places', 1744, Franklin 1956-2008, deel 2, p. 422 en deel 4, p. 70.
56 AH reisbeschrijving 1814-1829, deel 4, p. 143.
57 Ibid., p. 144.
58 AH, september 1799, AH dagboek 2000, p. 140; AH reisbeschrijving 1814-1829, deel 4, p. 477.
59 AH Aspecten 1849, deel 1, pp. 126-127; AH Natuurbeschouwingen 2014, p. 82; AH Natuurbeschouwingen 1849, deel 1, p. 158.
60 AH, september 1799, AH dagboek 2000, p. 140.
61 AH, 4 maart 1800, ibid., p. 216.
62 AH reisbeschrijving 1814-1829, deel 4. p. 486; AH, 6 april 1800, AH dagboek 2000, p. 257.
63 AH reisbeschrijving 1814-1829, deel 2, p. 147.
64 AH, 2-5 augustus 1803, AH dagboek 2003, deel 2, p. 258.
65 Citaat uit Aristoteles' *Politica* (Historische Uitgeverij Groningen, 2012, vert. Jan Maarten Bremer en Ton Kessels), p. 48.
66 Carl Linnaeus, Worster 1977, p. 37.
67 Genesis 1:27 (NBG 1951).
68 Francis Bacon, Worster 1977, p. 30.
69 René Descartes, Thomas 1984, p. 33.
70 De predikant Johannes Megapolensis, Myers 1912, p. 303.
71 Montesquieu, *Over de geest van de wetten* (Uitgeverij Boom 2006, vertaling Jeanne Holierhoek), p. 365.
72 Chinard 1945, p. 464.

73 De Tocqueville, 26 juli 1833, 'A Fortnight in the Wilderness', Tocqueville 1861, deel 1, p. 202.
74 Hugh Williamson, 17 augustus 1770, Chinard 1945, p. 452.
75 Thomas Wright in 1794, Thomson 2012, p. 189.
76 Jeremy Belknap, Chinard 1945, p. 464.
77 Judd 2006, p. 4; Bewell 1989, p. 242.
78 Buffon, Bewell 1989, p. 243; zie ook Adam Hodgson, Chinard 1945, p. 483.
79 AH Kosmos 1845-1852, deel 1, p. 37; AH Kosmos 1845-1850, deel 1, p. 36.
80 AH, 4 maart 1800, AH dagboek 2000, p. 216.

5 De Llanos en de Orinoco

1 AH in Llanos: tenzij anders vermeld AH reisbeschrijving 1814-1829, deel 4, p. 273 e.v.; AH, 6 maart-27 maart 1800, AH dagboek 2000, p. 222 e.v.
2 AH reisbeschrijving 1814-1829, deel 4, p. 263.
3 Ibid., p. 293.
4 Zie schilderij AH van Friedrich Georg Weitsch uit 1806 in de Alte National Galerie in Berlijn.
5 AH reisbeschrijving 1814-1829, deel 4, p. 319 e.v.; AH, 6-27 maart 1800, AH dagboek 2000, pp. 223-234.
6 AH Natuurbeschouwingen 2014, p. 29; AH Aspecten 1849, deel 1, p. 2; AH Natuurbeschouwingen 1849, deel 1, p. 4; AH Natuurbeschouwingen 1808, p. 3.
7 Sidderalen en daaropvolgende beschrijving: AH Aspecten 1849, deel 1, pp. 22-23; AH Natuurbeschouwingen 2014, pp. 39-40; AH Natuurbeschouwingen 1849, pp. 32-34; AH reisbeschrijving 1814-1829, deel 4, p. 347 e.v.
8 AH Natuurbeschouwingen 2014, p. 40; AH Aspecten 1849, deel 1, p. 23; AH Natuurbeschouwingen 1849, deel 1, p. 34.
9 Beschrijving reis naar Orinoco: AH reisbeschrijving 1814-1829, deel 4, p. 390 e.v. en deel 5.
10 Proviand en voedsel: AH, 30 maart 1800, AH dagboek 2000, p. 239.
11 AH reisbeschrijving 1814-1829, deel 4, p. 419.
12 AH aan WH, 17 oktober 1800, AH WH brieven 1880, p. 15.
13 AH reisbeschrijving 1814-1829, deel 3, p. 310.

14 AH, 30 maart-23 mei 1800, AH dagboek 2000, pp. 241-242.
15 Ibid., p. 255.
16 AH reisbeschrijving 1814-1829, deel 4, pp. 433, 436, 535, deel 5, p. 442.
17 Ibid., deel 5, p. 287.
18 AH, 30 maart-23 mei 1800, AH dagboek 2000, p. 244.
19 AH reisbeschrijving 1814-1829, deel 4, p. 446; AH, 2 april 1800, AH dagboek 2000, p. 249.
20 AH reisbeschrijving 1814-1829, deel 5, p. 528.
21 AH Aspecten 1849, deel 1, p. 270; AH Natuurbeschouwingen 2014, p. 146; AH Natuurbeschouwingen 1849, deel 1, p. 333.
22 AH reisbeschrijving 1814-1829, deel 4, p. 505.
23 AH, 31 maart 1800, AH dagboek 2000, p. 240.
24 AH reisbeschrijving 1814-1829, deel 4, pp. 523-524.
25 Ibid., p. 527.
26 AH, 30 maart-23 mei 1800, AH dagboek 2000, p. 266.
27 AH Natuurbeschouwingen 2014, p. 147; AH Aspecten 1849, deel 1, p. 272; AH Natuurbeschouwingen 1849, deel 1, p. 337.
28 AH aan baron von Forell, 3 februari 1800, Bruhns 1873, deel 1, p. 274.
29 AH reisbeschrijving 1814-1829, deel 5, p. 290.
30 Dieren in de nacht: AH Aspecten 1849, deel 1, p. 270 e.v.; AH Natuurbeschouwingen 2014, pp. 146-147; AH Natuurbeschouwingen 1849, deel 1, pp. 333-335; AH reisbeschrijving 1814-1829, deel 4, p. 436 e.v.
31 AH Natuurbeschouwingen 2014, p. 146; AH Aspecten 1849, deel 1, p. 270; AH Natuurbeschouwingen 1849, deel 1, p. 334.
32 AH reisbeschrijving 1814-1829, deel 4, p. 437.
33 Ibid., deel 2, p. 15.
34 AH Natuurbeschouwingen 2014, p. 36; AH Aspecten 1849, deel 1, p. 15; AH Natuurbeschouwingen 1849, deel 1, p. 23.
35 Worster 1977, p. 35.
36 AH reisbeschrijving 1814-1829, deel 4, p. 421.
37 AH Aspecten 1849, deel 1, p. 15; AH Natuurbeschouwingen 2014, p. 37; AH Natuurbeschouwingen 1849, deel 1, p. 23.
38 AH meet breedte Orinoco: AH, 30 maart-23 mei 1800, AH dagboek 2000, p. 262.
39 De stroomversnellingen van Atures en Maipures: AH reisbeschrijving 1814-1829, deel 5, p. 1 e.v.; AH Aspecten 1849, deel 1, p. 219 e.v.; AH Natuurbeschouwingen 2014, p. 123 e.v.; AH Natuurbeschouwingen 1849, deel 1, p. 268 e.v.

40 AH reisbeschrijving 1814-1829, deel 5, p. 139.
41 Ibid., deel 4, p. 496; AH, 6 april 1800, AH dagboek 2000, p. 258.
42 AH, 6 april 1800, AH dagboek 2000, p. 258.
43 AH reisbeschrijving 1814-1829, deel 4, p. 496.
44 Ibid., deel 5, pp. 87, 112; AH, 15 april 1800, AH dagboek 2000, pp. 260-261.
45 AH, 15 april 1800, AH dagboek 2000, p. 261.
46 AH reisbeschrijving 1814-1829, deel 5, pp. 103-104.
47 AH, 15 april 1800, AH dagboek 2000, p. 262.
48 AH reisbeschrijving 1814-1829, deel 4, p. 510.

49 Ibid., deel 4, pp. 534-536 en deel 5, p. 406; AH, 15 april 1800, AH dagboek 2000, p. 260.
50 AH reisbeschrijving 1814-1829, deel 5, p. 441.
51 Voedselvoorziening en water: ibid., deel 4, p. 320; deel 5, pp. 363, 444; AH, 15 april 1800, AH dagboek 2000, p. 260; AH aan WH, 17 oktober 1800, AH WH brieven 1880, p. 17.
52 AH reisbeschrijving 1814-1829, deel 5, pp. 365, 541; Humboldt noemde de noot later *Bertholletia excelsa* naar de Franse arts en scheikundige Claude Louis Berthollet.
53 Ibid., p. 256.
54 AH, april 1800, AH dagboek 2000, p. 250.
55 AH, april-mei 1800, AH dagboek 2000, p. 285; zie ook pp. 255, 286.
56 AH reisbeschrijving 1814-1829, deel 5, p. 309; voor aanbidding natuur, zie deel 3, p. 213; voor beste natuurwaarnemers, zie AH, 'Indios, Sinneschärfe', Guayaquil, 4 januari-17 februari 1803, AH dagboek 1982, pp. 182-183.
57 AH reisbeschrijving 1814-1829, deel 4, p. 532 e.v.
58 Ibid., deel 5, p. 234.
59 Ibid., deel 4, p. 549, deel 5, p. 256.
60 AH, maart 1801, AH dagboek 1982, p. 176.
61 Nacht in de jungle: AH reisbeschrijving 1814-1829, deel 5, p. 443.
62 Ibid., pp. 2, 218; AH Aspecten 1849, deel 1, pp. 216, 224, 231; AH Natuurbeschouwingen 2014, pp. 121, 126, 129; AH Natuurbeschouwingen 1849, deel 1, pp. 263, 276, 285.
63 AH reisbeschrijving 1814-1829, deel 4, p. 134.
64 AH en de Casiquiare: ibid., deel 5, pp. 399-400, 437, 442.
65 Ibid., p. 441.
66 Casiquiare en Orinoco: ibid., p. 448.

67 AH, mei 1800, AH dagboek 2000, p. 297.
68 AH reisbeschrijving 1814-1829, deel 5, pp. 691-692.
69 Ibid., p. 694 e.v.
70 Ibid., deel 6, p. 7.
71 Ibid., pp. 2-3.
72 Ibid., p. 69.
73 Regenseizoen Llanos: AH Aspecten 1849, deel 1, p. 19 e.v.; AH Natuurbeschouwingen 2014, p. 38 e.v.; AH Natuurbeschouwingen 1849, deel 1, p. 29 e.v.
74 AH, maart 1800, AH dagboek 2000, p. 231. (AH heeft deze aantekening in juli toegevoegd.)
75 AH reisbeschrijving 1814-1829, deel 6, p. 7.
76 Ibid., deel 4, p. 334.
77 Ibid., deel 6, p. 8.
78 AH Natuurbeschouwingen 2014, p. 36; AH Aspecten 1849, deel 1, pp. 15, 181; AH Natuurbeschouwingen 1849, deel 1, p. 23.

6 Het Andesgebergte

1 AH en Baudin: reisbeschrijving 1814-1829, deel 7, p. 285; AH aan Nicolas Baudin, 12 april 1801, Bruhns 1873, deel 1, p. 292; AH aan Carl Ludwig Willdenow, 21 februari 1801, Biermann 1987, p. 173; AH, herinneringen aan reis van Lima naar Guayaquil, 24 december 1802-4 januari 1803, AH dagboek 2003, deel 2, p. 178; *National Intelligencer and Washington Advertiser*, 12 november 1800.
2 AH reisbeschrijving 1814-1829, deel 7, p. 288.
3 AH aan Carl Ludwig Willdenow, 21 februari 1801, Biermann 1987, p. 171.
4 AH reisbeschrijving 1814-1829, deel 7, p. 286.
5 Joseph Banks aan Jacques Julien Houttou de La Billardière, 9 juni 1796, Banks 2000, p. 171; zie ook Wulf 2008, pp. 203-204.
6 AH aan Banks, 15 november 1800, Banks aan Jean Baptiste Joseph Delambre, 4 januari 1805, Banks 2007, deel 5, pp. 63-64, 406.
7 AH aan Carl Ludwig Willdenow, 21 februari 1801, Biermann 1987, p. 175.
8 AH aan Christiane von Haeften, 18 oktober 1800, AH brieven America 1993, p. 109.
9 AH, 24 december 1802-4 januari 1803, AH dagboek 2003, deel 2, p. 178.
10 AH, herinneringen aan reis van Lima naar Guayaquil, 24 december

1802-4 januari 1803, AH dagboek 2003, deel 2, p. 178.

11 Ibid.; AH, 23 juni-8 juli 1801, AH dagboek 2003, deel 1, p. 89 e.v.; AH aan WH, 21 september 1801, AH WH brieven 1880, p. 32.

12 AH, 23 juni-8 juli 1801, AH dagboek 2003, deel 1, pp. 89-90.

13 AH, 19 april-15 juni 1801, ibid., pp. 65-66.

14 Reis over Río Magdalena: ibid., pp. 67-78.

15 AH, 18-22 juni 1801, ibid., p. 78.

16 Reis naar Bogotá: AH, 23 juni-8 juli 1801, ibid., pp. 85-89.

17 AH aan WH, 21 september 1801, AH WH brieven 1880, p. 35; AH, november-december 1801, AH dagboek 2003, deel 1, p. 90 e.v. (AH schreef dit na hun vertrek uit Bogotá).

18 Holl 2009, p. 161.

19 AH aan WH, 21 september 1801, AH WH brieven 1880, p. 35.

20 AH, november-december 1801, AH dagboek 2003, deel 1, p. 91.

21 AH, 8 september 1801, ibid., p. 119.

22 AH, 5 oktober 1801, ibid., p. 135.

23 AH, 23 juni-8 juli 1801, ibid., p. 85.

24 AH Cordillera's 1814, deel 1, p. 63 e.v.; AH Cordillera's 1810, deel 1, p. 17 e.v.; Fiedler en Leitner 2000, p. 170.

25 AH, 27 november 1801, zie ook AH, 5 oktober 1801, AH dagboek 2003, deel 1, pp. 131, 155.

26 AH, 27 november 1801, ibid., p. 151.

27 AH, 14 september 1801, ibid., p. 124; AH Cordillera's 1814, deel 1, p. 64; AH Cordillera's 1810, deel 1, p. 19.

28 AH, 22 december 1801, AH dagboek 2003, deel 1, p. 163.

29 AH, 19 december 1801, ibid., deel 2, p. 45.

30 AH aan WH, 21 september 1801, AH WH brieven 1880, p. 27.

31 AH, 27 november 1801, AH dagboek 2003, deel 1, p. 155.

32 Dragen en kosten barometer: ibid., p. 152; voor José en barometer, zie AH, 28 april 1802, AH dagboek 2003, deel 2, p. 83; voor AH's reisbarometer, zie Friedrich Georg Weitsch' portret van AH uit 1806 (Alte National Galerie, Berlijn); Seeberger 1999, pp. 57-61.

33 Wilson 1995, p. 296; AH, 19 april-15 juni 1801, AH dagboek 2003, deel 1, p. 66.

34 AH, Aus Meinem Leben (1769-1850), in Biermann 1987, p. 101.

35 Goethe aan AH, 1824, Goethe ontmoetingen 1965-2000, deel 14, p. 322.

36 Rosa Montúfar, Beck 1959, p. 24.

37 AH aan Carl Freiesleben, 21 oktober 1793, AH brieven 1973, p. 280.

38 AH aan Wilhelm Gabriel Wegener, 27 maart 1789 en AH aan Carl Freiesleben, 10 april 1792, ibid., pp. 46, 180.
39 AH aan Reinhard von Haeften, 1 januari 1796, ibid., p. 477.
40 AH aan Carl Freiesleben, 10 april 1792, ibid., p. 180.
41 AH aan Reinhard von Haeften, 1 januari 1796, ibid., pp. 478-479.
42 AH aan Carl Freiesleben, 4 juni 1799, ibid., p. 680.
43 Adolph Kohut in 1871 over AH's tijd in Berlijn in 1805, Beck 1959, p. 31.
44 *Quarterly Review*, deel 14, januari 1816, p. 369.
45 CH aan WH, 22 januari 1791, WH CH brieven 1910-1916, deel 1, p. 372.
46 Theodor Fontane aan Georg Friedländer, 5 december 1884, Fontane 1980, deel 3, p. 365.

47 José de Caldas aan José Celestino Mutis, 21 juni 1802, Andress 2011, p. 11; Caldas vraagt of hij met AH mee mag, Holl 2009, p. 166.
48 AH aan Archibald MacLean, 6 november 1791; zie ook AH aan Wilhelm Gabriel Wegener, 27 maart 1789, AH brieven 1973, pp. 47, 157.
49 AH Kosmos 1845-1850, deel 1, p. 6: zie ook AH aan Archibald MacLean, 6 november 1791, AH brieven 1973, p. 157.
50 AH, 28 april 1802, AH dagboek 2003, deel 2, p. 83.
51 AH beklom de Pichincha drie keer; AH, 14 april, 26 en 28 mei 1802, AH dagboek 2003, deel 2, pp. 72 e.v.; 85 e.v.; 90 e.v.; AH aan WH, 25 november 1802, AH WH brieven 1880, p. 45 e.v.
52 AH aan WH, 25 november 1802, AH WH brieven 1880, p. 46.
53 AH, 28 april 1802, AH dagboek 2003, deel 2, p. 83 e.v.
54 AH Cordillera's 1814, deel 1, pp. 121, 125; AH Cordillera's 1810, deel 1, pp. 59, 62.
55 AH, 28 april 1802, AH dagboek 2003, deel 2, p. 81.
56 AH, 14-18 maart 1802, ibid., p. 57 e.v.
57 Ibid., pp. 57, 62.
58 Ibid., p. 61.
59 Ibid., p. 62.
60 Ibid., p. 65.
61 AH, 22 november 1799-7 februari 1800, AH dagboek 2000, p. 179.

7 De Chimborazo

1 AH aan WH, 25 november 1802, AH WH brieven 1880, p. 54.
2 Ibid., p. 48.

3 AH, 9-12 juni en 12-28 juni 1802, AH dagboek 2003, deel 2, pp. 94-104.
4 AH, About an Attempt to Climb to the Top of Chimborazo, Kutzinski 2012, p. 136.
5 AH aan WH, 25 november 1802, AH WH brieven 1880, p. 48; AH, About an Attempt to Climb to the Top of Chimborazo, in Kutzinski 2012, pp. 135-55; AH, 23 juni 1802, AH dagboek 2003, deel 2, p. 100-109.
6 AH, About an Attempt to Climb to the Top of Chimborazo, Kutzinski 2012, p. 140.
7 AH, 23 juni 1802, AH dagboek 2003, deel 2, p. 106.
8 AH Geografie 2009, p. 120; AH Geografie 1807, pp. 161-163.

9 AH, 23 juni 1802, AH dagboek 2003, deel 2, p. 106 (3036 toises).
10 WH aan Karl Gustav von Brinkmann, 18 maart 1793, Heinz 2003, p. 19.
11 Georg Gerland, 1869, Jahn 2004, p. 19.
12 AH reisbeschrijving 1814-1829, deel 3, p. 160; zie ook p. 495; AH wees herhaaldelijk op deze gelijkenissen in *Ideen zu einer Geographie der Pflanzen* (1807) maar ook in AH reisbeschrijving 1814-1829, deel 3, p. 490 e.v.; AH Aspecten 1849, deel 2, p. 3 e.v.; AH Natuurbeschouwingen 2014, p. 155 e.v.; AH Natuurbeschouwingen 1849, deel 2, p. 3 e.v.
13 AH reisbeschrijving 1814-1829, deel 3, p. 453.
14 AH Geografie 2009, pp. 65-66; AH Geografie 1807, p. 5 e.v.
15 AH Kosmos 1845-1852, deel 1, p. xviii; AH Kosmos 1845-1850, deel 1, p. vi.
16 AH Geografie 2009, p. 77; AH Geografie 1807, p. 35 e.v.; AH Kosmos 1845-1852, deel 1, p. 11; AH Kosmos 1845-1850, deel 1, p. 12.
17 AH Kosmos 1845-1852, deel 1, p. 40; AH Kosmos 1845-1850, deel 1, p. 39.
18 AH Kosmos 1845-1852, deel 1, p. 11; voor bergen als inspiratiebron, zie ook p. 347; AH Kosmos 1845-1850, deel 1, p. 12.
19 AH Geografie 2009, p. 61; AH Geografie 1807, p. iii; Holl 2009, pp. 181-183 en Fiedler en Leitner 2000, p. 234.
20 AH aan Marc-Auguste Pictet, 3 februari 1805, Dove 1881, p. 103.
21 AH Kosmos 1845-1850, deel 1, p. 39; AH Kosmos 1845-1852, deel 1, p. 40.
22 AH Aspecten 1849, deel 2, p. 3; AH Natuurbeschouwingen 2014, p. 155; AH Natuurbeschouwingen 1849, deel 2, p. 3.
23 AH Aspecten 1849, deel 2, p. 10; AH Natuurbeschouwingen 2014, p. 158; AH Ansichten 1849, deel 2, p. 11.
24 AH Kosmos 1845-1852, deel 1, p. 41; AH Kosmos 1845-1850, deel 1, p. 40.
25 De Naturgemälde is opgenomen in Humboldts *Ideen zu einer Geographie der Pflanzen* (1807).
26 AH Kosmos 1845-1852, deel 1, p. 48; AH Kosmos 1845-1850, deel 1, p. 55.

27 AH, 12 april 1803-1820 januari 1804, Mexico, AH dagboek 1982, p. 187; AH aan WH, 25 november 1802, AH WH brieven 1880, pp. 51-52.
28 Ibid., p. 52.
29 Ibid., p. 50.
30 AH Aspecten 1849, deel 2, p. 268; AH Natuurbeschouwingen 2014, p. 268; AH Natuurbeschouwingen 1849, deel 2, p. 319; zie ook AH, 23-28 juli 1802, AH dagboek 2003, deel 2, pp. 126-130.
31 AH, samenvatting van de expeditie van Humboldt en Bonpland, eind juni 1804, AH brieven VS 2004, p. 507; Helferich 2005, p. 242.
32 Kortum 1999, pp. 98-100; met name AH aan Heinrich Berghaus, 21 februari 1840, p. 98.
33 AH Natuurbeschouwingen 2014, p. 244; AH Aspecten 1849, deel 2, p. 215; AH Natuurbeschouwingen 1849, deel 2, p. 254.
34 AH's gids in Mexico-Stad over AH, 1803, Beck 1959, p. 26.
35 Ibid., p. 27.
36 AH, 31 januari-6 februari 1803, AH dagboek 2003, deel 2, p. 82 e.v.
37 Ibid., p. 184.
38 AH Cordillera's 1814, deel 1, p. 119; AH Cordillera's 1810, deel 1, p. 58.
39 AH, 27 februari 1803, AH dagboek 2003, deel 2, p. 190.

8 Natuur en politiek

1 AH, 29 april-20 mei 1804, AH dagboek 2003, deel 2,p. 301 e.v.
2 Ibid., p. 302.
3 AH in Mexico: AH, Aus Meinem Leben (1769-1850), in Biermann 1987 p. 103.
4 AH, samenvatting van de expeditie van Humboldt en Bonpland, eind juni 1804, AH brieven VS 2004, p. 508.
5 AH aan Carl Ludwig Willdenow, 29 april 1803, AH brieven Amerika 1993, p. 230.
6 AH dagboek 1982, p. 12.
7 AH aan Friedrich Heinrich Jacobi, 3 januari 1791, AH brieven 1973, p. 118.
8 AH aan Jefferson, 24 mei 1804, Terra 1959, p. 788.
9 Ibid., p. 787.
10 AH aan James Madison, 24 mei 1804, ibid., p. 796.
11 Edmund Bacon over Jefferson, Bear 1967, p. 71.

12 In 1804 had Jefferson zeven kleinkinderen: zes van zijn dochter Martha (Anne Cary, Thomas Jefferson, Ellen Wayles, Cornelia Jefferson, Virginia Jefferson, Mary Jefferson) en nog een van zijn overleden dochter Maria (Francis Wayles Eppes).
13 Margaret Bayard Smith over Jefferson, Hunt 1906, p. 405; zie ook Edmund Bacon over Jefferson, Bear 1967, p. 85.
14 Bear 1967, pp. 12, 18, 72-78.
15 Jefferson aan Martha Jefferson, 21 mei 1787, TJ Papers, deel 11, p. 370.
16 Jefferson aan Lucy Paradise, 1 juni 1789, ibid., deel 15, p. 163.
17 Wulf 2011, pp. 35-57, 70.

18 Jeffersons instructies aan Lewis, 1803, Jackson 1978, deel 1, pp. 61-66.
19 Jefferson aan AH, 28 mei 1804, Terra 1959, p. 788; zie ook Vincent Gray aan James Madison, 8 mei 1804, Madison Papers SS, deel 7, pp. 191-192.
20 De reis naar Washington: Charles Willson Peale dagboek, 29 mei-21 juni 1804, 29 mei 1804, Peale 1983-2000, deel 2, p. 680 e.v.
21 Amerikaanse economie: North 1974, p. 70 e.v.
22 Wulf 2011, p. 83 e.v.
23 Ibid., p. 129 e.v.
24 Friis 1959, p. 171.
25 John Quincy Adams, in Young 1966, p. 44.
26 Destijds werd het Witte Huis nog 'The President's House' genoemd. Pas in 1811 komt voor het eerst de term 'Witte Huis' voor, Wulf 2011, p. 125.
27 William Muir Whitehill in 1803, Froncek 1977, p. 85.
28 Thomas Moore in 1804, Norton 1976, p. 211.
29 Wulf 2011, p. 145 e.v.
30 William Plumer, 10 november 1804 en 29 juli 1805, Plumer 1923, pp. 193, 333.
31 Sir Augustus John Foster in 1805-1807, Foster 1954, p. 10.
32 Jefferson aan Charles Willson Peale, 20 augustus 1811, TJ Papers RS, deel 4, p. 93.
33 Jefferson aan Pierre-Samuel Dupont de Nemours, 2 maart 1809, Jefferson 1944, p. 394.
34 Margaret Bayard Smith over Jefferson, Hunt 1906, p. 393.
35 Wulf 2011, p. 149.
36 Thomson 2012, p. 51 e.v.
37 Voor details, zie Jefferson 1997 en Jefferson 1944; Jefferson aan Ellen Wayles Randolph, 8 december 1807, Jefferson 1986, p. 316; Edmund Bacon over Jefferson, Bear 1967, p. 33.

38 Jefferson aan American Philosophical Society, 28 januari 1797, TJ Papers, deel 29, p. 279.
39 Alexander Wilson aan William Bartram, 4 maart 1805, Wilson 1983, p. 232.
40 Charles Willson Peale dagboek, 29 mei-21 juni 1804: 2 juni 1804, Peale 1983-2000, deel 2, p. 690.
41 Margaret Bayard Smith over Jefferson, Hunt 1906, pp. 385, 396; voor uitvindingen, zie Isaac Jefferson over Jefferson, Bear 1967, p. 18; Thomson 2012, p. 166 e.v.
42 Margaret Bayard Smith over Jefferson, Hunt 1906, p. 396.
43 AH aan Jefferson, 27 juni 1804, Terra 1959, p. 789.
44 Charles Willson Peale dagboek, 29 mei-21 juni 1804, Peale 1983-2000, deel 2, pp. 690-700.
45 Caspar Wistar jr. aan James Madison, 29 mei 1804, Madison Papers SS, deel 7, p. 265.
46 Albert Gallatin aan Hannah Gallatin, 6 juni 1804, Friis 1959, p. 176.
47 Dolley Madison aan Anna Payne Cutts, 5 juni 1804, ibid., p. 175.
48 Albert Gallatin aan Hannah Gallatin, 6 juni 1804, ibid., p. 176.
49 Charles Willson Peale, dagboek, 29 mei-21 juni 1804: 30 mei 1804, Peale 1983-2000, deel 2, p. 684; volgens Louis Agassiz toonden AH's metingen aan dat eerdere kaarten zo onnauwkeurig waren dat het bij de ligging van Mexico wel 300 mijl (zo'n 480 kilometer) scheelde, Agassiz 1869, pp. 14-15.
50 Albert Gallatin aan Hannah Gallatin, 6 juni 1804, Friis 1959, p. 176.
51 Ibid., p. 177; Jeffersons 'Louisiana and Texas Description, 1804', DLC; zie ook Terra 1959, p. 786.
52 Albert Gallatin aan Hannah Gallatin, 6 juni 1804, Friis 1959, p. 176.
53 Charles Willson Peale dagboek, 29 mei-21 juni 1804: 29 mei 1804, Peale 1983-2000, deel 2, p. 683.
54 Charles Willson Peale aan John DePeyster, 27 juni 1804, ibid., p. 725.
55 Albert Gallatin aan Hannah Gallatin, 6 juni 1804, Friis 1959, p. 176.
56 Jefferson aan William Armistead Burwell, 1804, ibid., p. 181.
57 Jefferson aan AH, 9 juni 1804, Terra 1959, p. 789; zie ook Rebok 2006, p. 131; Rebok 2014, pp. 48-50.
58 Jefferson aan AH, 9 juni 1804, Terra 1959, p. 789.
59 Jefferson aan John Hollins, 19 februari 1809, Rebok 2006, p. 126.
60 AH aan Jefferson, ongedateerd, AH brieven Amerika 1993, p. 307.
61 Jefferson aan Caspar Wistar, 7 juni 1804, DLC.

62 Friis 1959, pp. 178-179; AH's verslag voor Jefferson, en AH, samenvatting van de expeditie van Humboldt en Bonpland, eind juni 1804, AH brieven VS 2004, pp. 484-494, 497-509.

63 Jefferson aan James Madison 4 juli 1804 en Jefferson aan Albert Gallatin, 3 juli 1804, Madison Papers SS, deel 7, p. 421.

64 AH aan Albert Gallatin, 20 juni 1804; zie ook AH aan Jefferson, 27 juni 1804, Terra 1959, pp. 789, 801.

65 AH aan James Madison, 21 juni 1804, ibid., p. 796.

66 AH reisbeschrijving 1814-1829, deel 3, p. 2.

67 AH, 7 augustus-10 september 1803, Guanajuato, Mexico, AH dagboek 1982, p. 211.

68 AH, 9-12 september 1802, Hualgayoc, Peru, ibid., p. 208.

69 AH, februari 1802, Quito, ibid., p. 106.

70 AH, 23 oktober-24 december 1802, Lima, Peru, ibid., p. 232.

71 AH reisbeschrijving 1814-1829, deel 3, p. 79.

72 Ibid., deel 4, p. 120.

73 AH, 22 februari 1800, AH dagboek 2000, pp. 208-209.

74 AH Cuba 2011, p. 115; AH reisbeschrijving 1814-1829, deel 7, p. 201.

75 AH Nieuw-Spanje 1811, deel 3, p. 105; zie ook AH reisbeschrijving 1814-1829, deel 7, p. 161; AH Cuba 2011 p. 95.

76 AH, 23 juni-8 juli 1801, AH dagboek 2003, deel 1, p. 87.

77 AH reisbeschrijving 1814-1829, deel 7, p. 161; AH Cuba 2011, p. 95; AH Nieuw-Spanje 1811, deel 3, p. 105.

78 AH, 30 maart 1800, AH dagboek 2000, p. 238.

79 AH, 1-2 augustus 1803, AH dagboek 2003, deel 2, pp. 253-257.

80 AH, 30 maart 1800, AH dagboek 2000, p. 238.

81 AH Nieuw-Spanje 1811, deel 3, p. 454.

82 AH reisbeschrijving 1814-1829, deel 7, p. 236.

83 Jefferson aan James Madison, 20 december 1787, TJ Papers, deel 12, p. 442.

84 Jefferson aan de afgevaardigden van het grondgebied Indiana, 28 december 1805, DLC.

85 Wulf 2011, pp. 113-120; voor wisselbouw, zie Jefferson aan George Washington, 12 september 1795, TJ Papers, deel 28, pp. 464-465; 19 juni 1796, TJ Papers, deel 29, pp. 128-129; voor strijkbord ploeg: TJ aan John Sinclair, 23 maart 1798, TJ Papers, deel 30, p. 202; Thomson 2012, pp. 171-172.

86 Jefferson aan James Madison, 19 mei, 9 juni, 1 september 1793, TJ Pa-

pers, deel 26, pp. 62, 241, deel 27, p. 7.

87 Jefferson, 'Summary of Public Service', geschreven na 2 september 1800, ibid., deel 32, p. 124.

88 Voor bergrijst, zie Wulf 2011, p. 70; Jefferson aan Edward Rutledge, 14 juli 1787, TJ Papers, deel 11, p. 587; voor doodstraf, zie Jefferson aan John Jay, 4 mei 1787, TJ Papers, deel 11, p. 339; voor suikeresdoornboomgaarden, zie Wulf 2011, p. 94 e.v.; voor 330 groentevariëteiten, zie Hatch 2012, p. 4.

89 Jefferson aan Arthur Campbell, 1 september 1797, TJ Papers, deel 29, p. 522.

90 Jefferson aan Horatio Gates Spafford, 17 maart 1814, TJ RS Papers, deel 7, p. 248; Jefferson over landeigenaarschap en moreel, zie Jefferson 1982, p. 165.

91 Jefferson aan Madison, 28 oktober 1785, TJ Papers, deel 8, p. 682.

92 Jeffersons ontwerp voor de grondwet van Virginia, vóór 13 juni 1776 (in alle drie de ontwerpen kwam deze bepaling voor), TJ Papers, deel 1, p. 337 e.v.

93 Madison, 'Republican Distribution of Citizens', *National Gazette*, 2 maart 1792.

94 AH reisbeschrijving 1814-1829, deel 3, p. 15.

95 AH Geografie 2009, p. 134; AH Geografie 1807, p. 171; zie ook AH Cuba 2012, p. 142 e.v.; AH reisbeschrijving 1814-1829, deel 7, p. 260 e.v.

96 AH, 23 juni-8 juli 1801, AH dagboek 2003, deel 1, p. 87.

97 AH reisbeschrijving 1814-1829, deel 1, p. 127.

98 Ibid., deel 3, p. 3.

99 Wulf 2011, p. 41.

100 Jefferson aan Edward Bancroft, 26 januari 1789, TJ Papers, deel 14, p. 492.

101 AH Cuba 2011, p. 144; AH reisbeschrijving 1814-1829, deel 7, p. 263.

102 AH aan William Thornton, 20 juni 1804, AH brieven Amerika 1993, pp. 199-200.

103 AH, 4 januari-17 februari, 'Colonies', AH dagboek 1982, p. 66.

104 AH, 9-10 juni 1800, ibid., p. 255.

105 AH, Lima 23 oktober-4 december 1802, fragment getiteld 'Missions', ibid., p. 145.

106 AH reisbeschrijving 1814-1829, deel 4, pp. 126-127; zie voor boerderijen tussen Honda en Bogotá AH, 23 juni-8 juli 1801, AH dagboek 2003, deel 1, p. 87.

107 AH reisbeschrijving 1814-1829, deel 4, p. 128.
108 AH, 23 juni-8 juli 1801, AH dagboek 2003, deel 1, p. 87.
109 Jefferson 1982, p. 143.
110 AH reisbeschrijving 1814-1829, deel 4, p. 474; voor eenheid in menselijk ras, zie ook AH Kosmos 1845-1852, deel 1, pp. 351, 355; AH Kosmos 1845-1850, deel 1, pp. 381-385; AH Cordillera's 1814, deel 1, 1814, p. 15.
111 AH Kosmos 1845-1852, deel 1, p. 355; AH Kosmos 1845-1850, deel 1, p. 385.
112 AH Kosmos 1845-1852, deel 1, p. 3; AH Kosmos 1845-1850, deel 1, p. 4.

9 Europa

1 AH aan James Madison, 21 juni 1804, Terra 1959, p. 796.
2 Humboldts verzamelingen: AH Geografie 2009, p. 86; Wulf 2008, p. 195; AH, Aus Meinem Leben (1769-1850), Biermann 1987, p. 104.
3 AH aan Jean Baptiste Joseph Delambre, 25 november 1802, Bruhns 1873, deel 1, p. 324.
4 AH aan Carl Freiesleben, 1 augustus 1804, AH brieven Amerika 1993, p. 310.
5 AH, Aus Meinem Leben (1769-1850), in Biermann 1987, p. 104.
6 Stott 2012, p. 189.
7 Parijs onder Napoleon: Horne 2004, p. 162 e.v.; Marrinan 2009, p. 298; John Scott, 1814, Scott 1816; Thomas Dibdin, 16 juni 1818, Dibdin 1821, deel 2, pp. 76-79.
8 Robert Southey aan Edith Southey, 17 mei 1817, Southey 1965, deel 2, p. 162.
9 John Scott, 1814, Scott 1816, pp. 98-99.
10 Ibid., p. 116.
11 Thomas Dibdin, 16 juni 1818, Dibdin 1821, deel 2, p. 76.
12 John Scott, 1814, Scott 1816, pp. 68, 125.
13 Ibid., p. 84.
14 AH Geografie 2009, p. 136; AH Geografie 1807, p. 176.
15 Casper Voght, 16 maart 1808, Voght 1959-1965, deel 3, p. 116; zie ook Bruhns 1873, deel 2, p. 6.
16 Goethe aan WH, 30 juli 1804, Goethes dag 1982-1996, deel 4, p. 511; AH president van de Berlijnse academie, Christian Gottfried Körner aan Friedrich Schiller, 11 september 1804, Schiller brieven 1943-2003, deel 40, p. 246.

17 Geier 2010, p. 237; Gersdorff 2013, p. 108 e.v.
18 WH aan CH, 29 augustus 1804, WH CH brieven 1910-1916, deel 2, p. 232.
19 CH aan WH, 28 augustus 1804, ibid., p. 231.
20 CH aan WH, 22 augustus 1804, ibid., p. 226.
21 WH aan CH, 29 augustus 1804, ibid., p. 232.
22 AH aan WH, 28 maart 1804, geciteerd in WH aan CH, 6 juni 1804, ibid., p. 182.
23 CH aan WH, 12 september 1804, ibid., p. 249.
24 AH aan WH, 14 oktober 1804, Biermann 1987, p. 178.
25 Beck 1959-1961, deel 2, p. 1.
26 19, 24 september en 15, 29 oktober 1804, AH brieven Amerika 1993, p. 15.
27 Claude Louis Berthollet over AH, in AH aan WH, 14 oktober 1804, Biermann 1987, p. 179.
28 AH aan WH, 14 oktober 1804, ibid., p. 178.
29 George Ticknor, april 1817, AH brieven VS 2004, p. 516.
30 AH aan WH, 14 oktober 1804, Biermann 1987, p. 179.
31 AH aan Dietrich Ludwig Gustav Karsten, 10 maart 1805, Bruhns 1873, deel 1, p. 350.
32 AH aan WH, 14 oktober 1804, Biermann 1987, p. 179; Bruhns 1873, deel 1, p. 398; AH aan Jardin des Plantes, 1804, Schneppen 2002, p. 10.
33 AH aan Carl Freiesleben, 1 augustus 1804, AH brieven Amerika 1993, p. 310.
34 Arana 2013, p. 57; Heiman 1959, pp. 221-224.
35 Arana 2013, p. 57; AH, januari 1800, AH dagboek 2000, p. 177.
36 Lynch 2006, p. 22 e.v.; Arana 2013, p. 53 e.v.
37 O'Leary 1969, p. 30.
38 Arana 2013, p. 58; Heiman 1959, p. 224.
39 Bolívar aan AH, 10 november 1821, Minguet 1986, p. 743.
40 AH aan Bolívar, 29 juli 1822, ibid., pp. 749-750.
41 Arana 2013, p. 59.
42 AH aan Bolívar, 1804, Beck 1959, pp. 30-31.
43 Bolívar aan AH in Parijs, 1804, AH dagboek 1982, p. 11.
44 AH aan Daniel F. O'Leary, 1853, Beck 1969, p. 266; AH ontmoette O'Leary in april 1853 in Berlijn, AH aan O'Leary, april 1853, MSS141, Biblioteca Luis Ángel Arango, Bogotá (dank aan Alberto Gómez Gutiérrez van de Pontificia Universidad Javeriana Bogotá dat hij me op dit manuscript gewezen heeft).

45 AH, 4 januari-17 februari 1803, 'Kolonien', AH dagboek 1982, p. 65.
46 AH reisbeschrijving 1814-1829, deel 3, p. 196.
47 AH, 4 januari-17 februari 1803, 'Kolonien', AH dagboek 1982, p. 65.
48 AH, 25 februari 1800, ibid., p. 255.
49 AH aan Daniel F. O'Leary, 1853, Beck 1969, p. 266.
50 AH aan Bolívar, 29 juli 1822, Minguet 1986, p. 749.
51 AH aan Johann Leopold Neumann, 23 juni 1791, AH brieven 1973, p. 142.
52 Carl Vogt, 14 februari 1808, Vogt 1959-1967, deel 3, p. 95.
53 AH aan Varnhagen, 9 november 1856, Biermann en Schwarz, 2001b, geen paginanummers.

54 AH aan Ignaz von Olfers, na 19 december 1850, ibid.
55 WH aan CH, 18 september 1804, WH CH brieven 1910-1916, deel 2, p. 252.
56 WH aan CH, 6 juni 1804, ibid., p. 183.
57 CH aan WH, 4 november 1804, ibid., p. 274.
58 CH aan WH, 3 september 1804, ibid., p. 238.
59 CH aan WH, 16 september 1804, zie ook WH aan CH 18 september 1804, ibid., pp. 250, 252.
60 CH aan WH, 28 augustus 1804, ibid., p. 231.
61 AH aan John Vaughan, 10 juni 1805, Terra 1958, p. 562 e.v.
62 AH aan Marc-Auguste Pictet, 3 februari 1805, Bruhns 1873, deel 1, pp. 345-347; AH aan Carl Ludwig Willdenow, 21 februari 1801, Biermann 1987, p. 171-172.
63 Terra 1955, p. 219; Podach 1959, p. 209.
64 Bruhns 1873, deel 1, p. 351.
65 Ibid.; AH aan Archibald MacLean, 6 november 1791, AH brieven 1973, p. 157.
66 WH CH brieven 1910-1916, deel 2, p. 298; AH aan Aimé Bonpland, 10 juni 1805, Bruhns 1873, deel 1, p. 352.
67 Gersdorff 2013, p. 93 e.v.
68 Werner 2004, p. 115 e.v.
69 O'Leary 1915, p. 86; Arana 2013, p. 61 e.v.
70 AH aan Daniel F. O'Leary, 1853, Beck 1969, p. 266.
71 Vicente Rocafuerte aan AH, 17 december 1824, Rippy en Brann 1947, p. 702.
72 Rodríguez 2011, p. 67; zie ook Werner 2004, pp. 116-117.
73 Elisa von der Recke, dagboek 13 augustus 1805, Recke 1815, deel 3, p. 271 e.v.

74 Chenevix over AH, Charles Blagden aan Joseph Banks, 25 september 1805, Banks 2007, deel 5, p. 452.
75 AH aan Aimé Bonpland, 1 augustus 1805, Heiman 1959, p. 229.
76 Arana 2013, p. 65 e.v.
77 Bolívars eed, Rippy en Brann 1947, p. 703.

10 Berlijn

1 AH aan Spener of Sander, 28 oktober 1805, Bruhns 1873, deel 1, p. 354.
2 AH aan Fürst Pückler-Muskau, Biermann en Schwarz 1999a, p. 183.
3 AH aan Johann Georg von Cotta, 9 maart 1844, AH Cotta brieven 2009, p. 259; zie ook AH aan Goethe, 6 februari 1806, Goethe Humboldt brieven 1909, p. 298.
4 AH aan De Beer, 22 april 1806, Bruhns 1873, deel 1, p. 358.
5 Ibid., p. 355.
6 Merseburger 2009, p. 76; WH aan CH, 19 juni 1810, WH CH brieven 1910-1916, deel 3, p. 418.
7 AH aan Marc-Auguste Pictet, november of december 1805, Bruhns 1873, deel 1, p. 354.
8 Terra 1955, p. 244.
9 AH aan Marc-Auguste Pictet, 1805, Bruhns 1873, deel 1, p. 355.
10 Leopold von Buch, dagboek 23 januari 1806, Werner 2004, p. 117.
11 Bruhns 1873, deel 1, p. 356.
12 Ibid.; Biermann en Schwarz 1999a, p. 187.
13 Werner 2004, p. 79.
14 AH aan De Beer, 22 april 1806, Bruhn 1873, deel 1, p. 358.
15 AH aan Carl Ludwig Willdenow, 17 mei 1810, Fiedler en Leitner 2000, p. 251.
16 AH aan Bonpland, 21 december 1805; voor publicaties AH en Bonpland, zie AH aan Bonpland, 1 augustus 1805, 4 januari 1806, 8 maart 1806, 27 juni 1806, Biermann 1990, pp. 179-180.
17 AH Geografie 2009, p. 61.
18 AH aan Marc-Auguste Pictet, 3 februari 1805, Bruhns 1873, deel 1, p. 347.
19 AH Geografie 2009, p. 64.
20 AH reisbeschrijving 1814-1829, deel 1, p. xiv.
21 AH Geografie 2009, p. 66; AH Geografie 1807, p. 7.
22 AH Geografie 2009, pp. 68, 75, 96; AH Geografie 1807, pp. 11, 31, 82-83.

23 AH Geografie 2009, pp. 71-72; AH Geografie 1807, pp. 16-21.
24 AH Geografie 2009, pp. 72-73; AH Geografie 1807, pp. 23-24.
25 AH Geografie 2009, p. 67; AH Geografie 1807, p. 9.
26 De Duitse geoloog Alfred Wegener kwam in 1912 al met de theorie van de tektonische platen, maar deze werd pas in de jaren vijftig en zestig van de twintigste eeuw bevestigd.
27 AH Geografie 2009, p. 79; AH Geografie 1807, p. 40.
28 AH Kosmos 1845-1852, deel 2, p. 86; AH Kosmos 1845-1850, deel 2, p. 89.
29 AH Geografie 2009, p. 69; AH Geografie 1807, p. 13.

30 AH Geografie 2009, p. 79; AH Geografie 1807, p. 41.
31 AH Geografie 1807, p. v; Humboldt schreef voor de Franse en de Duitse uitgave ieder een andere inleiding.
32 Richards 2002, pp. 114-203.
33 Henrik Steffens, 1798, in ibid., p. 151.
34 Schelling, in Richards 2002, p. 134.
35 K.J.H. Windischmann aan Schelling, 24 maart 1806, Werner 2000, p. 8.
36 AH Geografie 1807, p. v.
37 Richards 2002, pp. 138, 129 e.v.
38 AH aan F.W.J. Schelling, 1 februari 1805, Werner 2000, p. 6.
39 AH aan Christian Carl Josias Bunsen, 22 maart 1835, AH Bunsen brieven 2006, p. 29.
40 AH aan Goethe, 3 januari 1810, Goethe Humboldt brieven 1909, p. 304; zie ook AH aan Caroline von Wolzogen, 14 mei 1806, Goethe AH WH brieven 1876, p. 407.
41 Goethe, *Affiniteiten* (*Die Wahlverwandtschaften*), p. 210. (Vertaling Ria van Hengel, Athenaeum – Polak & Van Gennep, Amsterdam 2010.)
42 Goethe aan Johann Friedrich von Cotta, 8 april 1813, Goethe natuurwetenschappen 1989, p. 524.
43 Goethe, 17, 18, 19, 20, 28 maart 1807, Goethe dagboek 1998-2007, boek 3, deel 1, pp. 298-299, 301; Goethe aan AH, 3 april 1807, Goethe correspondentie 1968-1976, deel 3, p. 41.
44 Goethe aan AH, 3 april 1807, Goethe correspondentie 1968-1976, deel 3, p. 41; Goethe, 5 mei en 3 juni 1807, Goethe dagboek 1998-2007, boek 3, deel 1, pp. 308, 322.
45 Goethe, 1 april 1807, Goethe dagboek 1998-2007, boek 3, deel 1, p. 302; Charlotte von Schiller, 1 april 1807, Goethe ontmoetingen 1965-2000,

deel 6, p. 241; Goethe, Geognostische Vorlesungen, 1 april 1807, Goethe natuurwetenschappen 1989, p. 540.

46 Goethes bespreking van Humboldts *Ideen zu einer Physiognomik der Gewächse*, 31 januari 1806, *Jenaer Allgemeine Zeitung*, Goethe morfologie 1987, p. 379.

47 Johann Friedrich von Cotta aan Goethe, 12 januari 1807, Goethe brieven 1980-2000, deel 5, p. 215.

48 Geier 2010, p. 266.

49 AH aan Christian Gottlieb Heyne, 13 november 1807, ibid., p. 254.

50 AH aan Johann Friedrich von Cotta, 14 februari 1807, AH Cotta brieven 2009, p. 78.

51 Fiedler en Leitner 2000, pp. 38-69.

52 Bruhns 1873, deel 1, p. 357.

53 AH Natuurbeschouwingen 2014, pp. 30, 38, 108, 121, 126; AH Aspecten 1849, deel 1, pp. 3, 20, 189, 216, 224; AH Natuurbeschouwingen 1808, pp. 4, 5, 33-34, 140, 298, 316.

54 AH Aspecten 1849, deel 1, p. 231; AH Natuurbeschouwingen 2014, p. 129; AH Natuurbeschouwingen 1808, pp. 329-330.

55 AH aan Johann Friedrich von Cotta, 21 februari 1807, AH Cotta brieven 2009, p. 80.

56 AH Aspecten 1849, deel 2, p. 112 e.v.; AH Natuurbeschouwingen 2014, p. 201 e.v.; AH Natuurbeschouwingen 1849, deel 2, p. 135.

57 AH Aspecten 1849, deel 1, p. 208; AH Natuurbeschouwingen 2014, p. 117; AH Natuurbeschouwingen 1808, p. 284.

58 AH Aspecten 1849, deel 2, pp. 7-8; AH Natuurbeschouwingen 2014, pp. 157-158; AH Natuurbeschouwingen 1808, p. 163 e.v.

59 AH Natuurbeschouwingen 1808, p. vii; AH Aspecten 1849, deel 1, p. viii; AH Natuurbeschouwingen 2014, p. 25.

60 AH Aspecten 1849, deel 1, p. 207; AH Natuurbeschouwingen 2014, p. 117; AH Natuurbeschouwingen 1808, p. 282.

61 Beck 1959-1961, deel 2, p. 16.

62 AH Natuurbeschouwingen 2014, pp. 25-26; AH Aspecten 1849, deel 1, p. ix; AH Natuurbeschouwingen 1808, p. viii.

63 AH Aspecten 1849, deel 1, p. ix; AH Natuurbeschouwingen 2014, p. 25; AH Natuurbeschouwingen 1808, p. viii.

64 Goethe aan AH, 16 mei 1821, Goethe correspondentie 1968-1976, deel 3, p. 505.

65 François-René de Chateaubriand, in Clark en Lubrich 2012b, p. 29.

66 Sattelmeyer 1988, p. 207; Thoreau aan Spencer Fullerton Baird, 19 december 1853, Thoreau correspondentie 1958, p. 310; Thoreau verwees naar de Engelse vertaling van *Ansichten der Natur* (*Views of Nature*) in *The Maine Woods, Excursions* en in andere werken.
67 Emerson 1959-1972, deel 3, p. 213; voor Emerson, *Views of Nature* en AH, zie ook Emerson in 1849, Emerson 1960-1992, deel 11, pp. 91, 157; Harding 1967, p. 143; Walls 2009, p. 251 e.v.
68 Darwin aan Catherine Darwin, 5 juli 1832, Darwin correspondentie, deel 1, p. 247.
69 Schifko 2010; Clark en Lubrich 2012, pp. 24-25, 170-75, 191, 204-205, 214-223.
70 Jules Verne, *Les Enfants du capitaine Grant.*
71 Jules Verne, *Vingt mille lieues sous les mers.*
72 AH aan C.G.J. Jacobi, 21 november 1841, Biermann en Schwarz 2001b.
73 WH aan CH, WH CH brieven 1910-1916, deel 4, p. 188.
74 AH, Aus Meinem Leben (1769-1850), in Biermann 1987, p. 113.

11 Parijs

1 AH aan Goethe, 3 januari 1810, Goethe Humboldt brieven 1909, p. 305; zie ook AH aan Franz Xaver von Zach, 14 mei 1806, Bruhns 1873, deel 1, p. 360.
2 AH aan Johann Friedrich von Cotta, 6 juni 1807, 13 november 1808, 11 december 1812, AH Cotta brieven 2009, pp. 81, 94, 115.
3 AH aan Bonpland, 7 september 1810, AH Bonpland brieven 2004, p. 57; zie ook Fiedler en Leitner 2000, p. 251.
4 *Vues des Cordillères* werd tussen 1810 en 1813 in delen gepubliceerd.
5 AH aan Goethe, 3 januari 1810, Goethe Humboldt brieven 1909, p. 304; zie ook Goethe, 18 januari 1810, Goethe dagboek 1998-2007, boek 4, deel 1, p. 111.
6 Goethe, 18 januari 1810, Goethe dagboek 1998-2007, boek 4, deel 1, p. 111.
7 Goethe, 18, 19, 20 en 21 januari 1810, Goethe dagboek 1998-2007, boek 4, deel 2, pp. 111-112.
8 Bijvoorbeeld David Warden aan AH, 9 mei 1809, AH brieven VS 2004, p. 111; AH aan Alexander von Rennenkampff, 7 januari 1812, Biermann 1987, p. 196.
9 Jefferson aan AH, 13 juni 1817, Terra 1959, p. 795.

10 Jefferson aan AH, 6 maart 1809, 14 april 1811, 6 december 1813; AH aan Jefferson, 12 juni 1809, 23 september 1810, 20 december 1811; William Gray aan Jefferson, 18 mei 1811, TJ RS Papers, deel 1, pp. 24, 266, deel 3, pp. 108, 553, 623, deel 4, pp. 353-354, deel 7, p. 29; AH aan Jefferson, 30 mei 1808, Terra 1959, p. 789.

11 AH aan Banks, 15 november 1800; Bonpland aan Banks, 20 februari 1810; Banks aan James Edward Smith, 2 februari 1815 (verzoekt om mauritiapalm voor AH); Banks aan Charles Blagden, 28 februari 1815, Banks 2007, deel 5, pp. 63 e.v.; deel 6, pp. 27-28; 164-165; 171; AH aan Banks, 23 februari 1805, BL Add MS 8099 folio 391-392; AH aan Banks, 10 juli 1809, BL Add MS 8100 folio 43-44.

12 Adelbert von Chamisso aan Eduard Hitzig, 16 februari 1810, Beck 1959, p. 37; AH aan Marc-Auguste Pictet, maart 1808, Bruhns 1873, deel 2, p. 6; Caspar Voght, 16 maart 1808, Voght 1959-1965, deel 3, p. 95.

13 AH aan Johann Georg von Cotta, 14 april 1850, AH Cotta brieven 2009, p. 430; zie ook Biermann 1990, p. 183.

14 Carl Vogt, januari 1845, Beck 1959, p. 206.

15 'An Autobiography of Francis Arago', Arago 1857, p. 12 e.v.

16 Arago over AH, Biermann en Schwarz 2001b (geen paginanummers).

17 Adolphe Quetelet, 1822, Bruhns 1873, deel 2, p. 58.

18 AH aan Arago, 31 december 1841, AH Arago brieven 1907, p. 224.

19 AH aan Arago, 31 juli 1848, ibid., p. 290.

20 WH aan CH, 1 november 1817, WH CH brieven 1910-1916, deel 6, p. 30.

21 WH aan CH, 14 januari 1809, ibid., deel 3, p. 70.

22 Geier 2010, p. 272.

23 WH aan CH, 3 december 1817, WH CH brieven 1910-1916, deel 6, p. 64; zie ook WH aan CH, 6 december 1813 en 8 november 1817, ibid., deel 4, p. 188 en deel 6, pp. 43-44.

24 WH aan CH, 10 juli 1810, ibid., deel 3, p. 433.

25 Napoleon aan AH, verteld door Goethe aan Friedrich von Müller, Müller dagboek, 28 mei 1825, Goethe AH WH brieven 1876, p. 353.

26 Humboldt-herdenking, 2 juni 1859, *Journal of American Geological and Statistical Society*, 1859, deel 1, p. 235.

27 Podach 1959, pp. 198, 201-202.

28 AH na een audiëntie bij Napoleon, 1804, Beck 1959-1961, deel 2, p. 2.

29 Serres 1995, p. 431.

30 Krätz 1999a, p. 113.

31 Beck 1959-1961, deel 2, p. 16.

32 Daudet 1912, pp. 295-365; Krätz 1999a, p. 113.
33 Rapport van George Monge, 4 maart 1808: Podach 1959, p. 200.
34 Podach 1959, p. 200 e.v.
35 Carl Vogt, januari 1845, Beck 1959, p. 207.
36 Bruhns 1873, deel 2, p. 89.
37 George Ticknor, april 1817, AH brieven vs 2004, p. 516.
38 Konrad Engelbert Oelsner aan Friedrich August von Stägemann, 28 augustus 1819, Päßler 2009, p. 12.
39 John Thornton Kirkland, 28 mei 1821, Beck 1959, p. 69.
40 Caspar Voght, 16 maart 1808, Voght 1959-1965, deel 3, p. 95.

41 Krätz 1999a, pp. 116-117; Clark en Lubrich 2012, pp. 10-14.
42 Fräulein von R., oktober-november 1812, Beck 1959, p. 42.
43 Roderick Murchison, mei 1859, ibid., p. 3.
44 Karoline Bauer, My Life on Stage, 1876, Clark en Lubrich 2012, p. 199.
45 Ibid.
46 Carl Vogt, januari 1845, Beck 1959, p. 208.
47 WH aan CH, 30 november 1815, WH CH brieven 1910-1916, deel 5, p. 135.
48 Heinrich Laube, Laube 1875, p. 334.
49 Wilhelm Foerster, Berlijn 1855, Beck 1959, p. 268.
50 Adolphe Quetelet, 1822, Bruhns 1873, deel 2, p. 58.
51 Karl August Varnhagen von Ense, 1810, Varnhagen 1987, deel 2, p. 139.
52 Karl Gutzkow, Beck 1969, pp. 250-251.
53 Johann Friedrich Benzenberg, 1815, ibid., p. 259.
54 Horne 2004, p. 195.
55 Marrinan 2009, p. 284.
56 Talleyrand, in Horne 2004, p. 202.
57 Horne 2004, p. 202; John Scott, 1814, Scott 1816, p. 71.
58 Benjamin Robert Haydon, mei 1814, Haydon 1950, p. 212.
59 Ibid.
60 AH aan Jean Marie Gerando, 2 december 1804, Geier 2010, p. 248; AH aan François Guizot, oktober 1840, Päßler 2009, p. 25.
61 AH aan James Madison, 26 augustus 1813, Terra 1959, p. 798.
62 WH aan CH, 9 september 1814, WH CH brieven, deel 4, p. 384.
63 AH aan CH, 24 augustus 1813, Bruhns 1873, deel 2, p. 52.
64 AH aan Johann Friedrich Benzenberg, 22 november 1815, Podach 1959, p. 206.
65 Podach 1959, pp. 201-202; Winfield Scott aan James Monroe, 18 novem-

ber 1815. Monroe stuurde deze brief door aan Jefferson, James Monroe aan Jefferson, 22 januari 1816, TJ RS Papers, deel 9, p. 392.

66 John Scott, 1815, Scott 1816, p. 328 e.v.

67 Charles Blagden dagboek, 5 februari 1815, Ewing 2007, p. 275.

68 Ayrton 1831, pp. 9-32.

69 Holmes 1998, p. 71.

70 Coleridge in 1802, Holmes 2008, p. 288.

71 Humphry Davy in 1807, ibid., p. 276.

72 AH aan Goethe, 1 januari 1810, Goethe Humboldt brieven 1909, p. 305.

12 Natuur en revolutie

1 Bolívar, 'Mi delirio sobre el Chimborazo', fragment uit het Spaans vertaald door Peter Gelauff.

2 Bolívar en revolutie: AH aan Bolívar, 29 juli 1822, Minguet 1986, pp. 749-750; AH aan Bolívar, 1804, Beck 1959, pp. 30-31; AH aan Daniel F. O'Leary, 1853, Beck 1969, p. 266; Vicente Rocafuerte aan AH, 17 december 1824, Rippy en Brann 1947, p. 702; Bolívar en Verlichting: Lynch 2006, pp. 28-32.

3 Het gaat hier om het tijdschrift *Semanario*. AH 'Geografía de las plantas, o cuadro físico de los Andes equinocciales y de los países vecinos', Caldas 1942, deel 2, pp. 21-162.

4 Bolívar aan AH, 10 november 1821, Minguet 1986, p. 749.

5 Bolívar, Bericht voor de conventie van Ocaña, 29 februari 1828, Bolívar 2003, p. 87.

6 Bolívar aan generaal Juan José Flores, 9 november 1830, ibid., p. 146.

7 Bolívar, Toespraak voor het congres van Angostura, 15 februari 1819, ibid., p. 53.

8 O'Leary 1879-1888, deel 2, p. 146, voor Bolívars liefde voor het landleven zie ook p. 71; en Arana 2013, p. 292.

9 Bolívar aan José Joaquín Olmedo, 27 juni 1825, Bolívar 2003, p. 210.

10 O'Leary 1915, p. 86; Arana 2013, p. 61.

11 Bolívar, Manifest voor de volkeren van de wereld, 20 september 1813, Bolívar 2003, p. 121; In 1810 keerde Bolívar voor korte tijd terug naar Europa tijdens een diplomatieke missie naar Londen om internationale steun voor zijn revolutie te vragen.

12 Verzwakt Spanje en revoluties: Langley 1996, p. 166 e.v.

13 Opstanden in Mexico: Langley 1996, p. 179 e.v.
14 Arana 2013, p. 109; zie ook Lynch 2006, p. 59 e.v.
15 José Domingo Díaz, 26 maart 1812, Arana 2013, p. 108.
16 *Royal Military Chronicle*, deel 4, juni 1812, p. 181.
17 Arana 2013, p. 126.
18 Jefferson to AH, 14 April 1811, TJ RS Papers, vol. 3, p. 554.
19 Jefferson over Zuid-Amerikaanse revoluties: Jefferson aan Pierre Samuel du Pont de Nemours, 15 april 1811; Jefferson aan Tadeusz Kosciuszko, 16 april 1811; Jefferson aan Lafayette, 30 november 1813, TJ RS Papers, deel 3, pp. 560, 566; deel 7, pp. 14-15; Jefferson aan Lafayette, 14 mei 1817, DLC.

20 Jefferson aan Luis de Onís, 28 april 1814, TJ RS Papers, deel 7, p. 327.
21 Arana 2013, p. 128 e.v.
22 Slatta en De Grummond 2003, p. 22. Humboldts kaarten van de Río Magdalena waren gekopieerd door verschillende mensen, onder wie de botanist José Mutis, de cartograaf Carlos Francisco de Cabrer en José Ignacio Pombo. AH, maart 1804, AH dagboek 2003, deel 2, p. 42 e.v.
23 Bolívar, Toespraak tot het volk van Tenerife, 24 december 1812, Arana 2013, p. 132.
24 Bolívar aan Camilo Torres, 4 maart 1813, ibid., p. 138.
25 Lynch 2006, p. 67.
26 Bolívar, Manifest van Cartagena, 15 december 1812, Bolívar 2003, p. 10.
27 Bolívar aan Francisco Santander, mei 1813, Arana 2013, p. 139.
28 Bolívar aan Francisco Santander, 22 december 1819, Lecuna 1951, deel 1, p. 215.
29 Arana 2013, pp. 184, 222.
30 Bolívar, opvoedingsmethode voor mijn neef Fernando Bolívar, circa 1822, Bolívar 2003, p. 206.
31 O'Leary 1969, p. 30.
32 Arana 2013, p. 243.
33 O'Leary 1969, p. 30.
34 Arana 2013, p. 244.
35 Ibid., p. 140 e.v.
36 Bolívar, Decreet oorlog op leven en dood, 15 juni 1813, Bolívar 2003, p. 114; Langley 1996, p. 187 e.v.; Lynch 2006, p. 73.
37 Bolívar, Proclamatie van de generaal van het bevrijdingsleger, 8 augustus 1813, Lynch 2006, p. 76.
38 Arana 2013, p. 151.

39 Ibid., p. 165; zie ook Lynch 2006, p. 82 e.v.; Langley 1996, p. 188 e.v.
40 Arana 2013, p. 165.
41 AH aan Jefferson, 20 december 1811, TJ RS Papers, deel 4, p. 354.
42 Arana 2013, pp. 170-171; Langley 1996, p. 191.
43 Bolívar aan Lord Wellesley, 27 mei 1815, Bolívar 2003, p. 154.
44 James Madison, Proclamatie 21, 1 september 1815, 'Warning Against Unauthorized Military Expedition Against the Dominions of Spain'.
45 John Adams aan James Lloyd, 27 maart 1815, Adams 1856, deel 10, p. 14.
46 Jefferson aan AH, 6 december 1813, TJ RS Papers, deel 7, p. 29.
47 Jefferson aan Tadeusz Kosciuszko, 16 april 1811; zie ook Jefferson aan Pierre Samuel du Pont de Nemours, 15 april 1811, TJ RS Papers deel 3, pp. 560, 566; Jefferson aan Lafayette, 30 november 1813, ibid., deel 7, p. 14.
48 Winfield Scott aan James Monroe, 18 november 1815. Monroe stuurde deze brief door aan Jefferson. James Monroe aan Jefferson, 22 januari 1816, ibid., deel 9, p. 392.
49 Jefferson aan AH, 13 juni 1817; zie ook 6 juni 1809, Terra 1959, pp. 789, 794.
50 In 1808 uitgegeven in het Frans met direct daarop een Duitse (1809) en Engelse (1811) editie.
51 Jefferson aan AH, 6 maart 1809, 14 april 1811, 6 december 1813; AH aan Jefferson, 12 juni 1809, 23 september 1810, 20 december 1811; William Gray aan Jefferson, 18 mei 1811, TJ RS Papers, deel 1, pp. 24, 266, deel 3, pp. 108, 553, 623, deel 4, pp. 353-354, deel 7, p. 29.
52 Jefferson aan AH, 6 december 1813, ibid., deel 7, p. 30; zie ook Jefferson aan AH, 13 juni 1817, Terra 1959, p. 794.
53 Jefferson aan Lafayette, 14 mei 1817, DLC.
54 Jefferson aan James Monroe, 4 februari 1816, TJ RS Papers, deel 9, p. 444.
55 Bolívar, Brief uit Jamaica, 6 september 1815, Bolívar 2003, p. 12; voor Bolívars bibliotheek, zie Bolívar 1929, deel 7, p. 156.
56 John Black, voorwoord van de vertaler, AH Nieuw-Spanje 1811, deel 1, p. v.
57 AH aan Jefferson, 23 september 1810, TJ RS Papers, deel 3, p. 108.
58 AH Nieuw-Spanje 1811, vol. 1, p. 196.
59 Ibid., p. 178.
60 Ibid., deel 3, p. 456.
61 Ibid., p. 455.
62 AH reisbeschrijving 1814-1829, deel 3, p. 3.

63 AH Nieuw-Spanje 1811, deel 3, p. 390.
64 AH, 30 maart 1801, AH dagboek 2003, deel 1, p. 55.
65 Bolívar, Brief uit Jamaica, 6 september 1815, Bolívar 2003, p. 12.
66 Ibid., p. 20.
67 Bolívar aan Lord Wellesley, 27 mei 1815, Bolívar 2003, p. 154.
68 AH reisbeschrijving 1814-1829, deel 3, p. 79.
69 Bolívar, Brief uit Jamaica, 6 september 1815, Bolívar 2003, p. 20.
70 AH Nieuw-Spanje 1811, deel 3, p. 101.
71 Bolívar, Brief uit Jamaica, 6 september 1815, Bolívar 2003, p. 20.
72 Ibid., p. 13.

73 Langley 1996, pp. 194-197.
74 Bolívar, Toespraak voor het congres van Angostura, 15 februari 1819, Bolívar 2003, p. 34.
75 Bolívar, Decreet voor de emancipatie van de slaven, 2 juni 1816, Bolívar 2003, p. 177.
76 Bolívar, Toespraak voor het congres van Angostura, 15 februari 1819, Bolívar 2003, p. 51.
77 Langley 1996, p. 195; Lynch 2006, pp. 151-153.
78 AH aan Bolívar, 28 november 1825, Minguet 1986, p. 751. AH verwees naar Bolívar in AH reisbeschrijving 1814-1829, deel 6, p. 839; AH Cuba 2011, p. 147.
79 Langley 1996, pp. 196-200; Arana 2013, p. 194 e.v.
80 Arana 2013, pp. 208-210.
81 Ibid., pp. 3, 227.
82 Lynch 2006, p. 119 e.v.
83 Bolívar, Toespraak voor het congres van Angostura, 15 februari 1819, Bolívar 2003, pp. 38-39, 53.
84 Ibid., p. 53.
85 Ibid.
86 Ibid., p. 31.
87 Arana 2013, pp. 230-232; Lynch 2006, pp. 127-129.
88 Arana 2013, p. 220; Lynch 2006, pp. 122-124.
89 Arana 2013, pp. 230-232; Lynch 2006, pp. 127-128.
90 Arana 2013, pp. 233-235; Lynch 2006, pp. 129-130.
91 Arana 2013, p. 235.
92 Arana 2013, pp. 284-288; Lynch 2006, pp. 170-171.
93 O'Leary 1879-1888, deel 2, p. 146.
94 Bolívar, 'Mi delirio sobre el Chimborazo'. Van dit gedicht is geen Ne-

derlandse vertaling uitgegeven. Voor een Engelse vertaling van het hele gedicht, zie Clark en Lubrich 2012, pp. 67-68; het vroegste exemplaar van het gedicht was gedateerd 13 oktober 1822, het gedicht werd in 1833 voor het eerst gepubliceerd: Lynch 2006, p. 320, noot 14.

95 Ibid. (Vertaling fragment Peter Gelauff.)

96 Ibid.

97 Bolívar, Toespraak voor het congres van Angostura, 15 februari 1819, Bolívar 2003, p. 53.

98 Bolívar aan Simón Rodríguez, 19 januari 1824, Arana 2013, p. 293.

99 Ibid.

100 Arana 2013, p. 288.

101 Bolívar aan generaal Bernardo O'Higgins, 8 januari 1822, Lecuna 1951, deel 1, p. 289.

102 Bolívar aan AH, 10 november 1821, Minguet 1986, p. 749.

103 Bolívar aan Madame Bonpland, 23 oktober 1823, Rippy en Brann 1947, p. 701.

104 Bolívar aan José Antonio Páez, 8 augustus 1826, Pratt 1992, p. 141.

105 Bolívar aan Pedro Olañeta, 21 mei 1824.

106 Bolívar, Una mirada sobre a la América Española (Een blik op Latijns-Amerika), 1829, Bolívar 2003, p. 101.

107 Bolívar, Manifest in Bogotá, 20 januari 1830, ibid., p. 144.

108 Bolívar aan P. Gual, 24 mei 1821, Arana 2013, p. 268.

109 Bolívar aan generaal Juan José Flores, 9 november 1830, Bolívar 2003, p. 147.

110 AH aan Daniel F. O'Leary, 1853, Beck 1969, p. 266.

111 AH aan Bolívar, 29 juli 1822, Minguet 1986, p. 750.

112 Ibid.

113 Jefferson 1982; Cohen 1995, pp. 72-79; Thomson 2008, pp. 54-72; de Franse wetenschappers waren Comte de Buffon, Abbé Raynal en Cornélius de Pauw.

114 Buffon, in Martin 1952, p. 157.

115 Buffon, in Thomson 2012, p. 12.

116 Jefferson 1982, pp. 50-52, 53.

117 Jefferson in gesprek met Daniel Webster, december 1824, Webster 1903, deel 1, p. 371.

118 Thomson 2012, pp. 10-11.

119 Jefferson aan Thomas Walker, 25 september 1783, TJ Papers, deel 6, p. 340; zie ook Wulf 2011, pp. 67-70.

120 Jefferson aan Bernard Germain de Lacépède, 14 juli 1808, DLC.

121 Jefferson aan Robert Walsh, 4 december 1818, in Anecdotes about Benjamin Franklin, DLC.

122 AH reisbeschrijving 1814-1829, deel 3, pp. 70-71; en AH Kosmos 1845-1852, deel 2, p. 64; AH Kosmos 1845-50, deel 2, p. 66.

123 AH aan WH, 21 september 1801, AH WH brieven 1880, p. 30; zie ook AH, 1800, Aantekeningen over de Karaïben, AH dagboek 2000, p. 341.

124 AH aan WH, 25 november 1802, AH WH brieven 1880, pp. 50-53.

125 AH Nieuw-Spanje 1811, deel 3, p. 48; voor Bolívars exemplaar van AH Nieuw-Spanje 1811, zie Bolívar 1929, deel 7, p. 156.

126 *Morning Chronicle*, 4 september 1818 en 14 november 1817.

127 Bolívar aan Gaspar Rodríguez de Francia, 22 oktober 1823, Rippy en Brann 1947, p. 701.

128 Bolívar, Boodschap aan het Congres van afgevaardigden van de republiek Colombia, 20 januari 1830, Bolívar, 2003, p. 103.

13 Londen

1 AH aan Heinrich Berghaus, 24 november 1828, AH Berghaus brieven 1863, deel 1, p. 208.

2 AH aan Académie des Sciences, 21 juni 1803 en AH aan Karsten, 1 februari 1805, Bruhns 1873, deel 1, pp. 327, 350; AH aan Johann Friedrich von Cotta, 24 januari 1805, AH Cotta brieven 2009, p. 63.

3 *Faust*, Voor de poort, regels 1100-1105. (Vertaling Ard Posthuma.)

4 AH Nieuw-Spanje 1811, deel 1, p. 98.

5 Ibid., pp. 104, 123.

6 Bezoek AH Londen 1814: WH aan CH, 5 juni 1814; 14 juni 1814; 18 juni 1814, WH CH brieven 1910-1916, deel 4, pp. 345, 351 e.v., 354-355; AH aan Helen Maria Williams, 22 juni 1814, Koninklijk Huisarchief, Den Haag (kopie in Alexander-von-Humboldt-Forschungsstelle, Berlijn).

7 Bezoek AH Londen 1817: WH aan CH, 22 oktober 1817, WH CH brieven 1910-1916, deel 6, p. 22.

8 WH aan CH, 14 juni 1814 en 18 oktober 1817, ibid., deel 4, p. 350; deel 6, p. 20.

9 Richard Rush, 31 december 1817, Rush 1833, p. 55.

10 WH aan CH, 1 november 1817, WH CH brieven 1910-1916, deel 6, p. 30.

11 WH aan CH, 3 december 1817, ibid., p. 64.
12 WH aan CH, 30 november 1815, ibid., deel 5, p. 135.
13 WH aan CH, 12 november 1817, ibid., deel 6, p. 46.
14 Hughes-Hallet 2001, p. 136.
15 WH aan CH, 11 juni 1814, WH CH brieven 1910-1916, deel 4, p. 348.
16 Richard Rush, 7 januari 1818, Rush 1833, p. 81; Carl Philip Moritz, juni 1782, Moritz 1965, p. 33.
17 Richard Rush, 7 januari 1818, Rush 1833, p. 77.
18 Diverse bezoeken AH: AH aan Robert Brown, november 1817, BL; AH aan Karl Sigismund Kunth, 11 november 1817, Universitätsbibliothek Gießen; AH aan Madame Arago, november 1817, Bibliothèque de l'Institut de France, MS 2115, folio 213-214 (kopieën in Alexander-von-Humboldt-Forschungsstelle, Berlijn).
19 Holmes 2008, p. 190.
20 William Herschels *Catalogue of a Second Thousand Nebulae* (1789), Holmes 2008, p. 192.
21 AH Kosmos 1845-1852, deel 2, p. 74; AH Kosmos 1845-1850, deel 2, p. 87.
22 AH en de Royal Society: AH werd benoemd tot buitenlands lid op 6 april 1815; zie ook RS Journal Book, deel xli, 1811-1815, p. 520; aan het eind van zijn leven was AH lid van achttien Britse wetenschappelijke genootschappen.
23 Jardine 1999, p. 83.
24 AH aan Madame Arago, november 1817, Bibliothèque de l'Institut de France, MS 2115, folio 213-214 (kopie in Alexander-von-Humboldt-Forschungsstelle, Berlijn).
25 AH aan Karl Sigismund Kunth, 11 november 1817, Universitätsbibliothek Gießen (kopie in Alexander-von-Humboldt-Forschungsstelle, Berlijn).
26 6 november 1817, List of attendees, RS Dining Club, deel 20 (geen paginanummers).
27 AH aan Achilles Valenciennes, 4 mei 1827, Théodoridès 1966, p. 46.
28 6 november 1817, List of attendees, RS Dining Club, deel 20 (geen paginanummers).
29 AH aan Madame Arago, november 1817, Bibliothèque de l'Institut de France, MS 2115, folio 213-214 (kopie in Alexander-von-Humboldt-Forschungsstelle, Berlijn).
30 Bruhns 1873, deel 2, p. 198.
31 AH aan Karl Sigismund Kunth, 11 november 1817, Universitätsbiblio-

thek Gießen (kopie in Alexander-von-Humboldt-Forschungsstelle, Berlijn).

32 *Edinburgh Review*, deel 103, januari 1856, p. 57.

33 Darwin aan D.T. Gardner, augustus 1874, verschenen in *The New York Times*, 15 september 1874.

34 AH aan Helen Maria Williams, 1810, AH dagboek 2003, deel 1, p. 11.

35 *Edinburgh Review*, deel 25, juni 1815, p. 87.

36 *Quarterly Review*, deel 15, juli 1816, p. 442; zie ook deel 14, januari 1816, 368 e.v.

37 *Quarterly Review*, deel 18, oktober 1817, p. 136.

38 Shelley 1998, p. 146. *Frankenstein* bevatte ook andere ideeën die in Humboldts boeken voorkwamen, zoals dierlijke elektriciteit en de vorm- en levenskracht van Blumenbach.

39 Lord Byron, *Don Juan*, Canto IV, cxii. (Vertaling Ike Cialona, Athenaeum – Polak & Van Gennep Amsterdam 2013.)

40 Robert Southey aan Edith Southey, 17 mei 1817, Southey 1965, deel 2, p. 149.

41 Robert Southey aan Walter Savage Landor, 19 december 1821, ibid., p. 230.

42 Ibid.

43 William Wordsworth aan Robert Southey, maart 1815, Wordsworth 1967-1993, deel 2, p. 216; voor Wordsworth en geologie, zie Wyatt 1995.

44 AH reisbeschrijving 1814-1829, deel 4, p. 473.

45 William Wordsworth, uit 'The River Duddon' (1820).

46 Wiegand 2002, p. 107; Coleridge verwees in zijn aantekeningen naar *Essay on the Geography of Plants* and *Personal Narrative*, zie Coleridge 1958-2002, deel 4, noot 4857, 4863, 4864 en 5247; Notebook of S.T. Coleridge No. 21½, BL Add MS 47519 folio 57; Egerton MS 2800 folio 190.

47 Coleridge, Table Talk, 28 augustus 1833, Coleridge 1990, deel 2, p. 259; AH was op 18 september 1805 uit Rome vertrokken en Coleridge kwam er aan in december; Holmes 1998, pp. 52-53.

48 Bate 1991, p. 49.

49 Lectures on the History of Philosophy, Coleridge 2000, deel 2, p. 536; voor Coleridge, Schelling en Kant, zie Harman, p. 312 e.v.; Kipperman 1998, p. 409 e.v.; Robinson 1869, deel 1, pp. 305, 381, 388.

50 Richards 2002, p. 125.

51 Coleridge maakte de vertaling van *Faust* voor John Murray nooit af,

maar publiceerde er wel een in 1821; dit deed hij anoniem. Briefwisseling Coleridge en John Murray, 23, 29 en 31 augustus 1814, Burwick en McKusick 2007, p. xvi; Robinson 1869, deel 1, p. 395.

52 *Faust*, Nacht, regels 447-448. (Vertaling Ard Posthuma.) Voor Coleridge en onderlinge verbanden, zie Levere 1990, p. 297.

53 Coleridge, 'Science and System of Logic', transcriptie van de lezingen van Coleridge in 1822, Wiegand 2002, p. 106; Coleridge 1958-2002, deel 4, noot 4857, 4863, 4864 en 5247; Notebook of S.T. Coleridge No. 21½, BL Add 47519 folio 57; Egerton MS 2800 folio 190.

54 Coleridge, 'Essay on the Principle of Method', 1818, Kipperman 1998, p. 424; zie ook Levere 1981, p. 62.

55 Coleridge aan Wordsworth, Cunningham en Jardine 1990, p. 4.

56 William Wordsworth, 'A Poet's Epitaph' (1798). (Vertaald als 'Grafschrift voor een dichter' door Jabik Veenbaas in *Lyrische Balladen*, Athenaeum – Polak & Van Gennep, Amsterdam 2010.)

57 *Faust*, Nacht, regel 675. (Vertaling Ard Posthuma.)

58 Coleridge 1949, p. 493.

59 William Wordsworth, 'The Prelude', Book XII.

60 'Little-ists': Coleridge in 1801, Levere 1981, p. 61.

61 William Wordsworth, uit 'The Excursion' (1814).

62 *Edinburgh Review*, deel 36, oktober 1821, p. 264, 265.

63 WH aan CH, 6 oktober 1818, WH CH brieven 1910-1916, deel 6, p. 334.

14 Cirkelbewegingen

1 AH's bezoeken aan Londen: in juni 1814, november 1817 en september 1818; zie ook WH aan CH, 22 en 25 september 1818, WH CH brieven 1910-1916, deel 6, pp. 320, 323; 'Fashionable Arrivals', *Morning Post*, 25 september 1818; Théodoridès 1966, pp. 43-44.

2 AH aan Karl August von Hardenberg, 18 oktober 1818, Beck 1959-1961, deel 2, p. 47.

3 Ibid.

4 WH aan CH, 9 oktober 1818, WH CH brieven 1910-1916, deel 6, p. 336.

5 *Morning Chronicle*, 28 september 1818.

6 Daudet 1912, p. 329.

7 *The Times*, 20 oktober 1818.

8 Ibid.; zie ook Biermann en Schwarz 2001a (geen paginanummers).

9 *The Times*, 20 oktober 1818.
10 AH aan Karl August von Hardenberg, 18 oktober 1818, Beck 1959-1961, deel 2, p. 47.
11 Frederik Willem III aan AH, 19 oktober 1818, ibid., p. 48; *The Times*, 31 oktober 1818.
12 AH aan Karl August von Hardenberg, 30 juli 1819; AH aan WH, 22 januari 1820, Daudet 1912, pp. 346, 355; Gustav Parthey, februari 1821, Beck 1959-1961, deel 2, p. 51.
13 Eichhorn 1959, pp. 186, 205 e.v.
14 AH aan Marc-Auguste Pictet, 11 juli 1819, Beck 1959-1961, deel 2, p. 50.

15 Bonpland aan Olive Gallacheau, 6 juli 1814, Bell 2010, p. 239.
16 Ibid., pp. 22, 239; Schulz 1960, p. 595.
17 Francisco Antonio Zea aan Bonpland, 4 maart 1815, Bell 2010, p. 22.
18 Schneppen 2002, p. 12.
19 José Rafael Revenga aan Francisco Antonio Zea, 'Instrucciones a que de orden del excelentísimo señor presidente habrá de arreglar su conducta el E.S. Francisco Zea en la misión que se le ha conferido por el gobierno de Colombia para ante los del continente de Europa y de los Estados unidos de America', Bogotá, 24 december 1819, Archivo General de la Nación, Colombia, Ministerio de Relaciones Exteriores, Delegaciones – Transferencia 2, 242, 315r-320v. Met dank aan Ernesto Bassi.
20 Manuel Palacio aan Bonpland, 31 augustus 1815, Bell 2010, p. 22.
21 Bolívar aan Bonpland, 25 februari 1815, Schulz 1960, pp. 589, 595; Schneppen 2002, p. 12; Bell 2010, p. 25.
22 William Baldwin, maart 1818, Bell 2010, p. 33.
23 AH aan Bonpland, 25 november 1821, AH Bonpland brieven 2004, p. 79.
24 Schneppen 2002, p. 12.
25 Bolívar aan José Gaspar Rodríguez de Francia, 22 oktober 1823, ibid., p. 17.
26 Ibid., pp. 18-21; AH aan Bolívar, 21 maart 1826, O'Leary 1879-1888, deel 12, p. 237.
27 AH aan Jean Baptiste Joseph Delambre, 29 juli 1803, Bruhns 1873, deel 1, p. 333.
28 AH aan WH, 17 oktober 1822, Biermann 1987, p. 198.
29 Ibid.
30 AH aan Bolívar, 21 maart 1826, O'Leary 1879-1888, deel 12, p. 237; WH aan CH, 2 september 1824, WH CH brieven 1910-1916, deel 7, p. 218.

31 WH aan CH, 2 september 1824, ibid.
32 Davy dineerde met AH op 19 april 1817, AH brieven VS 2004, p. 146; Charles Babbage en John Herschel bezochten hem in 1819, Babbage 1994, p. 145.
33 Charles Babbage, 1819, Babbage 1994, p. 147.
34 William Buckland aan John Nicholl, 1820, Buckland 1894, p. 37.
35 Charles Lyell aan Charles Lyell senior, 21 en 28 juni 1823, Lyell 1881, deel 1, pp. 122-124.
36 Charles Lyell aan Charles Lyell senior, 28 augustus 1823, ibid., p. 146.
37 Charles Lyell aan Charles Lyell senior, 28 juni 1823, ibid., p. 124.
38 Charles Lyell aan Charles Lyell senior, 3 juli 1823, ibid., p. 126.
39 Körber 1959, p. 301.
40 AH Kosmos 1845-1852, deel 1, p. 312; AH Kosmos 1845-1850, deel 1, p. 340.
41 Charles Lyell aan Poulett Scrope, 14 juni 1830, Lyell 1881, deel 1, p. 270; zie ook Lyell 1830, deel 1, p. 122.
42 Charles Lyell aan Gideon Mantell, 15 februari 1830, Lyell 1881, deel 1, p. 262.
43 Körber 1959, p. 299 e.v.
44 Lyell 1830, deel 1, p. 122; zie ook Wilson 1972, p. 284 e.v.
45 Charles Lyell aan Poulett Scrope, 14 juni 1830, Lyell 1881, deel 1, p. 269.
46 Ibid., p. 270.
47 CH aan WH, 14 april 1809, WH CH brieven 1910-1916, deel 3, p. 131; zie ook Carl Vogt, januari 1845, Beck 1959, p. 201.
48 AH aan Simón Bolívar, 29 juli 1822, Minguet 1986, p. 749.
49 Dit was Jean-Baptiste Boussingault, Podach 1959, pp. 208-209.
50 AH aan Jefferson, 20 december 1811, TJ Papers RS, deel 4, p. 352; dit was José Corrêa da Serra; in 1825 introduceerde AH ook de Italiaan Carlo de Vidua bij Jefferson, AH aan Jefferson, 22 februari 1825, Terra 1959, p. 795 en AH brieven VS 2004, pp. 122-123.
51 Justus von Liebig over AH, Terra 1955, p. 265.
52 Gallatin 1836, p. 1.
53 Charles Lyell aan Charles Lyell senior, 28 augustus 1823, Lyell 1881 deel 1, p. 142.
54 AH vertelde dit aan George Bancroft, 1820, Terra 1955, p. 266; AH aan Charles Lyell in 1823, Charles Lyell schrijft hierover aan Charles Lyell senior, 8 juli 1823, Lyell 1881, deel 1, p. 128.
55 AH aan Auguste-Pyrame Decandolle, 1818, Bruhns 1873, deel 2, p. 38;

voor wetenschap in Parijs, zie Päßler 2009, p. 30 en Terra 1955, p. 251.

56 AH aan Charles Lyell in 1823, Charles Lyell schrijft hierover aan Charles Lyell senior, 8 juli 1823, Lyell 1881, deel 1, p. 127.

57 Ibid.

58 Jean Baptiste Boussingault, 1822, Podach 1959, pp. 208-209.

59 Frederik Willem III aan AH, herfst 1826, Bruhns 1873, deel 2, p. 95.

60 AH aan WH, 17 december 1822, AH WH brieven 1880, p. 112; voor financiën AH, zie Eichorn 1959, p. 206.

61 Helen Maria Williams aan Henry Crabb Robinson, 25 maart 1818, Leask 2001, p. 225.

62 AH aan Carl Friedrich Gauß, 16 februari 1827, AH Gauß brieven 1977, p. 30.

63 AH aan Georg von Cotta, 28 maart 1833, AH Cotta brieven 2009, p. 178.

64 AH aan Arago, 30 april 1827, AH Arago brieven 1907, p. 23.

65 3 mei 1827, RS Journal Book, deel XLV, p. 73 e.v. en 3 mei 1827, List of attendees, RS Dining Club, deel 21 (geen paginanummers); AH aan Arago, 30 april 1827, AH Arago brieven 1907, pp. 22-24.

66 Patterson 1969, p. 311; Patterson 1974, p. 272.

67 AH aan Arago, 30 april 1827, AH Arago brieven 1907, p. 28; Canning werd minister-president op 10 april; het diner was op 23 april 1827.

68 AH aan Achille Valenciennes, 4 mei 1827, Théodoridès 1966, p. 46.

69 Buchanan 2002, p. 22 e.v.; Pudney 1974, p. 16 e.v.; Brunel 1870, p. 24 e.v.

70 Marc Brunel, dagboek, 4 januari, 21 maart, 29 maart 1827, Brunel 1870, pp. 25-26.

71 Marc Brunel, dagboek, 29 maart 1827, ibid., p. 26.

72 AH aan Arago, 30 april 1827, AH Arago brieven 1907, p. 24 e.v.; Pudney 1974, pp. 16-17; AH aan William Buckland, 26 april 1827, American Philosophical Society (kopie in Alexander-von-Humboldt-Forschungsstelle, Berlijn); prins Pückler Muskau, 20 augustus 1827, Pückler Muskau 1833, p. 177.

73 AH aan Arago, 30 april 1827, AH Arago brieven 1907, p. 25.

74 Ibid.

75 Marc Brunel, dagboek, 29 april en 18 mei 1827, Brunel 1870, p. 27; Buchanan 2002, p. 25.

76 Robert Darwin aan Charles Darwin, Darwin 1958, p. 28.

15 Terug in Berlijn

1 AH aan Varnhagen, 13 december 1833, AH Varnhagen brieven 1860, p. 15.

2 AH Frederik Willem IV brieven 2013, pp. 18-19.

3 AH, 1795, Bruhns 1873, deel 1, p. 212; voor AH aan het Pruisische hof, zie Bruhns, deel 2, pp. 104-105.

4 AH aan Johann Georg von Cotta, 22 juni 1833, AH Cotta brieven 2009, p. 181.

5 A.B. Granville, oktober 1827, Granville 1829, deel 1, p. 332.

6 Briggs 2000, p. 195.

7 Bruhns 1873, deel 2, p. 126; AH aan Samuel Heinrich Spiker, 12 april 1829, AH Spiker brieven 2007, p. 63; AH aan Frederik Willem III, 9 oktober 1828, Hamel et al. 2003, pp. 49-57.

8 Lea Mendelssohn Bartholdy aan Henriette von Pereira-Arnstein, 12 september 1827, AH Mendelssohn brieven 2011, p. 20.

9 Karl Gutzkow over AH, na 1828, Beck 1969, p. 252.

10 Carl Ritter aan Samuel Thomas von Sömmerring, winter 1827-1828, Bruhns 1873, deel 2, p. 107.

11 AH aan Arago, 30 april 1827, AH Arago brieven 1907, p. 28; zie ook F. Cathcart aan Bagot, 24 april 1827, Canning 1909, deel 2, pp. 392-394.

12 George Canning, 3 juni 1827, memorandum van Stapelton, Canning 1887, deel 2, p. 321.

13 Klemens von Metternich, Davies 1997, p. 762.

14 Biermann 2004, p. 8.

15 Ibid.

16 AH aan Bonpland, 1843, AH Bonpland brieven 2004, p. 110.

17 Lynch 2006, pp. 213-215; Arana 2013, pp. 353-355.

18 Pedro Briceño Méndez aan Bolívar, 26 juli 1826, Arana 2013, p. 374.

19 Joaquín Acosta, 24 maart 1827, Acosta de Samper 1901, p. 211.

20 Rossiter Raymond, 14 mei 1859; zie ook AH aan Benjamin Silliman, 5 augustus 1851, AH aan George Ticknor, 9 mei 1858, AH brieven VS 2004, pp. 291, 445, 572; en George Bancroft aan Elizabeth Davis Bliss Bancroft, 31 december 1847, Beck 1959, p. 235.

21 AH aan Thomas Murphy, 20 december 1825, Bruhns 1873, deel 2, p. 49.

22 AH aan Friedrich Ludwig Georg von Raumer, 1851, Bruhns 1873, deel 2, p. 125; zo schreef AH in *Kosmos*: ‘kennis is macht’, AH Kosmos 1845-1852, deel 1, p. 37; AH Kosmos 1845-1850, deel 1, p. 36.

23 AH aan Johann Friedrich von Cotta, 1 maart 1828, AH Cotta brieven 2009, pp. 159-160; CH aan Alexander von Rennenkampff, december 1827, Karl von Holtei aan Goethe, 17 december 1827, Carl Friedrich Zelter aan Goethe, 28 januari 1828, AH Kosmos lezingen 2004, pp. 21-23; zie ook p. 12; Ludwig Börne 22 februari 1828, Clark en Lubrich 2012, p. 80; WH aan August von Hedemann, 10 januari 1828, WH CH brieven 1910-1916, deel 7, p. 326.

24 WH over Kosmos lezingen: WH aan August von Hedemann, 10 januari 1828, WH CH brieven 1910-1916, deel 7, p. 325.

25 Ludwig Börne, 22 februari 1828, Clark en Lubrich 2012, p. 80.

26 Fanny Mendelssohn Bartholdy aan Karl Klingemann, 23 december 1827, AH Mendelssohn brieven 2011, p. 20.

27 Ibid.

28 Ibid.

29 Carl Friedrich Zelter aan Goethe, 7 februari 1828; Felix Mendelssohn Bartholdy aan Karl Klingemann, 5 februari 1828, AH Mendelssohn brieven 2011, pp. 20-21.

30 Roderick Murchison, mei 1859, Beck 1959, p. 3.

31 CH aan Rennenkampff, 28 januari 1828, AH Kosmos lezingen 2004, p. 23.

32 AH's aantekeningen voor lezingen: zie bijvoorbeeld Stabi Berlin NL AH, gr. kast 12, Nr. 16 en gr. kast 13, Nr. 29.

33 *Spenersche Zeitung*, 8 december 1827, Bruhns 1873, deel 2, p. 116.

34 *Vossische Zeitung*, 7 december 1827, ibid., p. 119.

35 Christian Carl Josias Bunsen aan Fanny Bunsen, ibid., p. 120.

36 Gabriele von Bülow aan Heinrich von Bülow, 1 februari 1828, AH Kosmos lezingen 2004, p. 24.

37 CH aan Adelheid Hedemann, 7 december 1827, WH CH brieven 1910-1916, deel 7, p. 325.

38 *Spenersche Zeitung*, 8 december 1827, AH Kosmos lezingen 2004, p. 16.

39 AH aan Heinrich Berghaus, 20 december 1827, AH Berghaus brieven 1863, deel 1, pp. 117-118.

40 Engelmann 1969, pp. 16-18; AH, openingstoespraak voor Gesellschaft Deutscher Naturforscher und Ärzte, 18 september 1828, Bruhns 1873, deel 2, p. 135.

41 AH, openingstoespraak voor Gesellschaft Deutscher Naturforscher und Ärzte, 18 september 1828, Bruhns 1873, deel 2, p. 134.

42 AH aan Arago, 29 juni 1828, AH Arago brieven 1907, p. 40.

43 Carl Friedrich Gauss aan Christian Ludwig Gerling, 18 december 1828; zie ook AH aan Carl Friedrich Gauss, 14 augustus 1828, AH Gauss brieven 1977, pp. 34, 40.

44 Goethe aan Varnhagen, 8 november 1827, Goethe correspondentie 1968-1976, deel 4, p. 257; Carl Friedrich Zelter aan Goethe, 7 februari 1828, AH Mendelssohn brieven 2011, p. 21; Karl von Holtei aan Goethe, 17 december 1827, AH Kosmos lezingen 2004, p. 21.

45 Goethe aan AH, 16 mei 1821, Goethe correspondentie 1968-1976, deel 3, p. 505.

46 Goethe aan AH, 24 januari 1824, Bratranek 1876, p. 317; AH aan Goethe, 6 februari 1806, Goethe correspondentie 1968-1976, deel 2, p. 559; Goethe, 16 maart 1807, 30 december 1809, 18 januari 1810, 20 juni 1816, Goethe dagboek 1998-2007, boek 3, deel 1, p. 298; boek 4, deel 1, pp. 100, 111; boek 5, deel 1, p. 381; AH aan Goethe, 16 april 1821, Goethe AH WH brieven 1876, p. 315; Goethe, 16 maart 1823, 3 mei 1823, 20 augustus 1825, Goethes dag 1982-1996, deel 7, pp. 235, 250, 526.

47 Goethe aan Johannn Peter Eckermann, 3 mei 1827, Goethe Eckermann 1999, p. 608.

48 Ibid., p. 609.

49 Pieper 2006, pp. 76-81; Hölder 1994, pp. 63-73.

50 AH Aspecten 1849, deel 2, p. 222; AH Natuurbeschouwingen 2014, p. 247; AH Natuurbeschouwingen 1849, deel 2, p. 263; zie ook AH 'Über den Bau und die Wirkungsart der Vulcane in den verschiedenen Erdstrichen', 24 januari 1823, en Pieper 2006, p. 77 e.v.

51 AH Aspecten 1849, deel 2, pp. 222-223; AH Natuurbeschouwingen 2014, p. 248; AH Natuurbeschouwingen 1849, deel 2, pp. 263-264.

52 AH Kosmos 1845-1852, deel 1, p. 285; AH Kosmos 1845-1850, deel 1, p. 311; zie ook AH Geografie 2009, p. 67; AH Geografie 1807, p. 9.

53 Goethe aan Carl Friedrich Zelter, 7 november 1829, Goethe correspondentie 1968-1976, deel 4, p. 350.

54 Goethe aan Carl Friedrich Zelter, 5 oktober 1831, Goethe correspondentie 1968-1976, deel 4, p. 454.

55 Goethe aan WH, 1 december 1831, Goethe correspondentie 1968-1976, deel 4, p. 462.

56 AH aan WH, 5 november 1829, AH brieven Rusland 2009, p. 207.

57 AH, Aus Meinem Leben (1769-1850), in Biermann 1987, p. 116.

58 WH aan Karl Gustav von Brinkmann, Geier 2010, p. 282.

59 WH 1903-1936, boek 7, deel 1, p. 53; zie ook boek 4, p. 27.

60 Ibid., boek 7, deel 1, p. 45.
61 AH aan Alexander von Rennenkampff, 7 januari 1812, AH brieven Rusland 2009, p. 62.
62 Cancrin aan AH, 27 augustus 1827, ibid., p. 67 e.v.; Beck 1983, p. 21 e.v.
63 AH aan Cancrin, 19 november 1827, AH brieven Rusland 2009, p. 76.
64 AH aan Cancrin, 19 november 1827, ibid.
65 AH aan Cancrin, 10 januari 1829, ibid., p. 88.
66 Cancrin aan AH, 17 december 1827, ibid., pp. 78-79.

16 Rusland

1 Beck 1983, p. 35.
2 Planten, landschap en dieren in Siberië: AH aan WH, 21 juni 1829, AH brieven Rusland 2009, p. 138; Rose 1837-1842, deel 1, p. 386 e.v.
3 AH aan WH, 21 juni 1829, AH brieven Rusland 2009, p. 138.
4 Ibid.
5 AH aan Cancrin, 10 januari 1829, ibid., p. 86.
6 Beck 1983, p. 76.
7 AH aan WH, 8 en 21 juni 1829, AH brieven Rusland 2009, pp. 132, 138.
8 AH aan WH, 8 juni 1829, AH brieven Rusland 2009, p. 132; Beck 1983, p. 55.
9 Cancrin aan AH, 30 januari 1829; AH aan Ehrenberg, maart 1829, AH brieven Rusland 2009, pp. 91, 100; Beck 1983, p. 27.
10 CH aan August von Hedemann, 17 maart 1829, WH CH brieven 1910-1916, deel 7, p. 342; voor CH's dood, zie Gall 2011, pp. 379-380.
11 AH aan Michail Semjonovitsj Vorontsov, 19 mei 1829 en AH aan Cancrin, 10 januari 1829, AH brieven Rusland 2009, pp. 86, 119.
12 Cancrin aan AH, 30 januari 1829, ibid., p. 93.
13 Suckow 1999, p. 162.
14 AH en diamanten: AH aan Cancrin, 15 september 1829 en 5 november 1829; AH aan WH, 21 november 1829, AH brieven Rusland 2009, pp. 185, 204-205, 220. Het zandsteen itacolumiet wees op de aanwezigheid van diamanten. Latere voorspellingen van AH over de aanwezigheid van goud, platina en diamanten in South Carolina en Californië bleken ook correct.
15 AH Fragmenten Azië 1832, p. 5.
16 Kozak in Perm, juni 1829, Beck 1959, p. 103.

17 Polier en diamanten: Polier aan Cancrin, verslag over diamanten, Rose 1837-1842, deel 1, p. 356 e.v.; Beck 1983, p. 81 e.v.; AH aan WH, 21 november 1829, AH brieven Rusland 2009, p. 220.

18 Beck 1959-1961, deel 2, p. 117.

19 Beck 1983, p. 82.

20 AH aan Cancrin, 15 september 1829, AH brieven Rusland 2009, p. 185.

21 AH Cuba 2011, pp. 142-143.

22 AH aan Cancrin, 10 januari 1829; voor het antwoord van Cancrin, zie Cancrin aan AH, 10 juli 1829, AH brieven Rusland 2009, pp. 86, 93.

23 AH aan Cancrin, 17 juli 1829, ibid., p. 148.

24 Beck 1983, p. 71 e.v.

25 AH aan WH, 21 juni 1829, zie ook 8 juni en 14 juli 1829, ibid., pp. 132, 138, 146.

26 Rose 1837-1842, deel 1, p. 487.

27 AH Centraal-Azië 1844, deel 1, p. 2.

28 AH aan Cancrin, 23 juli 1829, AH brieven Rusland 2009, p. 153.

29 Ibid., p. 154.

30 Cancrin aan AH, 18 augustus 1829, ibid., p. 175.

31 Gregor von Helmersen, september 1828, Beck 1959, p. 108.

32 Rose 1837-1842, deel 1, pp. 494-496.

33 AH aan Cancrin, 23 juli 1829, AH brieven Rusland 2009, p. 154; Rose 1837-1842, pp. 494-498; Beck 1983, p. 96 e.v.

34 AH aan WH, 4 augustus 1829, AH brieven Rusland 2009, pp. 161, 163, en Suckow 1999, p. 163.

35 Rose 1837-1842, deel 1, p. 499; AH aan WH, 4 augustus 1829, AH brieven Rusland 2009, p. 161.

36 AH aan Cancrin, 27 augustus 1829, ibid., p. 177.

37 Rose 1837-1842, deel 1, p. 500.

38 Ibid.

39 Ibid., p. 502; AH aan WH, 4 augustus 1829, AH brieven Rusland 2009, p. 162.

40 Rose 1837-1842, deel 1, p. 502.

41 AH aan WH, 4 augustus 1829, AH brieven Rusland 2009, p. 162.

42 Rose 1837-1842, deel 1, p. 523.

43 Ibid., p. 580.

44 Ibid., p. 589.

45 Jermoloff over Ehrenberg, Beck 1983, p. 122.

46 AH aan Cancrin, 27 augustus 1829, AH brieven Rusland 2009, p. 178.

47 Rose 1837-1842, deel 1, pp. 575, 590.
48 Ibid., p. 577; voor Beloecha pp. 559, 595.
49 Ibid., p. 594.
50 Ibid., p. 597.
51 AH aan WH, 10 september 1829, AH brieven Rusland 2009, p. 181.
52 Beschrijving Baty: Rose 1837-1842, deel 1, pp. 600-606; AH aan Arago, 20 augustus 1829, AH brieven Rusland 2009, p. 170.
53 AH aan Arago, 20 augustus 1829, AH brieven Rusland 2009, p. 170.
54 AH aan WH, 13 augustus 1829, ibid., p. 172.
55 Route vanaf Altaj: Beck 1983, p. 120 e.v.; AH aan WH, 10 en 25 september 1829, pp. 181, 188.

56 Ibid., p. 128.
57 AH aan Cancrin, 15 september 1829, AH brieven Rusland 2009, p. 184.
58 AH aan Cancrin, 26 september 1829, ibid., p. 191; zie ook AH Aspecten 1849, deel 2, p. 300; AH Natuurbeschouwingen 2014, p. 283; AH Natuurbeschouwingen 1849, deel 2, p. 363.
59 Cancrin aan AH, 31 juli en 18 augustus 1829, AH brieven Rusland 2009, pp. 158, 175.
60 AH aan WH, 25 september 1829, ibid., p. 188.
61 AH aan Cancrin, 21 oktober 1829, ibid., p. 200.
62 Rose 1837-1842, deel 2, p. 306 e.v.; Beck 1983, p. 147 e.v.
63 AH, toespraak aan de Keizerlijke Academie van Wetenschappen in Sint-Petersburg, 28 november 1829, AH brieven Rusland 2009, pp. 283-284.
64 AH Fragmenten Azië 1832, p. 50.
65 AH aan WH, 14 oktober 1829, AH brieven Rusland 2009, p. 196.
66 AH's ervaringen in Rusland: voor paardenmelk, zie AH aan WH, 25 september 1829, AH brieven Rusland 2009, p. 188; voor Kalmuks koor, zie Rose 1837-1842, deel 2, p. 344; voor antilopen, slangen en fakir, zie AH aan WH, 10 september en 21 oktober 1829, AH brieven Rusland 2009, pp. 181, 199; Rose 1837-1842, deel 2, p. 312; voor thermometer en exemplaar van *Essai politique*, zie Beck 1983, pp. 113, 133; voor Siberisch eten, zie AH aan Friedrich von Schöler, 13 oktober 1829, AH brieven Rusland 2009, p. 193.
67 AH aan Cancrin, 21 juni 1829, AH brieven Rusland 2009, p. 136.
68 AH Fragmenten Azië 1832, p. 27.
69 AH Centraal-Azië 1844, deel 1, p. 27.
70 Ibid., p. 26; zie ook deel 1, p. 337 en deel 2, p. 214; AH Fragmenten Azië 1832, p. 27.

71 Ibid., deel 2, p. 214.
72 AH Centraal-Azië 1844, deel 1, p. 337.
73 Bruhns 1873, deel 1, p. 380; Suckow 1999, p. 163.
74 AH aan Cancrin, 5 november 1829, AH brieven Rusland 2009, p. 204.
75 Ontvangst in Moskou en Sint-Petersburg: Alexander Herzen, november 1829, Bruhns 1873, deel 1, pp. 384-386; AH aan WH, 21 november 1829, AH brieven Rusland 2009, pp. 219-220.
76 Sergei Glinka, Bruhns 1873, deel 1, p. 385.
77 Poesjkin in 1829, weergegeven door Georg Schmid in 1830, AH brieven Rusland 2009, p. 251.
78 AH aan WH, 21 november 1829, ibid., p. 219.
79 AH aan tsaar Nicolaas I, 7 december 1829, ibid., p. 233.
80 AH Kosmos 1845-1852, deel 1, p. 167; AH Kosmos 1845-1850, deel 1, p. 185.
81 Verslag over AH's brief aan de Royal Society, 9 juni 1836, *Abstracts of the Papers Printed in the Philosophical Transactions of the Royal Society of London*, deel 3, 1830-1837, p. 420 (Humboldt had de brief in april 1836 geschreven).
82 Biermann en Schwarz 1999a, p. 187.
83 Verslag over AH's brief aan de Royal Society, 9 juni 1836, *Abstracts of the Papers Printed in the Philosophical Transactions of the Royal Society of London*, deel 3, 1830-1837, p. 423; zie ook O'Hara 1983, pp. 49-50.
84 AH Kosmos 1845-1852, deel 1, p. 178; AH Kosmos 1845-1850, deel 1, p. 197.
85 AH, toespraak aan de Keizerlijke Academie van Wetenschappen in Sint-Petersburg, 28 november 1829, AH brieven Rusland 2009, p. 277; voor AH's oproep tot wereldwijd klimaatonderzoek, zie p. 281.
86 AH aan Cancrin, 17 november 1829, ibid., p. 215; Beck 1983, p. 159.
87 AH aan Theodor von Schön, 9 december 1829; voor de vaas en het sabelbont, zie AH aan WH, 9 december 1829, AH brieven Rusland 2009, p. 237.
88 AH aan Cancrin, 24 december 1829, ibid., p. 257.
89 Ibid.
90 Carl Friedrich Zelter aan Goethe, 2 februari 1830, Bratranek 1876, p. 384.

17 Natuur en evolutie

1 Darwin, 30 december 1831, Darwin Beagle-dagboek 2001, p. 18.

2 Darwin, 29 december 1831, ibid., pp. 17-18; Darwin aan Robert Darwin, 8 februari-1 maart 1832, Darwin correspondentie, deel 1, p. 201.

3 Thomson 1995, p. 124 e.v.; schets van de hut op HMS Beagle door B.J. Sulivan, CUL DAR. 107.

4 Darwin correspondentie, deel 1, Appendix IV, pp. 558-566.

5 Darwin over Lyell: Darwin 1958, p. 77.

6 Darwin aan D.T. Gardner, augustus 1874, gepubliceerd in *The New York Times*, 15 september 1874.

7 Robert FitzRoy aan Darwin, 23 september 1831, Darwin correspondentie, deel 1, p. 167.

8 Darwin, 4 januari 1832, Darwin Beagle-dagboek 2001, p. 19; Darwin aan Robert Darwin, 8 februari-1 maart 1832, Darwin correspondentie, deel 1, p. 201.

9 Darwin, 31 december 1831, Darwin Beagle-dagboek 2001, p. 18.

10 Darwin, 6 januari 1832, ibid., p. 19; zie ook Darwin aan Robert Darwin, 8 februari-1 maart 1832, Darwin correspondentie, deel 1, p. 201.

11 Darwin, 6 januari 1832, Darwin Beagle-dagboek 2001, p. 20; zie ook Darwin aan Robert Darwin, 8 februari-1 maart 1832, Darwin correspondentie, deel 1, pp. 201-201.

12 Darwin, 7 januari 1832, Darwin Beagle-dagboek 2001, p. 20.

13 Darwin, 17 december 1831, ibid., p. 14.

14 Darwin 1958, p. 46.

15 Ibid., p. 56 e.v.

16 Ibid., pp. 50, 62.

17 Darwin schreef dat hij AH's *Relations historiques* 'tijdens het laatste jaar aan Cambridge' las, Darwin 1958, p. 67-68.

18 Ibid., pp. 64 e.v., 68; Browne 2003a, pp. 123, 131; Thomson 2009, pp. 94, 102; Darwin aan Fox, 5 november 1830, Darwin correspondentie, deel 1, p. 110.

19 Darwin aan William Darwin Fox, 7 april 1831, Darwin correspondentie, deel 1, p. 120.

20 Darwin aan Caroline Darwin, 28 april 1831; zie ook Darwin aan William Darwin Fox, 11 mei 1831 en 9 juli 1831, Darwin correspondentie, deel 1, pp. 122, 123, 124; Darwin 1958, pp. 68-70.

21 Darwin aan Caroline Darwin, 28 april 1831, Darwin correspondentie, deel 1, p. 122.

22 Darwin aan John Stevens Henslow, 11 juli 1831, Darwin correspondentie, deel 1, pp. 125-126.
23 Darwin aan William Darwin Fox, 11 mei 1831, ibid., p. 123.
24 Darwin aan John Stevens Henslow, 11 juli 1831, ibid., p. 125.
25 Darwin aan Caroline Darwin, 28 april 1831, ibid., p. 122; voor Spaanse uitdrukkingen, zie Darwin aan William Darwin Fox, 9 juli 1831, ibid., p. 124.
26 Darwin aan William Darwin Fox, 1 augustus 1831, ibid., p. 127; zie ook Browne 2003a, p. 135; Thomson 2009, p. 131.
27 John Stevens Henslow aan Darwin, 24 augustus 1831, Darwin correspondentie, deel 1, pp. 128-129.

28 Darwin aan Robert Darwin, 31 augustus 1831, ibid., p. 133; zie ook Darwin aan John Stevens Henslow, 30 augustus 1831; Robert Darwin aan Josiah Wedgwood, 30-31 augustus 1831; Josiah Wedgwood II aan Robert Darwin, 31 augustus 1831, ibid., pp. 131-134; Darwin 1958, pp. 71-72; Darwin 31 augustus-1 september 1831, Darwin Beagle-dagboek 2001, p. 3; Browne 2003a, p. 152 e.v.
29 Browne 2003a, p. 7.
30 Josiah Wedgwood II aan Robert Darwin, 31 augustus 1831; Darwins vader stemt in met de expeditie, Robert Darwin aan Josiah Wedgwood II, 1 september 1831, Darwin correspondentie, deel 1, pp. 134-135.
31 Darwin, 10 januari 1832, Darwin Beagle-dagboek 2001, p. 21; zie ook Darwin aan Robert Darwin, 8 februari-1 maart 1832, Darwin correspondentie, deel 1, p. 202.
32 Darwin correspondentie, deel 1, Appendix III, p. 549.
33 Browne 2003a, pp. 144-149; Thomson 2009, p. 139 e.v.
34 Darwin 1958, p. 73 e.v.; Darwin aan Robert Darwin, 8 februari-1 maart 1832, Darwin correspondentie, deel 1, p. 203; zie ook Thomson 1995, p. 155.
35 Darwin, 23 oktober 1831, Darwin Beagle-dagboek 2001, p. 8; voor Beagle en bevoorrading, zie ook Browne 2003a, p. 169; Darwin aan Susan Darwin, 6 september 1831, Darwin correspondentie, deel 1, p. 144; Thomson 1995, pp. 115, 123, 128.
36 Darwin, 16 januari 1832 en volgende datums, Darwin Beagle-dagboek 2001, p. 23 e.v.
37 Darwin aan William Darwin Fox, mei 1832, Darwin correspondentie, deel 1, p. 232.
38 Darwin, 17 januari 1832, Darwin Beagle-dagboek 2001, p. 24.

39 Robert FitzRoy aan Francis Beaufort, 5 maart 1832, Darwin correspondentie, deel 1, p. 205, n. 1.
40 Darwin, 16 januari 1832, Darwin Beagle-dagboek 2001, p. 23.
41 Darwin aan Robert Darwin, 8 februari-1 maart 1832; zie ook Darwin aan William Darwin Fox, mei 1832, ibid., pp. 204, 233.
42 Darwin, 26 mei 1832; zie ook 6 februari, 9 april en 2 juni 1832, Darwin Beagle-dagboek 2001, pp. 34, 55, 67, 70.
43 Darwin over Lyell: Darwin 1958, p. 77.
44 Thomson 2009, p. 148; Browne 2003a, p. 185; zie ook Darwin 1958, pp. 77, 81, 101.
45 Darwin aan Robert Darwin, 10 februari 1832, Darwin correspondentie, deel 1, p. 206; zie ook Darwin 1958, p. 81.
46 Darwin aan Frederick Watson, 18 augustus 1832, Darwin correspondentie, deel 1, p. 260.
47 Darwin aan Robert Darwin, 8 februari-1 maart 1832, ibid., p. 204.
48 Darwin aan John Stevens Henslow, 18 mei-16 juni 1832, ibid., p. 237.
49 Darwin, 28 februari 1832, Darwin Beagle-dagboek 2001, p. 42.
50 Darwin aan Robert Darwin, 8 februari-1 maart 1832, Darwin correspondentie, deel 1, p. 202 e.v.
51 Darwin aan John Stevens Henslow, 18 mei-16 juni 1832, ibid., p. 238.
52 Darwin, 1 maart 1832, Darwin Beagle-dagboek 2001, p. 43.
53 Darwin, 28 februari 1832, ibid., p. 42.
54 Darwin aan William Darwin Fox, 25 oktober 1833, Darwin correspondentie, deel 1, p. 344.
55 Browne 2003a, p. 191 e.v.
56 Darwin aan Robert Darwin, 8 februari-1 maart 1832, Darwin correspondentie, deel 1, p. 202.
57 Browne 2003a, pp. 193, 222.
58 Thomson 2009, pp. 142-143.
59 Browne 2003a, p. 225.
60 Thomson 1995, p. 156.
61 Browne 2003a, p. 230.
62 Darwin aan Catherine Darwin, 5 juli 1832; zie ook Erasmus Darwin aan Darwin, 18 augustus 1832, Darwin correspondentie, deel 1, pp. 247, 258.
63 Darwin, 24, 25 en 26 maart 1832, Darwin Beagle-dagboek 2001, p. 48.
64 AH reisbeschrijving 1814-1829, deel 6, p. 69.
65 Darwin, 12 februari 1835, Darwin Beagle-dagboek 2001, p. 288.
66 AH reisbeschrijving 1814-1829, deel 3, p. 321.

67 Darwin, 20 februari 1835, Darwin Beagle-dagboek 2001, p. 292.
68 AH reisbeschrijving 1814-1829, deel 6, p. 8.
69 Darwin, 1 juni 1834, Darwin 1997, pp. 228-229.
70 Caroline Darwin aan Darwin, 28 oktober 1833, Darwin correspondentie, deel 1, p. 345.
71 Herman Kindt aan Darwin, 16 september 1864, ibid., deel 12, p. 328.
72 Darwin, 17 september 1835, Darwin Beagle-dagboek 2001, p. 353.
73 Darwin aan William Darwin Fox, 15 februari 1836, Darwin correspondentie, deel 1, p. 491.
74 Darwin aan Catherine Darwin, 14 februari 1836; voor visioenen over Engeland, zie Darwin aan John Stevens Henslow, 9 juli 1836 en Darwin aan Caroline Darwin, 18 juli 1836, ibid., pp. 490, 501 en 503.
75 Darwin aan Susan Darwin, 4 april 1836, 1, p. 503.
76 Ibid.
77 Darwin aan William Darwin Fox, 15 februari 1836, ibid., p. 491.
78 Darwin, na 25 september 1836, Darwin Beagle-dagboek 2001, p. 443.
79 Darwin, 2 oktober 1836, ibid., p. 447.
80 Darwin aan Robert FitzRoy, 6 oktober 1836, Darwin correspondentie, deel 1, p. 506.
81 Caroline Darwin aan Sarah Elizabeth Wedgwood, 5 oktober 1836, ibid., p. 504.
82 Darwin aan John Stevens Henslow, 6 oktober 1836, ibid., p. 507.
83 Darwin aan John Stevens Henslow, 9 juli 1838, ibid., p. 499.
84 Darwin 1958, p. 76.
85 Darwin aan Leonard Jenyns, 10 april 1837, Darwin correspondentie, deel 2, p. 16.
86 Darwin aan John Stevens Henslow, 28 maart en 18 mei 1837; Darwin aan Leonard Jenyns, 10 april 1837, ibid., pp. 14, 16 en 18; Browne 2003a, p. 417.
87 Darwins verslag vormde het derde deel van *Narrative of the Surveying Voyages of His Majesty's Ships Adventure and Beagle.* Dit was een vierdelig, door FitzRoy geschreven verslag van de reizen van de Beagle. Het deel van Darwin werd zo populair dat het in augustus 1839 opnieuw werd uitgebracht, nu als een opzichzelfstaand boek met de naam *Journal of Researches.* Uiteindelijk werd het bekend als *Voyage of the Beagle.*
88 Darwin aan John Washington, 1 november 1839, Darwin correspondentie, deel 2, p. 241.
89 Darwin aan AH, 1 november 1839, ibid., p. 240.

90 AH aan Darwin, 18 september 1839, ibid., pp. 425-426.
91 AH, 6 september 1839, blad van de Geographical Society, 1839, deel 9, p. 505.
92 Darwin aan John Washington, 14 oktober 1839, Darwin correspondentie, deel 2, p. 230.
93 Darwin aan AH, 1 november 1839, ibid., p. 239.
94 Darwin aan Joseph Hooker, 3-17 februari 1844, ibid., deel 3, p. 9.
95 Darwin aan John Stevens Henslow, 21 januari 1838, ibid., deel 2, p. 69.
96 Darwin aan John Stevens Henslow, 14 oktober 1837; voor hartkloppingen, zie ook 20 september 1837, ibid., pp. 47, 51-52; Thomson 2009, p. 205.

97 Eind voorjaar 1837 begon Darwin serieus na te denken over transmutatie. Vanaf juli 1837 wijdde hij een apart aantekenboek aan de transmutatie van soorten ('Notebook B'), Thomson 2009, p. 182 e.v.; zie ook Darwin, Notebook B, Transmutation of species 1837-1838, CUL MS.DAR.121.
98 Thomson 2009, p. 180 e.v.
99 Lamarcks *Système des animaux sans vertèbres* (1801) en *Philosophie zoologique* (1809).
100 Strijd aan de Académie: tussen Georges Cuvier en Étienne Geoffroy Saint-Hilaire, zie Päßler 2009, p. 139 e.v.; voor AH die fluisterend commentaar gaf, zie Louis Agassiz over AH, oktober-december 1830, Beck 1959, p. 123.
101 AH Aspecten 1849, deel 2, p. 112; AH Natuurbeschouwingen 2014, p. 201; AH Natuurbeschouwingen 1849, deel 2, p. 135 (dit staat niet in de Duitse editie van 1808, maar iets soortgelijks staat op p. 185); al in zijn *Ideen zu einer Geographie der Pflanzen* had Humboldt de mogelijkheid besproken dat toevallige variaties van planten hadden geleid tot 'onveranderlijke' soorten, AH Geografie 2009, p. 68.
102 AH Aspecten 1849, deel 2, p. 20; AH Natuurbeschouwingen 2014, p. 163.; AH Natuurbeschouwingen 1849, deel 2, p. 25; zie ook AH Natuurbeschouwingen 1808, p. 185.
103 Darwin aan Joseph Dalton Hooker, 10 februari 1845, Darwin correspondentie, deel 3, p. 140.
104 AH reisbeschrijving 1814-1829, deel 3, pp. 491-495; Darwin markeerde dit in zijn exemplaar van het boek.
105 AH Aspecten 1849, deel 2, p. 112; AH Natuurbeschouwingen 2014, p. 201; AH Natuurbeschouwingen 1849, deel 2, p. 136.
106 Darwin, Notebook B, Transmutation of species 1837-1838, pp. 92, 156, CUL MS.DAR.121.

107 Darwins exemplaar van AH reisbeschrijving 1814-1829, deel 5, pp. 180, 183, 221 e.v. CUL, DAR.LIB:T.301.
108 Ibid., deel 4, pp. 336, 384 en deel 5, pp. 24, 79 en 110.
109 Darwins exemplaar van AH reisbeschrijving 1814-1829, deel 1, schutbladen; Darwin, Notebook A, Geology 1837-1839, p. 15, CUL DAR127; Darwin, Santiago Notebook, EH1.18, p. 123, English Heritage, Darwin Online.
110 Darwins exemplaar van AH reisbeschrijving 1814-1829, deel 6, schutbladen; CUL, DAR.LIB:T.301.
111 Ibid., deel 1, schutbladen; zie ook Werner 2009, p. 77 e.v.
112 Ibid., lijst op de achterkant, CUL, DAR.LIB:T.301.

113 Ibid., deel 5, p. 543.
114 Ibid., p. 180; zie ook deel 3, p. 496 (Darwin onderstreepte beide).
115 AH Natuurbeschouwingen 2014, pp. 162-163; AH Aspecten 1849, deel 2, p. 19; AH Natuurbeschouwingen 1849, deel 2, p. 24.
116 Darwin aan Joseph Hooker, 10-11 november 1844, Darwin correspondentie, deel 3, p. 79.
117 Darwin 1958, p. 120; Thomson 2009, p. 214.
118 Darwins exemplaar van AH reisbeschrijving 1814-1829, deel 4, p. 489, CUL, DAR.LIB:T.301.
119 Darwin 1958, p. 120.
120 AH Aspecten 1849, deel 2, p. 114; AH Natuurbeschouwingen 2014, p. 202; AH Natuurbeschouwingen 1849, p. 138.
121 AH Aspecten 1849, deel 2, p. 114; AH Natuurbeschouwingen 2014, p. 202; AH Natuurbeschouwingen 1849, p. 138; zie ook AH reisbeschrijving 1814-1829, deel 4, p. 437.
122 AH reisbeschrijving 1814-1829, deel 4, pp. 421-422.
123 Ibid., p. 426.
124 Darwins exemplaar van AH reisbeschrijving 1814-1829, deel 4, p. 437; zie ook deel 5, p. 590, CUL, DAR.LIB:T.301.
125 Ibid., deel 5, p. 590.
126 Darwin, 1838, Harman 2009, p. 226.
127 Darwin, Notebook B, p. 36 e.v., CUL MS.DAR.121.
128 Darwins exemplaar van AH reisbeschrijving 1814-29, deel 4, pp. 505-506, CUL, DAR.LIB:T.301.
129 Darwin 1859, p. 489. Vertaling J. Klerkx.
130 Darwins exemplaar van AH reisbeschrijving 1814-29, deel 4, pp. 505-506, CUL, DAR.LIB:T.301.

18 Humboldts *Kosmos*

1 AH aan Varnhagen, 27 oktober 1834, AH Varnhagen brieven 1860, p. 15.
2 AH aan Varnhagen, 24 oktober 1834, ibid., p. 19.
3 AH aan Johann Georg von Cotta, 28 februari 1838, AH Cotta brieven 2009, p. 204.
4 AH aan Friedrich Wilhelm Bessel, 14 juli 1833, AH Bessel brieven 1994, p. 82.
5 AH aan Varnhagen, 24 oktober 1834, AH Varnhagen brieven 1860, p. 18; Oudgrieks: AH Kosmos 1845-1852, deel 1, p. 56; AH Kosmos 1845-1850, deel 1, pp. 61-62.

6 Leger aan deskundigen: bijvoorbeeld Hooker aan AH, 4 december 1847, en Robert Brown aan AH, 12 augustus 1834, AH, gr. kast 12, enveloppe 'Geographie der Pflanzen'; lijst van Polynesische planten van Jules Dumont d'Urville: AH, gr. kast 13, no. 27, Stabi Berlin NL AH; AH aan Friedrich Wilhelm Bessel, 20 december 1828 en 14 juli 1833, AH Bessel brieven 1994, pp. 50-54, 84; AH aan P.G. Lejeune Dirichlet, na mei 1851, AH Dirichlet brieven 1982, p. 93; AH aan August Böckh, 14 mei 1849, AH Böckh brieven 2011, p. 189; Werner 2004, p. 159.
7 Chinezen en zuivelproducten: Kark Gützlaff aan AH, zonder datum, AH, kl. kast 3b, no. 112; voor palmsoorten in Nepal, Robert Brown aan AH, 12 augustus 1834, AH, gr. kast 12, no. 103, Stabi Berlin NL AH.
8 AH aan Karl Zell, 21 mei 1836, Schwarz 2000, geen paginanummers.
9 Herman Abich over Humboldt, 1853, Beck 1959, p. 346; voor romancier in Algiers, zie Laube 1875, p. 334.
10 AH aan Johann Georg von Cotta, 28 februari 1838; zie ook 18 september 1843, AH Cotta brieven 2009, pp. 204, 249.
11 AH aan Gauss, 23 maart 1847, AH Gauss brieven 1977, p. 98.
12 AH, gr. kast 11, Stabi Berlin NL AH.
13 AH aan Johann Georg von Cotta, 16 april 1852, AH Cotta brieven 2009, p. 482; AH aan Alexander Mendelssohn, 24 december 1853, AH Mendelssohn brieven 2011, p. 253.
14 AH, gr. kast 12, no. 96, Stabi Berlin NL AH.
15 AH, gr. kast 8, enveloppe met daarin no. 6-11a, Stabi Berlin NL AH.
16 AH, gr. kast 12, no. 124, Stabi Berlin NL AH.
17 AH, gr. kast 12, no. 112, Stabi Berlin NL AH.
18 AH, gr. kast 12, enveloppe met daarin no. 32-47, Stabi Berlin NL AH.
19 AH, gr. kast 8, no. 124-168, Stabi Berlin NL AH.

20 AH, kl. kast 3b, no. 121, Stabi Berlin NL AH.
21 AH, kl. kast 3b, no. 125, Stabi Berlin NL AH.
22 Friedrich Adolf Trendelenburg, Frankfurt, mei 1832, Beck 1959, p. 128.
23 AH aan Heinrich Christian Schumacher, 10 november 1846, AH Schumacher brieven 1979, p. 85.
24 AH aan WH, 14 juli 1829, AH brieven Rusland 2009, p. 146.
25 Adolf Bernhard Marx over Humboldt, Beck 1969, p. 253.
26 Ibid.
27 Sir Charles Hallé, jaren 1840, Hallé 1896, p. 100.
28 Ludwig Börne, 12 oktober 1830, Clark en Lubrich 2012, p. 82.
29 Honoré de Balzac, 'Aventures administratives d'une idée heureuse', 1834, Clark en Lubrich 2012, p. 89.
30 Sir Charles Hallé, jaren 1840, Hallé 1896, p. 100.
31 AH op universiteit: Robert Avé-Lallemant, 1833; Ernst Kossak over AH, december 1834, Beck 1959, pp. 134, 141; Emil du Bois-Reymond, 3 augustus 1883, AH Du Bois-Reymond brieven 1997, p. 201; Franz Lieber, 14 september 1869, AH brieven VS 2004, p. 581.
32 Biermann en Schwarz 1999a, p. 188.
33 AH aan Varnhagen, 24 april 1837, AH Varnhagen brieven 1860, p. 27.
34 Geier 2010, p. 298 e.v.
35 AH aan Varnhagen, 5 april 1835, AH Varnhagen brieven 1860, p. 21.
36 AH aan Jean Antoine Letronne, 18 april 1835, Bruhns 1873, deel 2, p. 183.
37 AH aan Gide, 10 april 1835, ibid.
38 AH aan Bunsen, 24 mei 1836, AH Bunsen brieven 2006, pp. 35-36.
39 AH aan Johann Georg von Cotta, 25 december 1844, AH Cotta brieven 2009, p. 269; AH aan Bunsen, 3 oktober 1847, AH Bunsen brieven 2006, p. 103 en AH aan Caroline von Wolzogen, 12 juni 1835, Biermann 1987, p. 206.
40 AH aan Heinrich Christian Schumacher, 2 maart 1836, AH Schumacher brieven 1979, p. 52.
41 Carl Vogt, januari 1845, Beck 1959, p. 206.
42 AH aan Heinrich Christian Schumacher, 2 maart 1836, AH Schumacher brieven 1979, p. 52.
43 AH aan Johann Georg von Cotta, 22 juni 1833, AH Cotta brieven 2009, p. 180.
44 Engelmann 1969, p. 11.
45 AH aan Johann Georg von Cotta, 11 januari 1835, AH Cotta brieven 2009, p. 186.

46 AH aan P.G. Lejeune Dirichlet, 28 februari 1844, AH Dirichlet brieven 1982, p. 67.

47 Frederik Willem IV aan AH, 1 december 1840, AH Frederik Willem IV brieven 2013, p. 181.

48 Friedrich Daniel Bassermann over AH, 14 november 1848, Beck 1969, p. 265.

49 AH aan Frederik Willem IV, 9 november 1839, 29 september 1840, 5 oktober 1840, december 1840, 23 maart 1841, 15 juni 1842, mei 1844, 1849, ook noten 4, 5, 12, AH Frederik Willem IV brieven 2013, pp. 145, 147, 174, 175, 182, 202, 231, 277, 405, 532, 533, 536.

50 AH aan Gauss, 3 juli 1842, AH Gauss brieven 1977, p. 85.

51 AH aan Varnhagen, 6 september 1844; zie ook Varnhagen dagboek, 18 maart 1843 en 1 april 1844, AH Varnhagen brieven 1860, pp. 97, 106-107, 130.

52 AH aan Johann Georg von Cotta, 5 februari 1849, AH Cotta brieven 2009, p. 349.

53 AH aan Johann Georg von Cotta, 9 maart 1844, ibid., p. 256.

54 AH aan Johann Georg von Cotta, 28 februari 1838, ibid., p. 204.

55 AH aan Johann Georg von Cotta, 15 maart 1841, ibid., p. 238.

56 AH aan Johann Georg von Cotta, 28 februari 1838, ibid., p. 204.

57 Ibid.

58 AH aan Johann Georg von Cotta, 18 september 1843, ibid., p. 248; het observatorium was in 1835 gebouwd door Karl Friedrich Schinkel.

59 AH aan John Herschel, 1842, Théodoridès 1966, p. 50.

60 Darwin 1958, p. 107.

61 Roderick Murchison aan Francis Egerton, 25 januari 1842, Murchison 1875, deel 1, p. 360.

62 Emma Darwin aan Jessie de Sismondi, 8 februari 1842, Litchfield 1915, deel 2, p. 67.

63 AH Geografie 2009, p. 69; AH Geografie 1807, p. 15; zie ook pp. 9, 91.

64 Broers Schlagintweit over AH, mei 1849, Beck 1959, p. 262.

65 Beschrijving gebaseerd op het verslag van Heinrich, Laube 1875, pp. 330-333.

66 Emma Darwin aan Jessie de Sismondi, 8 februari 1842, Litchfield 1915, deel 2, p. 67.

67 Darwin aan Joseph Hooker, 10 februari 1845, Darwin correspondentie, deel 3, p. 140.

68 Darwin 1958, p. 107.

69 Darwin aan Joseph Hooker, 10-11 november 1844, Darwin correspondentie, deel 3, p. 79.
70 Darwin, aantekening, 29 januari 1842, CUL DAR100.167.
71 Darwin aan Robert FitzRoy, 1 oktober 1846, Darwin correspondentie, deel 3, p. 345.
72 Thomson 2009, pp. 219-220.
73 Darwins aantekeningen over het huwelijk, tweede opmerking, juli 1838, Darwin correspondentie, deel 2, pp. 444-445.
74 AH Kosmos 1845-1852, deel 1, p. 23; AH Kosmos 1845-1850, deel 1, p. 23.
75 AH Kosmos 1845-1852, deel 3, noten, p. 14, iii; zie ook deel 1, p. 34; AH Kosmos 1845-1850, deel 3, pp. 14, 28, deel 1, p. 33.

76 AH Kosmos 1845-1852, deel 1, p. 22; AH Kosmos 1845-1850, deel 1, p. 22. Voor overgangsvormen en voortdurende vernieuwing, zie AH Kosmos 1845-1852, deel 1, pp. 22, 34; AH Kosmos 1845-1850 deel 1, pp. 22, 33.
77 Toespraak Emil du Bois-Reymond aan de universiteit van Berlijn, 3 augustus 1883, AH Du Bois-Reymond brieven 1997, p. 195; zie ook Wilhelm Bölsche aan Ernst Haeckel, 4 juli 1913, Haeckel Bölsche brieven 2002, p. 253.
78 Alfred Russel Wallace aan Henry Walter Bates, 28 december 1845, Wallace Letters Online.
79 Darwin aan Joseph Hooker, 10 februari 1845, Darwin correspondentie, deel 3, p. 140.
80 Hooker 1918, deel 1, p. 179.
81 Joseph Hooker aan Maria Sarah Hooker, 2 februari 1845, ibid., p. 180.
82 AH aan Friedrich Althaus, 4 september 1848, AH Althaus memoires 1861, p. 8; voor AH die met de jaren verandert, zie ook 'A Visit to Humboldt' door een correspondent van de *Commercial Advertiser*, 30 december 1849, AH brieven VS 2004, pp. 539-540.
83 Joseph Hooker aan W.H. Harvey, 27 februari 1845, Hooker 1918, deel 1, p. 185.
84 Joseph Hooker aan Darwin, eind februari 1845, Darwin correspondentie, deel 3, p. 148.
85 Ibid.
86 Ibid., p. 149.
87 Fiedler en Leitner 2000, p. 390; Biermann en Schwarz 1999b, p. 205; Johann Georg von Cotta aan AH, 14 juni 1845, AH Cotta brieven 2009, p. 283.
88 AH aan Frederik Willem IV, 16 september 1847, AH Frederik Willem IV

brieven 2013, p. 366; voor de vertalingen, zie Fiedler en Leitner 2000, p. 382 e.v.

89 AH Kosmos 1845-1852, deel 1, p. 182; AH Kosmos 1845-1850, deel 1, p. 200.

90 AH Kosmos 1845-1852, deel 1, p. 21; AH Kosmos 1845-1850, deel 1, p. 21.

91 AH Kosmos 1845-1852, deel 1, p. 21; AH Kosmos 1845-1850, deel 1, p. 21.

92 AH Kosmos 1845-1852, deel 1, p. 5; AH Kosmos 1845-1850, deel 1, p. 5.

93 AH Kosmos 1845-1852, deel 1, p. 34; AH Kosmos 1845-1850, deel 1, p. 33.

94 AH Kosmos 1845-1852, deel 1, p. 34; AH Kosmos 1845-1850, deel 1, p. 32.

95 AH Kosmos 1845-1852, deel 1, p. 279; AH Kosmos 1845-1850, deel 1, p. 304.

96 AH aan Caroline von Wolzogen, 14 mei 1806, Goethe AH WH brieven 1876, p. 407.

97 WH aan CH, 23 mei 1817, WH CH brieven 1910-1916, deel 5, p. 315; voor kritiek op missionarissen, zie AH dagboek 1982, p. 329 e.v.; op Pruisische Kerk, zie Werner 2000, p. 34.

98 AH Kosmos 1845-1852, deel 1, p. 21; AH Kosmos 1845-1850, deel 1, p. 21.

99 Werner 2000, p. 34.

100 *North British Review*, 1845, AH Cotta brieven 2009, p. 290.

101 Johann Georg von Cotta aan AH, 3 december 1847; zie ook 5 februari 1846, ibid., pp. 292, 329.

102 Klemens von Metternich aan AH, 21 juni 1845, AH Varnhagen brieven 1860, p. 138.

103 Berlioz 1878, p. 126.

104 Berlioz 1854, p. 1.

105 Prins Albert aan AH, 7 februari 1847, AH Varnhagen brieven 1860, p. 181; Darwin aan Hooker, 11 en 12 juli 1845, Darwin correspondentie, deel 3, p. 217.

106 AH aan Bunsen, 18 juli 1845, AH Bunsen brieven 2006, pp. 76-77.

107 Ibid.

108 Darwin aan Hooker, 3 september 1845, Darwin correspondentie, deel 3, p. 249.

109 Darwin aan Hooker, 18 september 1845; Darwin aan Hooker, 8 oktober 1845, ibid., pp. 255, 257.

110 Darwin aan Charles Lyell, 8 oktober 1845, ibid., p. 259.

111 Darwin aan Hooker, 28 oktober 1845, ibid., p. 261.

112 Darwin aan Hooker, 2 oktober 1846, ibid., p. 346.

113 Hooker aan Darwin, 25 maart 1854, ibid., deel 5, p. 184; zie ook AH aan

Johann Georg von Cotta, 20 maart 1848, AH Cotta brieven 2009, p. 292.

114 AH aan Johann Georg von Cotta, 28 november 1847, AH Cotta brieven 2009, p. 327.

115 Johann Georg von Cotta aan AH, 3 december 1847, ibid., p. 329.

116 AH Kosmos 1845-1852, deel 2, p. 3; AH Kosmos 1845-1850, deel 2, p. 3.

117 Ibid.

118 AH aan Caroline von Wolzogen, 14 mei 1806, Goethe AH WH brieven 1876, p. 407.

119 AH Kosmos 1845-1852, deel 1, p. 73; AH Kosmos 1845-1850, deel 1, p. 86.

120 AH aan Varnhagen, 28 april 1841, AH Varnhagen brieven 1860, p. 70.

121 AH aan Johann Georg von Cotta, 16 maart 1849, AH Cotta brieven 2009, p. 359.

122 AH aan Johann Georg von Cotta, 7 april 1849, ibid., p. 368.

123 AH aan Johann Georg von Cotta, 13 april 1849, ibid., p. 371.

124 Ralph Waldo Emerson, dagboek, 1845, Emerson 1960-1992, deel 9, p. 270; zie ook Ralph Waldo Emerson aan John F. Heath, 4 augustus 1842, Emerson 1939, deel 3, p. 77; Walls 2009, pp. 251-256.

125 Walls 2009, pp. 256-260; Sachs 2006, pp. 109-111; Clark en Lubrich 2012, pp. 19-20.

126 Edgar Allan Poes 'Eureka', Poe 1848, p. 8.

127 Ibid., p. 130.

128 Whitman 1860, pp. 414-415; voor Whitman en *Kosmos*, zie AH brieven VS 2004, p. 61; Walls 2009, pp. 279-283; Clark en Lubrich 2012, p. 20.

129 Het word 'kosmos' was het enige dat niet werd veranderd in de verschillende versies van Whitmans beroemde gedicht van zelfidentificatie. In de eerste editie was te lezen: 'Walt Whitman, een Amerikaan, een van de ruige jongens, een kosmos', en in de laatste: 'Walt Whitman, een kosmos, van Manhattan de zoon'.

19 Natuur, poëzie en wetenschap

1 Thoreau Walden 1910, p. 118.

2 Ibid., pp. 52 e.v., 84.

3 Ibid., pp. 247, 375.

4 Ibid., p. 247.

5 Ibid., pp. 149-150.

6 Channing 1873, p. 250.
7 Ibid., p. 17.
8 Thoreau, 16 juni 1852, Thoreau dagboek 1981-2002, deel 5, p. 112.
9 John Weiss, *Christian Examiner*, 1865, Harding 1989, p. 33.
10 Alfred Munroe, 'Concord Authors Considered', *Richard County Gazette*, 15 augustus 1877, Harding 1989, p. 49.
11 Horace R. Homer, ibid., p. 77.
12 Richardson 1986, pp. 12-13.
13 Sims 2014, p. 90.
14 Thoreau aan Isaiah Williams, 14 maart 1842, Thoreau correspondentie 1958, p. 66.

15 Thoreau, 16 januari 1843, Thoreau dagboek 1981-2002, deel 1, p. 447.
16 Ellery Channing aan Thoreau, 5 maart 1845, Thoreau correspondentie 1958, p. 161.
17 Thoreau aan Emerson, 11 maart 1842, ibid., p. 65.
18 Thoreau, 14 juli 1845, Thoreau dagboek 1981-2002, deel 2, p. 159.
19 Concord ten tijde van Thoreau: Richardson 1986, pp. 15-16; Sims 2014, pp. 33, 47-50.
20 Richardson 1986, p. 16.
21 Ibid., p. 138.
22 Thoreau Walden 1910, p. 119.
23 Thoreau, voorjaar 1846, Thoreau dagboek 1981-2002, deel 2, p. 145.
24 Channing 1873, p. 25; Celia P.R. Fraser, Harding 1989, p. 208.
25 Caroline Sturgis Tappan over Thoreau, American National Biography; zie ook Channing 1873, p. 311.
26 Channing 1873, p. 312.
27 Nathaniel Hawthorne, september 1842, Harding 1989, p. 154.
28 E. Harlow Russell, *Reminiscences of Thoreau*, Concord Enterprise, 15 april 1893, Harding 1989, p. 98.
29 Nathaniel Hawthorne aan Richard Monckton Milnes, 18 november 1854, Hawthorne 1987, deel 17, p. 279.
30 Zie Priscilla Rice Edes, Harding 1989, p. 181.
31 Amos Bronson Alcott dagboek, 5 november 1851, Borst 1992, p. 199.
32 Edward Emerson, 1917, Harding 1989, p. 136.
33 Nathaniel Hawthorne, september 1842, Harding 1989, p. 155; voor Thoreau en dieren, Mary Hosmer Brown, 'Memories of Concord', 1926, Harding 1989, pp. 150-151, en Thoreau Walden 1910, pp. 170, 173.
34 Thoreau Walden 1910, p. 287.

35 Ibid., pp. 147, 303.
36 Ibid., p. 21.
37 Ibid., p. 327; fluit spelen, p. 232.
38 Alcott dagboek, maart 1847, Harbert Petrulionis 2012, pp. 6-7.
39 John Shephard Keyes, Harding 1989, p. 174; Channing 1873, p. 18.
40 Shanley 1957, p. 27.
41 Alcott dagboek, maart 1847, Harbert Petrulionis 2012, p. 7; voor slechte recensies van *A Week*, Theodore Parker aan Emerson, 11 juni 1849 en Athenaeum, 27 oktober 1849, Borst 1992, pp. 151, 159.
42 Thoreau correspondentie 1958, oktober 1853, p. 305.
43 Thoreau, na 11 september 1849, Thoreau dagboek 1981-2002, deel 3, p. 26; zie ook Walls 1995, pp. 116-117.

44 Walls 1995, p. 116.
45 Myerson 1979, p. 43.
46 Emerson in 1849, Thoreau dagboek 1981-2002, deel 3, p. 485.
47 Maria Thoreau, 7 september 1849, Borst 1992, p. 138.
48 Thoreau dagboek, na 18 april 1846, Thoreau dagboek 1981-2002, deel 2, p. 242.
49 Myerson 1979, p. 41.
50 Thoreau Walden 1910, p. 328 e.v.
51 Ibid., pp. 268, 352.
52 Walls 1995, p. 61 e.v.
53 Emerson 1971-2013, deel 1, 1971, p. 39.
54 Ibid., deel 3, 1983, p. 31.
55 Emerson, 1842, Richardson 1986, p. 73.
56 J.A. Saxon, 'Prophecy, – Transcendentalism, – Progress', The Dial, deel 2, 1841, p. 90.
57 Dean 2007, p. 82 e.v.; Walls 1995, pp. 116-117; Thoreau aan Harrison Gray Otis Blake, 20 november 1849, Thoreau correspondentie 1958, p. 250; Thoreau, 8 oktober 1851, Thoreau dagboek 1981-2002, deel 4, p. 133.
58 Thoreau, 21 maart 1853, Thoreau dagboek 1981-2002, deel 6, p. 20.
59 Thoreau, 23 juni 1852, ibid., deel 5, p. 126; zie ook Channing 1873, p. 247.
60 Richard Primack, hoogleraar biologie aan Boston University, deed samen met collega's aan Harvard University onderzoek naar klimaatverandering en maakte daarbij gebruik van de dagboeken van Thoreau. Op basis van Thoreaus nauwgezette aantekeningen kwamen ze tot de ontdekking dat er ook bij Walden Pond sprake is van klimaatverandering, aangezien vele bloemen in het voorjaar nu meer dan tien dagen vroeger

in bloei staan; zie Andrea Wulf, 'A Man for all Seasons', *The New York Times*, 19 april 2013.

61 Thoreau, 28 augustus 1851, Thoreau dagboek 1981-2002, deel 4, p. 17.

62 Thoreau, 16 november 1850, ibid., deel 3, pp. 144-145.

63 Sattelmeyer 1988, pp. 206-207, 216; Walls 1995, pp. 120-121; Walls 2009, pp. 262-268; voor Thoreau en AH's boeken, 6 januari 1851, bijeenkomst van de vaste commissie van de bibliotheek van Concord (destijds 'Concord Social Library'), verslag in Ralph Waldo Emersons handschrift: 'Het afgelopen jaar heeft de commissie aan de bibliotheek toegevoegd: Humboldts *Aspects of Nature* (*Ansichten der Natur*)'; doos 1, map 4, dossiers Concord Social Library (Vault A60, Unit B1), William Munroe bijzondere collecties, Concord Free Public Library.

64 Thoreau, 'Natural History of Massachusetts', Thoreau excursies en gedichten 1906, p. 105.

65 Channing 1873, p. 40.

66 'Factbook' Thoreau in de Harry Elkins Widener-collectie in de bibliotheek van Harvard College. Het facsimile van Thoreaus manuscript, ed. Kenneth Walter Cameron, Hartford: Transcendental Books, 1966, deel 3, 1987, pp. 193, 589; Thoreaus 'Literary Notebook' in de Library of Congress, ed. Kenneth Walter Cameron, Hartford: Transcendental Books, 1964, p. 362; Sattelmeyer 1988, pp. 206-207, 216; AH genoemd in Thoreaus gepubliceerde werk: bijvoorbeeld in *Cape Cod: A Yankee in Canada* en *The Maine Woods*.

67 Thoreau, 1 april 1850, 12 mei 1850, 27 oktober 1853, Thoreau dagboek 1981-2002, deel 3, pp. 52, 67-68 en deel 7, p. 119.

68 Thoreau, 1 mei 1853, ibid., deel 6, p. 90.

69 Thoreau, 1 april 1850, ibid., deel 3, p. 52.

70 Thoreau, 13 november 1851, ibid., deel 4, p. 182.

71 Myerson 1979, p. 52.

72 Thoreau, *A Walk to Wachusett*, Thoreau excursies en gedichten 1906, p. 133.

73 Thoreau Walden 1910, pp. 393-394.

74 Thoreau, 6 augustus 1851, Thoreau dagboek 1981-2002, deel 3, p. 356.

75 Thoreau, 6 mei 1853, ibid., deel 8, p. 98.

76 Thoreau Walden 1910, p. 423.

77 Thoreau, 25 december 1851, Thoreau dagboek 1981-2002, deel 4, p. 222.

78 Ibid.

79 AH Kosmos 1845-1852, deel 2, p. 72; AH Kosmos 1845-1850, deel 2, p. 74.

80 AH Kosmos 1845-1852, deel 1, p. 21; AH Kosmos 1845-1850, deel 1, p. 21.
81 AH Kosmos 1845-1852, deel 2, p. 87; AH Kosmos 1845-1850, deel 2, p. 90.
82 Thoreau, 18 juli 1852; zie ook 23 juli 1851, Thoreau dagboek 1981-2002, deel 3, p. 331 en deel 5, p. 233.
83 Henry David Thoreau, *The Writings of Henry David Thoreau: A Week on the Concord and Merrimack Rivers,* Boston: Houghton Mifflin, 1906, deel 1, p. 347.
84 Sattelmeyer 1988, p. 63; Walls 2009, p. 264.
85 Thoreau, 18 februari 1852, Thoreau dagboek 1981-2002, deel 4, p. 356.
86 Sattelmeyer 1992, p. 429 e.v.; Shanley 1957, pp. 24-33.
87 Sattelmeyer 1992, p. 429 e.v.; Shanley 1957, p. 30 e.v.
88 Thoreau, 7 september 1851, Thoreau dagboek 1981-2002, deel 4, p. 50.
89 Thoreau, 18 april 1852, ibid., p. 468.
90 Thoreau dagboek 1981-2002, deel 2, p. 494; zie ook de seizoenskaarten die hij maakte op basis van zijn dagboek, Howarth 1974, p. 308 e.v.
91 Thoreau, 6 november 1851, Thoreau dagboek 1981-2002, deel 3, p. 253, 255.
92 Thoreau Walden 1910, p. 173.
93 Thoreau, 4 december 1856, Thoreau dagboek 1906, deel 9, p. 157; zie ook Walls 1995, p. 130; Walls 2009, p. 264.
94 Thoreau aan Spencer Fullerton Baird, 19 december 1853, Thoreau correspondentie 1958, p. 310.
95 Thoreau, 5 februari 1854, Thoreau dagboek 1981-2002, deel 7, p. 268.
96 Thoreau, 14 mei 1852, ibid., deel 5, p. 56.
97 Thoreau, 16 november 1850 en 13 juli 1852, ibid., deel 3, p. 143 en deel 5, p. 219.
98 Thoreau, 27 januari 1852, ibid., deel 4, p. 296.
99 Emerson aan William Emerson, 28 september 1853, Emerson 1939, deel 4, p. 389.
100 Thoreau, 23 maart 1853, Thoreau dagboek 1981-2002, deel 6, p. 30.
101 Thoreau, 19 augustus 1851, ibid., deel 3, p. 377.
102 Thoreau, 16 juli 1851, ibid., p. 306 e.v.
103 Na 1850 schreef Thoreau bijna geen gedichten meer, Howarth 1974, p. 23.
104 Thoreau, 10 mei 1853, Thoreau dagboek 1981-2002, deel 6, p. 105.
105 Thoreau, 23 juli 1851, ibid., deel 3, pp. 330-331.
106 Thoreau, 20 oktober 1852, ibid., deel 5, p. 378.

107 Thoreau schreef ‘kosmos’ in het Grieks, ‘κόσμος’, Thoreau, 6 januari 1856, Thoreau dagboek 1906, deel 8, p. 88.

108 Thoreau Walden 1910, p. 172.

109 Ibid., p. 175.

110 Ibid., p. 182.

111 Thoreau, voorjaar 1848, 31 december 1851, 5 februari en 2 maart 1854, Thoreau dagboek 1981-2002, deel 2, p. 382 e.v., deel 4, p. 230, deel 7, p. 268, deel 8, p. 25 e.v.

112 Thoreaus eerste versie van *Walden*, Shanley 1957, p. 204; in het gepubliceerde *Walden*, zie Thoreau Walden 1910, pp. 402-409.

113 Thoreau Walden 1910, pp. 404-405.

114 Thoreau Walden 1910, pp. 404-405; voor Thoreau en oervorm van Goethe, zie Richardson 1986, p. 8.

115 Thoreaus eerste versie van *Walden*, Shanley 1957, p. 204.

116 Thoreau Walden 1910, p. 407.

117 Thoreau, 31 december 1851, Thoreau dagboek 1981-2002, deel 4, p. 230.

118 Thoreau, 5 februari 1854, ibid., deel 7. p. 266; zie ook Thoreau Walden 1910, p. 408.

119 Thoreau Walden 1910, p. 399.

120 Ibid., p. 408.

121 Ibid., p. 414.

122 Walls 2011-2012, p. 2 e.v.

123 Thoreau, 19 juni 1852, Thoreau dagboek 1981-2002, deel 5, p. 112; voor objectieve en subjectieve waarneming, Thoreau, 6 mei 1854, Thoreau dagboek 1981-2002, deel 8, p. 98; Walls 2009, p. 266.

124 Thoreau, 3 november 1853, Thoreau dagboek 1981-2002, deel 7, p. 140.

20 De grootste geleerde sinds de zondvloed

1 Varnhagen dagboek, 3 maart 1848, Varnhagen 1862, deel 4, p. 259.

2 Varnhagen, 5 april 1841, Beck 1959, p. 177.

3 Varnhagen, 18 maart 1843, AH Varnhagen brieven 1860, p. 97.

4 Varnhagen, 1 april 1844, ibid., p. 106; zie ook AH aan Gauss, 14 juni 1844, AH Gauss brieven 1977, p. 87; AH aan Bunsen, 16 december 1846, AH Bunsen brieven 2006, p. 90.

5 Frederik Willem IV, toespraak tot de Verenigde Landdag, 11 april 1847, Mommsen 2000, p. 82 e.v.; voor AH’s verslag van de toespraak van de

koning, AH aan Bunsen, 26 april 1847, AH Bunsen brieven 2006, p. 96.

6 Varnhagen dagboek, 18 maart 1848, ibid., p. 276 e.v.

7 Varnhagen dagboek, 19 maart 1848, ibid., p. 313.

8 AH aan Friedrich Althaus, 4 september 1848, AH Althaus memoires 1861, p. 13; AH aan Bunsen, 22 september 1848, AH Bunsen brieven 2006, p. 113.

9 Varnhagen dagboek, 19 maart 1848, Varnhagen 1862, deel 4, pp. 315-331.

10 Varnhagen dagboek, 21 maart 1848, ibid., p. 334.

11 Varnhagen dagboek, 21 maart 1848, ibid., p. 336; voor AH in rouwstoet, zie Bruhns 1873, deel 2, p. 341 en AH Frederik Willem IV brieven 2013, p. 23.

12 AH aan Johann Georg von Cotta, 20 september 1847, AH Cotta brieven 2009, p. 318.

13 Friedrich Schleiermacher, 5 september 1832, Beck 1959, p. 129; Bruhns 1873, deel 2, p. 102; Wilhelm van Pruisen aan zijn zuster Charlotte, 10 februari 1831, Leitner 2008, p. 227.

14 Charles Lyell aan Charles Lyell senior, 8 juli 1823, Lyell 1881, deel 1, p. 128.

15 AH aan Hedemann, 17 augustus 1857, Biermann en Schwarz 2001b, geen paginanummers.

16 AH aan Varnhagen, 24 juni 1842, Assing 1860, p. 66.

17 Max Ring, 1841 of 1853, Beck 1959, p. 183.

18 Krätz 1999b, p. 33; zie ook AH aan Friedrich Althaus, 23 december 1849, AH Althaus memoires 1861, p. 29.

19 AH aan Friedrich Althaus, 5 augustus 1852, AH Althaus memoires 1861, p. 96; zie ook AH aan Varnhagen, 26 december 1845, Beck 1959, p. 215.

20 AH aan Varnhagen, 29 mei 1848, Beck 1959, p. 238.

21 AH aan Maximiliaan II, 3 november 1848, AH Frederik Willem IV brieven 2013, p. 403.

22 AH aan Johann Georg von Cotta, 16 september 1848, AH Cotta brieven 2009, p. 337.

23 Frederik Willem IV aan Joseph von Radowitz, 23 december 1848, Lautemann en Schlenke 1980, p. 221 e.v.

24 Frederik Willem IV aan koning Ernst August von Hannover, april 1849, Jessen 1968, p. 310 e.v.

25 AH aan Johann Georg Cotta, 7 april 1849 en 21 april 1849, AH Cotta brieven 2009, p. 367; Leitner 2008, p. 232; AH aan Friedrich Althaus,

23 december 1849, AH Althaus memoires 1861, p. 28; AH aan Gauss, 22 februari 1851, AH Gauss brieven 1977, p. 100; AH aan Bunsen, 27 maart 1852, AH Bunsen brieven 2006, p. 146.

26 AH aan Oscar Lieber, 1849, AH brieven VS 2004, p. 265.

27 AH aan Johann Flügel, 19 juni 1850; voor AH en Mexicaanse oorlog, zie John Lloyd Stephens, 2 juli 1847 en AH aan Robert Walsh, 8 december 1847, ibid., pp. 252, 268, 529-530.

28 AH aan Arago, 9 november 1849, geciteerd in AH Geografie 2009, p. xi.

29 AH aan Heinrich Berghaus, augustus 1848, AH Spiker brieven 2007, p. 25.

30 Friedrich Daniel Bassermann over AH, 14 november 1848, Beck 1969, p. 264.

31 AH Kosmos 1845-1852, deel 3, p. i; AH Kosmos 1845-1850, deel 3, p. 3.

32 AH aan Bunsen, 27 maart 1852, AH Bunsen brieven 2006, p. 146.

33 AH aan Du Bois-Reymond, 21 maart 1852, AH Du Bois-Reymond brieven 1997, p. 124; zie ook AH aan Johann Georg von Cotta, 3 februari 1853, AH Cotta brieven 2009, p. 497.

34 AH aan Johann Georg von Cotta, 4 september 1852, AH Cotta brieven 2009, p. 484.

35 AH aan Johann Georg von Cotta, 16 september en 2 november 1848; en Johann Georg von Cotta aan AH, 21 februari 1849, ibid., pp. 338, 345, 355.

36 AH Kosmos 1845-1852, deel 3, p. 8; AH Kosmos 1845-1850, deel 3, p. 9; zie ook Fiedler en Leitner 2000, p. 391.

37 Daniel O'Leary, 1853, Beck 1969, p. 265; AH aan O'Leary, april 1853, MSS141, Biblioteca Luis Ángel Arango, Bogotá.

38 Bayard Taylor, 1856, Taylor 1860, p. 455.

39 Ibid., p. 445; Rossiter W. Raymond, 'A Visit to Humboldt', januari 1859, AH brieven VS 2004, p. 572.

40 Carl Vogt, januari 1845, Beck 1959, p. 201; zie ook AH aan Dirichlet, 27 juli 1852, AH Dirichlet brieven 1982, p. 104; Biermann en Schwarz 1999a, pp. 189, 196.

41 AH aan Dirichlet, 24 juli 1845, AH Dirichlet brieven 1982, p. 67.

42 Carl Friedrich Gauss, Terra 1955, p. 336.

43 Carl Vogt, januari 1845, Beck 1959, p. 202 e.v.

44 Ibid., p. 205.

45 AH aan Joseph Dalton Hooker, 30 september 1847, afgedrukt in *London*

Journal for Botany, deel 6, 1847, pp. 604-607; Hooker 1918, deel 1, p. 218.

46 AH Friedrich Wilhelm IV brieven 2013, p. 72; zie ook AH aan Bunsen, 20 februari 1854, AH Bunsen brieven 2006, p. 175; Finkelstein 2000, p. 187 e.v.; AH Friedrich Wilhelm IV brieven 2013, pp. 72-73.

47 AH Centraal-Azië 1844, deel 1, p. 611.

48 AH's instructies voor kunstenaars: voor Johann Moritz Rugendas, Eduard Hildebrandt en Ferdinand Bellermann, Werner 2013, pp. 101 e.v., 121, 250 e.v.

49 AH's instructies aan Johann Moritz Rugendas, 1830, in een brief aan Karl Schinkel, ibid., p. 102.

50 Ibid.

51 Carl Vogt, januari 1845, Beck 1959, p. 201.

52 AH aan Heinrich Christian Schumacher, 2 maart 1836, AH Schumacher brieven 1979, p. 52.

53 AH aan Edward Young, 3 juni 1855, AH brieven VS 2004, p. 347; AH aan Johann Georg von Cotta, 5 februari 1849 en 2 mei 1855, AH Cotta brieven 2009, pp. 349, 558.

54 AH aan Du Bois-Reymond, 18 januari 1850, AH Du Bois-Reymond brieven 1997, p. 101; Bayard Taylor, 1856, Taylor 1860, p. 471; Varnhagen dagboek, 24 april 1858, AH Varnhagen brieven 1860, p. 311.

55 Schneppen 2002, p. 21 e.v.; Bonpland aan AH, 7 juni 1857, AH Bonpland brieven 2004, p. 136.

56 AH aan Bonpland, 1843; Bonpland aan AH, 25 december 1853 en 27 oktober 1854, ibid., pp. 110, 114-115, 120.

57 AH aan Bonpland, 4 oktober 1853; zie ook AH aan Bonpland, 1843, ibid., pp. 108-110, 113.

58 Bonpland aan AH, 2 september 1855; zie ook Bonpland aan AH, 2 oktober 1854, ibid., pp. 131, 133.

59 Friedrich Droege aan William Henry Fox Talbot, 6 mei 1853, BL Add MS 88942/2/27; Bruhns 1873, deel 2, p. 391.

60 *New Englander*, mei 1860, geciteerd in Sachs 2006, p. 96.

61 John B. Floyd, 1858, Terra 1955, p. 355.

62 Francis Lieber aan zijn familie, 1 november 1829, Lieber 1882, p. 87.

63 Oppitz 1969, pp. 277-429; AH aan Heinrich Spiker, 27 juni 1855, AH Spiker brieven 2007, p. 236; AH aan Varnhagen, 13 januari 1856, AH Varnhagen brieven 1860, p. 243.

64 Theodore S. Fay aan R.C. Waterston, 26 augustus 1869, Beck 1959, p. 194.

65 AH aan Ludwig von Jacobs, 21 oktober 1852, Werner 2004, p. 219.
66 AH aan Christian Daniel Rauch, Terra 1955, p. 333.
67 AH aan Hermann, Adolph en Robert Schlagintweit, Berlijn, mei 1849, Beck 1959, p. 265.
68 AH aan Dirchlet, 7 december 1851, AH Dirichlet brieven 1982, p. 99.
69 AH aan Henriette Mendelssohn, 1850, AH Mendelssohn brieven 2011, p. 193.
70 AH aan Friedrich Althaus, 4 september 1848, AH Althaus memoires 1861, p. 12; zie ook John Lloyd Stephens, 2 juli 1847, AH brieven VS 2004, p. 528.

71 AH aan James Madison, 27 juni 1804, Madison geschriften, deel 7, p. 378; AH aan Frederick Kelley, 27 januari 1856 en 'Baron Humboldt's Last Opinion on the Passage of the Isthmus of Panama', 2 september 1850, AH brieven VS 2004, pp. 544-546; 372-373; AH Aspecten 1849 deel 2, p. 320 e.v.; AH Natuurbeschouwingen 2014, p. 292; AH Natuurbeschouwingen 1849, deel 2, p. 390 e.v.
72 Francis Lieber dagboek, 7 april 1857, Lieber 1882, p. 294.
73 Samuel Morse aan AH, 7 oktober 1856, AH brieven VS 2004, pp. 406-407.
74 Engelmann 1969, p. 8; Bayard Taylor, 1856, Taylor 1860, p. 470.
75 Heinrich Berghaus, 1850, Beck 1959, p. 296.
76 Charles Lyell aan zijn zuster Caroline, 28 augustus 1856, Lyell 1881, deel 2, pp. 224-225.
77 AH op hoge leeftijd: Bayard Taylor, 1856, Taylor 1860, p. 458; AH aan Friedrich Althaus, 5 augustus 1852, AH Althaus memoires 1861, p. 96; AH aan Arago, 11 februari 1850, AH Arago brieven 1907, p. 310.
78 'A Visit to Humboldt by a Correspondent of the *Commercial Advertiser*', 1 januari 1850, AH brieven VS 2004, p. 540.
79 Ibid., p. 539.
80 Ibid., p. 540.
81 Eichhorn 1959, pp. 186-207; Biermann en Schwarz 2000, pp. 9-12; AH aan Johann Georg von Cotta, 10 augustus 1848, AH Cotta brieven 2009, p. 334.
82 AH aan Friedrich Wilhelm IV, 22 maart 1841, AH Friedrich Wilhelm IV brieven 2013, p. 200.
83 Bayard Taylor, 1856, Taylor 1860, p. 456 e.v.; 'A Visit to Humboldt by Journalist of *Commercial Advertiser*', 1 januari 1850 en Rossiter W. Raymond, 'A Visit to Humboldt', januari 1859, AH brieven VS 2004, pp. 539

e.v., 572 e.v.; Robert Avé-Lallement, 1856, Beck 1959, p. 377; Varnhagen dagboek, 22 november 1856, AH Varnhagen brieven 1860, p. 264; zie ook aquarellen van Humboldts studeervertrek en bibliotheek gemaakt door Eduard Hildebrandt, 1856.

84 Rossiter W. Raymond, 'A Visit to Humboldt', januari 1859, AH brieven VS 2004, p. 572.

85 Biermann 1990, p. 57.

86 Wilhelm Förster over een bezoek aan AH, 1855, Beck 1969, p. 267.

87 AH aan George Ticknor, 9 mei 1858, AH brieven VS 2004, p. 444.

88 Varnhagen dagboek, 22 november 1856, AH Varnhagen brieven 1860, p. 264; Theodore S. Fay aan R.C. Waterston, 26 augustus 1869, Beck 1959, p. 194.

89 AH aan Johann Flügel, 22 december 1849; zie ook 16 juni 1850, 20 juni 1854; en AH aan Benjamin Silliman, 5 augustus 1851; Cornelius Felton, juli 1853; AH aan Johann Flügel, 22 december 1849, 16 juni 1850, 20 juni 1854, AH brieven VS 2004, pp. 262, 268, 291, 333, 552.

90 *Berlinische Nachrichten von Staats- und gelehrten Sachen*, 25 juli 1856; zie ook Friedrich von Gerolt aan AH, 25 augustus 1856, AH brieven VS 2004, p. 388; Walls 2009, pp. 201-209.

91 Bayard Taylor, 1856, Taylor 1860, p. 461.

92 AH aan George Ticknor, 9 mei 1858; voor aantal brieven, zie AH aan Agassiz, 1 september 1856, AH brieven VS 2004, pp. 393, 444.

93 AH aan Johann Georg von Cotta, 25 augustus en 25 september 1849, AH Cotta brieven 2009, pp. 398, 416; AH aan Bunsen, 12 december 1856, AH Bunsen brieven 2006, p. 199.

94 AH aan Agassiz, 1 september 1856, AH brieven VS 2004, p. 393.

95 Biermann en Schwarz 1997, p. 80.

96 Werkeloos in bed en AH's beroerte, AH aan Varnhagen, 19 maart 1857, Varnhagen dagboek, 27 februari 1857, AH Varnhagen brieven 1860, pp. 279, 281.

97 Bayard Taylor, oktober 1857, Taylor 1860, p. 467.

98 Eduard Buschmann aan Johann Georg von Cotta, 29 december 1857, AH Cotta brieven 2009, p. 601.

99 AH Kosmos 1858, deel 4; AH schreef het vierde deel in twee gedeelten – de eerste 244 bladzijden waren in 1854 gedrukt, maar het volledige deel werd pas in 1857 uitgegeven, Fiedler en Leitner 2000, p. 391.

100 In 1850 verschenen van de geautoriseerde vertaling van de eerste twee delen van *Kosmos* al de zevende en achtste druk, maar de volgende delen

kwamen nooit verder dan een eerste druk, Fiedler en Leitner 2000, pp. 409-410.

101 AH Kosmos 1862, deel 5; Werner 2004, p. 182 e.v.

102 Hermann en Robert Schlagintweit, Berlijn, juni 1857, Beck 1959, pp. 267-268.

103 Dit was zijn essay uit 1820, getiteld 'Sur la limite inférieure des neiges perpétuelles dans les montagnes de l'Himalaya et les régions équatoriales'.

104 AH aan Julius Fröbel, 11 januari 1858, AH brieven vs 2004, p. 435.

105 Varnhagen, 18 februari 1858, AH Varnhagen brieven 1860, p. 307.

106 AH aan Friedrich Althaus, 30 juli 1856, AH Althaus memoires 1861, p. 137; AH aan Edward Young, 3 juni 1855, AH brieven vs 2004, p. 347.

107 Joseph Albert Wright aan het State Department, 7 mei 1859, Hamel et al. 2003, p. 249; Bayard Taylor, 1859, Taylor 1860, p. 473.

108 Humboldts kennisgeving, 15 maart 1859, Irving 1864, deel 4, p. 256.

109 AH aan Johann Georg von Cotta, 19 april 1859, AH Cotta brieven 2009, p. 41; Fiedler en Leitner 2000, p. 391.

110 Bayard Taylor, mei 1859, Taylor 1860, pp. 477-478.

111 AH aan Hedemann en Gabriele von Bülow, 6 mei 1859; Anna von Sydow, mei 1859, Beck 1959, pp. 424, 426; Bayard Taylor, mei 1859, Taylor 1860, p. 479.

112 Nieuws van AH's dood: voor Europa en vs, zie eindnoten verderop; voor elders in de wereld, zie bijvoorbeeld: *Estrella de Panamá*, 15 juni 1859; *El Comercio*, Lima, 28 juni 1859; *Graham Town Journal*, Zuid-Afrika, 23 juli 1859.

113 Joseph Albert Wright aan het US State Department, 7 mei 1859, Hamel et al. 2003, p. 248.

114 *Morning Post*, 9 mei 1859.

115 Darwin aan John Murray, 6 mei 1859, Darwin correspondentie, deel 7, p. 295.

116 *The Times*, 9 mei 1859; zie ook *Morning Post*, 9 mei 1859; *Daily News*, 9 mei 1859; *Standard*, 9 mei 1859.

117 Kelly 1989, p. 48 e.v.; Avery 1993, pp. 12 e.v., 17, 26, 33-36; Sachs 2006, p. 99 e.v.; Baron 2005, p. 11 e.v.

118 Baron 2005, p. 11 e.v.; Avery 1993, pp. 17, 26.

119 *The New York Times*, 17 maart 1863; dit had betrekking op Church' schilderij *Cotopaxi*.

120 Frederic Edwin Church aan Bayard Taylor, 9 mei 1859, Gould 1989, p. 95.

121 Bierman en Schwarz 1999a, p. 196; Bierman en Schwarz 1999b, p. 471; Bayard Taylor, May 1859, Taylor 1860, p. 479.
122 *North American and United States Gazette, Daily Cleveland Herald, Boston Daily Advertiser, Milwaukee Daily Sentinel, The New York Times,* allemaal op 19 mei 1859.
123 Church aan Bayard Taylor, 13 juni 1859, in Avery 1993, p. 39.
124 Louis Agassiz, *Boston Daily Advertiser,* 26 mei 1859.
125 *Daily Cleveland Herald,* 19 mei 1859; zie ook *Boston Daily Advertiser,* 19 mei 1859; *Milwaukee Daily Sentinel,* 19 mei 1859; *North American and United States Gazette,* 19 mei 1859.
126 *Boston Daily Advertiser,* 19 mei 1859.
127 Darwin aan Joseph Hooker, 6 augustus 1881, Darwin 1911, deel 2, p. 403.
128 Darwins exemplaar van AH reisbeschrijving 1814-1829, deel 3, schutbladen, CUL.
129 Du Bois, 3 augustus 1883, AH Du Bois-Reymond brieven 1997, p. 201.
130 Voor Walt Whitman en AH, zie Walls 2009, pp. 279-283 en Clark en Lubrich 2012, p. 20; voor Verne en AH, zie Schifko 2010; voor anderen, zie Clark en Lubrich 2012, pp. 4-5, 246, 264-265, 282-283.
131 Frederik Willem IV geciteerd in Bayard Taylor 1860, p. xi.

21 Mens en natuur

1 Marsh aan Caroline Estcourt, 3 juni 1859, Marsh 1888, deel 1, p. 410.
2 2 juni 1859: *Journal of the American Geographical and Statistical Society,* deel 1, no. 8, oktober 1859, pp. 225-246; voor lidmaatschap Marsh, zie deel 1, no. 1, januari 1859, p. iii.
3 Marsh aan Spencer Fullerton Baird, 26 augustus 1859, UVM.
4 Marsh aan Spencer Fullerton Baird, 25 april 1859; Marsh aan Francis Lieber, mei 1860, Marsh 1888, deel 1, pp. 405-406, 417; Lowenthal 2003, p. 154 e.v.
5 Lowenthal 2003, p. 199.
6 Marsh aan Caroline Marsh, 26 juli 1859, ibid.
7 Marsh aan Spencer Fullerton Baird, 26 augustus 1859, UVM.
8 Lowenthal 2003, p. 64; Marsh bezat het Duitstalige *Ansichten der Natur* uit 1849, diverse delen van *Kosmos* (eveneens in het Duits), evenals een biografie en nog wat andere boeken over Humboldt. Ook had hij *Relations historiques* gelezen, zie Marsh 1892 pp. 333-334; Marsh 1864, pp. 91, 176.

9 Marsh, 'Speech of Mr. Marsh, of Vermont, on the Bill for Establishing The Smithsonian Institution, Delivered in the House of Representatives', 22 april 1846, Marsh 1846.

10 Ibid.; voor Duitsers en Duitse boeken: Marsh 1888, deel 1, pp. 90-91, 100, 103; Lowenthal 2003, p. 90.

11 Caroline Marsh aan Caroline Estcourt, 15 februari 1850, Marsh 1888, deel 1, p. 161.

12 Lowenthal 2003, p. 49.

13 Marsh aan Spencer Fullerton Baird, 10 oktober 1848, Marsh 1888, deel 1, p. 128.

14 Marsh aan Caroline Estcourt, 10 juni 1848; Marsh aan Spencer Fullerton Baird, 15 september 1848; Marsh aan Caroline Marsh, 4 oktober 1858, Marsh 1888, deel 1, pp. 123, 127, 400.

15 Marsh, 'The Study of Nature', *Christian Examiner*, 1860, Marsh 2001, p. 83.

16 George W. Wurts aan Caroline Marsh, 1 oktober 1884; voor zijn kindertijd en leesgewoonten, Lowenthal 2003, pp. 11 e.v., 18-19, 374; Marsh 1888, deel 1, pp. 38, 103.

17 Marsh aan Charles Eliot Norton, 24 mei 1871, Lowenthal 2003, p. 19.

18 Marsh aan Asa Gray, 9 mei 1849, UVM.

19 Marsh 1888, deel 1, p. 40; Lowenthal 2003, p. 35.

20 Marsh aan Spencer Fullerton Baird, 25 april 1859, Marsh 1888, deel 1, p. 406.

21 Lowenthal 2003, pp. 35, 41-42.

22 Caroline Marsh over Marsh, Marsh 1888, deel 1, p. 64.

23 James Melville Gilliss aan Marsh, 17 september 1857, Lowenthal 2003, p. 167.

24 Marsh 1888, deel 1, p. 133 e.v.; Lowenthal 2003, p. 105.

25 Marsh aan C.S. Davies, 23 maart 1849, Lowenthal 2003, p. 106.

26 Lowenthal 2003, pp. 106-107, 117; Marsh 1888, deel 1, p. 136.

27 Marsh aan James B. Estcourt, 22 oktober 1849, Lowenthal 2003, p. 107.

28 Caroline en George: Lowenthal 2003, pp. 46, 377 e.v.; Caroline Marsh, 1 en 12 april 1862, Caroline Marsh dagboek, NYPL, pp. 151, 153.

29 Lowenthal 2003, p. 381 e.v.

30 Cornelia Underwood aan Levi Underwood, 5 december 1873, Lowenthal 2003, p. 378.

31 Marsh aan Hiram Powers, 31 maart 1863, ibid.

32 Lowenthal 2003, pp. 47, 92, 378.

33 Marsh aan Spencer Fullerton Baird, 6 juli 1859, UVM.

34 Marsh aan Caroline Estcourt, 19 april 1851, Marsh 1888, deel 1, pp. 219.

35 Marsh aan Lyndon Marsh, 10 februari 1851; Marsh aan Frederick Wislizenus, 10 februari 1851; Marsh aan H.A. Holmes, 25 februari 1851; Marsh aan Caroline Estcourt, 28 maart 1851, Marsh 1888, deel 1, pp. 205, 208, 211 e.v.

36 Marsh aan Caroline Estcourt, 28 maart 1851, ibid., p. 213.

37 Marsh aan Caroline Estcourt, 28 maart 1851, ibid., p. 215.

38 Ibid.

39 Marsh aan Frederick Wislizenus en Lucy Crane Frederick Wislizenus, 10 februari 1851, ibid., p. 206.

40 AH Aspecten 1849, deel 2, p. 11; AH Natuurbeschouwingen 2014, p. 158; AH Natuurbeschouwingen 1849, deel 2, p. 13.

41 AH Geografie 2009, p. 73.

42 AH, 10 maart 1801, AH dagboek 2003, deel 1, p. 44; voor AH over ontbossing in Cuba en Mexico, zie AH Cuba 2011, p. 115; AH Nieuw-Spanje 1811, deel 3, pp. 251-252.

43 Marsh aan Spencer Fullerton Baird, 3 mei 1851, Marsh 1888, deel 1, p. 223.

44 Marsh aan Amerikaanse consul-generaal in Caïro, 2 juni 1851, ibid., p. 226.

45 Marsh aan Spencer Fullerton Baird, 23 augustus 1850, ibid., p. 172.

46 Spencer Fullerton Baird aan Marsh, 9 februari 1851; zie ook 9 augustus 1849 and 10 maart 1851, UVM.

47 Marsh 1856, p. 160; Lowenthal 2003, pp. 130-131.

48 Marsh aan Caroline en James B. Estcourt, 18 juni 1851; voor reizen in 1851, zie Marsh aan Susan Perkins Marsh, 16 juni 1851, Marsh 1888, deel 1, pp. 227-232, 238; Lowenthal 2003, pp. 127-129.

49 Marsh aan Caroline Estcourt, 28 maart 1851, Marsh 1888, deel 1, p. 215; zie ook Marsh, 'The Study of Nature', *Christian Examiner*, 1860, Marsh 2001, p. 86.

50 Marsh 1857, p. 11.

51 Marsh 1864, p. 36.

52 Ibid., p. 234.

53 Johnson 1999, pp. 361, 531.

54 Marsh aan Spencer Fullerton Baird, 10, 16 en 21 mei 1860, Marsh 1888, deel 1, pp. 420-422.

55 *Chicago Daily Tribune*, 26 januari 1858, 7 februari 1866.

56 Marsh 1857, pp. 12-15; Marsh 1864, pp. 107-108.
57 Marsh 1864, pp. 106, 251-257.
58 Ibid., p. 278.
59 Ibid., pp. 277-278.
60 Marsh aan Francis Lieber, 12 april 1860; voor de financiën van Marsh, Marsh 1888, deel 1, p. 362; Lowenthal 2003, pp. 155 e.v., 199.
61 Marsh aan Francis Lieber, 3 juni 1859, UVM.
62 Marsh aan Charles D. Drake, 1 april 1861, Marsh 1888, deel 1, p. 429.
63 Lowenthal 2003, p. 219.
64 Benedict 1888, deel 1, pp. 20-21.

65 Lowenthal 2003, p. 219; ze kwamen op 6 juni 1861 in Turijn aan, zie Caroline Marsh, 7 juni 1861, Caroline Marsh dagboek, NYPL, p. 1.
66 Lowenthal 2003, p. 238 e.v.
67 Caroline Marsh, winter 1861, Caroline Marsh dagboek, NYPL, p. 71.
68 Marsh aan Henry en Maria Buell Hickok, 14 januari 1862; Marsh aan William H. Seward, 12 mei 1864, Lowenthal 2003, p. 252; zie ook Caroline Marsh, 17 september 1861, 5 januari 1862, 26 december 1862, 17 januari 1863, Caroline Marsh dagboek, NYPL, pp. 43, 94, 99, 107.
69 Caroline Marsh, 15 februari, 25 maart 1862, Caroline Marsh dagboek, NYPL, pp. 128, 148.
70 Marsh aan Spencer Fullerton Baird, 21 november 1864, UVM.
71 Ibid.
72 Caroline Marsh, 10 maart 1862; zie ook 11 maart, 24 maart en 1 april 1862, Caroline Marsh dagboek, NYPL, pp. 143-144, 148, 151.
73 Caroline Marsh, 7 april 1862, ibid., p. 157.
74 Caroline Marsh, 14 april 1862 en 2 april 1863, ibid., pp. 154, 217; Lowenthal 2003, pp. 270-273; zie ook Marsh aan Charles Eliot Norton, 17 oktober 1863, UVM.
75 Caroline Marsh, 1 april 1862, Caroline Marsh dagboek, NYPL, p. 151.
76 Caroline over Marsh, Lowenthal 2003, p. 272.
77 Marsh aan Charles Eliot Norton, 17 oktober 1863, UVM.
78 Charles Scribner aan Marsh, 7 juli 1863; Marsh aan Charles Scribner, 10 september 1863, Marsh 1864, p. xxviii.
79 Marsh aan Spencer Fullerton Baird, 21 mei 1860, Marsh 1888, deel 1, p. 422.
80 Marsh 1864, pp. 13-14, 68, 75, 91, 128, 145, 175 e.v.
81 Voor hoeden en bevers, zie Marsh 1864, pp. 76-77; vogels en insecten, pp. 34, 39, 79 e.v.; wolven, p. 76; aquaduct Boston, p. 92.

82 Ibid., p. 96.
83 Ibid., p. 36.
84 Ibid., pp. 64 e.v., 77 e.v., 96 e.v.
85 Marsh 1864, pp. 322, 324.
86 AH, 4 maart 1800, AH dagboek 2000, p. 217; AH reisbeschrijving 1814-1829, deel 4, p. 154.
87 Marsh 1864, ibid., p. 43.
88 Marsh aan Spencer Fullerton Baird, 23 augustus 1850, juli 1852, Marsh 1888, deel 1, pp. 174, 280; Marsh 1864, pp. 9, 19.
89 Marsh 1864, p. 42.
90 Marsh, 'Oration before the New Hampshire State Agricultural Society', 10 oktober 1856, Marsh 2001, pp. 36-37; Lowenthal 2003, p. x; Marsh 1864, p. xxiv.
91 Marsh 1864, p. 198.
92 Ibid., pp. 91-92; zie ook p. 110.
93 Ibid., p. 46.
94 AH stuurde zijn boeken naar Madison; zie David Warden aan James Madison, 2 december 1811, Madison geschriften, deel 4, p. 48; Madison aan AH, 30 november 1830, Terra 1959, p. 799.
95 Madison, 'Address to the Agricultural Society of Albemarle', 12 mei 1818, Madison geschriften, deel 1, pp. 260-283; Wulf 2011, p. 204 e.v.
96 Bolívar, decreet, 19 december 1825, Bolívar 2009, p. 258.
97 Bolívar, Maatregelen ter bescherming en voor een verantwoord gebruik van de nationale wouden, 31 juli 1829, Bolívar 2003, pp. 199-200.
98 AH Aspecten 1849, deel 2, p. 268; AH Natuurbeschouwingen 2014, p. 268; AH Natuurbeschouwingen 1849, deel 2, p. 319; AH, 23-28 juli 1802, AH dagboek 2003, deel 2, pp. 126-130.
99 Bolívar, decreet, 31 juli 1829, Bolívar 2009, p. 351; O'Leary 1879-1880, deel 2, p. 363.
100 Thoreau, 'Walking', 1862 (in april 1851 eerst als lezing naar buiten gebracht), Thoreau excursies en gedichten 1906, p. 224.
101 Thoreau, 15 oktober 1859, Thoreau dagboek 1906, deel 12, p. 387.
102 Thoreau Maine Woods 1906, p. 173.
103 Marsh, 'The Study of Nature', *Christian Examiner*, 1860, Marsh 2001, p. 82.
104 Verwijzingen naar AH in *Man and Nature*: Marsh 1864, pp. 13-14, 68, 75, 91, 128, 145, 175 e.v.
105 Ibid., pp. 128, 131, 137, 145, 154, 171, 180, 186-188.

106 Ibid., p. 187.
107 Ibid., p. 52; voor schade als die van een aardbeving, p. 226.
108 Ibid., pp. 201-202.
109 Ibid., p. 203; voor heraanplant bossen, pp. 259 e.v., 269-280, 325.
110 Ibid., p. 280.
111 Ibid., p. 43.
112 Wallace Stegner, in ibid., p. xvi.
113 Lowenthal 2003, p. 302.
114 Gifford Pinchot, ibid., p. 304; Gifford Pinchot aan Mary Pinchot, 21 maart 1886, Miller 2001, p. 392; voor John Muir, zie Wolfe 1946, p. 83.

115 Lowenthal 2003, p. xi.
116 Hugh Cleghorn aan Marsh, 6 maart 1868; voor invloed van *Man and Nature* wereldwijd, zie Lowenthal 2003, pp. 303-305.
117 Mumford 1931, p. 78.
118 Marsh 1861, p. 637.

22 Natuur, kunst en ecologie

1 Haeckel aan Anna Sethe, 29 mei 1859, p. 63; zie ook Haeckel aan ouders, 29 mei 1859, Haeckel 1921b, p. 66; Carl Gottlob Haeckel aan Ernst Haeckel, 19 mei 1859 (Akademieprojekt 'Ernst Haeckel (1834-1918): Briefedition': Ik bedank Thomas Bach voor het uittreksel van het transcript dat ik van hem kreeg).
2 Haeckel aan Anna Sethe, 29 mei 1859, Haeckel 1921b, p. 64.
3 Ibid.
4 Ibid.
5 Kosmos 1845-1852, deel 2, pp. 74, 85, 87; AH Kosmos 1845-1850, deel 2, pp. 76, 87, 90; Haeckel aan ouders, 6 november 1852, Haeckel 1921a, p. 9.
6 Richards 2008, pp. 244-276, 489-512.
7 Haeckel aan Wilhelm Bölsche, 4 augustus 1892, 4 november 1899, 14 mei 1900, Haeckel Bölsche brieven 2002, pp. 46, 110, 123-124; Haeckel 1924, p. ix; Richards 2009, p. 20 e.v.; Di Gregorio 2004, pp. 31-35; Krausse 1995, pp. 352-353; de boeken van Humboldt staan nog steeds op de boekenplanken in Haeckels studeervertrek in het Ernst Haeckel-Haus in Jena.
8 Haeckel aan zijn ouders, 6 november 1852, Haeckel 1921a, p. 9.

9 Max Fürbringer in 1866, Richards 2009, p. 83; voor sporten, zie Haeckel aan zijn ouders, 11 juni 1856, Haeckel 1921a, p. 194.
10 Haeckel aan zijn ouders, 27 november 1852; zie ook 23 mei en 8 juli 1853, 5 mei 1855, Haeckel 1921a, pp. 19, 54, 63-64, 132.
11 Haeckel aan zijn ouders, 23 mei 1853, ibid., p. 54.
12 Haeckel aan zijn ouders, 4 mei 1853, ibid., p. 49.
13 Haeckel 1924, p. xi; Richards 2009, p. 39; Di Gregorio 2004, p. 44.
14 Richards 2009, p. 40; Haeckel 1924, p. xii.
15 Haeckel aan zijn ouders, 1 juni 1853, Haeckel 1921a, p. 59.
16 Haeckel aan zijn ouders, 17 februari 1854, ibid., p. 100.
17 Dit was Heinrich Berghaus' *Physikalischer Atlas*; Haeckel aan zijn ouders, 25 december 1852, ibid., p. 26.
18 Haeckel aan zijn ouders, 25 december 1852, ibid., p. 27.
19 Haeckel aan Anna Sethe, 2 september 1858, Haeckel 1927, pp. 62-63.
20 Haeckel aan Anna Sethe, 23 mei 1858, ibid., p. 12.
21 Haeckel aan zijn ouders, 17 februari 1854, Haeckel 1921a, p. 101.
22 Ibid., p. 102.
23 Haeckel aan zijn ouders, 11 juni 1856, ibid., p. 194.
24 'Bericht über die Feier des sechzigsten Geburtstages von Ernst Haeckel am 17. Februar 1894 in Jena', 1894, p. 15; Haeckel 1924, p. xv.
25 Haeckel aan een vriend, 14 september 1858; zie ook Haeckel aan Anna Sethe, 26 september 1858, Haeckel 1927, pp. 67, 72-73 en Haeckel 1924, p. xv.
26 Haeckel aan een vriend, 14 september 1858, Haeckel 1927, p. 67.
27 14 september 1858, Richards 2009, p. 51.
28 Haeckel aan zijn ouders, 1 november 1852, Haeckel 1921a, p. 6.
29 Haeckel aan Anna Sethe, 9 april, 24 april, 6 juni 1859, Haeckel 1921b, pp. 30-31, 37 e.v., 67.
30 Ernst Haeckel aan Anna Sethe, 29 mei 1859, ibid., p. 63 e.v.
31 Haeckel aan Anna Sethe, 25 juni en 1 augustus 1859, ibid., pp. 69, 79-80.
32 Haeckel aan vrienden, augustus 1859, Uschmann 1983, p. 46.
33 Haeckel aan Anna Sethe, 7 augustus 1859, Haeckel 1921b, p. 86.
34 Haeckel aan Anna Sethe, 16 augustus 1859, ibid., p. 86.
35 Ibid.
36 Ibid.
37 Ibid.
38 Ibid.

39 Haeckel aan zijn ouders, 21 oktober 1859, ibid., pp. 117-118.
40 Carl Gottlob Haeckel aan Ernst Haeckel, eind 1859, Di Gregori 2004, p. 58; zie ook Haeckel aan Anna Sethe, 26 november 1859, Haeckel 1921b, p. 134.
41 Haeckel aan zijn ouders, 21 oktober 1859, Haeckel 1921b, p. 118.
42 Haeckel aan zijn ouders, 29 oktober 1859, ibid., pp. 122-123.
43 Haeckel aan Anna Sethe, 29 februari 1860, ibid., p. 160.
44 Haeckel aan zijn ouders, 29 oktober 1859; Haeckel aan Anna Sethe, 16 december 1859, ibid., pp. 124, 138.
45 Haeckel aan Anna Sethe, 16 februari 1860, ibid., p. 155.

46 Haeckel aan Anna Sethe, 29 februari 1860, ibid., p. 160.
47 Haeckel aan Anna Sethe, 29 februari 1860, ibid.
48 Haeckel aan Anna Sethe, 10 en 24 maart 1860, ibid., pp. 165-166.
49 Haeckel aan zijn ouders, 21 december 1852, Haeckel 1921a, p. 26.
50 Haeckel 1899-1904, voorwoord.
51 Haeckel aan Allmers, 14 mei 1860, Koop 1941, p. 45.
52 Haeckel werd in 1862 *professor extraordinarius* (vergelijkbaar met buitengewoon hoogleraar) en in 1865 *professor ordinarius*, wat een volledig professoraat inhield; Richards 2009, pp. 91, 115-116.
53 Haeckel aan Anna Sethe, 15 juni 1860, Haeckel 1927, p. 100.
54 Allmers aan Haeckel, 7 januari 1862, ibid., p. 79.
55 Haeckel aan Wilhelm Bölsche, 4 november 1899, Haeckel Bölsche brieven 2002, p. 110; zie ook Di Gregorio 2004, pp. 77-80.
56 Haeckel aan Darwin, 9 juli 1864, Darwin correspondentie, deel 12, p. 482.
57 Ibid.
58 Browne 2006, pp. 84-117.
59 Wilhelm Bölsche aan Ernst Haeckel, 4 juli 1913, Haeckel aan Wilhelm Bölsche, 18 oktober 1913, Haeckel Bölsche brieven 2002, pp. 253-254.
60 Breidbach 2006, p. 113; Richards 2009, p. 2.
61 Haeckel aan Darwin, 10 augustus 1864, Darwin correspondentie, deel 12, p. 485.
62 Allmers aan Haeckel, 25 augustus 1863, Koop 1941, p. 93.
63 Haeckel, 'Aus einer autobiographischen Skizze vom Jahre 1874', Haeckel 1927, pp. 330-332; Haeckel 1924, p. xxiv.
64 Haeckel aan Allmers, 27 maart 1864, Richards 2009, p. 106.
65 Haeckel aan Allmers, 20 november 1864, Richards 2009, p. 115.

66 Haeckel aan Darwin, 9 juli 1864, Darwin correspondentie, deel 12, p. 483.
67 Haeckel aan Darwin, 11 november 1865, ibid., deel 13, p. 475.
68 Ibid.
69 Darwin aan Haeckel, 18 augustus 1866, Darwin correspondentie, deel 14, p. 294.
70 Haeckel 1866, deel 1, p. 7; Richards 2009, p. 164.
71 Browne 2003b, p. 105; voor Huxley over Haeckel, zie Richards 2009, p. 165.
72 Haeckel 1866, deel 1, pp. xix, xxii, 4.
73 Haeckel aan Thomas Huxley, 12 mei 1867, Uschmann 1983, p. 103.
74 Haeckel aan Darwin, 12 mei 1867, Darwin correspondentie, deel 15, p. 506.
75 Haeckel 1866, deel 1, p. 8, voetnoot en deel 2, pp. 235-236, 286 e.v.; zie ook Haeckels inaugurele rede te Jena, 12 januari 1869, Haeckel 1879, p. 17; Worster 1977, p. 192.
76 Haeckel 1866, deel 1, p. 11; zie ook deel 2, p. 286; voor AH, zie AH Aspecten 1849, deel 1, p. 272; AH Natuurbeschouwingen 2014, p. 147; AH Natuurbeschouwingen 1849, deel 1, p. 337.
77 Haeckel 1866, deel 2, p. 287; zie ook deel 1, p. 8, voetnoot en deel 2, pp. 235-236; Haeckels inaugurele rede te Jena, 12 januari 1869, Haeckel 1879, p. 17.
78 Haeckel aan zijn ouders, 7 februari 1854, Haeckel 1921a, p. 93.
79 Haeckel aan zijn ouders, 27 november 1866, Uschmann 1983, p. 90.
80 Haeckel aan Darwin, 19 oktober 1866; Darwin aan Haeckel, 20 oktober 1866, Darwin correspondentie, deel 14, pp. 353, 358; Haeckel aan vrienden, 24 oktober 1866, Haeckel 1923, p. 29; Bölsche 1909, p. 179.
81 Henrietta Darwin aan George Darwin, 21 oktober 1866, Richards 2009, p. 174.
82 Haeckel 1924, p. xix; zie ook Haeckel aan vrienden, 24 oktober 1866, Haeckel 1923, p. 29; Bölsche 1909, p. 179.
83 Haeckel 1901, p. 56.
84 Richard Greeff, Hermann Fol en Nikolai Miklucho; Richards 2009, p. 176.
85 Haeckel aan zijn ouders, 27 november 1866, Haeckel 1923, p. 42 e.v.
86 Haeckel 1867, p. 319.
87 Haeckel, 'Aus einer autobiographischen Skizze vom Jahre 1874',

Haeckel 1827, p. 330; Haeckel 1924, p. xxiv.
88 Haeckel aan Frieda von Uslar-Gleichen, 14 februari 1899, Richards 2009, p. 107.
89 Di Gregorio 2004, p. 438; Richards 2009, p. 346.
90 Haeckel aan Wilhelm Bölsche, 14 mei 1900, Haeckel Bölsche brieven 2002, p. 124.
91 Haeckel 1901, p. 76.
92 Ibid., p. 75.
93 *Kosmos. Zeitschrift für einheitliche Weltanschauung auf Grund der Entwicklungslehre, in Verbindung mit Charles Darwin / Ernst Haeckel*, Leipzig, 1877-1886; Di Gregorio 2004, pp. 395-398; zie ook Haeckel aan Darwin, 30 december 1876, CUL DAR 166:69.

94 Breidbach 2006, pp. 20 e.v., 51, 57, 101 e.v., 133; Richards 2009, p. 75.
95 Breidbach 2006, pp. 25 e.v., 229; Kockerbeck 1986, p. 114; Richards 2009, p. 406 e.v.; Di Gregorio 2004, p. 518.
96 Haeckel aan Wilhelm Bölsche, 14 mei 1900, Haeckel Bölsche brieven 2002, pp. 123-124.
97 Haeckel 1899-1904, voorwoord en bijlage, p. 51.
98 Ibid.
99 Watson 2010, pp. 356-381.
100 Haeckels *Wanderbilder*, Kockerbeck 1986, p. 116; zie ook Haeckel 1899, p. 395.
101 Peter Behrens, 1901, Festschrift zur Künstlerkolonie Darmstadt, Kockerbeck 1986, p. 115.
102 Kockerbeck 1986, p. 59 e.v.
103 Émile Gallé, Le Décor Symbolique, 17 mei 1900, *Mémoires de l'Académie de Stanislaus, Nancy, 1899-1900*, deel 7, p. 35.
104 Clifford en Turner 2000, p. 224.
105 Weingarden 2000, pp. 325, 331; Bergdoll 2007, p. 23.
106 Krausse 1995, p. 363; Breidbach en Eibl-Eibesfeld 1998, p. 15; Cooney Frelinghuysen 2000, p. 410.
107 Richards 2009, p. 407 e.v.
108 Proctor 2006, pp. 407-408.
109 René Binet aan Haeckel, 21 maart 1899, Breidbach en Eibl-Eibesfeld 1988, p. 15.
110 René Binet in *Esquisses Décoratives*, Bergdoll 2007, p. 25.
111 Kockerbeck 1986, p. 59.
112 Ibid., p. 10.

113 Breidbach 2006, p. 246; Richards 2009, p. 2.
114 Haeckel 1899, p. 389.
115 Ibid., p. 463.
116 Ibid., p. 392 e.v.
117 Ibid., p. 396.
118 Ibid., p. 396.

23 Natuur en natuurbehoud

1 Worster 2008, p. 120.
2 Merrill Moores, 'Recollections of John Muir as a Young Man', ibid., pp. 109-110.
3 Muir aan Jeanne Carr, 13 september 1865, JM online.
4 Muir aan Daniel Muir, 7 januari 1868, ibid.
5 Muir dagboek 1867-1868, ibid., schutbladen; voor route, p. 2.
6 Muir 1913, p. 3.
7 Ibid., p. 27.
8 Ibid., p. 207.
9 Gisel 2008, p. 3; Worster 2008, p. 37 e.v.
10 Gifford 1996, p. 87.
11 Worster 2008, p. 73.
12 Holmes 1999, p. 129 e.v.; Worster 2008, pp. 79-80.
13 Muir aan Frances Pelton, 1861, Worster 2008, p. 87.
14 Muir 1913, p. 287.
15 Worster 2008, p. 94 e.v.
16 Muir aan Jeanne Carr, 13 september 1865, JM online.
17 Muir 1924, deel 1, p. 124.
18 Ibid., p. 120.
19 Muir aan Emily Pelton, 1 maart 1864, Gisel 2008, p. 44.
20 Holmes 1999, p. 135 e.v.
21 Muir 1924, deel 1, p. 153.
22 Muir aan Merrills en Moores, 4 maart 1867, JM online.
23 Muir 1924, deel 1, p. 154 e.v.; Muir aan Sarah en David Galloway, 12 april 1867; Muir aan Jeanne Carr, 6 april 1867; Muir aan Merrills en Moores, 4 maart 1867, JM online.
24 Muir aan Merrills en Moores, 4 maart 1867, JM online.
25 Muir 'Memoir', Gifford 1996, p. 87.

26 Muir dagboek 1867-1868, JM online, p. 2.
27 Ibid., pp. 22, 24.
28 Ibid., p. 17.
29 Ibid., pp. 32-33.
30 Muir 1916 p. 164; Muir dagboek 1867-1868, JM online, pp. 194-195.
31 Muir dagboek 1867-1868, JM online, p. 154; zie ook AH reisbeschrijving 1907, deel 2, pp. 288, 371, MHT.
32 Muir dagboek 1867-1968, JM online, p. 154; Muir voegde het woord 'kosmos' in in zijn gepubliceerde verslag, Muir 1916, p. 139; ook onderstreept in AH reisbeschrijving 1907, deel 2, p. 371, MHT.

33 Muir aan David Gilrye Muir, 13 december 1867, JM online.
34 Holmes 1999, p. 190; Worster 2008, pp. 147-148.
35 Muir aan Jeanne Carr, 26 juli 1868, JM online.
36 Muir 1912, p. 4; zie ook Muir 'Memoir', Gifford 1996, p. 96.
37 Muir aan Jeanne Carr, 26 juli 1868, JM online.
38 Muir, 'The Wild Parks and Forest Reservations of the West', *Atlantic Monthly*, januari 1898, p. 17.
39 Muir aan Catherine Merrill et al., 19 juli 1868, JM online; zie ook Muir aan David Gilrye Muir, 14 juli 1868; JM aan Jeanne Carr, 26 juli 1868, JM online; Muir 'Memoir', Gifford 1996, p. 96 e.v.
40 Muir 1912, p. 5.
41 Muir, 'The Treasures of the Yosemite', *Century*, deel 40, 1890.
42 Muir 1912, p. 11.
43 Muir 1911, p. 314.
44 AH reisbeschrijving 1907, deel 2, p. 306, MHT.
45 Muir aan Catherine Merrill et al., 19 juli 1868, JM online.
46 Muir aan Margaret Muir Reid, 13 januari 1869, JM online.
47 Deze belangrijke zin ging van dagboek tot gepubliceerd verslag door verschillende versies heen – van 'wanneer we proberen iets afzonderlijks te pakken, ontdekken we dat het vastzit aan duizend onzichtbare koorden die niet losgetrokken kunnen worden van al het andere in het universum' via 'wanneer we proberen iets afzonderlijks te pakken, ontdekken we dat het met ontelbare, onmetelijke koorden aan al het andere in het universum is verbonden', tot de uiteindelijke versie in Muirs boek: 'wanneer we proberen iets afzonderlijks te pakken, ontdekken we dat het vastzit aan al het andere in het universum'. Muir 1911, p. 211; Muir dagboek 'Sierra', zomer 1869 (1887), MHT; Muir dagboek 'Sierra', zomer 1869 (1910), MHT.

48 Muir dagboek 'Sierra', zomer 1869 (1887), MHT.
49 Muir 1911, pp. 321-322.
50 AH Natuurbeschouwingen 1896, pp. xi, 346 en AH Kosmos 1878, deel 2, p. 438, MHT.
51 Tussen 1868 en 1874 woonde Muir veertig maanden in Yosemite, Gisel 2008, p. 93.
52 Muir 'Memoir', Gifford 1996, p. 112.
53 Muir aan Jeanne Carr, 29 juli 1870, JM online.
54 Muir 1911, p. 212.
55 Muir, 'Yosemite Glaciers', *New York Tribune*, 5 december 1871; zie ook Muir, 'Living Glaciers of California', *Overland Monthly*, december 1872 en Gifford 1996, p. 143 e.v.
56 Muir aan Jeanne Carr, 8 oktober 1872; Muir aan Catherine Merrill, 12 juli 1872, JM online.
57 Muir aan Jeanne Carr, 11 december 1871, ibid.
58 Muir aan J.B. McChesney, 8-9 juni 1871, ibid.
59 Muir aan Joseph Le Conte, 27 april 1872, ibid.; Muir markeerde in Humboldts boeken ook de bladzijden die over de verspreiding van planten gingen. (AH Natuurbeschouwingen 1896, p. 317 e.v. en AH reisbeschrijving 1907, deel 1, p. 116 e.v., MHT.)
60 Muir aan Jeanne Carr, 16 maart 1872, JM online.
61 Muir aan Jeanne Carr, 3 april 1871, ibid.
62 Robert Underwood Johnson over Muir, in Gifford 1996, p. 874.
63 Muir aan Emerson, 26 maart 1872, JM online.
64 Ibid.
65 Muir aan Emily Pelton, 16 februari 1872, JM online.
66 Muir aan Emily Pelton, 2 april 1872, JM online; Gisel 2008, pp. 93, 105-106.
67 United States Statutes at Large, 15, in Nash 1982, p. 106.
68 Muir aan Daniel Muir, 21 juni 1870, JM online.
69 Gifford 1996, pp. 131-136; Jeanne Carr aan Muir, 1 mei 1871; Muir aan Emerson, 8 mei 1871; Muir aan Emerson, 6 juli 1871; Muir aan Emerson, 26 maart 1872, JM online.
70 Muir over Emerson, Gifford 1996, p. 133.
71 Muir aan Jeanne Carr, ongedateerd, maar dit verwees naar Emersons brief aan Muir van 5 februari 1872, JM online.
72 Emerson aan Muir, 5 februari 1872, ibid.
73 Muir onderstreepte Thoreaus opmerkingen over eenzaamheid in zijn

exemplaar van *Walden*. Muirs exemplaar van Thoreaus *Walden* (1906), pp. 146, 150, 152, MHT.

74 Muir markeerde Humboldts bewering in *Kosmos* dat verbinding tussen het 'zintuiglijke en het intellectuele' van wezenlijk belang was om de natuur te begrijpen; AH Kosmos 1878, deel 2, p. 438, MHT.

75 Muir aan Jeanne Carr, herfst 1870, JM online.

76 Muir 1911, pp. 79, 135.

77 Ibid., pp. 90, 113.

78 Muir aan Ralph Waldo Emerson, 26 maart 1872, JM online.

79 AH Natuurbeschouwingen 1896, deel 1, pp. 210, 215, MHT.

80 Muir 1911, pp. 48, 98.

81 Muir 1911, p. 326.

82 Muir dagboek 'Twenty Hill Hollow' 1869, 5 april 1869; Holmes 1999, p. 197.

83 Muir aan Jeanne Carr, 20 mei 1869, ibid.

84 Muir 1911, pp. 82, 205.

85 Muir aan Daniel Muir, 17 april 1869, JM online.

86 AH reisbeschrijving 1907, deel 1, p. 502, zie ook deel 2, p. 214, MHT; AH Kosmos 1878, deel 2, pp. 377, 381, 393, MHT.

87 AH reisbeschrijving 1907, deel 2, p. 362, MHT.

88 AH Natuurbeschouwingen 1896, p. 21, MHT.

89 Muir aan Jeanne Carr, 26 juli 1868, JM online.

90 Muirs boeken van Thoreau en Darwin, MHT.

91 AH reisbeschrijving 1907, deel 1, pp. 98, 207, 215, 476-477; deel 2, pp. 9-10, 153, 207, MHT; AH Natuurbeschouwingen 1896, pp. 98, 215, MHT.

92 Johnson 1999, p. 515.

93 Richardson 2007, p. 131; Johnson 1999, p. 535.

94 Frederick Jackson Turner in 1903, Nash 1982, p. 147.

95 Muir aan Jeanne Carr, 7 oktober 1874, JM online.

96 Wolfe 1946, p. 83.

97 Muirs exemplaar van *The Maine Woods* van Thoreau (1868), p. 160 en ook pp. 122-123, 155, 158, MHT.

98 Muir 1911, p. 211.

99 Samuel Merrill, 'Personal Recollections of John Muir'; zie ook Robert Underwood Johnson, C. Hart Merriam, 'To the Memory of John Muir', Gifford 1996, pp. 875, 889, 891, 895.

100 Muir en Sargent, september 1898, Anderson 1915, p. 119.
101 Muir aan Jeanne Carr, herfst 1870, JM online.
102 Muir 1911, pp. 17, 196.
103 Daniel Muir aan Muir, 19 maart 1874, JM online.
104 Worster 2008, p. 216 e.v.
105 Muir aan Strentzels, 28 januari 1879, JM online.
106 Muir aan Sarah Galloway, 12 januari 1877, JM online; Worster 2008, p. 238.
107 Worster 2008, p. 238 e.v.
108 Muir aan Millicent Shin, 18 april 1883, JM online.
109 Worster 2008, p. 262.
110 Muir aan Annie Muir, 16 juli 1884, JM online.
111 Worster 2008, pp. 324-325; voor beheer bedrijf Martinez, zie Kennedy 1996, p. 31.
112 Worster 2008, p. 312 e.v., Nash 1982, p. 131 e.v.
113 Muir 1920.
114 Muirs exemplaar van Thoreaus *The Maine Woods* (1868), p. 123.
115 Muir, 'The Treasures of the Yosemite' en 'Features of the Proposed Yosemite National Park', *Century*, deel 40 en 41, 1890.
116 Muir, 'The Treasures of the Yosemite', *Century*, deel 40, 1890.
117 Nash 1982, p. 132.
118 Muir 1901, p. 365.
119 Robert Underwood Johnson, 1891, Nash 1982, p. 132.
120 Muir aan Henry Senger, 22 mei 1892, JM online.
121 Kimes en Kimes 1986, pp. 1-162.
122 Theodore Roosevelt aan Muir, 14 maart 1903, JM online.
123 Theodore Roosevelt aan Muir, 19 mei 1903, ibid.
124 Muir aan Charles Sprague Sargent, 3 januari 1898, ibid.
125 Nash 1982, pp. 161-181; Muir, 'The Hetch Hetchy Valley', *Sierra Club Bulletin*, deel 6, no. 4, januari 1908.
126 *The New York Times*, 4 september 1913.
127 Muir aan Robert Underwood Johnson, 1 januari 1914, Nash 1982, p. 180.
128 Muir, memorandum van John Muir, 19 mei 1908 (voor conferentie van gouverneurs in 1908 over natuurbehoud), JM online.
129 Muir aan Daniel Muir, 17 april en 24 september 1869; Muir aan Mary Muir, 2 mei 1869; Muir aan Jeanne Carr, 2 oktober 1870; Muir aan J.B. McChesney, 8 juni 1871, ibid.

130 Muir aan Betty Averell, 2 maart 1911, Branch 2001, p. 15.
131 Muir, 26-29 juni 1903, Muir dagboek 'World Tour', boek 1, 1903, JM online.
132 Helen S. Wright aan Muir, 8 mei 1878, ibid.
133 Henry F. Osborn aan Muir, 18 november 1897, ibid.
134 Muir aan Jeanne Carr, 13 september 1865, ibid.
135 Muir aan Robert Underwood Johnson, 26 januari 1911, Branch 2001, p. 10; zie ook p. xxvi e.v.; Fay Sellers aan Muir, 8 augustus 1911, JM online.
136 Branch 2001, pp. 7-9.
137 Muir aan William E. Colby, 8 mei 1911, ibid., p. 19.

138 Muir aan Katharine Hooker, 10 augustus 1911, ibid., p. 31.
139 Muir aan Helen Muir Funk, 12 augustus 1911, ibid., p. 32.
140 Muir in 1913, Wolfe 1979, p. 439.

Epiloog

1 Louis Agassiz, 14 september 1869, *The New York Times*, 15 september 1869.
2 Bericht in *The New York Times* van 4 april 1918, Nichols 2006, p. 409; viering honderdste geboortedag in Cleveland, *The New York Herald*, 15 september 1869.
3 Nichols 2006, p. 411.
4 IPCC, 'Fifth Assessment Synthesis Report', 1 november 2014, p. 7.
5 Wendell Berry, 'It All Turns on Affection', Jeffersonlezing 2012, http://www.neh.gov/about/awards/jefferson-lecture/wendell-e-berry-lecture.
6 AH, februari 1800, AH dagboek 2000, p. 216.
7 AH, 9-27 november 1801, Popayán, AH dagboek 1982, p. 313.
8 Goethe aan Johann Peter Eckermann, 12 december 1826, Goethe en Eckermann 1999, p. 183.

Over Humboldts publicaties

1 Tenzij ik anders vermeld, is de informatie over Humboldts publicaties gebaseerd op *Alexander von Humboldts Schriften. Bibliographie der selbständig erschienenen Werke* (Fiedler en Leitner 2000).
2 AH aan Cotta, 20 januari 1840, AH Cotta brieven 2009, pp. 223-224.

3 *Journal of the Royal Geographical Society*, 1843, deel 13, Fiedler en Leitner 2000, p. 359.
4 AH aan Heinrich Christian Schumacher, 22 mei 1843, AH Schumacher brieven 1979, p. 112.
5 AH aan Johann Georg von Cotta, 16 maart 1849, AH Cotta brieven 2009, p. 360.
6 AH aan Varnhagen, 24 oktober 1834, AH Varnhagen brieven 1860, p. 19.

Over Humboldts publicaties[I]

Tot op de dag van vandaag bestaat er onduidelijkheid over de chronologie van Humboldts uitgegeven werken. Ook Humboldt zelf wist niet precies wanneer wat in welke taal verscheen. Daarbij werden sommige boeken ook nog eens uitgegeven in verschillende formaten en edities, als delen van een reeks of juist als een afzonderlijk, opzichzelfstaand werk. Al zijn boeken die betrekking hadden op zijn reis naar Latijns-Amerika vormden samen het vierendertigdelige *Voyage aux régions équinoxiales du Nouveau Continent, fait en 1799, 1800, 1801, 1802, 1803 et 1804*, met in totaal vijftienhonderd gravures.

Voor het gemak van de lezer heb ik een overzicht gemaakt van de werken waarnaar in dit boek verwezen wordt, maar dan zonder de specialistische werken, zoals die over botanie, zoölogie en astronomie.

Werken die deel uitmaken van het vierendertigdelige *Voyage aux régions équinoxiales du Nouveau Continent*

IDEEN ZU EINER GEOGRAPHIE DER PFLANZEN

Dit was het eerste deel dat Humboldt na zijn terugkeer uit Latijns-Amerika voltooide. Het verscheen in 1807, in hetzelfde jaar als de Franse versie, die de titel *Essai sur la géographie des plantes* had. In dit eerste deel zette Humboldt zijn ideeën uiteen over de verspreiding van planten en over de natuur als een web van leven. Het boek bevatte de uitvouwbare, zestig bij negentig centimeter grote, met de hand ingekleurde Naturgemälde – de tekening van een berg met daarop aangegeven, overeenkomstig de hoogte, de planten die er groeiden. Links en rechts van de tekening stonden tabellen met informatie over zwaartekracht, luchtdruk, temperatuur, chemische samenstelling et cetera. Humboldt droeg dit eerste deel op aan zijn oude vriend Goethe. In 1808 kwam een Nederlandse vertaling uit onder de titel *Algemeene natuurkunde en historisch berigt der reis. Eerste deel, behelzende eene Proeve over de Aardrijksbeschrijving der Planten, vergezeld met een natuurkundig Tafereel der Landen omtrent den Equator, en strekkende tot eene Inleiding voor het werk.* In 1809 werd het in een Spaanse vertaling opgenomen in het Zuid-Amerikaanse tijdschrift *Semanario del Nuevo Reino de Granada*. Pas in 2009 verscheen er een Engelse vertaling.

ANSICHTEN DER NATUR

Dit was Humboldts lievelingsboek, waarin wetenschappelijke informatie werd gecombineerd met poëtische landschapsbeschrijvingen. Hoofdstukken hadden namen als 'Steppen en woestijnen' en 'Watervallen van de Orinoco'. Het Duitse origineel verscheen begin 1808 en later dat jaar werd het in een Franse vertaling uitgegeven. *Ansichten der Natur* werd diverse keren herdrukt. De derde, uitgebreide druk verscheen op Humboldts tachtigste verjaardag, 14 september 1849. Van deze uitgave verschenen twee – elkaar beconcurrerende – Engelse vertalingen: *Aspects of Nature* (1849) en *Views of Nature* (1850). Het Nederlandse *Natuurbeschouwingen: met wetenschappelijke ophelderingen*, een vertaling van Elte Martens Beima, verscheen in 1850.

VUES DES CORDILLÈRES ET MONUMENS DES PEUPLES INDIGÈNES DE L'AMÉRIQUE

Van al Humboldts publicaties verscheen dit tweedelige werk in de fraaiste uitvoering. Er waren negenenzestig gravures van de Chimborazo in opgenomen, alsook afbeeldingen van Incaruïnes, Azteekse codices en kalenders van de Mexica – drieëntwintig daarvan in kleur. *Vues des Cordillères* werd in Parijs tussen 1810 en 1813 op groot folioformaat in zeven losse delen uitgegeven. Afhankelijk van de kwaliteit van het papier dat gebruikt was, bedroeg de prijs 504 of 764 frank. Slechts twee van deze losse delen verschenen in een Duitse vertaling, in 1810. Net als bij *Relations historiques* was de Engelse vertaling van Helen Maria Williams door Humboldt zelf geautoriseerd. Het werk kwam in Groot-Brittannië in 1814 op de markt, in een minder imposante, tweedelige octavo-uitvoering. Hierin was wel de hele tekst opgenomen, maar er stonden slechts twintig gravures in. De Engelse titel luidde *Researches concerning the Institutions & Monuments of the Ancient Inhabitants of America with Descriptions & Views of some of the most Striking Scenes in the Cordilleras!* – het uitroepteken maakte deel uit van de titel.

RELATIONS HISTORIQUES DU VOYAGE AUX RÉGIONS ÉQUINOXIALES

Relations historiques was Humboldts negenentwintig hoofdstukken tellende reisverslag van zijn expeditie naar Latijns-Amerika. Dit werk verscheen ook onder de titels *Voyage de Humboldt et Bonpland* en *Voyage aux régions équinoxiales du Nouveau Continent*. Het bevat een chronologische beschrijving van de reis van Humboldt en Bonpland en is deels een reisverhaal, deels een wetenschappelijk werk. Humboldt heeft het nooit voltooid. Het verslag zelf eindigt met hun aankomst bij de Río Magdalena op 20 april 1801 – nog niet eens halverwege de expeditie. Het werk werd in Frankrijk tussen 1814 en 1831 in delen uitgegeven. Later volgde een kleinere en veel goedkopere uitvoering in octavoformaat (1816-1831). Per deel moest tussen de 7 en 234 franc worden betaald. In Engeland verscheen het vrijwel meteen onder de titel *Personal Narrative* (1814-1829), in de vertaling van Helen Maria Williams, die in Parijs woonde en nauw met Humboldt samenwerkte. In 1852 kwam er een nieuwe versie op de Engelse markt (een niet-geautoriseerde vertaling van Thomasina Ross). De Duitse vertaling, die tussen 1818 en 1832 werd uitgegeven, was evenmin geautoriseerd. Op 20 januari 1840 schreef Humboldt zijn Duitse uitgever dat hij de Duitse uitgave zelfs nog nooit gezien had,[2] en later – toen hij die eenmaal had gelezen – klaagde hij dat de vertaling een verschrikking was. In 1805 verscheen een gedeeltelijke Nederlandse vertaling onder de titel *Reis van de Heeren van Humboldt en Bonpland naar de keerkringen, in de jaren 1799, 1800, 1801, 1802, 1803 en 1804. Een uittreksel uit hunne Aantekeningen* van J.C. de la Métherie.

Verwarrend was dat het laatste deel van de reisbeschrijving in 1826 ook als een apart boek werd uitgegeven met als titel *Essai politique sur l'île de Cuba* – in het Engels vertaald als *Political Essay on the Island of Cuba*.

ESSAI POLITIQUE SUR L'ÎLE DE CUBA

Humboldts gedetailleerde verslag over Cuba verscheen in 1826 in het Frans onder deze titel als een apart boek, maar maakte ook deel uit van het hierboven genoemde werk. Het stond vol informatie over klimaat, landbouw, havens en demografie, maar bevatte daarnaast economische cijfers over onder meer im- en export – en niet te vergeten Humboldts vernietigende kritiek op de slavernij. In 1827 werd het in het Spaans vertaald. De eerste Engelse vertaling (van J.S. Thrasher) werd in 1856 in de Verenigde Staten uitgegeven; in deze uitgave ontbrak het hoofdstuk over de slavernij.

ESSAI POLITIQUE SUR LE ROYAUME DE LA NOUVELLE-ESPAGNE

Humboldts beschrijving van de Spaanse koloniën was gebaseerd op zijn eigen observaties en op het archiefonderzoek dat hij in Mexico-Stad had gedaan. Net als het essay over Cuba was dit essay een handboek vol wetenswaardigheden, harde feiten en statistische gegevens. Informatie over geografie, planten, landbouw, fabrieken en mijnen, maar ook over de demografie en economie, werd allemaal met elkaar verweven. Tussen 1808 en 1811 verscheen de Franse uitgave (de uitgave op kwartoformaat in twee delen, en die op octavoformaat in vijf delen). Er kwamen verscheidene aangevulde en verbeterde drukken. Tussen 1809 en 1814 verscheen er een Duitse vertaling. De vierdelige Engelse vertaling met de titel *Political Essay on the Kingdom of New Spain* werd in 1811 voltooid. In 1822 kwam er een Spaanse vertaling uit.

Andere werken

FRAGMENS DE GÉOLOGIE ET DE CLIMATOLOGIE ASIATIQUES

Na Humboldts expeditie naar Rusland werd in 1831 *Fragmens de géologie et de climatologie asiatique* uitgegeven, dat grotendeels gebaseerd was op de lezingen die hij tussen oktober 1830 en januari 1831 in Parijs had gegeven. Zoals de titel al aangeeft, werden Humboldts waarnemingen en observaties over de geologie en het klimaat van Azië erin beschreven. Het werk vormde een inleiding op het uitgebreidere *Asie centrale*, dat in 1843 werd uitgegeven. In 1832 verscheen het in het Duits als *Fragmente einer Geologie und Klimatologie Asiens*; het werd nooit in het Engels vertaald.

ASIE CENTRALE, RECHERCHES SUR LES CHAÎNES DE MONTAGNES ET LA CLIMATOGIE COMPARÉE

Dit werk, dat alle resultaten van Humboldts expeditie naar Rusland bevatte, verscheen in het voorjaar van 1843 in een driedelige Franse uitgave. Het woord 'comparée' in de titel geeft aan dat alles was gebaseerd op vergelijking. *Asie centrale* bevatte de nieuwste informatie over de geologie en het klimaat van Azië, met gedetailleerde beschrijvingen van bergketens in Rusland, Tibet en China. Een recensent noemde het in de *Journal of the Royal Geographical Society* 'het meest toonaangevende werk dat het afgelopen jaar op het gebied van geografie verschenen is'.[3] Met tegenzin droeg Humboldt het boek op aan tsaar Nicolaas I. 'Het kon niet anders,' schreef hij een vriend, want de expeditie was gefinancierd door de tsaar.[4] In 1844 verscheen de Duitse vertaling, die als titel had *Central-Asien. Untersuchungen über die Gebirgsketten und die vergleichende Klimatologie.* Deze uitgave bevatte meer en nieuwere gegevens dan de Franse. Het verbaasde Humboldt dat *Asie centrale* niet in het Engels werd vertaald. Hij vond het vreemd dat de Britten zo gefascineerd waren door *Kosmos*, terwijl de 'eigenaars van Oost-Indië' meer belangstelling hadden moeten hebben voor *Asie centrale* en het daarin beschreven Himalayagebergte.[5]

KOSMOS

Humboldt werkte meer dan twintig jaar aan *Kosmos*. Het werk verscheen eerst in het Duits, onder de titel *Kosmos. Entwurf einer physischen Weltgeschichte*. Aanvankelijk was de bedoeling dat het in twee delen zou verschijnen, maar het werden uiteindelijk vijf delen, die tussen 1845 en 1862 uitgegeven werden. Ze vormden Humboldts 'boek der natuur',[6] de kroon op zijn werk, losjes gebaseerd op de lezingen die hij in 1827 en 1828 in Berlijn had gegeven. Het eerste deel was een reis door de externe wereld; het handelde over nevels en sterren, vulkanen, planten en de mens. Het tweede deel was een geestelijke reis door de geschiedenis van de mensheid, van de oude Grieken tot de moderne tijd. De laatste drie delen waren specialistischer en niet aantrekkelijk voor het algemene publiek.

De eerste twee delen daarentegen werden bestsellers. In 1851 was *Kosmos* in tien talen vertaald. In Groot-Brittannië kwamen bijna tegelijkertijd drie verschillende vertalingen op de markt, maar enkel de door John Murray uitgegeven vertaling van Elizabeth J.L. Sabine werd door Humboldt geautoriseerd (alleen de eerste vier delen werden vertaald). In 1850 verscheen van het eerste deel in de vertaling van Sabine al een zevende druk en van het tweede deel al een achtste. In 1849 waren er zo'n veertigduizend exemplaren in Engelse vertaling verkocht. De titel van de Nederlandse vertaling uit 1865/1866 van Elte Martens Beima luidde *Kosmos. Ontwerp eener natuurkundige wereldbeschrijving*. In Duitsland verschenen kort voor en na Humboldts dood diverse goedkopere uitgaven op kleiner formaat – vergelijkbaar met hedendaagse paperbacks – die geschikt waren voor een breed lezerspubliek.

Bronnen en bibliografie

De werken van Alexander von Humboldt

Alexander von Humboldt und August Böckh. Briefwechsel, ed. Romy Werther en Eberhard Knobloch, Berlijn: Akademie Verlag, 2011

Alexander von Humboldt et Aimé Bonpland. Correspondance 1805-1858, ed. Nicolas Hossard, Parijs: L'Harmattan, 2004

Alexander von Humboldt und Cotta. Briefwechsel, ed. Ulrike Leitner, Berlijn: Akademie Verlag, 2009

Alexander von Humboldt. Johann Franz Encke. Briefwechsel, ed. Ingo Schwarz, Oliver Schwarz en Eberhard Knobloch, Berlijn: Akademie Verlag, 2013

Alexander von Humboldt. Friedrich Wilhelm IV. Briefwechsel, ed. Ulrike Leitner, Berlijn: Akademie Verlag, 2013

Alexander von Humboldt. Familie Mendelssohn. Briefwechsel, ed. Sebastian Panwitz en Ingo Schwarz, Berlijn: Akademie Verlag, 2011

Alexander von Humboldt und Carl Ritter. Briefwechsel, ed. Ulrich Päßler, Berlijn: Akademie Verlag, 2010

Alexander von Humboldt. Samuel Heinrich Spiker. Briefwechsel, ed. Ingo Schwarz, Berlijn: Akademie Verlag, 2007

Alexander von Humboldt und die Vereinigten Staaten von Amerika. Briefwechsel, ed. Ingo Schwarz, Berlijn: Akademie Verlag, 2004

'Alexander von Humboldt's Correspondence with Jefferson, Madison, and Gallatin', ed. Helmut de Terra, *Proceedings of the American Philosophical Society*, deel 103, 1959

Ansichten der Natur mit wissenschaftlichen Erläuterungen, Tübingen: J.G. Cotta'sche Buchhandlung, 1808

Ansichten der Natur mit wissenschaftlichen Erläuterungen, derde en uitgebreide druk, Stuttgart en Tübingen: J.G. Cotta'sche Buchhandlung, 1849

Aphorismen aus der chemischen Physiologie der Pflanzen, Leipzig: Voss en Compagnie, 1794

Aspects of Nature, in Different Lands and Different Climates, with Scientific Elucidations, uit het Duits vertaald door Elizabeth J.L. Sabine, Londen: Longman, Brown, Green en John Murray, 1849

Briefe Alexander's von Humboldt an seinen Bruder Wilhelm, ed. Familie von Humboldt, Stuttgart: J.G. Cotta'schen Buchhandlung, 1880

Briefe aus Amerika 1799-1804, ed. Ulrike Moheit, Berlijn: Akademie Verlag, 1993

Briefe aus Russland 1829, ed. Eberhard Knobloch, Ingo Schwarz en

Christian Suckow, Berlijn: Akademie Verlag, 2009

Briefe von Alexander von Humboldt und Christian Carl Josias Bunsen, ed. Ingo Schwarz, Berlijn: Rohrwall Verlag, 2006

Briefwechsel Alexander von Humboldt's mit Heinrich Berghaus aus den Jahren 1825 bis 1858, ed. Heinrich Berghaus, Leipzig: Constenoble, 1863

Briefwechsel zwischen Alexander von Humboldt und Friedrich Wilhelm Bessel, ed. Hans-Joachim Felber, Berlijn: Akademie Verlag, 1994

Briefwechsel zwischen Alexander von Humboldt und Emil du Bois-Reymond, ed. Ingo Schwarz en Klaus Wenig, Berlijn: Akademie Verlag, 1997

Briefwechsel und Gespräche Alexander von Humboldt's mit einem jungen Freunde, aus den Jahren 1848 bis 1856, Berlijn: Verlag Franz von Duncker, 1861

Briefwechsel zwischen Alexander von Humboldt und Carl Friedrich Gauß, ed. Kurt-R. Biermann, Berlijn: Akademie Verlag, 1977

Briefwechsel zwischen Alexander von Humboldt und P.G. Lejeune Dirichlet, ed. Kurt-R. Biermann, Berlijn: Akademie Verlag, 1982

Briefwechsel zwischen Alexander von Humboldt und Heinrich Christian Schumacher, ed. Kurt-R. Biermann, Berlijn: Akademie Verlag, 1979

Central-Asien. Untersuchungen über die Gebirgsketten und die vergleichende Klimatologie, Berlijn: Carl J. Klemann, 1844

Correspondance d'Alexandre de Humboldt avec François Arago (1809-1853), ed. Théodore Jules Ernest Hamy, Parijs: Guilmoto, 1907

Cosmos: Sketch of a Physical Description of the Universe, uit het Duits vertaald door Elizabeth J.L. Sabine, Londen: Longman, Brown, Green en Longmans, en John Murray, 1845-1852 (deel 1-3)

Cosmos: A Sketch of a Physical Description of the Universe, uit het Duits vertaald door E.C. Otté, Londen: George Bell & Sons, 1878 (deel 1-3)

Die Jugendbriefe Alexander von Humboldts 1787-1799, ed. Ilse Jahn en Fritz G. Lange, Berlijn: Akademie Verlag, 1973
Die Kosmos-Vorträge 1827/28, ed. Jürgen Hamel en Klaus-Harro Tiemann, Frankfurt: Insel Verlag, 2004
Essay on the Geography of Plants (AH en Aimé Bonpland), ed. Stephen T. Jackson, Chicago en Londen: Chicago University Press, 2009
Florae Fribergensis specimen, Berlijn: Heinrich August Rottmann, 1793
Fragmente einer Geologie und Klimatologie Asiens, Berlijn: J.A. List, 1832
Ideen zu einer Geographie der Pflanzen nebst einem Naturgemälde der Tropenländer (AH en Aimé Bonpland), Tübingen: G. Cotta en Parijs: F. Schoell, 1807

Kosmos. Entwurf einer physischen Weltbeschreibung, Stuttgart en Tübingen: J.G. Cotta'sche Buchhandlung, 1845-1850 (deel 1-3)
Lateinamerika am Vorabend der Unabhängigkeitsrevolution: eine Anthologie von Impressionen und Urteilen aus seinen Reisetagebüchern, ed. Margot Faak, Berlijn: Akademie Verlag, 1982
Letters of Alexander von Humboldt to Varnhagen von Ense, ed. Ludmilla Assing, Londen: Trübner & Co., 1860
Mineralogische Beobachtungen über einige Basalte am Rhein, Braunschweig: Schulbuchhandlung, 1790
Personal Narrative of Travels to the Equinoctial Regions of the New Continent during the years 1799-1804, uit het Frans vertaald door Helen Maria Williams, Londen: Longman, Hurst, Rees, Orme, Brown en John Murray, 1814-1829
Personal Narrative of Travels to the Equinoctial Regions of the New Continent during the Years 1799-1804, uit het Frans vertaald door Thomasina Ross, Londen: George Bell & Sons, 1907 (deel 1-3)
Pittoreske Ansichten der Cordilleren und Monumente americanischer Völker, Tübingen: J.G. Cotta'sche Buchhandlung, 1810
Political Essay on the Island of Cuba. A Critical Edition, ed. Vera M. Kutzinski en Ottmar Ette, Chicago en Londen: Chicago University Press, 2011
Political Essay on the Kingdom of New Spain, uit het Frans vertaald door John Black, Londen en Edinburgh: Longman, Hurst, Rees, Orme en Brown; en H. Colburn: en W. Blackwood, en Brown en Crombie, Edinburgh, 1811
Reise auf dem Río Magdalena, durch die Anden und Mexico, ed. Margot Faak, Berlijn: Akademie Verlag, 2003

Reise durch Venezuela. Auswahl aus den Amerikanischen Reisetagebüchern, ed. Margot Faak, Berlijn: Akademie Verlag, 2000

Researches concerning the Institutions & Monuments of the Ancient Inhabitants of America with Descriptions & Views of some of the most Striking Scenes in the Cordilleras!, uit het Frans vertaald door Helen Maria Williams, Londen: Longman, Hurst, Rees, Orme, Brown, John Murray en H. Colburn, 1814

Ueber die unterirdischen Gasarten und die Mittel, ihren Nachteil zu vermindern. Ein Beytrag zur Physik der praktischen Bergbaukunde, Braunschweig: Vieweg, 1799

Versuch über die gereizte Muskel- und Nervenfaser, Berlijn: Heinrich August Rottmann, 1797

Views of Nature, Londen: George Bell & Sons, 1896

Views of Nature, ed. Stephen T. Jackson en Laura Dassow Walls, uit het Duits vertaald door Mark W. Person, Chicago en Londen: Chicago University Press, 2014

Vues des Cordillères et monumens des peuples indigènes de l'Amérique, Parijs: F. Schoell, 1810-1813

Een selectie van Humboldts boeken online: http://www.avhumboldt.de/?page_id=469

Algemene bibliografie

Acosta de Samper, Soledad, *Biografía del General Joaquín Acosta*, Bogotá: Librería Colombiana Camacho Roldán & Tamayo, 1901

Adams, John, *The Works of John Adams*, ed. Charles Francis Adams, Boston: Little, Brown and Co., deel 10, 1856

Adler, Jeremy, 'Goethe's Use of Chemical Theory in his Elective Affinities', in Andrew Cunningham en Nicholas Jardine (eds.), *Romanticism and the Sciences*, Cambridge: Cambridge University Press, 1990

Agassiz, Louis, *Address Delivered on the Centennial Anniversary of the Birth of Alexander von Humboldt*, Boston: Boston Society of Natural History, 1869

Anderson, Melville B., 'The Conversation of John Muir', *American Museum Journal*, deel xv, 1915

Andress, Reinhard, 'Alexander von Humboldt und Carlos Montúfar als Reisegefährten: ein Vergleich ihrer Tagebücher zum Chimborazo-Aufstieg', *HiN* XII, deel 22, 2011

Andress, Reinhard en Silvia Navia, 'Das Tagebuch von Carlos Montúfar:

Faksimile und neue Transkription', *HiN* XIII, deel 24, 2012
Arago, François, *Biographies of Distinguished Scientific Men*, Londen: Longman, 1857
Arana, Marie, *Bolívar. American Liberator*, New York en Londen: Simon & Schuster, 2013
Armstrong, Patrick, 'Charles Darwin's Image of the World: The Influence of Alexander von Humboldt on the Victorian Naturalist', in Anne Buttimer et al. (ed.), *Text and Image. Social Construction of Regional Knowledges*, Leipzig: Institut für Länderkunde, 1999
Assing, Ludmilla, *Briefe von Alexander von Humboldt an Varnhagen von Ense aus den Jahren 1827-1858*, New York: Verlag von L. Hauser, 1860

Avery, Kevin, J., *The Heart of the Andes: Church's Great Picture*, New York: Metropolitan Museum of Art, 1993
Ayrton, John, *The Life of Sir Humphry Davy*, Londen: Henry Colburn en Richard Bentley, 1831
Babbage, Charles, *Passages from the Life of a Philosopher*, ed. Martin Campbell-Kelly, Londen: William Pickering, 1994
Baily, Edward, *Charles Lyell*, Londen en New York: Nelson, 1962
Banks, Joseph, *The Letters of Sir Joseph Banks. A Selection, 1768-1820*, ed. Neil Chambers, Londen: Imperial College Press, 2000
——, *Scientific Correspondence of Sir Joseph Banks*, ed. Neil Chambers, Londen: Pickering & Chatto, 2007
Baron, Frank, 'From Alexander von Humboldt to Frederic Edwin Church: Voyages of Scientific Exploration and Artistic Creativity', *HiN* VI, deel 10, 2005
Bartram, John, *The Correspondence of John Bartram, 1734-1777*, ed. Edmund Berkeley en Dorothy Smith Berkeley, Florida: University of Florida Press, 1992
Bate, Jonathan, *Romantic Ecology. Wordsworth and the Environmental Tradition*, Londen: Routledge, 1991
Bear, James A. (ed.), *Jefferson at Monticello: Recollections of a Monticello Slave and of a Monticello Overseer*, Charlottesville: University of Virginia Press, 1967
Beck, Hanno, *Gespräche Alexander von Humboldts*, Berlijn: Akademie Verlag, 1959
——, *Alexander von Humboldt*, Wiesbaden: Franz Steiner Verlag, 1959-1961
——, 'Hinweise auf Gespräche Alexander von Humboldts', in Heinrich

von Pfeiffer (ed.), *Alexander von Humboldt. Werk und Weltgeltung*, München: Pieper, 1969
——, *Alexander von Humboldts Reise durchs Baltikum nach Russland und Sibirien, 1829*, Stuttgart en Wenen: Edition Erdmann, 1983
Beinecke Rare Books & Manuscripts Library, *Goethe. The Scientist*, tentoonstelling bij Beinecke Rare Books & Manuscripts Library, New Haven en Londen: Yale University Press, 1999
Bell, Stephen, *A Life in the Shadow: Aimé Bonpland's Life in Southern South America, 1817-1858*, Stanford: Stanford University Press, 2010
Benedict, George Grenville, *Vermont in the Civil War*, Burlington: Free Press Association, 1888

Bergdoll, Barry, 'Of Crystals, Cells, and Strata: Natural History and Debates on the Form of a New Architecture in the Nineteenth Century', *Architectural History*, deel 50, 2007
Berghaus, Heinrich, *The Physical Atlas. A Series of Maps Illustrating the Geographical Distribution of Natural Phenomena*, Edinburgh: John Johnstone, 1845
Berlioz, Hector, *Les Soirées de l'orchestre*, Parijs: Michel Lévy, 1854
——, *Mémoires de H. Berlioz, comprenant ses voyages en Italie, en Allemagne, en Russie et en Angleterre 1803-1865*, Parijs: Calmann Lévy, 1878
Biermann, Kurt-R., *Miscellanea Humboldtiana*, Berlijn: Akademie-Verlag, 1990a
——, *Alexander von Humboldt*, Leipzig: Teubner, 1990b
——, 'Ein "politisch schiefer Kopf" und der "letzte Mumienkasten". Humboldt und Metternich', *HiN* V, deel 9, 2004
Biermann Kurt-R. (ed.), *Alexander von Humboldt. Aus Meinem Leben. Autobiographische Bekenntnisse*, München: C.H. Beck, 1987
Biermann, Kurt-R., Ilse Jahn en Fritz Lange, *Alexander von Humboldt. Chronologische Übersicht über wichtige Daten seines Lebens*, Berlijn: Akademie-Verlag, 1983
Biermann, Kurt-R. en Ingo Schwarz, '"Der unheilvollste Tag meines Lebens." Der Forschungsreisende Alexander von Humboldt in Stunden der Gefahr', *Mitteilungen der Humboldt-Gesellschaft für Wissenschaft, Kunst und Bildung*, 1997
——, '"Moralische Sandwüste und blühende Kartoffelfelder". Humboldt – Ein Weltbürger in Berlin', in Frank Holl (ed.), *Alexander von Humboldt. Netzwerke des Wissens*, Ostfildern: Hatje-Cantz, 1999a
——, '"Werk meines Lebens". Alexander von Humboldts Kosmos', in

Frank Holl (ed.), *Alexander von Humboldt. Netzwerke des Wissens*, Ostfildern: Hatje-Cantz, 1999b
——, ' "Gestört durch den Unfug elender Strolche". Die Skandalösen Vorkommnisse beim Leichenbegräbnis Alexander von Humboldts im Mai 1859', *Mitteilungen des Vereins für die Geschichte Berlins*, deel 95, 1999c
——, 'Geboren mit einem silbernem Löffel im Munde – gestorben in Schuldknechtschaft. Die Wirtschaftlichen Verhältnisse Alexander von Humboldts', *Mitteilungen des Vereins für die Geschichte Berlins*, deel 96, 2000
——, 'Der Aachener Kongreß und das Scheitern der Indischen Reisepläne Alexander von Humboldts', *HiN* II, deel 2, 2001a
——, ' "Sibirien beginnt in der Hasenheide". Alexander von Humboldt's Neigung zur Moquerie', *HiN* II, deel 2, 2001b
——, 'Indianische Reisebegleiter. Alexander von Humboldt in Amerika', *HiN* VIII, deel 14, 2007
Binet, René, *Esquisses Décoratives*, Parijs: Librairie Centrale des Beaux-Arts, circa 1905
Bolívar, Simón, *Cartas del Libertador*, ed. Vicente Lecuna, Caracas: 1929
——, *Selected Writings of Bolívar*, ed. Vicente Lecuna, New York: Colonial Press, 1951
——, *El Libertador. Writings of Simón Bolívar*, ed. David Bushnell, vertaald door Frederick H. Fornhoff, Oxford: Oxford University Press, 2003
——, *Doctrina del Libertador*, ed. Manuel Pérez Vila, Caracas: Fundación Biblioteca Ayacucho, 2009
Bölsche, Wilhelm, *Ernst Haeckel: Ein Lebensbild*, Berlijn: Georg Bondi, 1909
——, *Alexander von Humboldt's Kosmos*, Berlijn: Deutsche Bibliothek, 1913
Borst, Raymond R. (ed.), *The Thoreau Log: A Documentary Life of Henry David Thoreau, 1817-1862*, New York: G.K. Hall en Oxford: Maxwell Macmillan International, 1992
Botting, Douglas, *Humboldt and the Cosmos*, Londen: Sphere Books, 1973
Boyle, Nicholas, *Goethe. The Poet and the Age. The Poetry of Desire. 1749-1790*, I, Oxford: Clarendon Press, 1992
——, *Goethe. The Poet and the Age. Revolution and Renunciation. 1790-*

1803, II, Oxford: Clarendon Press, 2000
Branch, Michael P. (ed.), *John Muir's Last Journey. South to the Amazon and East to Africa*, Washington en Covelo: Island Press, 2001
Breidbach, Olaf, *Visions of Nature. The Art and Science of Ernst Haeckel*, München en Londen: Prestel, 2006
Breidbach, Olaf en Irenäus Eibl-Eibesfeld, *Art Forms in Nature. The Prints of Ernst Haeckel*, München: Prestel, 1998
Briggs, Asa, *The Age of Improvement, 1783-1867*, Londen: Longman, 2000
Browne, Janet, *Charles Darwin. Voyaging*, Londen: Pimlico, 2003a

——, *Charles Darwin. The Power of Place*, Londen: Pimlico, 2003b
——, *Darwin's Origin of Species. A Biography*, Londen: Atlantic Books, 2006
Bruhns, Karl (ed.), *Life of Alexander von Humboldt*, Londen: Longmans, Green and Co., 1873
Brunel, Isambard, *The Life of Isambard Kingdom Brunel. Civil Engineer*, Londen: Longmans, Green and Co., 1870
Buchanan, R. Angus, *Brunel. The Life and Times of Isambard Kingdom Brunel*, Londen: Hambledon en Londen, 2002
Buckland, Wilhelm, *Life and Correspondence of William Buckland*, ed. Mrs Gordon (Elizabeth Oke Buckland), Londen: John Murray, 1894
Buell, Lawrence, *The Environmental Imagination: Thoreau, Nature Writing, and the Formation of American Culture*, Cambridge, Mass. en Londen: Belknap Press van Harvard University Press, 1995
Burwick, Frederick en James C. McKusick (eds.), *Faustus. From the German of Goethe*, vertaald door Samuel Taylor Coleridge, Oxford: Oxford University Press, 2007
Busey, Samuel Clagett, *Pictures of the City of Washington in the Past*, Washington DC: W. Ballantyne & Sons, 1898
Buttimer, Anne, 'Beyond Humboldtian Science and Goethe's Way of Science: Challenges of Alexander von Humboldt's Geography', *Erdkunde*, deel 55, 2001
Caldas, Francisco José de, *Semanario del Nuevo Reino de Granada*, Bogotá: Ministerio de Educación de Colombia, 1942
Canning, George, *Some Official Correspondence of George Canning*, ed. Edward J. Stapelton, Londen: Longmans, Green and Co., 1887
——, *George Canning and his Friends*, ed. Captain Josceline Bagot, Londen: John Murray, 1909

Cannon, Susan Faye, *Science in Culture: The Early Victorian Period*, New York: Dawson, 1978

Cawood, John, 'The Magnetic Crusade: Science and Politics in Early Victorian Britain', *Isis*, deel 70, 1979

Channing, William Ellery, *Thoreau. The Poet-Naturalist*, Boston: Roberts Bros., 1873

Chinard, Gilbert, 'The American Philosophical Society and the Early History of Forestry in America', *Proceedings of the American Philosophical Society*, deel 89, 1945

Clark, Christopher, *Iron Kingdom: The Rise and Downfall of Prussia, 1600-1947*, Londen: Penguin, 2007

Clark, Rex en Oliver Lubrich (eds.), *Transatlantic Echoes. Alexander von Humboldt in World Literature*, New York en Oxford: Berghahn Books, 2012a

——, *Cosmos and Colonialism. Alexander von Humboldt in Cultural Criticism*, New York en Oxford: Berghahn Books, 2012b

Clifford, Helen en Eric Turner, 'Modern Metal', in Paul Greenhalgh (ed.), *Art Nouveau, 1890-1914*, Londen: V&A Publications, 2000

Cohen, I. Bernard, *Science and the Founding Fathers: Science in the Political Thought of Thomas Jefferson, Benjamin Franklin, John Adams, and James Madison*, New York en Londen: W.W. Norton, 1995

Coleridge, Samuel Taylor, *The Philosophical Lectures of Samuel Taylor Coleridge*, ed. Kathleen H. Coburn, Londen: Pilot Press, 1949

——, *The Notebooks of Samuel Taylor Coleridge*, ed. Kathleen Coburn, Princeton: Princeton University Press, 1958-2002

——, *Table Talk*, ed. Carl Woodring, Londen: Routledge, 1990

——, *Lectures 1818-1819 on the History of Philosophy*, ed. J.R. de J. Jackson, Princeton: Princeton University Press, 2000

Cooney Frelinghuysen, Alice, 'Louis Comfort Tifffany and New York', in Paul Greenhalgh (ed.), *Art Nouveau, 1890-1914*, Londen: V&A Publications, 2000

Cunningham, Andrew en Nicholas Jardine (eds.), *Romanticism and the Sciences*, Cambridge: Cambridge University Press, 1990

Cushman, Gregory T., 'Humboldtian Science, Creole Meteorology, and the Discovery of Human-Caused Climate Change in South America', *Osiris*, deel 26, 2011

Darwin, Charles, *On the Origin of Species by Means of Natural Selection*, Londen: John Murray, 1859

——, *Life and Letters of Charles Darwin*, ed. Francis Darwin, New York en Londen: D. Appleton & Co., 1911
——, *The Autobiography of Charles Darwin 1809-1882*, ed. Nora Barlow, Londen: Collins, 1958
——, 'Darwin's Notebooks on the Transmutation of Species, Part iv', ed. Gavin de Beer, *Bulletin of the British Museum*, deel 2, 1960
——, *Correspondence of Charles Darwin, The*, ed. Frederick Burkhardt en Sydney Smith, Cambridge: Cambridge University Press, 1985-2014
——, *Beagle Diary*, ed. Richard Darwin Keynes, Cambridge: Cambridge University Press, 2001

——, *The Voyage of the Beagle*, Hertfordshire: Wordsworth Editions, 1997
Darwin, Erasmus, *The Botanic Garden. Part II: Containing Loves of the Plants. A Poem. With Philosophical Notes*, voor het eerst gepubliceerd in 1789, Londen: J. Johnson, 1791
Daudet, Ernest, *La Police politique. Chronique des temps de la Restauration d'après les rapports des agents secrets et les papiers du Cabinet noir, 1815-1820*, Parijs: Librairie Plon, 1912
Davies, Norman, *Europe. A History*, Londen: Pimlico, 1997
Dean, Bradley P., 'Natural History, Romanticism, and Thoreau', in Michael Lewis (ed.), *American Wilderness. A New History*, Oxford: Oxford University Press, 2007
Dibdin, Thomas Frognall, *A Bibliographical, Antiquarian, and Picturesque Tour in France and Germany*, Londen: W. Bulmer en W. Nicol, 1821
Di Gregorio, Mario A., *From Here to Eternity: Ernst Haeckel and Scientific Faith*, Göttingen: Vandenhoeck & Ruprecht, 2004
—— (ed.), *Charles Darwin's Marginalia*, New York en Londen: Garland, 1990
Dove, Alfred, *Die Forsters und die Humboldts*, Leipzig: Dunder & Humplot, 1881
Eber, Ron, '"Wealth and Beauty". John Muir and Forest Conservation', in Sally M. Miller en Daryl Morrison (eds.), *John Muir. Family, Friends and Adventurers*, Albuquerque: University of New Mexico Press, 2005
Egerton, Frank N., *Roots of Ecology. Antiquity to Haeckel*, Berkeley: University of California Press, 2012
Ehrlich, Willi, *Goethes Wohnhaus am Frauenplan in Weimar*, Weimar: Nationale Forschungs- und Gedenkstätten der Klassik, 1983
Eichhorn, Johannes, *Die wirtschaftlichen Verhältnisse Alexander von*

Humboldts, Gedenkschrift zur 100. Wiederkehr seines Todestages, Berlijn: Akademie Verlag, 1959
Elden, Stuart en Eduardo Mendieta (eds.), *Kant's Physische Geographie: Reading Kant's Geography*, New York: SUNY Press, 2011
Emerson, Ralph Waldo, *The Letters of Ralph Waldo Emerson*, ed. Ralph L. Rusk, New York: Columbia University Press, 1939
——, *The Early Lectures of Ralph Waldo Emerson*, ed. Stephen E. Whicher en Robert E. Spiller, Cambridge: Harvard University Press, 1959-1972
——, *The Journals and Miscellaneous Notebooks of Ralph Waldo Emerson*, ed. William H. Gilman, Alfred R. Ferguson, George P. Clark en Merrell R. Davis, Cambridge: Harvard University Press, 1960-1992

——, *The Collected Works of Ralph Waldo Emerson*, ed. Alfred R. Ferguson et al., Cambridge: Harvard University Press, 1971-2013
Engelmann, Gerhard, 'Alexander von Humboldt in Potsdam', *Veröffentlichungen des Bezirksheimatmuseums Potsdam*, no. 19, 1969
Ette, Ottmar et al., *Alexander von Humboldt: Aufbruch in die Moderne*, Berlijn: Akademie Verlag, 2001
Evelyn, John, *Sylva, Or a Discourse of Forest-trees, and the Propagation of Timber in His Majesty's Dominions*, Londen: Royal Society, 1670
Fiedler, Horst en Ulrike Leitner, *Alexander von Humboldts Schriften. Bibliographie der selbständig erschienen Werke*, Berlijn: Akademie Verlag, 2000
Finkelstein, Gabriel, '"Conquerors of the Künlün"? The Schlagintweit Mission to High Asia, 1854-1857', *History of Science*, deel 38, 2000
Fleming, James R., *Historical Perspectives on Climate Change*, Oxford: Oxford University Press, 1998
Fontane, Theodor, *Theodor Fontanes Briefe*, ed. Walter Keitel, München: Hanser Verlag, deel 3, 1980
Foster, Augustus, *Jeffersonian America: Notes by Sir Augustus Foster*, San Marino: Huntington Library, 1954
Fox, Robert, *The Culture of Science in France, 1700-1900*, Surrey: Variorum, 1992
Franklin, Benjamin, *The Papers of Benjamin Franklin*, ed. Leonard W. Labaree et al., New Haven en Londen: Yale University Press, 1956-2008
Friedenthal, Richard, *Goethe. Sein Leben und seine Zeit*, München en Zürich: Piper, 2003
Friis, Herman R., 'Alexander von Humboldts Besuch in den Vereinigten Staaten von America', in Joachim H. Schulze (ed.), *Alexander von*

Humboldt. Studien zu seiner universalen Geisteshaltung, Berlijn: Verlag Walter de Gruyter & Co., 1959

Froncek, Thomas (ed.), *An Illustrated History: The City of Washington*, New York: Alfred A. Knopf, 1977

Gall, Lothar, *Wilhelm von Humboldt: Ein Preuße von Welt*, Berlijn: Propyläen, 2011

Gallatin, Albert, *A Synopsis of the Indian Tribes*, Cambridge: Cambridge University Press, 1836

Geier, Manfred, *Die Brüder Humboldt. Eine Biographie*, Hamburg: Rowohlt Taschenbuch Verlag, 2010

Gersdorff, Dagmar von, *Caroline von Humboldt. Eine Biographie*, Berlijn: Insel Verlag, 2013

Gifford, Terry (ed.), *John Muir. His Life and Letters and Other Writings*, Londen: Baton Wicks, 1996

Gisel, Bonnie J., *Nature's Beloved Son. Rediscovering John Muir's Botanical Legacy*, Berkeley: Heyday Books, 2008

Glogau, Heinrich, *Akademische Festrede zur Feier des Hundertjährigen Geburtstages Alexander's von Humboldt, 14 September 1869*, Frankfurt: Verlag von F.B. Auffarth, 1969

Goethe, Johann Wolfgang von, *Goethe's Briefwechsel mit den Gebrüdern von Humboldt*, ed. F. Th. Bratranek, Leipzig: Brockhaus, 1876

——, *Goethes Briefwechsel mit Wilhelm und Alexander v. Humboldt*, ed. Ludwig Geiger, Berlijn: H. Bondy, 1909

——, *Goethe Begegnungen und Gespräche*, ed. Ernst Grumach en Renate Grumach, Berlijn en New York: Walter de Gruyter, 1965-2000

——, *Italienische Reise*, in Herbert v. Einem and Erich Trunz (eds.), *Goethes Werke*, Hamburger Ausgabe, Hamburg: Christian Wegener Verlag, 1967

——, *Goethes Briefe, Hamburger Ausgabe in 4 Bänden*, ed. Karl Robert Mandelkrow, Hamburg: Christian Wegener Verlag, 1968-1976

——, *Briefe an Goethe, Gesamtausgabe in Regestform*, ed. Karl Heinz Hahn, Weimar: Böhlau, 1980-2000

——, *Goethes Leben von Tag zu Tag: Eine Dokumentarische Chronik*, ed. Robert Steiger, Zürich en München: Artemis Verlag, 1982-1996

——, *Schriften zur Morphologie*, ed. Dorothea Kuhn, Frankfurt: Deutscher Klassiker Verlag, 1987

——, *Schriften zur Allgemeinen Naturlehre, Geologie und Mineralogie*, ed. Wolf von Engelhardt en Manfred Wenzel, Frankfurt: Deutscher Klassiker Verlag, 1989

——, *Johann Wolfgang Goethe: Tag- und Jahreshefte*, ed. Irmtraut Schmid, Frankfurt: Deutscher Klassiker Verlag, 1994

——, *Johann Wolfgang Goethe: Tagebücher*, ed. Jochen Golz, Stuttgart en Weimar: J.B. Metzler, 1998-2007

——, *Johannn Peter Eckermann, Gespräche mit Goethe in den Letzten Jahren seines Lebens*, ed. Christoph Michel, Frankfurt: Deutscher Klassiker Verlag, 1999

——, *Die Wahlverwandtschaften*, Frankfurt: Insel Verlag, 2002

——, *Faust*. Gebruikte Nederlandse vertaling: *Faust: Een Tragedie*. Vertaald door Ard Posthuma, Amsterdam, Athenaeum – Polak & Van Gennep, 2002

Gould, Stephen Jay, 'Humboldt and Darwin: The Tension and Harmony of Art and Science', in Franklin Kelly (ed.), *Frederic Edwin Church*, Washington, National Gallery of Art: Smithsonian Institution Press, 1989

Granville, A.B., *St. Petersburgh: A Journal of Travels to and from that Capital. Through Flanders, the Rhenich provinces, Prussia, Russia, Poland, Silesia, Saxony, the Federated States of Germany, and France*, Londen: H. Colburn, 1829

Greenhalgh, Paul (ed.), *Art Nouveau, 1890-1914*, Londen: V&A Publications, 2000

Grove, Richard, *Green Imperialism: Colonial Expansion, Tropical Island Edens and the Origins of Environmentalism, 1600-1860*, Cambridge: Cambridge University Press, 1995

Haeckel, Ernst, *Die Radiolarien (Rhizopoda radiaria). Eine Monographie. Mit einem Atlas*, Berlijn: Georg Reimer, 1862

——, *Generelle Morphologie der Organismen*, Berlijn: Georg Reimer, 1866

——, 'Eine zoologische Excursion nach den Canarischen Inseln', *Jenaische Zeitschrift fuer Medicin und Naturwissenschaft*, 1867

——, 'Über Entwicklungsgang und Aufgabe der Zoologie', in Ernst Haeckel, *Gesammelte Populäre Vorträge aus dem Gebiete der Entwickelungslehre*, Zweites Heft, Bonn: Verlag Emil Strauß, 1879

——, *Bericht über die Feier des sechzigsten Geburtstages von Ernst Haeckel am 17. Februar 1894 in Jena*, Jena: Hofbuchdruckerei, 1894

——, *Die Welträthsel. Gemeinverständliche Studien über monistische Philosophie*, Bonn: Verlag Emil Strauß, 1899

——, *Kunstformen der Natur*, Leipzig en Wenen: Verlag des Bibliographischen Instituts, 1899-1904

——, *Aus Insulinde. Malayische Reisebriefe*, Bonn: Verlag Emil Strauß, 1901
——, *Entwicklungsgeschichte einer Jugend. Briefe an die Eltern, 1852-1856*, Leipzig: K.F. Koehler, 1921a
——, *Italienfahrt. Briefe an die Braut, 1859-1860*, ed. Heinrich Schmidt, Leipzig: K.F. Koehler, 1921b
——, *Berg- und Seefahrten*, Leipzig: K.F. Koehler, 1923
——, 'Eine autobiographische Skizze', in Ernst Haeckel, *Gemeinverständliche Werke*, ed. Heinrich Schmidt, Leipzig: Alfred Kröner Verlag, 1924, deel 1

——, *Himmelhoch jauchzend. Erinnerungen und Briefe der Liebe*, ed. Heinrich Schmidt, Dresden: Reissner, 1927
——, *Ernst Haeckel-Wilhelm Bölsche. Briefwechsel 1887-1919*, ed. Rosemarie Nöthlich, Berlijn: Verlag für Wissenschaft und Bildung, 2002
Hallé, Charles, *Life and Letters of Sir Charles Hallé; Being an Autobiography (1819-1860) with Correspondence and Diaries*, ed. C.E. Hallé en Marie Hallé, Londen: Smith, Elder & Co., 1896
Hamel, Jürgen, Eberhard Knobloch en Herbert Pieper (eds.), *Alexander von Humboldt in Berlin. Sein Einfluß auf die Entwicklung der Wissenschaften*, Augsburg: Erwin Rauner Verlag, 2003
Harbert Petrulionis, Sandra (ed.), *Thoreau in His Own Time: A Biographical Chronicle of His Life, Drawn from Recollections, Interviews, and Memoirs by Family, Friends, and Associates*, Iowa City: University of Iowa Press, 2012
Harding, Walter, *Emerson's Library*, Charlottesville: University of Virginia Press, 1967
—— (ed.), *Thoreau as Seen by his Contemporaries*, New York: Dover Publications en Londen: Constable, 1989
Harman, Peter M., *The Culture of Nature in Britain, 1680-1860*, New Haven en Londen: Yale University Press, 2009
Hatch, Peter, *A Rich Spot of Earth. Thomas Jefferson's Revolutionary Garden at Monticello*, New Haven en Londen: Yale University Press, 2012
Hawthorne, Nathaniel, *The Letters, 1853-1856*, ed. Thomas Woodson et al., Columbus, Ohio: Ohio State University Press, deel 17, 1987
Haydon, Benjamin Robert, *The Autobiography and Journals of Benjamin Robert Haydon*, ed. Malcolm Elwin, Londen: Macdonald, 1950
——, *The Diary of Benjamin Robert Haydon*, ed. Willard Bissell Pope, Cambridge: Harvard University Press, 1960-1963

Heiman, Hanns, 'Humboldt and Bolívar', in Joachim Schultze (ed.), *Alexander von Humboldt: Studien zu seiner Universalen Geisteshaltung*, Berlijn: Walter de Gruyter, 1959

Heinz, Ulrich von, 'Die Brüder Wilhelm und Alexander von Humboldt', in Jürgen Hamel, Eberhard Knobloch en Herbert Pieper (eds.), *Alexander von Humboldt in Berlin. Sein Einfluß auf die Entwicklung der Wissenschaften*, Augsburg: Erwin Rauner Verlag, 2003

Helferich, Gerhard, *Humboldt's Cosmos*, New York: Gotham Books, 2005

Herbert, Sandra, 'Darwin, Malthus, and Selection', *Journal of the History of Biology*, deel 4, 1971

Hölder, Helmut, 'Ansätze großtektonischer Theorien des 20. Jahrhunderts bei Alexander von Humboldt', in Christian Suckow et al. (ed.), *Studia Fribergensia, Vorträge des Alexander-von-Humboldt Kolloquiums in Freiberg*, Berlijn: Akademie Verlag, 1994

Holl, Frank, 'Alexander von Humboldt. Wie der Klimawandel entdeckt wurde', *Die Gazette*, deel 16, 2007-2008

——, *Alexander von Humboldt. Mein Vielbewegtes Leben. Der Forscher über sich und seine Werke*, Frankfurt: Eichborn, 2009

——, (ed.), *Alexander von Humboldt. Netzwerke des Wissens*, Ostfildern: Hatje-Cantz, 1999

Holmes, Richard, *Coleridge. Darker Reflections*, Londen: HarperCollins, 1998

——, *The Age of Wonder. How the Romantic Generation Discovered the Beauty and Terror of Science*, Londen: Harper Press, 2008

Holmes, Steven J., *The Young John Muir. An Environmental Biography*, Madison: University of Wisconsin Press, 1999

Hooker, Joseph Dalton, *Life and Letters of Sir Joseph Dalton Hooker*, ed. Leonard Huxley, Londen: John Murray, 1918

Horne, Alistair, *Seven Ages of Paris*, New York: Vintage Books, 2004

Howarth, William L., *The Literary Manuscripts of Henry David Thoreau*, Columbus: Ohio State University Press, 1974

——, *The Book of Concord. Thoreau's Life as a Writer*, Londen en New York: Penguin Books, 1983

Hughes-Hallet, Penelope, *The Immortal Dinner. A Famous Evening of Genius and Laughter in Literary London 1817*, Londen: Penguin Books, 2001

Humboldt, Wilhelm von, *Wilhelm von Humboldts Gesammelte Schriften*,

Berlijn: Königlich Preussischen Akademie der Wissenschaften en B. Behr's Verlag, 1903-1936
Humboldt, Wilhelm von, en Caroline von Humboldt, *Wilhelm und Caroline von Humboldt in ihren Briefen*, ed. Familie von Humboldt, Berlijn: Mittler und Sohn, 1910-1916
Hunt, Gaillard (ed.), *The First Forty Years of Washington Society, Portrayed by the Family Letters of Mrs Samuel Harrison Smith*, New York: C. Scribner's Sons, 1906
Hunter, Christie, S. en G.B. Airy, 'Report upon a Letter Addressed by M. Le Baron de Humboldt to His Royal Highness the President of the Royal Society, and Communicated by His Royal Highness to the Council', *Abstracts of the Papers Printed in the Philosophical Transactions of the Royal Society of London*, deel 3, 1830-1837

Huth, Hans, 'The American and Nature', *Journal of the Warburg and Courtauld Institutes*, deel 13, 1950
Hyman, Anthony, *Charles Babbage: Pioneer of the Computer*, Oxford: Oxford University Press, 1982
Irving, Pierre M. (ed.), *The Life and Letters of Washington Irving*, Londen: Richard Bentley, 1864
Jackson, Donald (ed.), *Letters of the Lewis and Clark Expedition, with Related Documents, 1783–1854*, Urbana en Chicago: University of Illinois Press, 1978
Jahn, Ilse, *Dem Leben auf der Spur. Die biologischen Forschungen Humboldts*, Leipzig: Urania, 1969
——, '"Vater einer großen Nachkommenschaft von Forschungsreisenden..." – Ehrungen Alexander von Humboldts im Jahre 1869', *HiN* v, deel 8, 2004
Jardine, Lisa, *Ingenious Pursuit. Building the Scientific Revolution*, Londen: Little, Brown, 1999
Jardine, N., J.A. Secord, and E.C. Spary (eds.), *The Cultures of Natural History*, Cambridge: Cambridge University Press, 1995
Jefferson, Thomas, *Thomas Jefferson's Garden Book, 1766-1824*, ed. Edwin M. Betts, Philadelphia: American Philosophical Society, 1944
——, *The Papers of Thomas Jefferson*, ed. Julian P. Boyd et al., Princeton en Oxford: Princeton University Press, 1950-2009
——, *Notes on the State of Virginia*, ed. William Peden, New York en Londen: W.W. Norton, 1982
——, *The Family Letters of Thomas Jefferson*, ed. Edwin M. Betts en James

Adam Bear, Charlottesville: University of Virginia Press, 1986
——, *Jefferson's Memorandum Books: Accounts, with Legal Records and Miscellany, 1767-1826*, ed. James A. Bear en Lucia C. Stanton, Princeton: Princeton University Press, 1997
——, *The Papers of Thomas Jefferson: Retirement Series*, ed. Jeff Looney et al., Princeton en Oxford: Princeton University Press, 2004-2013
Jeffrey, Lloyd N., 'Wordsworth and Science', *South Central Bulletin*, deel 27, 1967
Jessen, Hans (ed.), *Die Deutsche Revolution 1848/49 in Augenzeugenberichten*, Düsseldorf: Karl Rauch, 1968
Johnson, Paul, *A History of the American People*, New York: Harper Perennial, 1999

Judd, Richard W., 'A "Wonderfull Order and Ballance": Natural History and the Beginnings of Conservation in America, 1730-1830', *Environmental History*, deel 11, 2006
Kahle, Günter (ed.), *Simón Bolívar in zeitgenössischen deutschen Berichten 1811-1831*, Berlijn: Reimer, 1983
Kant, Immanuel, *Kritik der Urteilskraft*, in Immanuel Kant, *Werke in sechs Bänden*, ed. William Weischedel, Wiesbaden: Insel Verlag, deel 5, 1957
Kaufmann, Walter (vert.), *Goethe's Faust*, New York: Doubleday, 1961
Kelly, Franklin, 'A Passion for Landscape: The Paintings of Frederic Edwin Church', in Franklin Kelly (ed.), *Frederic Edwin Church*, Washington, National Gallery of Art: Smithsonian Institution Press, 1989
Kennedy, Keith E., '"Affectionately Yours, John Muir". The Correspondence between John Muir and his Parents, Brothers, and Sisters', in Sally M. Miller (ed.), *John Muir. Life and Work*, Albuquerque: University of New Mexico Press, 1996
Kimes, William en Maymie Kimes, *John Muir: A Reading Bibliography*, Fresno: Panorama West Books, 1986
King-Hele, Desmond, *Erasmus Darwin and the Romantic Poets*, Londen: Macmillan, 1986
Kipperman, Mark, 'Coleridge, Shelley, Davy, and Science's Millennium', *Criticism*, deel 40, 1998
Klauss, Jochen, *Goethes Wohnhaus in Weimar: Ein Rundgang in Geschichten*, Weimar: Klassikerstätten zu Weimar, 1991
Klencke, Herman, *Alexander von Humboldt's Leben und Wirken, Reisen und Wissen*, Leipzig: Verlag von Otto Spamer, 1870

Knobloch, Eberhard, 'Gedanken zu Humboldts Kosmos', *HiN* v, deel 9, 2004
——, 'Alexander von Humboldts Weltbild', *HiN* x, deel 19, 2009
Köchy, Kristian, 'Das Ganze der Natur Alexander von Humboldt und das romantische Forschungsprogramm', *HiN* III, deel 5, 2005
Kockerbeck, Christoph, *Ernst Haeckels 'Kunstformen der Natur' und ihr Einfluß auf die deutsche bildende Kunst der Jahrhundertwende. Studie zum Verhältnis von Kunst und Naturwissenschaften im Wilhelminischen Zeitalter*, Frankfurt: Lang, 1986
Koop, Rudolph (ed.), *Haeckel und Allmers. Die Geschichte einer Freundschaft in Briefen der Freunde*, Bremen: Forschungsgemeinschaft für den Raum Weser-Ems, 1941

Körber, Hans-Günther, *Über Alexander von Humboldts Arbeiten zur Meteorologie und Klimatologie*, Berlijn: Akademie Verlag, 1959
Kortum, Gerhard, '"Die Strömung war schon 300 Jahre vor mir allen Fischerjungen von Chili bis Payta bekannt". Der Humboldtstrom', in Frank Holl (ed.), *Alexander von Humboldt. Netzwerke des Wissens*, Ostfildern: Hatje-Cantz, 1999
Krätz, Otto, '"Dieser Mann vereinigt in sich eine ganze Akademie". Humboldt in Paris', in Frank Holl (ed.), *Alexander von Humboldt. Netzwerke des Wissens*, Ostfildern: Hatje-Cantz, 1999a
——, 'Alexander von Humboldt. Mythos, Denkmal oder Klischee?', in Frank Holl (ed.), *Alexander von Humboldt. Netzwerke des Wissens*, Ostfildern: Hatje-Cantz, 1999b
Krauße, Erika, 'Ernst Haeckel: "Promorphologie und evolutionistische ästhetische Theorie" – Konzept und Wirkung', in Eve-Marie Engels (ed.), *Die Rezeption von Evolutionstheorien im 19. Jahrhundert*, Frankfurt: Suhrkamp, 1995
Krumpel, Heinz, 'Identität und Differenz. Goethes Faust und Alexander von Humboldt', *HiN* VIII, deel 14, 2007
Kutzinski, Vera M., *Alexander von Humboldt's Transatlantic Personae*, Londen: Routledge, 2012
Kutzinski, Vera M., Ottmar Ette and Laura Dassow Walls (eds.), *Alexander von Humboldt and the Americas*, Berlijn: Verlag Walter Frey, 2012
Langley, Lester D., *The Americas in the Age of Revolution, 1750-1850*, New Haven en Londen: Yale University Press, 1996
Laube, Heinrich, *Erinnerungen. 1810-1840*, Wenen: Wilhelm Braumüller, 1875

Lautemann, Wolfgang en Manfred Schlenke (ed.), *Geschichte in Quellen. Das bürgerliche Zeitalter 1815-1914*, München: Oldenbourg Schulbuchverlag, 1980
Leitner, Ulrike, 'Die englischen Übersetzungen Humboldtscher Werke', in Hanno Beck et al. (ed.), *Natur, Mathematik und Geschichte: Beiträge zur Alexander-von-Humboldt-Forschung und zur Mathematikhistoriographie*, Leipzig: Barth, 1997
——, 'Alexander von Humboldts Schriften – Anregungen und Reflexionen Goethes', *Das Allgemeine und das Einzelne – Johann Wolfgang von Goethe und Alexander von Humboldt im Gespräch, Acta Historica Leopoldina*, deel 38, 2003
——, '"Da ich mitten in dem Gewölk sitze, das elektrisch geladen ist..." Alexander von Humboldts Äußerungen zum politischen Geschehen in seinen Briefen an Cotta', in Hartmut Hecht et al., *Kosmos und Zahl. Beiträge zur Mathematik- und Astronomiegeschichte, zu Alexander von Humboldt und Leibniz*, Stuttgart: Franz Steiner Verlag, 2008
Leitzmann, Albert, *Georg und Therese Forster und die Brüder Humboldt. Urkunden und Umrisse*, Bonn: Röhrscheid, 1936
Levere, Trevor H., *Poetry Realized in Nature. Samuel Tayler Coleridge and Early Nineteenth-Century Science*, Cambridge: Cambridge University Press, 1981
——, 'Coleridge and the Sciences', in Andrew Cunningham and Nicholas Jardine (eds.), *Romanticism and the Sciences*, Cambridge: Cambridge University Press, 1990
Lewis, Michael (ed.), *American Wilderness. A New History*, Oxford: Oxford University Press, 2007
Lieber, Francis, *The Life and Letters of Francis Lieber*, ed. Thomas Sergant Perry, Boston: James R. Osgood & Co., 1882
Litchfield, Henrietta (ed.), *Emma Darwin. A Century of Family Letters, 1792-1896*, New York: D. Appleton and Company, 1915
Lowenthal, David, *George Perkins Marsh. Prophet of Conservation*, Seattle en Londen: University of Washington Press, 2003
Lyell, Charles, *Principles of Geology*, Londen: John Murray, 1830 (1832, tweede editie)
——, *Life, Letters and Journals of Sir C. Lyell*, ed. Katharine Murray Lyell, Londen: John Murray, 1881
Lynch, John, *Simón Bolívar. A Life*, New Haven en Londen: Yale University Press, 2007

MacGregor, Arthur, *Sir Hans Sloane. Collector, Scientist, Antiquary, Founding Father of the British Museum*, Londen: British Museum Press, 1994

Madison, James, *The Papers of James Madison: Presidential Series*, ed. Robert A. Rutland et al., Charlottesville: University of Virginia Press, 1984-2004

——, *The Papers of James Madison: Secretary of State Series*, ed. Robert J. Brugger et al., Charlottesville: University of Virginia Press, 1986-2007

——, *The Papers of James Madison: Retirement Series*, ed. David B. Mattern et al., Charlottesville: University of Virginia Press, 2009

Marrinan, Michael, *Romantic Paris. Histories of a Cultural Landscape, 1800-1850*, Stanford: Stanford University Press, 2009

Marsh, George Perkins, *The Camel. His Organization Habits and Uses*, Boston: Gould and Lincoln, 1856

——, *Report on the Artificial Propagation of Fish*, Burlington: Free Press Print, 1857

——, *Lectures on the English Language*, New York: Charles Scribner, 1861

——, *Life and Letters of George Perkins Marsh*, ed. Caroline Crane Marsh, New York: Charles Scribner's and Sons, 1888

——, *Catalogue of the Library of George Perkins Marsh*, Burlington: University of Vermont, 1892

——, *So Great A Vision: The Conservation Writings of George Perkins Marsh*, ed. Stephen C. Trombulak, Hanover: University Press of New England, 2001

——, *Man and Nature; or, Physical Geography as Modified by Human Action*, 1864, facsimile van eerste editie, ed. David Lowenthal, Seattle en Londen: University of Washington Press, 2003

Martin, Edwin T., *Thomas Jefferson: Scientist*, New York: Henry Schumann, 1952

McKusick, James C., 'Coleridge and the Economy of Nature', *Studies in Romanticism*, deel 35, 1996

Merseburger, Peter, *Mythos Weimar. Zwischen Geist und Macht*, München: Deutscher Taschenbuch Verlag, 2009

Meyer-Abich, Adolph, *Alexander von Humboldt*, Bonn: Inter Nationes, 1969

Miller, Char, *Gifford Pinchot and the Making of Modern Environmentalism*, Washington: Island Press, 2001

Miller, Sally M. (ed.), *John Muir. Life and Work*, Albuquerque: University of New Mexico Press, 1996

——, *John Muir in Historical Perspective*, New York: Peter Lang, 1999

Minguet, Charles, 'Las relaciones entre Alexander von Humboldt y Simón de Bolívar', in Alberto Filippi (ed.), *Bolívar y Europa en las crónicas, el pensamiento político y la historiografía*, Caracas: Ediciones de la Presidencia de la República, deel 1, 1986

Mommsen, Wolfgang J., *1848. Die Ungewollte Revolution*, Frankfurt: Fischer Verlag, 2000

Moreno Yánez, Segundo E. (ed.), *Humboldt y la Emancipación de Hispanoamérica*, Quito: Edipuce, 2011

Morgan, S.R., 'Schelling and the Origins of his Naturphilosophie', in Andrew Cunningham en Nicholas Jardine (eds.), *Romanticism and the Sciences*, Cambridge: Cambridge University Press, 1990

Moritz, Carl Philip, *Carl Philip Moritz. Journeys of a German in England in 1782*, ed. Reginald Nettel, Londen: Jonathan Cape, 1965

Mueller, Conrad, *Alexander von Humboldt und das preussische Königshaus. Briefe aus dem Jahre 1835-1857*, Leipzig: K.F. Koehler, 1928

Muir, John, Manuscript Journal: 'The "thousand mile walk" from Kentucky to Florida and Cuba, September 1867-February 1868', onlinecollectie van John Muir-dagboeken. Holt-Atherton Special Collections, University of the Pacific, Stockton, California. © 1984 Muir-Hanna Trust

——, Manuscript 'Sierra Journal', deel 1: Summer 1869, notebook, circa 1887, John Muir Papers, Series 3, Box 1: Notebooks. Holt-Atherton Special Collections, University of the Pacific, Stockton, California. © 1984 Muir-Hanna Trust

——, 'Sierra Journal', deel 1: Summer 1869, typoscript, circa 1910, John Muir Papers, Series 3, Box 1: Notebooks. Holt-Atherton Special Collections, University of the Pacific, Stockton, California. © 1984 Muir-Hanna Trust

——, Manuscript Journal, 'World Tour', deel 1, juni-juli 1903, online collectie van John Muir-dagboeken. Holt-Atherton Special Collections, University of the Pacific, Stockton, California. © 1984 Muir-Hanna Trust

——, 'The Wild Parks and Forest Reservations of the West', *Atlantic Monthly*, deel 81, januari 1898

——, *Our National Parks*, Boston en New York: Houghton Mifflin Company, 1901

——, *My First Summer in the Sierra*, Boston en New York: Houghton Mifflin Company, 1911
——, *The Yosemite*, New York: Century Co., 1912
——, *The Story of my Boyhood and Youth*, Boston en New York: Houghton Mifflin Company, 1913
——, *A Thousand-Mile Walk to the Gulf*, ed. William Frederic Badè, Boston en New York: Houghton Mifflin Company, 1916
——, *Life and Letters of John Muir*, ed. William Frederic Badè, Boston en New York: Houghton Mifflin Company, 1924
Mumford, Lewis, *The Brown Decades. A Study of the Arts in America, 1865-1895*, New York: Harcourt, Brace and Company, 1931

Murchison, Roderick Impey, 'Address to the Royal Geographical Society of London, 23 May 1859', *Proceedings of the Royal Geographical Society of London*, deel 3, 1858-1859
——, *Life of Sir Roderick I. Murchison*, ed. Archibald Geikie, Londen: John Murray, 1875
Myers, A.C., *Narratives of Early Pennsylvania, West Jersey, and Delaware, 1630-1707*, New York: Charles Scribner's and Sons, 1912
Myerson, Joel, 'Emerson's Thoreau: A New Edition from Manuscript', *Studies in American Renaissance*, 1979
Nash, Roderick, *Wilderness and the American Mind*, New Haven en Londen: Yale University Press, 1982
Nelken, Halina, *Alexander von Humboldt. Bildnisse und Künstler. Eine dokumentierte Ikonographie*, Berlijn: Dietrich Reimer Verlag, 1980
Nichols, Sandra, 'Why Was Humboldt Forgotten in the United States?', *Geographical Review*, deel 96, 2006
Nicolai, Friedrich, *Beschreibung der Königlichen Residenzstädte Berlin und Potsdam und aller daselbst befindlicher Merkwürdigkeiten*, Berlijn: Buchhändler unter der Stechbahn, 1769
Nollendorf, Cora Lee, 'Alexander von Humboldt Centennial Celebrations in the United States: Controversies Concerning his Work', *Monatshefte*, deel 80, 1988
North, Douglass C., *Growth and Welfare in the American Past*, Englewood Cliffs: Prentice-Hall International, 1974
Norton, Paul F., 'Thomas Jefferson and the Planning of the National Capital', in William Howard Adams (ed.), *Jefferson and the Arts: An Extended View*, Washington: National Gallery of Art, 1976
O'Hara, James Gabriel, 'Gauss and the Royal Society: The Reception of

his Ideas on Magnetism in Britain (1832-1842)', *Notes and Records of the Royal Society of London*, deel 38, 1983
O'Leary, Daniel F., *Memorias del General O'Leary*, Caracas: Imprenta de El Monitor, 1879-1888
——, *Bolívar y la emancipación de Sur-America*, Madrid: Sociedad Española de Librería, 1915
——, *The 'Detached Recollections' of General D.F. O'Leary*, ed. R.A. Humphreys, Londen: gepubliceerd voor het Institute of Latin American Studies, Athlone Press, 1969
Oppitz, Ulrich-Dieter, 'Der Name der Brüder Humboldt in aller Welt', in Heinrich von Pfeiffer (ed.), *Alexander von Humboldt. Werk und Weltgeltung*, München: Pieper, 1969
Osten, Manfred, 'Der See von Valencia oder Alexander von Humboldt als Pionier der Umweltbewegung', in Irina Podterga (ed.), *Schnittpunkt Slavistik. Ost und West im Wissenschaftlichem Dialog*, Bonn: University Press, deel 1, 2012
Päßler, Ulrich, *Ein 'Diplomat aus den Wäldern des Orinoko'. Alexander von Humboldt als Mittler zwischen Preußen und Frankreich*, Stuttgart: Steiner Verlag, 2009
Patterson, Elizabeth C., 'Mary Somerville', *The British Journal for the History of Science*, 1969, deel 4
——, 'The Case of Mary Somerville: An Aspect of Nineteenth-Century Science', *Proceedings of the American Philosophical Society*, 1975, deel 118
Peale, Charles Willson, *The Selected Papers of Charles Willson Peale and His Family*, ed. Lillian B. Miller, New Haven en Londen: Yale University Press, 1983-2000
Pfeiffer, Heinrich von (ed.), *Alexander von Humboldt. Werk und Weltgeltung*, München: Pieper, 1969
Phillips, Denise, 'Building Humboldt's Legacy: The Humboldt Memorials of 1869 in Germany', *Northeastern Naturalist*, deel 8, 2001
Pieper, Herbert, 'Alexander von Humboldt: Die Geognosie der Vulkane', *HiN* VII, deel 13, 2006
Plumer, William, *William Plumer's Memorandum of Proceedings in the United States Senate 1803-1807*, ed. Everett Somerville Brown, New York: Macmillan Company, 1923
Podach, Erich Friedrich, 'Alexander von Humboldt in Paris: Urkunden und Begebnisse', in Joachim Schultze (ed.), *Alexander von Humboldt:*

Studien zu seiner universalen Geisteshaltung, Berlijn: Walter de Gruyter, 1959
Poe, Edgar Allan, *Eureka. A Prose Poem*, New York: Putnam, 1848
Porter, Roy (ed.), *Cambridge History of Science. Eighteenth-Century Science*, Cambridge: Cambridge University Press, deel 4, 2003
Pratt, Marie Louise, *Imperial Eyes. Travel Writing and Transculturation*, Londen: Routledge, 1992
Proctor, Robert, 'Architecture from the Cell-Soul: Rene Binet and Ernst Haeckel', *Journal of Architecture*, deel 11, 2006
Pückler Muskau, Hermann von, *Tour in England, Ireland and France, in the Years 1826, 1827, 1828 and 1829*, Philadelphia: Carey, Lea and Blanchard, 1833

Pudney, John, *Brunel and his World*, Londen: Thames and Hudson, 1974
Puig-Samper, Miguel-Ángel en Sandra Rebok, 'Charles Darwin and Alexander von Humboldt: An Exchange of Looks between Famous Naturalists', *HiN* XI, deel 21, 2010
Rebok, Sandra, 'Two Exponents of the Enlightenment: Transatlantic Communication by Thomas Jefferson and Alexander von Humboldt', *Southern Quarterly*, deel 43, no. 4, 2006
——, *Humboldt and Jefferson: A Transatlantic Friendship of the Enlightenment*, Charlottesville: University of Virginia Press, 2014
Recke, Elisa von der, *Tagebuch einer Reise durch einen Theil Deutschlands und durch Italien in den Jahren 1804 bis 1806*, ed. Carl August Böttiger, Berlijn: In der Nicolaischen Buchhandlung, 1815
Reill, Peter Hanns, 'The Legacy of the "Scientific Revolution". Science and the Enlightenment', in Roy Porter (ed.), *Cambridge History of Science. Eighteenth-Century Science*, Cambridge: Cambridge University Press, deel 4, 2003
Richards, Robert J., *The Romantic Conception of Life: Science and Philosophy in the Age of Goethe*, Chicago en Londen: Chicago University Press, 2002
——, *The Tragic Sense of Life: Ernst Haeckel and the Struggle over Evolutionary Thought*, Chicago en Londen: University of Chicago Press, 2009
Richardson, Heather Cox, *West from Appomattox. The Reconstruction of America after the Civil War*, New Haven en Londen: Yale University Press, 2007

Richardson, Robert D., *Henry Thoreau. A Life of the Mind*, Berkeley: University of California Press, 1986

Rippy, Fred J. and E.R. Brann, 'Alexander von Humboldt and Simón Bolívar', *American Historical Review*, deel 52, 1947

Robinson, Henry Crabb, *Diary, Reminiscences, and Correspondence of Henry Crabb Robinson*, ed. Thomas Sadler, Londen: Macmillan and Co., 1869

Rodríguez, José Ángel, 'Alexander von Humboldt y la Independencia de Venezuela', in Segundo E. Moreno Yánez (ed.), *Humboldt y la Emancipación de Hispanoamérica*, Quito: Edipuce, 2011

Roe, Shirley A., 'The Life Sciences', in Roy Porter (ed.), *Cambridge History of Science. Eighteenth-Century Science*, Cambridge: Cambridge University Press, deel 4, 2003

Rose, Gustav, *Mineralogisch-Geognostische Reise nach dem Ural, dem Altai und dem Kaspischen Meere*, Berlijn: Verlag der Sanderschen Buchhandlung, 1837-1842

Rossi, William (ed.), *Walden and Resistance to Civil Government: Authoritative Texts, Thoreau's Journal, Reviews and Essays in Criticism*, New York en Londen: Norton, 1992

Roussanova, Elena, 'Hermann Trautschold und die Ehrung, Alexander von Humboldts in Russland', *HiN* XIV, deel 27, 2013

Rudwick, Martin J.S., *The New Science of Geology: Studies in the Earth Sciences in the Age of Revolution*, Aldershot: Ashgate Variorum, 2004

Rupke, Nicolaas A., *Alexander von Humboldt. A Metabiography*, Chicago: Chicago University Press, 2005

Rush, Richard, *Memoranda of a Residence at the Court of London*, Philadelphia: Key and Biddle, 1833

Sachs, Aaron, 'The Ultimate "Other": Post-Colonialism and Alexander von Humboldt's Ecological Relationship with Nature', *History and Theory*, deel 42, 2003

——, *The Humboldt Current. Nineteenth-Century Exploration and the Roots of American Environmentalism*, New York: Viking, 2006

Safranski, Rüdiger, *Goethe und Schiller. Geschichte einer Freundschaft*, Frankfurt: Fischer Verlag, 2011

Sarton, George, 'Aimé Bonpland', *Isis*, deel 34, 1943

Sattelmeyer, Robert, *Thoreau's Reading: A Study in Intellectual History with Bibliographical Catalogue*, Princeton: Princeton University Press, 1988

——, 'The Remaking of Walden', in William Rossi (ed.), *Walden and Resistance to Civil Government: Authoritative Texts, Thoreau's Journal, Reviews and Essays in Criticism*, New York en Londen: Norton, 1992

Schama, Simon, *Landscape and Memory*, Londen: Fontana Press, 1996. Vertaald als: *Landschap en herinnering*

Schifko, Georg, 'Jules Vernes literarische Thematisierung der Kanarischen Inseln als Hommage an Alexander von Humboldt', *HiN* XI, deel 21, 2010

Schiller, Friedrich, *Schillers Leben. Verfasst aus Erinnerungen der Familie, seinen eignen Briefen und den Nachrichten seines Freundes Körner*, ed. Christian Gottfried Körner en Caroline von Wohlzogen, Stuttgart en Tübingen: J.G. Cotta'sche Buchhandlung, 1830

——, *Schillers Werke: Nationalausgabe. Briefwechsel*, ed. Julius Petersen en Gerhard Fricke, Weimar: Böhlaus, 1943-2003

Schiller, Friedrich en Johann Wolfgang von Goethe, *Briefwechsel zwischen Schiller und Goethe in den Jahren 1794-1805*, Stuttgart en Augsburg: J.G. Cotta'scher Verlag, 1856

Schiller, Friedrich en Christian Gottfried Körner, *Schillers Briefwechsel mit Körner*, Berlijn: Veit und Comp, 1847

Schneppen, Heinz, 'Aimé Bonpland: Humboldts Vergessener Gefährte?', *Berliner Manuskripte zur Alexander-von-Humboldt-Forschung*, no. 14, 2002

Schulz, Wilhelm, 'Aimé Bonpland: Alexander von Humboldt's Begleiter auf der Amerikareise, 1799-1804: Sein Leben und Wirken, besonders nach 1817 in Argentinien', *Abhandlungen der Mathematisch-Naturwissenschaftlichen Klasse der Akademie der Wissenschaften und der Literatur*, no. 9, 1960

Schwarz, Ingo, '"Es ist meine Art, einen und denselben Gegenstand zu verfolgen, bis ich ihn aufgeklärt habe". Äußerungen Alexander von Humboldts über sich selbst', *HiN* I, deel 1, 2000

Scott, John, *A Visit to Paris in 1814*, Londen: Longman, Hurst, Rees, Orme and Brown, 1816

Seeberger, Max, '"Geographische Längen und Breiten bestimmen, Berge messen." Humboldts Wissenschaftliche Instrumente und Seine Messungen in den Tropen Amerikas', in Frank Holl (ed.), *Alexander von Humboldt. Netzwerke des Wissens*, Ostfildern: Hatje-Cantz, 1999

Serres, Michael (ed.), *A History of Scientific Thought: Elements of a History of Science*, Oxford: Blackwell, 1995

Shanley, J. Lyndon, *The Making of Walden, with the Text of the First Version*, Chicago: University of Chicago Press, 1957

Shelley, Mary, *Frankenstein, or, The Modern Prometheus*, Oxford: Oxford University Press, 1998. Vertaald als: *Het monster van Frankenstein*

Sims, Michael, *The Adventures of Henry Thoreau. A Young Man's Unlikely Path to Walden Pond*, New York en Londen: Bloomsbury, 2014

Slatta, Richard W. en Jane Lucas De Grummond, *Simón Bolívar's Quest for Glory*, College Station: Texas A&M University Press, 2003

Southey, Robert, *New Letters of Robert Southey*, ed. Kenneth Curry, New York en Londen: Columbia University Press, 1965

Staël, Anne-Louise-Germaine de, *Deutschland*, Reutlingen: Mäcken'sche Buchhandlung, 1815

Stephenson, R.H., *Goethe's Conception of Knowledge and Science*, Edinburgh: Edinburgh University Press, 1995

Stott, Rebecca, *Darwin's Ghosts. In Search of the First Evolutionists*, Londen: Bloomsbury, 2012

Suckow, Christian, '"Dieses Jahr ist mir das wichtigste meines unruhigen Lebens geworden". Alexander von Humboldts Russisch-Sibirische Reise im Jahre 1829', in Frank Holl (ed.), *Alexander von Humboldt. Netzwerke des Wissens*, Ostfildern: Hatje-Cantz, 1999

——, 'Alexander von Humboldt und Russland', in Ottmar Ette et al., *Alexander von Humboldt: Aufbruch in die Moderne*, Berlijn: Akademie Verlag, 2001

Suckow, Christian et al. (ed.), *Studia Fribergensia, Vorträge des Alexander-von-Humboldt Kolloquiums in Freiberg*, Berlijn: Akademie Verlag, 1994

Taylor, Bayard, *The Life, Travels and Books of Alexander von Humboldt*, New York: Rudd & Carleton, 1860

Terra, Helmut de, *Humboldt. The Life and Times of Alexander von Humboldt*, New York: Knopf, 1955

Théodoridès, Jean, 'Humboldt and England', *British Journal for the History of Science*, deel 3, 1966

Thiemer-Sachse, Ursula, '"Wir verbrachten mehr als 24 Stunden, ohne etwas anderes als Schokolade und Limonade zu uns zu nehmen". Hinweise in Alexander von Humboldts Tagebuchaufzeichnungen zu Fragen der Verpflegung auf der Forschungsreise durch Spanisch-Amerika', *HiN* XIV, deel 27, 2013

Thomas, Keith, *Man and the Natural World. Changing Attitudes in*

England 1500-1800, Londen, Penguin Books, 1984
Thomson, Keith, *HMS Beagle. The Story of Darwin's Ship,* New York en Londen: W.W. Norton, 1995
——, *A Passion for Nature: Thomas Jefferson and Natural History*, Monticello: Thomas Jefferson Foundation, 2008
——, *The Young Charles Darwin,* New Haven en Londen: Yale University Press, 2009
——, *Jefferson's Shadow. The Story of his Science,* New Haven en Londen: Yale University Press, 2012
Thoreau, Henry David, *The Writings of Henry David Thoreau: Journal,* ed. Bradford Torrey, Boston: Houghton Mifflin, 1906

——, *The Writings of Henry David Thoreau: The Maine Woods,* Boston: Houghton Mifflin, 1906, deel 3
——, *The Writings of Henry David Thoreau: Excursion and Poems,* Boston: Houghton Mifflin, 1906, deel 5
——, *The Writings of Henry David Thoreau: Familiar Letters,* ed. F.B. Sanborn, Boston: Houghton Mifflin, 1906, deel 6
——, *Walden,* New York: Thomas Y. Crowell & Co., 1910. Vertaald als: *Walden*
——, *The Correspondence of Henry David Thoreau,* ed. Walter Harding en Carl Bode, Washington Square: New York University Press, 1958
——, *The Writings of Henry D. Thoreau: Journal,* ed. Robert Sattelmeyer et al., Princeton, N.J.: Princeton University Press, 1981-2002
Tocqueville, Alexis de, *Memoir, Letters, and Remains of Alexis de Tocqueville,* Cambridge en Londen: Macmillan and Co., 1861
Turner, John, 'Wordsworth and Science', *Critical Survey,* deel 2, 1990
Uschmann, Georg (ed.), *Ernst Haeckel. Biographie in Briefen,* Leipzig: Urania, 1983
Varnhagen von Ense, K.A., *Die Tagebücher von K.A. Varnhagen von Ense,* Leipzig: Brockhaus, deel 4, 1862
——, *Denkwürdigkeiten des Eigenen Lebens,* ed. Konrad Feilchenfeldt, Frankfurt: Deutscher Klassiker Verlag, 1987
Voght, Casper, *Caspar Voght und sein Hamburger Freundeskreis. Briefe aus einem tätigen Leben,* ed. Kurt Detlev Möller en Annelise Marie Tecke, Hamburg: Veröffentlichungen des Vereins für Hamburgische Geschichte, 1959-1967
Walls, Laura Dassow, *Seeing New Worlds. Henry David Thoreau and Nineteenth-Century Natural Science,* Madison: University of Wisconsin Press, 1995

——, 'Rediscovering Humboldt's Environmental Revolution', *Environmental History*, deel 10, 2005
——, *The Passage to Cosmos. Alexander von Humboldt and the Shaping of America*, Chicago en Londen: University of Chicago Press, 2009
——, 'Henry David Thoreau: Writing the Cosmos', *Concord Saunterer. A Journal of Thoreau Studies*, deel 19/20, 2011-2012
Watson, Peter, *The German Genius. Europe's Third Renaissance, the Second Scientific Revolution, and the Twentieth Century*, Londen en New York: Simon & Schuster, 2010
Webster, Daniel, *The Writings and Speeches of Daniel Webster*, Boston: Little, Brown, 1903

Weigel, Engelhard, 'Wald und Klima: Ein Mythos aus dem 19. Jahrhundert', *HiN* v, deel 9, 2004
Weingarden, Laura S., 'Louis Sullivan and the Spirit of Nature', in Paul Greenhalgh (ed.), *Art Nouveau, 1890-1914*, Londen: V&A Publications, 2000
Werner, Petra, 'Übereinstimmung oder Gegensatz? Zum Widersprüchlichen Verhältnis zwischen A. v. Humboldt und F.W.J. Schelling', *Berliner Manuskripte zur Alexander-von-Humboldt Forschung*, deel 15, 2000
——, *Himmel und Erde. Alexander von Humboldt und sein Kosmos*, Berlijn: Akademie Verlag, 2004
——, 'Zum Verhältnis Charles Darwins zu Alexander v. Humboldt und Christian Gottfried Ehrenberg', *HiN* x, deel 18, 2009
——, *Naturwahrheit und ästhetische Umsetzung: Alexander von Humboldt im Briefwechsel mit bildenden Künstlern*, Berlijn: Akademie Verlag, 2013
White, Jerry, *London in the Eighteenth Century. A Great and Monstrous Thing*, Londen: The Bodley Head, 2012
Whitman, Walt, *Leaves of Grass*, Boston: Thayer and Eldridge, 1860.
Wiegand, Dometa, 'Alexander von Humboldt and Samuel Taylor Coleridge: The Intersection of Science and Poetry', *Coleridge Bulletin*, 2002
Wiley, Michael, *Romantic Geography. Wordsworth and Anglo-European Spaces*. Londen: Palgrave Macmillan, 1998
Wilson, Alexander, *Life and Letters of Alexander Wilson*, ed. Clark Hunter, Philadelphia: American Philosophical Society, 1983
Wilson, Jason (ed.), *Alexander von Humboldt. Personal Narrative. Abridged*

and Translated, Londen: Penguin Books, 1995

Wilson, Leonard G., *Charles Lyell: The Years to 1841. The Revolution in Geology*, New Haven en Londen: Yale University Press, 1972

Wolfe, Linnie Marsh, *Son of Wilderness. The Life of John Muir*, New York: Alfred A. Knopf, 1946

——, *John of the Mountains: The Unpublished Journals of John Muir*, Madison: University of Wisconsin Press, 1979

Wood, David F., *An Observant Eye. The Thoreau Collection at the Concord Museum*, Concord: Concord Museum, 2006

Wordsworth, William en Dorothy Wordsworth, *The Letters of William and Dorothy: The Middle Years*, ed. Ernest de Selincourt, Oxford: Clarendon Press, 1967-1993

Worster, Donald, *Nature's Economy. The Roots of Ecology*, San Francisco: Sierra Club Books, 1977

——, *A Passion for Nature. The Life of John Muir*, Oxford: Oxford University Press, 2008

Wu, Duncan, *Wordsworth's Reading, 1800-1815*, Cambridge: Cambridge University Press, 1995

Wulf, Andrea, *Brother Gardeners. Botany, Empire and the Birth of an Obsession*, Londen: William Heinemann, 2008

——, *Founding Gardeners. How the Revolutionary Generation Created an American Eden*, Londen: William Heinemann, 2011

Wyatt, John, *Wordsworth and the Geologists*, Cambridge: Cambridge University Press, 1995

Young, Sterling James, *The Washington Community 1800-1828*, New York en Londen: A Harvest/HBJ Book, 1966

Zeuske, Michael, *Símon Bólivar, Befreier Südamerikas: Geschichte und Mythos*, Berlijn: Rotbuch Verlag, 2011

Register

NOOT: Werken van Alexander von Humboldt (AH) zijn op titel opgenomen, werken van anderen onder de naam van de auteur

Wilt u op de hoogte blijven van het laatste nieuws over onze boeken, schrijvers en activiteiten? Meld u dan aan op www.atlascontact.nl voor onze maandelijkse nieuwsbrief.